软件入门与提高丛书

AutoCAD 2012中文版
入门与提高

张云杰　张云静　编 著

清华大学出版社

北　京

内 容 简 介

AutoCAD作为一款优秀的CAD图形设计软件，应用程度之广泛已经远远高于其他的软件。本书主要针对目前非常热门的AutoCAD辅助设计技术，讲解最新版本AutoCAD 2012中文版。全书共16章，主要包括基本操作和绘图、编辑修改图形、层和块操作、文字操作、表格和打印输出，以及进行三维绘图的方法，最后还讲解了两个综合的图形绘制范例，从实用的角度介绍了AutoCAD 2012中文版的使用。另外，本书还配备了交互式多媒体教学演示光盘，将案例制作过程制作为多媒体视频进行讲解，讲解形式活泼、方便、实用，便于读者学习使用。

本书内容广泛、实用性强、语言规范、通俗易懂，使读者能够快速、准确地掌握AutoCAD 2012中文版的绘图方法与技巧，特别适合初、中级用户的学习，是广大读者快速掌握AutoCAD 2012中文版的实用指导书，也可作为大专院校计算机辅助设计课程的指导教材。

图书在版编目(CIP)数据

AutoCAD 2012中文版入门与提高/张云杰，张云静编著. —北京：清华大学出版社，2012
(软件入门与提高丛书)
ISBN 978-7-302-29871-7

Ⅰ. ①A… Ⅱ. ①张… ②张… Ⅲ. ①AutoCAD软件 Ⅳ. ①TP391.72

中国版本图书馆CIP数据核字(2012)第197336号

责任编辑：张彦青
装帧设计：刘孝琼
责任校对：李玉萍
责任印制：宋 林

出版发行：清华大学出版社
网 址：http://www.tup.com.cn，http://www.wqbook.com
地 址：北京清华大学学研大厦A座 **邮 编**：100084
社 总 机：010-62770175 **邮 购**：010-62786544
投稿与读者服务：010-62776969，c-service@tup.tsinghua.edu.cn
质 量 反 馈：010-62772015，zhiliang@tup.tsinghua.edu.cn
印 刷 者：清华大学印刷厂
装 订 者：三河市新茂装订有限公司
经 销：全国新华书店
开 本：203mm×260mm **印 张**：22 **字 数**：563千字
附DVD1张
版 次：2012年10月第1版 **印 次**：2012年10月第1次印刷
印 数：1～4000
定 价：45.00元

产品编号：044095-01

Foreword

丛书序

普通用户使用计算机最关键也最头疼的问题恐怕就是学用软件了。软件范围之广，版本更新之快，功能选项之多，体系膨胀之大，往往令人目不暇接，无从下手；而每每看到专业人士在计算机前如鱼得水，把软件玩得活灵活现，您一定又会惊羡不已。

“临渊羡鱼，不如退而结网”。道路只有一条：动手去用！选择您想用的软件和一本配套的好书，然后坐在计算机前面，开机、安装，按照书中的指示去用、去试，很快您就会发现您的计算机也有灵气了，您也能成为一名出色的舵手，自如地在软件海洋中航行。

“软件入门与提高丛书”就是您畅游软件之海的导航器。它是一套包含了现今主要流行软件的使用指导书，能使您快速便捷地掌握软件的操作方法和编程技术，得心应手地解决实际问题。

本丛书主要特点有如下几个方面。

◎ 软件领域

本丛书精选的软件皆为国内外著名软件公司的知名产品，也是时下国内应用面最广的软件，同时也是各领域的佼佼者。目前本丛书所涉及的软件领域主要有操作平台、办公软件、计算机辅助设计、网络和Internet软件、多媒体和图形图像软件等。

◎ 版本选择

本丛书对于软件版本的选择原则是：紧跟软件更新步伐，推出最新版本，充分保证图书的技术先进性；兼顾经典主流软件，给广受青睐、深入人心的传统产品以一席之地；对于兼有中西文版本的软件，采取中文版，以尽力满足中国用户的需要。

◎ 读者定位

本丛书明确定位于初、中级用户。不管您以前是否使用过本丛书所述的软件，这套书对您都将非常合适。

本丛书名中的“入门”是指，对于每个软件的讲解都从必备的基础知识和基本操作开始，新用户无须参照其他书即可轻松入门；老用户亦可从中快速了解新版本的新特色和新功能，自如地踏上新的台阶。至于书名中的“提高”，则蕴涵了图书内容的重点所在。当前软件的功能日趋复杂，不学到一定的深度和广度是难以在实际工作中应用自如的。因此，本丛书在帮助读者快速入门之后，就以大量明晰的操作步骤和典型的应用实例，教会读者更丰富全面的软件技术和应用技巧，使读者能真正对所学软件做到融会贯通并熟练掌握。

◎ 内容设计

本丛书的内容是在仔细分析用户使用软件的困惑和目前电脑图书市场现状的基础上确定的。简而言之，就是实用、明确和透彻。它既不是面面俱到的“用户手册”，也并非详解原理的“功能指南”，而是独具实效的操作和编程指导，围绕用户的实际使用需要选择内容，使读者在每个复杂的软件体系面前能“避虚就实”，直达目标。对于每个功能的讲解，则力求以明确的步骤指导和丰富的应用实例准确地指明如何去做。读者只要按书中的指示和方法做成、做会、做熟，再举一反三，就能扎扎实实地轻松入行。

◎ 风格特色

1. 从基础到专业，从入门到入行

本丛书针对想快速上手的读者，从基础知识起步，直到专业设计讲解，从入门到入行，在全面掌握软件使用方法和技巧的同时，掌握专业设计知识与创意手法，从零到专迅速提高，让一个初学者快速入门进而设计作品。

2．全新写作模式，清新自然

本丛书采用“案例功能讲解+唯美插画图示+专家技术点拨+综合案例教学”写作方式，书的前部分主要以命令讲解为主，先详细讲解软件的使用方法及技巧，在讲解使用方法和技巧的同时穿插大量实例，以实例形式来详解工具或命令的使用，让读者在学习基础知识的同时，掌握软件工具或命令的使用技巧；对于实例来说，本丛书采用分析实例创意与制作手法，然后呈现实例制作流程图，让读者在没有实际操作的情况下了解制作步骤，做到心中有数，然后进入课堂实际操作，跟随步骤完成设计。

3．全程多媒体跟踪教学，人性化的设计掀起电脑学习新高潮

本丛书有从教多年的专业讲师全程多媒体语音录像跟踪教学，以面对面的形式讲解。以基础与实例相结合，技能特训实例讲解，让读者坐在家中尽享课堂的乐趣。配套光盘除了书中所有基础及案例的全程多媒体语音录像教学外，还提供相应的丰富素材供读者分析、借鉴和参考，服务周到、体贴、人性化，价格合理，学习方便，必将掀起一轮电脑学习与应用的新高潮！

4．专业设计师与你面对面交流

参与本丛书策划和编写的作者全部来自业内行家里手。他们数年来承接了大量的项目设计，参与教学和培训工作，积累了丰富的实践经验。每本书就像一位专业设计师，将他们设计项目时的思路、流程、方法和技巧、操作步骤面对面地与读者交流。

5．技术点拨，汇集专业大量的技巧精华

本丛书以技术点拨形式，在书中安排大量软件操作技巧、图形图像创意和设计理念，以专题形式重点突出。它不同于以前图书的提示与技巧，

是以实用性和技巧性为主，以小实例的形式重点讲解，让初学者快速掌握软件技巧及实战技能。

6．内容丰富，重点突出，图文并茂，步骤详细

本丛书在写作上由浅入深、循序渐进，教学范例丰富、典型、精美，讲解重点突出、图文并茂，操作步骤翔实，可先阅读精美的图书，再与配套光盘中的立体教学互动，使学习事半功倍，立竿见影。

经过紧张的策划、设计和创作，本丛书已陆续面市，市场反应良好。本丛书自面世以来，已累计售出近千万册。大量的读者反馈卡和来信给我们提出了很多好的意见和建议，使我们受益匪浅。严谨、求实、高品位、高质量，一直是清华版图书的传统品质，也是我们在策划和创作中孜孜以求的目标。尽管倾心相注，精心而为，但错误和不足在所难免，恳请读者不吝赐教，我们定会全力改进。

编　者

Preface

前 言

计算机辅助设计(Computer Aided Design，简称CAD)是一种通过计算机辅助来进行产品或工程设计的技术。作为计算机的重要应用方面，CAD可加快产品的开发，提高生产质量与效率，降低成本。因此，在工程应用中，CAD得到了广泛的应用。目前，AutoCAD推出了最新的版本——AutoCAD 2012中文版，它更是集图形处理之大成，代表了当今CAD软件的最新潮流和技术巅峰。

因此，掌握AutoCAD软件对设计绘图越来越重要。为了使大家尽快掌握AutoCAD 2012中文版的使用和设计方法，笔者集多年使用AutoCAD的设计经验，编写了本书，通过循序渐进的讲解，从AutoCAD的基本操作、绘图、编辑到应用范例详细诠释了应用AutoCAD 2012中文版进行绘图设计的方法和技巧。

全书共分为16章，主要包括基本操作和绘图、编辑修改图形、层和块操作、文字操作、表格和打印输出，以及进行三维绘图的方法，最后还讲解了两个综合的图形绘制范例，从实用的角度介绍了AutoCAD 2012中文版的使用。

笔者的CAX设计教研室长期从事AutoCAD的专业设计和教学，数年来承接了大量的项目设计，参与AutoCAD的教学和培训工作，积累了丰富的实践经验。本书就像一位专业设计师，将项目设计时的思路、流程、方法和技巧、操作步骤面对面地与读者交流。

本书还配备了交互式多媒体教学演示光盘，将案例制作过程制作为多媒体进行讲解，有从教多年的专业讲师全程多媒体语音视频跟踪教学，以面对面的形式讲解，便于读者学习使用。同时光盘中还提供了所有实例的源文件，以便读者练习使用。关于多媒体教学光盘的使用方法，读者可以参看光盘根目录下的光盘说明。另外，本书还提供了网络的免费技术支持，欢迎大家登录云杰漫步多媒体科技的网上技术论坛(http://www.yunjiework.com/bbs)进行交流，论坛分为多个专业的设计版块，可以为读者提供实时的软件技术支持，解答读者在使用本书及相关软件时遇到的问题，相信广大读者在论坛免费学习的知识一定会更多。

本书由云杰漫步科技CAX教研室编著，参加编写工作的有张云杰、靳翔、尚蕾、张云静、姚凌云、李红运、贺安、贺秀亭、宋志刚、董闯、李海霞、焦淑娟、汤明乐、刘海、周益斌、杨婷、马永健、姜兆瑞、季小武、陈静等，书中的设计实例均由云杰漫步多媒体科技公司CAX设计教研室制作，多媒体光盘由云杰漫步多媒体科技公司提供技术支持，同时要感谢出版社的编辑和老师们的大力协助。

由于编写人员的水平有限，因此在编写过程中难免有不足之处，在此，编写人员对广大用户表示歉意，望广大用户不吝赐教，对书中的不足之处给予指正。

编　者

Contents
目 录

第1章

初识 AutoCAD 2012

本章导读

AutoCAD是CAD图形设计软件的代表产品，在各行各业都有十分广泛的应用。本书就是以AutoCAD辅助设计技术为内容，讲解最新版本AutoCAD 2012中文版的使用方法。

本章主要介绍AutoCAD 2012的基本知识，包括软件简介，软件界面结构和新增功能，以及文件的基本操作，读者可以结合实例进行学习。

学习内容

知识点 \ 学习目标	理解	应用	实践
AutoCAD 2012简介	✓		
AutoCAD 2012的界面结构	✓		
AutoCAD 2012的新增功能	✓		
图形文件的基本操作	✓	✓	✓

1.1 AutoCAD 2012简介

AutoCAD是由美国Autodesk欧特克公司于20世纪80年代初为微机上应用CAD技术(Computer Aided Design，计算机辅助设计)而开发的绘图程序软件包，经过不断地完善，现已经成为国际上广为流行的绘图工具。

AutoCAD具有良好的用户界面，通过交互菜单或命令行方式便可以进行各种操作。它的多文档设计环境，让非计算机专业人员也能很快地学会使用。在不断实践的过程中更好地掌握它的各种应用和开发技巧，从而不断提高工作效率。

AutoCAD具有广泛的适应性，它可以在各种操作系统支持的微型计算机和工作站上运行，并支持分辨率由320×200～2048×1024的40多种图形显示设备，以及30多种数字仪和鼠标器，10种绘图仪和打印机数十种，这就为AutoCAD的普及创造了条件。

AutoCAD软件具有以下特点。

(1) 具有完善的图形绘制功能。

(2) 有强大的图形编辑功能。

(3) 可以采用多种方式进行二次开发或用户定制。

(4) 可以进行多种图形格式的转换，具有较强的数据交换能力。

(5) 支持多种硬件设备。

(6) 支持多种操作平台。

(7) 具有通用性、易用性，适用于各类用户。

此外，从AutoCAD 2000开始，该系统又增添了许多强大的功能，如AutoCAD设计中心(ADC)、多文档设计环境(MDE)、Internet驱动、新的对象捕捉功能、增强的标注功能以及局部打开和局部加载的功能，从而使AutoCAD系统更加完善。

1.2 AutoCAD 2012的界面结构

AutoCAD 2012中文版为用户提供了“AutoCAD经典”、“草图与注释”、“三维基础”和“三维建模”4种工作空间模式。对于AutoCAD一般用户来说，可以采用“草图与注释”工作空间。它主要由标题栏、菜单栏、工具栏、绘图窗口、文本窗口与命令行窗口、状态栏等元素组成，如图1-1所示。

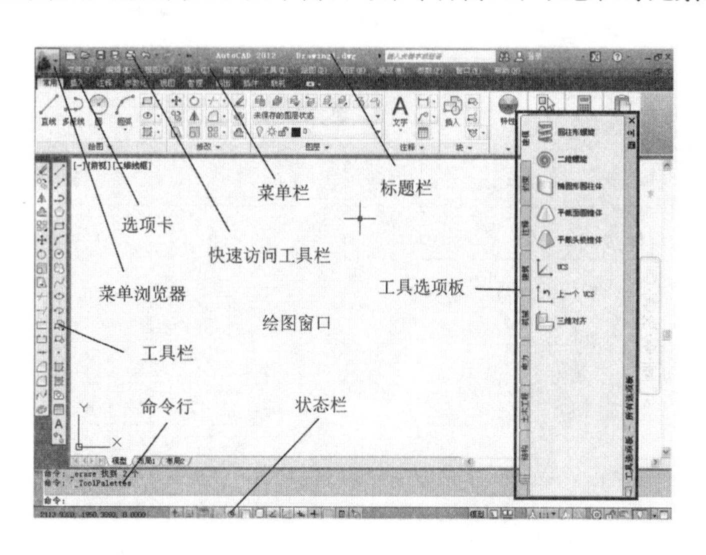

图1-1 AutoCAD 2012的“草图与注释”工作空间

1.2.1 标题栏

标题栏位于窗口的最上面，用于显示当前正在运行的程序及文件名等信息。如图1-2所示，如果是AutoCAD默认的图形文件，其名称为DrawingN.dwg(N为1、2、3……)。鼠标右键单击标题栏会弹出快捷菜单，如图1-3所示，从中可以对窗口进行还原、移动、最大和最小化等操作。

图1-2 标题栏

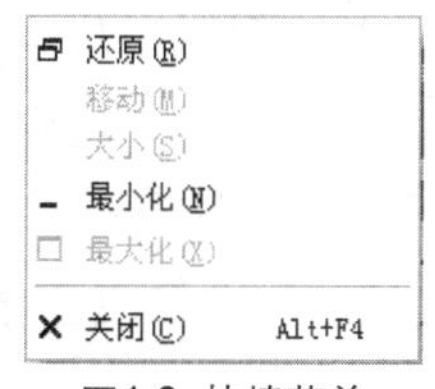

图1-3 快捷菜单

在标题栏左侧有一个【自定义快速访问工具栏】，如图1-4所示，在工具栏中可以快速使用常用命令，如新建、打开、保存文件等操作。单击工具栏最右侧的箭头，弹出下拉列表框，如图1-5所示，可以自定义工具栏其中的选项。在工具栏【工作空间】下拉列表，如图1-6所示，可以选择工作空间。

图1-4 【自定义快速访问工具栏】

图1-5 【自定义快速访问工具栏】下拉列表框

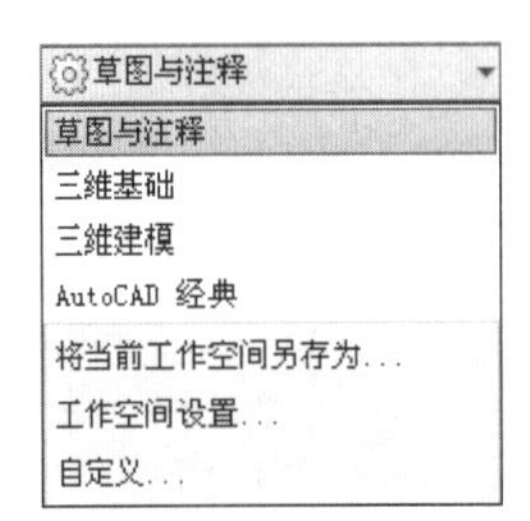

图1-6 【工作空间】下拉列表

1.2.2 菜单栏

菜单栏囊括了AutoCAD中几乎全部的功能和命令，单击菜单栏中某一项可以打开对应的下拉菜单，如图1-7所示。

图1-7 菜单栏下拉菜单

下拉菜单具有以下特点。

右侧有“▸”的菜单项，表示它还有子菜单。右侧有“…”的菜单项，被选中后将弹出一个特性面板或对话框。例如选择【格式】|【图层】菜单命令，会弹出【图层特性管理器】面板，如图1-8所示。单击右侧没有任何标识的菜单项，会执行对应的命令。

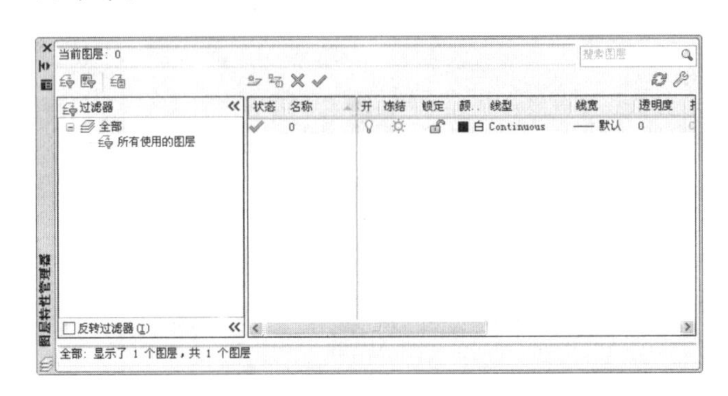

图1-8 【图层特性管理器】面板

1.2.3 工具栏与工具选项卡

工具栏是应用程序调用命令的另一种方式，包含许多由图标表示的命令按钮，单击工具栏中的某一按钮可以启动对应的AutoCAD命令。在AutoCAD 2012中，系统共提供了51个已命名的工具栏。将鼠标指针停留在按钮上，会弹出一个文字提示标签，说明该按钮的功能。如图1-9所示为【绘图】工具栏。

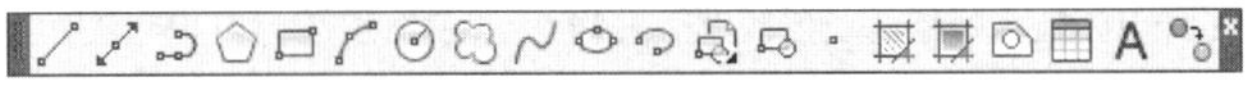

图1-9 【绘图】工具栏

工具栏的位置可以自由移动，如图1-10所示为不同的工具栏设置的位置。

用户可以根据需要打开或者关闭工具栏，单击工具栏右上角的叉按钮就可以关闭，在任何一个工具栏上单击鼠标右键，弹出工具栏选择的快捷菜单，也可以进行工具栏的开启和关闭。如果需要调出某一个工具栏，选择【工具】|【工具栏】|AutoCAD菜单命令，即可弹出相应的工具栏，如

图1-11所示。

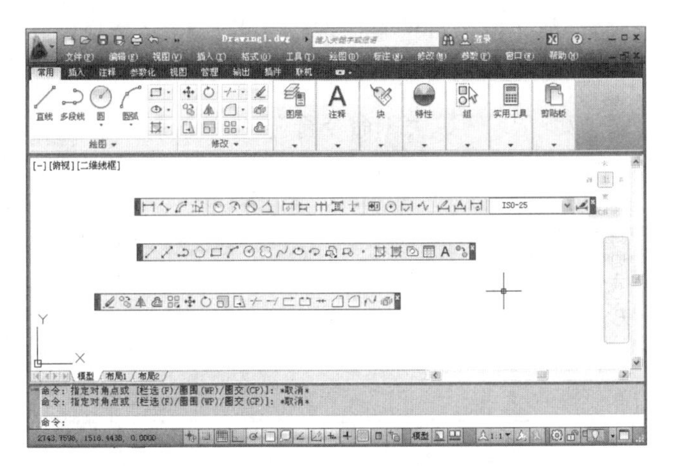

图1-10 工具栏位置

图1-11 【工具】|【工具栏】| AutoCAD菜单

在【草图与注释】工作空间中，某些常用命令的按钮是位于相应的选项卡中的，单击不同的选项卡可以打开相应的面板，面板包含的很多工具和控件与工具栏和对话框中的相同。如图1-12所示，是【常用】选项卡中各个面板的按钮命令。而在【三维建模】工作空间，则会出现不同的选项卡和按钮，如图1-13所示。

图1-12 【常用】选项卡中的各个面板

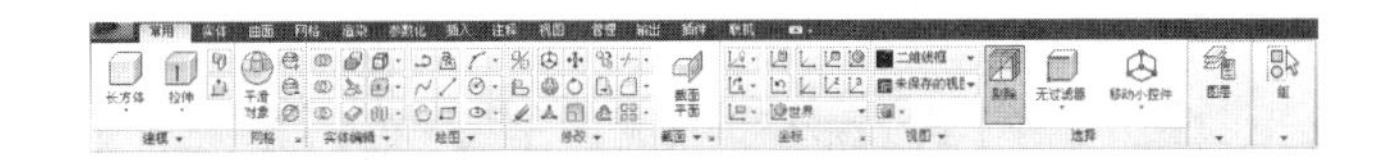

图1-13 三维操作时的【常用】选项卡

1.2.4 绘图窗口

在AutoCAD中，绘图窗口是绘图工作区域，所有的绘图结果都反映在这个窗口中。可以根据需要关闭其周围的各个工具栏，以增大绘图空间。如果图纸比较大，需要查看为显示部分时，可以单击窗口滚动条上的箭头，或者拖动滑块来移动图纸，还可以按住鼠标中键，然后拖动鼠标即可移动图纸。

绘图窗口的默认颜色为黑色，用户可以根据自己喜好更改绘图窗口的颜色。

选择【工具】|【选项】菜单命令，弹出【选项】对话框，如图1-14所示。在对话框中单击【颜色】按钮，弹出【图形窗口颜色】对话框，如图1-15所示，在【颜色】下拉列表框即可选择合适的背景颜色，也可以调整其他属性的颜色。

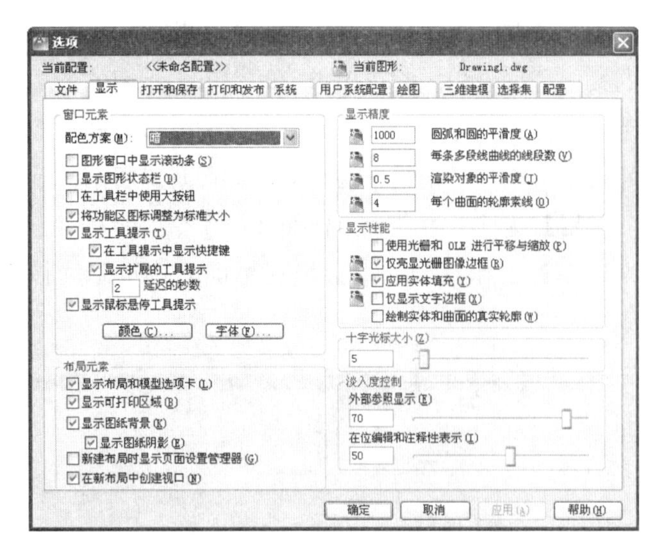

图1-14 【选项】对话框

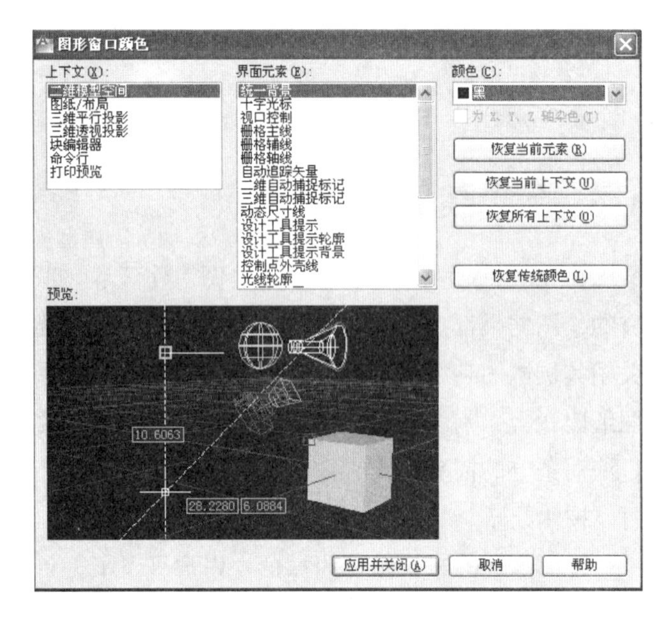

图1-15 【图形窗口颜色】对话框

1.2.5 命令行

命令行窗口位于绘图窗口的底部，用于输入命令，并显示AutoCAD的信息，如图1-16所示。

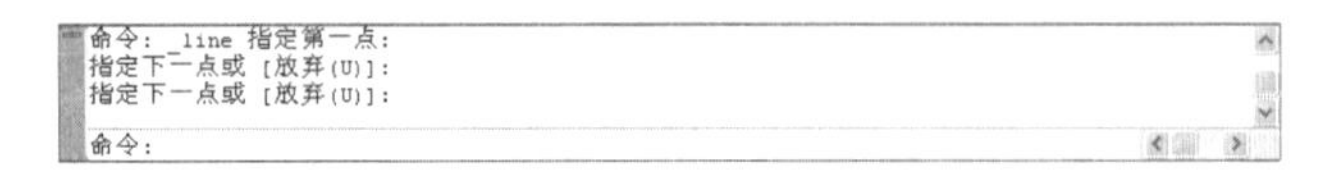

图1-16 命令行窗口

默认情况下命令行窗口显示一行文字，可以拖动命令行边框进行调整。选择【工具】|【命令行】菜单命令，弹出【命令行 - 关闭窗口】对话框，如图1-17所示，可以关闭命令行窗口，使用Ctrl+9组合键可以调出命令行窗口。

图1-17 【命令行-关闭窗口】对话框

1.2.6 状态栏

状态栏用来显示当前的状态，如当前十字光标的坐标、命令和按钮的说明等，位于程序界面的底部，如图1-18所示。

图1-18 状态栏

位于状态栏最左边的是十字光标的坐标数值，其余按钮从左到右分别是【推断约束】、【捕捉模式】、【栅格显示】、【正交模式】、【极轴追踪】、【对象捕捉】、【三维对象捕捉】、【对象捕捉追踪】、【允许/禁止动态DUCS】和【动态输入】、【显示/隐藏线宽】、【显示隐藏透明度】、【选择循环】和【快捷特型】。单击按钮即可开启或者关闭此功能。

此外还有【模型或图纸空间】按钮组，查看图纸的按钮组和比例按钮，以及【应用程序状态栏菜单】等，可以根据需要进行设置。

1.3 AutoCAD 2012的新增功能

AutoCAD是由美国Autodesk欧特克公司于20世纪80年代初为微机上应用CAD技术(Computer Aided Design，计算机辅助设计)而开发的绘图程序软件包，经过不断的完善，现已经成为国际上广为流行的绘图工具。最新版本为AutoCAD2012，其中包括了新的功能。

AutoCAD 2012有一个类似于Office的宏录制器的功能，可以把用户的操作过程和步骤录制下来。

AutoCAD 2012软件整合了制图和可视化，加快了任务的执行，能够满足个人用户的需求和偏好，能够更快地执行常见的CAD任务，更容易找到那些不常见的命令。新版本也能通过让用户在不需要软件编程的情况下自动操作制图，从而进一步简化了制图任务，极大地提高了效率。此外还有其他的新增功能，系统介绍如下。

1. 加速文档编制

借助AutoCAD中强大的文档编制工具，用户可以加速项目从概念到完成的过程。自动化、管理和编辑工具能够最大限度地减少重复性工作，提升用户的工作效率。无论项目规模和范围如何，AutoCAD都能够完成。AutoCAD中种类丰富的工具集可以帮助用户在任何一个行业的绘图和文档编制流程中提高效率。

参数化绘图：定义对象间的关系。

图纸集：有效整理和管理用户的图纸。

动态块：使用标准的重复组件，显著节约时间。

标注比例：节约用于确定和调整标注比例的时间。

2. 探索设计创意

AutoCAD 支持用户灵活地以二维和三维方式探索设计创意，并且提供了直观的工具帮助用户实现创意的可视化和造型，将创新理念变为现实。

三维自由形状设计：使用曲面、网格和实体建模工具探索并改进创意。

强大的可视化工具：让设计更具影响力。

三维导航工具：在模型中漫游或飞行。

点云支持：将三维激光扫描图导入AutoCAD，加快改造和重建项目的进展。

3. 参数化绘图

有了参数化绘图工具，设计修订变得轻而易举。

4. 三维自由形状设计

利用三维曲面、网格和实体建模工具自由探索设计创意。

5. 无缝沟通

借助AutoCAD2012，用户可以安全、高效、精确地共享关键设计数据。DWG是世界上使用最为广泛的设计数据格式。原始DWG支持将帮助用户让每位相关人员随时了解用户的设计。借助支持演示的图形、渲染工具和强大的绘制和三维打印功能，用户可以明确表现设计意图，与相关人员加强沟通。

原始DWG支持：支持原始格式，而非转换或编译。

PDF导入/导出：轻松共享和重复使用设计。

DWF支持：轻松收集关于设计的详细反馈。

照片级真实感渲染效果：创建丰富多彩、令人心动的出色图像。

三维打印：在线连接服务提供商。

6. 轻松定制

用户可以根据自己的独特需求定制AutoCAD。无论是按照自己的工作习惯排列工具，还是按照所在行业的要求定制软件，AutoCAD都能够灵活地满足需求。

可定制的用户界面：将所需工具放在触手可及的地方。

编程接口：创建定制的设计和绘图应用程序。

合作伙伴产品和服务：扩展AutoCAD软件的功能，满足需求。

7. 加快改造项目进展

通过支持点云，AutoCAD可以更轻松地完成改造项目。

1.4 图形文件的基本操作

AutoCAD 2012对图形文件与非图形文件的操作与Windows系统的操作是一样的。没有任何文件的AutoCAD窗口，是一个Windows窗口。文件的新建、打开、保存命令都可以通过【菜单浏览器】按钮 的下拉菜单来进行操作，如图1-19所示。

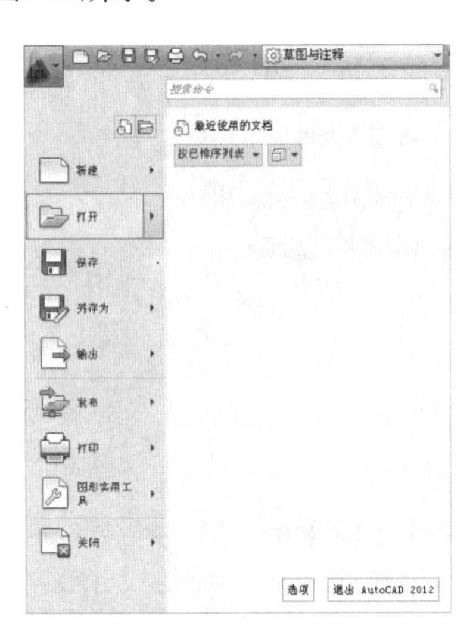

图1-19 【菜单浏览器】按钮下拉菜单

1.4.1 创建新图形文件

在AutoCAD 2012中，创建新图形文件的方法有以下三种。

- 在命令行中输入new，按下Enter键。
- 在菜单栏中选择【文件】|【新建】菜单命令，或者在【菜单浏览器】选择【新建】命令。
- 在快速访问工具栏(见图1-20)中单击【新建】按钮。

在选择命令之后，会弹出【选择样板】对话框，如图1-21所示，选择样板，单击【打开】按钮或直接双击选中的样板，就可以完成新建文件。

单击【新建】按钮

图1-20 快速访问工具栏

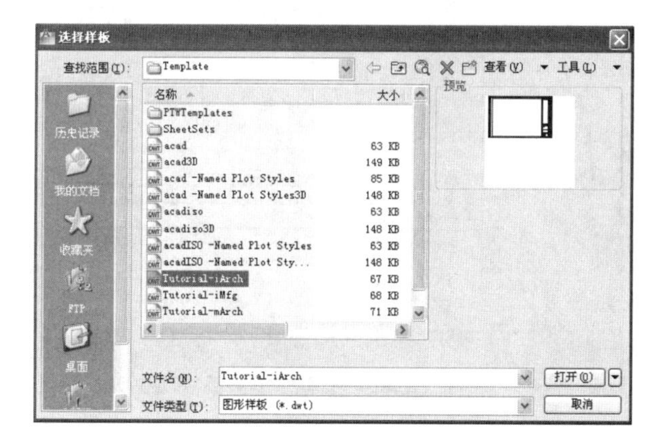

图1-21 【选择样板】对话框

1.4.2 打开已有的图形

在AutoCAD2012中，打开已有的图形文件的方法有以下三种。

- 在命令行中输入命令open，按下Enter键。
- 在菜单栏中选择【文件】|【打开】菜单命令，或者在【菜单浏览器】中选择【打开】命令。
- 单击快速访问工具栏中的【打开】按钮。

选择打开命令之后，弹出【选择文件】对话框，选择要打开的文件，单击【打开】按钮或直接双击想要打开的文件，即可打开图纸，如图1-22所示。

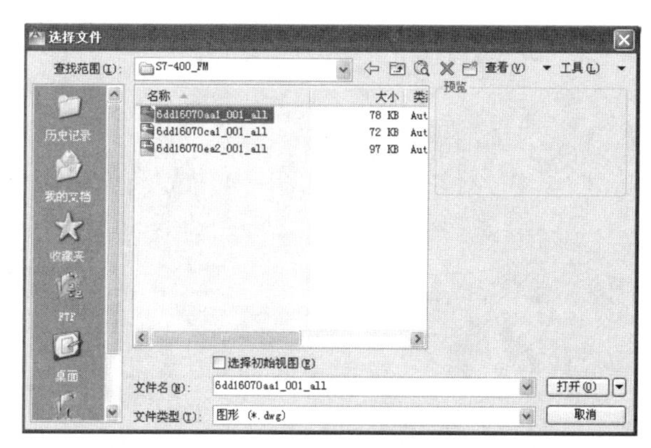

图1-22 【选择文件】对话框

1.4.3 保存图形

在AutoCAD2012中，保存图形文件的方法有四种。

- 在命令行中输入命令save，按下Enter键。
- 在菜单栏中选择【文件】|【保存】菜单命令，或者在【菜单浏览器】中选择【保存】命令。
- 单击快速访问工具栏中单击【保存】按钮或者【另保存】按钮。
- 选择【文件】|【另存为】菜单命令，将当前图形保存到新的位置。

选择保存命令或者另存为命令之后，系统弹出【图形另存为】对话框，如图1-23所示，选择相应的位置，设置文件名称之后，单击【保存】按钮，即可保存文件。

图1-23 【图形另存为】对话框

1.4.4 关闭图形文件

绘图结束后，需要退出AutoCAD 2012时，可以使用以下方法。

- 在菜单栏中选择【文件】|【关闭】菜单命令，或者在【菜单浏览器】中选择【关闭】命令。
- 在绘图窗口中单击【关闭】按钮。
- 单击标题栏右侧的【关闭】按钮。

如果在关闭图纸之前没有保存，会弹出AutoCAD对话框，提示是否对文件进行保存，选择相应按钮进行操作，如图1-24所示。

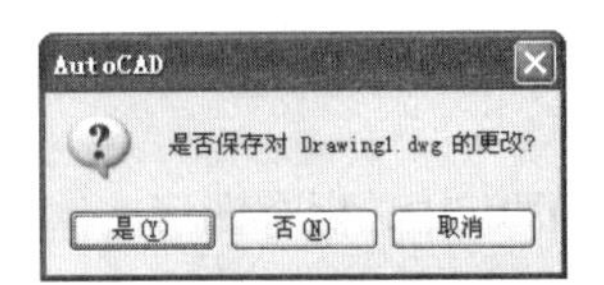

图1-24　AutoCAD对话框

1.4.5　基本操作范例

本范例练习文件：/01/1-4-5.dwg

多媒体教学路径：光盘→多媒体教学→第1章→1.4节

步骤 1 新建文件，如图1-25所示。

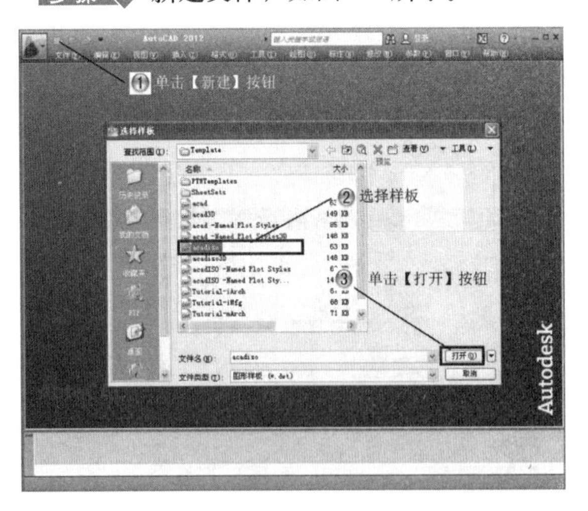

图1-25　新建文件

步骤 2 打开文件，如图1-26所示。

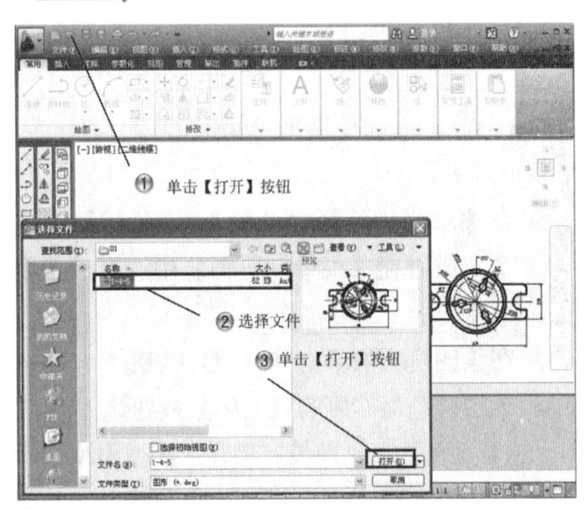

图1-26　打开文件

步骤 3 保存文件，如图1-27所示。

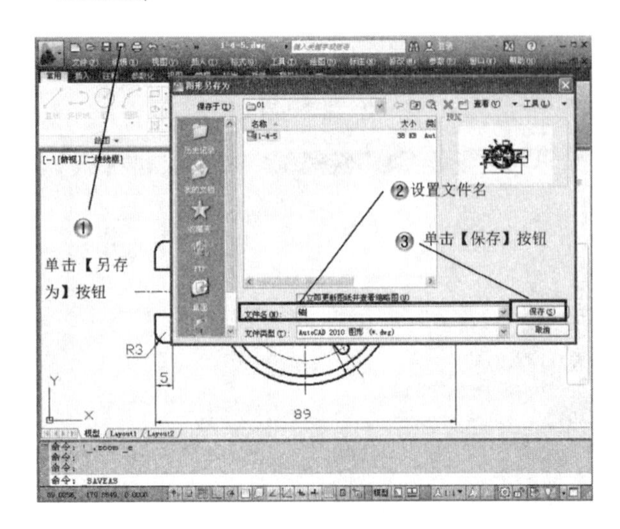

图1-27　保存文件

步骤 4 关闭文件，如图1-28所示。

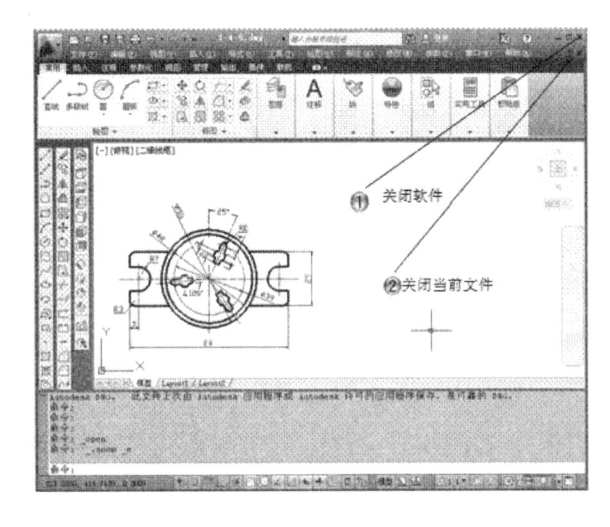

图1-28　关闭文件

1.5 本章小结

本章主要介绍了AutoCAD 2012的基本知识和界面，同时介绍了基本的操作方法，读者可以通过简单操作，进一步熟悉AutoCAD 2012软件。

第2章

AutoCAD 2012绘图基础

本章导读

设置坐标系和绘制图形的环境一般在图纸绘制之前完成。绘图环境包括参数选项、鼠标、线型和线宽、图形单位、图形界限等。在绘制图形的过程中，经常需要对视图进行操作，如放大、缩小、平移，或者将视图调整为某一特定模式下显示等。这些是绘制图形的基础。本章将详尽地讲解图形绘制之前设置参数的各种命令，以及绘图当中的视图控制方法。

学习内容

学习目标 知识点	理解	应用	实践
坐标系与坐标	✓	✓	
设置绘图环境	✓	✓	
视图控制	✓	✓	✓

2.1 坐标系与坐标

要在AutoCAD中准确、高效地绘制图形，必须充分利用坐标系并掌握各坐标系的概念以及输入方法。它是确定对象位置的最基本的手段。

2.1.1 坐标系统

在AutoCAD 2012中有两个坐标系：一个是被称为世界坐标系 (WCS) 的固定坐标系，一个是被称为用户坐标系 (UCS) 的可移动坐标系。默认情况下，这两个坐标系在新图形中是重合的。

通常在AutoCAD 2012二维视图中，WCS 的水平向右为X轴正向，垂直向上为Y轴正向(垂直于XY平面指向用户的是Z轴正向，可在三维视图中看到)。WCS 的原点为 X 轴和 Y 轴的交点 (0，0)。图形文件中的所有对象均由其 WCS 坐标定义。

WCS总是出现在用户图样上，是基准坐标系。而其他的坐标系都是相对于它来确定的，这些坐标系被称为User Coordinate System(用户坐标系)，简称UCS，可以通过UCS命令创建，使用可移动的 UCS 创建和编辑对象通常更方便。尽管WCS是固定的，但用户仍然可以在不改变坐标系的情况下，从各个方向，各个角度观察实体。当视角改变后，坐标系图标也会随之改变，如图2-1所示，显示了绘图常用视角的坐标系图标。

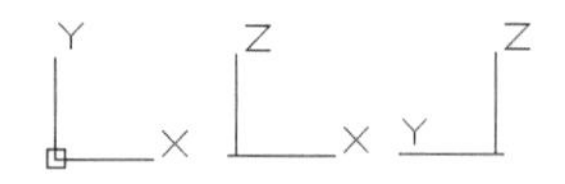

图2-1 俯视图、前视图、左视图的坐标系图标

坐标系是可以被改变的。AutoCAD 2012系统提供了相关面板，实现视角不变、坐标系改变，如图2-2所示。用户将在三维造型中大量使用坐标系命令。

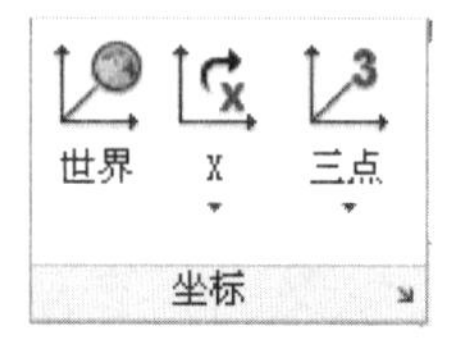

图2-2 【坐标】面板

下面详细介绍一下世界坐标系(WCS)和用户坐标系(UCS)。

1. 世界坐标系(WCS)

根据笛卡尔坐标系的习惯，沿X轴正方向向右为水平距离增加的方向，沿Y轴正方向向上为竖直距离增加的方向，垂直于XY平面、沿Z轴正方向从所视方向向外为距离增加的方向。这一套坐标轴确定了世界坐标系，简称WCS。该坐标系的特点是：它总是存在于一个设计图形之中，并且不可更改。

2. 用户坐标系(UCS)

相对于世界坐标系(WCS)，可以创建无限多个的坐标系，这些坐标系通常称为用户坐标系(UCS)，并且可以通过调用UCS命令去创建用户坐标系。尽管世界坐标系(WCS)是固定不变的，但可以从任意角度、任意方向来观察或旋转世界坐标系(WCS)，而不用改变其他坐标系。AutoCAD提供的坐标系图标，可以在同一图纸不同坐标系中保持同样的视觉效果。这种图标将通过指定X、Y轴的正方向来显示当前UCS的方位。

用户坐标系(UCS)是一种可自定义的坐标系，可以修改坐标系的原点和轴方向，即X、Y、Z轴以及原点方向都可以移动和旋转，在绘制三维对象时非常有用。

调用用户坐标首先需要执行用户坐标命令，其方法有以下几种。

(1) 在菜单栏中选择【工具】|【新建UCS】|【三点】菜单命令，执行用户坐标命令。

(2) 调出UCS工具栏，单击其中的【三点】按钮，执行用户坐标命令。

(3) 在命令行中输入UCS命令，执行用户坐标命令。

2.1.2 坐标的表示方法

在使用AutoCAD进行绘图过程中，绘图区中的任何一个图形都有属于自己的坐标位置。当用户在绘图过程中需要指定点位置时，便需使用指定点的坐标位置来确定点，从而精确、有效地完成绘图。

常用的坐标表示方法有：绘对直角坐标、相对直角坐标、绝对极坐标和相对极坐标。

1. 绝对直角坐标

以坐标原点(0，0，0)为基点定位所有的点。用户可以通过输入(X，Y，Z)坐标的方式来定义一个点的位置。

如图2-3所示，O点绝对坐标为(0，0，0)，A点绝对坐标为(4，4，0)，B点绝对坐标为(12，4，0)，C点绝对坐标为(12，12，0)。

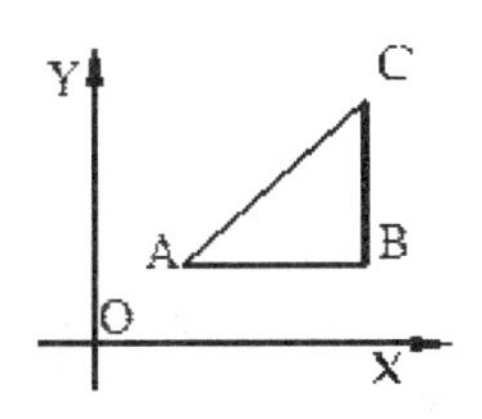

图2-3 绝对直角坐标

如果Z方向坐标为0，则可省略，则A点绝对坐标为(4，4)，B点绝对坐标为(12，4)，C点绝对坐标为(12，12)。

2. 相对直角坐标

相对直角坐标是以某点相对于另一特定点的相对位置定义一个点的位置。相对特定坐标点(X，Y，Z) 增量为 (ΔX，ΔY，ΔZ) 的坐标点的输入格式为“@ΔX，ΔY，ΔZ”。“@”字符的使用相当于输入一个相对坐标值“@0，0”或极坐标“@0<任意角度”，它指定与前一个点的偏移量为0。

在图2-3绝对直角坐标中所示的图形中，O点绝对坐标为(0，0，0)，A点相对于O点相对坐标为“@4，4”，B点相对于O点相对坐标为“@12，4”，B点相对于A点相对坐标为“@8，0”，C点相对于O点相对坐标为“@12，12”，C点相对于A点相对坐标为“@8，8”，C点相对于B点相对坐标为“@0，8”。

3. 绝对极坐标

以坐标原点(0，0，0)为极点定位所有的点，通过输入相对于极点的距离和角度的方式来定义一个点的位置。AutoCAD的默认角度正方向是逆时针方向。起始0为X正向，用户输入极线距离再加一个角度即可指明一个点的位置。其使用格式为“距离<角度”。如要指定相对于原点距离为100、角度为45°的点，输入“100<45”即可。

其中，角度按逆时针方向增大，按顺时针方向减小。如果要向顺时针方向移动，应输入负的角度值，如输入10<–70等价于输入10<290。

4. 相对极坐标

以某一特定点为参考极点，输入相对于极点的距离和角度来定义一个点的位置。其使用格式为“@距离<角度”。如要指定相对于前一点距离为60、角度为45°的点，输入“@60<45”即可。在绘图中，多种坐标输入方式配合使用会使绘图更灵活，再配合目标捕捉，夹点编辑等方式，则使绘图更快捷。

2.2 设置绘图环境

应用AutoCAD绘制图形时，需要先定义符合要求的绘图环境，如设置绘图测量单位、绘图区域大小、图形界限、图层、尺寸和文本标注方式以及设置坐标系统、设置对象捕捉、极轴跟踪等等，这样不仅可以方便修改，而且可以实现与团队的沟通和协调。本节将对设置绘图环境做具体的介绍。

2.2.1 设置参数选项

要想提高绘图的速度和质量，必须有一个合理的、适合自己绘图习惯的参数配置。

在菜单栏中选择【工具】|【选项】菜单命令，或在命令输入行中输入options后按下Enter键。打开【选项】对话框，在对话框中包括【文件】、【显示】、【打开和保存】、【打印和发布】、【系统】、【用户系统配置】、【绘图】、【三维建模】、【选择集】和【配置】10个选项卡，如图2-4所示。

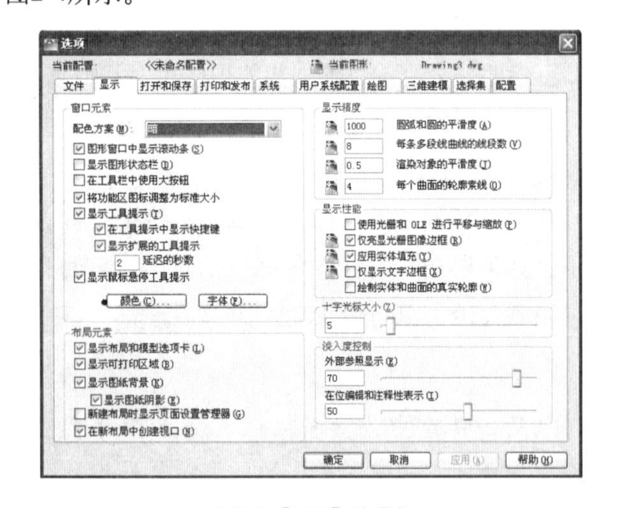

图2-4 【显示】选项卡

2.2.2 鼠标的设置

在绘制图形时，灵活使用鼠标的右键将使操作方便快捷，在【选项】对话框中可以自定义鼠标右键的功能。

在【选项】对话框中切换到【用户系统配置】选项卡，如图2-5所示。

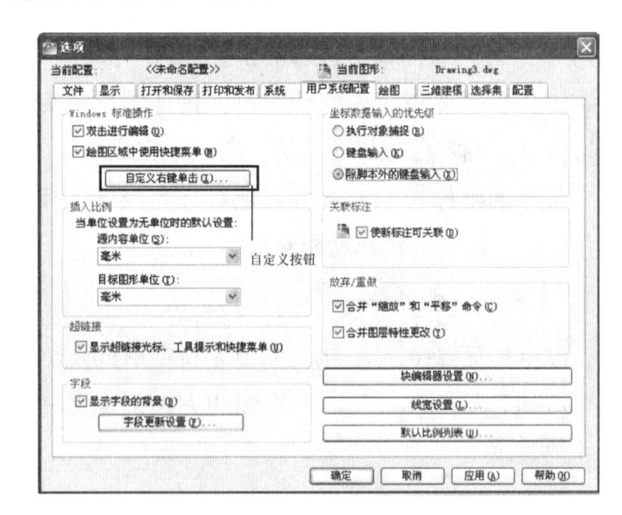

图2-5 【用户系统配置】选项卡

单击【Windows标准操作】选项组中的【自定义右键单击】按钮，弹出【自定义右键单击】对话框，如图2-6所示。用户可以在对话框中根据需要进行设置。对话框中的各项含义如下。

- 【打开计时右键单击】复选框：控制右键单击操作。快速单击与按下Enter键的作用相同。缓慢单击将显示快捷菜单。可以用毫秒来设置慢速单击的持续时间。
- 【默认模式】选项组：确定未选中对象且没有命令在运行时，在绘图区域中单击右键所产生的结果。

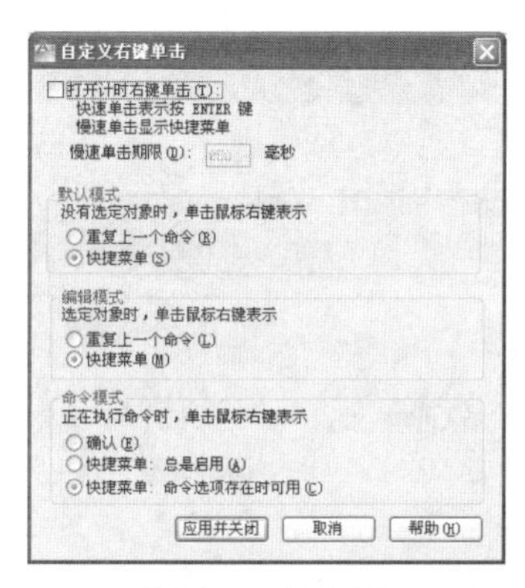

图2-6 【自定义右键单击】对话框

★【重复上一个命令】单选按钮：禁用“默认”快捷菜单。当没有选择任何对象并且没有任何命令运行时，在绘图区域中单击鼠标右键与按下Enter键的作用相同，即重复上一次使用的命令。

★【快捷菜单】单选按钮：启用“默认”快捷菜单。

- 【编辑模式】选项组：确定当选中了一个或多个对象且没有命令在运行时，在绘图区域中单击鼠标右键所产生的结果。
- 【命令模式】选项组：确定当命令正在运行时，在绘图区域中单击鼠标右键所产生的结果。

★【确认】单选按钮：禁用“命令”快捷菜单。当某个命令正在运行时，在绘图区域中单击鼠标右键与按下Enter键的作用相同。

★【快捷菜单：总是启用】单选按钮：启用“命令”快捷菜单。

★【快捷菜单：命令选项存在时可用】单选按钮：仅在命令提示下选项当前可用时，启用“命令”快捷菜单。在命令提示下，选项用方括号括起来。如果没有可用的选项，则单击鼠标右键与按下Enter键作用相同。

2.2.3 更改图形窗口的颜色

在【选项】对话框中切换到【显示】选项卡，单击【颜色】按钮，打开【图形窗口颜色】对话框，如图2-7所示。

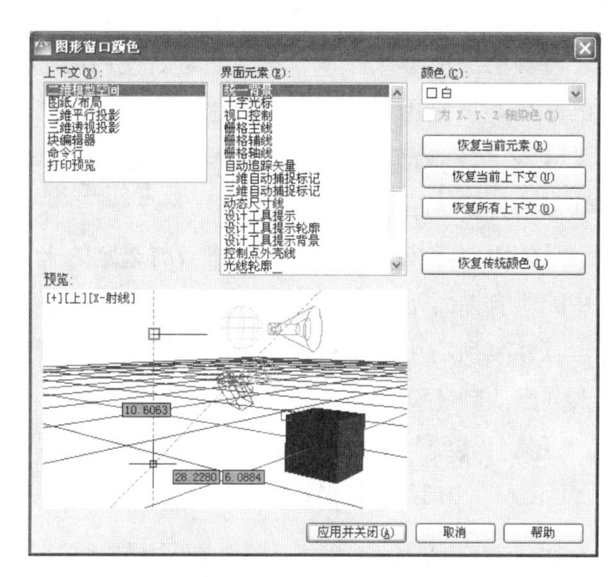

图2-7 【图形窗口颜色】对话框

通过【图形窗口颜色】对话框可以方便地更改各种操作环境下各要素的显示颜色，下面介绍其各选项。

【上下文】列表：显示程序中所有上下文的列表。上下文是指一种操作环境，例如模型空间。可以根据上下文为界面元素指定不同的颜色。

【界面元素】列表：显示选定的上下文中所有界面元素的列表。界面元素是指一个上下文中的可见项，例如背景色。

【颜色】下拉列表框：列出应用于选定界面元素的可用颜色设置。可以从其下拉列表中选择一种颜色，或选择【选择颜色】选项，打开【选择颜色】对话框，如图2-8所示。用户可以从【索引颜色】、【真彩色】和【配色系统】选项卡中进行选择来定义界面元素的颜色。

如果为界面元素选择了新颜色，新的设置将显示在【预览】区域中。在图2-7中，就将【颜色】设置成了“白色”，改变了绘图区的背景颜色，以便进行绘制。

【为X，Y，Z 轴染色】复选框：控制是否将X轴、Y轴和Z轴的染色应用于以下界面元素：十字光标指针、自动追踪矢量、地平面栅格线和设计工具提示。将颜色饱和度增加 50% 时，色彩将使用用户指定的颜色亮度应用纯红色、纯蓝色和纯绿色色调。

【恢复当前元素】按钮：将当前选定的界面元素恢复为其默认颜色。

【恢复当前上下文】按钮：将当前选定的上下文中的所有界面元素恢复为其默认颜色。

【恢复所有上下文】按钮：将所有界面元素恢复为其默认颜色设置。

【恢复传统颜色】按钮：将所有界面元素恢复为AutoCAD 2012经典颜色设置。

图2-8 【选择颜色】对话框

2.2.4 设置绘图单位

在新建文档时，需要进行相应的绘图单位设置，以满足使用的要求。

在菜单栏中选择【格式】|【单位】菜单命令或在命令输入行中输入“UNITS”后按下Enter键，打开【图形单位】对话框，如图2-9所示。

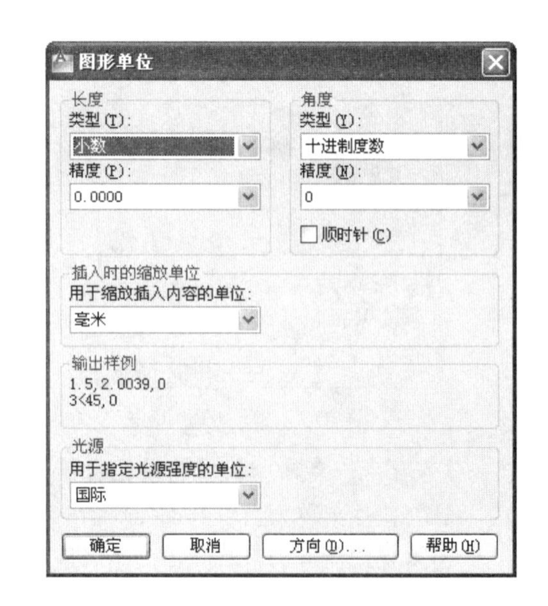

图2-9 【图形单位】对话框

(1)【图形单位】对话框中的【长度】选项组用来指定测量当前单位及当前单位的精度。

① 在【类型】下拉列表框中有5个选项，包括“建筑”、“小数”、“工程”、“分数”和“科学”，用于设置测量单位的当前格式。该值中，“工程”和“建筑”选项提供英尺和英寸显示并假定每个图形单位表示1英寸，“分数”和“科学”不符合我国的制图标准，因此通常情况下选择“小数”选项。

② 在【精度】下拉列表框中有9个选项，用来设置线性测量值显示的小数位数或分数大小。

(2)【图形单位】对话框中的【角度】选项组用来指定当前角度格式和当前角度显示的精度。

① 在【类型】下拉列表框中有5个选项，包括“百分度”、“度/分/秒”、“弧度”、“勘测单位”和“十进制度数”，用于设置当前角度格式。通常选择符合我国制图规范的“十进制度数”。

② 在【精度】下拉列表框中有9个选项，用来设置当前角度显示的精度。以下惯例用于各种角度测量：

“十进制度数”以十进制度数表示；“百分

度”附带一个小写g后缀；“弧度”附带一个小写r后缀；“度/分/秒”用d表示度，用 ' 表示分，用 " 表示秒，例如：23d45'56.7"。

“勘测单位”以方位表示角度：N 表示正北，S 表示正南，“度/分/秒”表示从正北或正南开始的偏角的大小，E 表示正东，W 表示正西，例如：N 45d0'0" E。此形式只使用“度/分/秒”格式来表示角度大小，且角度值始终小于 90 度。如果角度正好是正北、正南、正东或正西，则只显示表示方向的单个字母。

③【顺时针】复选框用来确定角度的正方向，当启用该复选框时，就表示角度的正方向为顺时针方向，反之则为逆时针方向。

(3)【图形单位】对话框中的【插入时的缩放单位】选项组用来控制插入到当前图形中的块和图形的测量单位，有多个选项可供选择。如果块或图形创建时使用的单位与该选项指定的单位不同，则在插入这些块或图形时，将对其按比例缩放。插入比例是源块或图形使用的单位与目标图形使用的单位之比。如果插入块时不按指定单位缩放，则选择【无单位】选项。

注意

当源块或目标图形中的【插入时的缩放单位】设置为“无单位”时，将使用【选项】对话框的【用户系统配置】选项卡中的【源内容单位】和【目标图形单位】设置。

(4) 单位设置完成后，【输出样例】框中会显示出当前设置下的输出的单位样式。单击【确定】按钮，就设定了这个文件的图形单位。

(5) 接下来单击【图形单位】对话框中的【方向】按钮，打开【方向控制】对话框，如图2-10所示。

图2-10 【方向控制】对话框

在【基准角度】选项组中单击【东】(默认方向)、【南】、【西】、【北】或【其他】中的任何一个可以设置角度的零度的方向。当选择【其他】单选按钮时，也可以通过输入值来指定角度。

【角度】按钮是基于假想线的角度定义图形区域中的零角度。该假想线连接用户使用定点设备指定的任意两点。只有选择【其他】单选按钮时，此选项才可用。

2.2.5 设置图形界限

图形界限是世界坐标系中几个二维点，表示图形范围的左下基准线和右上基准线。如果设置了图形界限，就可以把输入的坐标限制在矩形的区域范围内。图形界限还限制显示网格点的图形范围等，另外还可以指定图形界限作为打印区域，应用到图纸的打印输出中。

在菜单栏中选择【格式】|【图形界限】菜单命令，输入图形界限的左下角和右上角位置，命令输入行提示如下：

命令: '_limits

重新设置模型空间界限:

指定左下角点或 [开(ON)/关(OFF)] <0.0000, 0.0000>: 0, 0 // 输入左下角位置(0, 0)后按Enter键

指定右上角点 <420.0000, 297.0000>: 420, 297 // 输入右上角位置(420, 297)后按Enter键

这样，所设置的绘图面积为420×297，相当于A3图纸的大小。

2.2.6 设置线型

在菜单栏中选择【格式】|【线型】菜单命令，打开【线型管理器】对话框，如图2-11所示。

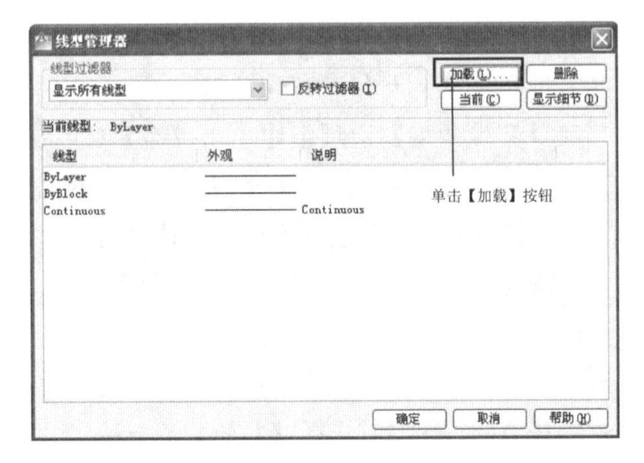

图2-11 【线型管理器】对话框

单击【加载】按钮，打开【加载或重载线型】对话框，如图2-12所示。

从中选择绘制图形需要用到的线型，如虚线、中心线等。

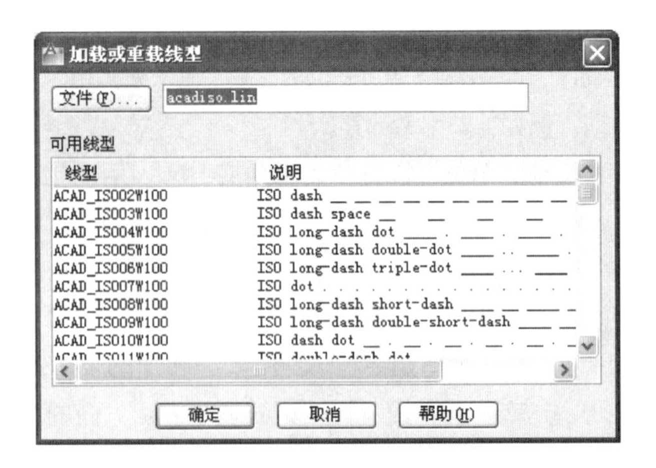

图2-12 【加载或重载线型】对话框

本节对基本的设置绘图环境的方法就介绍到此，对于设置图层、设置文本和尺寸标注方式以及设置坐标系统、设置对象捕捉、极轴跟踪的方法将在后面的章节中作详尽的讲解。

提示

在绘图过程中，用户仍然可以根据需要对图形单位、线型、图层等内容进行重新设置，以免因设置不合理而影响绘图效率。

2.3 视图控制

与其他图形图像软件一样，使用AutoCAD绘制图形时，也可以自由地控制视图的显示比例，例如需要对图形进行细微观察时，可适当放大视图比例以显示图形中的细节部分；而需要观察全部图形时，则可适当缩小视图比例显示图形的全貌。

而如果在绘制较大的图形，或者放大了视图显示比例时，还可以随意移动视图的位置，以显示要查看的部位。在此节中将对如何进行视图控制做详细的介绍。

2.3.1 平移视图

在编辑图形对象时，如果当前视口不能显示全部图形，可以适当平移视图，以显示被隐藏部分的图形。就像日常生活中使用相机平移一样，执行平移操作不会改变图形中对象的位置和视图比例，它只改变当前视图中显示的内容。下面对具体操作进行介绍。

1. 实时平移视图

需要实时平移视图时，可以在菜单栏中选择【视图】|【平移】|【实时】菜单命令；也可以调出【标准】工具栏，单击【平移】按钮；或在命令输入行中输入PAN命令后按下Enter键，当十字光标变为(手形标志)后，再按住鼠标左键进行拖动，以显示需要查看的区域，图形显示将随光标向同一方向移动。如图2-13、图2-14所示。

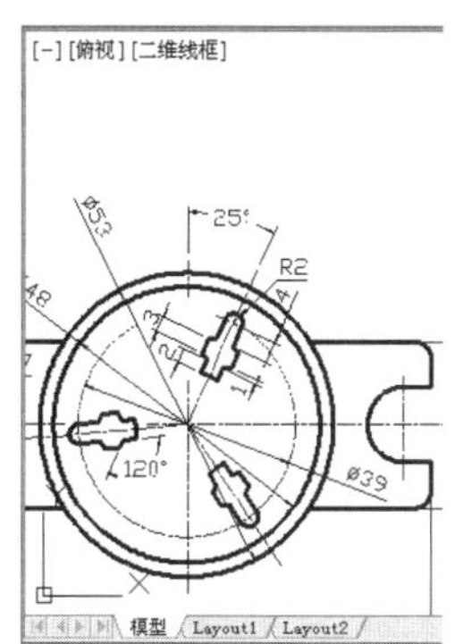

图2-13　实时平移前的视图

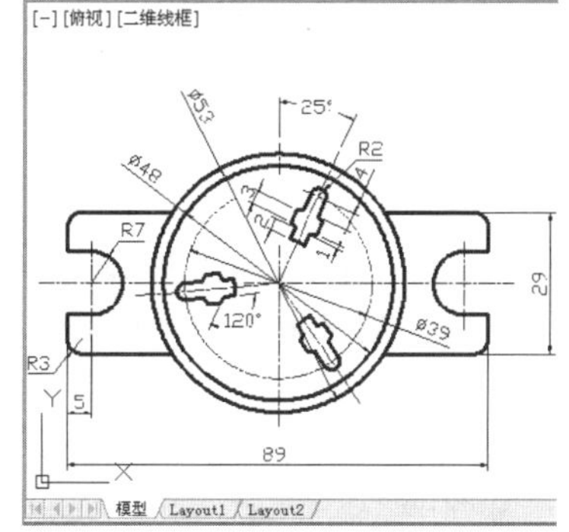

图2-14　实时平移后的视图

当释放鼠标按键之后将停止平移操作。如果要结束平移视图的任务，可按Esc键或按Enter键，或者单击鼠标右键执行快捷菜单中的【退出】命令，光标即可恢复至原来的状态。

提示

用户也可以在绘图区的任意位置单击鼠标右键，然后执行弹出的快捷菜单中的【平移】命令。

2. 定点平移视图

需要通过指定点平移视图时，可以在菜单栏中选择【视图】|【平移】|【点】菜单命令，待十字光标中间的正方形消失之后，在绘图区中单击鼠标可指定平移基点位置，再次单击鼠标可指定第二点的位置，即刚才指定的变更点移动后的位置，此时AutoCAD将会计算出从第一点至第二点的位移。如图2-15～图2-17所示。

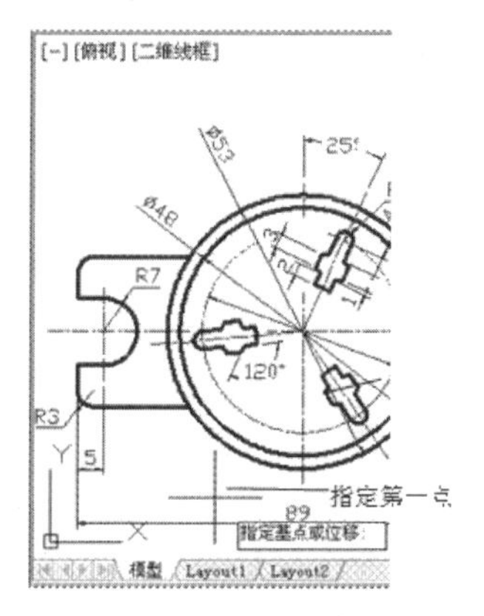

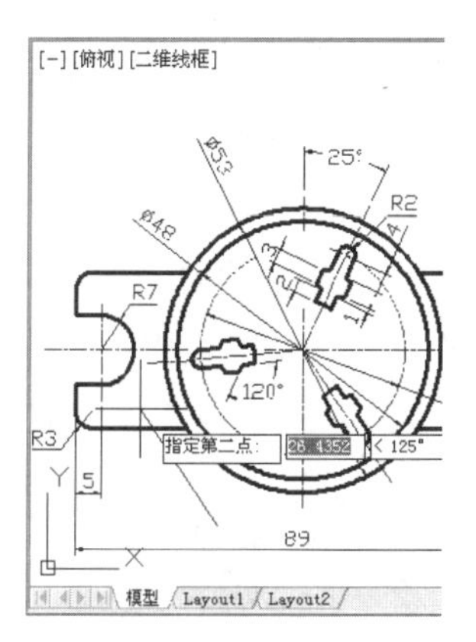

图2-15　指定定点平移基点位置 图2-16　指定定点平移第二点位置

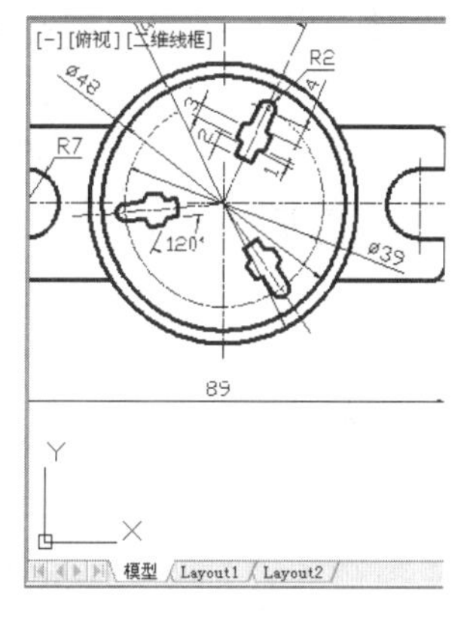

图2-17　定点平移后的视图

另外，在菜单栏中选择【视图】|【平移】|【左】/【右】/【上】/【下】菜单命令，可使视图向/左/右/上/下移动固定的距离。

2.3.2 缩放视图

在绘图时，有时需要放大或缩小视图的显示比例。对视图进行缩放不会改变对象的绝对大小，改变的只是视图的显示比例。下面具体介绍。

1. 实时缩放视图

实时缩放视图是指向上或向下移动鼠标对视图进行动态的缩放。在菜单栏中选择【视图】|【缩放】|【实时】菜单命令，或在【标准】工具栏中单击【实时缩放】按钮，当十字光标变成(放大

镜标志)之后，按住鼠标左键垂直进行拖动，即可放大或缩小视图，如图2-18所示。当缩放到适合的尺寸后，按Esc键或按Enter键，或者单击鼠标右键执行快捷菜单中的【退出】命令，光标即可恢复至原来的状态，结束该操作。

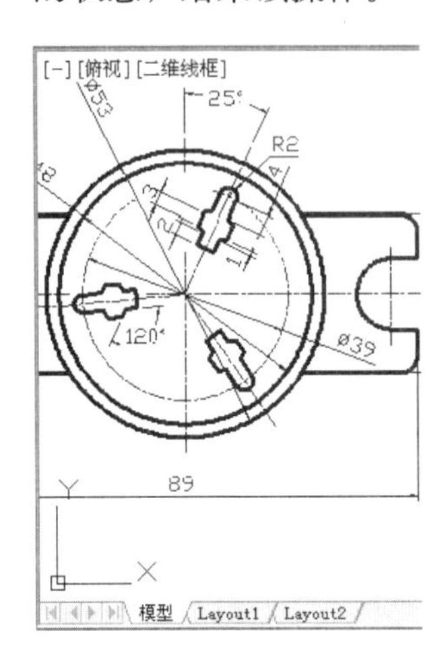

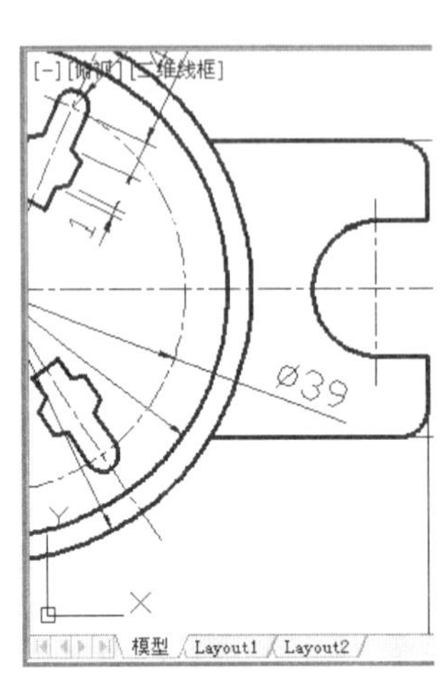

图2-18　实时缩放前后的视图

> **提示**
>
> 用户也可以在绘图区的任意位置单击鼠标右键，然后执行弹出的快捷菜单中的【缩放】命令。

2. 上一个

当需要恢复到上一个设置的视图比例和位置时，可在菜单栏中选择【视图】|【缩放】|【上一个】菜单命令，或在【标准】工具栏中单击【缩放上一个】按钮，但它不能恢复到以前编辑图形的内容。

3. 窗口缩放视图

当需要查看特定区域的图形时，可采用窗口缩放的方式，在菜单栏中选择【视图】|【缩放】|【窗口】菜单命令，或在【标准】工具栏中单击【窗口缩放】按钮，用鼠标在图形中圈定要查看的区域，释放鼠标后在整个绘图区就会显示要查看的内容。如图2-19所示。

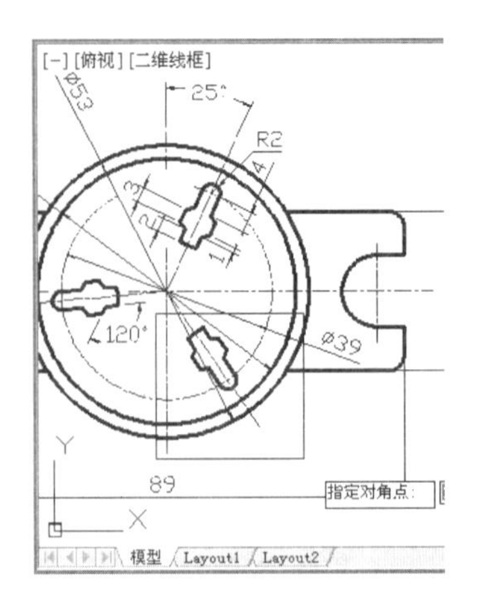

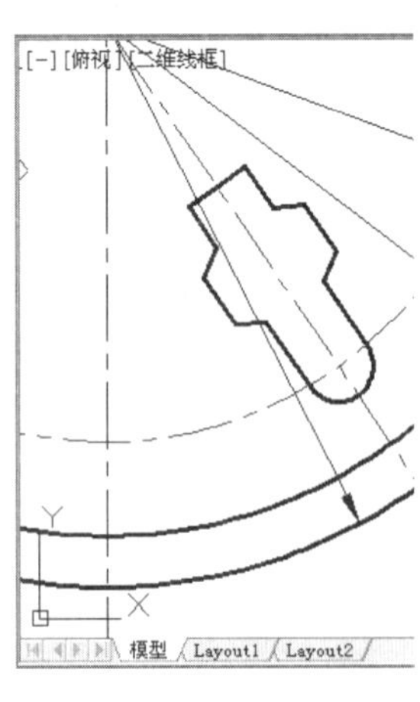

图2-19　采用窗口缩放前后的视图

> **提示**
>
> 当采用窗口缩放方式时，指定缩放区域的形状不需要严格符合新视图，但新视图必须符合视口的形状。

4. 动态缩放视图

进行动态缩放，在菜单栏中选择【视图】|【缩放】|【动态】菜单命令，这时绘图区将出现颜色不同的线框，蓝色的虚线框表示图纸的范围，即图形实际占用的区域，黑色的实线框为选取视图框，在未执行缩放操作前，中间有一个×型符号，在其中按住鼠标左键进行拖动，视图框右侧会出现一个箭头。用户可根据需要调整该框，至合适的位置后单击鼠标，重新出现×型符号后按Enter键，则绘图区只显示视图框的内容。

5. 比例缩放视图

在菜单栏中选择【视图】|【缩放】|【比例】菜单命令，表示以指定的比例缩放视图显示。当输入具体的数值时，图形就会按照该数值比例实现绝对缩放；当在比例系数后面加X时，图形将实现相对缩放；若在数值后面添加XP，则图形会相对于图纸空间进行缩放。

6. 圆心缩放视图

在菜单栏中选择【视图】|【缩放】|【圆

心】菜单命令，可以将图形中的指定点移动到绘图区的中心。

7. 对象缩放视图

在菜单栏中选择【视图】|【缩放】|【对象】菜单命令，可以尽可能大地显示一个或多个选定的对象并使其位于绘图区域的中心。

8. 放大、缩小视图

在菜单栏中选择【视图】|【缩放】|【放大】(【缩小】)菜单命令，可以将视图放大或缩小一定的比例。

9. 全部缩放视图

在菜单栏中选择【视图】|【缩放】|【全部】菜单命令，可以显示栅格区域界线，图形栅格界线将填充当前视口或图形区域，若栅格外有对象，也将显示这些对象。

10. 范围缩放视图

在菜单栏中选择【视图】|【缩放】|【范围】菜单命令，将尽可能放大显示当前绘图区的所有对象，并且仍在当前视口或当前图形区域中全部显示这些对象。

另外，需要缩放视图时还可以在命令输入行中输入ZOOM后按Enter键，则命令输入行提示如下：

命令: zoom

指定窗口的角点，输入比例因子 (nX 或 nXP)，或者[全部(A)/中心(C)/动态(D)/范围(E)/上一个(P)/比例(S)/窗口(W)/对象(O)] <实时>:

用户可以按照提示选择需要的命令进行输入后按Enter键，则可完成需要的缩放操作。

2.3.3 命名视图

按一定比例、位置和方向显示的图形称为视图。按名称保存特定视图后，可以在布局和打印或者需要参考特定的细节时恢复它们。在每一个图形任务中，可以恢复每个视口中显示的最后一个视图，最多可恢复前10个视图。命名视图随图形一起保存并可以随时使用。在构造布局时，可以将命名视图恢复到布局的视口中。下面具体介绍保存、恢复、删除命名视图的步骤。

1. 保存命名视图

(1) 在菜单栏中选择【视图】|【命名视图】菜单命令，或者调出【视图】工具栏，在其中单击【命名视图】按钮，打开【视图管理器】对话框，如图2-20所示。

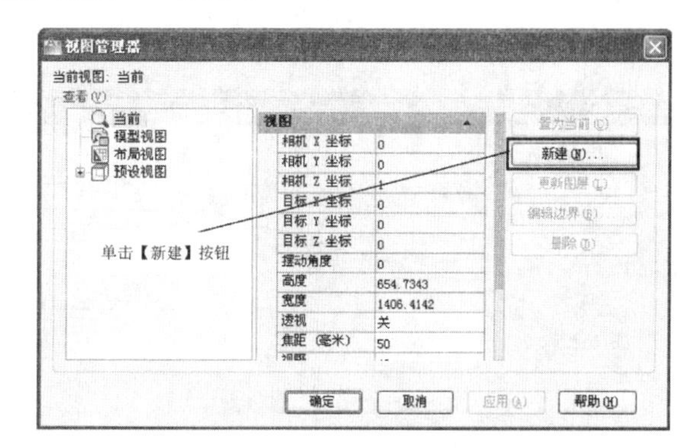

图2-20 【视图管理器】对话框

(2) 在【视图管理器】对话框中单击【新建】按钮，打开如图2-21所示的【新建视图/快照特性】对话框。在该对话框中为该视图输入名称(如：输入“新视图”)、视图类别(可选)。

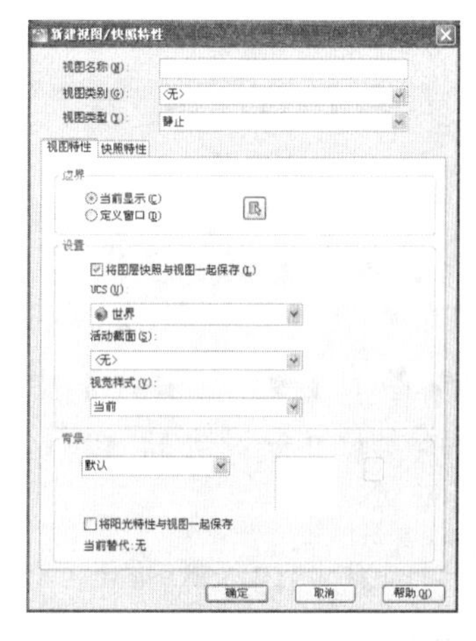

图2-21 【新建视图/快照特性】对话框

(3) 选择以下选项之一来定义视图区域。

【当前显示】：包括当前可见的所有图形。

【定义窗口】：保存部分当前显示。使用定点设备指定视图的对角点时，该对话框将关闭。单击【定义视图窗口】按钮，可以重定义该窗口。

(4) 单击【确定】按钮，保存新视图并返回【视图管理器】对话框，再单击【确定】按钮。

2. 恢复命名视图

(1) 在菜单栏中选择【视图】｜【命名视图】菜单命令，或者在【视图】工具栏中单击【命名视图】按钮，打开保存过的【视图管理器】对话框，如图2-22所示。

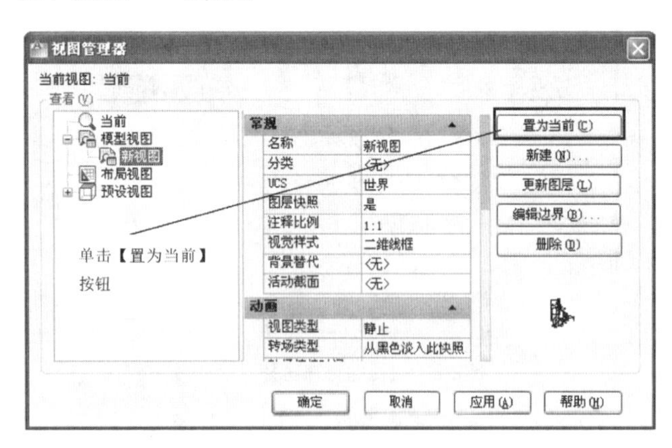

图2-22　保存过的【视图管理器】对话框

(2) 在【视图管理器】对话框中，选择想要恢复的视图(如选择视图“新视图”)后，单击【置为当前】按钮。

(3) 单击【确定】按钮，恢复视图并退出所有对话框。

3. 删除命名视图

(1) 在菜单栏中选择【视图】｜【命名视图】菜单命令，或者在【视图工具栏】中单击【命名视图】按钮，打开保存过的【视图管理器】对话框。

(2) 在【视图管理器】对话框中，选择想要删除的视图后，单击【删除】按钮。

(3) 单击【确定】按钮，删除视图并退出所有对话框。

2.3.4　视图控制范例

本范例练习文件：/02/2-3-4.dwg

多媒体教学路径：光盘→多媒体教学→第2章→2.3节

步骤 1 打开文件，如图2-23所示。

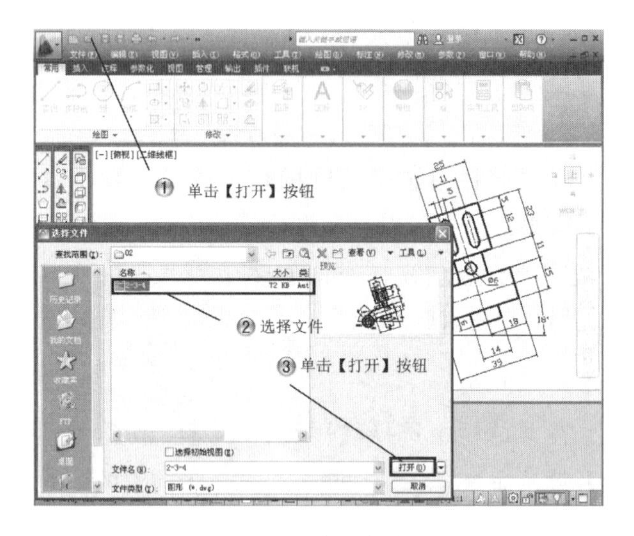

图2-23　打开文件

步骤 2 平移视图，如图2-24所示。

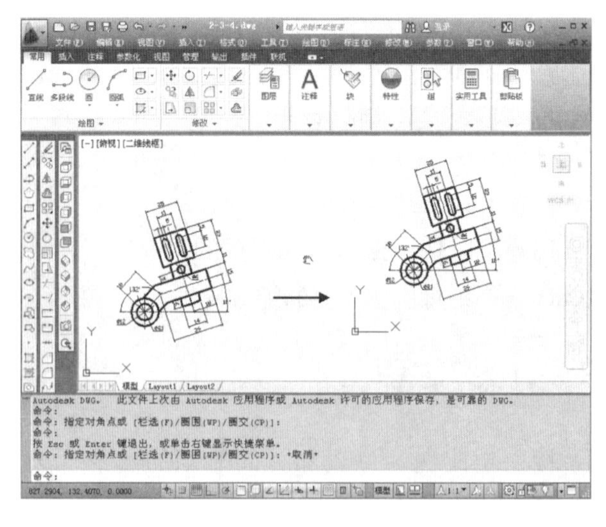

图2-24　平移视图

步骤 3 窗口缩放视图，如图2-25所示。

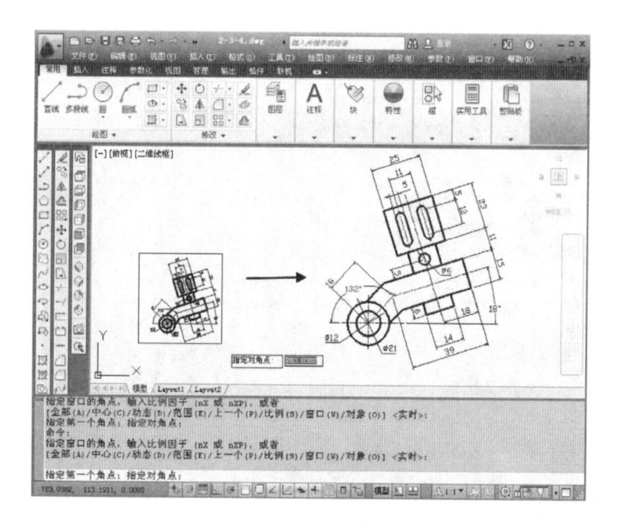

图2-25　窗口缩放视图

步骤 4 新建视图，如图2-26所示。

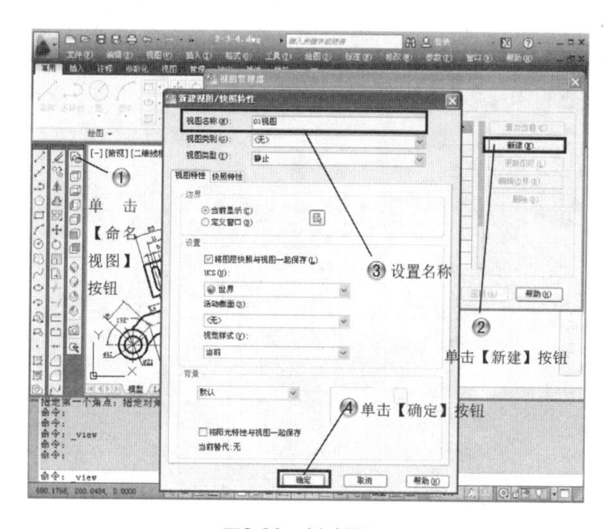

图2-26　新建视图

步骤 5 打开视图，如图2-27所示。

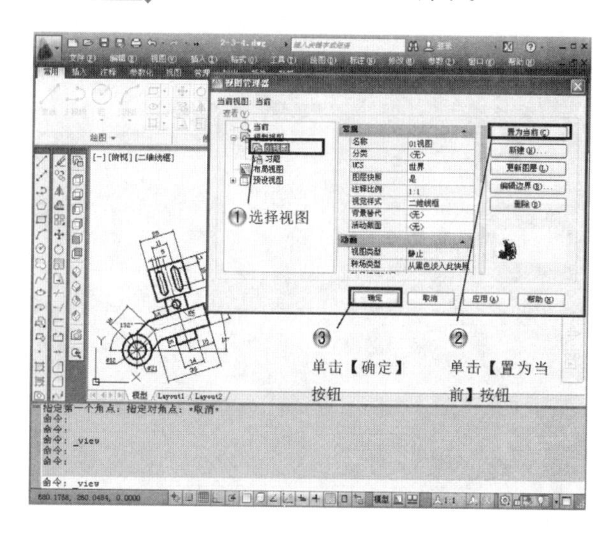

图2-27　打开视图

2.4　本章小结

本章主要介绍了AutoCAD 2012的坐标系设置，绘图环境设置和视图的控制方法，在范例介绍当中，详细进行了视图的平移、缩放和命名的操作，视图操作要通过实践掌握。

第3章 绘制基本的二维图形

本章导读

AutoCAD图形由基本的元素组成，如圆和直线等，绘制这些图形是绘制复杂图形的基础。本章主要介绍点、线、矩形、多边形、圆、圆弧、椭圆和圆环的绘制命令和步骤，通过这些内容的学习，使读者学会如何绘制基本图形并掌握基本的绘图技巧，为以后进一步的绘图打下坚实的基础。

学习内容

知识点＼学习目标	理解	应用	实践
绘制点、线	√	√	√
绘制矩形、正多边形	√	√	√
绘制圆、圆弧	√	√	√
绘制椭圆、圆环	√	√	√

3.1 绘制点、线

3.1.1 绘制点

AutoCAD 2012提供的绘制点的方法有以下几种。

- 在【绘图】面板单击【多点】按钮，或在【绘图】工具栏中单击【点】按钮，进行多点的绘制。
- 在命令输入行中输入point后，按下Enter键。
- 在菜单栏中选择【绘图】|【点】菜单命令，在弹出的菜单中选择各种点命令，如图3-1所示。

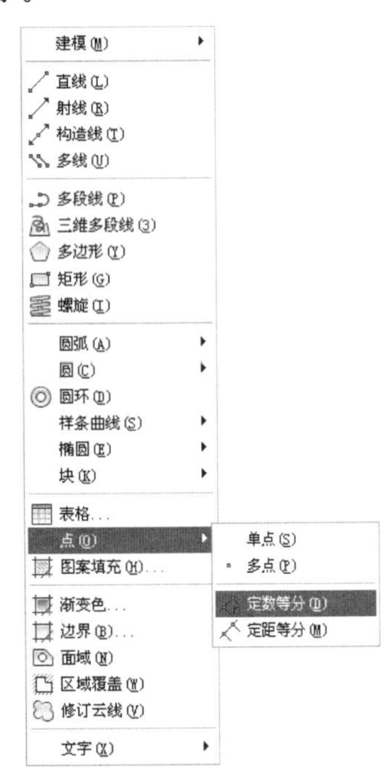

图3-1 【点】子菜单

绘制点的种类有以下几种。

(1) 单点：用户确定了点的位置后，绘图区出现一个点，如图3-2(a)所示。

(2) 多点：用户可以同时画多个点，如图3-2(b)所示。

> **提示**
>
> 使用【多点】命令也可进行单点的绘制，在【绘图】面板中没有显示【单点】按钮，若需要使用，可在【菜单栏】中选择。

(3) 定数等分：用户可以指定一个实体，然后输入该实体被等分的数目后，AutoCAD 2012会自动在相应的位置上画出点，如图3-2(c)所示。

(4) 定距等分：用户选择一个实体，输入每一段的长度值后，AutoCAD 2012会自动在相应的位置上画出点，如图3-2(d)所示。

(a) 单点命令绘制的图形

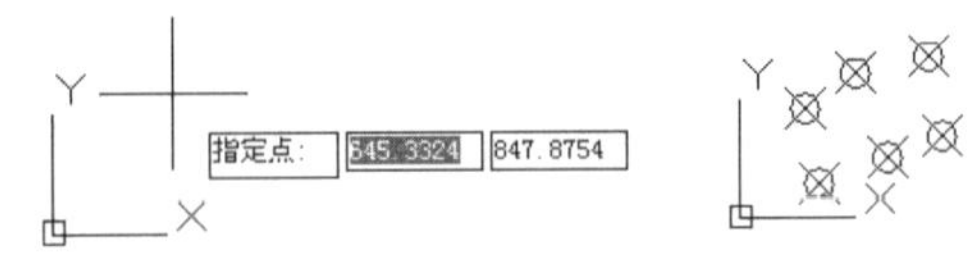

(b) 多点命令绘制的图形

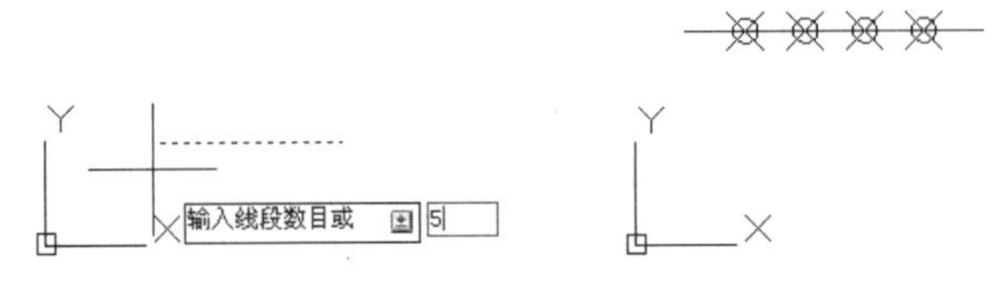

(c) 定数等分绘制的图形

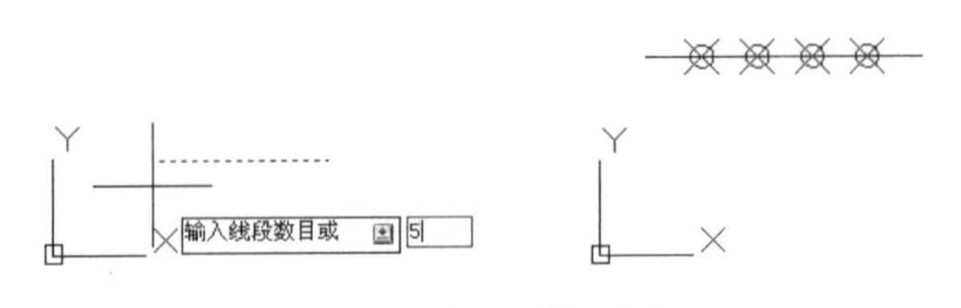

(d) 定距等分绘制的图形

图3-2 几种画点方式绘制的点

提示

可以通过按下Esc键结束绘制多点。

在用户绘制点的过程中，可以改变点的形状和大小。

选择【格式】|【点样式】菜单命令，打开如图3-3所示的【点样式】对话框。在此对话框中，可以先选取上面点的形状，然后选择【相对于屏幕设置大小】或【按绝对单位设置大小】两个单选按钮中的一个，最后在【点大小】文本框中输入所需的数字。当选中【相对于屏幕设置大小】单选按钮时，在【点大小】文本框输入的是点的大小相对于屏幕大小的百分比的数值；当选择【按绝对单位设置大小】单选按钮时，在【点大小】文本框中输入的是像素点的绝对大小。

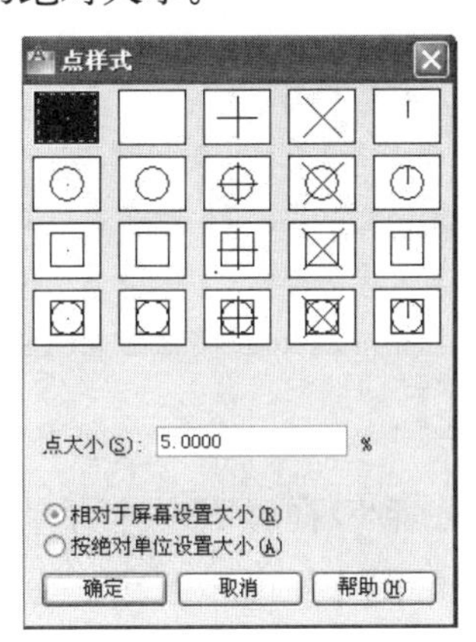

图3-3 【点样式】对话框

3.1.2 绘制线

AutoCAD中常用的直线类型有直线、射线、构造线、多线，下面将分别介绍这几种线条的绘制方法。

1. 绘制直线

首先介绍绘制直线的具体方法。

(1) 调用绘制直线命令

绘制直线命令调用方法有以下几种。

- 单击【绘图】面板中的【直线】按钮。
- 在命令输入行中输入line后按下Enter键。
- 在菜单栏中选择【绘图】|【直线】菜单命令。

(2) 绘制直线的方法

执行命令后，命令输入行将提示用户指定第一点的坐标值，命令输入行提示如下：

命令：_line 指定第一点:

指定第一点后绘图区如图3-4所示。

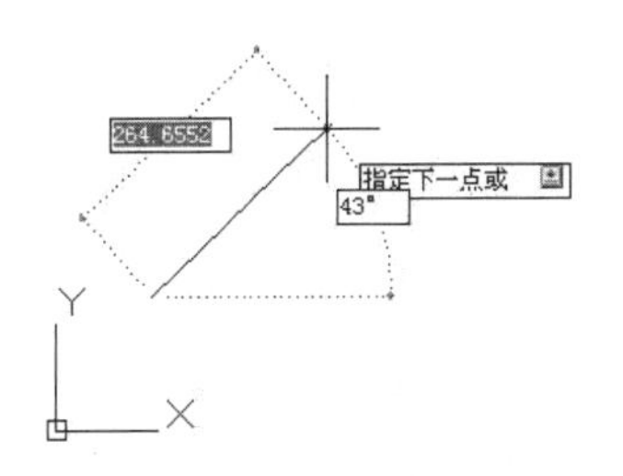

图3-4 指定第一点后绘图区所显示的图形

输入第一点后，命令输入行将提示用户指定下一点的坐标值或放弃，命令输入行提示如下：

指定下一点或 [放弃(U)]:

指定第二点后绘图区如图3-5所示。

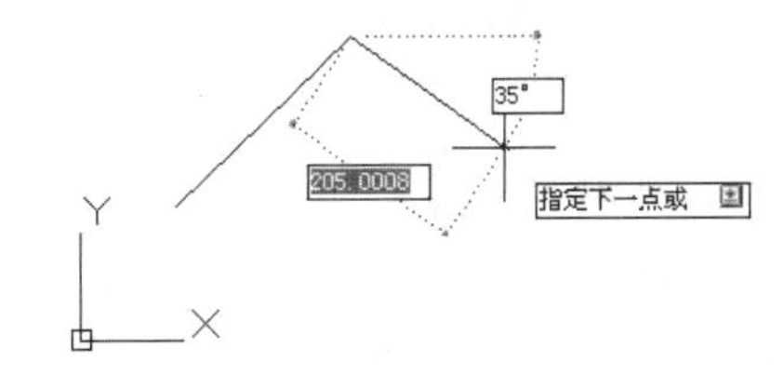

图3-5 指定第二点后绘图区所显示的图形

输入第二点后，命令输入行将提示用户再次指定下一点的坐标值或放弃，命令输入行提示如下：

指定下一点或 [放弃(U)]:

指定第三点后绘图区如图3-6所示。

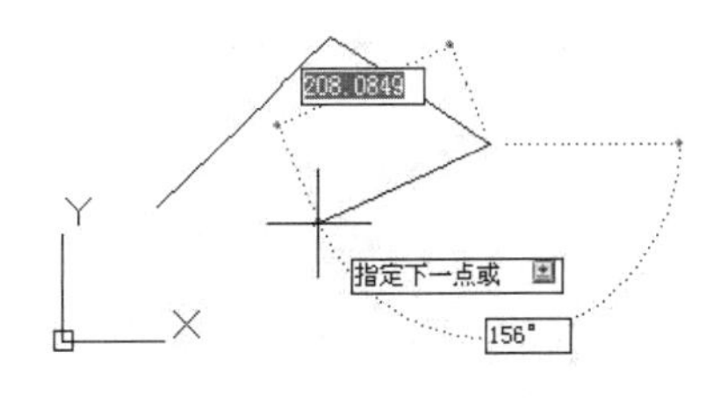

图3-6 指定第三点后绘图区所显示的图形

完成以上操作后，命令输入行将提示用户指定下一点或闭合/放弃，在此输入c后按下Enter键。命令输入行提示如下：

指定下一点或 [闭合(C)/放弃(U)]: c

所绘制图形如图3-7所示。

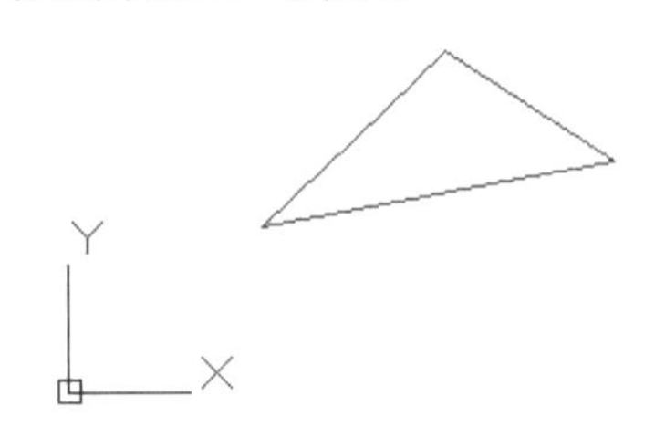

图3-7　用line命令绘制的直线

命令提示的意义如下。

【放弃】：取消最后绘制的直线。

【闭合】：由当前点和起始点生成的封闭线。

2. 绘制射线

射线是一种单向无限延伸的直线，在机械图形绘制中它常用作绘图辅助线来确定一些特殊点或边界。

(1) 调用绘制射线命令

绘制射线命令调用方法如下。

- 在【绘图】面板中单击【射线】按钮。
- 在命令输入行中输入“ray”后按下Enter键。
- 在菜单栏中选择【绘图】|【射线】菜单命令。

(2) 绘制射线的方法

选择【射线】命令后，命令输入行将提示用户指定起点，输入射线的起点坐标值。命令输入行提示如下：

命令：_ray 指定起点:

指定起点后绘图区如图3-8所示。

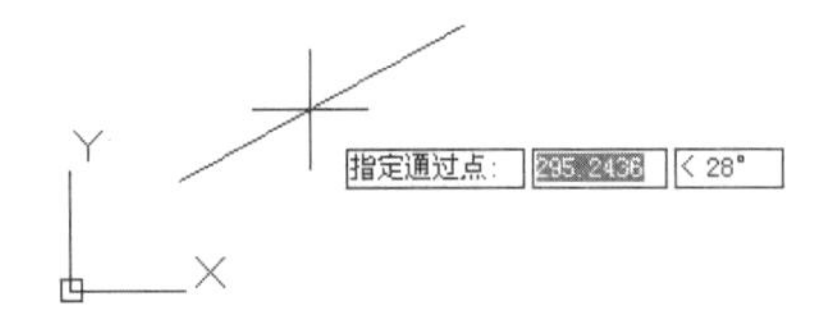

图3-8　指定起点后绘图区所显示的图形

在输入起点之后，命令输入行将提示用户指定通过点。命令输入行提示如下：

指定通过点：

指定通过点后绘图区如图3-9所示。

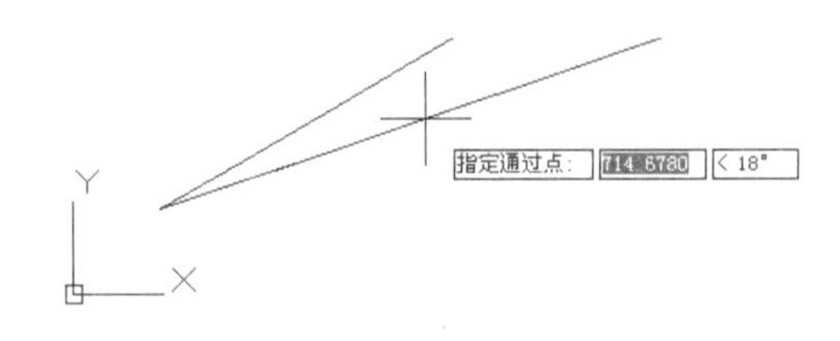

图3-9　指定通过点后绘图区所显示的图形

在ray命令下，AutoCAD默认用户会画第2条射线，绘制完成后，右击或按下Enter键后结束。如图3-8所示即为用ray命令绘制的图形。可以看出，射线从起点沿射线方向一直延伸到无限远处。

绘制的图形如图3-10所示。

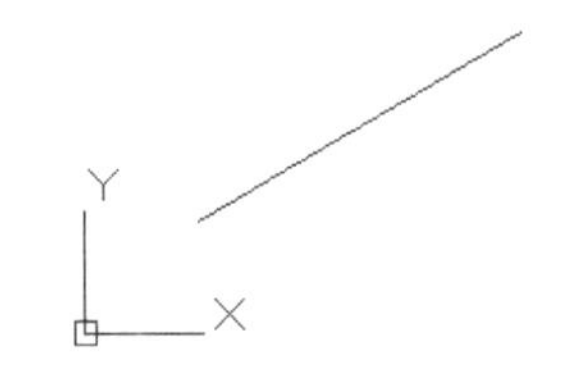

图3-10　用ray命令绘制的射线

3. 绘制构造线

构造线是一种双向无限延伸的直线，在机械图形绘制中它也常用作绘图辅助线，来确定一些特殊点或边界。

(1) 调用绘制构造线命令

绘制构造线命令调用方法如下。

- 单击【绘图】面板或者【绘图】工具栏中的【构造线】按钮。
- 在命令输入行中输入xline后按下Enter键。
- 在菜单栏中选择【绘图】|【构造线】菜单命令。

(2) 绘制构造线的方法

选择【构造线】命令后，命令输入行将提示用户指定点或[水平(H)/垂直(V)/角度(A)/二等分(B)/偏移(O)]，命令输入行提示如下：

命令：_xline 指定点或 [水平(H)/垂直(V)/角度(A)/二等分(B)/偏移(O)]：

指定点后绘图区如图3-11所示。

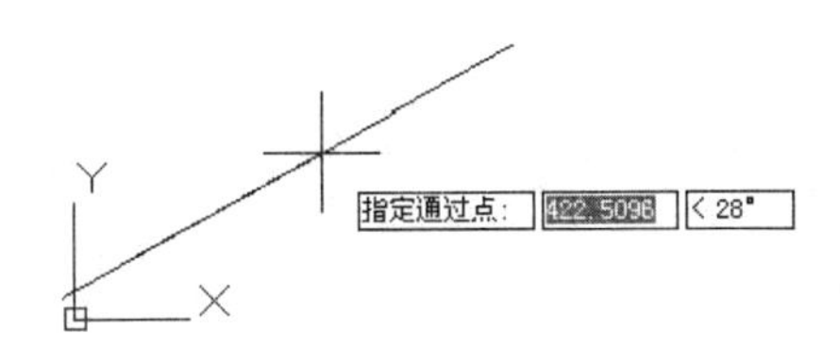

图3-11 指定点后绘图区所显示的图形

输入第1点的坐标值后，命令输入行将提示用户指定通过点，命令输入行提示如下：

指定通过点：

指定通过点后绘图区如图3-12所示。

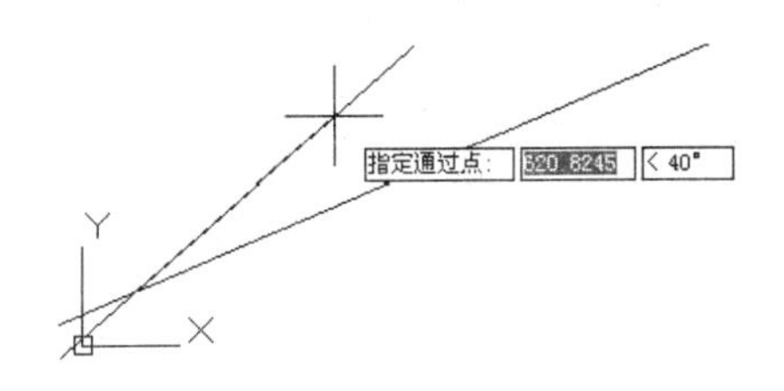

图3-12 指定通过点后绘图区所显示的图形

输入通过点的坐标值后，命令输入行将再次提示用户指定通过点，命令输入行提示如下：

指定通过点：

右击或按下Enter键后结束。由以上命令绘制的图形如图3-13所示。

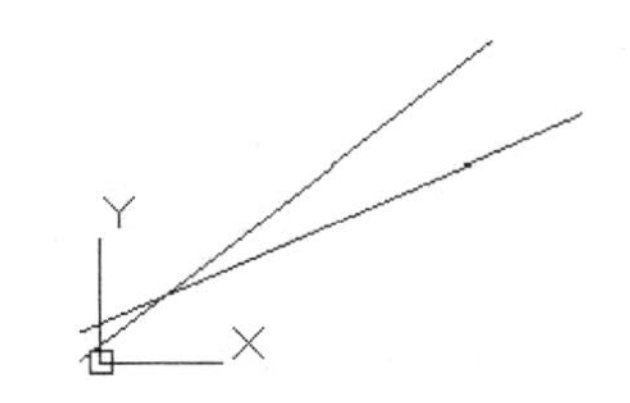

图3-13 用xline命令绘制的构造线

提示

在执行【构造线】命令时，会出现部分让用户选择的命令，下面讲解一下命令提示：

【水平】：放置水平构造线。

【垂直】：放置垂直构造线。

【角度】：在某一个角度上放置构造线。

【二等分】：用构造线平分一个角度。

【偏移】：放置平行于另一个对象的构造线。

3.1.3 点、线范例

本范例完成文件：\03\3-1-3.dwg

多媒体教学路径：光盘→多媒体教学→第3章→3.1节

步骤 1 保存文件，如图3-14所示。

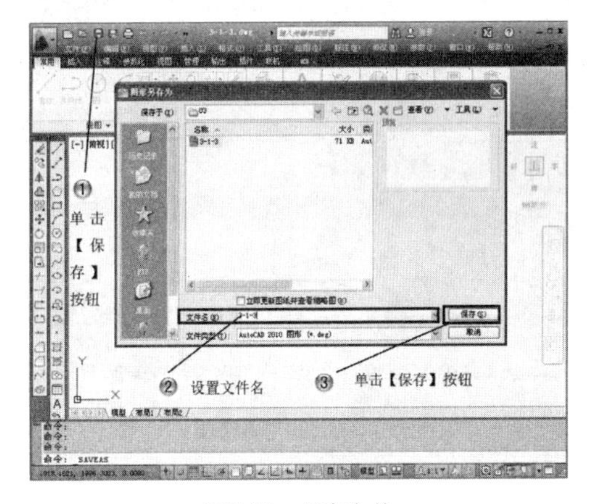

图3-14 保存文件

步骤 2 绘制构造线，如图3-15所示。

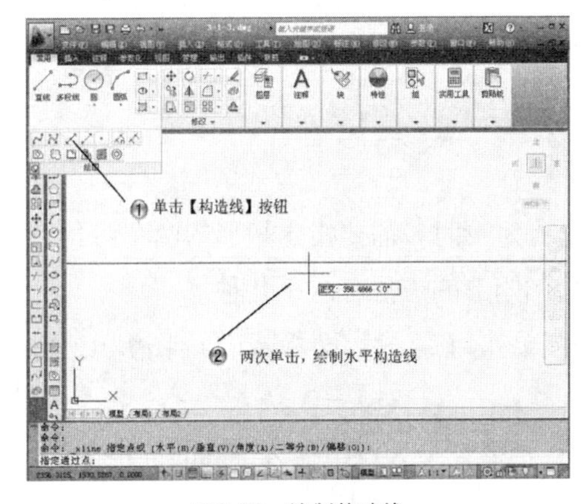

图3-15 绘制构造线

步骤3 绘制矩形，如图3-16所示。

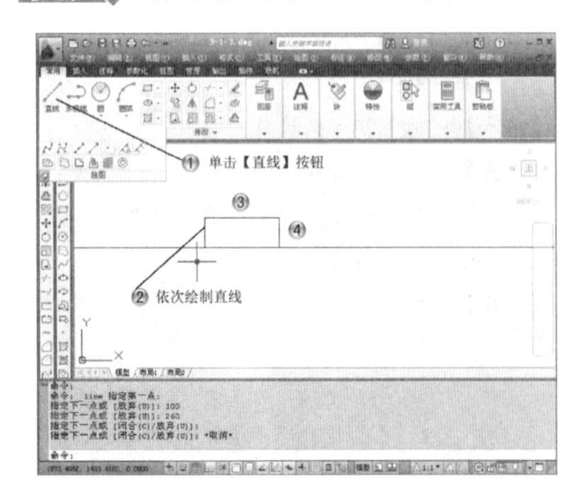

图3-16 绘制矩形

步骤4 绘制第二个矩形，如图3-17所示。

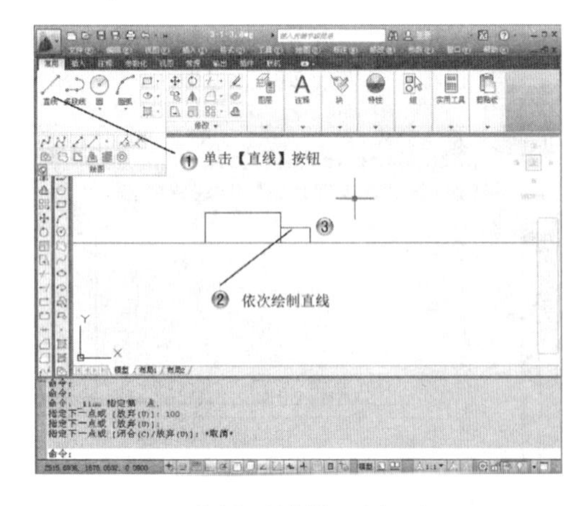

图3-17 绘制第二个矩形

步骤5 绘制其他矩形，如图3-18所示。

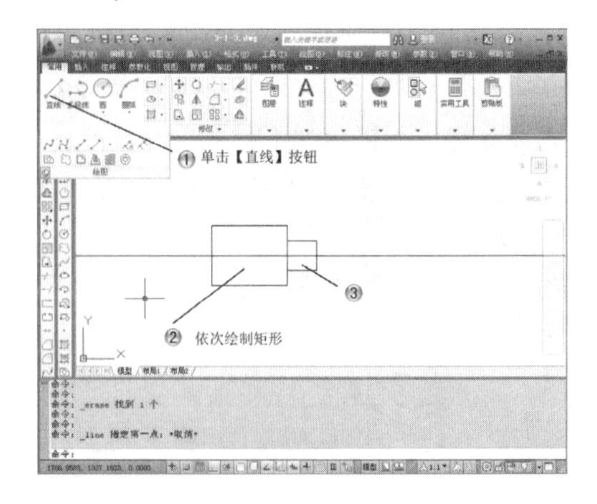

图3-18 绘制其他矩形

步骤6 绘制矩形上的点，如图3-19所示。

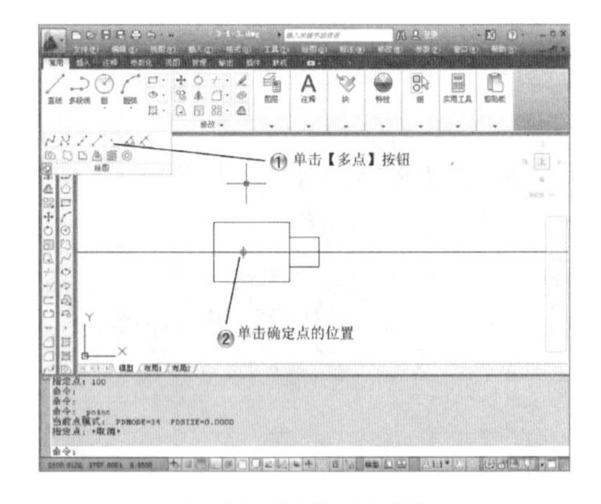

图3-19 绘制矩形上的点

3.2 绘制矩形、正多边形

3.2.1 绘制矩形

绘制矩形时，需要指定矩形的两个对角点。

绘制矩形的方法有以下几种。

- 单击【绘图】面板或【绘图】工具栏中的【矩形】按钮▭。
- 在命令输入行中输入rectang后按下Enter键。
- 在菜单栏中选择【绘图】|【矩形】菜单命令。

选择【矩形】命令后，命令输入行将提示用户指定第一个角点或 [倒角(C)/标高(E)/圆角(F)/厚度(T)/宽度(W)]，命令输入行提示如下：

命令: _rectang

指定第一个角点或 [倒角(C)/标高(E)/圆角(F)/厚度(T)/宽度(W)]:

指定第一个角点后绘图区如图3-20所示。

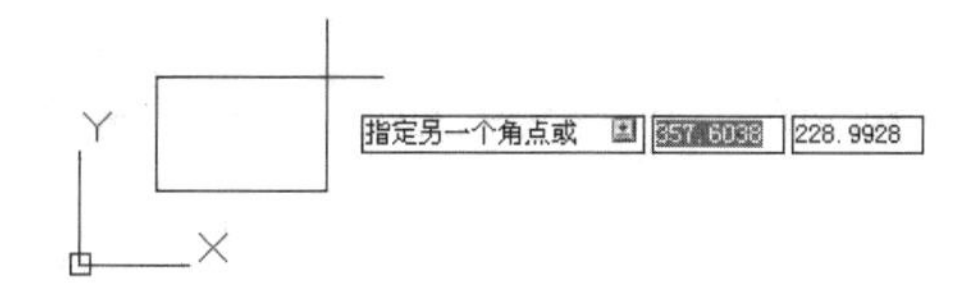

图3-20　指定第一个角点后绘图区所显示的图形

输入第一个角点值后，命令输入行将提示用户指定另一个角点或 [面积(A)/尺寸(D)/旋转(R)]，命令输入行提示如下：

指定另一个角点或 [面积(A)/尺寸(D)/旋转(R)]:

绘制的图形如图3-21所示。

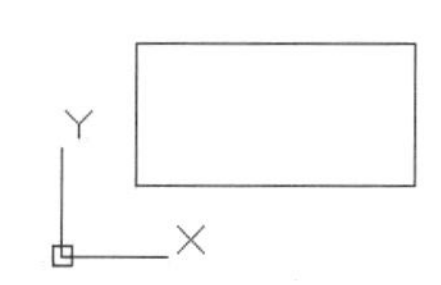

图3-21　用rectang命令绘制的矩形

3.2.2　绘制多边形

多边形是指有3～1024条等长边的闭合多段线，创建多边形是绘制等边三角形、正方形、六边形等的简便快速方法。绘制多边形的方法有以下几种。

- 单击【绘图】面板或【绘图】工具栏中的【多边形】按钮。
- 在命令输入行中输入polygon后按下Enter键。
- 在菜单栏中选择【绘图】|【多边形】菜单命令。

选择【多边形】命令后，命令输入行将提示用户输入侧面数，命令输入行提示如下：

命令: _polygon 输入侧面数 <4>: 8

此时绘图区如图3-22所示。

输入数目后，命令输入行将提示用户指定正多边形的中心点或 [边(E)]，命令输入行提示如下：

指定正多边形的中心点或 [边(E)]:

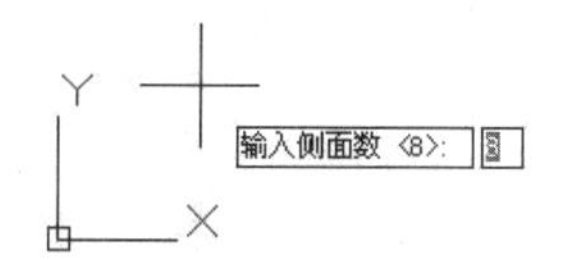

图3-22　输入边的数目后绘图区所显示的图形

指定正多边形的中心点后绘图区如图3-23所示。

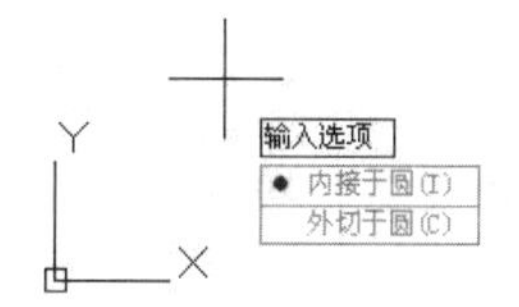

图3-23　指定正多边形的中心点后绘图区所显示的图形

输入数值后，命令输入行将提示用户输入选项 [内接于圆(I)/外切于圆(C)] <I>，命令输入行提示如下：

输入选项 [内接于圆(I)/外切于圆(C)] <I>: I

选择内接于圆(I)后绘图区如图3-24所示。

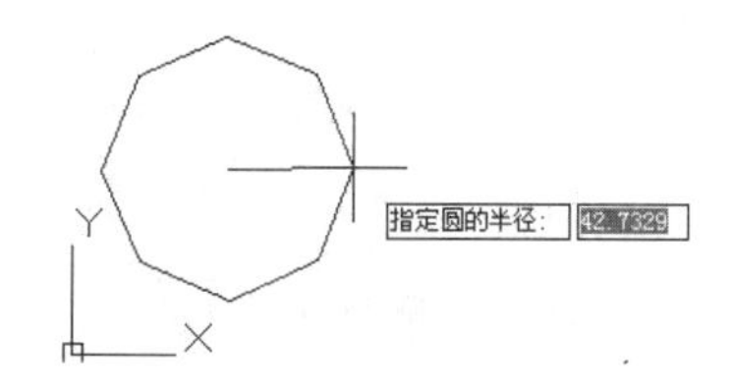

图3-24　选择内接于圆(I)后绘图区所显示的图形

选择内接于圆(I)后，命令输入行将提示用户指定圆的半径，命令输入行提示如下：

指定圆的半径:

绘制的图形如图3-25所示。

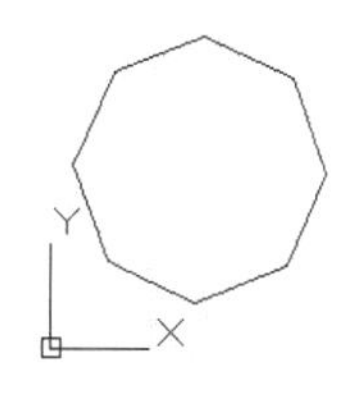

图3-25　用polygon命令绘制的正多边形

提示

在执行【多边形】命令时，会出现部分让用户选择的命令，提示如下：

【内接于圆】：指定外接圆的半径，正多边形的所有顶点都在此圆周上。

【外切于圆】：指定内切圆的半径，正多边形与此圆相切。

3.2.3 矩形、正多边形范例

本范例完成文件：\03\3-2-3.dwg

多媒体教学路径：光盘→多媒体教学→第3章→3.2节

步骤 1 绘制正五边形，如图3-26所示。

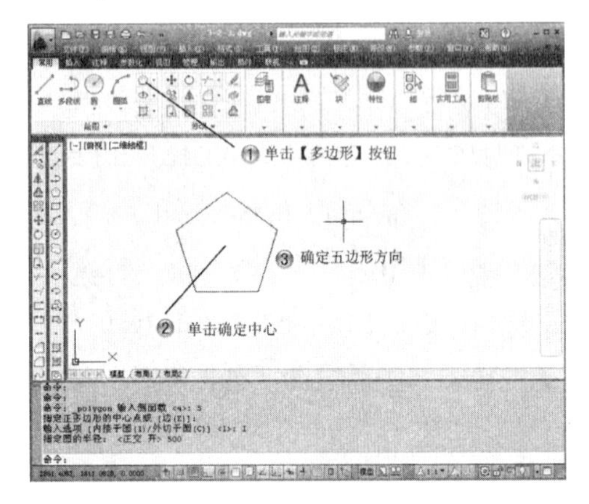

图3-26 绘制正五边形

步骤 2 绘制五边形内直线，如图3-27所示。

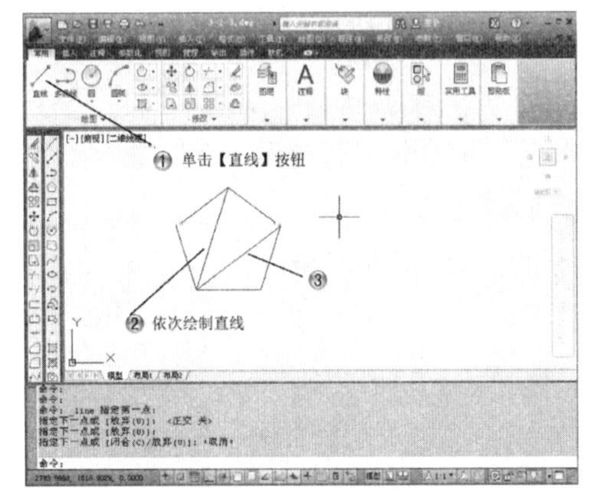

图3-27 绘制五边形内直线

步骤 3 绘制其他直线，如图3-28所示。

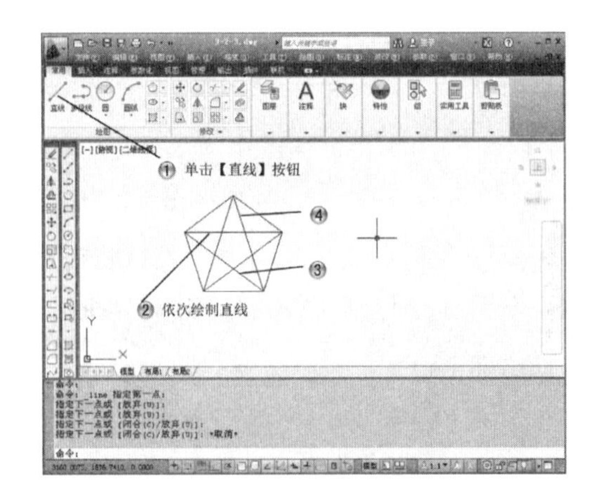

图3-28 绘制其他直线

步骤 4 删除五边形，如图3-29所示。

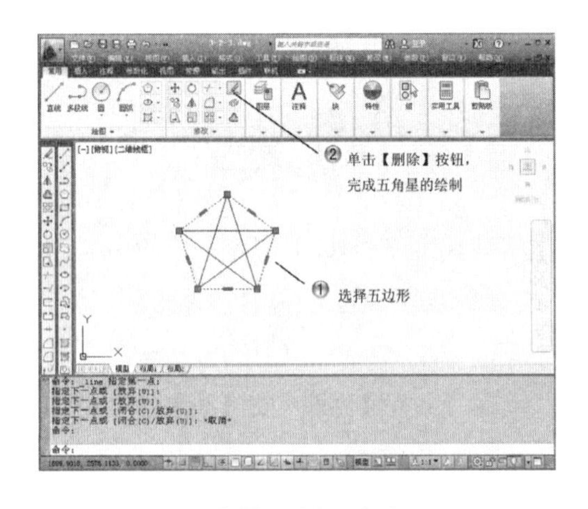

图3-29 删除五边形

3.3 绘制圆、圆弧

3.3.1 绘制圆

圆是构成图形的基本元素之一。它的绘制方法有多种，下面将依次介绍。

绘制圆的方法有以下几种。

- 单击【绘图】面板或【绘图】工具栏中的

【圆】按钮⊙。

- 在命令输入行中输入circle后按下Enter键。
- 在菜单栏中选择【绘图】|【圆】的次级菜单命令。

绘制圆的方法有多种，下面来分别介绍。

(1) 圆心和半径画圆，此方式为AutoCAD默认的画圆方式。

选择命令后，命令输入行将提示用户指定圆的圆心或 [三点(3P)/两点(2P)/切点、切点、半径(T)]，命令输入行提示如下：

命令: _circle 指定圆的圆心或 [三点(3P)/两点(2P)/切点、切点、半径(T)]:

指定圆的圆心后绘图区如图3-30所示。

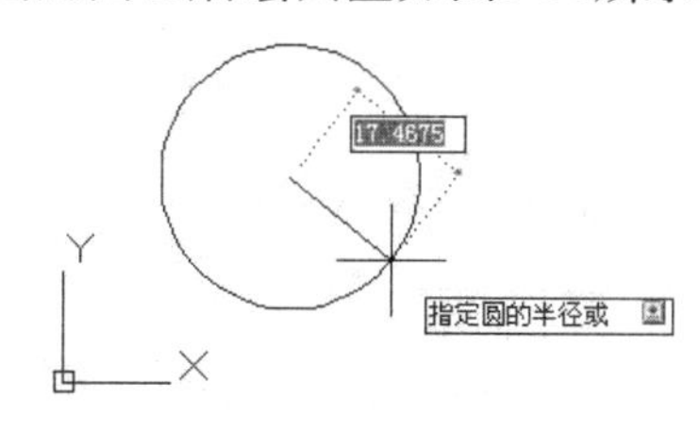

图3-30 指定圆的圆心后绘图区所显示的图形

输入圆心坐标值后，命令输入行将提示用户指定圆的半径或 [直径(D)]，命令输入行提示如下：

指定圆的半径或 [直径(D)]:

绘制的图形如图3-31所示。

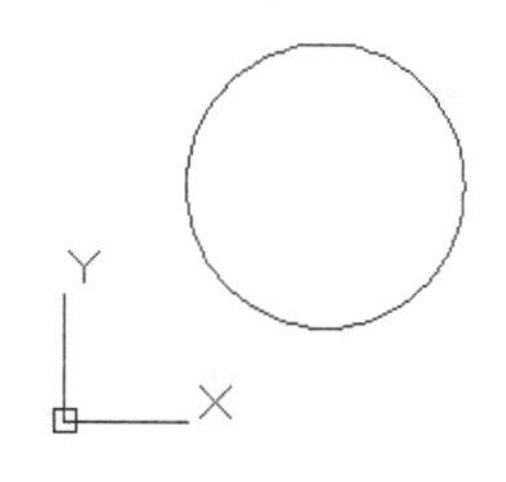

图3-31 用圆心、半径命令绘制的圆

提示

在执行【圆】命令时，会出现部分让用户选择的命令，下面将做如下提示：

【圆心】：基于圆心和直径（或半径）绘制圆。

【三点】：指定圆周上的三点绘制圆。

【两点】：指定直径的两点绘制圆。

【切点、切点、半径】：根据与两个对象相切的指定半径绘制圆。

(2) 圆心、直径画圆。

选择命令后，命令输入行将提示用户指定圆的圆心或 [三点(3P)/两点(2P)/切点、切点、半径(T)]，命令输入行提示如下：

命令: _circle 指定圆的圆心或 [三点(3P)/两点(2P)/切点、切点、半径(T)]:

指定圆的圆心后绘图区如图3-32所示。

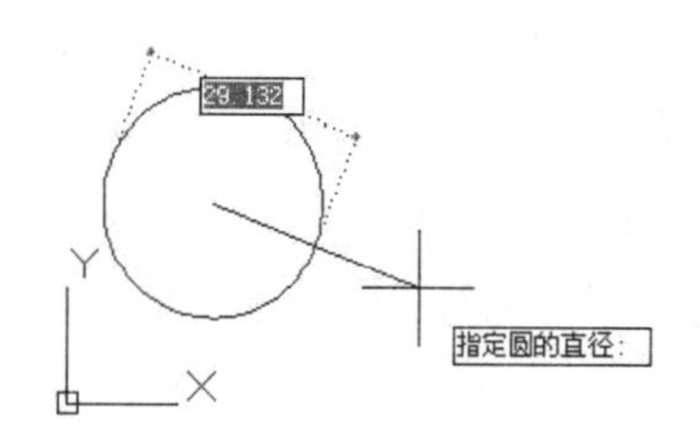

图3-32 指定圆的圆心后绘图区所显示的图形

输入圆心坐标值后，命令输入行将提示用户指定圆的半径或 [直径(D)] <100.0000>: _d 指定圆的直径 <200.0000>，命令输入行提示如下：

指定圆的半径或 [直径(D)] <100.0000>: _d 指定圆的直径 <200.0000>：160

绘制的图形如图3-33所示。

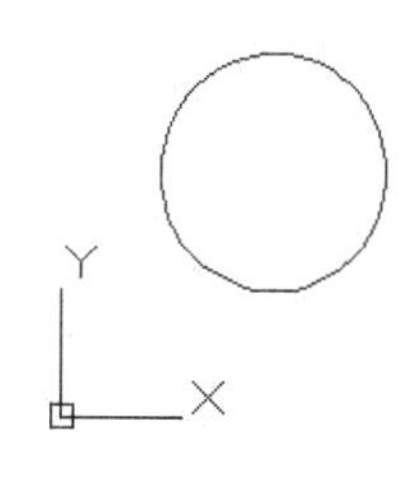

图3-33 用圆心、直径命令绘制的圆

(3) 两点画圆。

选择命令后，命令输入行将提示用户指定圆的圆心或 [三点(3P)/两点(2P)/切点、切点、半径(T)]: _2p指定圆直径的第一个端点，命令输入行提示如下：

命令：_circle 指定圆的圆心或 [三点(3P)/两点(2P)/切点、切点、半径(T)]: _2p 指定圆直径的第一个端点：

指定圆直径的第一个端点后绘图区如图3-34所示。

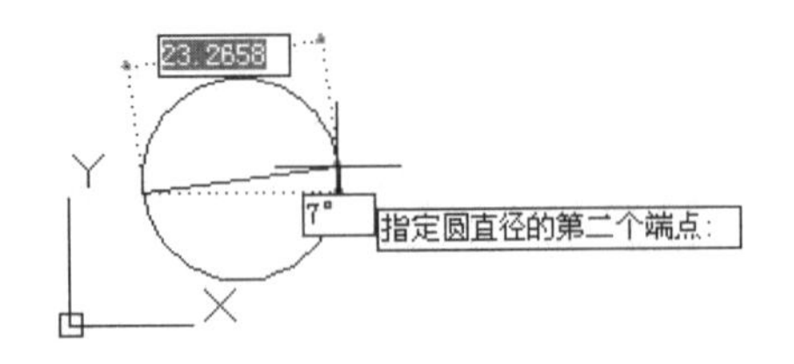

图3-34　指定圆直径的第一端点后绘图区所显示的图形

输入第一个端点的数值后，命令输入行将提示用户指定圆直径的第二个端点(在此AutoCAD认为首末两点的距离为直径)，命令输入行提示如下：

指定圆直径的第二个端点:

绘制的图形如图3-35所示。

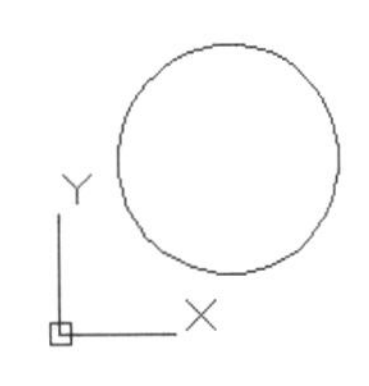

图3-35　用两点命令绘制的圆

(4) 三点画圆。

选择命令后，命令输入行将提示用户指定圆的圆心或 [三点(3P)/两点(2P)/切点、切点、半径(T)]: _3p指定圆上的第一个点，命令输入行提示如下：

命令: _circle 指定圆的圆心或 [三点(3P)/两点(2P)/切点、切点、半径(T)]: _3p 指定圆上的第一个点:

指定圆上的第一个点后绘图区如图3-36所示。

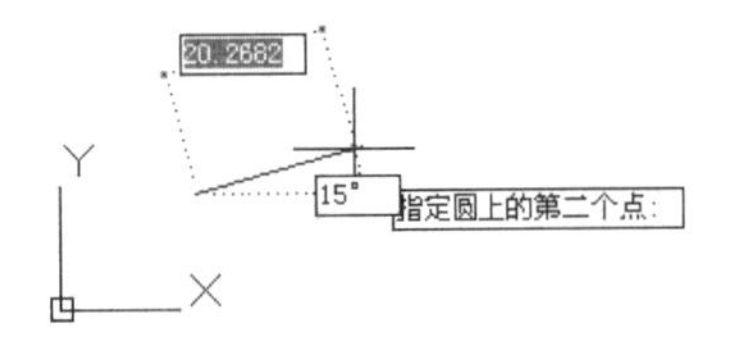

图3-36　指定圆上的第一个点后绘图区所显示的图形

指定第一个点的坐标值后，命令输入行将提示用户指定圆上的第二个点，命令输入行提示如下：

指定圆上的第二个点:

指定圆上的第二个点后绘图区如图3-37所示。

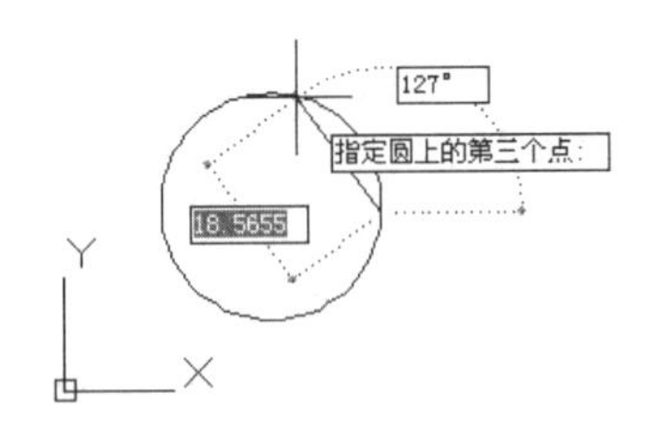

图3-37　指定圆上的第二个点后绘图区所显示的图形

指定第二个点的坐标值后，命令输入行将提示用户指定圆上的第三个点，命令输入行提示如下：

指定圆上的第三个点:

绘制的图形如图3-38所示。

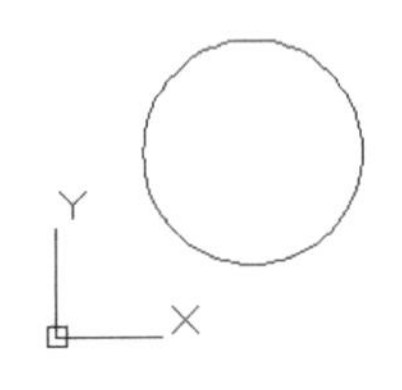

图3-38　用三点命令绘制的圆

(5) 两个相切、半径：

选择命令后，命令输入行将提示用户指定圆的圆心或 [三点(3P)/两点(2P)/切点、切点、半径(T)]，命令输入行提示如下：

命令: _circle 指定圆的圆心或 [三点(3P)/两点(2P)/切点、切点、半径(T)]: _ttr

选取与之相切的实体。命令输入行将提示用户指定对象与圆的第一个切点，指定对象与圆的第二个切点，命令输入行提示如下：

指定对象与圆的第一个切点:

指定第一个切点时绘图区如图3-39所示。

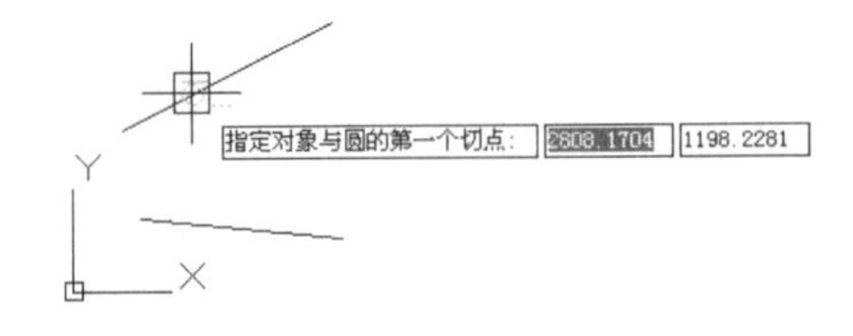

图3-39　指定第一个切点时绘图区所显示的图形

指定第一个切点后，命令输入行提示如下：

指定对象与圆的第二个切点:

指定第二个切点时绘图区如图3-40所示。

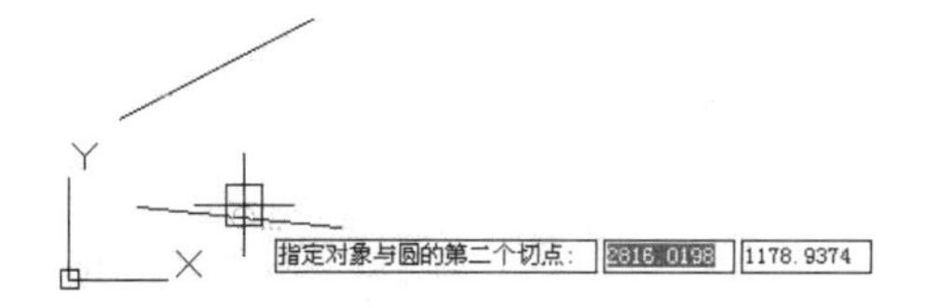

图3-40 指定第二个切点绘图区所显示的图形

指定两个切点后，命令输入行将提示用户指定圆的半径 <100.0000>，命令输入行提示如下。

指定圆的半径 <100.0000>:

指定圆的半径和第二点时绘图区如图3-41所示。

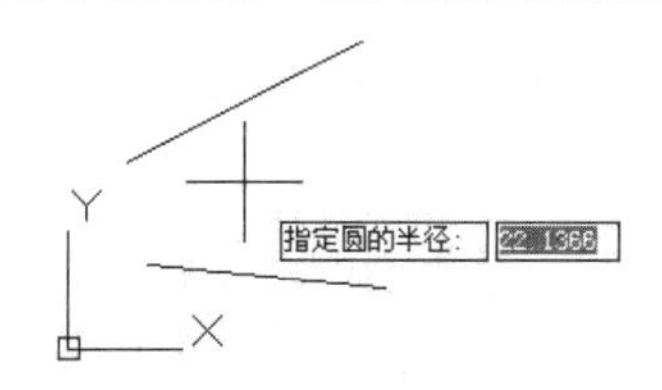

图3-41 指定圆的半径和第二点绘图区所显示的图形

绘制的图形如图3-42所示。

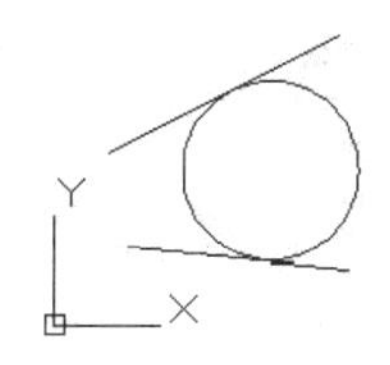

图3-42 用两个相切、半径命令绘制的圆

(6) 三个相切画圆。

选择命令后，选取与之相切的实体，命令输入行提示如下：

命令: _circle 指定圆的圆心或 [三点(3P)/两点(2P)/切点、切点、半径(T)]: _3p 指定圆上的第一个点: _tan 到

指定圆上的第一个点时绘图区如图3-43所示。

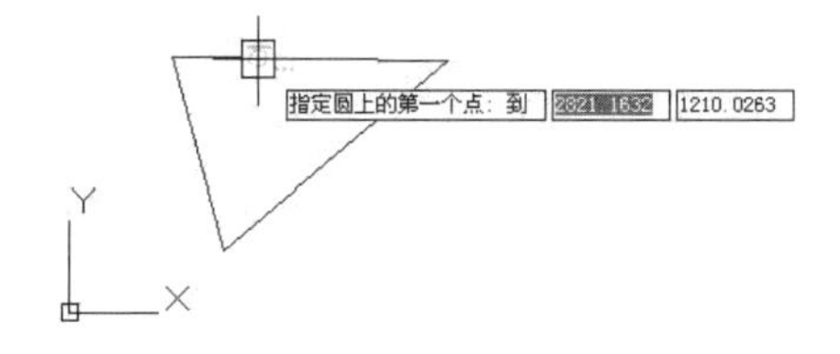

图3-43 指定圆上的第一个点时绘图区所显示的图形

指定圆上的第一个点后，命令输入行提示如下：

指定圆上的第二个点: _tan 到

指定圆上的第二个点时绘图区如图3-44所示。

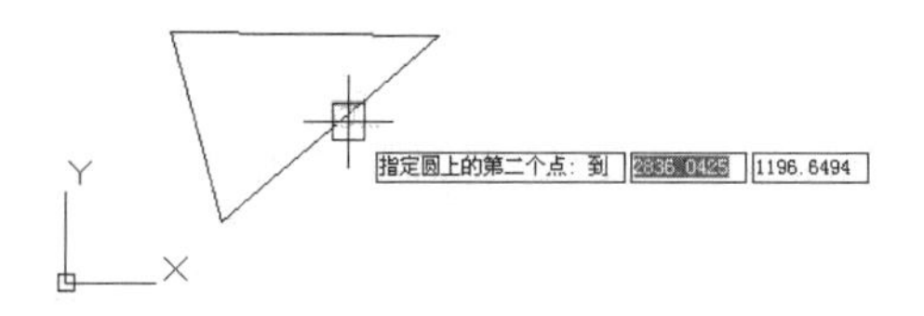

图3-44 指定圆上的第二个点时绘图区所显示的图形

指定圆上的第二个点后，命令输入行提示如下：

指定圆上的第三个点: _tan 到

指定圆上的第三个点时绘图区如图3-45所示。

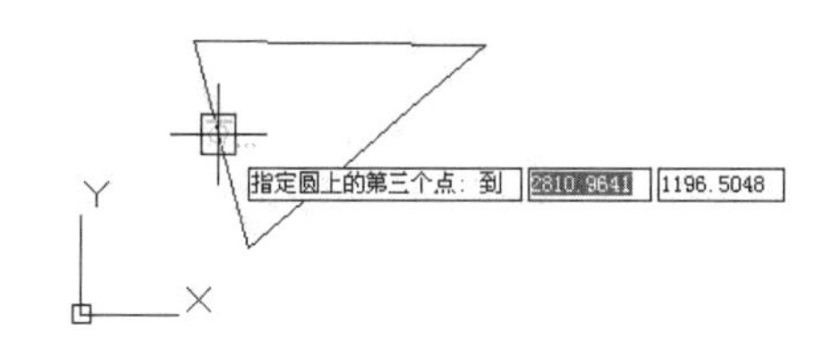

图3-45 指定圆上的第三个点时绘图区所显示的图形

绘制的图形如图3-46所示。

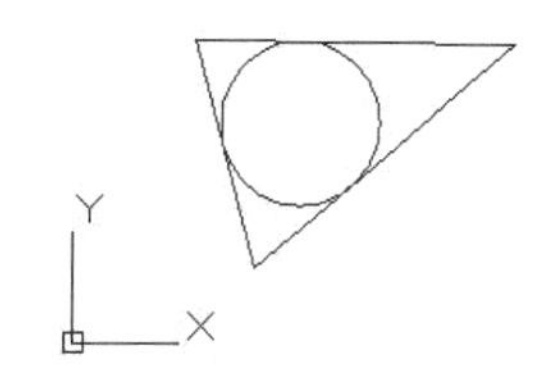

图3-46 用三个相切命令绘制的圆

3.3.2 绘制圆弧

圆弧的绘制方法有很多，下面将详细介绍。

- 单击【绘图】面板或【绘图】工具栏中的【圆弧】按钮。
- 在命令输入行中输入arc后按下Enter键。
- 在菜单栏中选择【绘图】|【圆弧】菜单命令。

绘制圆弧的方法有多种，下面来分别介绍。

(1) 三点画弧。

AutoCAD提示用户输入起点、第二点和端点，顺时针或逆时针绘制圆弧，绘图区显示的图形如图3-47的(a)～(c)所示。用此命令绘制的图形如图3-48所示。

(a) 指定圆弧的起点时绘图区所显示的图形

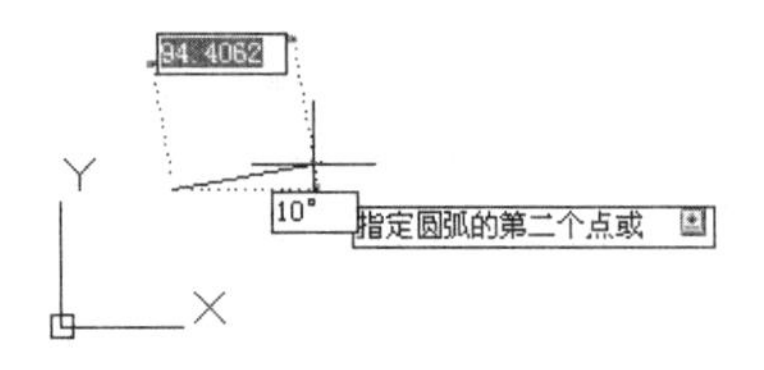

(b) 指定圆弧的第二个点时绘图区所显示的图形

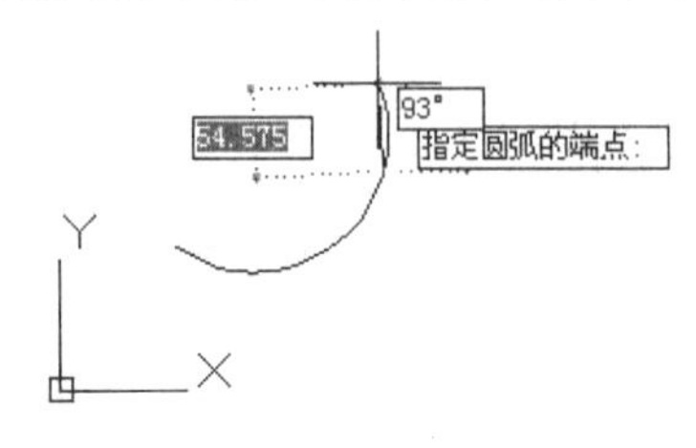

(c) 指定圆弧的端点时绘图区所显示的图形

图3-47　三点画弧的绘制步骤

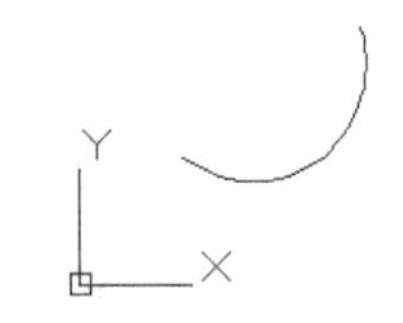

图3-48　用三点画弧命令绘制的圆弧

(2) 起点、圆心、端点。

AutoCAD提示用户输入起点、圆心、端点，绘图区显示的图形如图3-49～图3-51所示。在给出圆弧的起点和圆心后，弧的半径就确定了，端点只是用来决定弧长，因此，圆弧不一定通过终点。用此命令绘制的圆弧如图3-52所示。

图3-49　指定圆弧的起点时绘图区所显示的图形

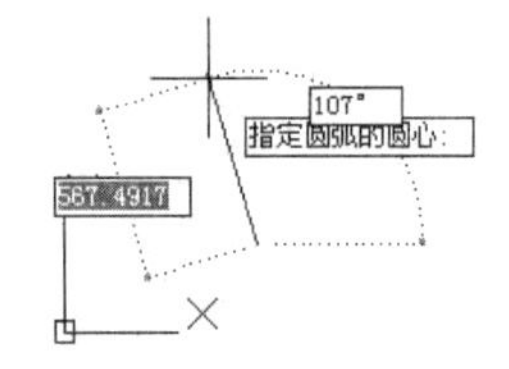

图3-50　指定圆弧的圆心时绘图区所显示的图形

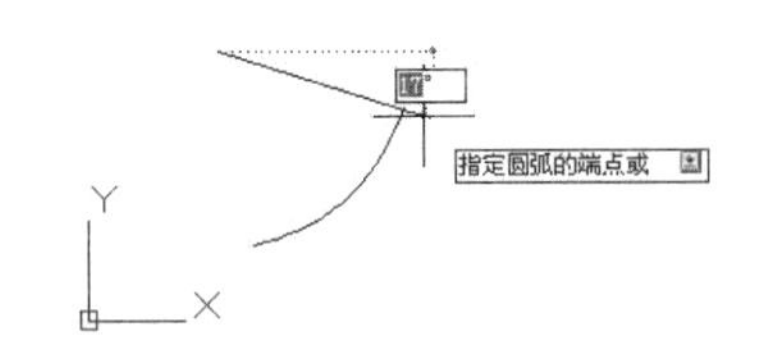

图3-51　指定圆弧的端点时绘图区所显示的图形

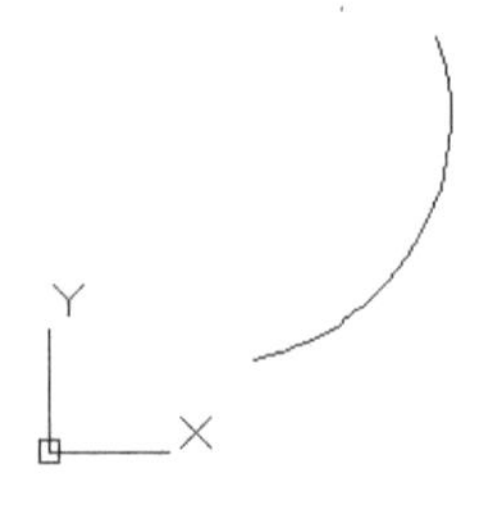

图3-52　用起点、圆心、端点命令绘制的圆弧

(3) 起点、圆心、角度。

AutoCAD提示用户输入起点、圆心、角度(此处的角度为包含角，即为圆弧的中心到两个端点的两条射线之间的夹角，若夹角为正值，按顺时针方向画弧，若为负值，则按逆时针方向画弧)，绘图区显示的图形如图3-53～图3-55所示。用此命令绘制的圆弧如图3-56所示。

图3-53　指定圆弧的起点时绘图区所显示的图形

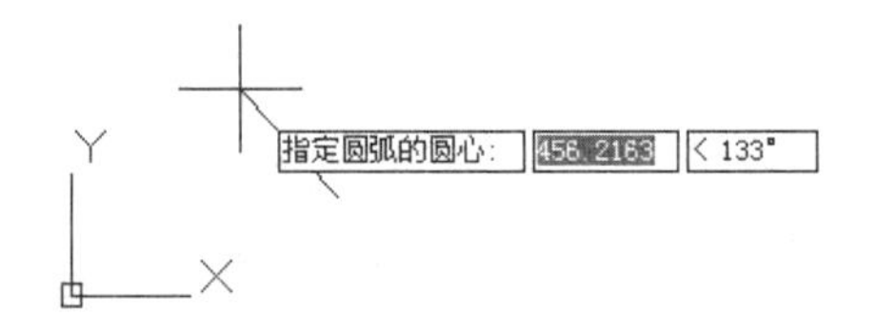

图3-54　指定圆弧的圆心时绘图区所显示的图形

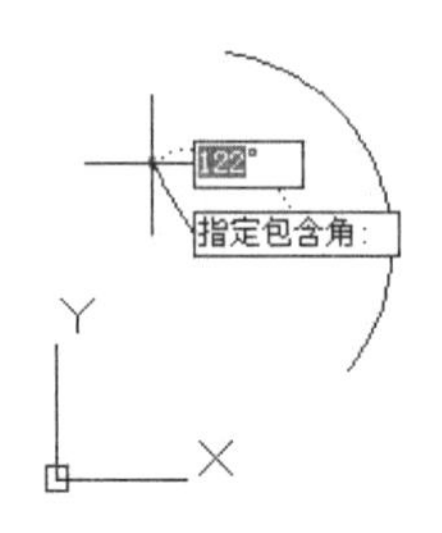

图3-55　指定包含角时绘图区所显示的图形

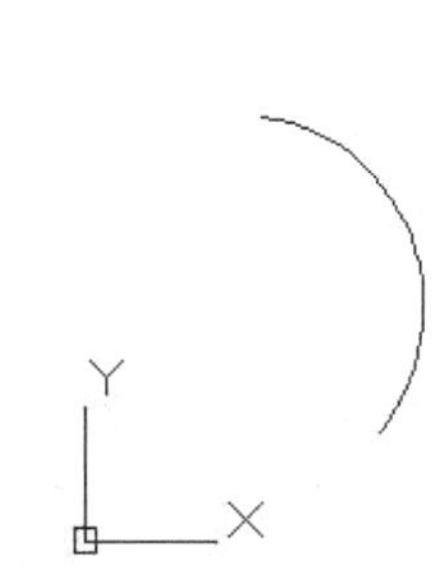

图3-56　用起点、圆心、角度命令绘制的圆弧

(4) 起点、圆心、长度。

AutoCAD提示用户输入起点、圆心、弦长。绘图区显示的图形如图3-57～图3-59所示。当逆时针画弧时，如果弦长为正值，则绘制的是与给定弦长相对应的最小圆弧，如果弦长为负值，则绘制的是与给定弦长相对应的最大圆弧；顺时针画弧则正好相反。用此命令绘制的图形如图3-60所示。

图3-57　指定圆弧的起点时绘图区所显示的图形

图3-58　指定圆弧的圆心时绘图区所显示的图形

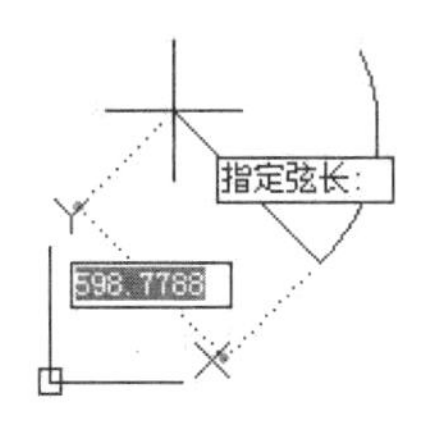

图3-59　指定弦长时绘图区所显示的图形

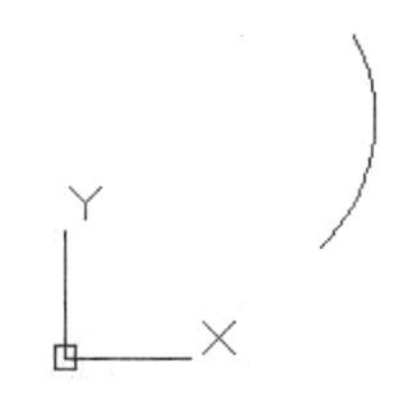

图3-60　用起点、圆心、长度命令绘制的圆弧

(5) 起点、端点、角度。

AutoCAD提示用户输入起点、端点、角度(此角度也是包含角)，绘图区显示的图形如图3-61～图3-63所示。当角度为正值时，按逆时针画弧，否则按顺时针画弧。用此命令绘制的图形如图3-64所示。

图3-61　指定圆弧的起点时绘图区所显示的图形

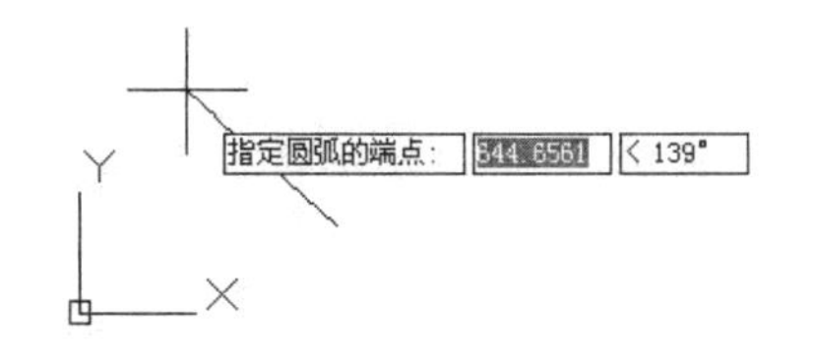

图3-62　指定圆弧的端点时绘图区所显示的图形

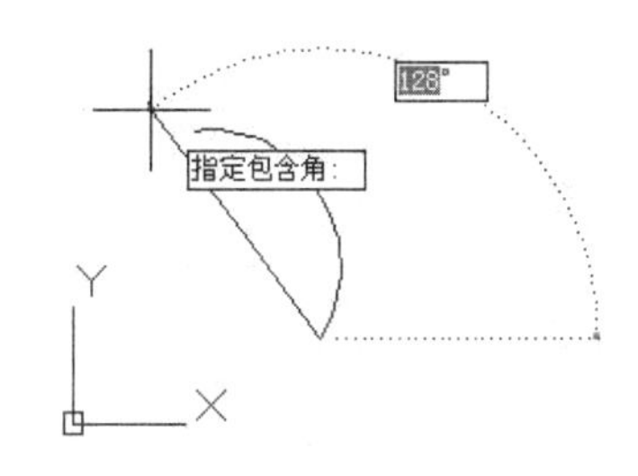

图3-63　指定包含角时绘图区所显示的图形

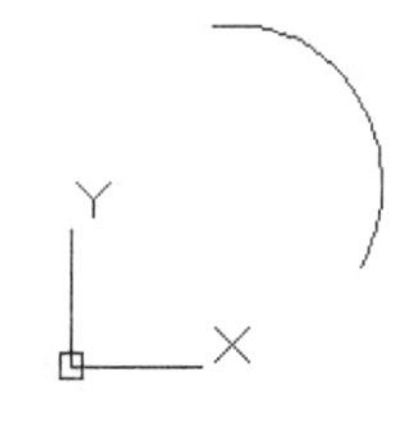

图3-64　用起点、端点、角度命令绘制的圆弧

(6) 起点、端点、方向。

AutoCAD提示用户输入起点、端点、方向(方向，指的是圆弧的起点切线方向，以度数来表示)，绘图区显示的图形如图3-65～图3-67所示。用此命令绘制的图形如图3-68所示。

图3-65　指定圆弧的起点时绘图区所显示的图形

图3-66　指定圆弧的端点时绘图区所显示的图形

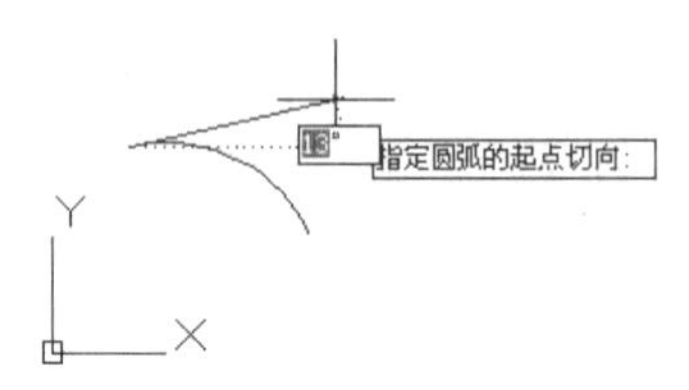

图3-67　指定圆弧的起点切向时绘图区所显示的图形

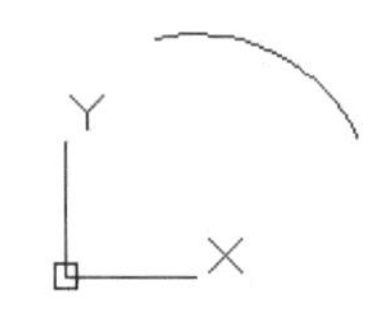

图3-68　用起点、端点、方向命令绘制的圆弧

(7) 起点、端点、半径。

AutoCAD提示用户输入起点、端点、半径，绘图区显示的图形如图3-69～图3-71所示。此命令绘制的图形如图3-72所示。

图3-69　指定圆弧的起点时绘图区所显示的图形

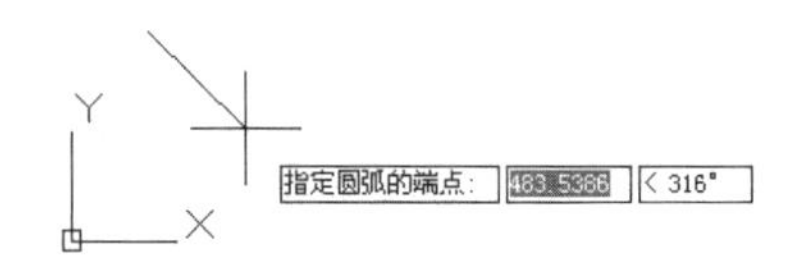

图3-70　指定圆弧的端点时绘图区所显示的图形

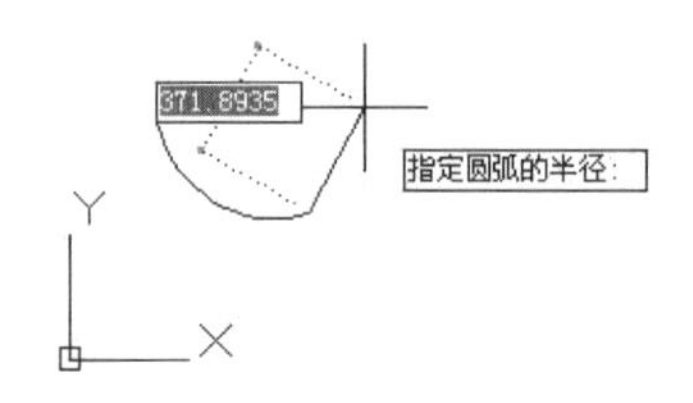

图3-71　指定圆弧的半径时绘图区所显示的图形

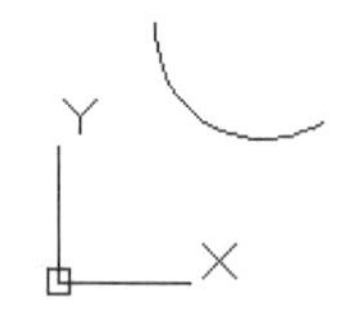

图3-72　用起点、端点、半径命令绘制的圆弧

提示

在此情况下，用户只能沿逆时针方向画弧，如果半径是正值，则绘制的是起点与终点之间的短弧，否则为长弧。

(8) 圆心、起点、端点。

AutoCAD提示用户输入圆心、起点、端点，绘图区显示的图形如图3-73～图3-75所示。此命令绘制的图形如图3-76所示。

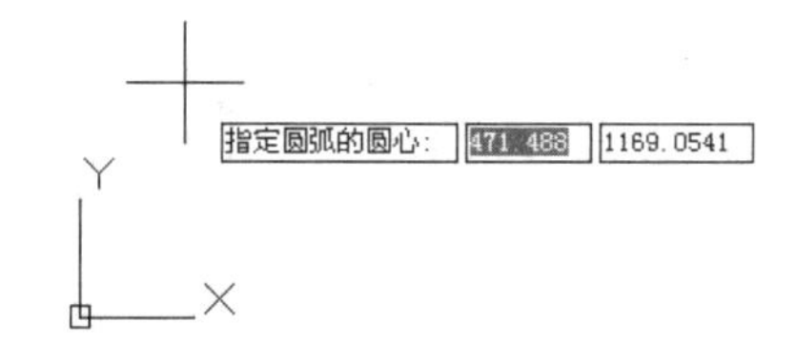

图3-73　指定圆弧的圆心时绘图区所显示的图形

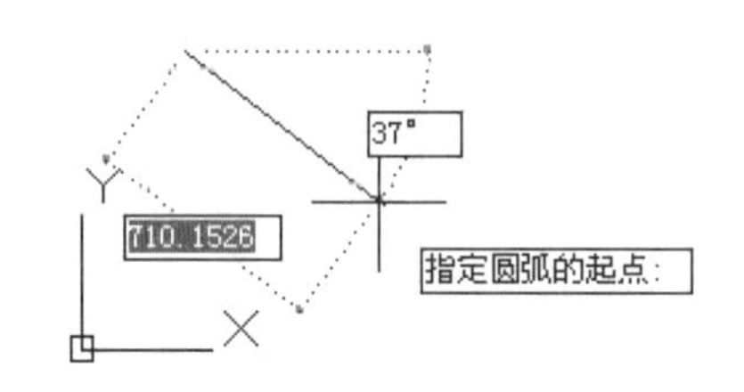

图3-74　指定圆弧的起点时绘图区所显示的图形

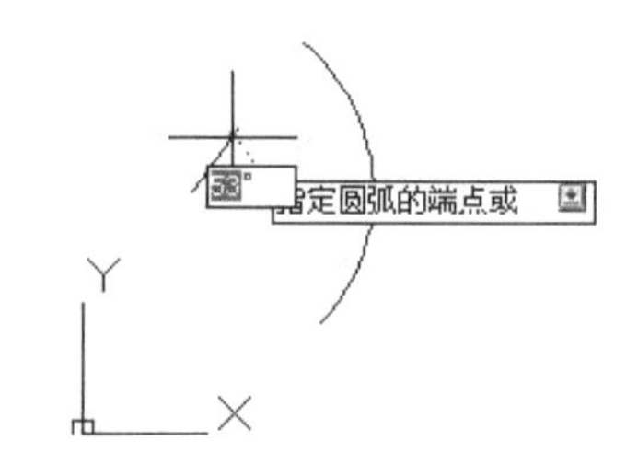

图3-75　指定圆弧的端点时绘图区所显示的图形

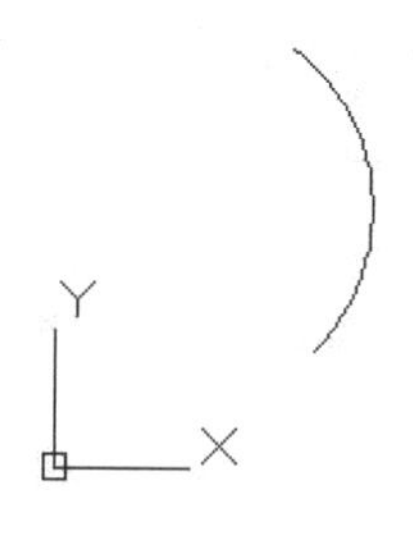

图3-76　用圆心、起点、端点命令绘制的圆弧

(9) 圆心、起点、角度。

AutoCAD提示用户输入圆心、起点、角度，绘图区显示的图形如图3-77～图3-79所示。此命令绘制的图形如图3-80所示。

图3-77　指定圆弧的圆心时绘图区所显示的图形

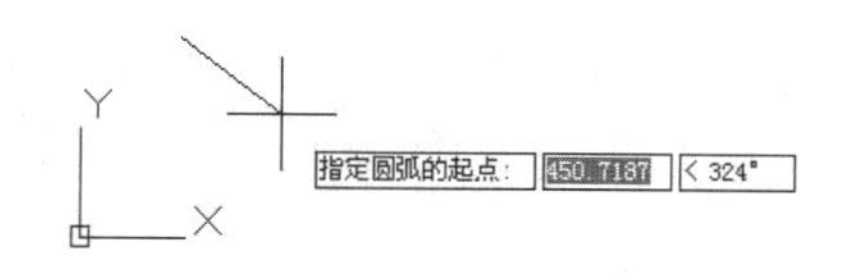

图3-78　指定圆弧的起点时绘图区所显示的图形

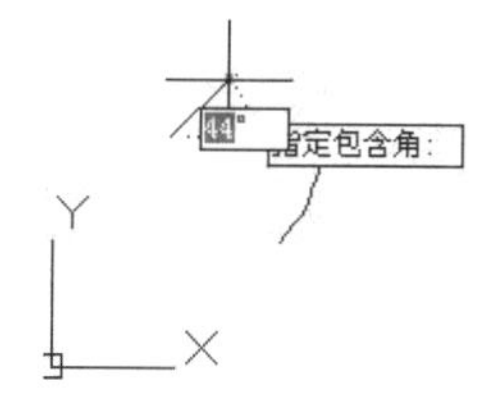

图3-79　指定包含角时绘图区所显示的图形

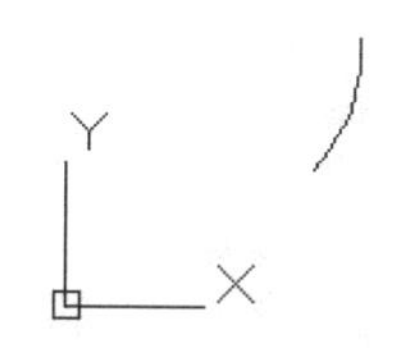

图3-80　用圆心、起点、角度命令绘制的圆弧

(10) 圆心、起点、长度。

AutoCAD提示用户输入圆心、起点、长度(此长度也为弦长)，绘图区显示的图形如图3-81～图3-83所示。此命令绘制的图形如图3-84所示。

图3-81　指定圆弧的圆心时绘图区所显示的图形

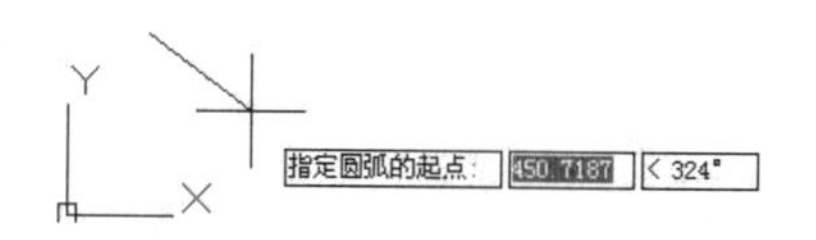

图3-82　指定圆弧的起点时绘图区所显示的图形

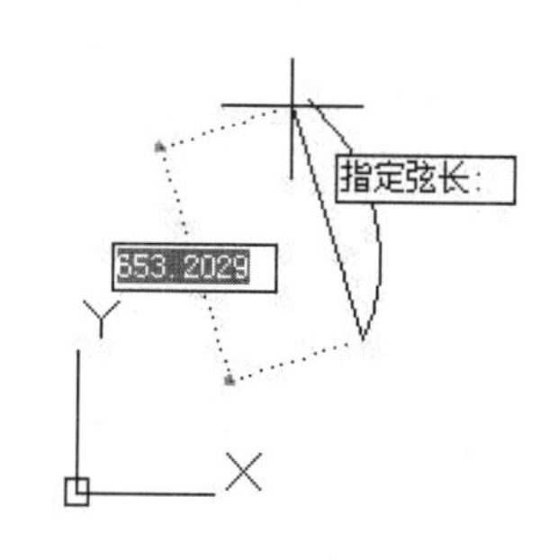

图3-83　指定弦长时绘图区所显示的图形

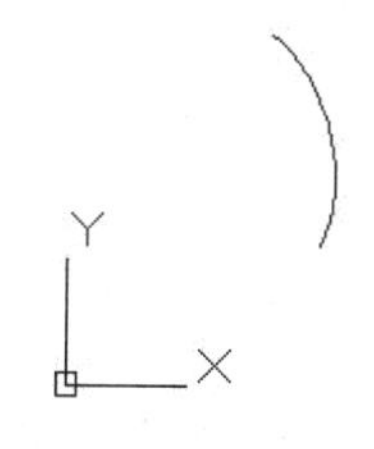

图3-84　用圆心、起点、长度命令绘制的圆弧

(11) 连续。

在这种方式下，用户可以从以前绘制的圆弧的终点开始继续下一段圆弧。在此方式下画弧时，每段圆弧都与以前的圆弧相切。以前圆弧或直线的终点和方向就是此圆弧的起点和方向。如图3-85～图3-87所示。

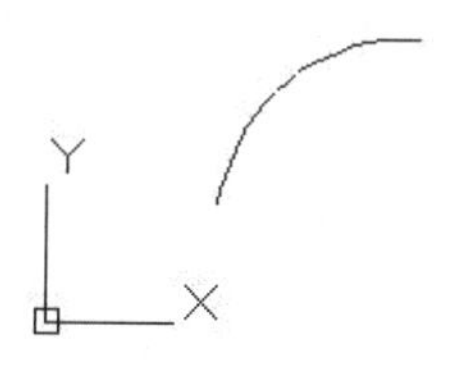

图3-85　绘制一段圆弧

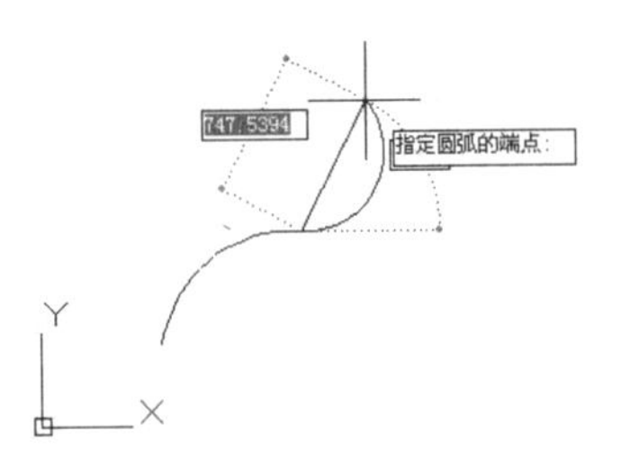

图3-86　使用连续命令绘制圆

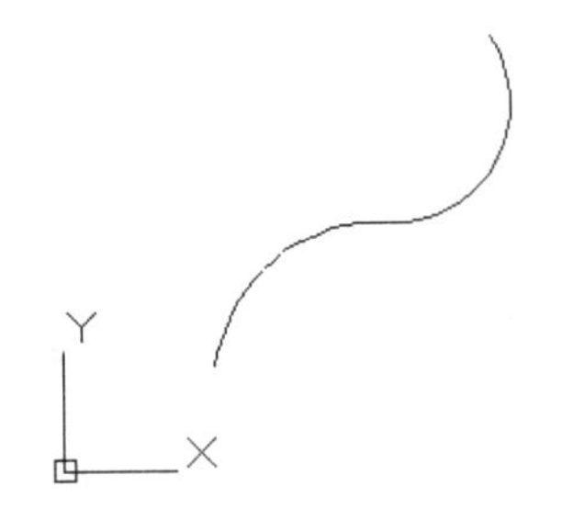

图3-87　绘制的连续圆弧

3.3.3　绘制圆、圆弧范例

本范例完成文件：\03\3-3-3.dwg

多媒体教学路径：光盘→多媒体教学→第3章→3.3节

步骤 1 绘制直线，如图3-88所示。

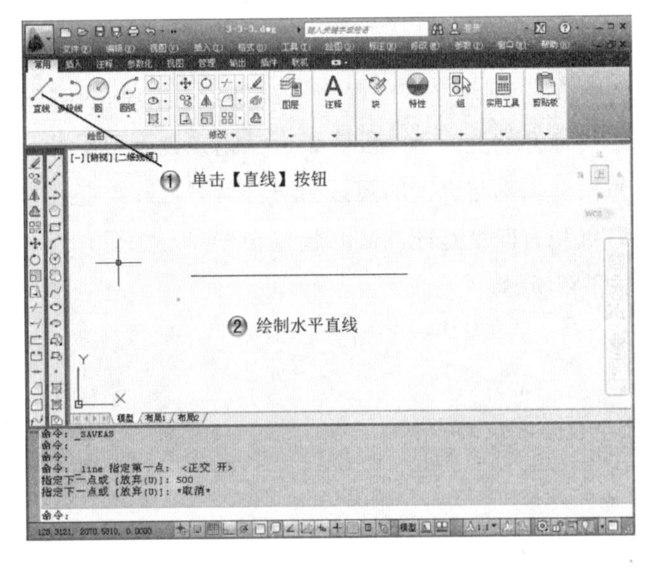

图3-88　绘制直线

步骤 2 绘制圆，如图3-89所示。

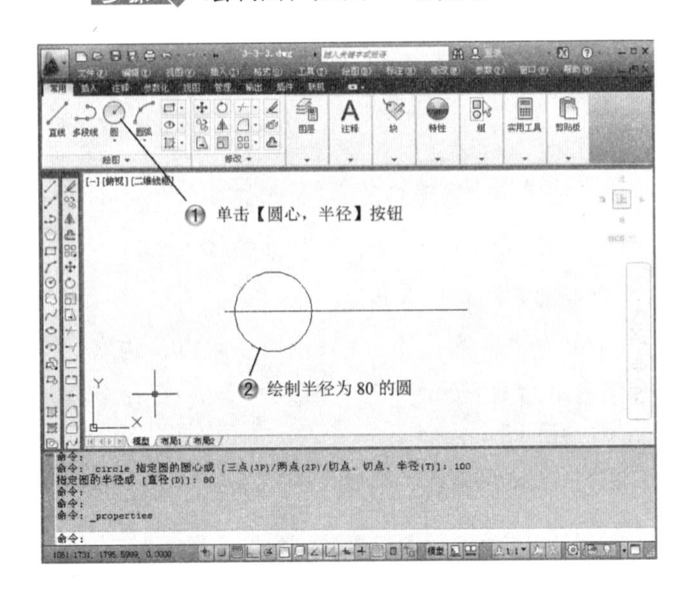

图3-89　绘制圆

步骤 3 绘制同心圆，如图3-90所示。

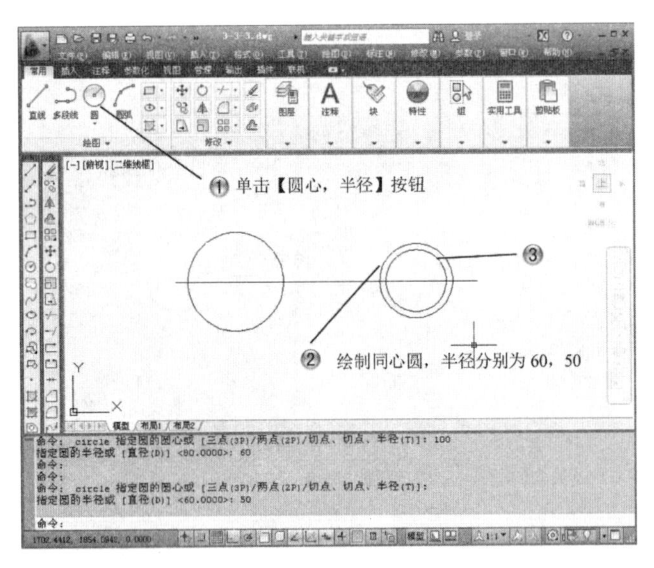

图3-90　绘制同心圆

步骤 4 绘制相切，相切，半径圆，如图3-91所示。

步骤 5 修剪圆弧，如图3-92所示。

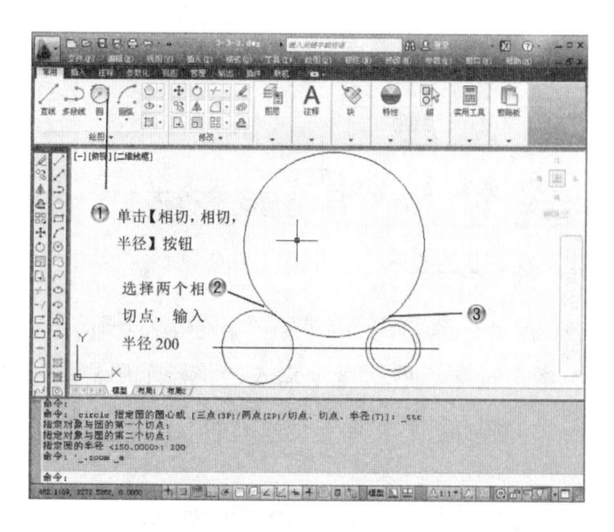

图3-91　绘制相切，相切，半径圆

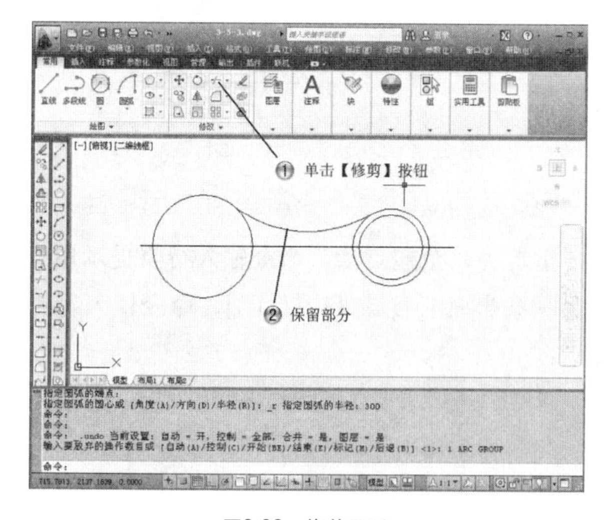

图3-92　修剪圆弧

步骤 6 绘制起点，端点，半径圆弧，如图3-93所示。

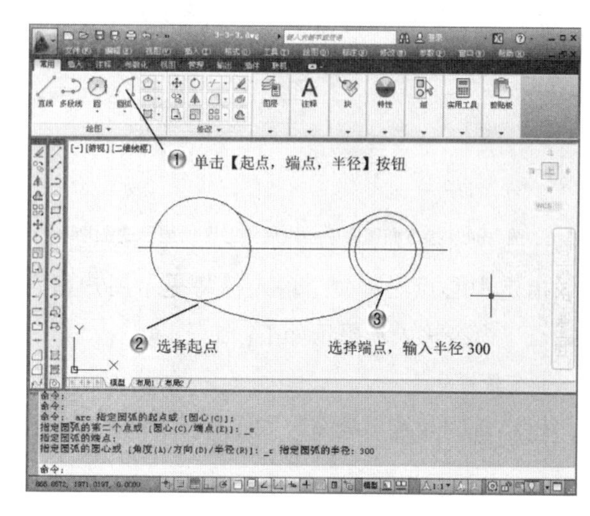

图3-93　绘制起点，端点，半径圆弧

3.4　绘制椭圆、圆环

3.4.1　绘制椭圆

椭圆的形状由长轴和宽轴确定，AutoCAD为绘制椭圆提供了以下3种可以直接使用的方法。

- 单击【绘图】面板中的【圆心】和【轴、端点】或【绘图】工具栏中的【椭圆】按钮。
- 在命令输入行中输入ellipse后按下Enter键。
- 在菜单栏中选择【绘图】|【椭圆】菜单命令。

绘制椭圆的方法有多种，下面来分别介绍。

(1) 圆心。

选择命令后，命令输入行将提示用户指定椭圆的中心点，命令输入行提示如下：

命令: _ellipse

指定椭圆的轴端点或 [圆弧(A)/中心点(C)]: _c

指定椭圆的中心点:

指定椭圆的中心点后绘图区如图3-94所示。

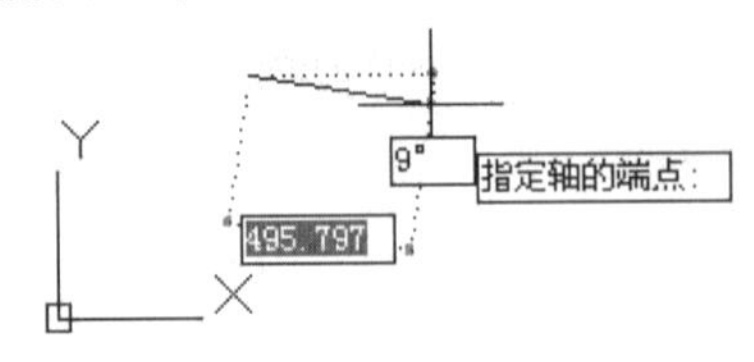

图3-94 指定椭圆的中心点后绘图区所显示的图形

指定中心点后，命令输入行将提示用户指定轴的端点，命令输入行提示如下：

指定轴的端点:

指定轴的端点后绘图区如图3-95所示。

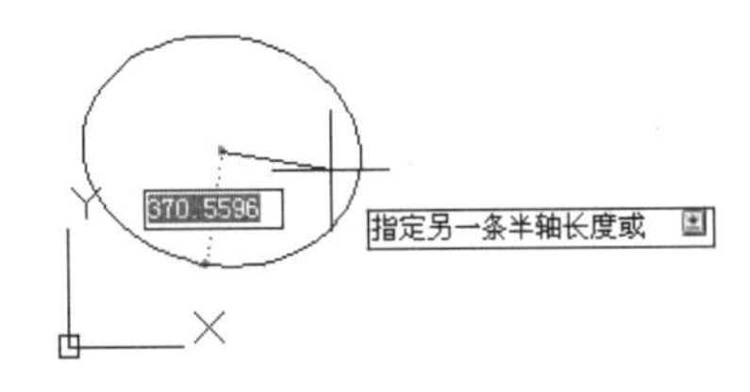

图3-95 指定轴的端点后绘图区所显示的图形

指定轴的端点后，命令输入行将提示用户指定另一条半轴长度或 [旋转(R)]，命令输入行提示如下：

指定另一条半轴长度或 [旋转(R)]:

绘制的图形如图3-96所示。

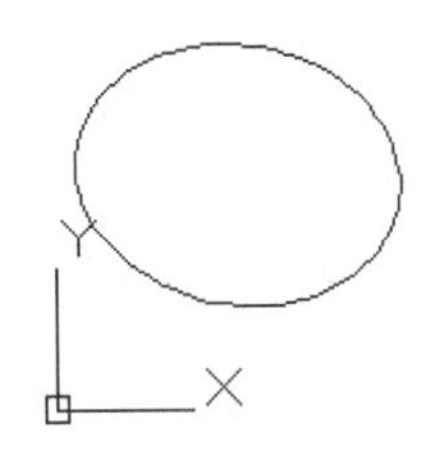

图3-96 用中心点命令绘制的椭圆

(2) 轴、端点。

选择命令后，命令输入行将提示用户指定椭圆的轴端点或 [圆弧(A)/中心点(C)]，命令输入行提示如下：

命令: _ellipse

指定椭圆的轴端点或 [圆弧(A)/中心点(C)]:

指定椭圆的轴端点后绘图区如图3-97所示。

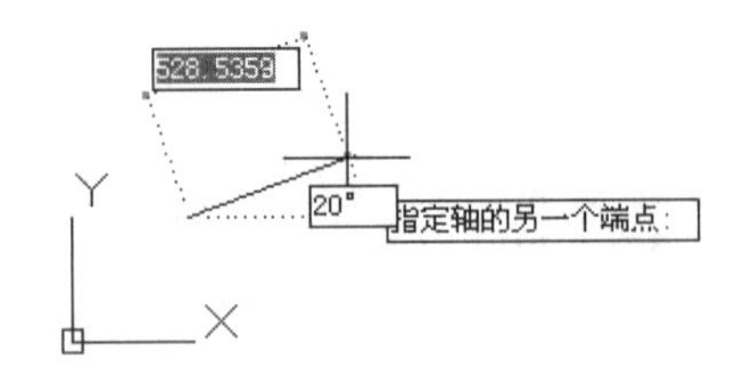

图3-97 指定椭圆的轴端点后绘图区所显示的图形

指定轴端点后，命令输入行将提示用户指定轴的另一个端点，命令输入行提示如下：

指定轴的另一个端点:

指定轴的另一个端点后绘图区如图3-98所示。

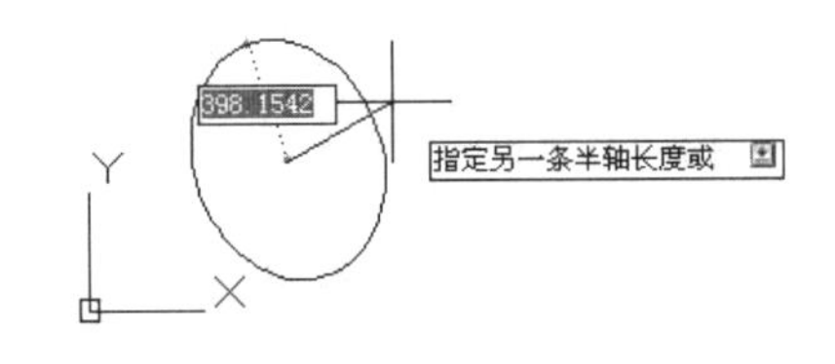

图3-98 指定轴的另一个端点后绘图区所显示的图形

指定另一个端点后，命令输入行将提示用户指定另一条半轴长度或 [旋转(R)]，命令输入行提示如下：

指定另一条半轴长度或 [旋转(R)]:

绘制的图形如图3-99所示。

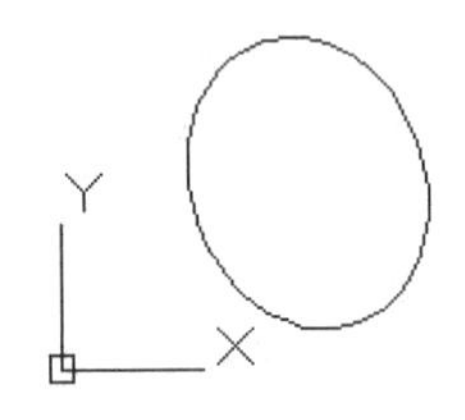

图3-99 用轴、端点命令绘制的椭圆

(3) 椭圆弧。

选择命令后，命令输入行将提示用户指定椭圆弧的轴端点或 [中心点(C)]，命令输入行提示如下：

命令: _ellipse

指定椭圆的轴端点或 [圆弧(A)/中心点(C)]: _a

指定椭圆弧的轴端点或 [中心点(C)]:

指定椭圆的圆弧(A)后绘图区如图3-100所示。

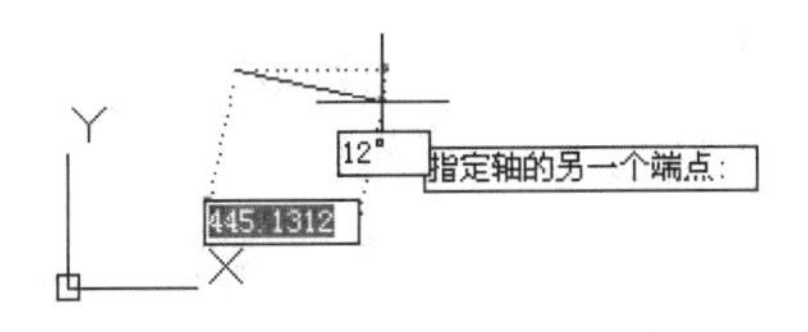

图3-100　指定椭圆的圆弧(A)后绘图区所显示的图形

指定椭圆的圆弧(A)后，命令输入行将提示用户指定轴的另一个端点，命令输入行提示如下。

指定轴的另一个端点:

指定轴的另一个端点后绘图区如图3-101所示。

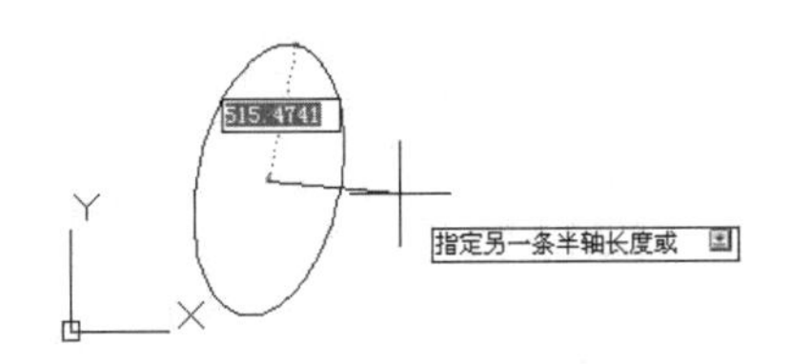

图3-101　指定轴的另一个端点后绘图区所显示的图形

指定另一个端点后，命令输入行将提示用户指定另一条半轴长度或 [旋转(R)]，命令输入行提示如下：

指定另一条半轴长度或 [旋转(R)]:

指定另一条半轴长度后绘图区如图3-102所示。

图3-102　指定另一条半轴长度后绘图区所显示的图形

指定半轴长度后，命令输入行将提示用户指定起始角度或 [参数(P)]，命令输入行提示如下：

指定起始角度或 [参数(P)]:

指定起始角度后绘图区如图3-103所示。

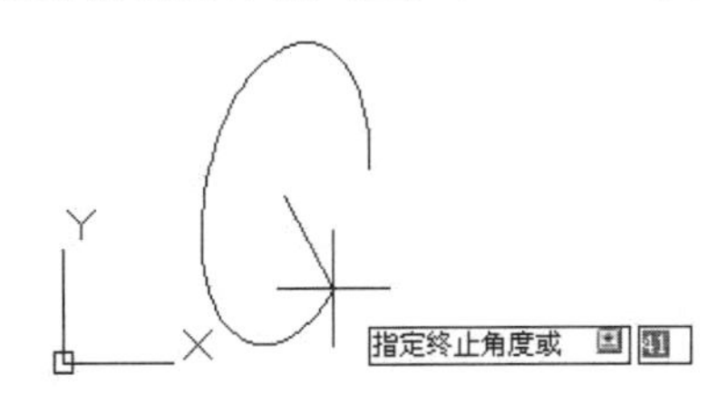

图3-103　指定起始角度后绘图区所显示的图形

指定起始角度后，命令输入行将提示用户指定终止角度或 [参数(P)/包含角度(I)]，命令输入行提示如下：

指定终止角度或 [参数(P)/包含角度(I)]:

绘制的图形如图3-104所示。

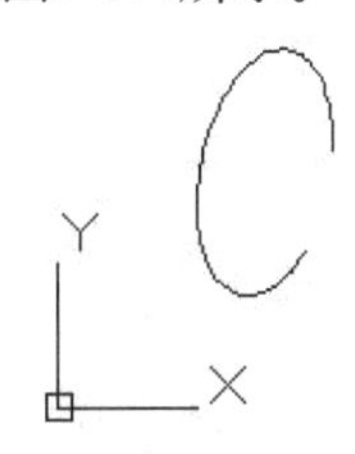

图3-104　用圆弧命令绘制的椭圆

3.4.2　绘制圆环

要绘制圆环，需要指定圆环的内外直径和圆心。绘制圆弧的方法有如下几种。

- 单击【绘图】面板中的【圆环】按钮◎。
- 在命令输入行中输入donut后按下Enter键。
- 在菜单栏中选择【绘图】|【圆环】菜单命令。

选择命令后，命令输入行将提示用户指定圆环的内径，命令输入行提示如下：

命令: _donut

指定圆环的内径 <50.0000>:

指定圆环的内径，绘图区如图3-105所示。

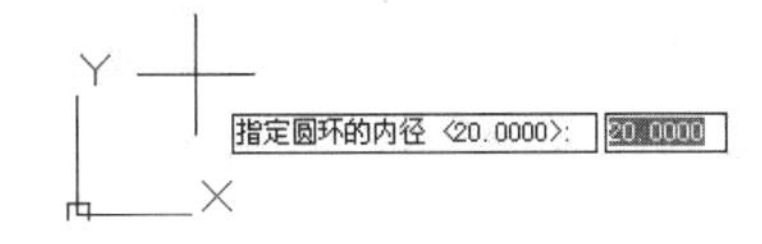

图3-105　指定圆环的内径，绘图区所显示的图形

指定圆环的内径后，命令输入行将提示用户指定圆环的外径，命令输入行提示如下：

指定圆环的外径 <60.0000>:

指定圆环的外径，绘图区如图3-106所示。

图3-106　指定圆环的外径，绘图区所显示的图形

指定圆环的外径后，命令输入行将提示用户指定圆环的中心点或 <退出>，命令输入行提示如下：

指定圆环的中心点或 <退出>:

指定圆环的中心点绘图区如图3-107所示。

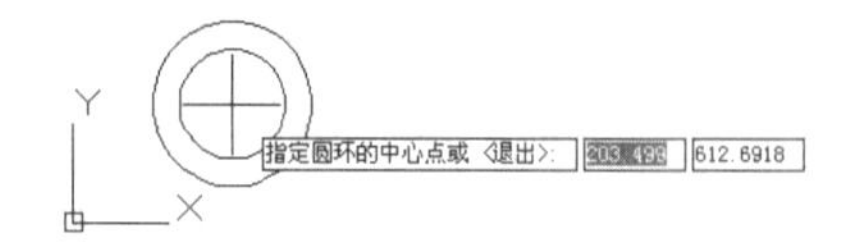

图3-107　指定圆环的中心点绘图区所显示的图形

绘制的图形如图3-108所示。

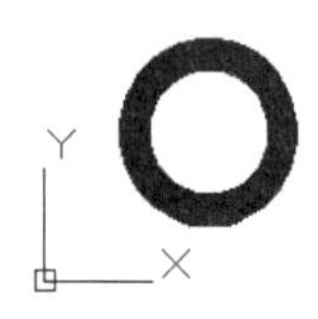

图3-108　用donut命令绘制的圆环

3.4.3　椭圆、圆环范例

本范例完成文件：\03\3-4-3.dwg

多媒体教学路径：光盘→多媒体教学→第3章→3.4节

步骤 1 绘制圆环，如图3-109所示。

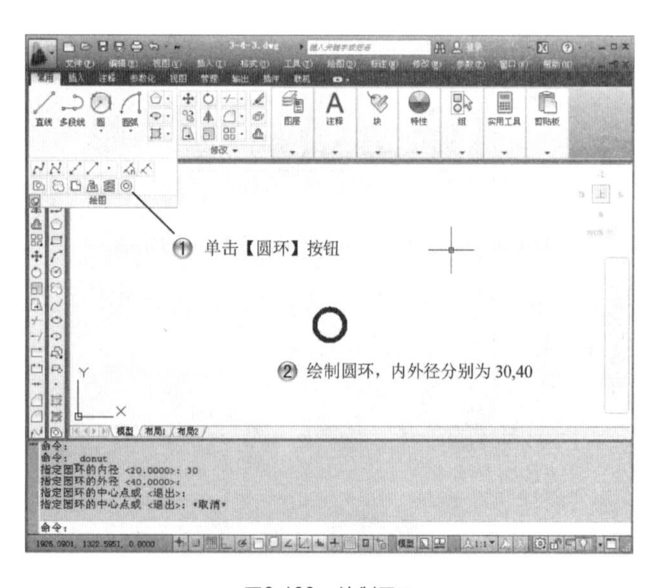

图3-109　绘制圆环

步骤 2 绘制椭圆弧，如图3-110所示。

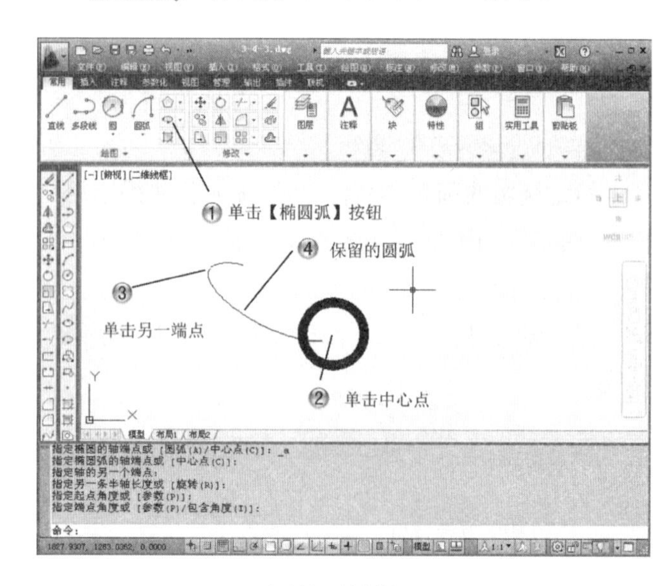

图3-110　绘制椭圆弧

步骤 3 绘制第二个椭圆弧，如图3-111所示。

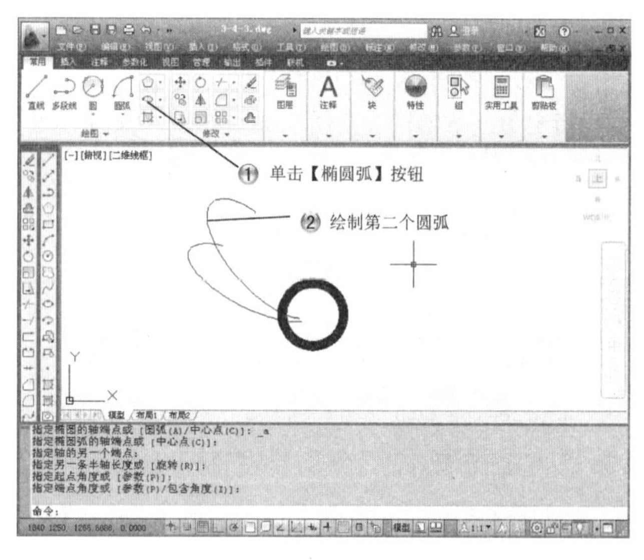

图3-111　绘制第二个椭圆弧

步骤 4 绘制第三个椭圆弧，如图3-112所示。

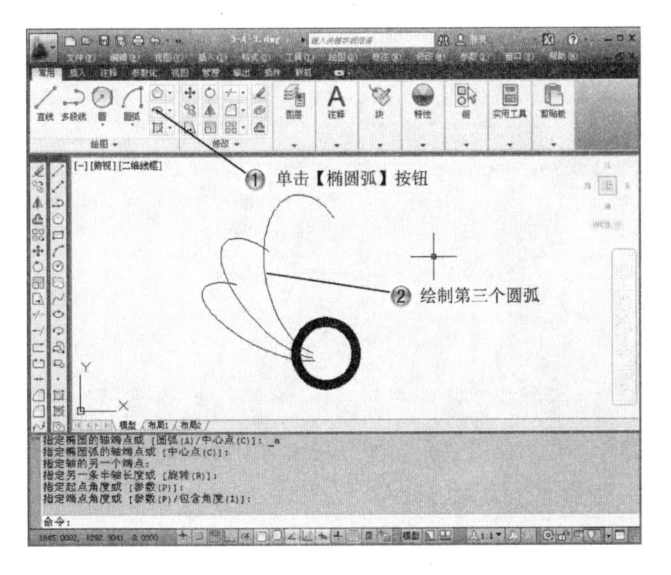

图3-112　绘制第三个椭圆弧

步骤 5 绘制第四个椭圆弧，如图3-113所示。

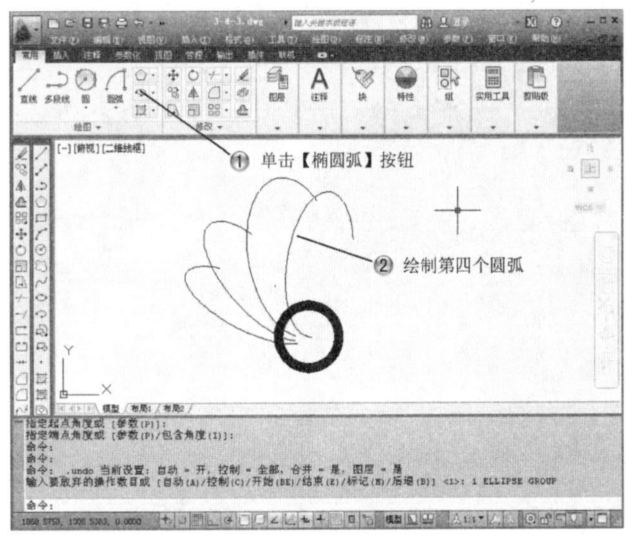

图3-113　绘制第四个椭圆弧

步骤 6 绘制轴，端点椭圆，如图3-114所示。

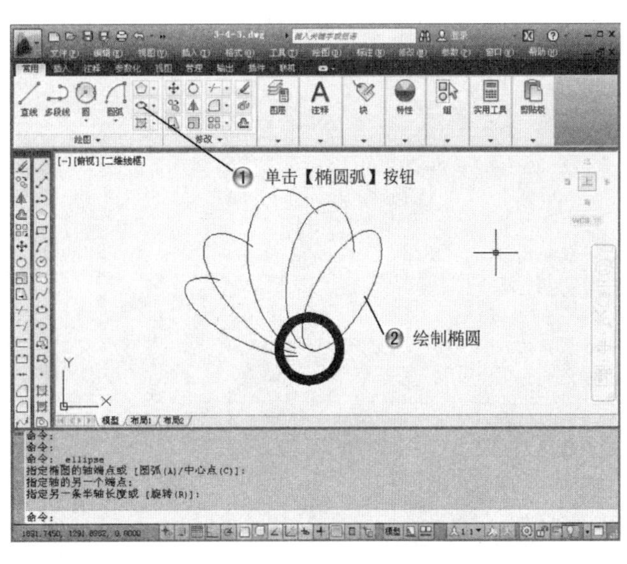

图3-114　绘制轴，端点椭圆

步骤 7 修剪图形，如图3-115所示。

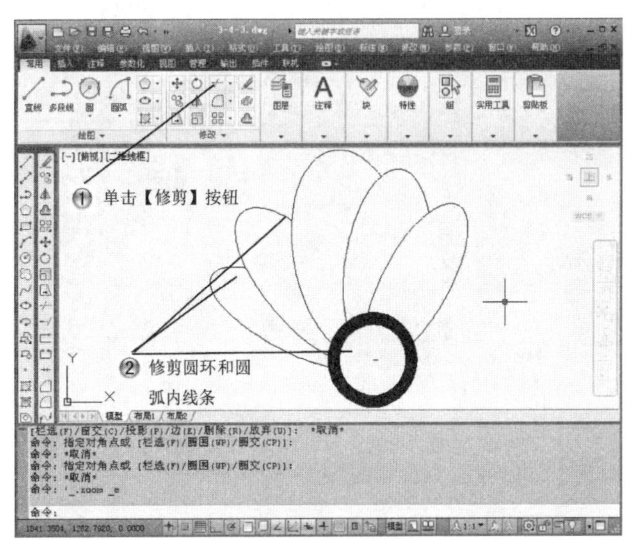

图3-115　修剪图形

3.5　本章小结

本章主要介绍了绘制基本二维图形的命令和方法，包括点、线、多边形、圆、椭圆和圆环等不同类型，在实际绘图当中，这些命令将经常用到，使用不同的二维图形加上编辑操作，就可以完成不同的草图绘制。

第4章

绘制和编辑复杂二维图形

本章导读

通常在绘图时，都会遇到一些比较复杂的二维曲线，如壳体的外形等。本章向读者讲述复杂二维曲线的绘制以及它们的编辑方法。通过本章的学习，读者可以学会如何绘制一些基本的二维曲线，如多线、多段线和云线等，以及一些二维图形的编辑。

学习内容

知识点 \ 学习目标	理解	应用	实践
创建和编辑多线	√	√	√
创建和编辑二维多线段	√	√	√
创建云线	√	√	√
创建和编辑样条曲线	√	√	√
图案填充	√	√	√

4.1 创建和编辑多线

多线是工程中常用的一种对象，多线对象由1～16条平行线组成，这些平行线称为元素。绘制多线时，可以使用包含两个元素的STANDARD样式，也可以指定一个以前创建的样式。开始绘制之前，可以修改多线的对正和比例。要修改多线及其元素，可以使用通用编辑命令、多线编辑命令和多线样式。

4.1.1 绘制多线

绘制多线的命令可以同时绘制若干条平行线，大大减轻了用line命令绘制平行线的工作量。在机械图形绘制中，这条命令常用于绘制厚度均匀零件的剖切面轮廓线或它在某视图上的轮廓线。

(1) 绘制多线命令调用方法。

- 在命令输入行中输入mline后按下Enter键。
- 在菜单栏中选择【绘图】|【多线】菜单命令。

(2) 绘制多线的具体方法。

选择【多线】命令后，命令输入行的提示如下：

命令: mline

当前设置: 对正 = 上，比例 = 20.00，样式 = STANDARD

然后在命令输入行将提示用户指定起点或 [对正(J)/比例(S)/样式(ST)]，命令输入行的提示：

指定起点或 [对正(J)/比例(S)/样式(ST)]:

指定起点后绘图区如图4-1所示。

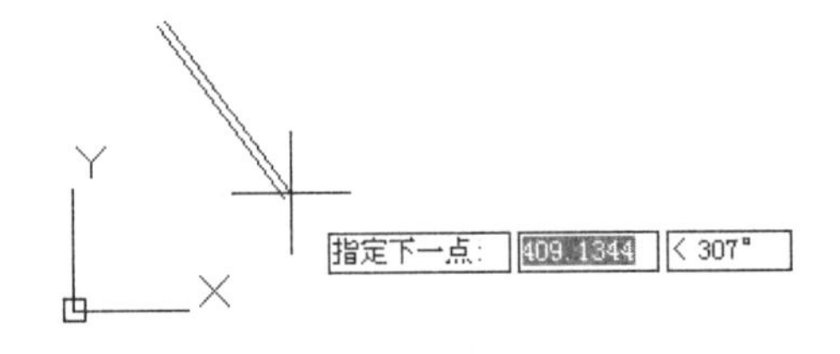

图4-1 指定起点后绘图区所显示的图形

输入第一点的坐标值后，命令输入行将提示用户指定下一点，命令输入行的提示如下：

指定下一点:

指定下一点后绘图区如图4-2所示。

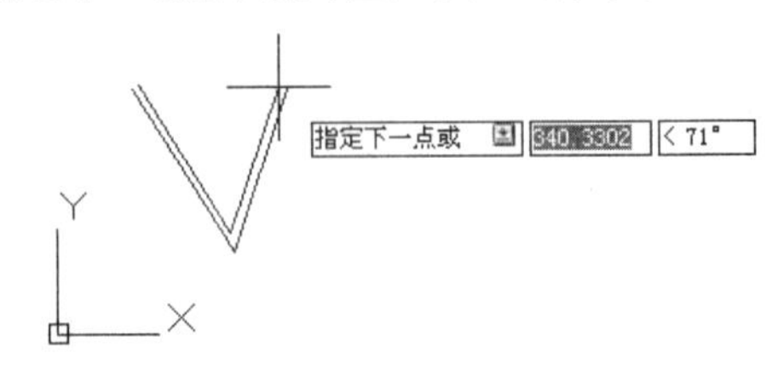

图4-2 指定下一点后绘图区所显示的图形

在mline命令下，AutoCAD默认用户画第2条多线。命令输入行将提示用户指定下一点或[放弃(U)]，命令输入行的提示如下：

指定下一点或 [放弃(U)]:

第二条多线从第一条多线的终点开始，以刚输入的点坐标为终点，画完后右击或按下Enter键后结束。绘制的图形如图4-3所示。

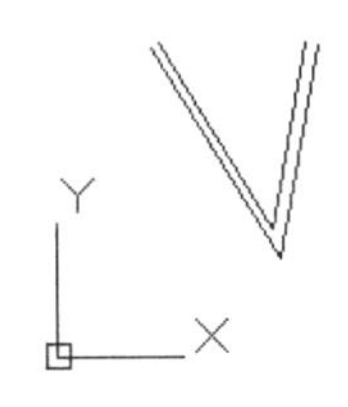

图4-3 用mline命令绘制的多线

提示

在执行【多线】命令时，会出现部分让用户选择的命令。

【对正】：指定多线的对齐方式。

【比例】：指定多线宽度缩放比例系数。

【样式】：指定多线样式名。

4.1.2 编辑多线

用户可以通过编辑来增加、删除顶点或者控制角点连接的显示等，还可以编辑多线的样式来改变各个直线元素的属性等。

1. 增加或删除多线的顶点

用户可以在多线的任何一处增加或删除顶点。增加或删除顶点的步骤如下。

(1) 在命令输入行中输入mledit后按下Enter键，或者选择【修改】|【对象】|【多线】菜单命令。

(2) 执行此命令后，AutoCAD将打开如图4-4所示的【多线编辑工具】对话框。

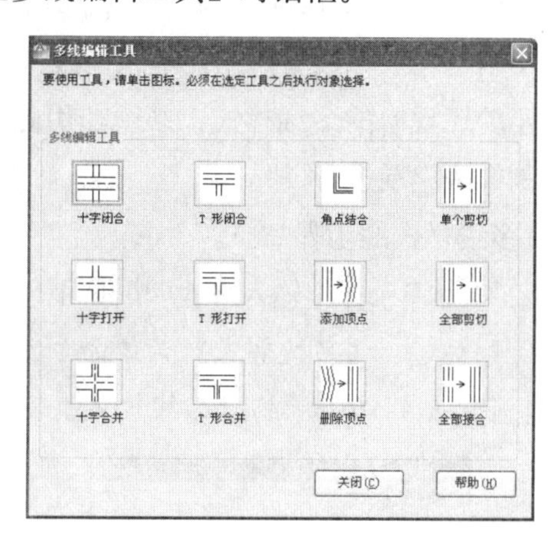

图4-4 【多线编辑工具】对话框

(3) 在【多线编辑工具】对话框中选择如图4-5所示的【删除顶点】按钮。

图4-5 【删除顶点】按钮

(4) 选择在多线中将要删除的顶点。绘制的图形如图4-6和图4-7所示。

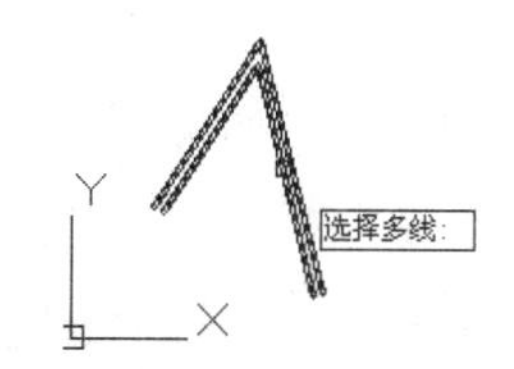

图4-6 多线中要删除的顶点

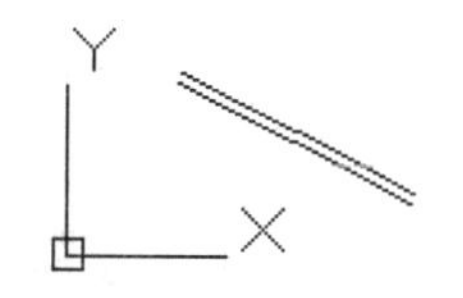

图4-7 删除顶点后的多线

2. 编辑相交的多线

如果在图形中有相交的多线，用户能够通过编辑线脚的多线来控制它们相交的方式。多线可以相交成十字形或T字形，并且十字形或T字形可以被闭合、打开或合并。编辑相交多线的步骤如下。

(1) 在命令输入行中输入mledit后按下Enter键，或者选择【修改】|【对象】|【多线】菜单命令。

(2) 执行此命令后，打开【多线编辑工具】对话框。

(3) 在此对话框中，选择如图4-8所示的【十字合并】按钮。

图4-8 【十字合并】按钮

选择此项后，AutoCAD会提示用户选择第一条多线，命令输入行的提示如下。

```
命令: _mledit
选择第一条多线:
```

选择第一条多线时绘图区如图4-9所示。

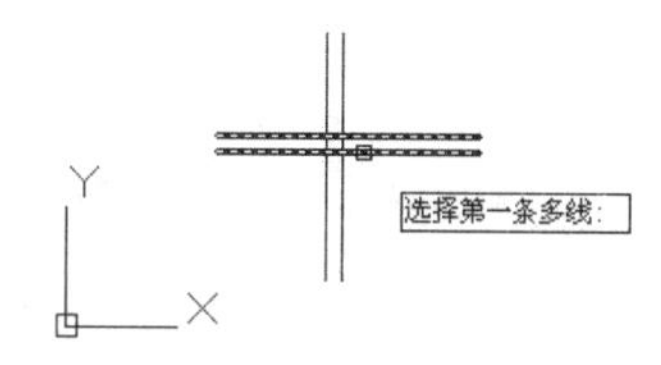

图4-9 选择第一条多线时绘图区所显示的图形

选择第一条多线后，命令输入行将提示用户选择第二条多线，命令输入行如下所示：

```
选择第二条多线:
```

选择第二条多线时绘图区如图4-10所示。

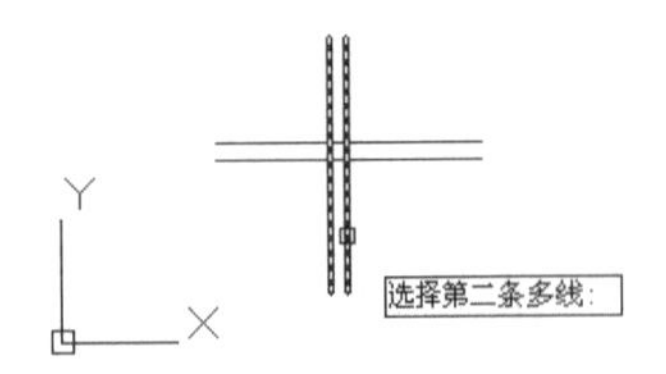

图4-10　选择第二条多线时绘图区所显示的图形

绘制的图形如图4-11所示。

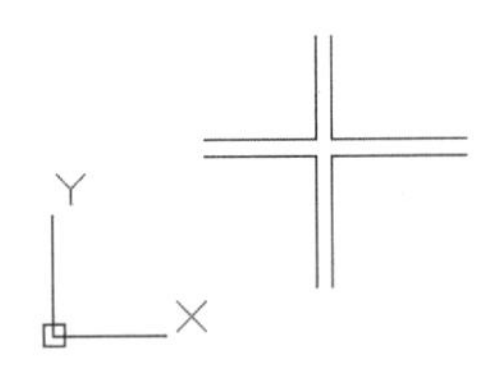

图4-11　用【十字合并】编辑的相交多线

(4) 在【多线编辑工具】对话框中选择如图4-12的【T形闭合】按钮。

图4-12　【T形闭合】按钮

选择此项后，AutoCAD会提示用户选择第一条多线，命令输入行如下所示：

命令: _mledit

选择第一条多线:

选择第一条多线时绘图区如图4-13所示。

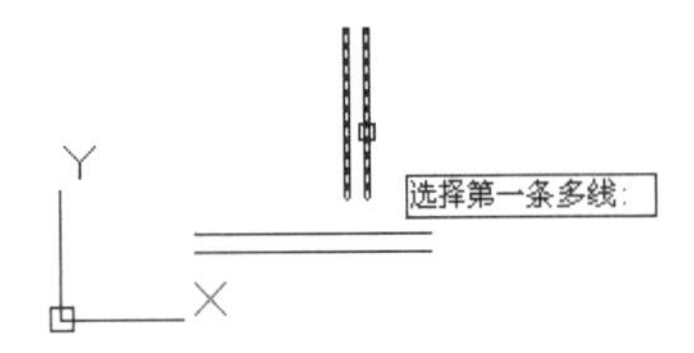

图4-13　选择第一条多线时绘图区所显示的图形

选择第一条多线后，命令输入行将提示用户选择第二条多线，命令输入行如下所示：

选择第二条多线:

选择第二条多线时绘图区如图4-14所示。

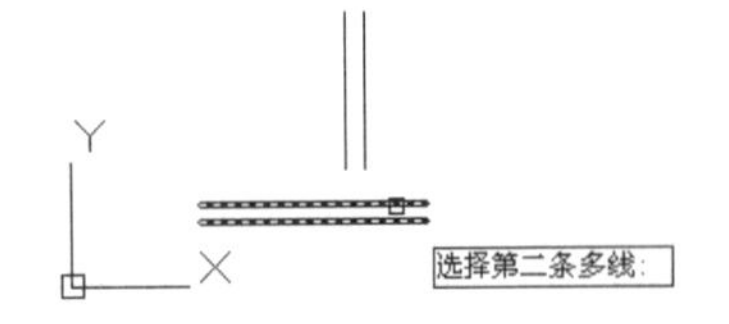

图4-14　选择第二条多线时绘图区所显示的图形

绘制的图形如图4-15所示：

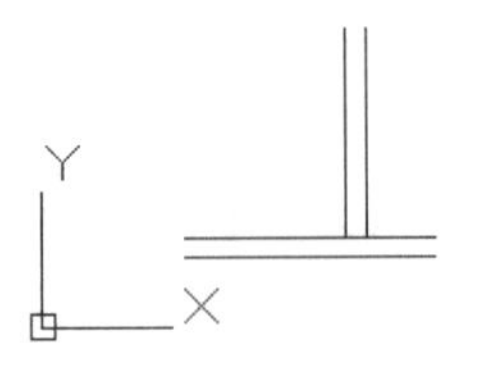

图4-15　用【T形闭合】编辑的多线

3. 编辑多线的样式

多线样式用于控制多线中直线元素的数目、颜色、线型、线宽以及每个元素的偏移量，还可以修改合并的显示、端点封口和背景填充。

多线样式具有以下限制。

- 不能编辑STANDARD多线样式或图形中已使用的任何多线样式的元素和多线特性。
- 要编辑现有的多线样式，必须在用此样式绘制多线之前进行。

编辑多线样式的步骤如下。

(1) 在命令输入行中输入mlstyle后按下Enter键，或者选择【格式】|【多线样式】菜单命令。执行此命令后打开如图4-16所示的【多线样式】对话框。

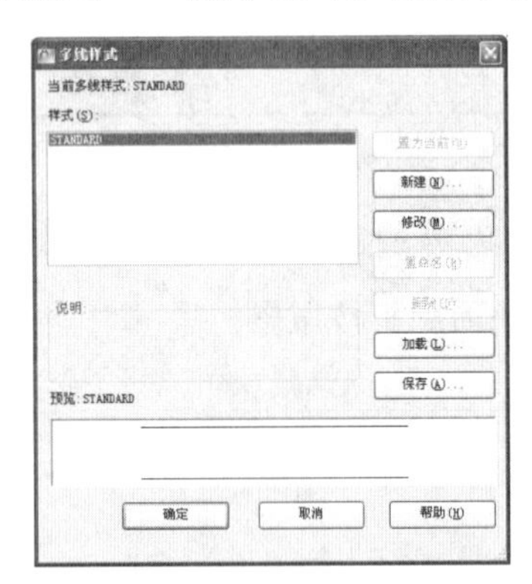

图4-16　【多线样式】对话框

(2) 在此对话框中，可以对多线进行编辑工作，如新建、修改、重命名、删除、加载、保存。

下面将详细介绍【多线样式】对话框的内容。

①【当前多线样式】：显示当前多线样式的名称，该样式将在后续创建的多线中用到。

②【样式】：显示已加载到图形中的多线样式列表。

多线样式列表中可以包含外部参照的多线样式，即存在于外部参照图形中的多线样式。外部参照的多线样式名称使用与其他外部依赖非图形对象所使用的语法相同。

③【说明】：显示选定多线样式的说明。

④【预览】：显示选定多线样式的名称和图像。

⑤【置为当前】：该按钮用于设置后续创建的多线的当前多线样式。从【样式】列表中选择一个名称，然后选择【置为当前】。

不能将外部参照中的多线样式设置为当前样式。

⑥【新建】：单击该按钮显示如图4-17所示的【创建新的多线样式】对话框，从中可以创建新的多线样式。

图4-17　【创建新的多线样式】对话框

【新样式名】：命名新的多线样式。只有输入新名称并单击【继续】按钮后，元素和多线特征才可用。

【基础样式】：确定要用于创建新多线样式的多线样式。要节省时间，请选择与要创建的多线样式相似的多线样式。

【继续】：命名新的多线样式后单击【继续】按钮，显示如图4-18所示的【新建多线样式】对话框。

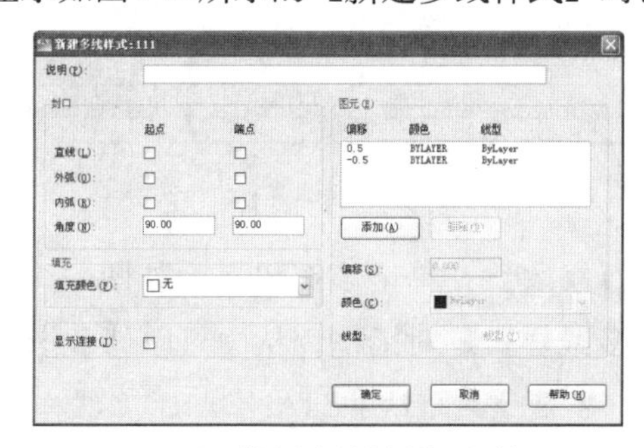

图4-18　【新建多线样式】对话框

【说明】：为多线样式添加说明。最多可以输入 255 个字符(包括空格)。

【封口】：控制多线起点和端点封口。

【直线】：显示穿过多线每一端的直线段，如图4-19所示。

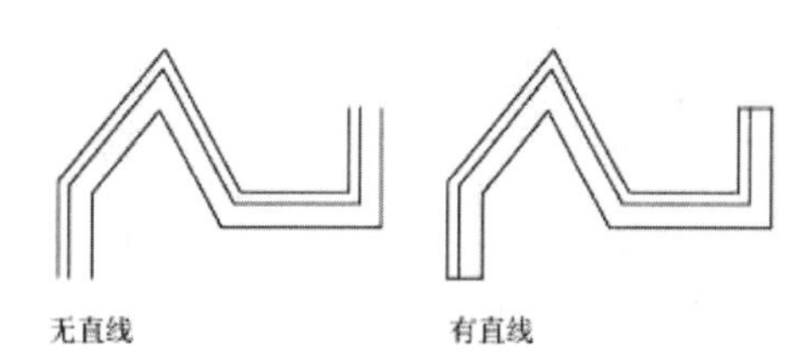

图4-19　穿过多线每一端的直线段

【外弧】：显示多线的最外端元素之间的圆弧，如图4-20所示。

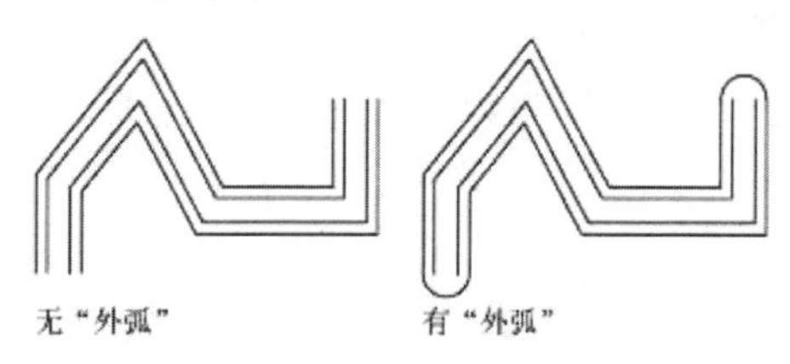

图4-20　多线的最外端元素之间的圆弧

【内弧】：显示成对的内部元素之间的圆弧。如果有奇数个元素，中心线将不被连接。例如，如果有6个元素，内弧连接元素2和5、元素3和4。如果有7个元素，内弧连接元素2和6、元素3和5；元素4不连接，如图4-21所示。

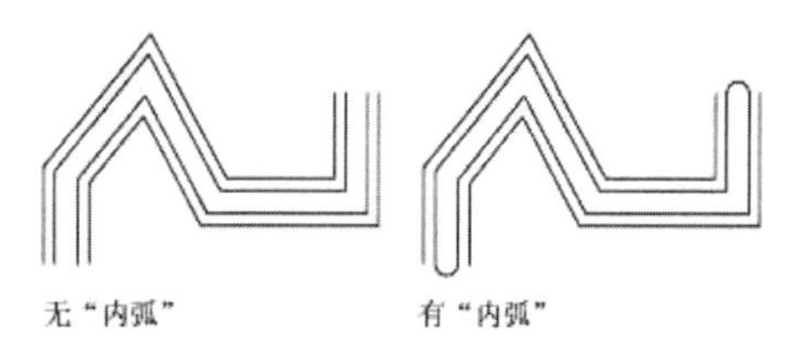

图4-21　成对的内部元素之间的圆弧

【角度】：指定端点封口的角度，如图4-22所示。

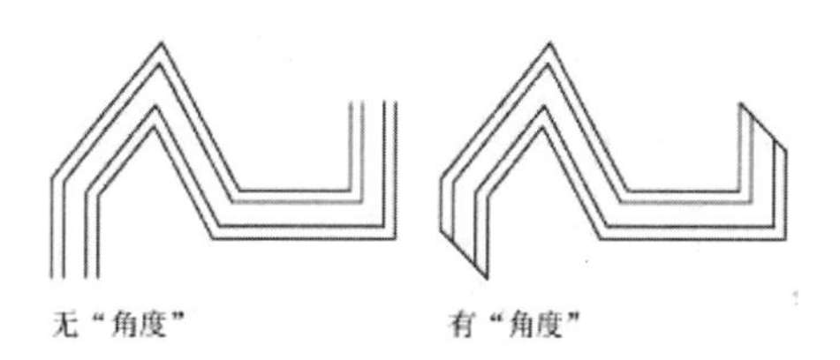

图4-22　指定端点封口的角度

【填充】：控制多线的背景填充。

【填充颜色】：设置多线的背景填充色。如图4-23所示的【填充颜色】下拉列表框。

图4-23 【填充颜色】下拉列表框

【显示连接】：控制每条多线线段顶点处连接的显示，接头也称为斜接，如图4-24所示。

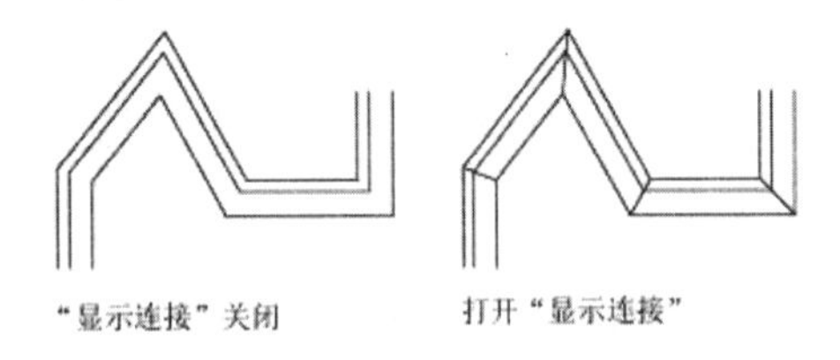

图4-24 多线线段顶点处连接的显示

【元素】：设置新的和现有的多线元素的元素特性，例如偏移、颜色和线型。

【偏移、颜色和线型】：显示当前多线样式中的所有元素。样式中的每个元素由其相对于多线的中心、颜色及其线型定义。元素始终按它们的偏移值降序显示。

【添加】：将新元素添加到多线样式。只有为除STANDARD以外的多线样式选择了颜色或线型后，此选项才可用。

【删除】：从多线样式中删除元素。

【偏移】：为多线样式中的每个元素指定偏移值。如图4-25所示。

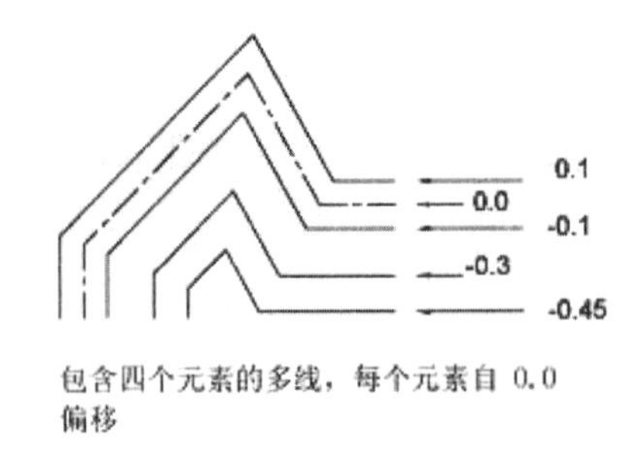

图4-25 为多线样式中的每个元素指定偏移值

【颜色】：显示并设置多线样式中元素的颜色。如图4-26所示的【颜色】下拉列表框。

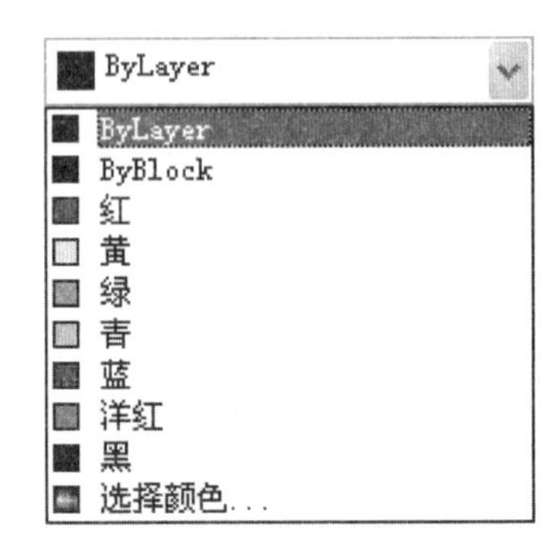

图4-26 【颜色】下拉列表框

【线型】：显示并设置多线样式中元素的线型。如果选择【线型】，将显示如图4-27所示的【选择线型】对话框，该对话框列出了已加载的线型。要加载新线型，则单击【加载】按钮。将显示如图4-28所示的【加载或重载线型】对话框。

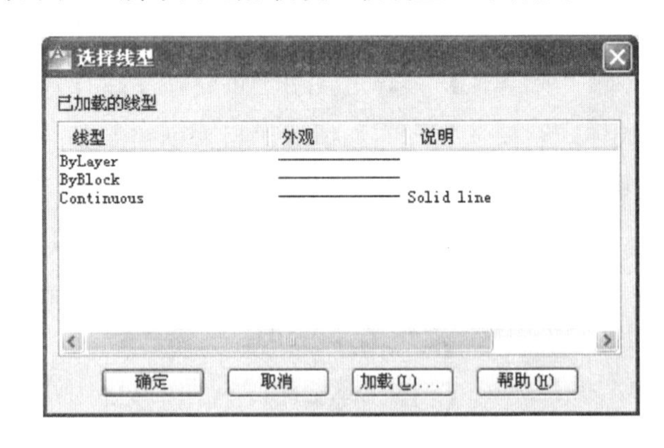

图4-27 【选择线型】对话框

⑦【修改】：单击该按钮显示如图4-29所示的【修改多线样式】对话框，从中可以修改选定的多线样式。不能修改默认的STANDARD多线样式。

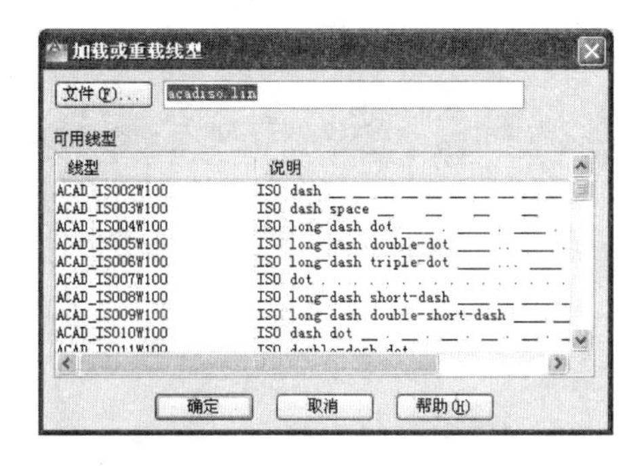

图4-28 【加载或重载线型】对话框

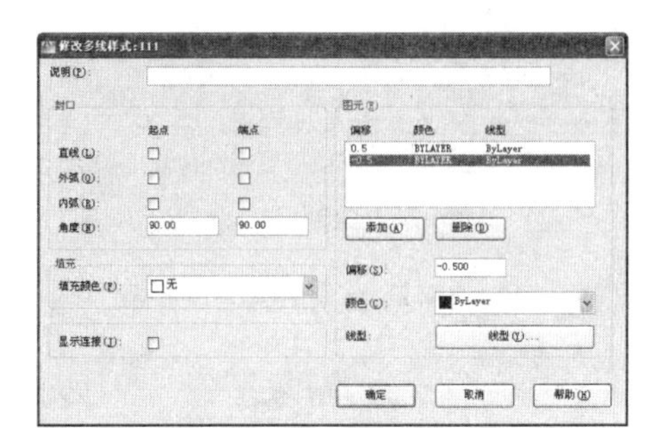

图4-29 【修改多线样式】对话框

注意

不能编辑STANDARD多线样式或图形中正在使用的任何多线样式的元素和多线特性。要编辑现有多线样式，必须在使用该样式绘制任何多线之前进行。

⑧【重命名】：单击该按钮重命名当前选定的多线样式。不能重命名STANDARD多线样式。

⑨【删除】：单击该按钮从【样式】列表中删除当前选定的多线样式。此操作并不会删除MLN文件中的样式。不能删除STANDARD多线样式、当前多线样式或正在使用的多线样式。

⑩【加载】：单击该按钮显示如图4-30所示的【加载多线样式】对话框，可以从指定的MLN文件加载多线样式。

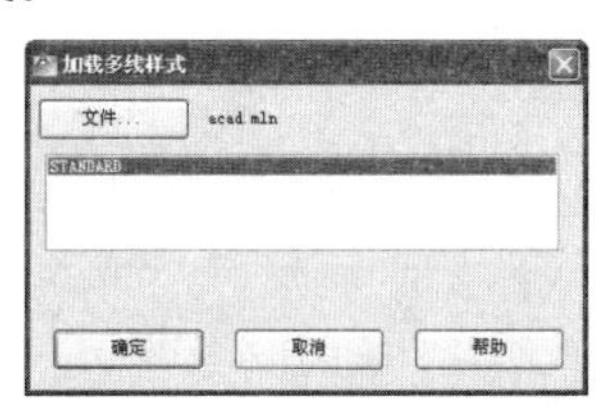

图4-30 【加载多线样式】对话框

【文件】：显示标准文件选择对话框，从中可以定位和选择另一个多线库文件。

【列出】：列出当前多线库文件中可用的多线样式。要加载另一种多线样式，请从列表中选择一种样式并单击【确定】按钮。

⑪【保存】：单击该按钮将多线样式保存或复制到多线库(MLN)文件。如果指定了一个已存在的MLN文件，新样式定义将添加到此文件中，并且不会删除其中已有的定义。默认文件名是acad.mln。

4.1.3 多线范例

本范例完成文件：\04\4-1-3.dwg

多媒体教学路径：光盘→多媒体教学→第4章→4.1节

步骤 1 创建多线样式，如图4-31所示。

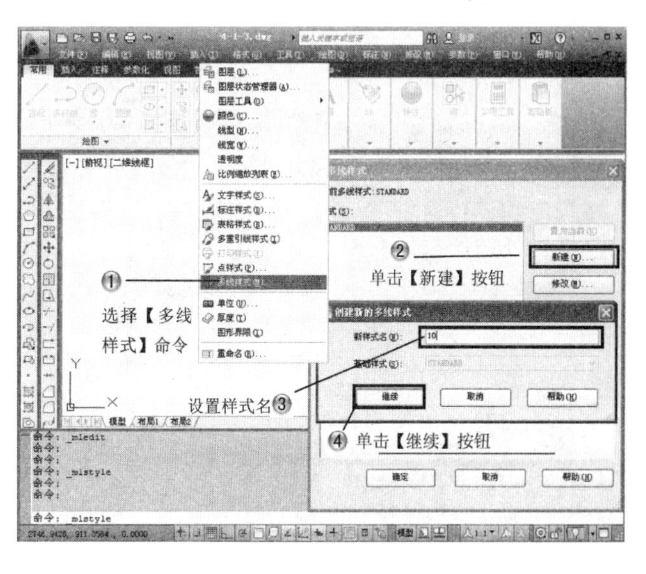

图4-31 创建多线样式

步骤 2 设置新样式，如图4-32所示。

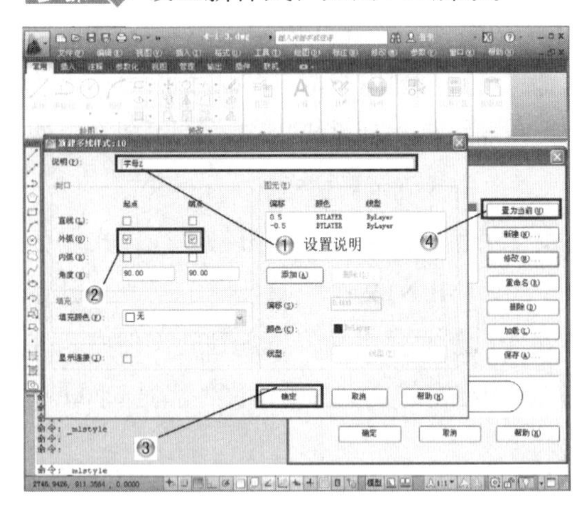

图4-32　设置新样式

步骤 3 绘制多线，如图4-33所示。

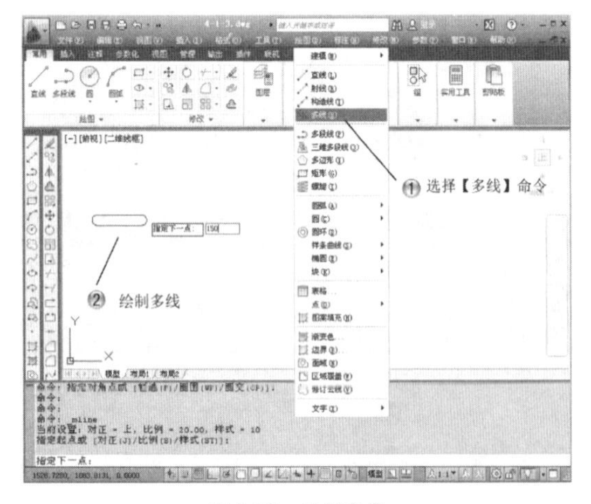

图4-33　绘制多线

步骤 4 绘制两段多线，如图4-34所示。

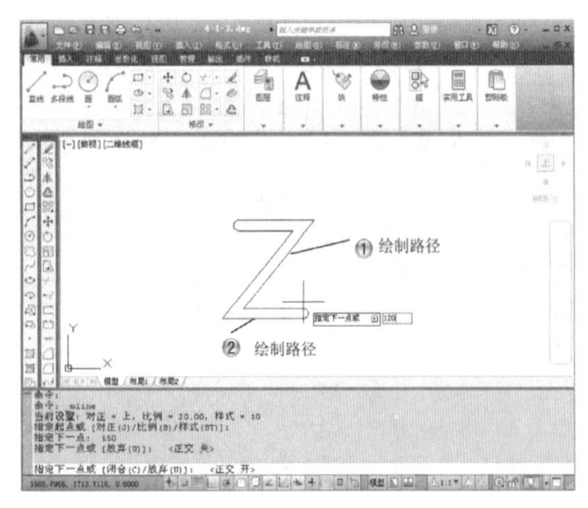

图4-34　绘制两段多线

步骤 5 绘制相交多线，如图4-35所示。

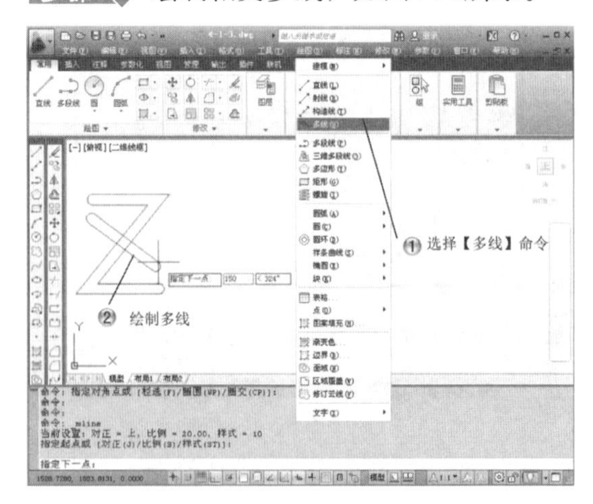

图4-35　绘制相交多线

步骤 6 编辑多线，如图4-36所示。

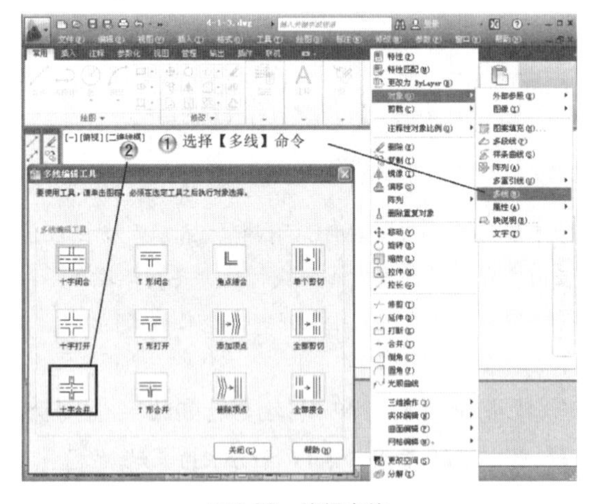

图4-36　编辑多线

步骤 7 十字合并，如图4-37所示。

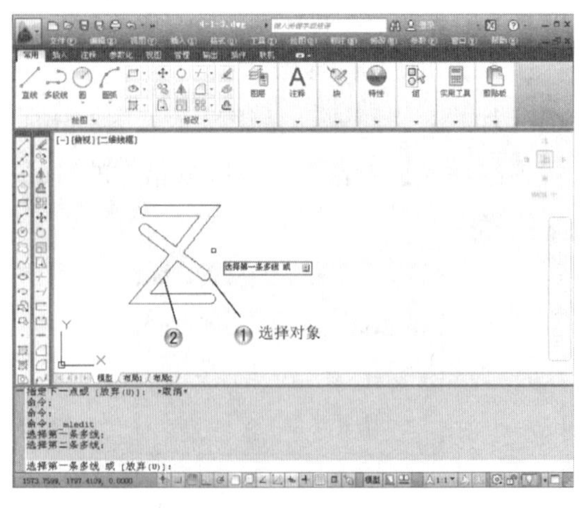

图4-37　十字合并

4.2 创建和编辑二维多段线

多段线是作为单个对象创建的相互连接的序列线段。可以创建直线段、弧线段或两者的组合线段。还可以使用其他编辑选项修改多段线对象的形状。也可以合并各自独立的多段线。

4.2.1 创建多段线

多段线是指由相互连接的直线段或直线段与圆弧的组合作为单一对象使用。可以一次性编辑多段线，也可以分别编辑各线段。用多段线命令可以生成任意宽度的直线，任意形状、任意宽度的曲线，或者二者的结合体。机械图形绘制中如果已知零件复杂轮廓(直线、曲线混合)的具体尺寸，可方便地用一条多段线命令绘制该轮廓，而避免交叉使用直线命令和曲线命令。

(1) 绘制多段线命令调用方法如下。

- 单击【绘图】面板或【绘图】工具栏上的【多段线】按钮。
- 在命令输入行中输入pline后按下Enter键。
- 在菜单栏中选择【绘图】|【多段线】菜单命令。

(2) 绘制多段线的具体方法。

选择【多段线】命令后，命令输入行将提示用户指定起点，命令输入行提示如下：

命令: _pline

指定起点:

当前线宽为 0.0000

指定起点后绘图区如图4-38所示。

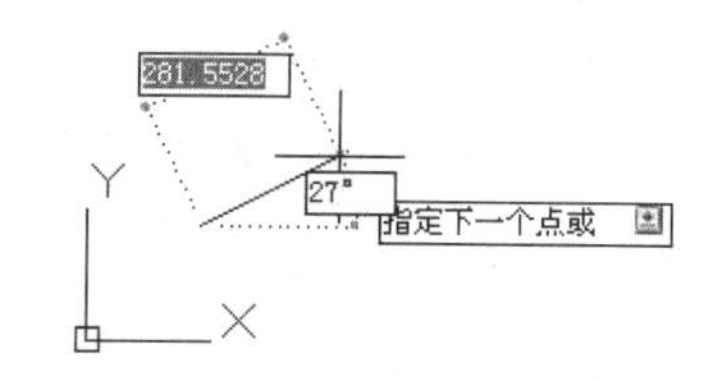

图4-38 指定起点后绘图区所显示的图形

在输入起点坐标值后，命令输入行将提示用户指定下一个点或 [圆弧(A)/半宽(H)/长度(L)/放弃(U)/宽度(W)]，命令输入行的提示如下：

指定下一个点或 [圆弧(A)/半宽(H)/长度(L)/放弃(U)/宽度(W)]: A

指定圆弧(A)后绘图区如图4-39所示。

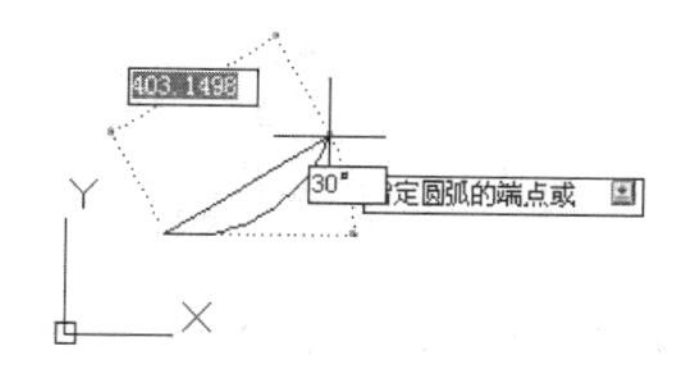

图4-39 指定圆弧(A)后绘图区所显示的图形

指定圆弧(A)后，命令输入行将提示用户指定圆弧的端点或[角度(A)/圆心(CE)/方向(D)/半宽(H)/直线(L)/半径(R)/第二个点(S)/放弃(U)/宽度(W)]，命令输入行的提示如下。

指定圆弧的端点或[角度(A)/圆心(CE)/方向(D)/半宽(H)/直线(L)/半径(R)/第二个点(S)/放弃(U)/宽度(W)]:

ce

指定圆心(CE)后绘图区如图4-40所示。

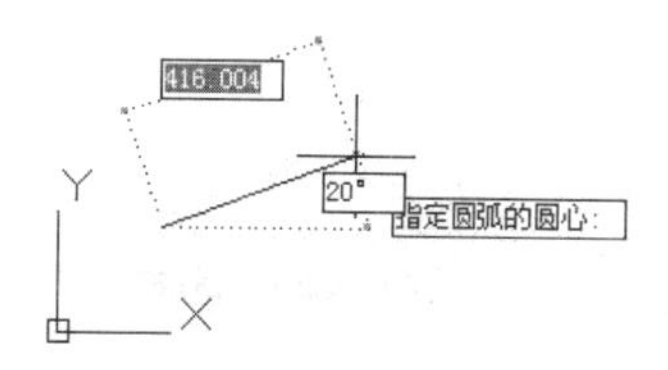

图4-40 指定圆心(CE)后绘图区所显示的图形

指定圆心(CE)后，命令输入行将提示用户指定圆弧的圆心，命令输入行的提示如下：

指定圆弧的圆心:

指定圆弧的圆心后绘图区如图4-41所示。

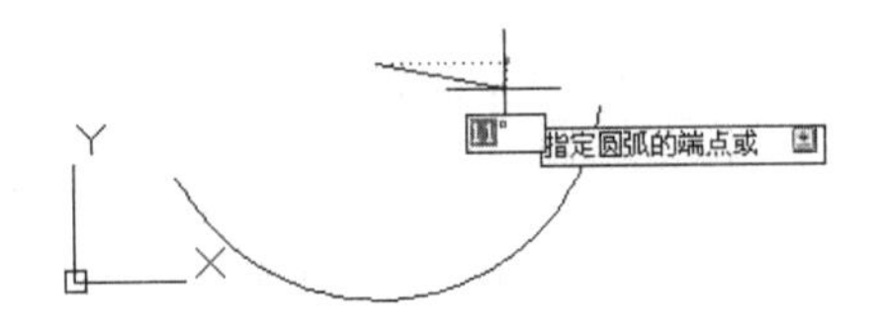

图4-41　指定圆弧的圆心后绘图区所显示的图形

指定圆心后，命令输入行将提示用户指定圆弧的端点或 [角度(A)/长度(L)]，命令输入行如下所示：

指定圆弧的端点或 [角度(A)/长度(L)]:

指定圆弧的端点后绘图区如图4-42所示。

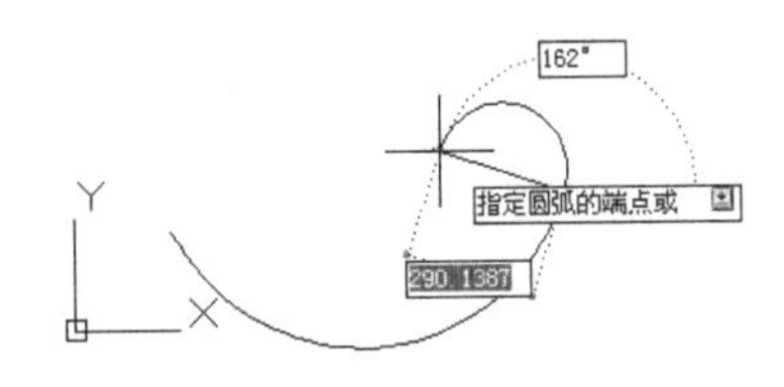

图4-42　指定圆弧的端点后绘图区所显示的图形

输入数值后，命令输入行提示用户指定圆弧的端点或[角度(A)/圆心(CE)/闭合(CL)/方向(D)/半宽(H)/直线(L)/半径(R)/第二个点(S)/放弃(U)/宽度(W)]，命令输入行如下所示：

指定圆弧的端点或[角度(A)/圆心(CE)/闭合(CL)/方向(D)/半宽(H)/直线(L)/半径(R)/第二个点(S)/放弃(U)/宽度(W)]:

最后绘制的图形如图4-43所示。

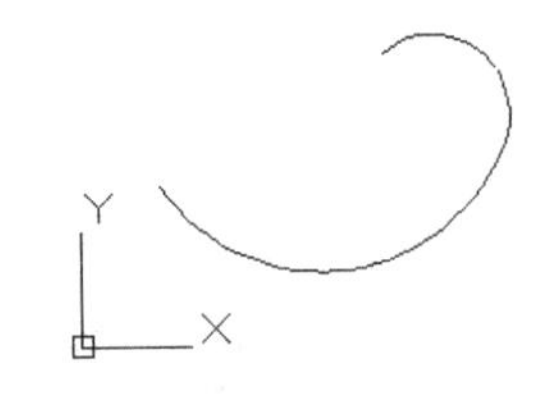

图4-43　用pline命令绘制的图形

提示

在执行【多段线】命令时，会出现部分让用户选择的命令，下面将做如下提示。

绘制圆弧段，命令输入行的提示如下。

指定圆弧的端点或

[角度(A)/圆心(CE)/闭合(CL)/方向(D)/半宽(H)/直线(L)/半径(R)/第二个点(S)/放弃(U)/宽度(W)]:

【圆弧端点】：绘制弧线段。弧线段从多段线上一段的最后一点开始并与多段线相切。

【角度】：指定弧线段的从起点开始的包含角。输入正数将按逆时针方向创建弧线段，输入负数将按顺时针方向创建弧线段。

【圆心】：指定弧线段的圆心。

【闭合】：用弧线段将多段线闭合。

【方向】：指定弧线段的起始方向。

【半宽】：指定从具有一定宽度的多段线线段的中心到其一边的宽度。

【直线】：退出圆弧选项并返回pline命令的初始提示。

【半径】：指定弧线段的半径。

【第二个点】：指定三点圆弧的第二点和端点。

【放弃】：删除最近一次添加到多段线上的弧线段。

【宽度】：指定下一直线段或弧线段的起始宽度。

4.2.2　编辑多段线

可以通过闭合和打开多段线，以及移动、添加或删除单个顶点来编辑多段线。可以在任何两个顶点之间拉直多段线，也可以切换线型以便在每个顶点前或后显示虚线。可以为整个多段线设置统一的宽度，也可以分别控制各个线段的宽度。还可以通过多段线创建线性近似样条曲线。

1. 多段线的标准编辑

以下两种方式可以实现编辑多段线功能。

(1) 在命令输入行中输入pedit后按下Enter键。

(2) 选择【修改】|【对象】|【多段线】菜单命令。

执行编辑多段线命令后，在命令输入行中出现如下信息要求用户选择多段线：

选择多段线或 [多条(M)]:

选择多段线后，AutoCAD会出现以下信息要求用户选择编辑方式：

输入选项

输入选项 [闭合(C)/合并(J)/宽度(W)/编辑顶点(E)/拟合(F)/样条曲线(S)/非曲线化(D)/线型生成(L)/反转(R)/放弃(U)]:

这些编辑方式的含义分别如下。

- 【闭合】：创建多段线的闭合线段，连接最后一条线段与第一条线段。除非使用【闭合】选项闭合多段线，否则将会认为多段线是开放的。
- 【合并】：将直线、圆弧或多段线添加到开放的多段线的端点，并从曲线拟合多段线中删除曲线拟合。要将对象合并至多段线，其端点必须接触。
- 【宽度】：为整个多段线指定新的统一宽度。使用【编辑顶点】选项中的【宽度】选项修改线段的起点宽度和端点宽度。如图4-44和图4-45所示。

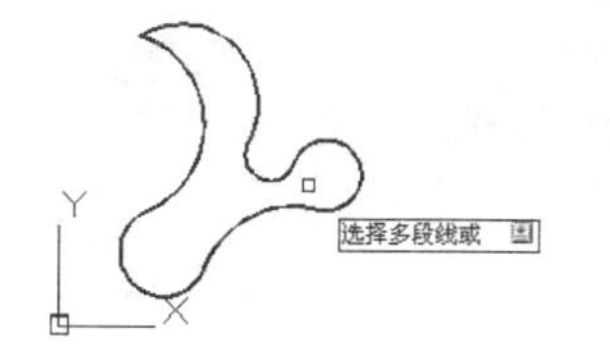

图4-44 选定的多段线

图4-45 为整个多段线指定新的统一宽度后的图形

- 【编辑顶点】：通过在屏幕上绘制X来标记多段线的第一个顶点。如果已指定此顶点的切线方向，则在此方向上绘制箭头。
- 【拟合】：创建连接每一对顶点的平滑圆弧曲线。曲线经过多段线的所有顶点并使用任何指定的切线方向。
- 【样条曲线】：将选定多段线的顶点用作样条曲线拟合多段线的控制点或边框。除非原始多段线闭合，否则曲线经过第一个和最后一个控制点。如图4-46和图4-47所示。

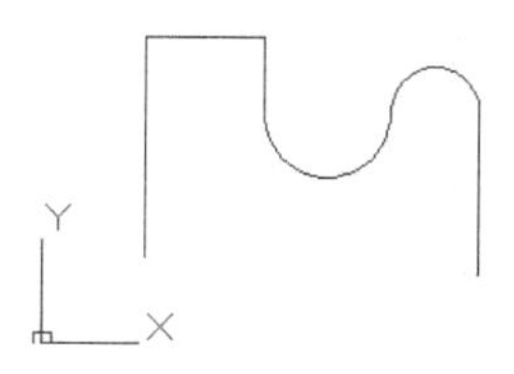

图4-46 多段线

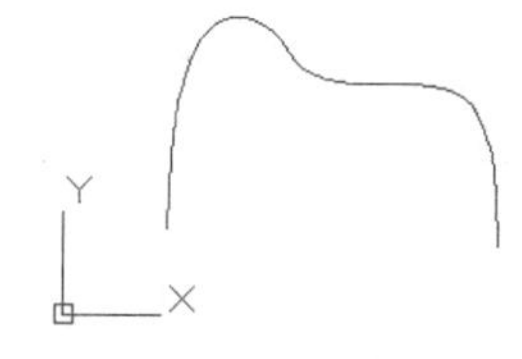

图4-47 将多段线编辑为样条曲线后图形

- 【非曲线化】：删除圆弧拟合或样条曲线拟合多段线插入的其他顶点并拉直多段线的所有线段。
- 【线型生成】：生成通过多段线顶点的连续图案的线型。此选项关闭时，将生成开始和末端的顶点处为虚线的线型。

2. 多段线的倒角

除了以上的标准编辑外，还可以对多段线进行倒角和倒圆处理，倒角处理基本上与相交直线的倒角相同。

(1) 用【多段线】命令绘制出图形，如图4-48所示。

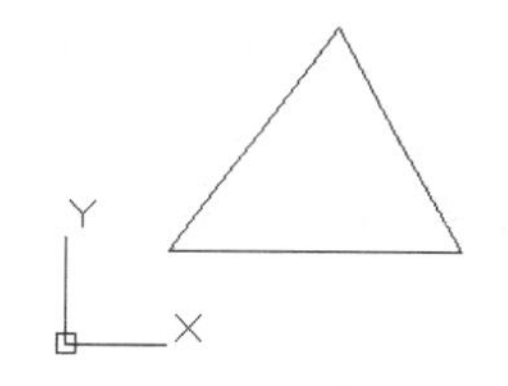

图4-48 用【多段线】命令绘制的图形

(2) 选择倒角命令，可以单击【修改】面板上的【倒角】按钮，也可以在命令输入行中输入chamfer命令后按下Enter键，还可以选择【修改】|【倒角】菜单命令。命令输入行的提示如下。

命令: _chamfer

(“修剪”模式) 当前倒角距离 1 = 0.0000，距离 2 = 0.0000

选择第一条直线或 [放弃(U)/多段线(P)/距离(D)/角度(A)/修剪(T)/方式(E)/多个(M)]: a

指定第一条直线的倒角长度 <0.0000>: 30

指定第一条直线的倒角角度 <0>: 30

选择第一条直线或 [放弃(U)/多段线(P)/距离(D)/角度(A)/修剪(T)/方式(E)/多个(M)]: p

选择二维多段线:

3 条直线已被倒角

倒角后的多段线如图4-49所示。

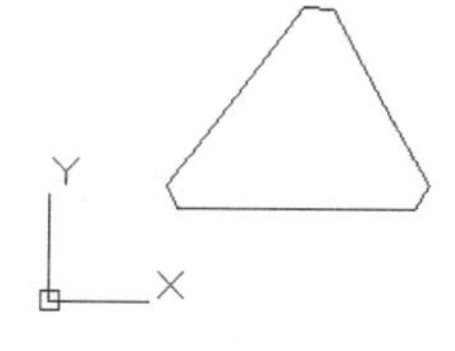

图4-49 倒角后的多段线

3. 多段线的倒圆角

多段线的倒圆角处理与一般的倒圆角处理基本相同。操作方法如下。

(1) 用【多段线】命令绘制出图形，如图4-50所示。

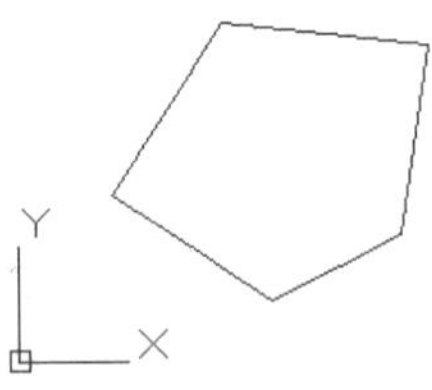

图4-50 倒圆角前的多段线

(2) 选择圆角命令，可以单击【修改】面板上的【圆角】按钮，也可以在命令输入行中输入fillet命令后按下Enter键，还可以选择【修改】|【圆角】菜单命令。命令输入行的提示如下。

命令: _fillet

当前设置: 模式 = 修剪，半径 = 0.0000

选择第一个对象或 [放弃(U)/多段线(P)/半径(R)/修剪(T)/多个(M)]: r

指定圆角半径 <0.0000>: 40

选择第一个对象或 [放弃(U)/多段线(P)/半径(R)/修剪(T)/多个(M)]: p

选择二维多段线:

5 条直线已被圆角

倒圆角后的多段线如图4-51所示。

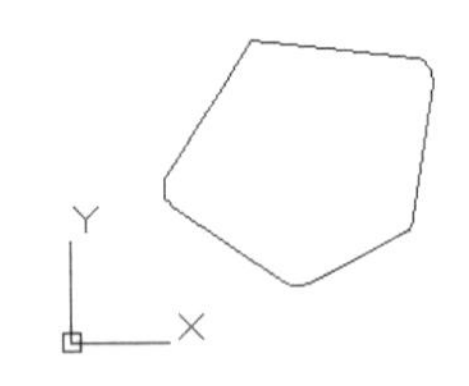

图4-51 倒圆角后的多段线

4.2.3 多段线范例

本范例完成文件：\04\4-2-3.dwg

多媒体教学路径：光盘→多媒体教学→第4章→4.2节

步骤1 绘制相交直线，如图4-52所示。

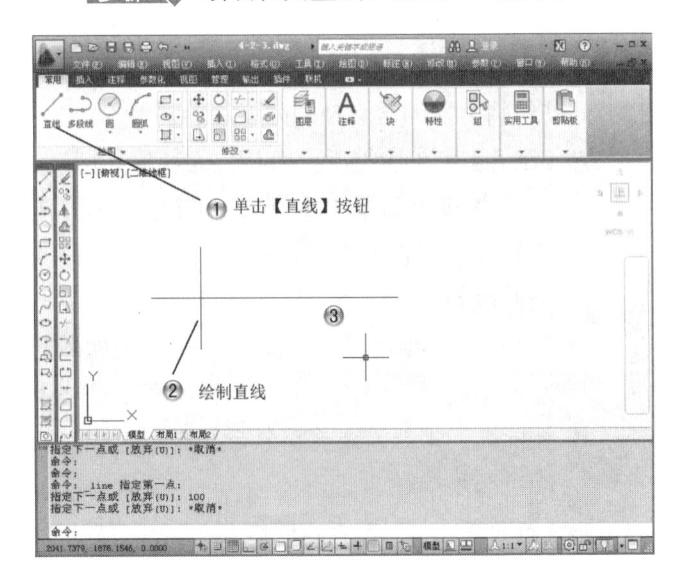

图4-52 绘制相交直线

步骤2 绘制多线图形，如图4-53所示。

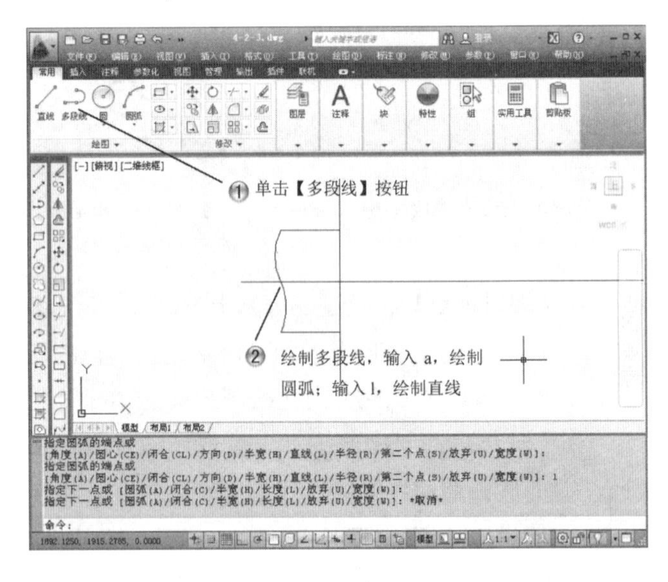

图4-53 绘制多线图形

步骤 3 绘制圆弧，如图4-54所示。

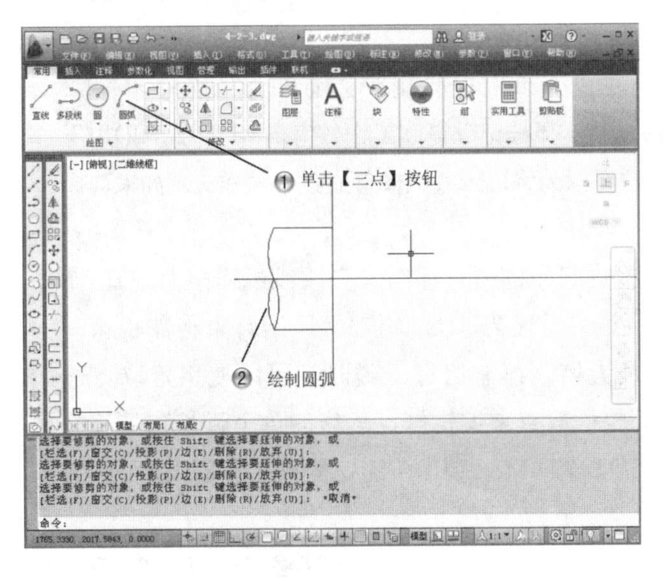

图4-54 绘制圆弧

步骤 4 绘制矩形，如图4-55所示。

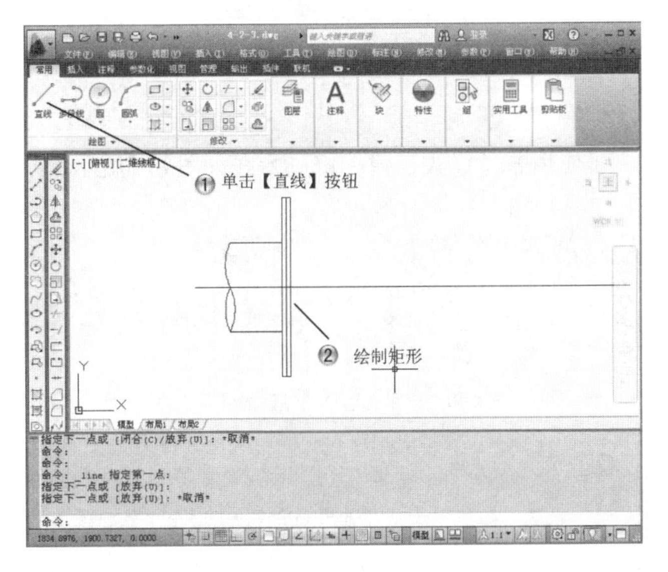

图4-55 绘制矩形

步骤 5 绘制多段线图形，如图4-56所示。

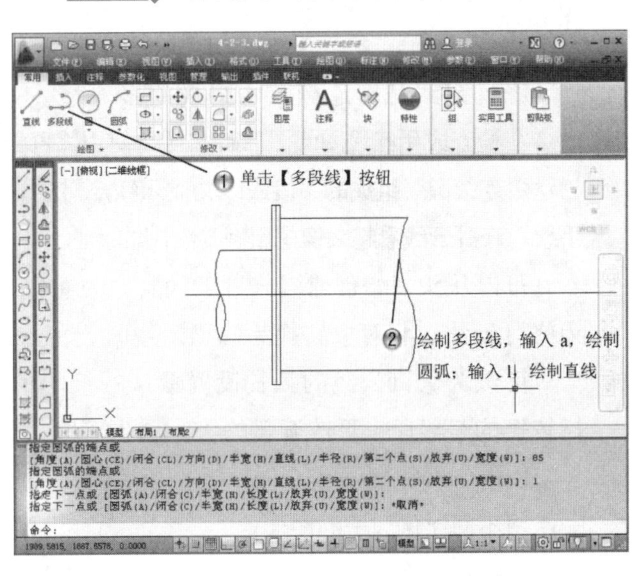

图4-56 绘制多段线图形

步骤 6 绘制圆弧，如图4-57所示。

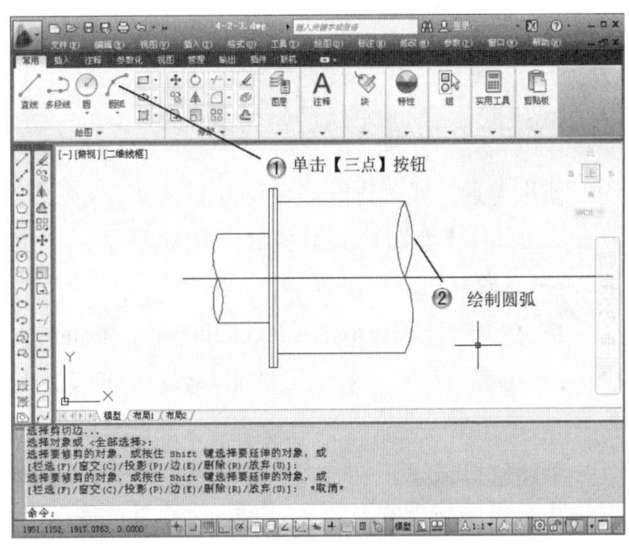

图4-57 绘制圆弧

4.3 创建云线

修订云线是由连续圆弧组成的多段线。用于在检查阶段提醒用户注意图形的某个部分。

在检查或用红线圈阅图形时，可以使用修订云线功能亮显标记以提高工作效率。REVCLOUD用于创建由连续圆弧组成的多段线以构成云线形对象。用户可以为修订云线选择普通或手绘样式。如果选择手绘，修订云线看起来像是用画笔绘制的。

可以从头开始创建【修订云线】，也可以将对象(例如，圆、椭圆、多段线或样条曲线)转换为修订云线。将对象转换为修订云线时，如果DELOBJ设置为 1(默认值)，原始对象将被删除。

可以为修订云线的弧长设置默认的最小值和最大值。绘制修订云线时，可以使用拾取点选择较短的弧线段来更改圆弧的大小。也可以通过调整拾取点来编辑修订云线的单个弧长和弦长。

REVCLOUD用于存储上一次使用的圆弧长度作为多个DIMSCALE系统变量的值，这样就可以统一使用不同比例因子的图形。

在执行此命令之前，请确保能够看见要使用REVCLOUD添加轮廓的整个区域。REVCLOUD不支持透明以及实时平移和缩放。

下面将介绍几种创建修订云线的方法。

4.3.1 使用普通样式创建修订云线

使用普通样式创建修订云线的步骤如下。

- 单击【绘图】面板或【绘图】工具栏上的【修订云线】按钮。
- 在命令输入行中输入revcloud后按下Enter键。
- 在菜单栏中选择【绘图】|【修订云线】菜单命令。

创建修订云线：

执行【修订云线】命令后，命令输入行的提示如下：

命令: _revcloud

最小弧长: 15　最大弧长: 15　样式: 手绘

指定起点或 [弧长(A)/对象(O)/样式(S)] <对象>: s

选择圆弧样式 [普通(N)/手绘(C)] <手绘>:n

圆弧样式 = 普通

指定起点或 [弧长(A)/对象(O)/样式(S)] <对象>:

沿云线路径引导十字光标...

修订云线完成。

使用普通样式创建的修订云线如图4-58所示。

图4-58　使用普通样式创建的修订云线

提示

默认的弧长最小值和最大值设置为 0.5个单位。弧长的最大值不能超过最小值的3倍。可以随时按Enter键停止绘制修订云线。要闭合修订云线，请返回到它的起点。

4.3.2 使用手绘样式创建修订云线

使用手绘样式创建修订云线的步骤如下。

- 单击【绘图】面板或【绘图】工具栏上的【修订云线】按钮。

- 在命令输入行中输入revcloud后按下Enter键。
- 选择【绘图】|【修订云线】菜单命令。

创建修订云线：

执行【修订云线】命令后，命令输入行的提示如下。

命令: _revcloud

最小弧长: 15 最大弧长: 15 样式: 手绘

指定起点或 [弧长(A)/对象(O)/样式(S)] <对象>: a

指定最小弧长 <15>: 30

指定最大弧长 <30>: 30

指定起点或 [弧长(A)/对象(O)/样式(S)] <对象>: s

选择圆弧样式 [普通(N)/手绘(C)] <手绘>:c

圆弧样式 = 手绘

指定起点或 [弧长(A)/对象(O)/样式(S)] <对象>:

沿云线路径引导十字光标...

修订云线完成。

使用手绘样式创建的修订云线如图4-59所示。

图4-59 使用手绘样式创建的修订云线

4.3.3 将对象转换为修订云线

将对象转换为修订云线的步骤如下。

绘制一个要转换为修订云线的圆、椭圆、多段线或样条曲线。

- 单击【绘图】面板或【绘图】工具栏上的【修订云线】按钮 。
- 在命令输入行中输入revcloud后按下Enter键。
- 选择【绘图】|【修订云线】菜单命令。

将对象转换为修订云线：

在这里我们绘制一个圆形来转换为修订云线，如图4-60所示。

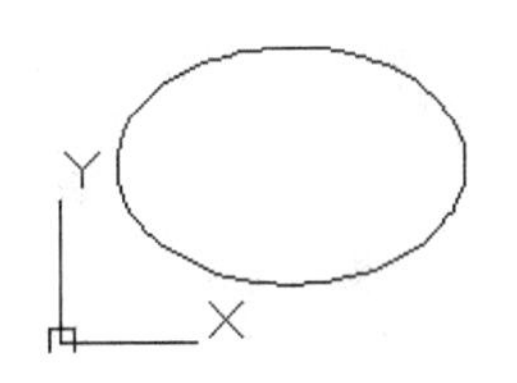

图4-60 将要转换为修订云线的圆

执行修订云线命令后，命令输入行的提示如下。

命令: _revcloud

最小弧长: 30 最大弧长: 30 样式: 手绘

指定起点或 [弧长(A)/对象(O)/样式(S)] <对象>: a

指定最小弧长 <30>: 60

指定最大弧长 <60>: 60

指定起点或 [弧长(A)/对象(O)/样式(S)] <对象>: o

选择对象:

选择对象:

反转方向 [是(Y)/否(N)] <否>: N

修订云线完成。

将圆转换为修订云线，如图4-61所示。

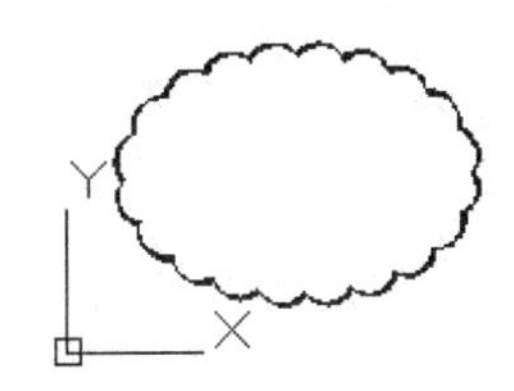

图4-61 将圆转换为修订云线

将多段线转换为修订云线，如图4-62和图4-63所示。

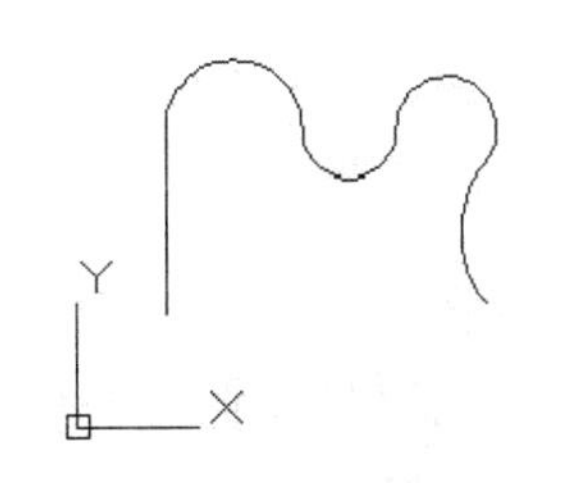

图4-62 多段线

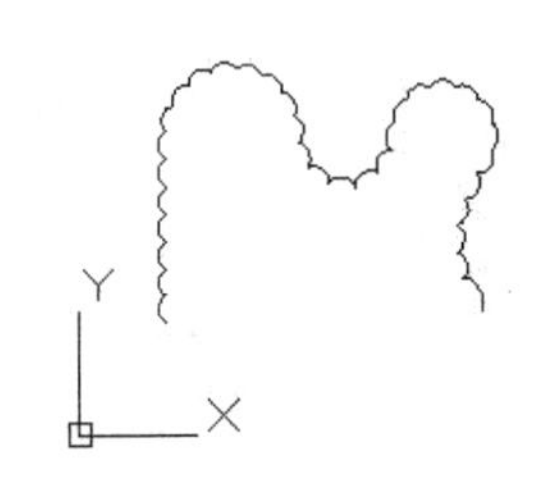

图4-63 多段线转换为修订云线

4.4 创建与编辑样条曲线

样条曲线是经过或接近一系列给定点的光滑曲线。可以控制曲线与点的拟合程度。可以通过指定点来创建样条曲线。也可以封闭样条曲线，使起点和端点重合。附加编辑选项可用于修改样条曲线对象的形状。除了在大多数对象上使用的一般编辑操作外，使用SPLINEDIT 编辑样条曲线时还可以使用其他选项。

4.4.1 创建样条曲线

样条曲线适用于不规则的曲线，如汽车、飞机设计或地理信息系统所涉及的曲线。虽然用户可以通过对多段线的平滑处理来绘制近似于样条曲线的线条，但是创建真正的样条曲线与之相比具有以下优点。

(1) 通过对曲线路径上的一系列点进行平滑拟合，可以创建样条曲线。进行二维或三维制图建模时，使用这种方法创建的样条曲线远比多段线精确。

(2) 使用样条曲线编辑命令或自动编辑命令可以很容易地创建样条曲线，并保留样条曲线的定义。但是如果使用的是多段线编辑，就会丢失这些定义，成为平滑的多段线。

(3) 使用样条曲线的图形比使用多段线的图形所占据的磁盘空间和内存要小。

用户在绘制样条曲线时可以改变样条曲线的拟合公差来查看拟后效果。拟合公差指的是样条曲线与指定拟合点之间的接近程度。拟合公差越小，样条曲线与拟合点就越接近，拟合公差为0时，样条曲线将通过拟合点。用户也可以通过样条曲线使起点与终点重合。

用户可以通过以下几种方法绘制样条曲线。

- 单击【绘图】工具栏上的【样条曲线】按钮，或【绘图】面板上的【样条曲线拟合】按钮，和【样条曲线控制点】按钮。
- 在命令输入行中输入spline后按下Enter键。
- 在菜单栏中选择【绘图】|【样条曲线】菜单命令。

执行此命令后，AutoCAD提示用户指定第一个点或[对象(O)]，命令输入行的提示如下。

命令: _spline

当前设置: 方式=拟合　节点=弦

指定第一个点或 [方式(M)/节点(K)/对象(O)]:

指定第一个点后绘图区如图4-64所示。

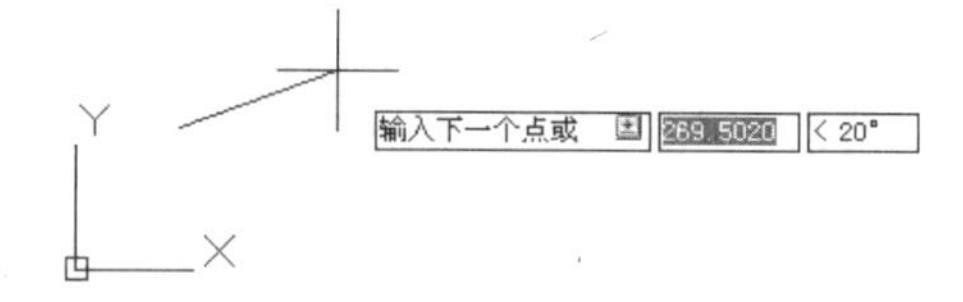

图4-64　指定第一个点后绘图区所显示的图形

指定第一个点后AutoCAD提示用户指定下一点，命令输入行的提示如下：

输入下一个点或 [起点切向(T)/公差(L)]:

指定下一点后绘图区如图4-65所示。

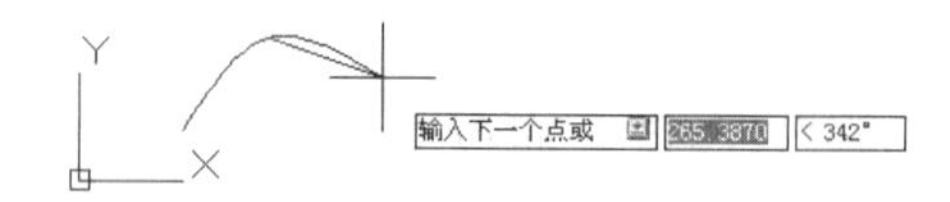

图4-65　指定下一点后绘图区所显示的图形

指定下一点后AutoCAD提示用户指定下一点或[闭合(C)/拟合公差(F)] <起点切向>，命令输入行的提示如下：

指定下一个点或 [端点相切(T)/公差(L)/放弃(U)/闭合(C)]:

指定下一点后绘图区如图4-66所示。

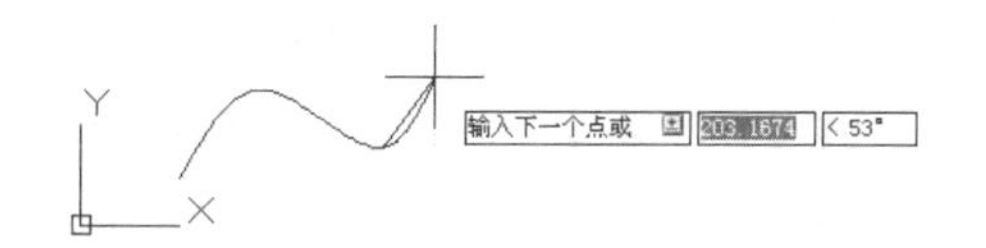

图4-66　指定下一点后绘图区所显示的图形

指定下一点后AutoCAD再次提示用户指定下一点或 [闭合(C)/拟合公差(F)] <起点切向>，我们再次指定下一点，命令输入行如下所示。

输入下一个点或 [端点相切(T)/公差(L)/放弃(U)/闭合(C)]:

指定下一点后绘图区如图4-67所示。

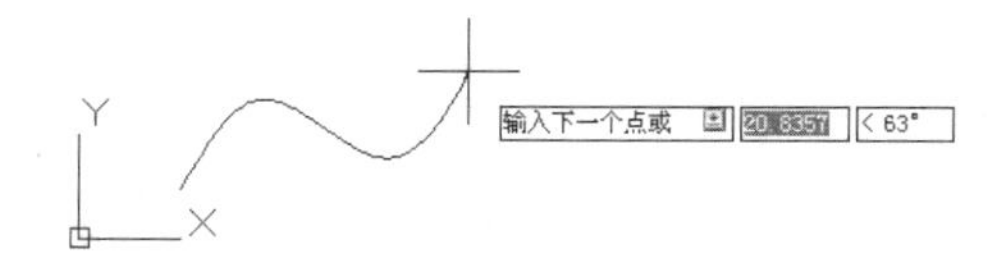

图4-67　指定下一点后绘图区所显示的图形

在这里我们单击右键选择确认或按下Enter键。用【样条曲线】命令绘制的图形如图4-68所示。

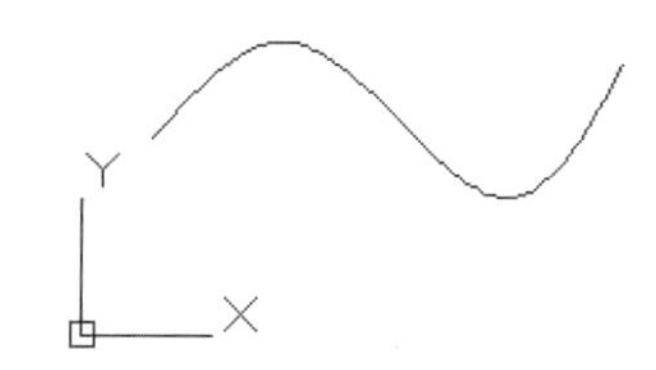

图4-68　指定端点切向绘图区所显示的图形

下面将对命令输入行中的其他选项进行介绍。

【闭合】：在命令输入行中输入C后，AutoCAD会自动地将最后一点定义为与第一点一致，并且使它在连接处相切。输入C后，在命令输入行中会要求用户选择切线方向，如图4-69所示。

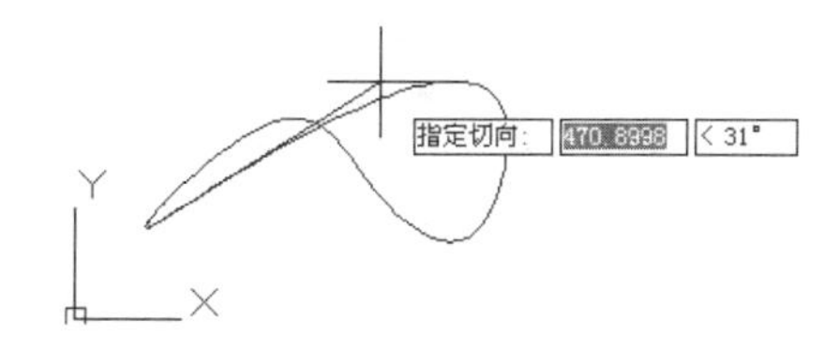

图4-69　选择闭合后绘图区所显示的图形

拖动鼠标，确定切向，在达到合适的位置时单击鼠标左键或者按下Enter键，绘制的闭合样条曲线如图4-70所示。

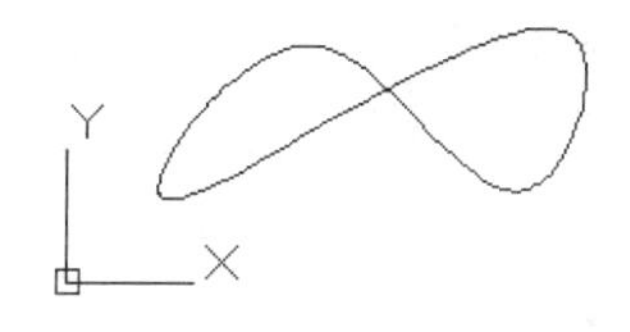

图4-70　绘制的闭合样条曲线

【拟合公差】：在命令输入行中输入F后，AutoCAD会提示用户确定拟合公差的大小，用户可以在命令输入行中输入一定的数值来定义拟合公差的大小。

如图4-71和图4-72所示的即为拟合公差分别为0和15时的不同的样条曲线。

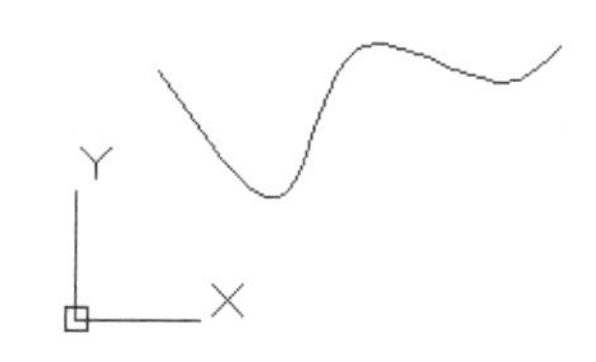

图4-71　拟合公差为0时的样条曲线

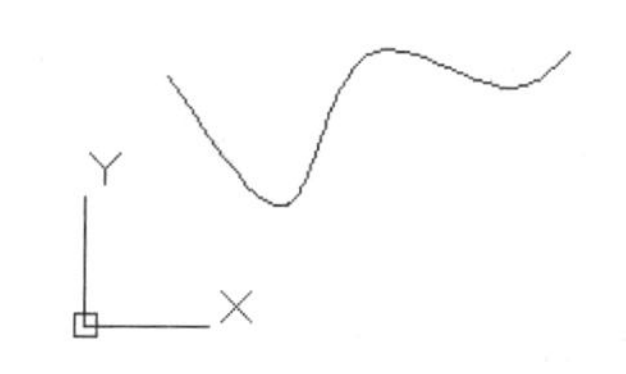

图4-72　拟合公差为15时的样条曲线

4.4.2　编辑样条曲线

用户能够删除样条曲线的拟合点，也可以提高精度增加拟合点或改变样条曲线的形状。用户还能够让样条曲线封闭或打开，以及编辑起点和终点的切线方向。样条曲线的方向是双向的，其切向偏差是可以改变的。这里所说的精确度是指样条曲线和拟合点的允差。允差越小，精确度越高。

可以向一段样条曲线中增加控制点的数目或改变指定的控制点的密度来提高样条曲线的精确度。同样，用户可以用改变样条曲线的次数来提高精确度。

可以通过以下两种方式执行编辑样条曲线的命令。

- 在命令输入行中输入splinedit后按下Enter键。
- 在菜单栏中选择【修改】|【对象】|【样条曲线】菜单命令。
- 单击【修改】面板上的【编辑样条曲线】按钮。

执行此命令后，在命令输入行会出现如下信息提示用户选择样条曲线：

命令: _splinedit

选择样条曲线:

选择样条曲线后，AutoCAD会提示用户选择下面的一个选项作为用户下一步的操作，命令输入行如下所示：

输入选项 [闭合(C)/合并(J)/拟合数据(F)/编辑顶点(E)/转换为多段线(P)/反转(R)/放弃(U)/退出(X)] <退出>:

下面讲述以上各选项的含义。

(1)【拟合数据】：编辑定义样条曲线的拟合点数据，包括修改公差。在命令输入行中输入F后，按下Enter键选择此项后，在命令输入行会出现如下信息要求用户选择某一项操作，然后在绘图区绘制此样条曲线的插值点会自动呈现高亮显示。

输入拟合数据选项

[添加(A)/打开(O)/删除(D)/移动(M)/清除(P)/相切(T)/公差(L)/退出(X)] <退出>:

上面选项的含义及其说明如表4-1所示。

表4-1　选项及其说明

选　项	说　明
添加	在样条曲线外部增加插值点
闭合	闭合样条曲线
删除	从外至内删除
移动	移动插值点
清理	清除拟合数据
相切	调整起点和终点切线方向
公差	调整插值的公差
退出	退出此项操作(默认选项)

(2)【闭合】：使样条曲线的始末闭合，闭合的切线方向根据始末的切线方向由AutoCAD自定。

(3)【转换为多段线】：将样条曲线转换为多段线。

(4)【编辑顶点】：在命令输入行中输入R后，按下Enter键选择此项后，在命令输入行会出现如下信息要求用户选择某一项操作：

输入顶点编辑选项 [添加(A)/删除(D)/提高阶数(E)/添加折点(K)/移动(M)/权值(W)/退出(X)] <退出>:

如表4-2所示的选项及其含义。

表4-2　顶点编辑的选项及其含义

选　项	含　义
添加折点	增加插值点
提高阶数	更改插值次数(如该二次插值为三次插值等)
权值	更改样条曲线的磅值(磅值越大，越接近插值点)
退出	退出此步操作

(5)【反转】：主要是为第三方应用程序使用的，是用来转换样条曲线的方向。

(6)【放弃】：取消最后一步操作。

4.4.3　样条曲线范例

本范例完成文件：\04\4-4-3.dwg

多媒体教学路径：光盘→多媒体教学→第4章→4.4节

步骤 1 绘制中心线，如图4-73所示。

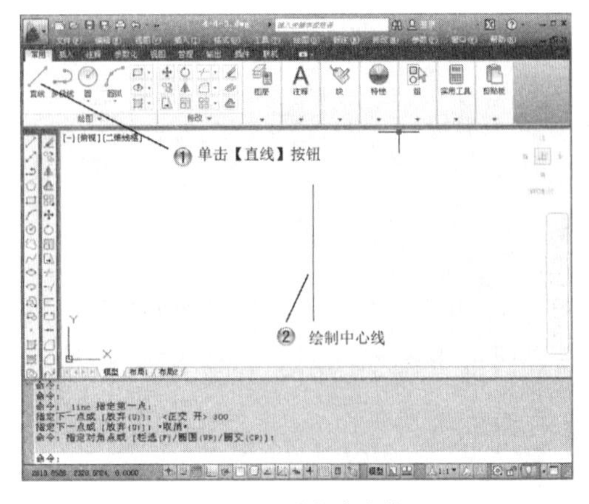

图4-73　绘制中心线

步骤 2 绘制圆弧，如图4-74所示。

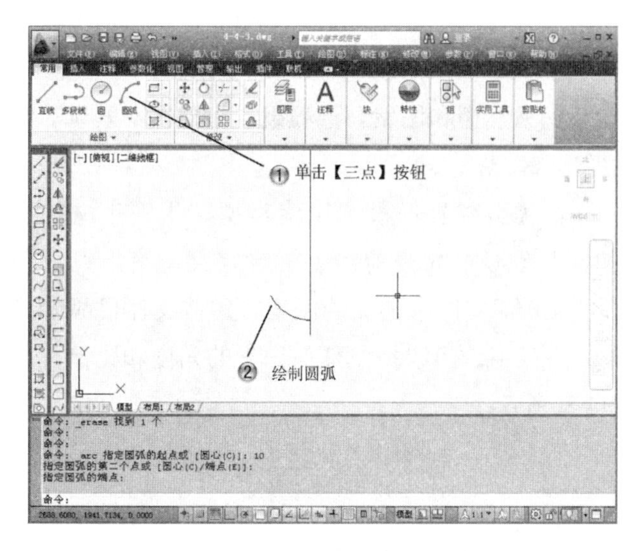

图4-74 绘制圆弧

步骤 3 绘制样条曲线，如图4-75所示。

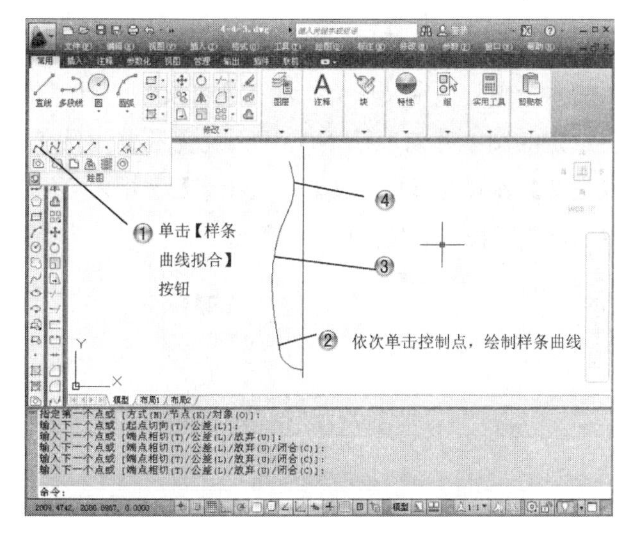

图4-75 绘制样条曲线

步骤 4 绘制刀杆，如图4-76所示。

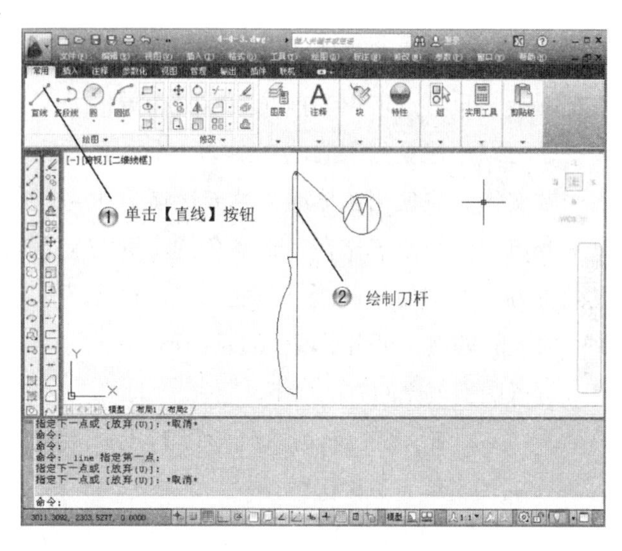

图4-76 绘制刀杆

步骤 5 镜像图形，如图4-77所示。

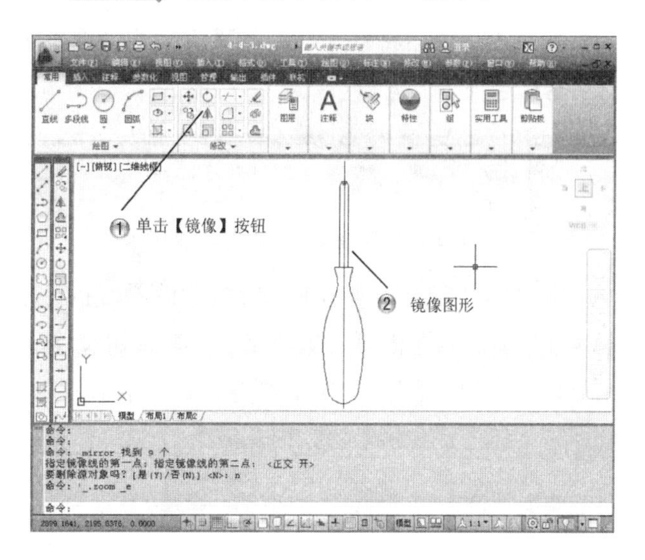

图4-77 镜像图形

4.5 图案填充

许多绘图软件都可以通过一个图案填充的过程填充图形的某些区域。AutoCAD也不例外，它用图案填充来区分工程的部件或表现组成对象的材质。例如，对建筑装潢制图中的地面或建筑断层面用特定的图案填充来表现。

4.5.1 建立图案填充

在对图形进行图案填充时，可以使用预定义的填充图案，也可以使用当前线型定义简单的填充图案，还可以创建更复杂的填充图案。有一种图案类型叫做实体，它使用实体颜色填充区域。也可以创建渐变填充。渐变填充在一种颜色的不同灰度之间或两种颜色之间使用过渡。渐变填充提供光源反射到对象上的外观，可用于增强演示图形。

进行图案填充的方法如下。

- 单击【绘图】面板或【绘图】工具栏上的【图案填充】按钮。
- 在命令输入行中输入bhatch后按下Enter键。
- 在菜单栏中选择【绘图】|【图案填充】菜单命令。

执行此命令后将打开如图4-78所示的【图案填充创建】选项卡。

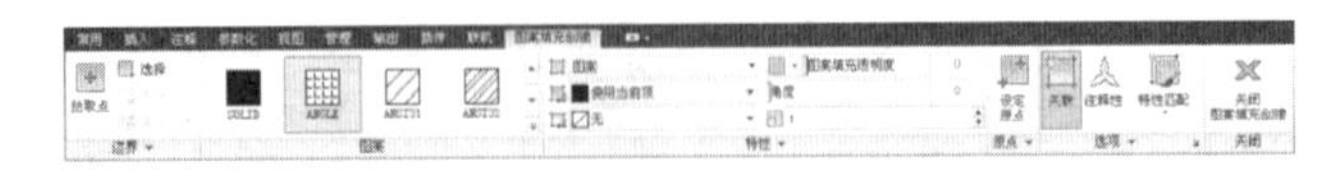

图4-78 【图案填充创建】选项卡

用户可以在该选项卡中进行快捷设置，也可单击【选项】面板中的【图案填充设置】按钮，打开如图4-79所示的【图案填充和渐变色】对话框。

图4-79 【图案填充和渐变色】对话框

下面介绍【图案填充和渐变色】对话框中的内容。

此选项卡用来定义要应用的填充图案的外观。

(1)【类型和图案】选项组：指定图案填充的类型和图案。

①【类型】：设置图案类型。用户定义的图案基于图形中的当前线型。自定义图案是在任何自定义PAT文件中定义的图案，这些文件已添加到搜索路径中。可以控制任何图案的角度和比例，如图4-80所示。

图4-80 【类型】下拉列表框

预定义图案存储在产品附带的acad.pat或acadiso.pat文件中。

②【图案】：列出可用的预定义图案。最近使用的六个用户预定义图案出现在列表顶部。HATCH将选定的图案存储在HPNAME系统变量中。只有将【类型】设置为【预定义】，【图案】选项才可用。【图案】下拉列表框如图4-81所示。

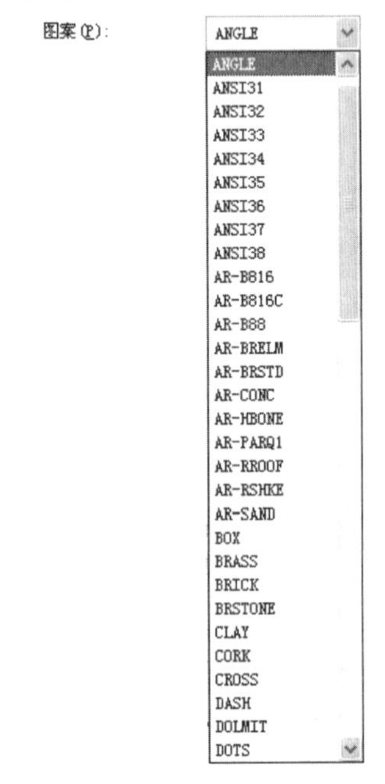

图4-81 【图案】下拉列表框

③ 按钮：显示【填充图案选项板】对话框，从中可以同时查看所有预定义图案的预览图像，这将有助于用户做出选择，如图4-82所示。

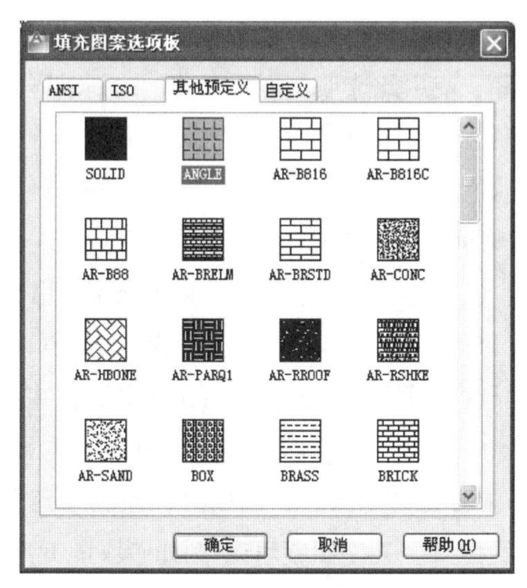

图4-82 【填充图案选项板】对话框

【填充图案选项板】对话框：显示所有预定义和自定义图案的预览图像。此对话框在四个选项卡上组织图案，每个选项卡上的预览图像按字母顺序排列。单击要选择的填充图案，然后单击【确定】按钮。

ANSI选项卡：显示产品附带的所有ANSI图案。如图4-83所示。

图4-83 ANSI选项卡

ISO选项卡：显示产品附带的所有ISO图案。如图4-84所示。

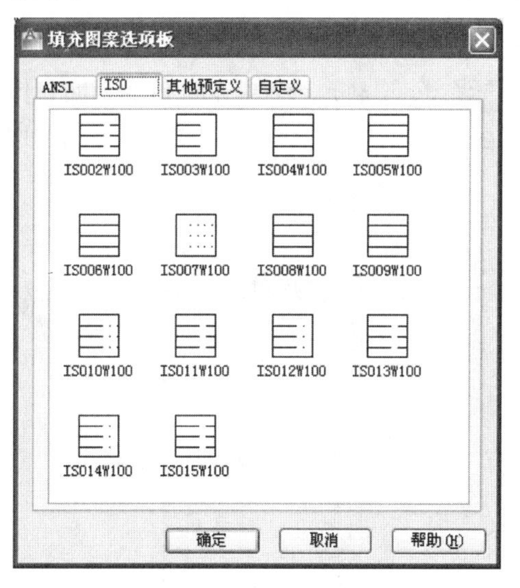

图4-84 ISO选项卡

【其他预定义】选项卡：显示产品附带的除ISO和ANSI之外的所有其他图案。

【自定义】选项卡：显示已添加到搜索路径(在【选项】对话框的【文件】选项卡上设置)中的自定义PAT文件列表。

④【颜色】：使用填充图案和实体填充的指定颜色替代当前颜色。选定的颜色存储在HPCOLOR系统变量中。

⑤【样例】：显示选定图案的预览图像。可以单击【样例】以显示【填充图案选项板】对话框。选择 SOLID 图案后，可以单击右箭头显示颜色列表或【选择颜色】对话框。

⑥【自定义图案】：列出可用的自定义图案。六个最近使用的自定义图案将出现在列表顶部。选定图案的名称存储在 HPNAME 系统变量中。只有在【类型】中选择了【自定义】，此选项才可用。

⑦ 按钮：显示【填充图案选项板】对话框，从中可以同时查看所有自定义图案的预览图像，这将有助于用户做出选择。

(2)【角度和比例】选项组：指定选定填充图案的角度和比例。

①【角度】：指定填充图案的角度(相对当前UCS 坐标系的 X 轴)。HATCH将角度存储在HPANG系统变量中。如图4-85所示为【角度】下拉列表框。

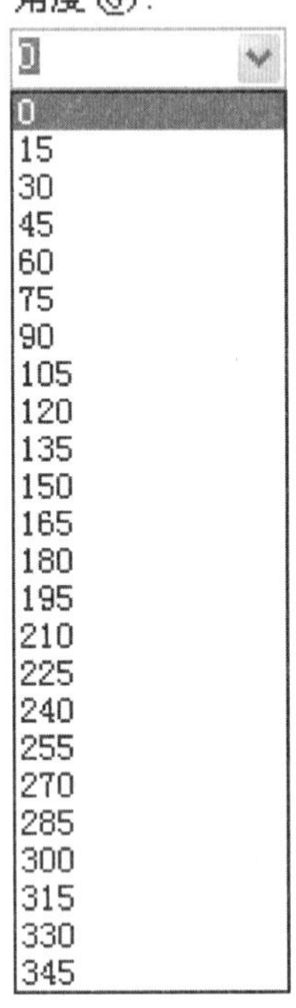

图4-85 【角度】下拉列表框

②【比例】：放大或缩小预定义或自定义图案。HATCH 将比例存储在HPSCALE系统变量中。只有将【类型】设置为【预定义】或【自定义】，此选项才可用。如图4-86所示的【比例】下拉列表框。

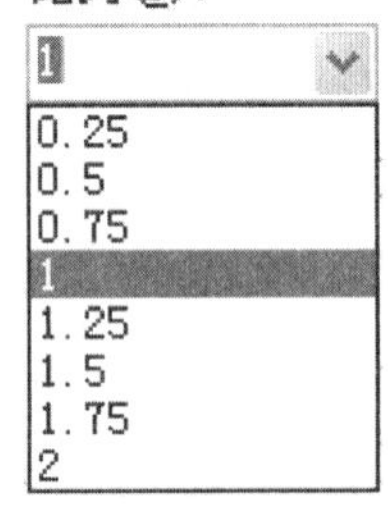

图4-86 【比例】下拉列表框

③【双向】：对于用户定义的图案，将绘制第二组直线，这些直线与原来的直线成 90 度角，从而构成交叉线。只有在【图案填充】选项卡上将【类型】设置为【用户定义】时，此选项才可用。(HPDOUBLE 系统变量)

④【相对图纸空间】：相对于图纸空间单位缩放填充图案。使用此选项，可很容易地做到以适合于布局的比例显示填充图案。该选项仅适用于布局。

⑤【间距】：指定用户定义图案中的直线间距。HATCH将间距存储在HPSPACE系统变量中。只有将【类型】设置为【用户定义】，此选项才可用。

⑥【ISO 笔宽】：基于选定笔宽缩放ISO预定义图案。只有将【类型】设置为【预定义】，并将【图案】设置为可用的ISO图案的一种，此选项才可用。

(3)【图案填充原点】选项组：控制填充图案生成的起始位置。某些图案填充(例如砖块图案)需要与图案填充边界上的一点对齐。默认情况下，所有图案填充原点都对应于当前的UCS 原点。

①【使用当前原点】：使用存储在HPORIGINMODE系统变量中的设置。默认情况下，原点设置为(0,0)。

②【指定的原点】：指定新的图案填充原点。单击此选项可使以下选项可用。

③【单击以设置新原点】：直接指定新的图案填充原点。

④【默认为边界范围】：基于图案填充的矩形范围计算出新原点。可以选 择该范围的四个角点及其中心(HPORIGINMODE 系统变量)。

⑤【存储为默认原点】：将新图案填充原点的值存储在 HPORIGIN 系统变量中。

(4)【边界】选项组：确定对象的边界。

①【添加:拾取点】，根据围绕指定点构成封闭区域的现有对象确定边界。对话框将暂时关闭，系统将会提示您拾取一个点。

系统提示拾取内部点或 [选择对象(S)/设置(T)]后，在要进行图案填充或填充的区域内单击，或者指定选项、输入u或undo放弃上一个选择，或按Enter

键返回对话框。

如图4-87所示为使用【添加:拾取点】进行的图案填充。

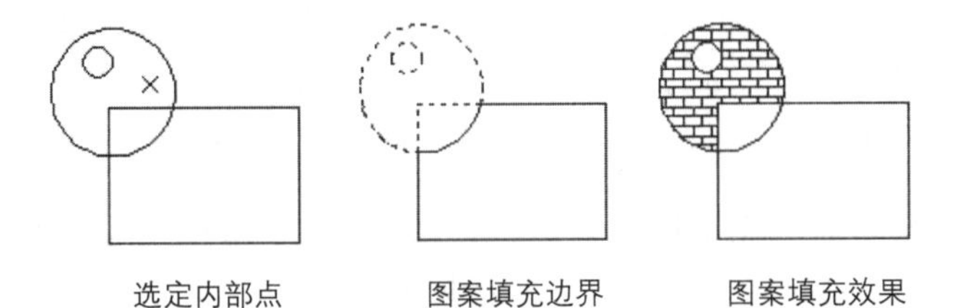

图4-87 使用【添加:拾取点】进行的图案填充

拾取内部点时，可以随时在绘图区域单击右键以显示包含多个选项的快捷菜单。

如果打开了【孤岛检测】，最外层边界内的封闭区域对象将被检测为孤岛。HATCH使用此选项检测对象的方式取决于用户在对话框的其他选项区域选择的孤岛检测方法。

②【添加：选择对象】，根据构成封闭区域的选定对象确定边界。 对话框将暂时关闭，系统将会提示您选择对象。

系统提示选择对象或 [拾取内部点(K)/设置(T)]后，选择定义图案填充或填充区域的对象，或者指定选项、输入u或undo放弃上一个选择，通过单击【选项】面板中的【图案填充】按钮返回对话框。

图4-88所示为使用【添加:选择对象】进行的图案填充。

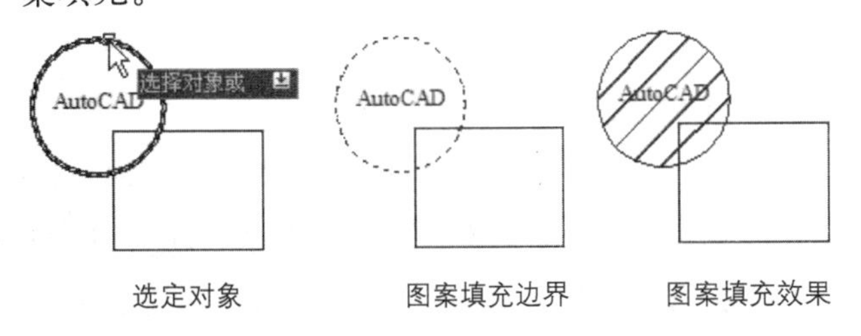

图4-88 使用【添加:选择对象】进行的图案填充

使用【选择对象】选项时，HATCH不会自动检测内部对象。用户必须选择选定边界内的对象，以按照当前的孤岛检测样式填充那些对象。

图4-89所示选定边界内的对象后图案填充效果。

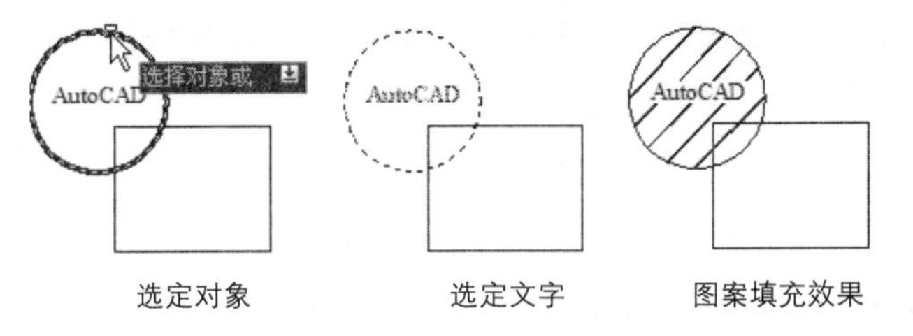

图4-89 选定边界内的对象后图案填充效果

每次单击【选择对象】按钮时，HATCH都会清除上一个选择集。

选择对象时，可以随时在绘图区域单击鼠标右键以显示快捷菜单。可以利用此快捷菜单放弃最后一个或所定对象、更改选择方式、更改孤岛检测样式、预览图案填充或渐变填充。

③【删除边界】，从边界定义中删除以前添加的任何对象。

单击【删除边界】时，对话框将关闭，命令行将显示以下信息。

选择对象或 [添加边界(A)]选择要从边界定义中删除的对象、指定选项。

④【重新创建边界】，围绕选定的图案填充或填充对象创建多段线或面域，并使其与图案填充对象相关联(可选)。

单击【重新创建边界】时，对话框暂时关闭，命令行将显示以下信息。

输入边界对象的类型 [面域(R)/多段线(P)] <多段线>:输入r创建面域或输入p 创建多段线

要重新关联图案填充与新边界吗? [是(Y)/否(N)] <N>::输入y或n

⑤【查看选择集】，暂时关闭对话框，并使用当前的图案填充或填充设置显示当前定义的边界。如果未定义边界，则此选项不可用。

(5)【选项】选项组：控制几个常用的图案填充或填充选项。

①【注释性】：控制图形注释的特性。

② 【关联】：控制图案填充或填充的关联。关

联的图案填充或填充在用户修改其边界时将会更新(HPASSOC 系统变量)。

③【创建独立的图案填充】：控制当指定了几个独立的闭合边界时，是创建单个图案填充对象，还是创建多个图案填充对象(HPSEPARATE 系统变量)。

④【绘图次序】：为图案填充或填充指定绘图次序。图案填充可以放在所有其他对象之后、所有其他对象之前、图案填充边界之后或图案填充边界之前(HPDRAWORDER 系统变量)。

图4-90所示为【绘图次序】下拉列表框。

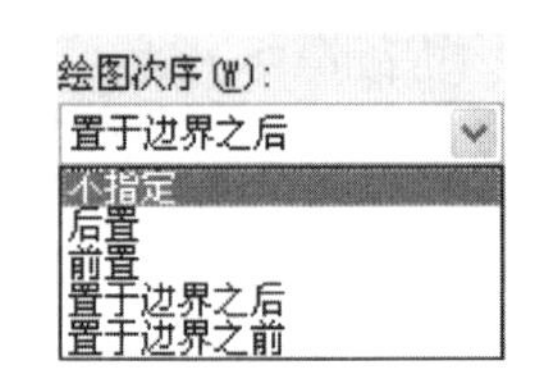

图4-90 【绘图次序】下拉列表框

⑤【图层】：为指定的图层指定新图案填充对象，替代当前图层。选择“使用当前值”可使用当前图层(HPLAYER 系统变量)。

⑥【透明度】：设定新图案填充或填充的透明度，替代当前对象的透明度。选择“使用当前值”可使用当前对象的透明度设置(HPTRANSPARENCY 系统变量)。

⑦ 继承特性：通过继承特性功能可使用选定图案填充对象的图案填充或填充特性对指定的边界进行图案填充或填充。HPINHERIT 将控制是由HPORIGIN 还是由源对象来决定结果图案填充的图案填充原点。在选定图案填充要继承其特性的图案填充对象之后，可以在绘图区域中单击鼠标右键，并使用快捷菜单在【选择对象】和【拾取内部点】选项之间进行切换以创建边界。

单击【继承特性】按钮时，对话框将暂时关闭，命令行将显示提示。

选择图案填充对象：在某个图案填充或填充区域内单击，以选择新的图案填充对象要使用其特性的图案填充。

单击【预览】按钮后关闭对话框，并使用当前图案填充设置显示当前定义的边界。单击图形或按Esc键返回对话框。单击鼠标右键或按Enter键接受该图案填充。如果没有指定用于定义边界的点，或没有选择用于定义边界的对象，则此选项不可用。

下面介绍【渐变色】选项卡中的内容。如图4-91所示为【渐变色】选项卡。

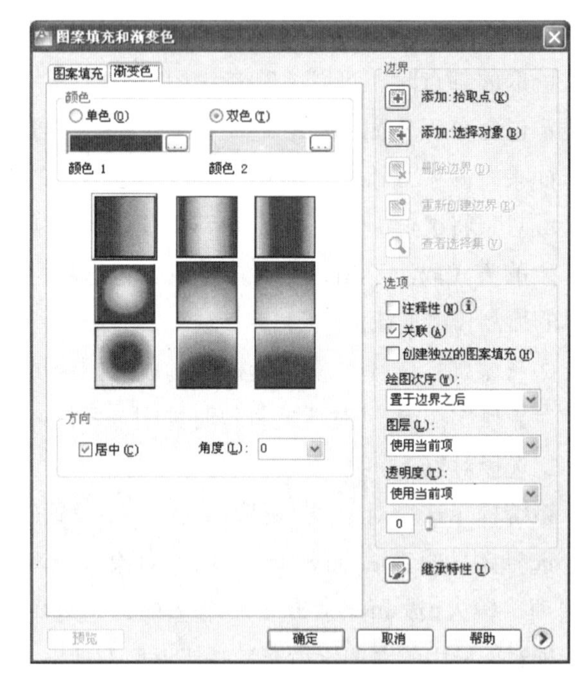

图4-91 【渐变色】选项卡

【渐变色】选项卡定义要应用的渐变填充的外观。

(1)【颜色】：包含单色和双色渐变。

①【单色】：指定使用从较深着色到较浅色调平滑过渡的单色填充。选择【单色】时，HATCH 将显示带有【浏览】按钮和【着色】与【渐浅】滑块的颜色样本。

②【双色】：指定在两种颜色之间平滑过渡的双色渐变填充。选择【双色】时，HATCH将分别为颜色1和颜色2显示带有【浏览】按钮的颜色样本。

③ 颜色样本：指定渐变填充的颜色。单击浏

览按钮[...]以显示【选择颜色】对话框，如图4-92所示，从中可以选择 AutoCAD 颜色索引 (ACI) 颜色、真彩色或配色系统颜色。显示的默认颜色为图形的当前颜色。

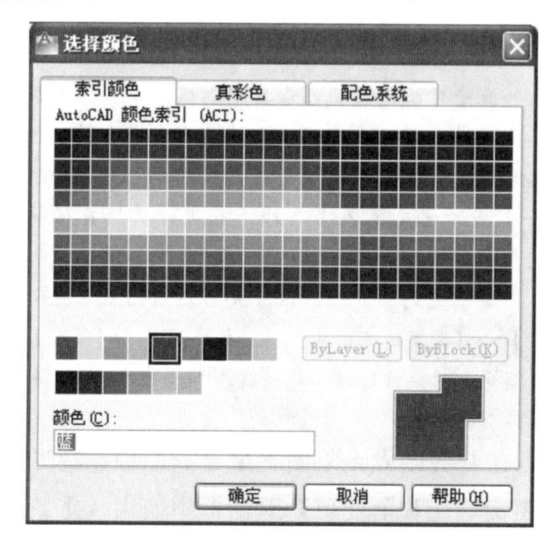

图4-92 【选择颜色】对话框

【选择颜色】对话框，定义对象的颜色。可以从 255 种 AutoCAD 颜色索引 (ACI) 颜色、真彩色和配色系统颜色中选择颜色。【选择颜色】对话框包括下列选项卡。

【索引颜色】：使用 255 种 AutoCAD 颜色索引 (ACI) 颜色指定颜色设置。

【真彩色】：使用真彩色(24 位颜色)指定颜色设置(色调、饱和度、亮度 [HSL] 颜色模式或红、绿、蓝 [RGB] 颜色模式)。使用真彩色功能时，可以使用1600多万种颜色。【真彩色】选项卡上的可用选项取决于指定的颜色模式(HSL 或 RGB)。

【配色系统】：使用第三方配色系统(例如 PANTONE®)或用户定义的配色系统指定颜色。选择配色系统后，【配色系统】选项卡将显示选定配色系统的名称。

【着色】和【渐浅】滑块指定一种颜色的渐浅(选定颜色与白色的混合)或着色(选定颜色与黑色的混合)，用于渐变填充。

【渐变图案】：显示用于渐变填充的九种固定图案。这些图案包括线性扫掠状、球状和抛物面状图案，如图4-93所示。

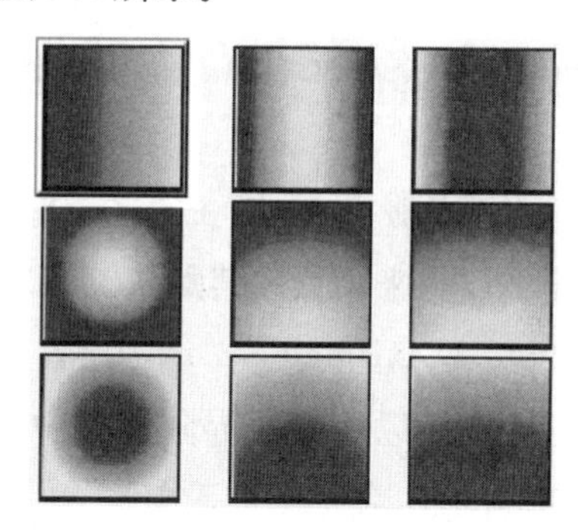

图4-93 渐变图案

(2)【方向】：指定渐变色的角度以及其是否对称。

①【居中】：指定对称的渐变配置。如果没有选定此选项，渐变填充将朝左上方变化，创建光源在对象左边的图案。

②【角度】：指定渐变填充的角度。相对当前UCS指定角度。此选项与指定给图案填充的角度互不影响。

4.5.2 修改图案填充

可以修改填充图案和填充边界；还可以修改实体填充区域，使用的方法取决于实体填充区域是实体图案、二维实面，还是宽多段线或圆环；还可以修改图案填充的绘制顺序。

1. 控制填充图案密度

图案填充时生成大量的线和点对象。存储为图案填充对象，这些线和点对象使用磁盘空间并要花一定时间才能生成。如果在填充区域时使用很小的比例因子，图案填充需要成千上万的线和点，因此要花很长时间完成并且很可能耗尽可用资源。通过限定单个 HATCH 命令创建的对象数，可以避免此问题。如果特定图案填充所需对象的大概数量(考虑边界范围、图案和比例)超过了此界限，HATCH会显示一条信息，指明由于填充比例太小或虚线太短，此图案填充要求被拒绝。如果出现这种情况，请仔细检查图案填充设置。检查比例因子是否合理。

填充对象限制由存储在系统注册表中的MaxHatch环境设置来设置。其默认值是10000。通过使用(setenv“MaxHatch” “n”)设置 MaxHatch系统注册表变量可以修改此界限，其中n 是100到10 000 000之间的数字。

2. 更改现有图案填充的填充特性

可以使用以下两种方法修改特定图案填充的特性，例如现有图案填充的图案、比例和角度。

(1)【图案填充编辑】对话框(建议)。

(2)【特性】选项板。

使用【图案填充编辑】对话框中的【继承特性】按钮，可以将所有特定图案填充的特性(包括图案填充原点)从一个图案填充复制到另一个图案填充。使用【特性匹配】对话框将基本特性和特定图案填充的特性(除了图案填充原点之外)从一个图案填充复制到另一个图案填充。

还可以使用EXPLODE将图案填充分解为其部件对象。

3. 修改填充边界

图案填充边界可以被复制、移动、拉伸和修剪。与处理其他对象一样，使用夹点可以拉伸、移动、旋转、缩放和镜像填充边界以及和它们关联的填充图案。如果所做的编辑保持边界闭合，关联填充会自动更新。如果编辑中生成了开放边界，图案填充将失去任何边界关联性，并保持不变。如果填充图案文件在编辑时不可用，则在编辑填充边界的过程中可能会失去关联性。

可以随时删除图案填充的关联，但一旦删除了现有图案填充的关联，就不能再重建。要恢复关联性，必须重新创建图案填充或者必须创建新的图案填充边界并且边界与此图案填充关联。

注意

如果修剪填充区域以在其中创建一个孔，则该孔与填充区域内的孤岛不同，且填充图案失去关联性。而要创建孤岛，请删除现有填充区域，用新的边界创建一个新的填充区域。此外，如果修剪填充区域而填充图案文件(PAT)不再可用，则填充区域将消失。

图案填充的关联性取决于是否在【图案填充和渐变色】和【图案填充编辑】对话框中选择了【关联】选项。当原边界被修改时，非关联图案填充将不被更新。

要在非关联或无限图案填充周围创建边界，要在【图案填充和渐变色】对话框中使用【重新创建边界】选项。也可以使用此选项指定新的边界与此图案填充关联。

4. 修改实体填充区域

实体填充区域可以表示为：图案填充(使用实体填充图案)；二维实体；渐变填充；宽多段线或圆环。

修改这些实体填充对象的方式与修改任何其他图案填充、二维实面、宽多段线或圆环的方式相同。除了PROPERTIES外，还可以使用HATCHEDIT命令进行实体填充和渐变填充、为二维实面编辑夹点，使用 PEDIT 命令编辑宽多段线和圆环。

5. 修改图案填充的绘制顺序

编辑图案填充时，可以更改其绘制顺序，使其显示在图案填充边界后面、图案填充边界前面、所有其他对象后面或所有其他对象前面。

修改图案填充有以下三种方法。

- 在命令输入行中输入hatchedit后按下Enter键。

- 在菜单栏中选择【修改】|【对象】 【图案填充】菜单命令。
- 单击【绘图】面板或【绘图】工具栏上的【图案填充】按钮。

下面对图4-94所示的图形做图案填充修改。

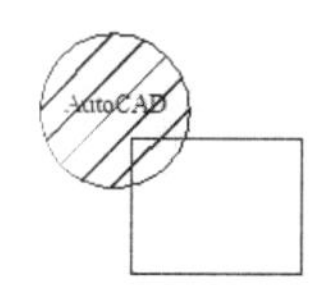

图4-94　将要做图案填充修改的图形

执行以上命令，打开如图4-95所示的【图案填充编辑】对话框。

图4-95　【图案填充编辑】对话框

单击【样例】按钮，打开如图4-96所示的【填充图案选项板】对话框，选择CROSS图案，单击【确定】按钮，返回【图案填充编辑】对话框。

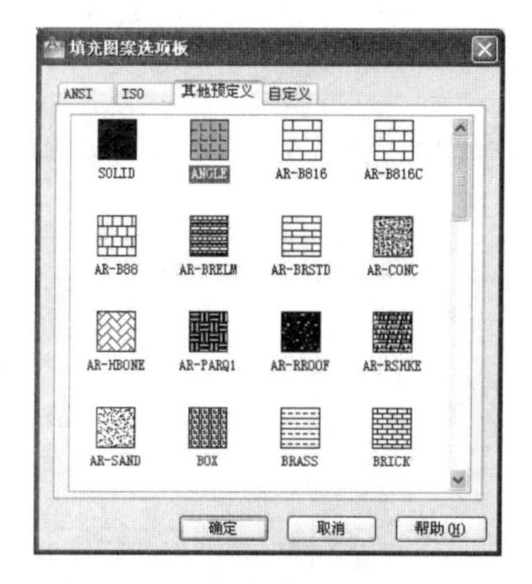

图4-96　【填充图案选项板】对话框

修改后的图形如图4-97所示。

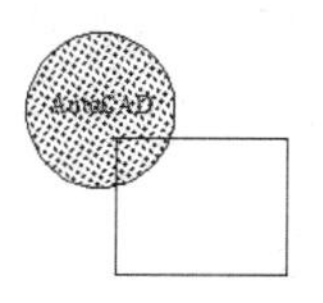

图4-97　做图案填充修改后的效果

4.5.3　图案填充范例

本范例练习文件：\04\4-2-3.dwg

本范例完成文件：\04\4-5-3.dwg

多媒体教学路径：光盘→多媒体教学→第4章→4.5节

步骤 1 打开文件，如图4-98所示。

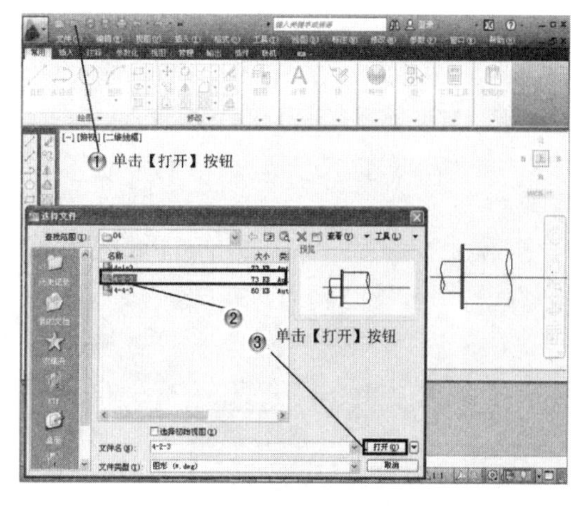

图4-98　打开文件

步骤 2 选择填充样式，如图4-99所示。

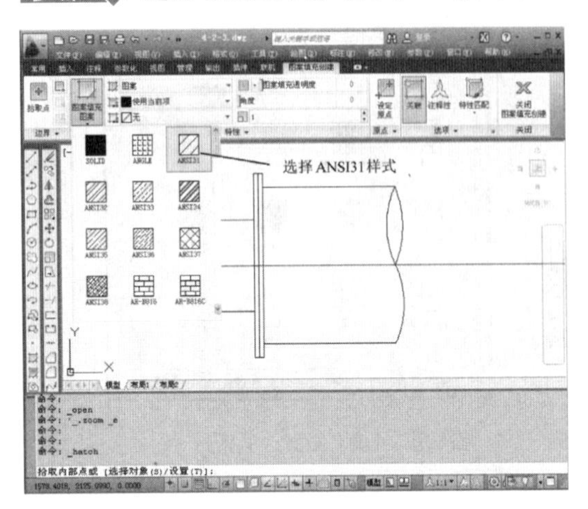

图4-99 选择填充样式

步骤 3 选择填充区域，如图4-100所示。

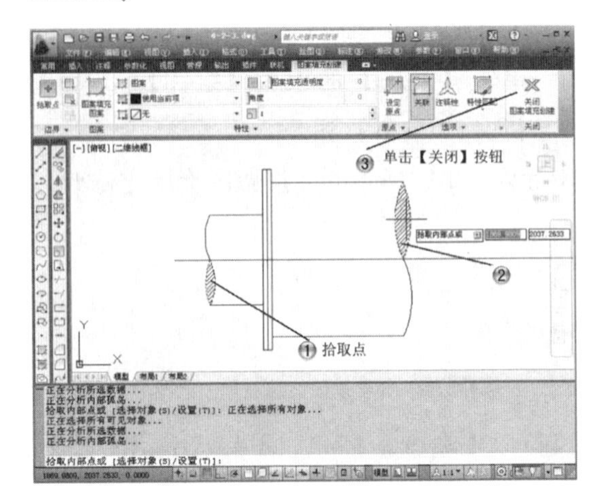

图4-100 选择填充区域

4.6 本章小结

本章主要介绍了绘制和编辑复杂二维图形的命令和方法，其中包括多线、多段线、云线、样条曲线和图案填充，在完成基本的草图绘制之后，这些命令也是不可或缺的，要经常使用，读者可以结合范例进行学习。

第5章

编辑图形

本章导读

在前面的章节中介绍了如何绘制一些基本的图形，基本图形的绘制方法无法满足一些复杂图形的绘制。在绘图的过程中，会发现某些图形不是一次就可以绘制出来的，并且不可避免地会出现一些错误操作，这时就要用到编辑命令。本章将介绍一些基本的编辑命令，如删除、移动、旋转、拉伸、比例缩放、拉长、修剪和分解等。

学习内容

学习目标 知识点	理解	应用	实践
基本编辑工具	√	√	√
扩展编辑工具	√	√	√

5.1 基本编辑工具

AutoCAD 2012编辑工具包含删除、复制、镜像、偏移、阵列、移动、旋转、比例、拉伸、修剪、延伸、拉断于点、打断、合并、倒角、圆角、分解等命令。编辑图形对象的【修改】面板和【修改】工具栏如图5-1所示。

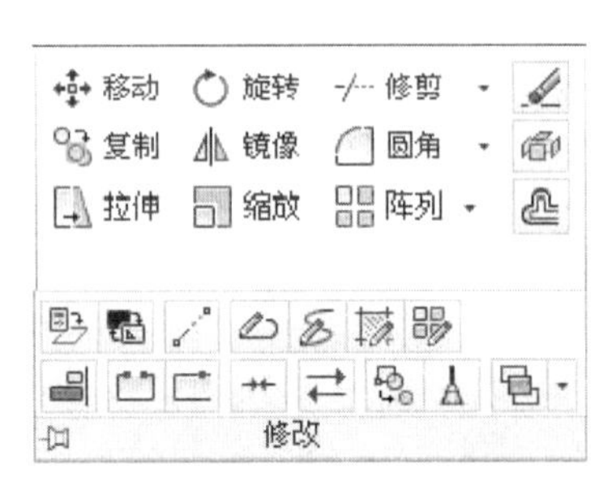

图5-1 【修改】面板和【修改】工具栏

面板中的基本编辑命令常用功能说明如表5-1所示，本节将详细介绍较为常用的几种基本编辑命令。

表5-1 编辑图形常用的图标及其功能

图　标	功能说明	图　标	功能说明
	删除图形对象	复制	复制图形对象
镜像	镜像图形对象		偏移图形对象
阵列	阵列图形对象	移动	移动图形对象
旋转	旋转图形对象	缩放	缩放图形对象
拉伸	拉伸图形对象	修剪	修剪图形对象
延伸	延伸图形对象		在图形对象某点打断
	删除打断某图形对象		合并图形对象
倒角	对某图形对象倒角	圆角	对某图形对象倒圆
	分解图形对象		拉长图形对象

5.1.1 删除

在绘图的过程中，删除一些多余的图形是常见的，这时就要用到删除命令。

执行删除命令的三种方法如下。

- 单击【修改】面板或工具栏上的【删除】按钮。
- 在命令输入行中输入E后按下Enter键。
- 在菜单栏中选择【修改】|【删除】菜单命令。

操作上面的任意一种方法后在编辑区会出现□图标，而后移动鼠标到要删除图形对象的位置。单击图形后再右击或按下Enter键，即可完成删除图形的操作。

5.1.2 复制

AutoCAD为用户提供了复制命令，可以把已绘制好的图形复制到其他的地方。

执行复制命令的三种方法如下。

- 单击【修改】面板或工具栏上的【复制】按钮。
- 在命令输入行中输入Copy命令后按下Enter键。
- 在菜单栏中选择【修改】|【复制】菜单命令。

选择【复制】命令后，命令输入行提示如下。

命令: _copy

选择对象:

在提示下选取实体，如图5-2所示，命令输入行也将显示选中一个物体，命令输入行如下所示：

选择对象: 找到 1 个

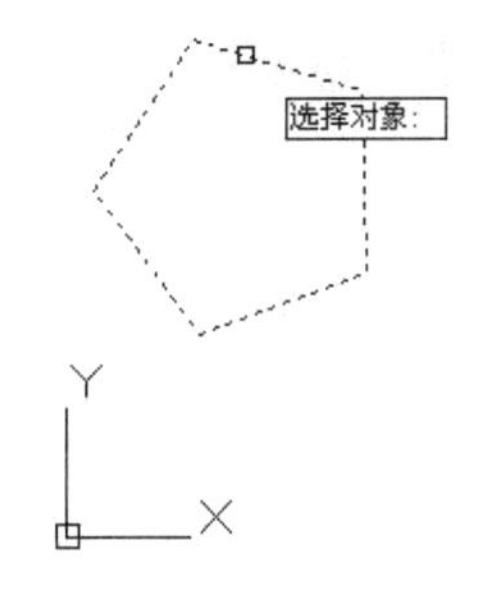

图5-2 选取实体后绘图区所显示的图形

选取实体后命令输入行提示如下：

选择对象:

在AutoCAD中，此命令默认用户会继续选择下一个实体，右击或按下Enter键即可结束选择。

AutoCAD会提示用户指定基点或位移，在绘图区选择基点。命令输入行如下所示：

当前设置: 复制模式 = 多个

指定基点或 [位移(D)/模式(O)] <位移>:

指定基点后绘图区如图5-3所示。

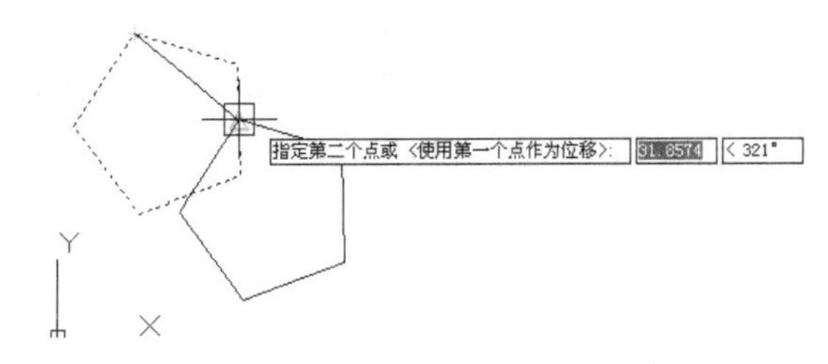

图5-3 指定基点后绘图区所显示的图形

指定基点后，命令输入行将提示用户指定第二点或 <使用第一个点作为位移>，命令输入行提示如下。

指定第二个点或 <使用第一个点作为位移>:

指定第二点后绘图区如图5-4所示。

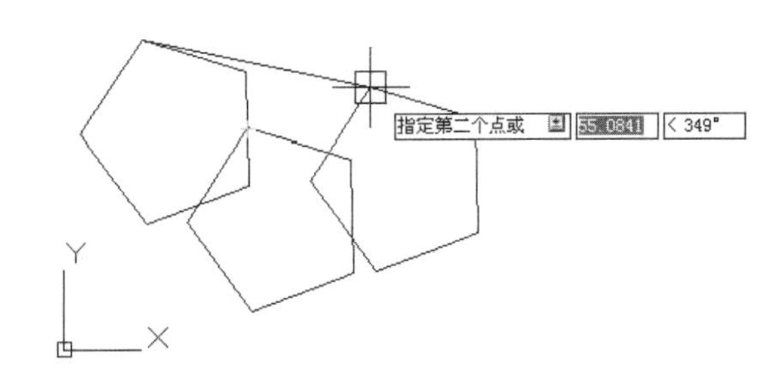

图5-4 指定第二点后绘图区所显示的图形

指定完第二点，命令输入行将提示用户指定第二点或 [退出(E)/放弃(U)] <退出>，命令输入行如下所示：

指定第二个点或 [退出(E)/放弃(U)] <退出>:

用此命令绘制的图形如图5-5所示。

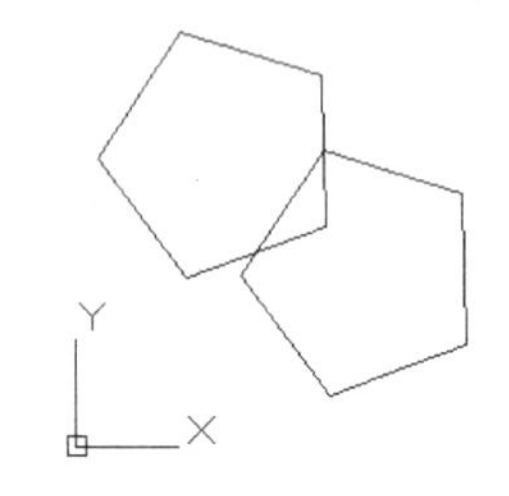

图5-5　用copy命令绘制的图形

5.1.3　移动

移动图形对象是使某一图形沿着基点移动一段距离，使对象到达合适的位置。

执行移动命令的三种方法如下。

- 单击【修改】面板或工具栏上的【移动】按钮。
- 在命令输入行中输入M命令后按下Enter键。
- 选择【修改】|【移动】菜单命令。

选择【移动】命令后出现▫图标，移动鼠标到要移动图形对象的位置。单击选择需要移动的图形对象，然后右击。AutoCAD提示用户选择基点，选择基点后移动鼠标至相应的位置，命令输入行显示如下：

命令: _move

选择对象: 找到 1 个

选取实体后绘图区如图5-6所示。

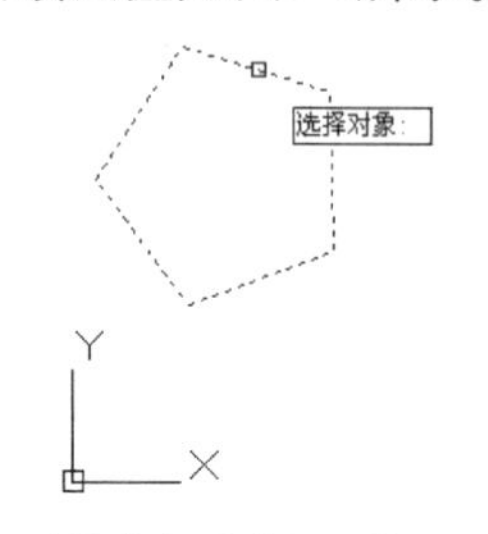

图5-6　选取实体后绘图区所显示的图形

选取实体后命令输入行提示如下。

选择对象:

指定基点或 [位移(D)] <位移>://选择基点后按Enter键

指定第二个点或 <使用第一个点作为位移>:

指定基点后绘图区如图5-7所示。

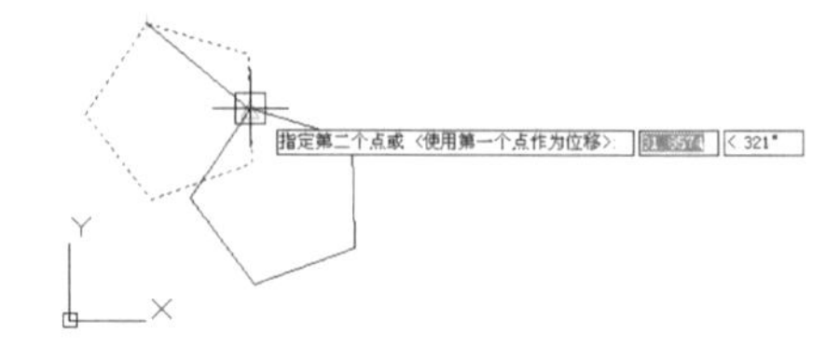

图5-7　指定基点后绘图区所显示的图形

最终绘制的图形如图5-8所示。

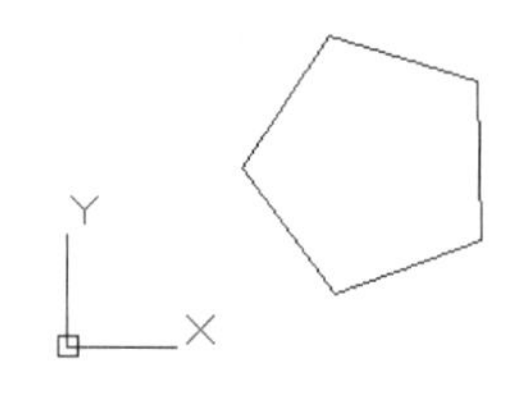

图5-8　用移动命令将图形对象由原来位置移动到需要的位置

5.1.4　旋转

旋转对象是指用户将图形对象转一个角度使之符合用户的要求，旋转后的对象与原对象的距离取决于旋转的基点与被旋转对象的距离。

执行旋转命令的三种方法如下。

- 单击【修改】面板或工具栏上的【旋转】按钮 旋转。
- 在命令输入行中输入rotate命令后按下Enter键。
- 选择【修改】|【旋转】菜单命令。

执行此命令后出现▫图标，移动鼠标到要旋转的图形对象的位置，单击选择完需要移动的图形对象后右击，AutoCAD提示用户选择基点，选择基点后移动鼠标至相应的位置，命令输入行提示如下。

命令: _rotate

UCS当前的正角方向: ANGDIR=逆时针 ANGBASE=0

选择对象: 找到 1 个

此时绘图区如图5-9所示。

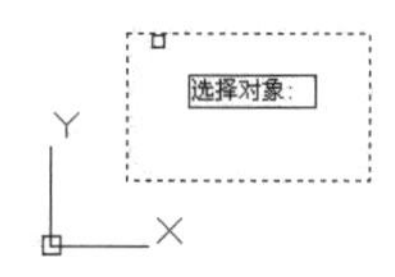

图5-9 选取实体绘图区所显示的图形

选取实体后命令输入行提示如下：

选择对象:

指定基点:

指定基点后绘图区如图5-10所示。

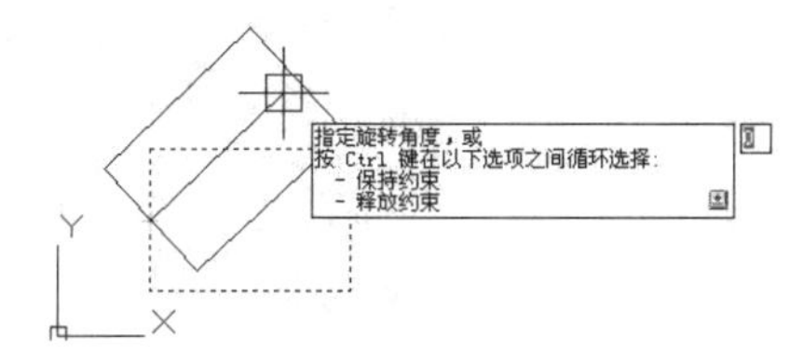

图5-10 指定基点后绘图区所显示的图形

指定基点后命令输入行提示如下：

指定旋转角度，或 [复制(C)/参照(R)] <0>:

最终绘制的图形如图5-11所示。

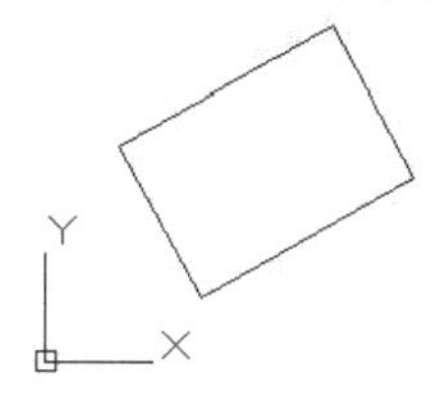

图5-11 用旋转命令绘制的图形

5.1.5 缩放

在AutoCAD中，可以通过缩放命令来使实际的图形对象放大或缩小。

执行缩放命令的三种方法如下。

- 单击【修改】面板或工具栏上的【缩放】按钮缩放。
- 在命令输入行中输入scale命令后按下Enter键。
- 选择【修改】|【缩放】菜单命令。

执行此命令后出现□图标，AutoCAD提示用户选择需要缩放的图形对象后移动鼠标到要缩放的图形对象位置。单击选择需要缩放的图形对象后右击，AutoCAD提示用户选择基点。选择基点后在命令输入行中输入缩放比例系数后按下Enter键，缩放完毕。命令输入行提示如下。

命令: _scale

选择对象: 找到 1 个

选取实体后绘图区如图5-12所示。

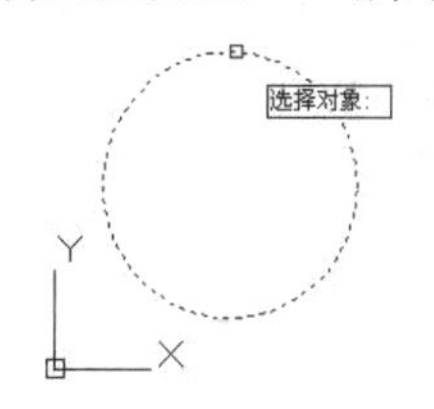

图5-12 选取实体绘图区所显示的图形

选取实体后命令输入行提示如下。

选择对象:

指定基点:

指定基点后绘图区如图5-13所示。

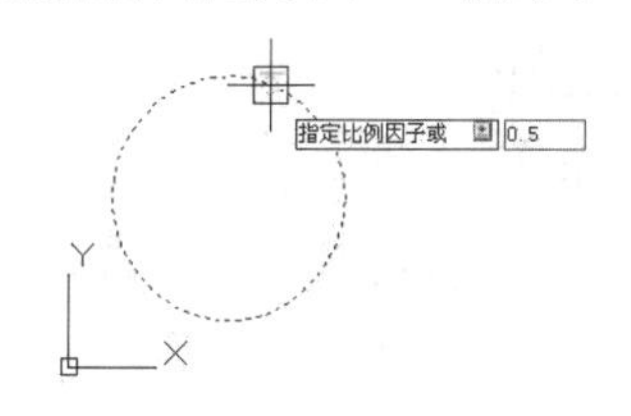

图5-13 指定基点后绘图区所显示的图形

指定基点后命令输入行提示如下。

指定比例因子或 [复制(C)/参照(R)] <1.5000>:

绘制的图形如图5-14所示。

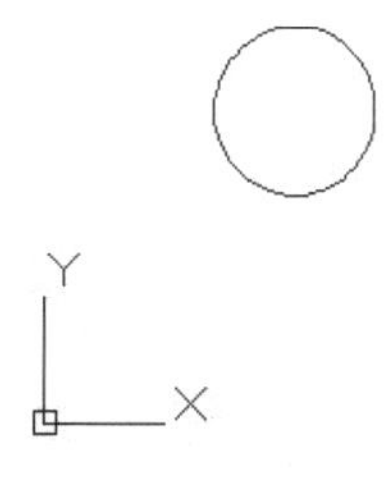

图5-14 用缩放命令将图形对象缩小的最终效果

5.1.6 镜像

AutoCAD为用户提供了镜像命令，把已绘制好的图形复制到其他的地方。

执行镜像命令的三种方法如下。

- 单击【修改】面板或工具栏上的【镜像】按钮镜像。
- 在命令输入行中输入mirror命令后按下Enter键。
- 在菜单栏中选择【修改】|【镜像】菜单命令。

命令输入行如下所示。

命令: _mirror

选择对象: 找到 1 个

选取实体后绘图区如图5-15所示。

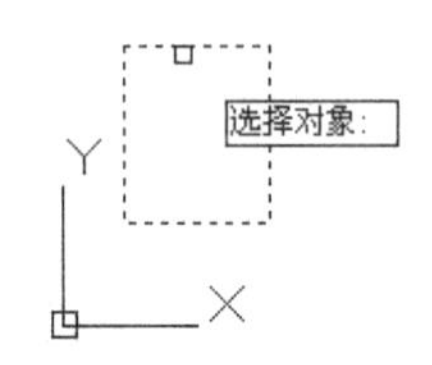

图5-15　选取实体后绘图区所显示的图形

选取实体后命令输入行提示如下。

选择对象:

在AutoCAD中，此命令默认用户会继续选择下一个实体，右击或按下Enter键即可结束选择。然后在提示下选取镜像线的第一点和第二点。

指定镜像线的第一点: 指定镜像线的第二点:

指定镜像线的第一点后绘图区如图5-16所示。

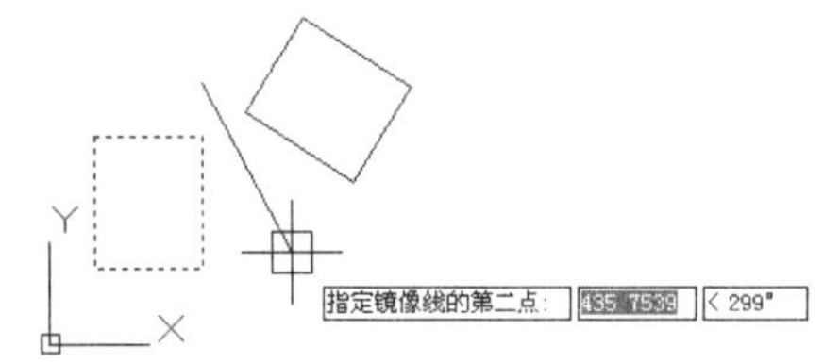

图5-16　指定镜像线的第一点后绘图区所显示的图形

指定镜像线第二点后，AutoCAD会询问用户是否要删除原图形，在此输入n后按下Enter键，命令输入行提示如下：

要删除源对象吗? [是(Y)/否(N)] <N>: n

用此命令绘制的图形如图5-17所示。

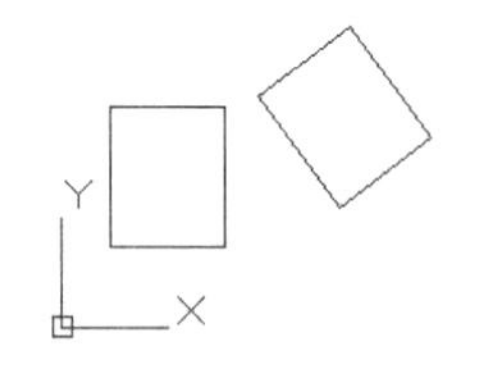

图5-17　用镜像命令绘制的图形

5.1.7　偏移

当两个图形严格相似，只是在位置上有偏差时，可以用偏移命令。AutoCAD提供了偏移命令使用户可以很方便地绘制此类图形，特别是要绘制许多相似的图形时，此命令要比使用复制命令快捷。

执行偏移命令的三种方法如下。

- 单击【修改】面板或工具栏上的【偏移】按钮。
- 在命令输入行中输入offset命令后按下Enter键。
- 在菜单栏中选择【修改】|【偏移】菜单命令。

命令输入行提示如下：

命令: _offset

当前设置: 删除源=否　图层=源　OFFSETGAPTYPE=0

指定偏移距离或 [通过(T)/删除(E)/图层(L)] <10.0000>: 20

指定偏移距离绘图区如图5-18所示。

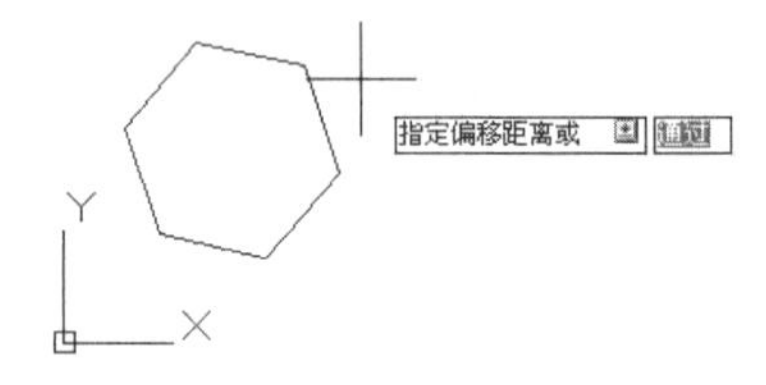

图5-18　指定偏移距离绘图区所显示的图形

指定偏移距离后命令输入行提示如下：

选择要偏移的对象，或 [退出(E)/放弃(U)] <退出>:

选择要偏移的对象后绘图区如图5-19所示。

指定要偏移的那一侧上的点，或
1083.7279
1123.3679
Y
X

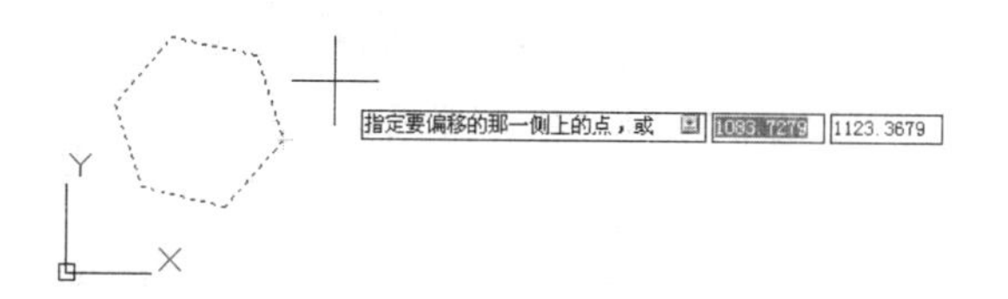

图5-19　选择要偏移的对象后绘图区所显示的图形

选择要偏移的对象后命令输入行提示如下：

指定要偏移的那一侧上的点，或 [退出(E)/多个(M)/放弃(U)] <退出>:

指定要偏移的那一侧上的点后绘制的图形如图5-20所示。

Y
X

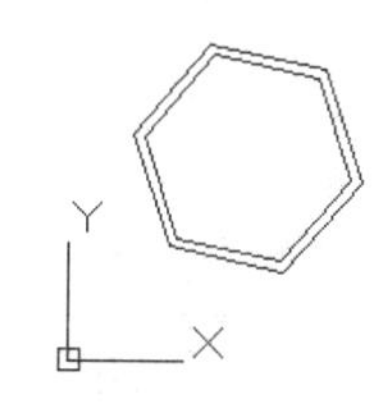

图5-20　用偏移命令绘制的图形

5.1.8 阵列

AutoCAD为用户提供了阵列命令，把已绘制的图形复制到其他的地方。

1．矩形阵列

执行阵列命令的三种方法如下。

- 单击【修改】工具栏或面板上的【矩形阵列】按钮 阵列。
- 在命令输入行中输入arrayrect命令后按下Enter键。
- 在菜单栏中选择【修改】|【阵列】|【矩形阵列】菜单命令。

AutoCAD要求先选择对象，选择对象之后，如图5-21所示选择对角点；之后选择项目间隔，如图5-22所示；完成之后弹出快捷菜单如图5-23所示，选择新的命令或者退出。

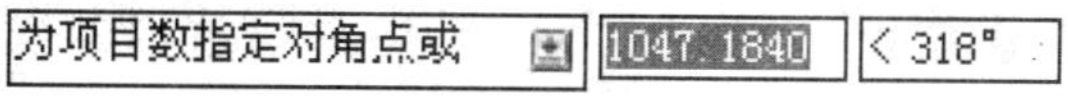

为项目数指定对角点或
1047.1840
< 318°

图5-21　选择对角点

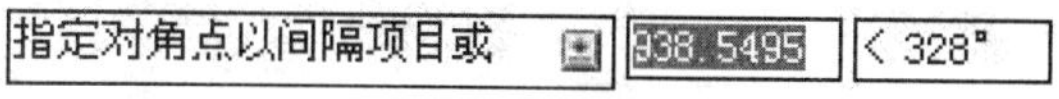

指定对角点以间隔项目或
338.5495
< 328°

图5-22　指定项目间隔

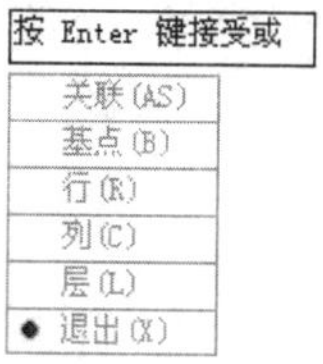

按 Enter 键接受或
关联(AS)
基点(B)
行(R)
列(C)
层(L)
退出(X)

图5-23　快捷菜单

在快捷菜单中的命令含义如下。

【行】：按单位指定行间距。要向下添加行，指定负值。

【列】：按单位指定列间距。要向左边添加列，指定负值。

【矩形阵列】绘制的图形如图5-24所示。

Y
X

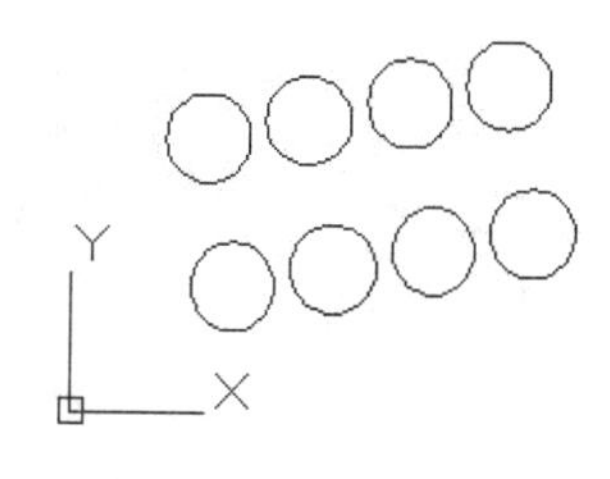

图5-24　矩形阵列的图形

2．路径阵列

执行阵列命令的三种方法如下。

- 单击【修改】工具栏上的【路径阵列】按钮 阵列。
- 在命令输入行中输入 arraypath命令后按下Enter键。
- 在菜单栏中选择【修改】|【阵列】|【路径阵列】菜单命令。

选择命令之后，系统要求选择路径，如图5-25所示；选择之后，选择路径上是项目数，如图5-26所示；再选择项目间隔，如图5-27所示。

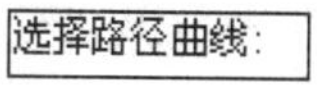

选择路径曲线:

图5-25　选择路径

输入沿路径的项数或 838.3548 < 210°

图5-26　设置项目数

指定沿路径的项目之间的距离或 574.1815 < 246°

图5-27　设置间距

设置完成之后，弹出快捷菜单，选择【退出】命令退出，如图5-28所示。绘制的路径阵列图形如图5-29所示。

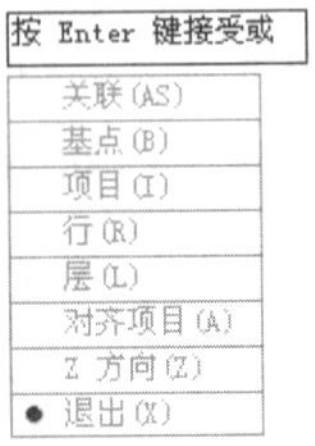

按 Enter 键接受或
关联(AS)
基点(B)
项目(I)
行(R)
层(L)
对齐项目(A)
Z 方向(Z)
• 退出(X)

图5-28　快捷菜单

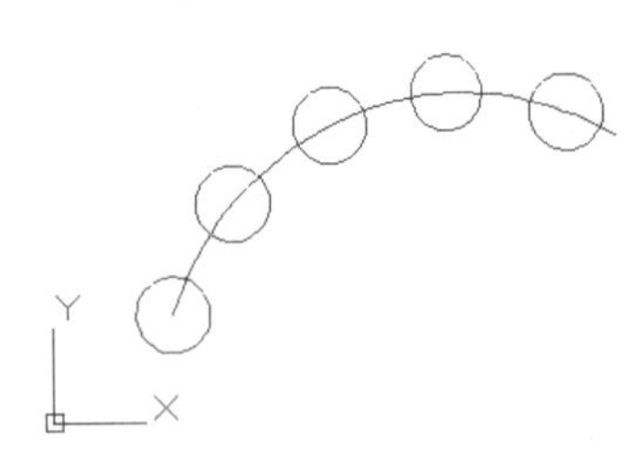

图5-29　路径阵列

3．环形阵列

执行阵列命令的三种方法如下。

- 单击【修改】工具栏上的【环形阵列】按钮 阵列。
- 在命令输入行中输入arraypolar命令后按下Enter键。
- 在菜单栏中选择【修改】|【阵列】|【环形阵列】菜单命令。

当选择环形阵列命令后，开始选择中性点，如图5-30所示；之后输入项目数，如图5-31所示；再输入填充的环形角度，如图5-32所示。

指定阵列的中心点或 1591.1805 1744.2997

图5-30　选择中心点

输入项目数或 1.9877 < 0°

图5-31　输入项目数

指定填充角度(+=逆时针、-=顺时针)或 167.8988 < 259°

图5-32　指定环形角度

最后，弹出快捷菜单，选择相应的命令，或者退出绘制，如图5-33所示。

按 Enter 键接受或
关联(AS)
基点(B)
项目(I)
项目间角度(A)
填充角度(F)
行(ROW)
层(L)
旋转项目(ROT)
• 退出(X)

图5-33　快捷菜单

在快捷菜单中的部分命令含义如下。

【项目】：设置在结果阵列中显示的对象。

【填充角度】：通过定义阵列中第一个和最后一个元素的基点之间的包含角来设置阵列大小。正值指定逆时针旋转。负值指定顺时针旋转。默认值为360。不允许值为0。

【项目间角度】：设置阵列对象的基点和阵列中心之间的包含角。需输入一个正值。默认方向值为90。

【对象基点】：相对于选定对象指定新的参照(基准)点，对对象指定阵列操作时，这些选定对象将与阵列中心点保持不变的距离。要构造环形阵列，ARRAY将确定从阵列中心点到最后一个选定对象上的参照点(基点)之间的距离。所使用的点取决于对象类型，如下表所示。

【基点】：设置新的X和Y基点坐标。选择【拾取基点】临时关闭对话框，并指定一个点。指定了一个点后，【阵列】对话框将重新显示。

环形阵列绘制的图形如图5-34所示。

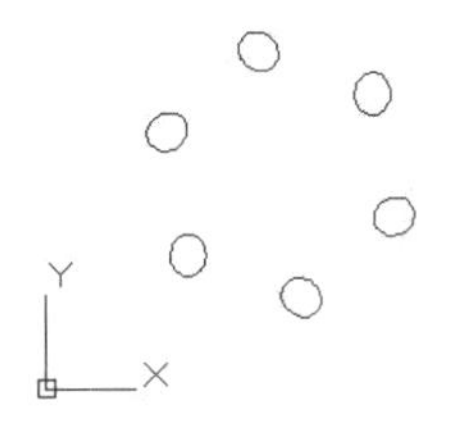

图5-34 环形阵列的图形

5.1.9 基本编辑工具范例

本范例完成文件：\05\5-1-9.dwg

多媒体教学路径：光盘→多媒体教学→第5章→5.1节

步骤 1 绘制直线，如图5-35所示。

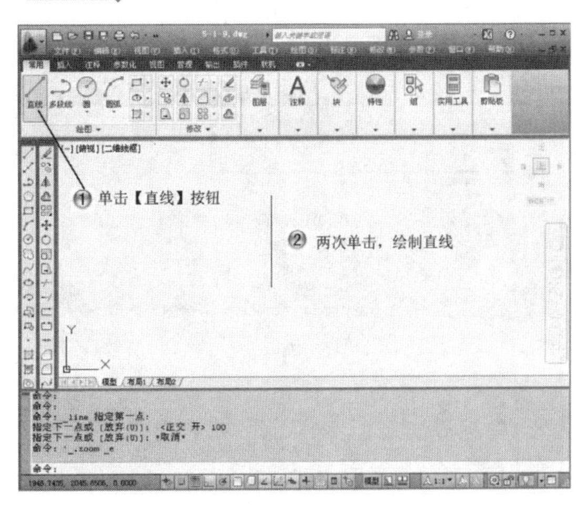

图5-35 绘制直线

步骤 2 复制直线，如图5-36所示。

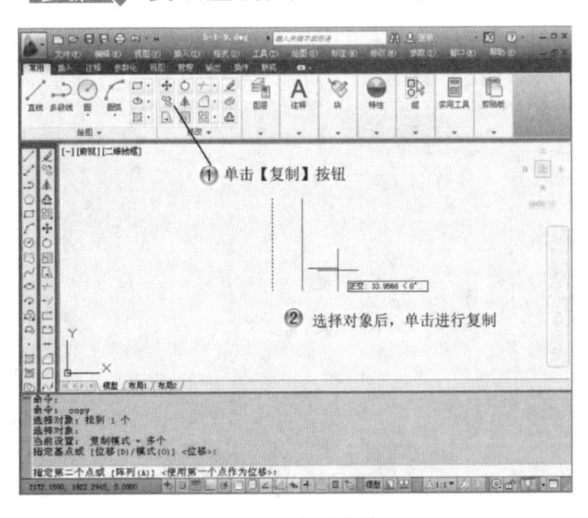

图5-36 复制直线

步骤 3 旋转直线，如图5-37所示。

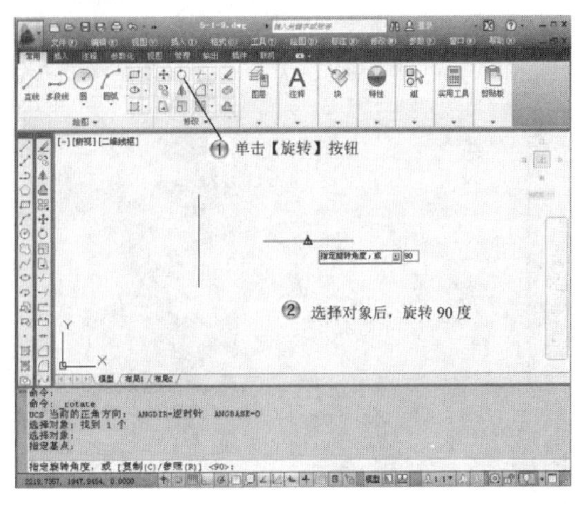

图5-37 旋转直线

步骤 4 移动直线，如图5-38所示。

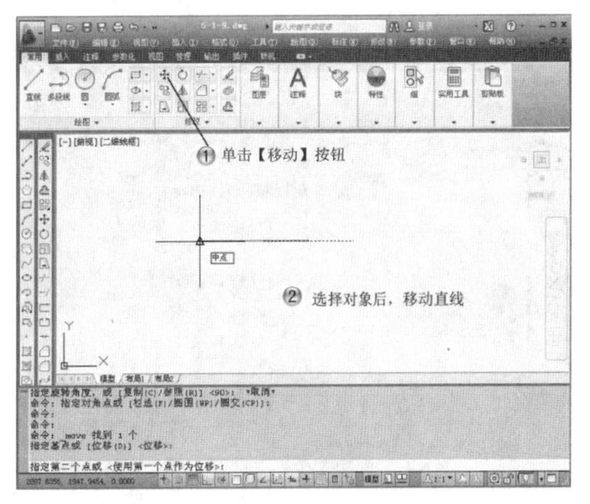

图5-38 移动直线

步骤 5 绘制圆形，如图5-39所示。

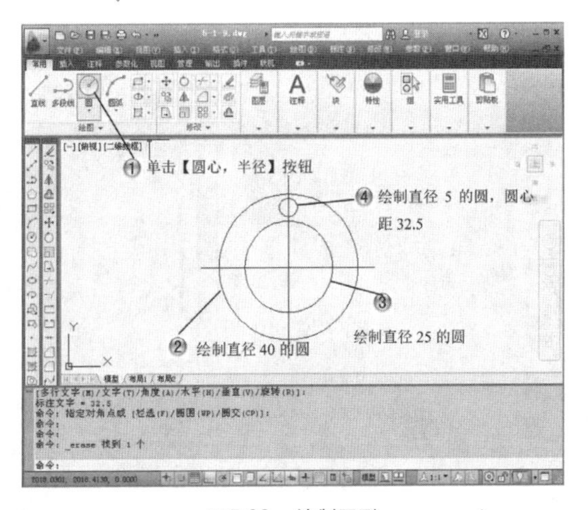

图5-39 绘制圆形

步骤 6 偏移圆形，如图5-40所示。

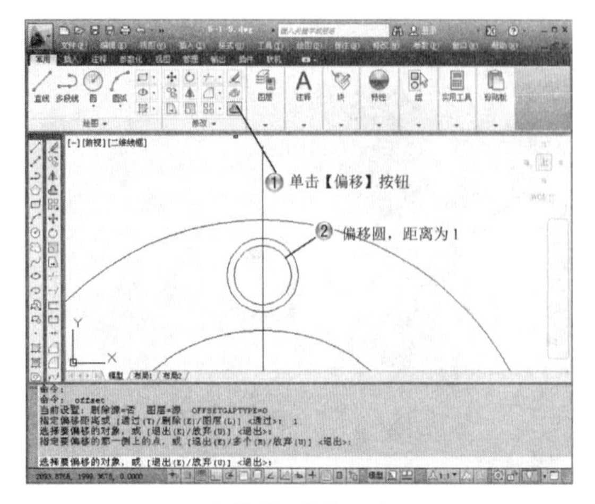

图5-40 偏移圆形

步骤 7 阵列圆形，如图5-41所示。

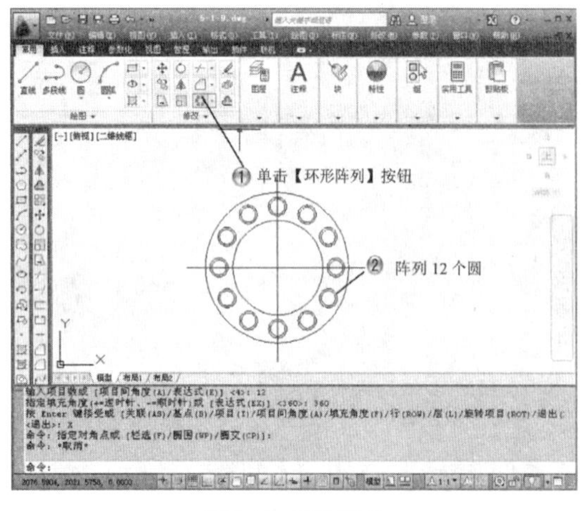

图5-41 阵列圆形

步骤 8 镜像图形，如图5-42所示。

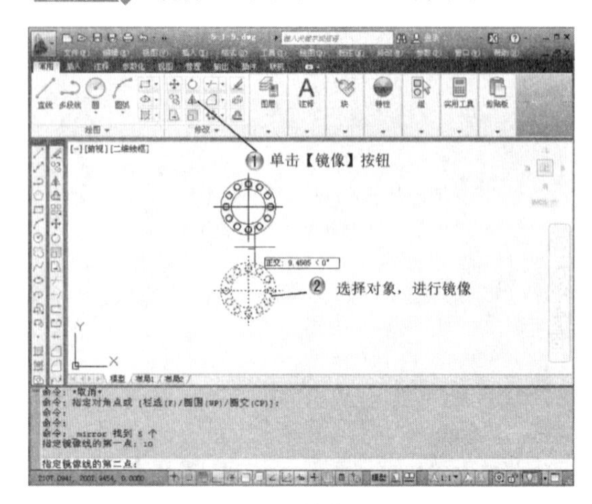

图5-42 镜像图形

步骤 9 删除图形，如图5-43所示。

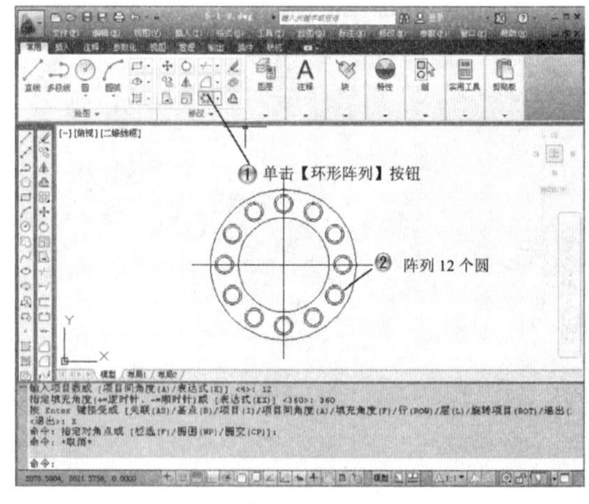

图5-43 删除图形

步骤 10 缩小图形，如图5-44所示。

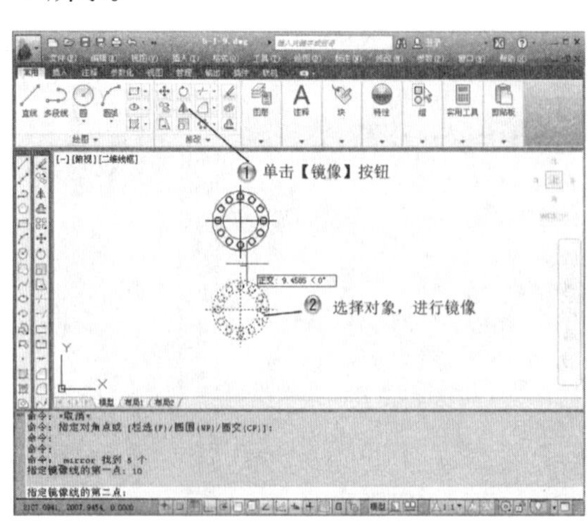

图5-44 缩小图形

5.2 扩展编辑工具

在AutoCAD 2012编辑工具中有一部分属于扩展编辑工具，如拉伸、拉长、修剪、延伸、打断、倒角、圆角、分解。下面将详细介绍这些工具的使用方法。

5.2.1 拉伸

在AutoCAD中，允许将对象端点拉伸到不同的位置。当将对象的端点放在交选框的内部时，可以单方向拉伸图形对象，而新的对象与原对象的关系保持不变。

执行【拉伸】命令的三种方法如下。

- 单击【修改】面板或工具栏上的【拉伸】按钮[拉伸]。
- 在命令输入行中输入Stretch命令后按下Enter键。
- 在菜单栏中选择【修改】|【拉伸】菜单命令。

选择【拉伸】命令后出现□图标，命令输入行如下所示：

命令: _stretch

以交叉窗口或交叉多边形选择要拉伸的对象...

选择对象:

选择对象后绘图区如图5-45所示。

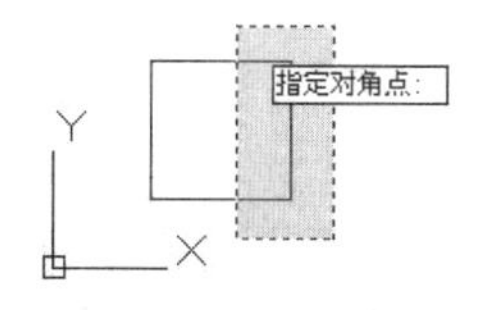

图5-45 选择对象后绘图区所显示的图形

选取实体后命令输入行提示如下：

指定对角点: 找到 1 个, 总计 1 个

指定对角点后绘图区如图5-46所示。

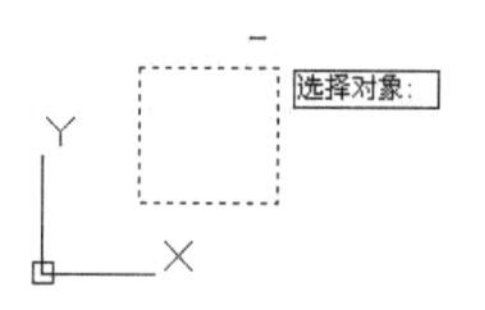

图5-46 指定对角点后绘图区所显示的图形

指定对角点后命令输入行提示如下：

选择对象:

指定基点或 [位移(D)] <位移>:

指定基点后绘图区如图5-47所示。

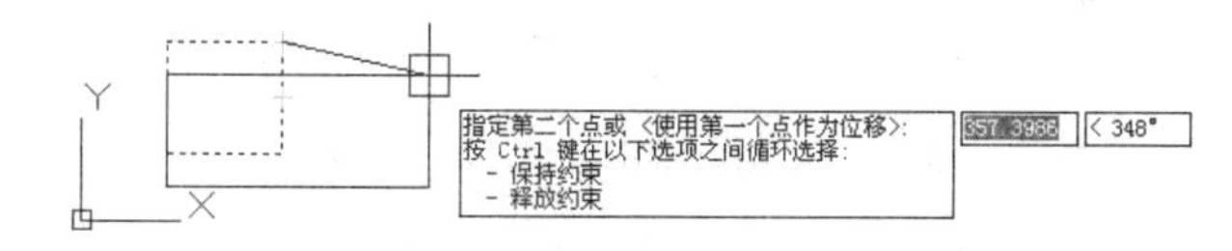

图5-47 指定基点后绘图区所显示的图形

指定基点后命令输入行提示如下：

指定第二个点或 <使用第一个点作为位移>:

指定第二个点后绘制的图形如图5-48所示。

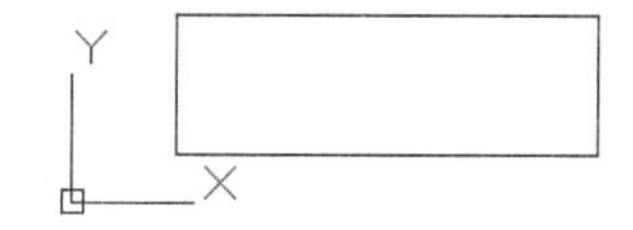

图5-48 用拉伸命令绘制的图形

提示

选择拉伸命令时，圆、点、块以及文字是特例，当基点在圆心、点的中心、块的插入点或文字行的最左边的点时，只是移动图形对象而不会拉伸。当基点在此中心之外，不会产生任何影响。

5.2.2 拉长

在已绘制好的图形上，有时用户需要将图形的直线、圆弧的尺寸放大或缩小，或者要知道直线的长度值，可以用拉长命令来改变长度或读出长度值。

执行【拉长】命令的三种方法如下。

- 单击【修改】面板上的【拉长】按钮。
- 在命令输入行中输入lengthen命令后按下Enter键。
- 在菜单栏中选择【修改】|【拉长】菜单命令。

选择【拉长】命令后出现□图标，这时在命令输入行显示如下提示信息：

命令: _lengthen

选择对象或 [增量(DE)/百分数(P)/全部(T)/动态(DY)]: DE

输入长度增量或 [角度(A)] <26.7937>: 50

输入长度增量后绘图区如图5-49所示。

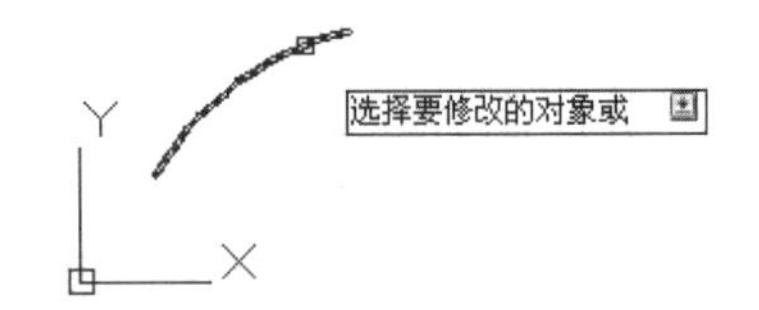

图5-49　输入长度增量后绘图区所显示的图形

输入长度增量后命令输入行提示如下：

选择要修改的对象或 [放弃(U)]:

用鼠标单击要修改的对象后绘制的图形如图5-50所示。

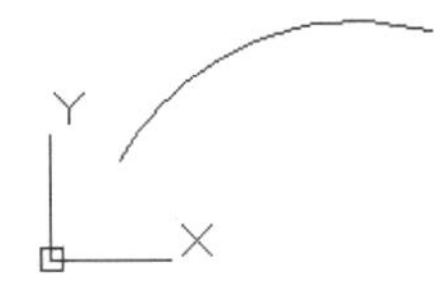

图5-50　用拉长命令绘制的图形

提示

在执行【拉长】命令时，会出现部分让用户选择的命令。

【增量】：当前长度与拉长后长度的差值。

【百分数】：选择百分数命令后，在命令输入行输入大于100的数值就会拉长对象，输入小于100的数值就会缩短对象。

【全部】：拉长后图形对象的总长。

【动态】：动态地拉长或缩短图形实体。

所有的将要被拉长的图形实体的端点，是对象上离选择点最近的端点。

5.2.3　修剪

修剪命令的功能是将一个对象以另一个对象或它的投影面作为边界进行精确的修剪编辑。

执行【修剪】命令的三种方法如下。

- 单击【修改】面板或工具栏上的【修剪】按钮 修剪 。
- 在命令输入行中输入trim命令后按下Enter键。
- 在菜单栏中选择【修改】|【修剪】菜单命令。

选择【修剪】命令后出现□图标，在命令输入行中出现如下提示，要求用户选择实体作为将要被修剪实体的边界，这时可选取修剪实体的边界。

命令输入行提示如下。

命令: _trim

当前设置:投影=UCS，边=延伸

选择剪切边...

选择对象或 <全部选择>: 找到 1 个

选择对象后绘图区如图5-51所示。

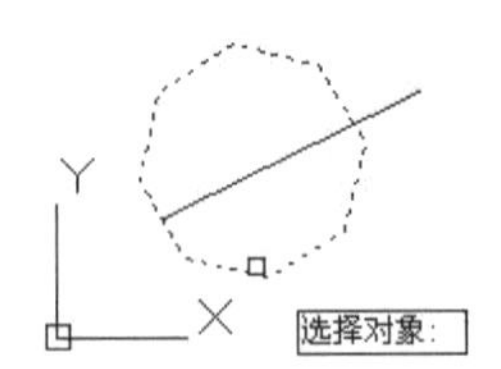

图5-51　选择对象后绘图区所显示的图形

选取对象后命令输入行提示如下：

选择对象:

选择要修剪的对象，或按住 Shift 键选择要延伸的对象，或[栏选(F)/窗交(C)/投影(P)/边(E)/删除(R)/放弃(U)]: e

选择边(E)选项后绘图区如图5-52所示。

图5-52　选择边(E)选项绘图区所显示的图形

选择边(E)后命令输入行提示如下：

输入隐含边延伸模式 [延伸(E)/不延伸(N)] <延伸>: N

选择要修剪的对象，或按住 Shift 键选择要延伸的对象，或[栏选(F)/窗交(C)/投影(P)/边(E)/删除(R)/放弃(U)]:

选择要修剪的对象后绘制的图形如图5-53所示。

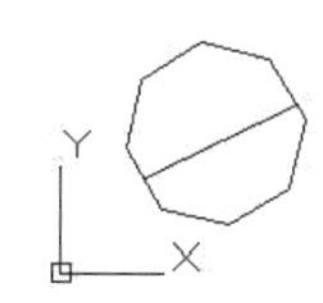

图5-53 用【修剪】命令绘制的图形

提示

在【修剪】命令中，AutoCAD会一直认为用户要修剪实体，直至按下空格键或Enter键为止。

5.2.4 延伸

AutoCAD提供的延伸命令正好与修剪命令相反，它是将一个对象或它的投影面作为边界进行延长编辑。

执行【延伸】命令的三种方法如下。

- 单击【修改】面板或工具栏上的【延伸】按钮 -/ 延伸 。
- 在命令输入行中输入extend命令后按下Enter键。
- 在菜单栏中选择【修改】|【延伸】菜单命令。

执行【延伸】命令后出现捕捉按钮图标□，在命令输入行出现如下提示，要求用户选择实体作为将要被延伸的边界，这时可选取延伸实体的边界。

命令输入行提示如下：

命令: _extend

当前设置:投影=视图，边=延伸

选择边界的边...

选择对象或 <全部选择>: 找到 1 个

选取对象后绘图区如图5-54所示。

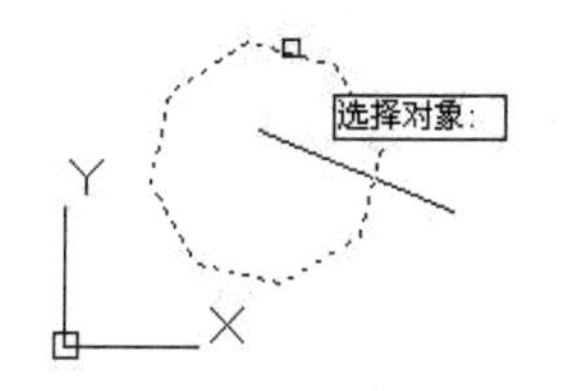

图5-54 选择对象后绘图区所显示的图形

选取对象后命令输入行提示如下：

选择对象:

选择要延伸的对象，或按住 Shift 键选择要修剪的对象，或[栏选(F)/窗交(C)/投影(P)/边(E)/放弃(U)]: e

选择边(E)选项后绘图区如图5-55所示。

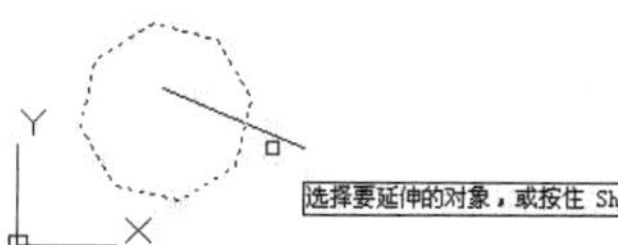

图5-55 选择边(E)选项后绘图区所显示的图形

选择边(E)选项后命令输入行提示如下：

输入隐含边延伸模式 [延伸(E)/不延伸(N)] <延伸>:e

选择要延伸的对象，或按住 Shift 键选择要修剪的对象，或[栏选(F)/窗交(C)/投影(P)/边(E)/放弃(U)]:

用延伸命令绘制的图形如图5-56所示。

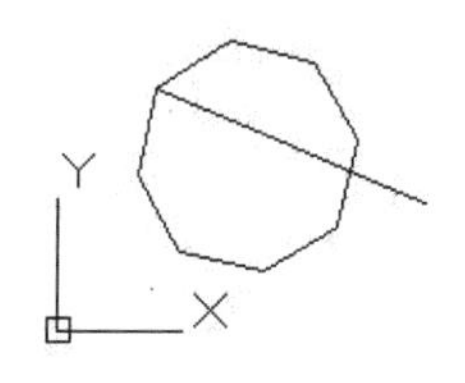

图5-56 用【延伸】命令绘制的图形

提示

在【延伸】命令中，AutoCAD会一直认为用户要延伸实体，直至用户按下空格键或Enter键为止。

5.2.5 打断

打断命令主要用于删除直线、圆或圆弧等实体的一部分，或将一个图形对象分割为两个同类对象。系统通过把对象上的由用户指定的两个分点投影到X、Y的平面上。其中又有两种情况。

(1) 打断于点(在某点打断)

执行此命令的方法如下。

- 单击【修改】面板或工具栏上的【打断于点】按钮。
- 在命令输入行中输入break命令后按下Enter键。
- 在菜单栏中选择【修改】|【打断于点】菜单命令。

执行此命令后出现□图标，在命令输入行中出现如下提示要求用户选择一点作为打断的第1点。

命令输入行提示如下：

命令: _break 选择对象:

指定第二个打断点 或 [第一点(F)]: _f

指定第一个打断点:

指定第一个打断点时绘图区如图5-57所示。

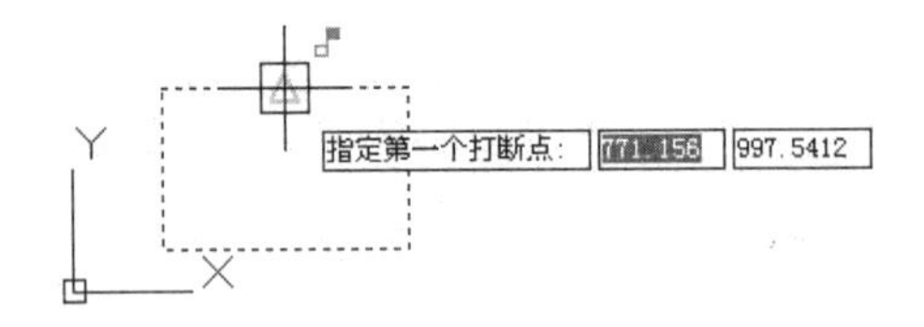

图5-57　指定第一个打断点时绘图区所显示的图形

指定第一个打断点后命令输入行提示如下：

指定第二个打断点: @

用【打断于点】命令绘制的图形如图5-58所示。

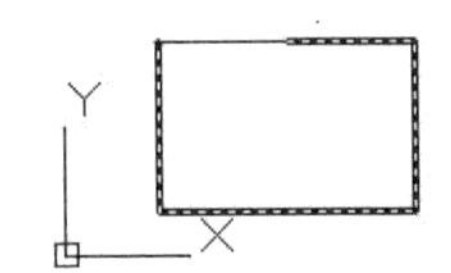

图5-58　用【打断于点】命令绘制的图形

(2) 打断(打断并把两点之间的图形对象删除)

执行此命令的方法如下。

- 单击【修改】面板或工具栏上的【打断】按钮。
- 在命令输入行中输入break命令后按下Enter键。
- 在菜单栏中选择【修改】|【打断】菜单命令。

执行此命令后出现□图标，命令输入行提示如下：

命令: _break 选择对象:

指定第二个打断点 或 [第一点(F)]: f

指定第一个打断点:

指定第一个打断点时绘图区如图5-59所示。

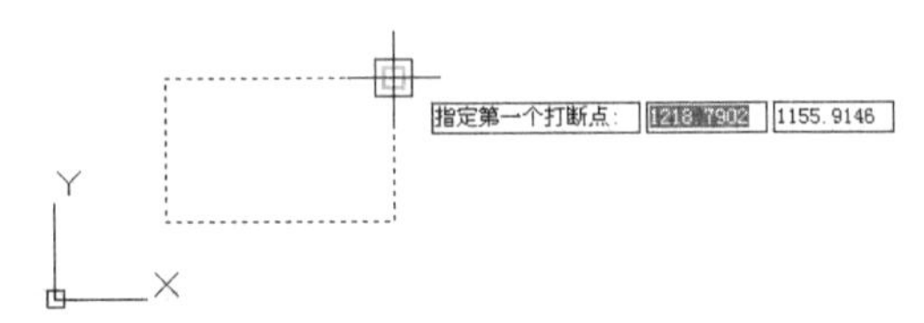

图5-59　指定第一个打断点时绘图区所显示的图形

指定第一个打断点后命令输入行提示如下：

指定第二个打断点:

指定第二个打断点时绘图区如图5-60所示。

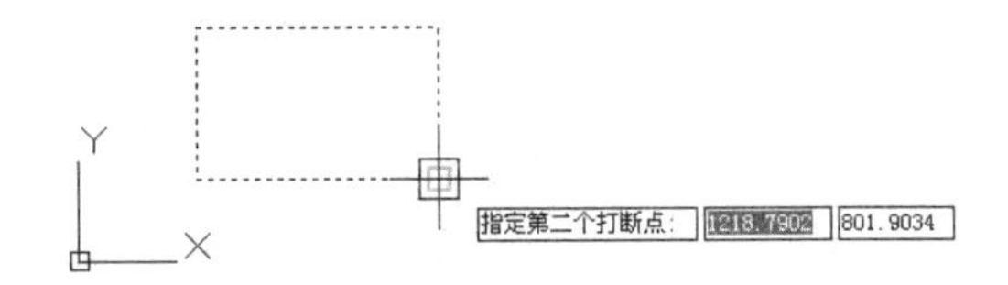

图5-60　指定第二个打断点时绘图区所显示的图形

用【打断】命令绘制的图形如图5-61所示。

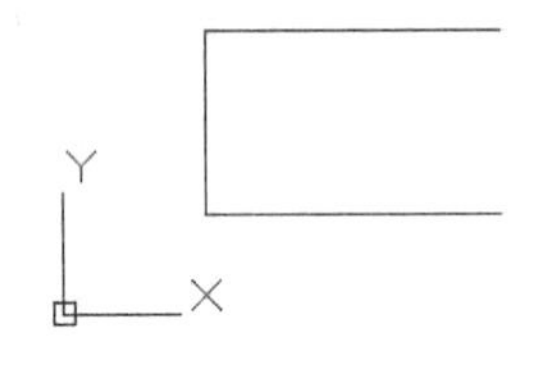

图5-61　用【打断】命令绘制的图形

提示

打断的结果对于不同的图形对象来说是不相同的。对于直线和圆弧等轨迹线而言，将按照用户所指定的两个分点打断；而对于圆而言，将按照第一点向第二点的逆时针方向截去这两点之间的一段圆弧，从而将圆打断为一段圆弧。

5.2.6 倒角

【倒角】命令主要用于两条非平等直线或多段线进行的编辑，或将两条非平等直线进行相交连接。

执行【倒角】命令的三种方法如下。

- 单击【修改】面板或工具栏上的【倒角】按钮[倒角]。
- 在命令输入行中输入chamfer命令后按下Enter键。
- 在菜单栏中选择【修改】|【倒角】菜单命令。

执行【倒角】命令后出现□图标。

命令输入行提示如下：

命令: _chamfer

（"修剪"模式）当前倒角距离 1 = 30.0000，距离 2 = 30.0000

选择第一条直线或 [放弃(U)/多段线(P)/距离(D)/角度(A)/修剪(T)/方式(E)/多个(M)]: t

输入修剪模式选项 [修剪(T)/不修剪(N)] <修剪>: t

选择第一条直线或 [放弃(U)/多段线(P)/距离(D)/角度(A)/修剪(T)/方式(E)/多个(M)]: d

指定第一个倒角距离 <40.0000>:

指定第二个倒角距离 <40.0000>:

选择第一条直线或 [放弃(U)/多段线(P)/距离(D)/角度(A)/修剪(T)/方式(E)/多个(M)]:

选择第一条直线后绘图区如图5-62所示。

图5-62 选择第一条直线后绘图区所显示的图形

选择第一条直线后命令输入行提示如下：

选择第二条直线，或按住 Shift 键选择要应用角点的直线:

用【倒角】命令绘制的图形如图5-63所示。

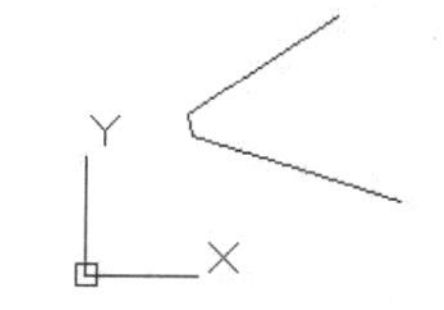

图5-63 用【倒角】命令绘制的图形

提示

在执行【倒角】命令时，会出现部分让用户选择的选项，说明如下。

【多段线】：表示将要被倒角的线为多段线，用户可以在命令输入行中输入P后按下Enter键选择此项。

【距离】：设置倒角顶点到倒角线的距离，用户可以在命令输入行中输入D后按下Enter键选择此项，然后在命令输入行中输入一定的数值来设置。

【角度】：若选择角度，即在命令输入行中输入A后按下Enter键。

【修剪】：选择此项时，用户可以在命令输入行输入T后按下Enter键，可以设置将要被倒角的位置是否要将多余的线条修剪掉。

【方式】：此项的意义是控制AutoCAD使用两个距离，还是一个距离一个角度的方式。两种距离方式与【距离】的含义一样，一个距离一个角度的方式与【角度】的含义相同。在默认的情况下为上一次操作所定义的方式。

【多个】：选择此项，用户可以选择多个非平等直线或多段线进行倒角。

5.2.7 圆角

【圆角】命令主要用于使两条相交的圆、弧、线或样条线等相交成的圆角连接。

执行【圆角】命令的三种方法如下。

- 单击【修改】面板或工具栏上的【圆角】按钮[圆角]。
- 在命令输入行中输入fillet命令后按下Enter键。
- 在菜单栏中选择【修改】|【圆角】菜单命令。

执行【圆角】命令后出现□图标。

命令输入行如下所示：

命令: _fillet

当前设置: 模式 = 修剪，半径 = 0.0000

选择第一个对象或 [放弃(U)/多段线(P)/半径(R)/修剪(T)/多个(M)]: r

指定圆角半径 <0.0000>: 30

选择第一个对象或 [放弃(U)/多段线(P)/半径(R)/修剪(T)/多个(M)]:

选择第一个对象后绘图区如图5-64所示。

图5-64　选择第一个对象后绘图区所显示的图形

选择第一个对象后命令输入行提示如下：

选择第二个对象，或按住 Shift 键选择要应用角点的对象:

用【圆角】命令绘制的图形如图5-65所示。

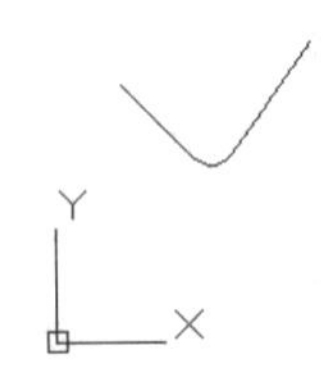

图5-65　用【圆角】命令绘制的图形

提示

在执行【圆角】命令时，会出现部分让用户选择的选项，说明如下：

【多段线】：表示将要被倒圆的线为多段线，用户可以在命令输入行中输入P后按下Enter键选择此项。

【半径】：若用户在命令输入行中输入R项，则表示用户需要设置要倒角的半径。

【修剪】：选择此项时，用户可以设置将要被倒角的位置是否要将多余的线条修剪掉。

【多个】：选择此项，用户可以选择多个相交的线段做圆角。

使用同一个默认值，可以重复操作多次。

5.2.8　分解

图形块是作为一个整体插入到图形中的，用户不能对它的单个图形对象进行编辑，当用户需要对它进行单个编辑时，就需要用到【分解】命令。【分解】命令是用于将块打碎，把块分解为原始的图形对象，这样用户就可以方便地进行编辑。

执行【分解】命令的三种方法如下。

- 单击【修改】面板或工具栏上的【分解】按钮。
- 在命令输入行中输入explode命令后按下Enter键。
- 在菜单栏中选择【修改】|【分解】菜单命令。

命令输入行提示如下：

命令: _explode

选择对象: 找到 1 个

选择对象后绘图区如图5-66所示。

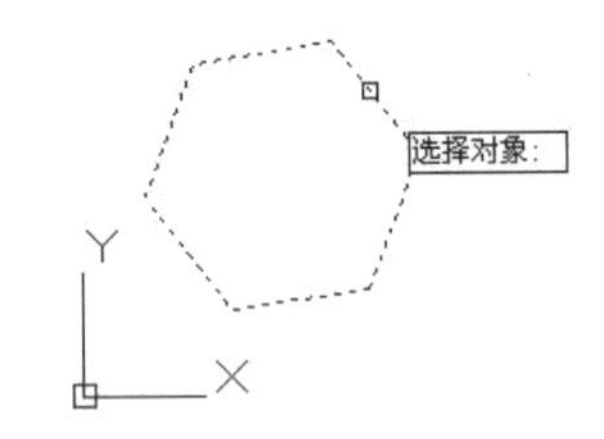

图5-66　选择对象后绘图区所显示的图形

选取对象后命令输入行提示如下：

选择对象:

用【分解】命令绘制的图形如图5-67所示。

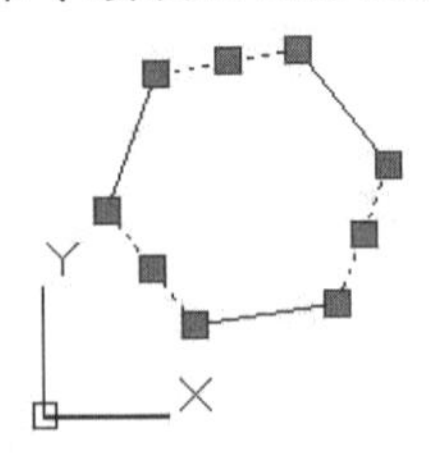

图5-67　用【分解】命令绘制的图形

提示

严格来说，【分解】命令并不是一个基本的编辑命令，但是【分解】命令在绘制复杂图形时的确给用户带来极大的方便。

5.2.9 扩展编辑工具范例

本范例练习文件：\05\5-2-9.dwg

本范例完成文件：\05\5-2-10.dwg

多媒体教学路径：光盘→多媒体教学→第5章→5.2节

步骤 1 复制图形，如图5-68所示。

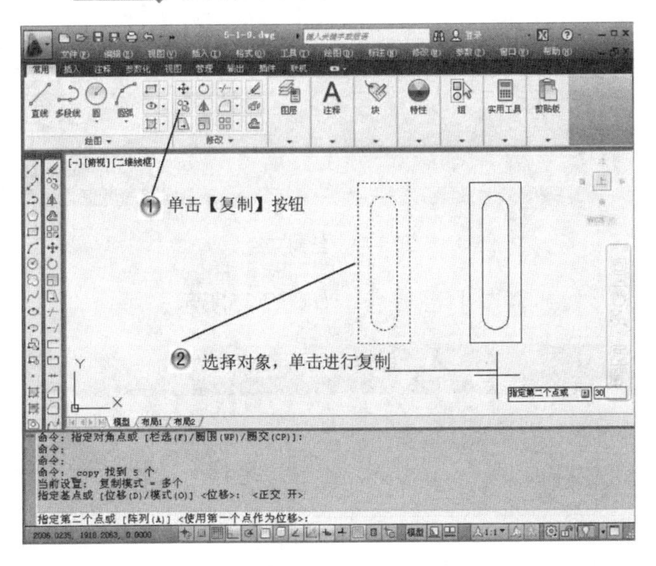

图5-68 复制图形

步骤 2 拉伸图形，如图5-69所示。

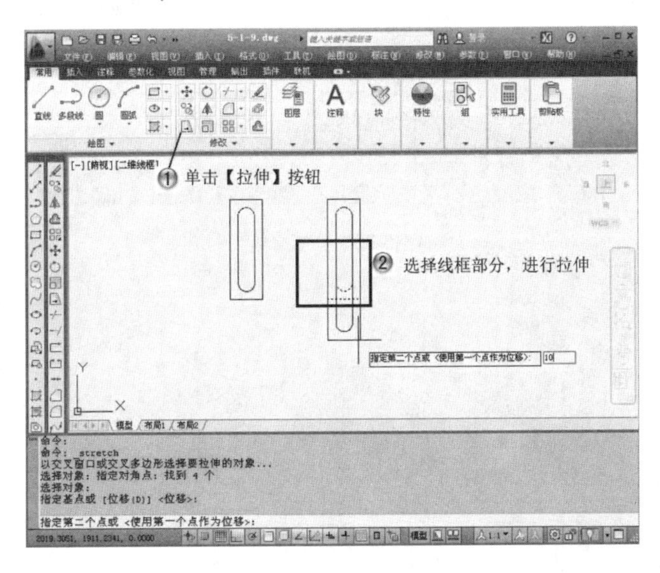

图5-69 拉伸图形

步骤 3 绘制直线，如图5-70所示。

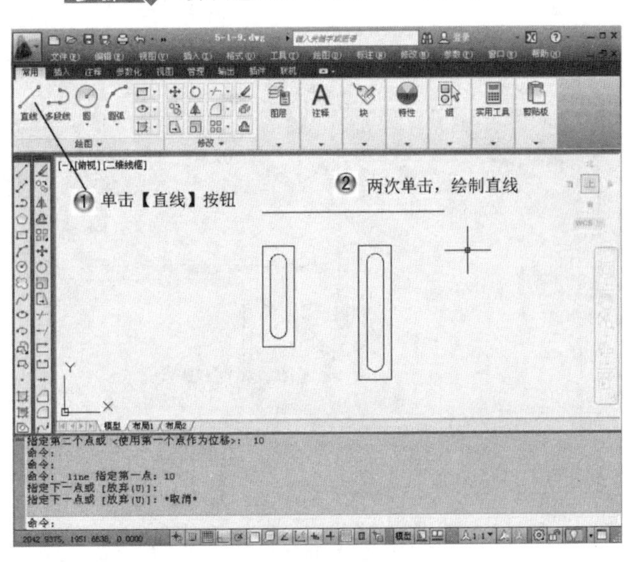

图5-70 绘制直线

步骤 4 分解矩形，如图5-71所示。

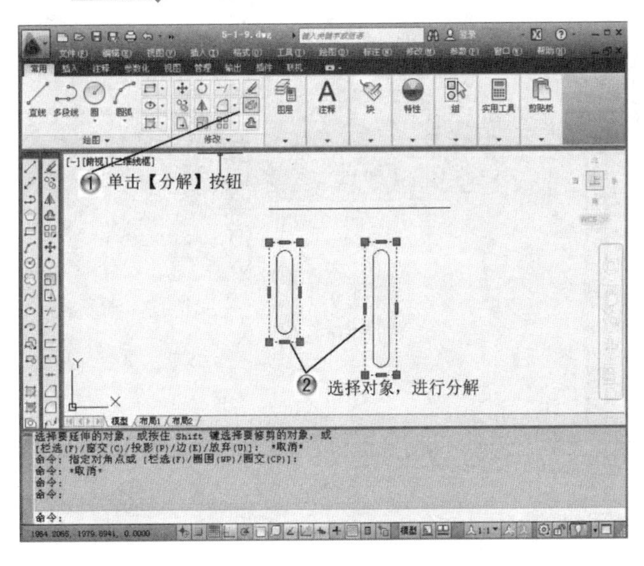

图5-71 分解矩形

步骤 5 延伸直线，如图5-72所示。

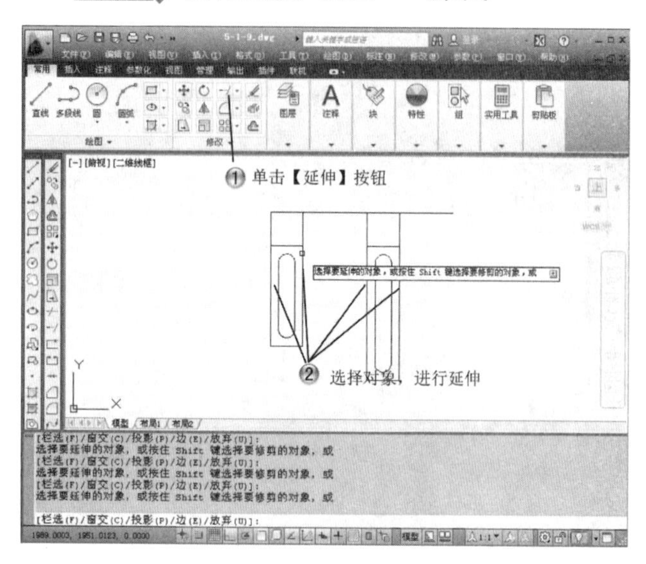

图5-72　延伸直线

步骤 6 删除直线，如图5-73所示。

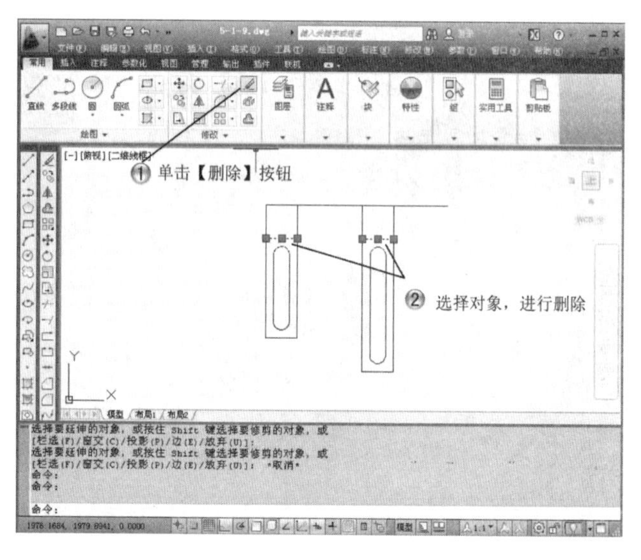

图5-73　删除直线

步骤 7 绘制直线，如图5-74所示。

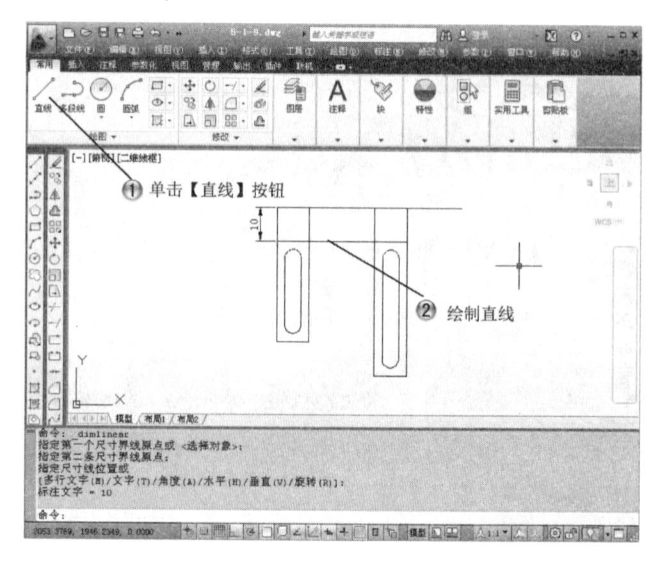

图5-74　绘制直线

步骤 8 打断直线，如图5-75所示。

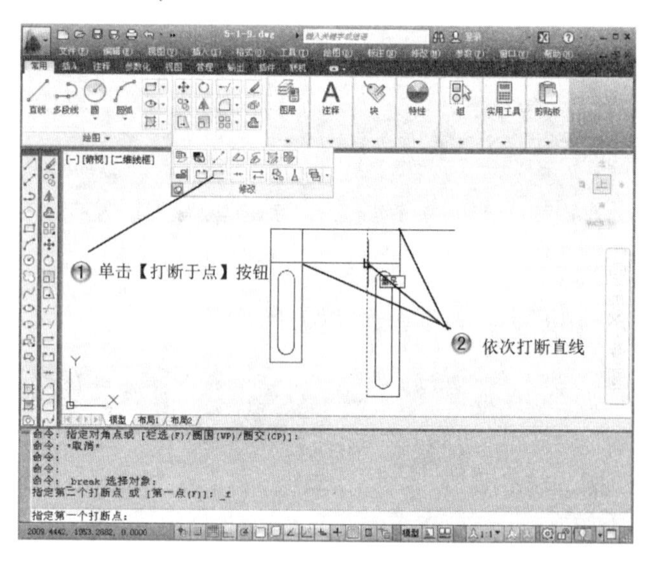

图5-75　打断直线

步骤 9 删除直线，如图5-76所示。

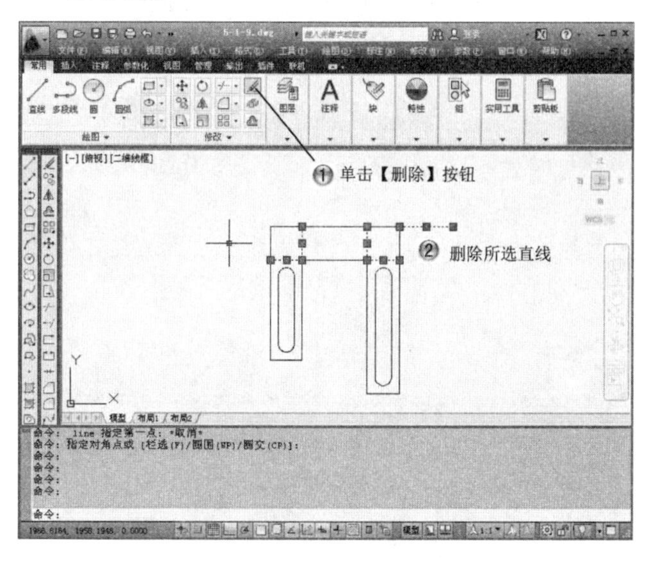

图5-76 删除直线

步骤 10 倒圆角，如图5-77所示。

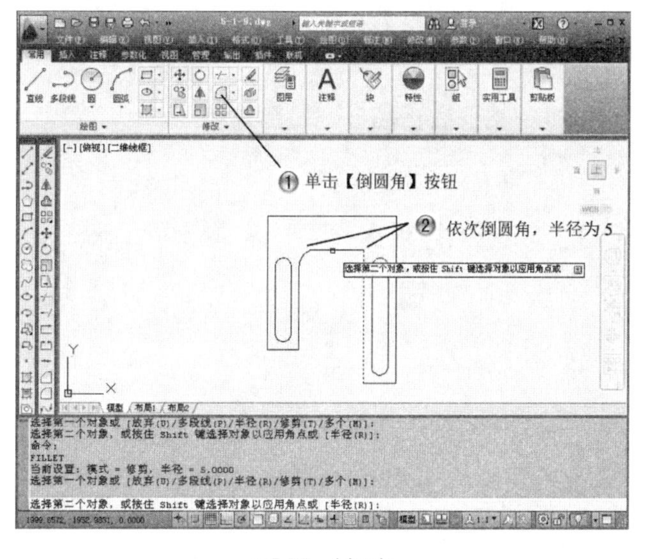

图5-77 倒圆角

步骤 11 倒角，如图5-78所示。

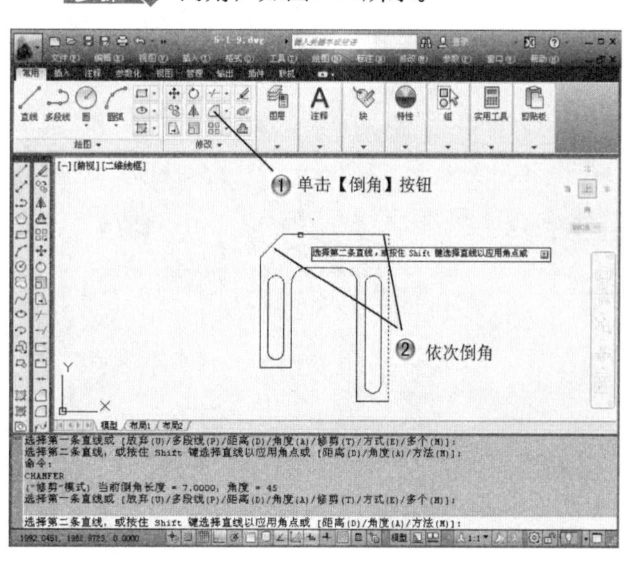

图5-78 倒角

5.3 本章小结

本章主要介绍了编辑图形的常用命令，其中包括删除、移动和旋转、拉伸、比例缩放及拉长、修剪和分解等。在实际绘图当中，这些命令是不可或缺的重要部分，因此有必要认真学习，多进行实际操作。

第6章 精确绘图设置

本章导读

使用AutoCAD绘图时，需要缩小或者放大图形以便于观察。除非利用AutoCAD提供的工具进行精确作图，否则画图的图形元素看似相接，实际放大后进行观察或者用绘图仪绘出时，往往是断开的、冒头的或者是交错的。

AutoCAD软件提供了很多精确绘图的工具，如定位端点、中点、元素的中心点、元素的交点等命令。利用这些命令就可以很容易地实现精确绘图。除了能够得到高质量的图纸之外，精确绘图还可以提高尺寸标注的效率。

学习内容

知识点 \ 学习目标	理解	应用	实践
栅格和捕捉	✓	✓	✓
对象捕捉	✓	✓	✓
极轴追踪	✓	✓	✓

6.1 栅格和捕捉

要提高绘图的速度和效率，可以显示并捕捉栅格点的矩阵，还可以控制其间距、角度和对齐。【捕捉模式】和【栅格显示】开关按钮位于主窗口底部的【状态栏】，如图6-1所示。

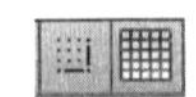

图6-1 【捕捉模式】和【栅格显示】开关按钮

6.1.1 栅格和捕捉介绍

栅格是点的矩阵，遍布指定为图形栅格界限的整个区域。使用栅格类似于在图形下放置一张坐标纸。利用栅格可以对齐对象并直观显示对象之间的距离。不打印栅格。如果放大或缩小图形，可能需要调整栅格间距，使其更适合新的放大比例。图6-2所示为打开栅格绘图区的效果。

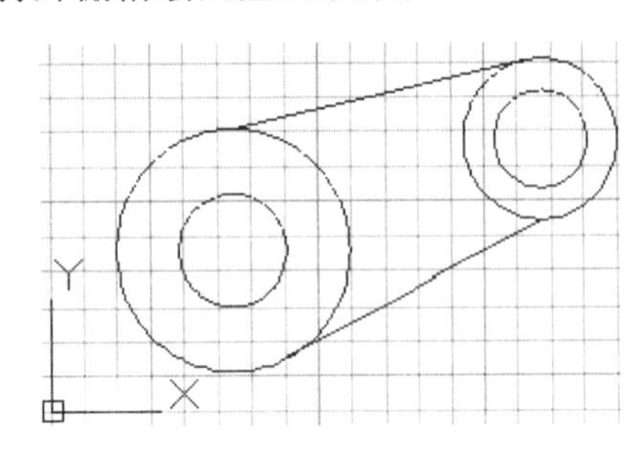

图6-2 打开栅格绘图区的效果

捕捉模式用于限制十字光标，使其按照用户定义的间距移动。当【捕捉】模式打开时，光标似乎附着或捕捉到不可见的栅格。捕捉模式有助于使用箭头键或定点设备来精确地定位点。

6.1.2 捕捉和栅格的应用

选择【工具】|【绘图设置】菜单命令，或者在命令输入行中输入dsettings，都会打开【草图设置】对话框，单击【捕捉和栅格】标签，切换到【捕捉和栅格】选项卡，可以对栅格捕捉属性进行设置，如图6-3所示。

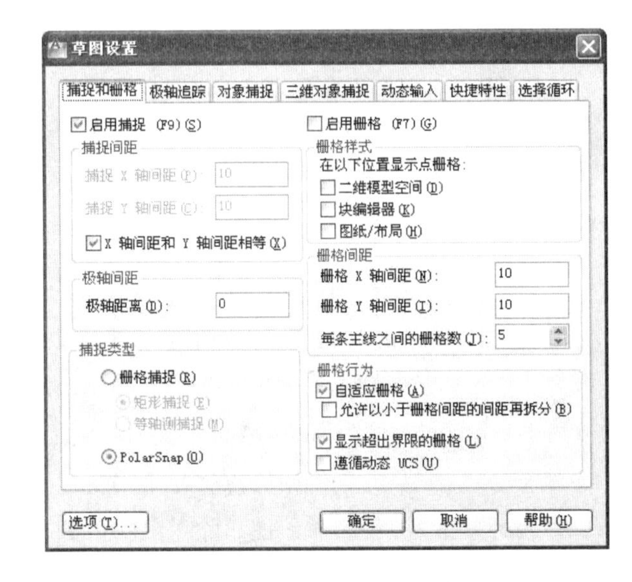

图6-3 【捕捉和栅格】选项卡

下面详细介绍【捕捉和栅格】选项卡中的设置。

(1)【启用栅格】复选框：用于打开或关闭栅格。也可以通过单击状态栏上的【栅格显示】按钮，或按F7键，或使用GRIDMODE系统变量，来打开或关闭栅格模式。

①【栅格间距】选项组：用于控制栅格的显示，有助于形象化显示距离。注意，LIMITS命令和GRIDDISPLAY系统变量可控制栅格的界限。

- 【栅格X轴间距】：指定X方向上的栅格间距。如果该值为0，则栅格采用【捕捉X轴间距】的值。
- 【栅格Y轴间距】：指定Y方向上的栅格间距。如果该值为0，则栅格采用【捕捉Y轴间距】的值。
- 【每条主线之间的栅格数】：指定主栅格线相对于次栅格线的密度。

② 【栅格行为】选项组：用于控制当 VSCURRENT 设置为除二维线框之外的任何视觉样式时，所显示栅格线的外观。

- 【自适应栅格】：栅格间距缩小时，限制栅格密度。
- 【允许以小于栅格间距的间距再拆分】：栅格间距放大时，生成更多间距更小的栅格线。主栅格线的频率确定这些栅格线的频率。
- 【显示超出界限的栅格】：用于显示超出 LIMITS 命令指定区域的栅格。
- 【遵循动态 UCS】：用于更改栅格平面以遵循动态 UCS 的 XY 平面。

(2) 【启用捕捉】复选框：用于打开或关闭捕捉模式。我们也可以通过单击状态栏上的【捕捉】按钮，或按 F9 键，或使用 SNAPMODE 系统变量，来打开或关闭捕捉模式。

① 【捕捉间距】选项组：用于控制捕捉位置处的不可见矩形栅格，以限制光标仅在指定的 X 和 Y 间隔内移动。

- 【捕捉 X 轴间距】：指定 X 方向的捕捉间距。间距值必须为正实数。
- 【捕捉 Y 轴间距】：指定 Y 方向的捕捉间距。间距值必须为正实数。
- 【X轴间距 和 Y 轴间距相等】：为捕捉间距和栅格间距强制使用同一 X 和 Y 间距值。捕捉间距可以与栅格间距不同。

② 【极轴间距】选项组：用于控制极轴捕捉增量距离。

【极轴距离】：在选择【捕捉类型】选项组下的PolarSnap单选按钮时，设置捕捉增量距离。如果该值为 0，则极轴捕捉距离采用【捕捉 X 轴间距】的值。

③ 【捕捉类型】选项组：用于设置捕捉样式和捕捉类型。

注意

【极轴距离】的设置需与极坐标追踪和/或对象捕捉追踪结合使用。如果两个追踪功能都未选择，则【极轴距离】设置无效。

- 【栅格捕捉】：设置栅格捕捉类型。如果指定点，光标将沿垂直或水平栅格点进行捕捉。
- 【矩形捕捉】：将捕捉样式设置为标准“矩形”捕捉模式。当捕捉类型设置为“栅格”并且打开“捕捉”模式时，光标将捕捉矩形捕捉栅格。
- 【等轴测捕捉】：将捕捉样式设置为“等轴测”捕捉模式。当捕捉类型设置为“栅格”并且打开“捕捉”模式时，光标将捕捉等轴测捕捉栅格。
- PolarSnap：将捕捉类型设置为PolarSnap。如果打开了“捕捉”模式并在极轴追踪打开的情况下指定点，光标将沿在【极轴追踪】选项卡上相对于极轴追踪起点设置的极轴对齐角度进行捕捉。

6.1.3 正交

正交是指在绘制线形图形对象时，线形对象的方向只能为水平或垂直，即当指定第一点时，第二点只能在第一点的水平方向或垂直方向。

6.1.4 栅格和捕捉范例

本范例完成文件：\06\6-1-4.dwg

多媒体教学路径：光盘→多媒体教学→第6章→6.1节

步骤 1 绘制水平直线，如图6-4所示。

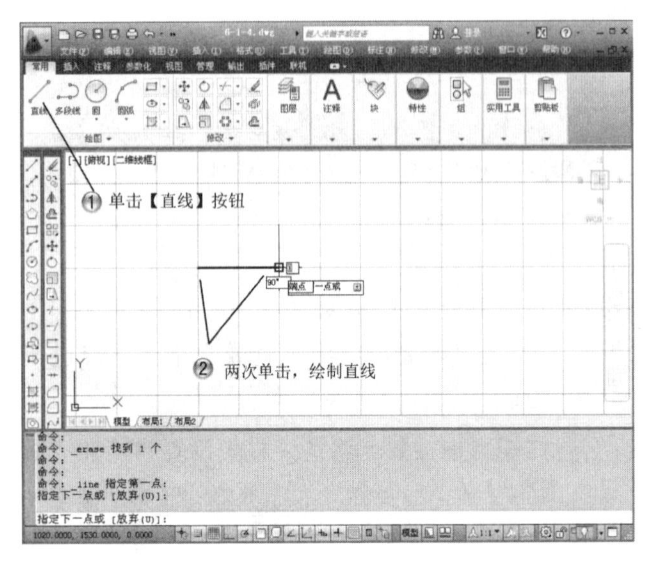

图6-4　绘制水平直线

步骤 2 绘制三角形，如图6-5所示。

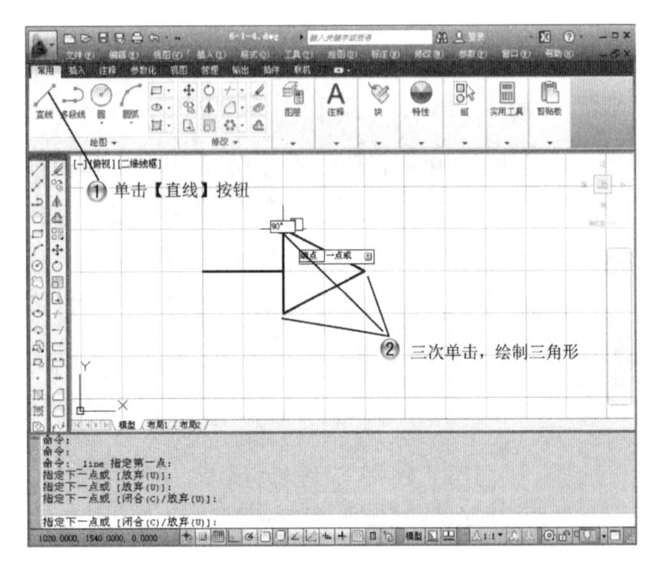

图6-5　绘制三角形

步骤 3 绘制垂直直线，如图6-6所示。

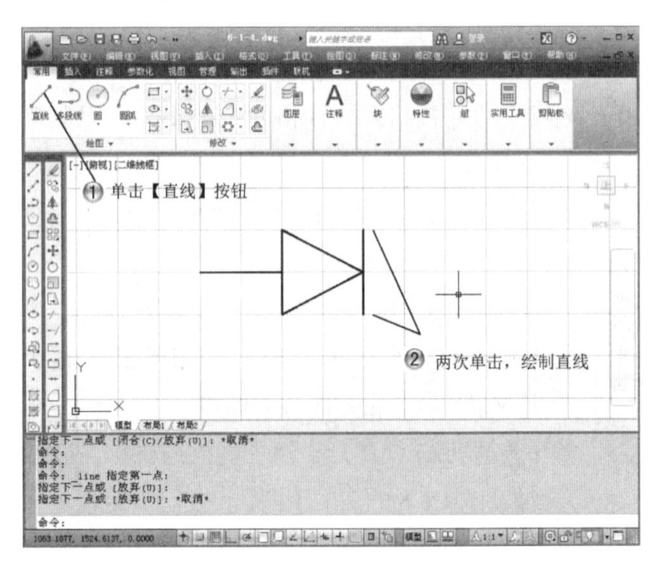

图6-6　绘制垂直直线

步骤 4 完成图形，如图6-7所示。

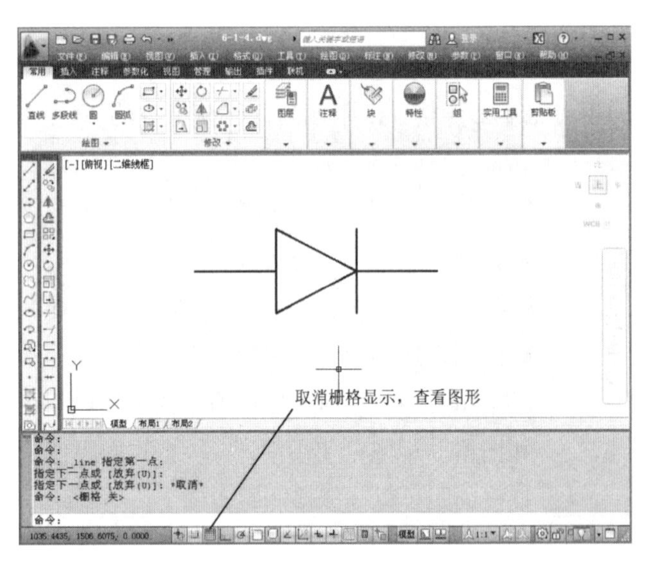

图6-7　完成图形

6.2 对象捕捉

当绘制精度要求非常高的图形时，细小的差错也许会造成重大的失误，为尽可能提高绘图的精度，AutoCAD提供了对象捕捉功能，这样可快速、准确地绘制图形。

使用对象捕捉功能可以迅速指定对象上的精确位置，而不必输入坐标值或绘制构造线。该功能可将指定点限制在现有对象的确切位置上，如中点或交点等，例如使用对象捕捉功能可以绘制到圆心或多段线中点的直线。

在菜单栏中选择【工具】|【工具栏】|AutoCAD|【对象捕捉】菜单命令，打开【对象捕捉】工具栏，如图6-8示。

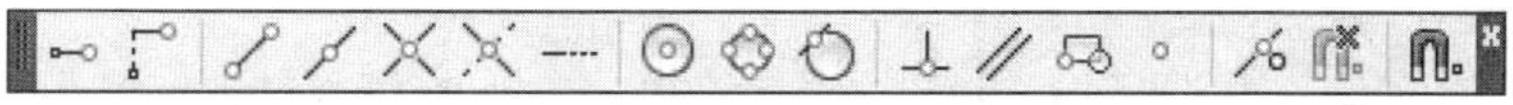

图6-8 【对象捕捉】工具栏

对象捕捉名称和捕捉功能如表6-1所示。

表6-1 对象捕捉列表

图 标	命令缩写	对象捕捉名称
	TT	临时追踪点
	FROM	捕捉自
	ENDP	捕捉到端点
	MID	捕捉到中点
	INT	捕捉到交点
	APPINT	捕捉到外观交点
	EXT	捕捉到延长线
	CEN	捕捉到圆心
	QUA	捕捉到象限点
	TAN	捕捉到切点
	PER	捕捉到垂足
	PAR	捕捉到平行线
	INS	捕捉到插入点
	NOD	捕捉到节点
	NEA	捕捉到最近点
	NON	无捕捉
	OSNAP	对象捕捉设置

6.2.1 使用对象捕捉

如果需要对【对象捕捉】属性进行设置，可选择【工具】|【绘图设置】菜单命令，或者在命令输入行中输入Dsettings，这都会打开【草图设置】对话框，单击【对象捕捉】标签，切换到【对象捕捉】选项卡，如图6-9所示。

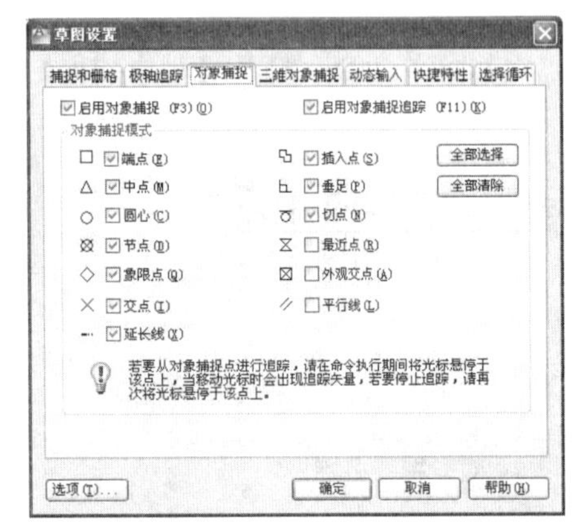

图6-9 【草图设置】对话框中的【对象捕捉】选项卡

对象捕捉有两种方式。

(1) 如果在运行某个命令时设计对象捕捉，则当该命令结束时，捕捉也结束，这叫单点捕捉。这种捕捉形式一般是单击【对象捕捉】工具栏的相关命令按钮。

(2) 如果在运行绘图命令前设置捕捉，则该捕捉在绘图过程中一直有效，该捕捉形式在【草图设置】对话框的【对象捕捉】选项卡中进行设置。

下面将详细介绍有关【对象捕捉】选项卡的内容。

①【启用对象捕捉】打开或关闭执行对象捕捉。当对象捕捉打开时，在【对象捕捉模式】下选定的对象捕捉处于活动状态(OSMODE系统变量)。

②【启用对象捕捉追踪】打开或关闭对象捕捉追踪。使用对象捕捉追踪，在命令输入行中指定点时，光标可以沿基于其他对象捕捉点的对齐路径进行追踪。要使用对象捕捉追踪，必须打开一个或多个对象捕捉(AUTOSNAP系统变量)。

③【对象捕捉模式】列出可以在执行对象捕捉时打开的对象捕捉模式。

【端点】：捕捉到圆弧、椭圆弧、直线、多线、多段线线段、样条曲线、面域或射线最近的端点，或捕捉宽线、实体或三维面域的最近角点。如图6-10所示。

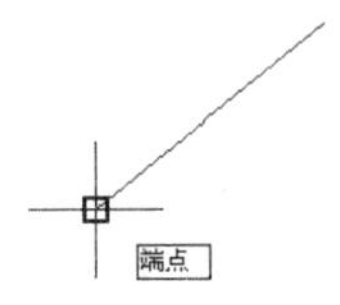

图6-10 选择【对象捕捉模式】中的【端点】选项后捕捉的效果

【中点】：捕捉到圆弧、椭圆、椭圆弧、直线、多线、多段线线段、面域、实体、样条曲线或参照线的中点，如图6-11所示。

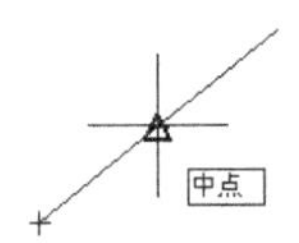

图6-11 选择【对象捕捉模式】中的【端点】选项后捕捉的效果

【圆心】：捕捉到圆弧、圆、椭圆或椭圆弧的圆心，如图6-12所示。

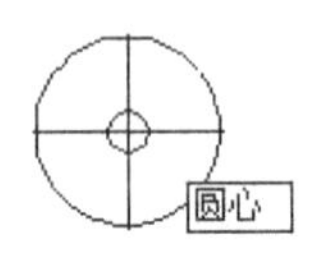

图6-12 选择【对象捕捉模式】中的【圆心】选项后捕捉的效果

【节点】：捕捉到点对象、标注定义点或标注文字起点，如图6-13所示。

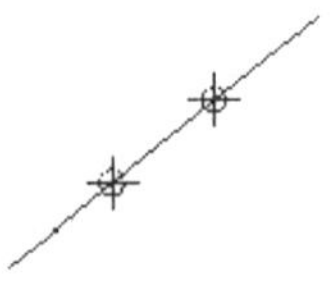

图6-13 选择【对象捕捉模式】中的【节点】选项后捕捉的效果

【象限点】：捕捉到圆弧、圆、椭圆或椭圆弧的象限点，如图6-14所示。

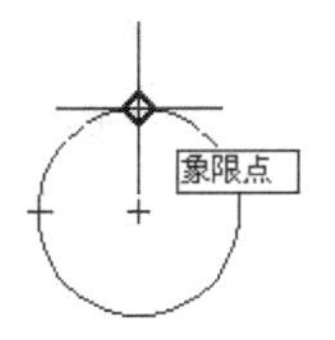

图6-14 选择【对象捕捉模式】中的【象限点】选项后捕捉的效果

【交点】：捕捉到圆弧、圆、椭圆、椭圆弧、直线、多线、多段线、射线、面域、样条曲线或参照线的交点。【延长线交点】不能用作执行对象捕捉模式。【交点】和【延长线交点】不能和三维实体的边或角点一起使用，如图6-15所示。

图6-15 选择【对象捕捉模式】中的【交点】选项后捕捉的效果

注意

如果同时打开【交点】和【外观交点】执行对象捕捉，可能会得到不同的结果。

【延长线】：当光标经过对象的端点时，显示临时延长线或圆弧，以便用户在延长线或圆弧上指定点。

【插入点】：捕捉到属性、块、图形或文字的插入点。

【垂足】：捕捉圆弧、圆、椭圆、椭圆弧、直线、多线、多段线、射线、面域、实体、样条曲线或参照线的垂足。当正在绘制的对象需要捕捉多个垂足时，将自动打开【递延垂足】捕捉模式。可以用直线、圆弧、圆、多段线、射线、参照线、多线或三维实体的边作为绘制垂直线的基础对象。可以用【递延垂足】在这些对象之间绘制垂直线。当十字光标经过【递延垂足】捕捉点时，将显示AutoSnap工具栏提示和标记，如图6-16所示。

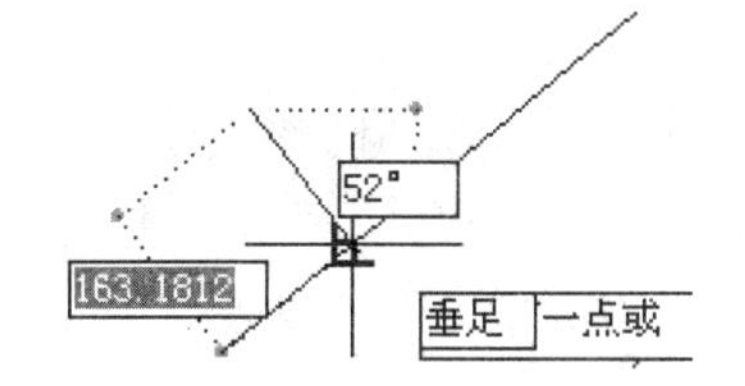

图6-16 选择【对象捕捉模式】中的【垂足】选项后捕捉的效果

【切点】：捕捉到圆弧、圆、椭圆、椭圆弧或样条曲线的切点。当正在绘制的对象需要捕捉多个垂足时，将自动打开【递延切点】捕捉模式。例如，可以用【递延切点】来绘制与两条弧、两条多段线弧或两条圆相切的直线。当十字光标经过【递延切点】捕捉点时，将显示标记和AutoSnap工具栏提示，如图6-17所示。

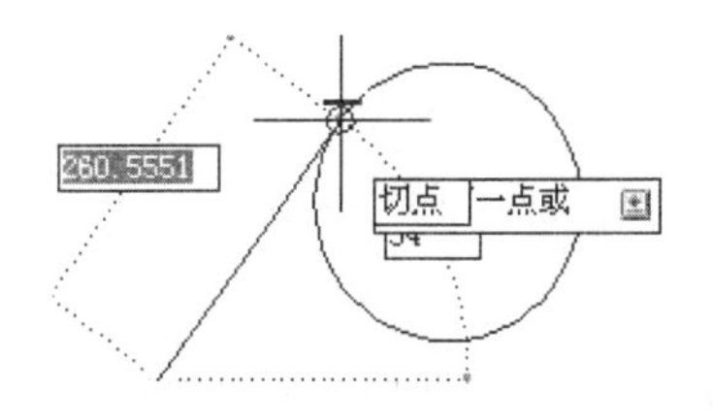

图6-17 选择【对象捕捉模式】中的【切点】选项后捕捉的效果

注意

当用【自】选项结合【切点】捕捉模式来绘制，除开始于圆弧或圆的直线以外的对象时，第一个绘制的点是与在绘图区域最后选定的点，相关的圆弧或圆的切点。

【最近点】：捕捉到圆弧、圆、椭圆、椭圆弧、直线、多线、点、多段线、射线、样条曲线或参照线的最近点。

【外观交点】：捕捉到不在同一平面但是可能看起来在当前视图中相交的两个对象的外观交点。【延伸外观交点】不能用作执行对象捕捉模式。【外观交点】和【延伸外观交点】不能和三维实体的边或角点一起使用。

注意

如果同时打开【交点】和【外观交点】执行对象捕捉，可能会得到不同的结果。

【平行线】：无论何时提示用户指定矢量的第二个点时，都要绘制与另一个对象平行的矢量。指定矢量的第一个点后，如果将光标移动到另一个对象的直线段上，即可获得第二个点。如果创建的对象的路径与这条直线段平行，将显示一条对齐路径，可用它创建平行对象。

④【全部选择】：单击该按钮打开所有对象捕捉模式。

⑤【全部清除】：单击该按钮关闭所有对象捕捉模式。

6.2.2 自动捕捉设置

自动捕捉设置保存在注册表中，如果光标或靶框处在对象上，可以按 Tab 键遍历该对象的所有可用捕捉点。

如果需要对【自动捕捉】属性进行设置，可选择【工具】|【选项】菜单命令，打开如图6-18所示的【选项】对话框，单击【绘图】标签，切换到【绘图】选项卡。

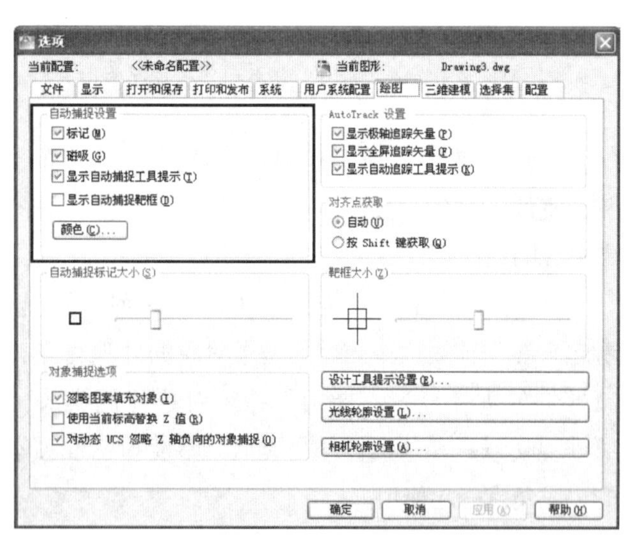

图6-18 【选项】对话框

下面将介绍【自动捕捉设置】选项组中的内容。

- 【标记】：控制自动捕捉标记的显示。该标记是当十字光标移到捕捉点上时显示的几何符号(AUTOSNAP 系统变量)。
- 【磁吸】：打开或关闭自动捕捉磁吸。磁吸是指十字光标自动移动并锁定到最近的捕捉点上(AUTOSNAP 系统变量)。
- 【显示自动捕捉工具提示】：控制【自动捕捉】工具栏提示的显示。工具栏提示是一个标签，用来描述捕捉到的对象部分(AUTOSNAP 系统变量)。
- 【显示自动捕捉靶框】：控制自动捕捉靶框的显示。靶框是捕捉对象时出现在十字光标内部的方框(APBOX 系统变量)。
- 【颜色】：指定自动捕捉标记的颜色。单击【颜色】按钮后，打开【图形窗口颜色】对话框，在【界面元素】列表框中选择【二维自动捕捉标记】，在【颜色】下拉列表框中可以任意选择一种颜色，如图6-19所示。

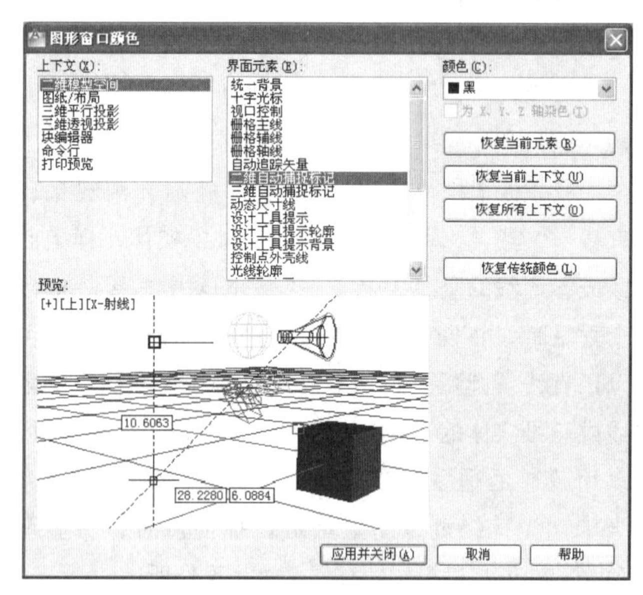

图6-19 【图形窗口颜色】对话框

6.2.3 对象捕捉范例

本范例完成文件：\06\6-2-3.dwg

步骤 1 设置对象捕捉，如图6-20所示。

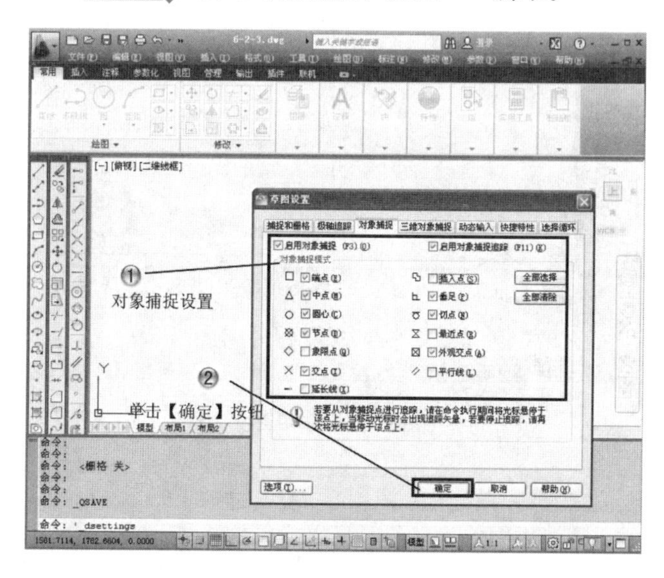

图6-20 设置对象捕捉

步骤 2 绘制矩形，如图6-21所示。

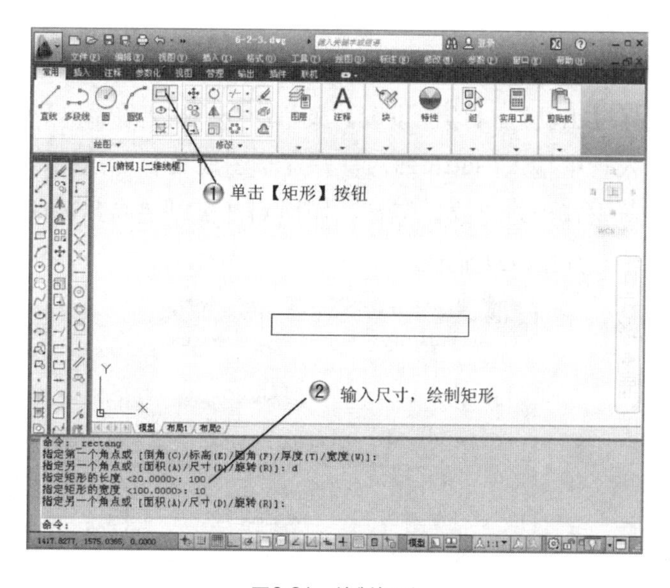

图6-21 绘制矩形

步骤 3 绘制中心线，如图6-22所示。

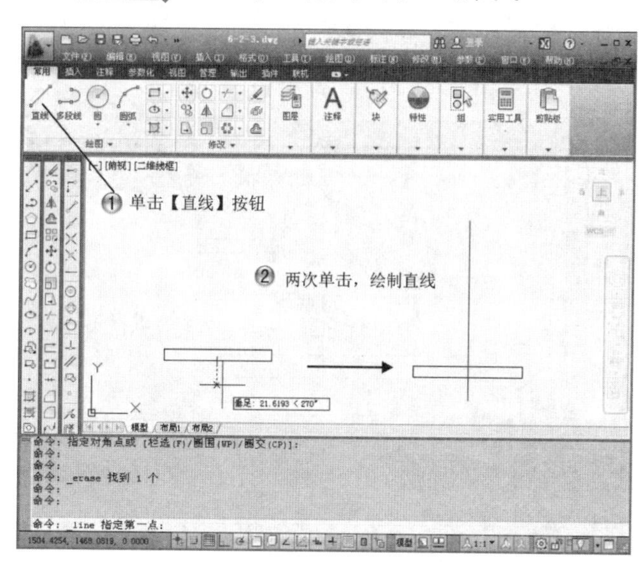

图6-22 绘制中心线

步骤 4 绘制同心圆，如图6-23所示。

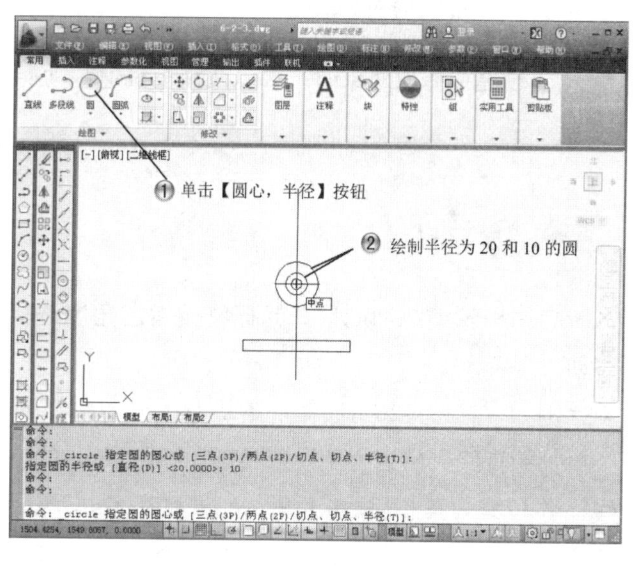

图6-23 绘制同心圆

步骤 5 绘制切线，如图6-24所示。

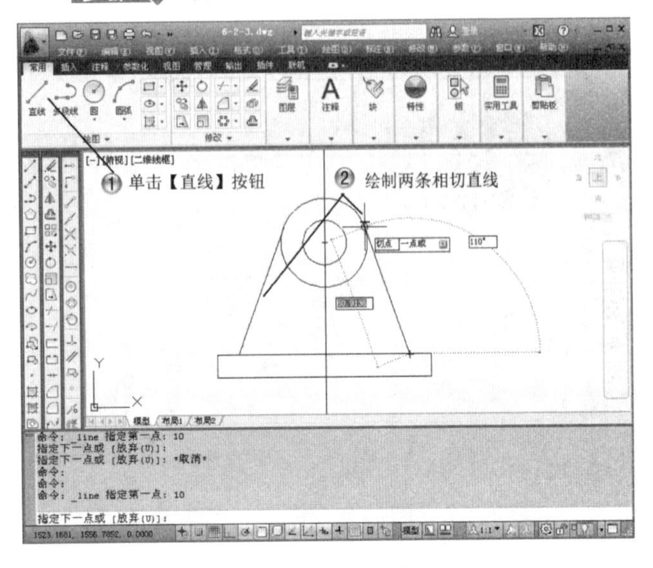

图6-24　绘制切线

步骤 6 绘制相交线，如图6-25所示。

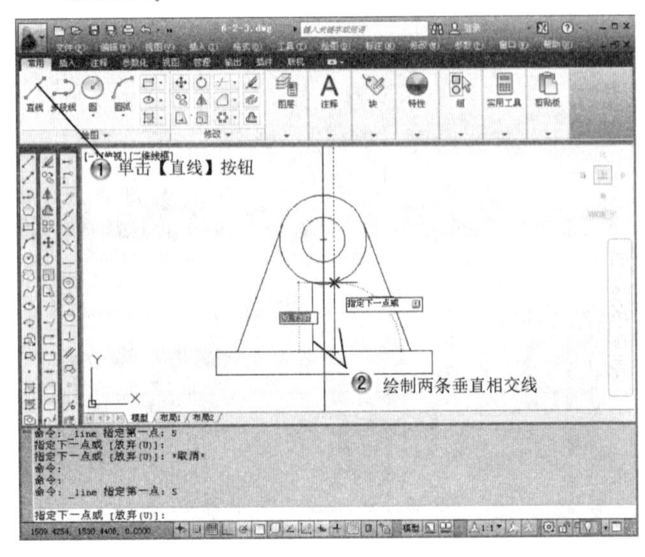

图6-25　绘制相交线

6.3 极轴追踪

创建或修改对象时，可以使用极轴追踪功能以显示由指定的极轴角度所定义的临时对齐路径。

6.3.1 使用极轴追踪

启用极轴追踪功能后，光标将按指定角度进行移动。

例如，在图6-26中绘制一条从点 1 到点 2 的两个单位的直线，然后绘制一条到点3的两个单位的直线，并与第一条直线成45°角。如果打开了45°极轴角增量，当光标跨过0度或45°角时，将显示对齐路径和工具栏提示。当光标从该角度移开时，对齐路径和工具栏提示消失。

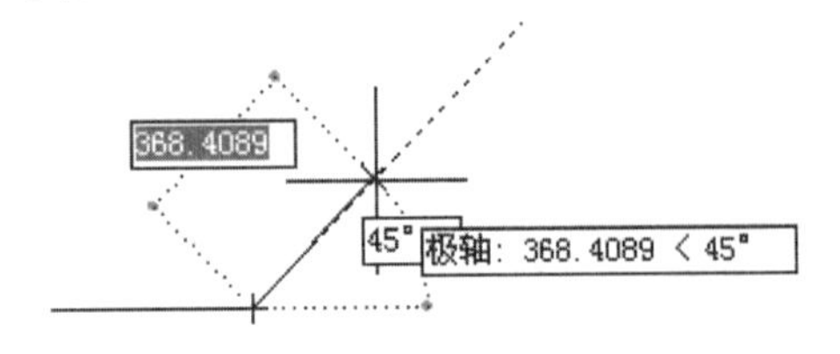

图6-26　启用【极轴追踪】功能显示的图形

如果需要对【极轴追踪】属性进行设置，可选择【工具】|【绘图设置】菜单命令，或者在命令输入行中输入dsettings，打开【草图设置】对话框，单击【极轴追踪】标签，切换到【极轴追踪】选项卡，如图6-27所示。

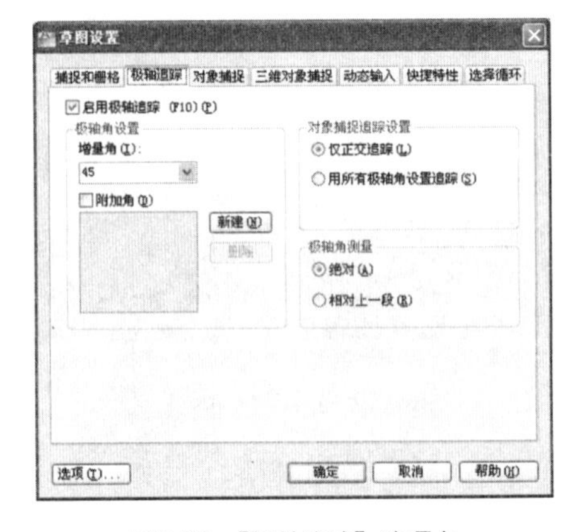

图6-27　【极轴追踪】选项卡

下面详细介绍有关【极轴追踪】选项卡的内容。

(1)【启用极轴追踪】：打开或关闭极轴追踪。也可以按 F10 键或使用AUTOSNAP系统变量来打开或关闭极轴追踪。

(2)【极轴角设置】：设置极轴追踪的对齐角度(POLARANG 系统变量)。

【增量角】选项：用来显示极轴追踪对齐路径的极轴角增量。可以输入任何角度，也可以从列表中选择 90、45、30、22.5、18、15、10 或 5 这些常用角度(POLARANG 系统变量)。【增量角】下拉列表如图6-28所示。

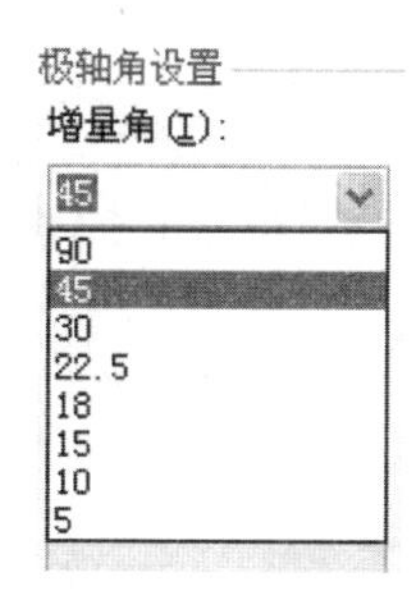

图6-28 【增量角】下拉列表

选中【附加角】复选框后可对极轴追踪使用列表中的任何一种附加角度。【附加角】复选框也受POLARMODE系统变量控制。【附加角】列表也受POLARADDANG系统变量控制。

附加角度是绝对的，而非增量的。

【附加角】列表：如果选定【附加角】复选框，将列出可用的附加角度。要添加新的角度，请单击【新建】按钮。要删除现有的角度，请单击【删除】按钮(POLARADDANG 系统变量)。

【新建】：最多可以添加10个附加极轴追踪对齐角度。

【删除】：删除选定的附加角度。

(3)【对象捕捉追踪设置】：设置对象捕捉追踪选项。

注意

添加分数角度之前，必须将 AUPREC 系统变量设置为合适的十进制精度，以防止不需要的舍入。例如，如果 AUPREC的值为0（默认值），则所有输入的分数角度将舍入为最接近的整数。

【仅正交追踪】：当对象捕捉追踪打开时，仅显示已获得的对象捕捉点的正交(水平/垂直)对象捕捉追踪路径(POLARMODE 系统变量)。

【用所有极轴角设置追踪】：将极轴追踪设置应用于对象捕捉追踪。使用对象捕捉追踪时，光标将从获取的对象捕捉点起沿极轴对齐角度进行追踪(POLARMODE 系统变量)。

注意

单击状态栏上的【极轴追踪】和【对象捕捉追踪】按钮，也可以打开或关闭极轴追踪和对象捕捉追踪。

(4)【极轴角测量】：设置测量极轴追踪对齐角度的基准。

【绝对】：根据当前用户坐标系(UCS)确定极轴追踪角度。

【相对上一段】：根据上一个绘制线段确定极轴追踪角度。

6.3.2 自动追踪

可以使用户在绘图的过程中按指定的角度绘制对象，或者绘制与其他对象有特殊关系的对象。当此模式处于打开状态时，临时的对齐虚线有助于用户精确地绘图。用户还可以通过一些设置来更改对齐路线以适合自己的需求，这样就可以达到精确绘图的目的。

选择【工具】|【选项】菜单命令，打开【选项】对话框，在【绘图】选项卡的【AutoTrack设置】选项组中进行【自动追踪】的设置，如图6-29所示。

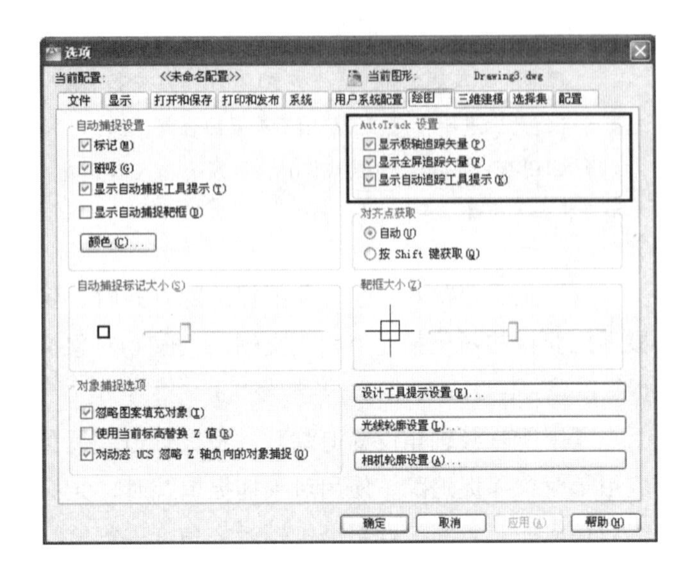

图6-29 【选项】对话框

- 【显示极轴追踪矢量】：当极轴追踪打开时，将沿指定角度显示一个矢量。使用极轴追踪，可以沿角度绘制直线。极轴角是15度的倍数，如45度、30度 和15 度。可以通过将TRACKPATH设置为2禁用【显示极轴追踪矢量】。
- 【显示全屏追踪矢量】：控制追踪矢量的显示。追踪矢量是辅助用户按特定角度或与其他对象特定关系绘制对象的构造线。如果选择此选项，对齐矢量将显示为无限长的线。可以通过将TRACKPATH设置为1来禁用【显示全屏追踪矢量】。
- 【显示自动追踪工具提示】：控制自动追踪工具提示的显示。工具提示是一个标签，它显示追踪坐标(通过AUTOSNAP系统变量控制)。

6.3.3 极轴追踪范例

本范例完成文件：\06\6-3-3.dwg

步骤 1 设置增量角，如图6-30所示。

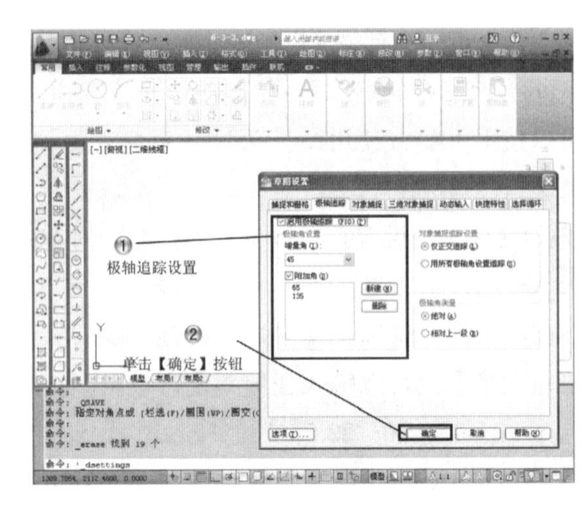

图6-30 设置增量角

步骤 2 绘制两条直线，如图6-31所示。

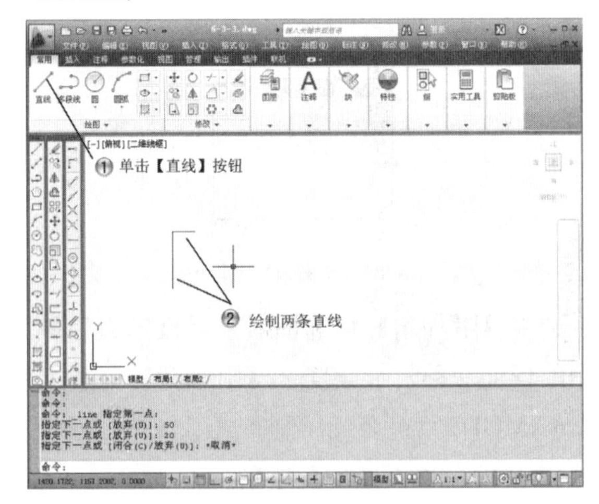

图6-31 绘制两条直线

步骤 3 绘制65° 斜线，如图6-32所示。

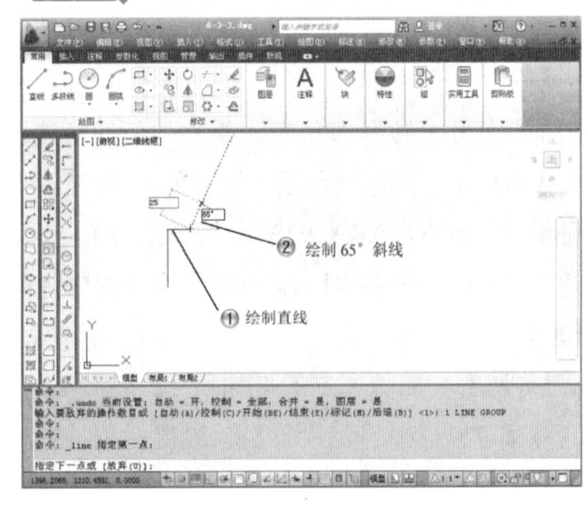

图6-32 绘制65° 斜线

步骤 4 绘制梯形，如图6-33所示。

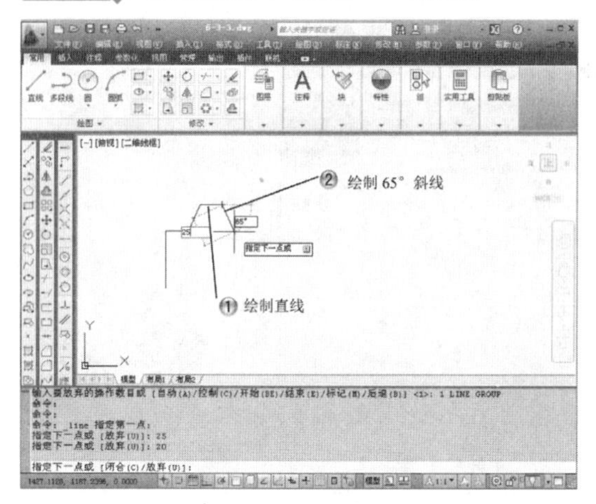

图6-33　绘制梯形

步骤 5 绘制第三个65° 斜线，如图6-34所示。

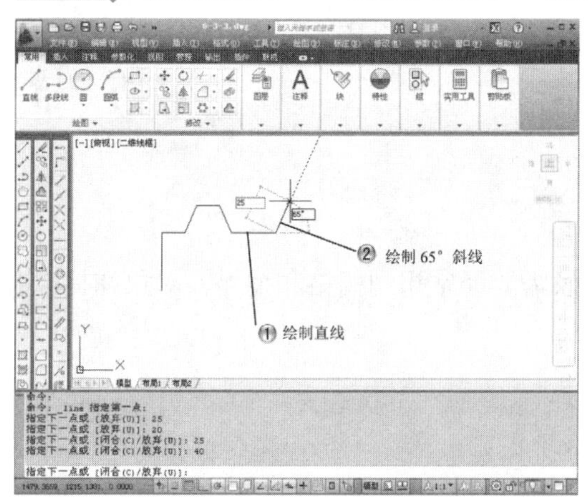

图6-34　绘制第三个65° 斜线

步骤 6 绘制第二个梯形，如图6-35所示。

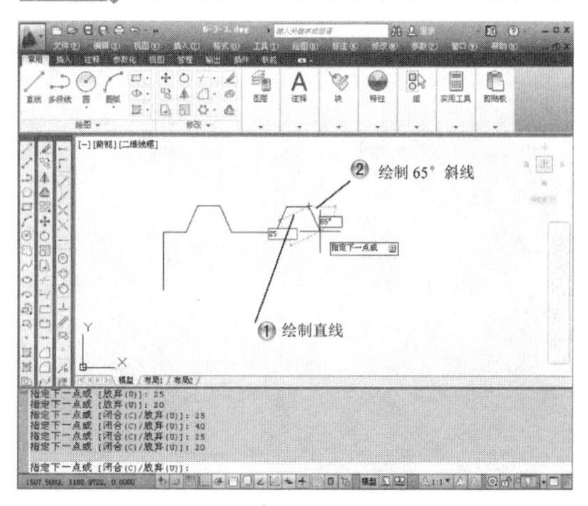

图6-35　绘制第二个梯形

步骤 7 绘制凹槽，如图6-36所示。

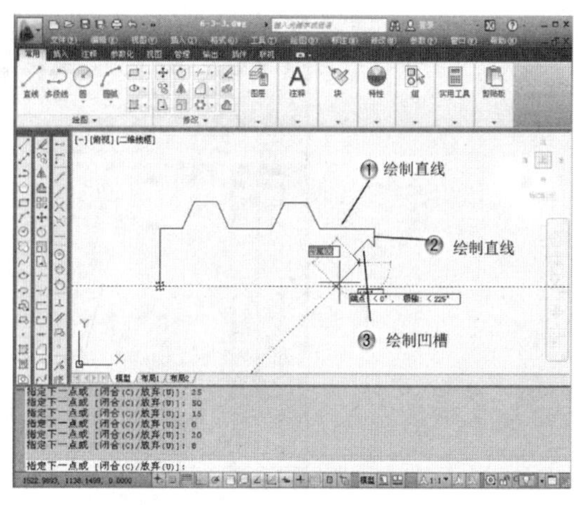

图6-36　绘制凹槽

步骤 8 封闭图形，如图6-37所示。

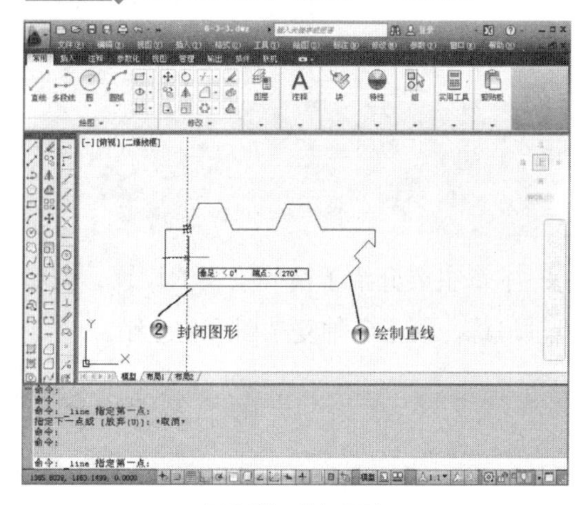

图6-37　封闭图形

步骤 9 绘制135° 斜线，如图6-38所示。

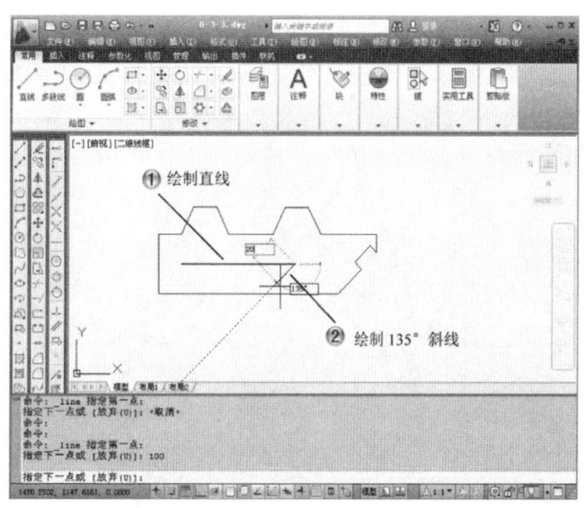

图6-38　绘制135° 斜线

步骤 10 绘制内梯形，如图6-39所示。

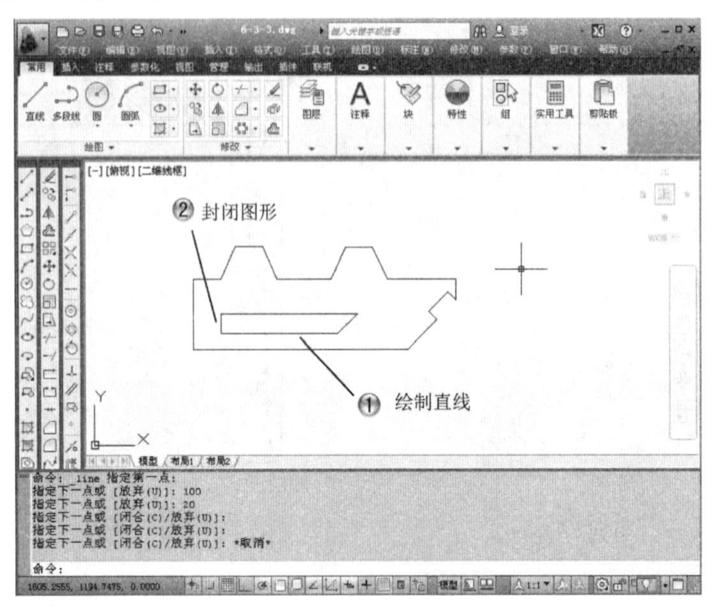

图6-39　绘制内梯形

6.4　本章小结

本章主要介绍了精确绘图的设置，在精确绘图的时候需要经常用到栅格和捕捉、对象捕捉以及极轴追踪，便于各种复杂图形的绘制。

第7章 层和属性编辑

本章导读

合理组织图层和图层上的对象，能使图形中的信息处理更加容易。图层像透明的覆盖图，运用它可以很好地组织不同类型的图形信息，图形对象都具有很多图形特性，如颜色、线型、线宽等，对象可以直接使用其所在图层定义的特性，也可以专门给各个对象指定特性。颜色有助于区分图形中相似的元素，线型则可以区分不同的绘图元素（如中心线和点划线），线宽可以表示对象的大小和类型，提高了图形的表达能力和可读性。图层是AutoCAD的重要特点，也是计算机绘图所不可缺少的功能，用户可以使用图层来管理图形的显示与输出。

本章主要讲述图层的创建，状态和特性，以及图层管理的方法。

学习内容

学习目标 知识点	理解	应用	实践
创建新图层	✓	✓	✓
图层状态和特性	✓	✓	✓
图层管理	✓	✓	✓

7.1 创建新图层

在图层创建的过程中涉及图层的命名、图层颜色、线型和线宽的设置。图层可以具有颜色、线型和线宽等特性。若某个图形对象的这几种特性均设为ByLayer(随层)，则各特性与其所在图层的特性保持一致，并且可以随着图层特性的改变而改变。例如图层Center的颜色为“黄色”，在该图层上绘有若干直线，其颜色特性均为ByLayer，则直线颜色也为黄色。

7.1.1 创建图层

在绘图设计中，用户可以为设计概念相关的一组对象创建和命名图层，并为这些图层指定通用特性。对于一个图形可创建的图层数和在每个图层中创建的对象数都是没有限制的，只要将对象分类并置于各自的图层中，即可方便、有效地对图形进行编辑和管理。

通过创建图层，可以将类型相似的对象指定给同一个图层使其相关联。例如，可以将构造线、文字、标注和标题栏置于不同的图层上，然后进行控制。本节就来讲述如何创建新图层。

创建图层的步骤如下。

(1) 在【常用】选项卡中的【图层】面板中单击【图层特性】按钮，打开【图层特性管理器】对话框，图层列表中将自动添加名称为“0”的图层，所添加的图层呈被选中即高亮显示状态。

(2) 在【名称】列为新建的图层命名。图层名最多可包含255个字符，其中包括字母、数字和特殊字符，如“￥”符号等，但图层名中不可包含空格。

(3) 若要创建多个图层，可以多次单击【新建图层】按钮，并以同样的方法为每个图层命名，按名称的字母顺序来排列图层，创建完成的图层如图7-1所示。

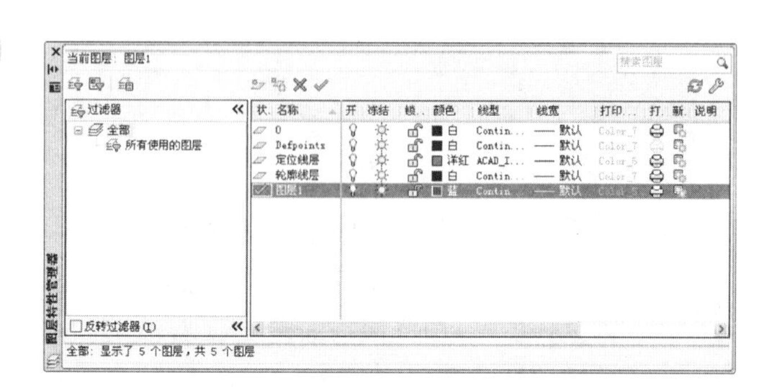

图7-1 【图层特性管理器】对话框中创建完成的图层

每个新图层的特性都被指定为默认设置，即在默认情况下，新建图层与当前图层的状态、颜色、线性、线宽等设置相同。用户既可以使用默认设置，也可以给每个图层指定新的颜色、线型、线宽和打印样式，其概念和操作将在下面讲解中涉及。

在绘图过程中，为了更好地描述图层中的图形，用户还可以随时对图层进行重命名，但对于图层0和依赖外部参照的图层不能重命名。

7.1.2 图层颜色

可以为选定图层指定颜色或修改颜色。颜色在图形中具有非常重要的作用，可用来表示不同的组件、功能和区域。图层的颜色实际上是图层中图形对象的颜色，每个图层都拥有自己的颜色，对不同的图层既可以设置相同的颜色，也可以设置不同的颜色，这样绘制复杂图形时就可以很容易区分图形的各个部分。

要设置图层颜色时，可以通过以下几种方式。

(1) 在【视图】选项卡的【选项板】面板中单击【特性】按钮，打开【特性】选项板，如图7-2所示，在【常规】选项组的【颜色】下拉列表中选择需要的颜色。

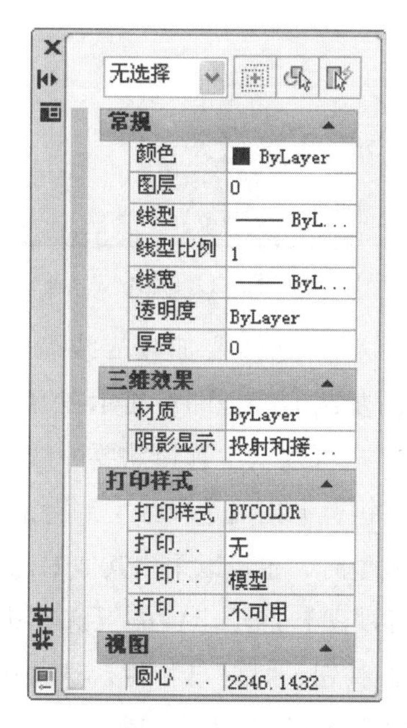

图7-2 【特性】对话框

(2)在【图层特性管理器】对话框中选中要指定修改颜色的图层，选择【颜色】图标，即可打开【选择颜色】对话框，如图7-3所示。

图7-3 【选择颜色】对话框

下面来了解一下图7-3中的三种颜色模式。

索引颜色模式，也叫做映射颜色。在这种模式下，只能存储一个8位色彩深度的文件，即最多256种颜色，而且颜色都是预先定义好的。一幅图像所有的颜色都在它的图像文件里定义，也就是将所有色彩映射到一个色彩盘里，这就叫色彩对照表。因此，当打开图像文件时，色彩对照表也一同被读入了Photoshop 中，Photoshop由色彩对照表找到最终的色彩值。若要转换为索引颜色，必须从每通道8位的图像以及灰度或RGB图像开始。通常索引颜色模式用于保存GIF格式等网络图像。

索引颜色是 AutoCAD 中使用的标准颜色。每一种颜色用一个AutoCAD颜色索引编号(1～255之间的整数)标识。标准颜色名称仅适用于1～7号颜色。颜色指定如下：1—红、2—黄、3—绿、4—青、5—蓝、6—洋红、7—白/黑。

真彩色(true-color)是指图像中的每个像素值都分成R、G、B三个基色分量，每个基色分量直接决定其基色的强度，这样产生的色彩称为真彩色。例如图像深度为24，用R:G:B＝8:8:8来表示色彩，则R、G、B各占用8位来表示各自基色分量的强度，每个基色分量的强度等级为2^8＝256种。图像可容纳224种色彩。这样得到的色彩可以反映原图的真实色彩，故称真彩色。若使用 HSL 颜色模式，则可以指定颜色的色调、饱和度和亮度要素。

真彩色图像把颜色的种类提高了一大步，它为制作高质量的彩色图像带来了不少便利。真彩色也可以说是RGB的另一种叫法。从技术程度上来说，真彩色是指写到磁盘上的图像类型。而RGB颜色是指显示器的显示模式。不过这两个术语常常被当做同义词，因为从结果上来看它们是一样的。都有同时显示16万种以上颜色的能力。RGB图像是非映射的，它可以从系统的颜色表中自由获取所需的颜色，这种颜色直接与电脑上显示颜色对应。

【配色系统】选项卡中包括几个标准 Pantone 配色系统，也可以输入其他配色系统，例如 DIC 颜色指南或 RAL 颜色集。输入用户定义的配色系统可以进一步扩充可供使用的颜色选择。这种模式需要具有很深的专业色彩知识，所以在实际操作中不必使用。

根据需要在对话框的不同选项卡中选择需要的颜色，然后单击【确定】按钮，应用选择颜色。

(3) 在【特性】面板中的【对象颜色】 ByLayer 下拉列表中，选择系统提供的几种颜色或自定义颜色。

注意

若AutoCAD系统的背景色设置为白色，则“白色”颜色显示为黑色。

7.1.3 图层线型

线型是指图形基本元素中线条的组成和显示方式，如虚线和实线等。在AutoCAD中既有简单线型，又有由一些特殊符号组成的复杂线型，以满足不同国家或行业标准的要求。

在图层中绘图时，使用线型可以有效地传达视觉信息，它是由直线、横线、点或空格等组合的不同图案，给不同图层指定不同的线型，可达到区分线型的目的。若为图形对象指定某种线型，则对象将根据此线型的设置进行显示和打印。

在【图层特性管理器】对话框中选择一个图层，然后在【线型】列单击与该图层相关联的线型，打开【选择线型】对话框，如图7-4所示。

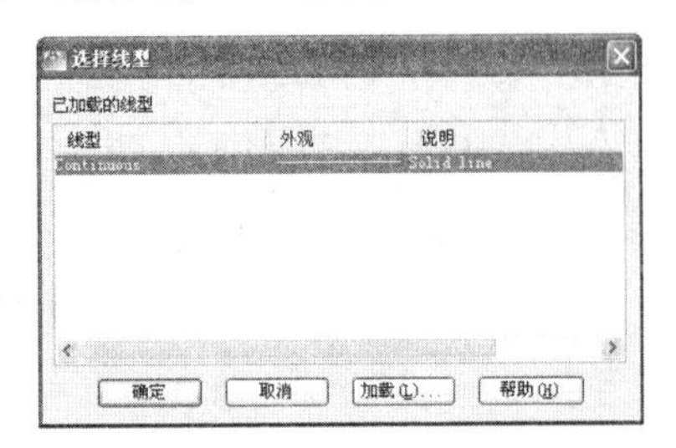

图7-4 【选择线型】对话框

用户可以从该对话框的列表中选择一种线型，也可以单击【加载】按钮，打开【加载或重载线型】对话框，如图7-5所示。

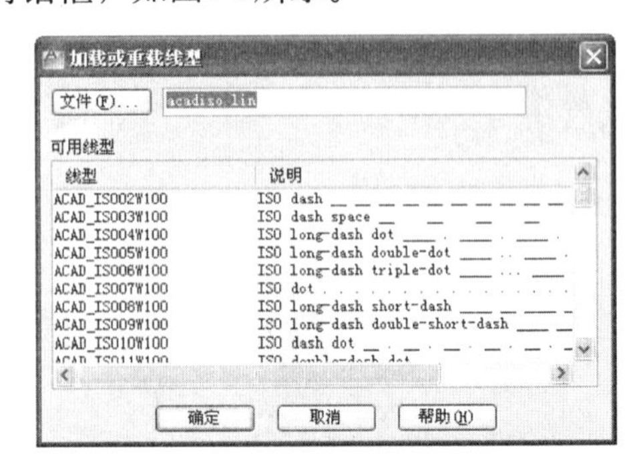

图7-5 【加载或重载线型】对话框

在该对话框中选择要加载的线型，单击【确定】按钮，所加载的线型即可显示在【选择线型】对话框中，用户可以从中选择需要的线型，最后单击【确定】按钮，退出【选择线型】对话框。

在设置线型时，也可以采用其他的途径。

(1) 在【视图】选项卡中的【选项板】面板中单击【特性】按钮，打开【特性】选项板，在【常规】选项组中的【线型】下拉列表中选择线的类型。

在这里我们需要知道一些“线型比例”的知识。

通过全局修改或单个修改每个对象的线型比例因子，可以以不同的比例使用同一个线型。

默认情况下，全局线型和单个线型比例均设置为 1.0。比例越小，每个绘图单位中生成的重复图案就越多。例如，设置为 0.5 时，每一个图形单位在线型定义中显示重复两次的同一图案。不能显示完整线型图案的短线段显示为连续线。对于太短，甚至不能显示一个虚线小段的线段，可以使用更小的线型比例。

(2) 在【特性】面板中的【线型】 ByLayer 下拉列表中选择相应的选项。

“ByLayer(随层)”：逻辑线型，表示对象与其所在图层的线型保持一致。

"ByBlock(随块)"：逻辑线型，表示对象与其所在块的线型保持一致。

"Continuous(连续)"：连续的实线。

当然，用户可使用的线型远不止这几种。AutoCAD系统提供了线型库文件，其中包含了数十种的线型定义。用户可随时加载该文件，并使用其定义各种线型。若这些线型仍不能满足用户的需要，则用户可以自行定义某种线型，并在AutoCAD中使用。

说明

(1) 当前线型：若某种线型被设置为当前线型，则新创建的对象(文字和插入的块除外)将自动使用该线型。

(2) 线型的显示：可以将线型与所有AutoCAD对象相关联，但是它们不随同文字、点、视口、参照线、射线、三维多段线和块一起显示。若一条线过短，不能容纳最小的点划线序列，则显示为连续的直线。

(3) 若图形中的线型显示过于紧密或过于疏松，用户可设置比例因子来改变线型的显示比例。改变所有图形的线型比例，可使用全局比例因子；而对于个别图形的修改，则应使用对象比例因子。

7.1.4 图层线宽

线宽设置就是改变线条的宽度，可用于除TrueType字体、光栅图像、点和实体填充(二维实体)之外的所有图形对象，通过更改图层和对象的线宽设置来更改对象显示于屏幕和纸面上的宽度特性。在AutoCAD中，使用不同宽度的线条表现对象的大小或类型，可以提高图形的表达能力和可读性。若为图形对象指定线宽，那么对象将根据此线宽的设置进行显示和打印。

在【图层特性管理器】对话框中选择一个图层，然后在【线宽】列单击与该图层相关联的线宽，打开【线宽】对话框，如图7-6所示。

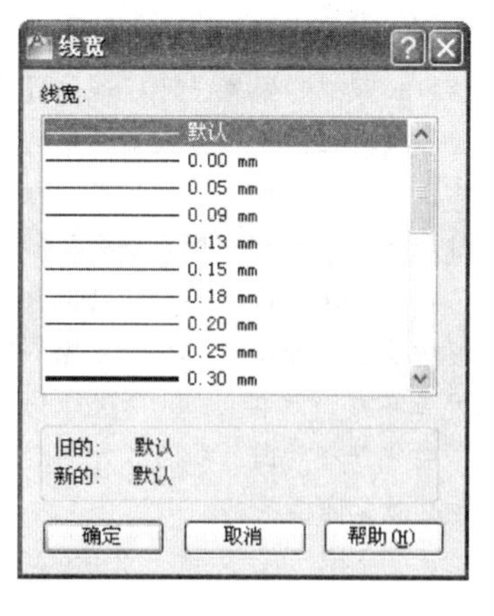

图7-6 【线宽】对话框

用户可以从中选择合适的线宽，单击【确定】按钮，退出【线宽】对话框。

同理在设置线宽时，也可以采用其他的途径。

(1) 在【视图】选项卡中的【选项板】面板中单击【特性】按钮，打开【特性】选项板，在【常规】选项组中的【线宽】下拉列表中选择线的宽度。

(2) 在【特性】面板中的【线宽】 ByLayer 下拉列表中选择。

"ByLayer(随层)"：逻辑线宽，表示对象与其所在图层的线宽保持一致。

"ByBlock(随块)"：逻辑线宽，表示对象与其所在块的线宽保持一致。

"默认"：创建新图层时的默认线宽设置，其默认值是为0.25mm(0.01")。

说明

(1) 若需要精确表示对象的宽度，应使用指定宽度的多段线，而不要使用线宽。

(2) 若对象的线宽值为0，那么在模型空间显示为1个像素宽，并将以打印设备允许的最细宽度打印。若对象的线宽值为0.25mm(0.01")或更小，那么将在模型空间中以1个像素显示。

(3) 具有线宽的对象以超过一个像素的宽度显示时，可能会增加AutoCAD的重生成时间，因此关闭线宽显示或将显示比例设成最小可优化显示性能。

注意

图层特性（如线型和线宽）可以通过【图层特性管理器】对话框和【特性】面板来设置，但对于重命名图层来说，只能在【图层特性管理器】对话框中修改，而不能在【特性】面板中修改。对于块引用所使用的图层也可以进行保存和恢复，但外部参照的保存图层状态不能被当前图形所使用。若使用wblock命令创建外部块文件，那么只有在创建时选择“Entire Drawing（整个图形）”项，才能将保存的图层状态信息包含在内，并且仅涉及那些含有对象的图层。

7.1.5 创建图层范例

本范例练习文件：\07\7-1-5.dwg

本范例练习文件：\07\7-1-6.dwg

多媒体教学路径：光盘→多媒体教学→第7章→7.1节

步骤 1 设置图层，如图7-7所示。

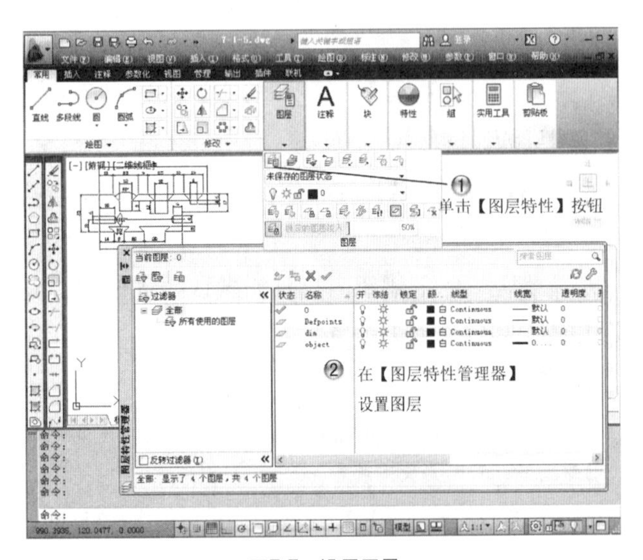

图7-7 设置图层

步骤 2 新建尺寸图层，如图7-8所示。

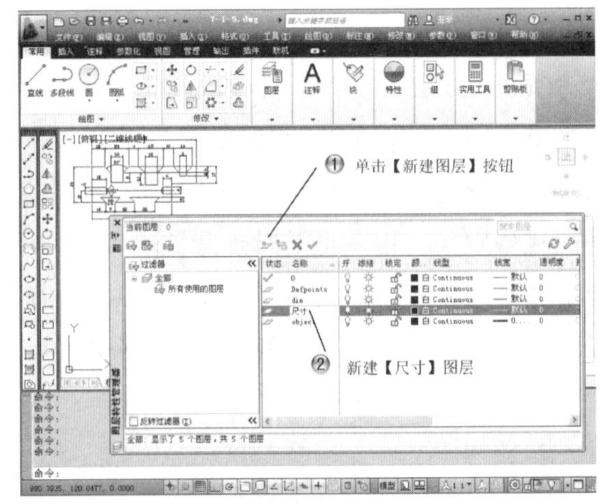

图7-8 新建尺寸图层

步骤 3 选择尺寸图层颜色，如图7-9所示。

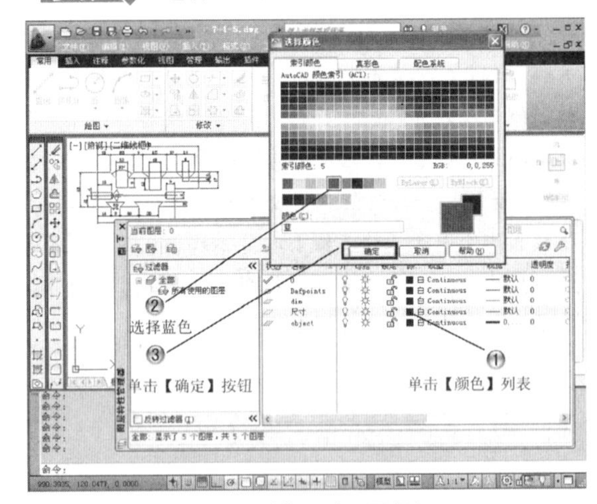

图7-9 选择尺寸图层颜色

步骤 4 新建中心线图层，如图7-10所示。

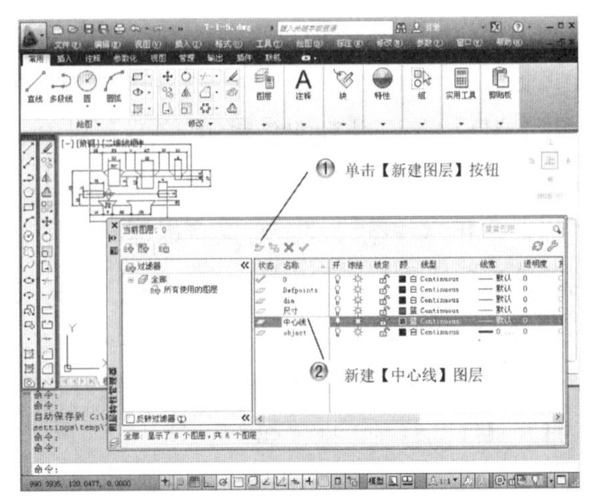

图7-10 新建中心线图层

步骤 5 选择中心线颜色，如图7-11所示。

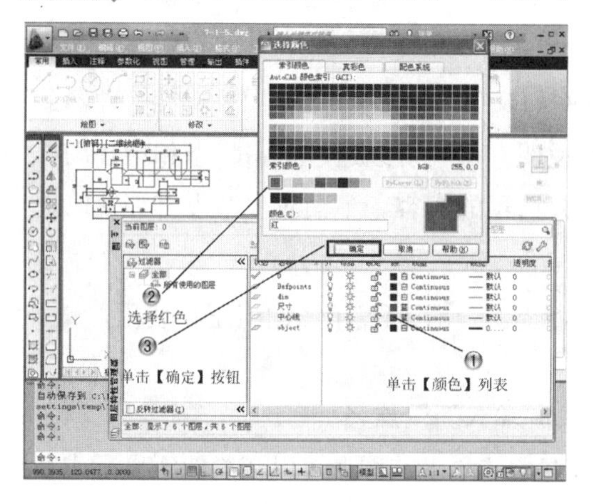

图7-11 选择中心线颜色

步骤 6 选择中心线线型，如图7-12所示。

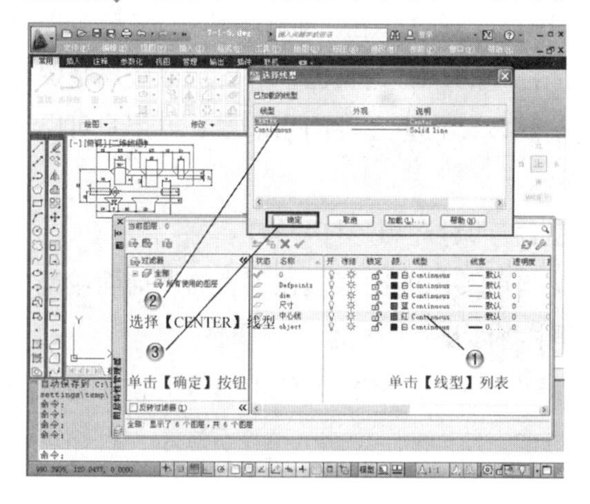

图7-12 选择中心线线型

步骤 7 重命名图层，如图7-13所示。

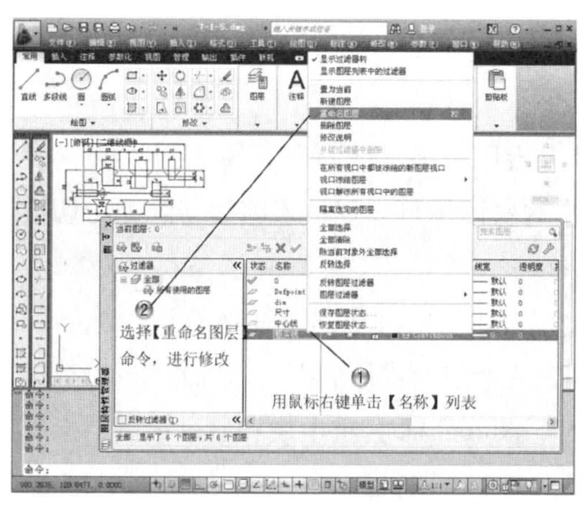

图7-13 重命名图层

步骤 8 选择尺寸图层，如图7-14所示。

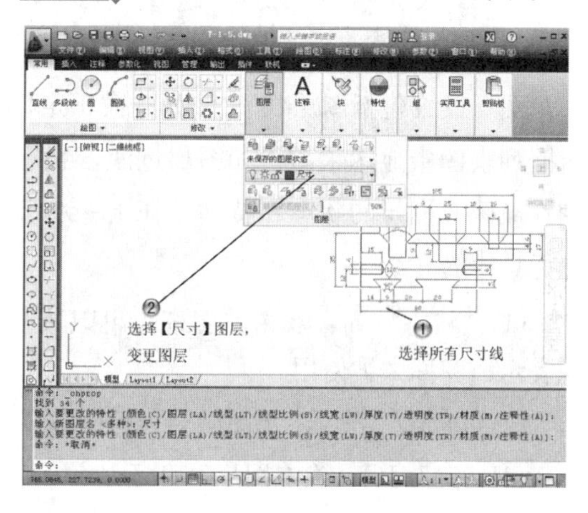

图7-14 选择尺寸图层

步骤 9 选择中心线图层，如图7-15所示。

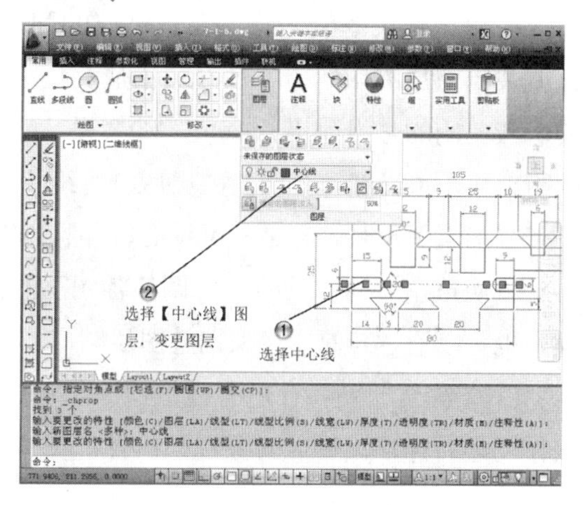

图7-15 选择中心线图层

步骤 10 选择粗实线图层，如图7-16所示。

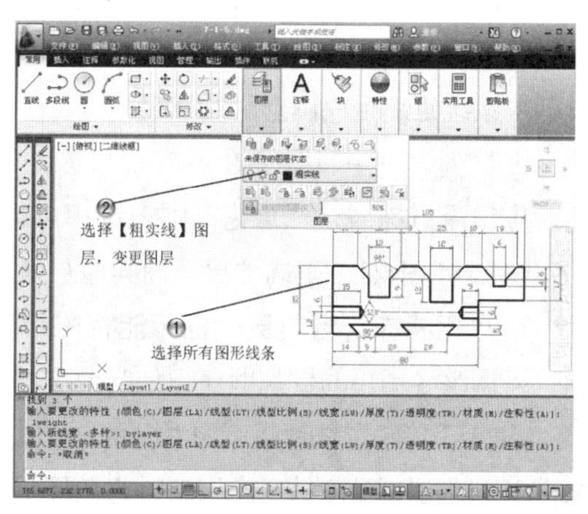

图7-16 选择粗实线图层

7.2 图层状态和特性

图层设置包括图层状态(例如开或锁定)和图层特性(例如颜色或线型)。在【图层特性管理器】对话框列表图中显示了图层和图层过滤器状态及其特性和说明。用户可以通过单击状态和特性图标来设置或修改图层的状态和特性。在上一小节中了解了部分选项的内容，下面对上节没有涉及的选项进行具体的介绍。

(1)“状态”列：双击其图标，可以改变图层的使用状态。✔图标表示该图层正在使用，图标表示该图标未被使用。

(2)“名称”列：显示图层名。可以选择图层名后单击并输入新图层名。

(3)“开”列：确定图层打开还是关闭。若图层被打开，该层上的图形可以在绘图区显示或在绘图区中绘出。被关闭的图层仍然是图的一部分，但关闭图层上的图形不显示，也不能通过绘图区绘制出来。用户可根据需要，打开或关闭图层。

在图层列表框中，与“开”对应的列是“小灯泡”图标。通过单击“小灯泡”图标可实现打开或关闭图层的切换。若灯泡颜色是黄色，表示对应层是打开的；若是灰色，则表示对应层是关闭的。若关闭的是当前层，AutoCAD会显示出对应的提示信息，警告正在关闭当前层，但用户可以关闭当前层。很显然，关闭当前层后，所绘的图形均不能显示出来。

当图层关闭时，它是不可见的，并且不能打印，即使【打印】选项是打开的。

依次单击“开”按钮，可调整各图层的排列顺序，使当前关闭的图层放在列表的最前面或最后面，也可以通过其他途径来调整图层顺序，在后面的讲解中将涉及对图层顺序的调整。

(4)“冻结”列：在所有视口中冻结选定的图层。冻结图层可以加快 ZOOM、PAN 和许多其他操作的运行速度，增强对象选择的性能并减少复杂图形的重生成时间。AutoCAD不显示、打印、隐藏、渲染或重生成冻结图层上的对象。

若图层被冻结，该层上的图形对象不能被显示出来或绘制出来，而且也不参与图形之间的运算。被解冻的图层则正好相反。从可见性来说，冻结层与关闭层是相同的，但冻结层上的对象不参与处理过程中的运算，关闭层上的对象则要参与运算。所以，在复杂的图形中冻结不需要的图层可以加快系统重新生成图形时的速度。

图层列表框中，与“在所有视口冻结”对应的列是“太阳”或“雪花”图标。“太阳”表示所对应层没有冻结，“雪花”则表示相应层被冻结。单击这些图标可实现图层冻结与解冻的切换。图7-1中，“图层1”是冻结层，而其他层则是解冻层。

用户不能冻结当前层，也不能将冻结层设为当前层。另外，依次单击“在所有视口冻结”标题，可调整各图层的排列顺序，使当前冻结的图层放在列表的最前面或最后面。

用户可以冻结长时间不用看到的图层。当解冻图层时，AutoCAD会重生成和显示该图层上的对象。可以在创建时冻结所有视口、当前图层视口或新图层视口中的图层。

(5)“锁定”列：锁定和解锁图层。

锁定并不影响图层上图形对象的显示，即锁定层上的图形仍然可以显示出来，但用户不能改变锁定层上的对象，不能对其进行编辑操作。若锁定层是当前层，用户仍可在该层上绘图。

图层列表框中，与“锁定”对应的列是关闭或打开的小锁图标。锁打开表示该层是非锁定层；关闭则表示对应层是锁定的。单击这些图标可实现图层锁定或解锁的切换。

同样，依次单击图层列表中的“锁定”按钮，可以调整各图层的排列顺序，使当前锁定的图层放在列表的最前面或最后面。

(6)“打印样式”列：修改与选定图层相关联的打印样式。若正在使用颜色相关打印样式(PSTYLEPOLICY 系统变量设为 1)，则不能修改与图层关联的打印样式。单击任意打印样式均可以显示【选择打印样式】对话框。

(7)“打印”列：控制是否打印选定的图层。即使关闭了图层的打印，该图层上的对象仍会显示出来。关闭图层打印只对图形中的可见图层(图层是打开的并且是解冻的)有效。若图层设为打印但该图层在当前图形中是冻结的或关闭的，则 AutoCAD 不打印该图层。若图层包含了参照信息(比如构造线)，则关闭该图层的打印可能有益。

(8)“新视口冻结”列：冻结或解冻新创建视口中的图层。

(9)“说明”列：为所选图层或过滤器添加说明，或修改说明中的文字。过滤器的说明将添加到该过滤器及其中的所有图层。

7.3 图层管理

图层管理包括图层的创建、图层过滤器的命名、图层的保存、恢复等，下面对图层的管理做详细的讲解。

7.3.1 新建图层过滤器

【图层特性管理器】对话框用来显示图形中的图层列表及其特性。在AutoCAD中，使用【图层特性管理器】对话框不仅可以创建图层，设置图层的颜色、线型和线宽，还可以对图层进行更多的设置与管理，如图层的切换、重命名、删除及图层的显示控制、修改图层特性或添加说明。利用以下3种方法中的任一种方法都可以打开【图层特性管理器】对话框。

- 单击【图层】面板中的【图层特性】按钮。
- 在命令输入行输入Layer后按下Enter键。

- 在菜单栏中选择【格式】|【图层】菜单命令。

【图层特性管理器】对话框如图7-17所示。

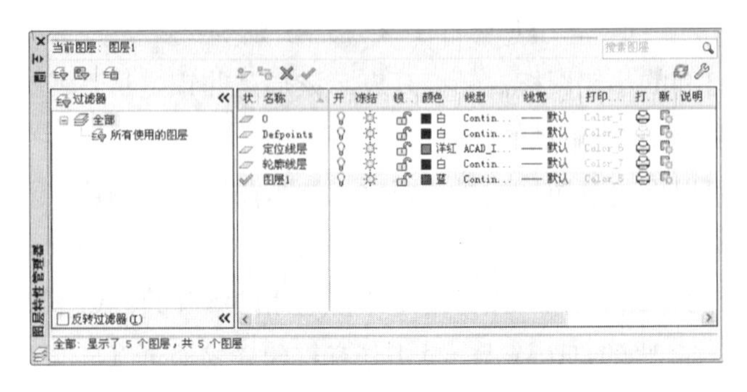

图7-17 【图层特性管理器】对话框

下面介绍【图层特性管理器】对话框的功能。

新建特性过滤器按钮：显示【图层过滤器特性】对话框，从中可以基于一个或多个图层特性创建图层过滤器。

新建组过滤器按钮：用来创建一个图层过滤器，其中包含用户选定并添加到该过滤器的图层。

图层状态管理器按钮：显示【图层状态管理器】对话框，从中可以将图层的当前特性设置保存到命名图层状态中，以后可以再恢复这些设置。

新建图层按钮：用来创建新图层。列表中将显示名为“图层1”的图层。该名称处于选中状态，从而用户可以直接输入一个新图层名。新图层将继承图层列表中当前选定图层的特性(颜色、开/关状态等)。

在所有视口中都被冻结的新图层视口按钮：创建新图层，然后在所有现有布局视口中将其冻结。

删除图层按钮：用来删除已经选定的图层。但是只能删除未被参照的图层，参照图层包括图层 0 和 Delpoints、包含对象(包括块定义中的对象)的图层、当前图层和依赖外部参照的图层。局部打开图形中的图层也被视为参照并且不能删除。

注意

若处理的是共享工程中的图形或基于一系列图层标准的图形，删除图层时要特别小心。

置为当前按钮：用来将选定图层设置为当前图层。用户创建的对象将被放置到当前图层中。

【当前图层】：显示当前图层的名称。

【搜索图层】：当输入字符时，按名称快速过滤图层列表。关闭图层特性管理器时并不保存此过滤器。

状态行：显示当前过滤器的名称、列表图中所显示图层的数量和图形中图层的数量。

【反转过滤器】复选框：显示所有不满足选定图层特性过滤器中条件的图层。

【图层特性管理器】对话框中还有两个窗格，说明如下。

(1) 树状图：显示图形中图层和过滤器的层次结构列表。顶层节点“全部”显示了图形中的所有图层。过滤器按字母顺序显示。“所有使用的图层”过滤器是只读过滤器。

(2) 列表图：显示图层和图层过滤器状态及其特性和说明。若在树状图中选定了某一个图层过滤器，则列表图仅显示该图层过滤器中的图层。树状图中的“所有”过滤器用来显示图形中的所有图层和图层过滤器。当选定了某一个图层特性过滤器且没有符合其定义的图层时，列表图将为空。用户可以使用标准的键盘选择方法。要修改选定过滤器中某一个选定图层或所有图层的特性，可以单击该特性的图标。当图层过滤器中显示了混合图标或“多种”时，表明在过滤器的所有图层中，该特性互不相同。

绘制一个图形时，可能需要创建多个图层，当只需列出部分图层时，通过【图层特性管理器】对话框的过滤图层设置，可以按一定的条件对图层进行过滤，最终只列出满足要求的部分图层。在过滤图层时，可依据图层名称、颜色、线型、线宽、打印样式或图层的可见性等条件过滤图层。这样，可以更加方便地选择或清除具有特定名称或特性的图层。

单击【图层特性管理器】对话框中的【新建特性过滤器】按钮，打开【图层过滤器特性】对话框，如图7-18所示。

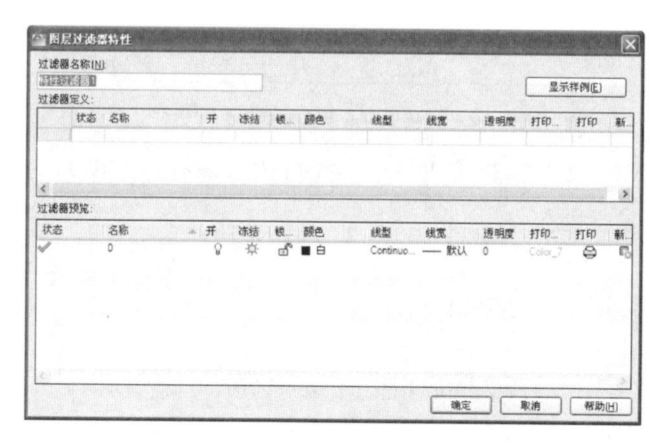

图7-18 【图层过滤器特性】对话框

在该对话框中可以设置图层状态和特性。

【过滤器名称】文本框：提供用于输入图层特性过滤器名称的空间。

【显示样例】按钮：显示了图层特性过滤器定义样例。

【过滤器定义】列表：显示图层特性。可以使用一个或多个特性定义过滤器。例如，可以将过滤器定义为显示所有的红色或蓝色且正在使用的图层。若用户想要包含多种颜色、线型或线宽，可以在下一行复制该过滤器，然后选择一种不同的设置。

【过滤器预览】列表：显示根据用户定义进行过滤的结果。它显示选定此过滤器后将在图层特性管理器的图层列表中显示的图层。

若在【图层特性管理器】对话框中启用了【反转过滤器】复选框，那么可反向过滤图层，这样可以方便地查看未包含某个特性的图层。使用图层过滤器的反转功能，可只列出被过滤的图层。例如，若图形中所有的场地规划信息均包括在名称中包含字符site的多个图层中，则可以先创建一个以名称(*site*)过滤图层的过滤器定义，然后使用“反向过滤器”选项，这样该过滤器就包括了除场地规划信息以外的所有信息。

7.3.2 删除图层

可以通过从【图层特性管理器】对话框中删除图层来从图形中删除不使用的图层，但是只能删除未被参照的图层。被参照的图层包括图层0及Defpoints层、包含对象(包括块定义中的对象)的图层、当前图层和依赖外部参照的图层。其操作步骤如下。

在【图层特性管理器】对话框中选择图层，单击【删除图层】按钮×，如图7-19所示，则选定的图层被删除，效果如图7-20所示，继续单击【删除图层】按钮，可以连续删除不需要的图层。

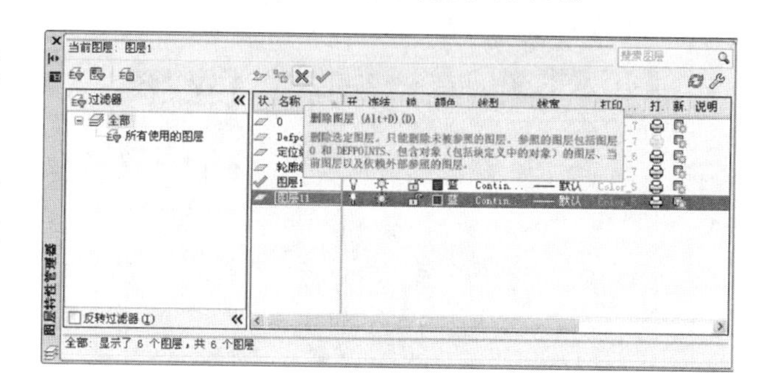

图7-19 选择图层后单击【删除图层】按钮

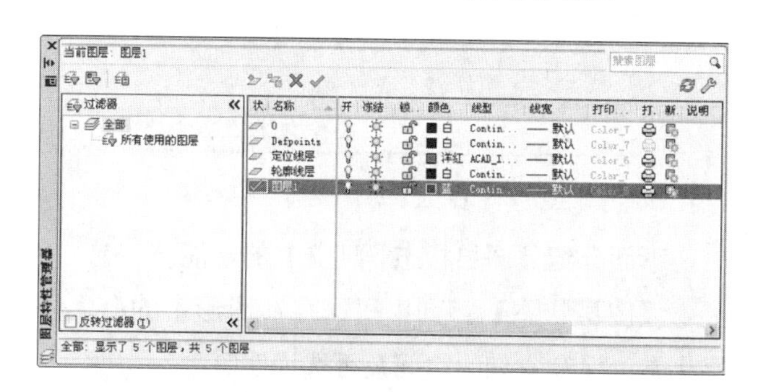

图7-20 选择删除图层后的图层状态

7.3.3 设置当前图层

绘图时，新创建的对象将置于当前图层上。当前图层可以是默认图层(0)，也可以是用户自己创建并命名的图层。通过将其他图层置为当前图层，可以从一个图层切换到另一个图层；随后创建的任何对象都与新的当前图层关联并采用其颜色、线型和其他特性。但是不能将冻结的图层或依赖外部参照的图层设置为当前图层。

其操作步骤如下：在【图层特性管理器】对话框中选择图层，单击【置为当前】按钮✔，则选定的图层被设置为当前图层。

7.3.4 保存图层状态

可以通过单击【图层特性管理器】对话框中的【图层状态管理器】按钮，打开【图层状态管理器】对话框，运用【图层状态管理器】来保存、恢复和管理命名图层状态。如图7-21所示。

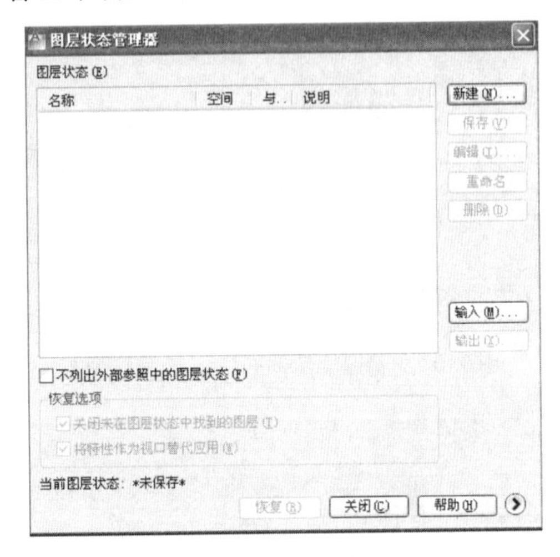

图7-21 【图层状态管理器】对话框

下面介绍【图层状态管理器】的功能。

【图层状态】：列出了保存在图形中的命名图层状态、保存它们的空间及可选说明等。

【新建】按钮：单击此按钮，显示【要保存的新图层状态】对话框，如图7-22所示，从中可以输入新命名图层状态的名称和说明。

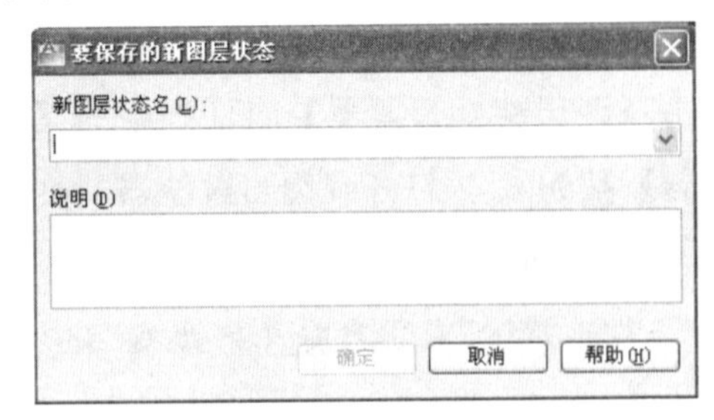

图7-22 【要保存的新图层状态】对话框

【保存】按钮：单击此按钮，保存选定的命名图层状态。

7.3.5 管理图层状态

图层在实际应用中有极大优势，当一幅图过于复杂或图形中各部分干扰较大时，可以按一定的原则将一幅图分解为几个部分，然后分别将每一部分按着相同的坐标系和比例画在不同的层中，最终组成一幅完整的图形。当需要修改其中某一部分时，只需要将要修改的图层抽取出来单独进行修改，而不会影响到其他部分。在默认情况下，对象是按照创建时的次序进行绘制的。但在某些特殊情况下，如两个或更多对象相互覆盖时，常需要修改对象的绘制和打印顺序来保证正确的显示和打印输出。

【图层状态管理器】对话框中其他的功能说明如下。

(1)【编辑】按钮：单击此按钮，显示【编辑图层状态】对话框，如图7-23所示，从中可以修改选定的命名图层状态。

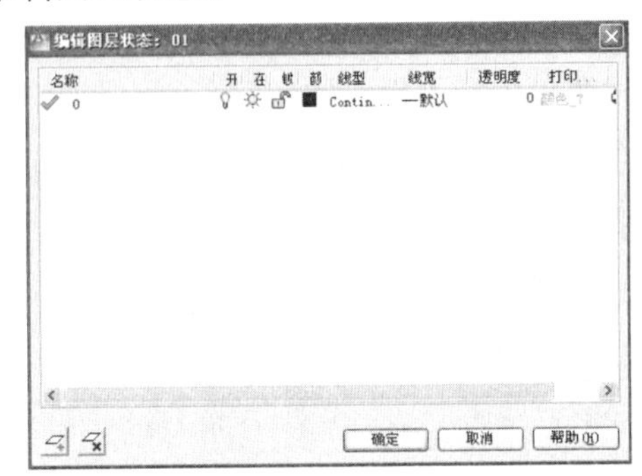

图7-23 【编辑图层状态】对话框

(2)【重命名】按钮：单击此按钮，在位编辑图层状态名。

(3)【删除】按钮：单击此按钮，删除选定的命名图层状态。

(4)【输入】按钮：单击此按钮，显示【输入图层状态】对话框，从中可以将上一次输出的图层状态(LAS)文件加载到当前图形。输入图层状态文件可能导致创建其他图层。

(5)【输出】按钮：单击此按钮，显示【输出文件状态】对话框，从中可以将选定的命名图层状态保存到图层状态(LAS)文件中。

(6)【不列出外部参照中的图层状态】复选框：控制是否显示外部参照中的图层状态。

(7)【恢复选项】选项组：指定恢复选定命名图层状态时所要恢复的图层状态设置和图层特性。

- 【关闭未在图层状态中找到的图层】复选框：用于恢复命名图层状态时，关闭未保存设置的新图层，以便图形的外观与保存命名图层状态时一样。
- 【将特性作为视口替代应用】复选框：视口替代将恢复为恢复图层状态时当前的视口。

(8)【恢复】按钮：将图形中所有图层的状态和特性设置恢复为先前保存的设置。仅恢复保存该命名图层状态时选定的那些图层状态和特性设置。

(9)【关闭】按钮：关闭【图层状态管理器】对话框并保存所做更改。

(10)单击【更多恢复选项】按钮⊙，打开如图7-24所示的【图层状态管理器】对话框，以显示更多的恢复设置选项。

(11)【要恢复的图层特性】选项组：指定恢复选定命名图层状态时所要恢复的图层状态设置和图层特性。在【模型】选项卡上保存命名图层状态时，【在当前视口中的可见性】和【新视口冻结/解冻】复选框不可用。

① 【全部选择】按钮：选择所有设置。

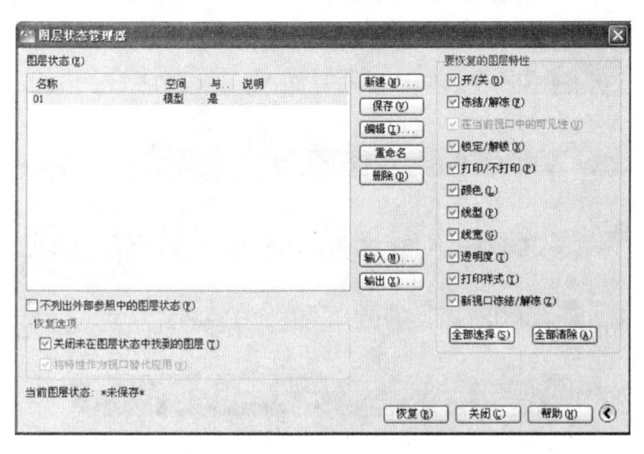

图7-24 【图层状态管理器】对话框

② 【全部清除】按钮：从所有设置中删除选定设置。

(12)单击【更少恢复选项】按钮⊙，打开如图7-21所示的【图层状态管理器】对话框，以显示更少的恢复设置选项。

AutoCAD提供了draworder命令来修改对象的次序，该命令输入行提示如下：

命令: draworder

选择对象: 找到 1 个

选择对象:

输入对象排序选项 [对象上(A)/对象下(U)/最前(F)/最后(B)] <最后>: B

该命令各选项的作用说明如下。

- 最前：将选定的对象移到图形次序的最前面。
- 最后：将选定的对象移到图形次序的最后面。
- 对象上：将选定的对象移动到指定参照对象的上面。
- 对象下：将选定的对象移动到指定参照对象的下面。

若一次选中多个对象进行排序，则被选中对象之间的相对显示顺序并不改变，而只改变与其他对象的相对位置。

7.3.6 图层管理范例

本范例练习文件：\07\7-3-6.dwg

本范例完成文件：\07\7-3-7.dwg

多媒体教学路径：光盘→多媒体教学→第7章→7.3节

步骤 1 设置图层，如图7-25所示。

图7-25 设置图层

步骤 2 删除图层，如图7-26所示。

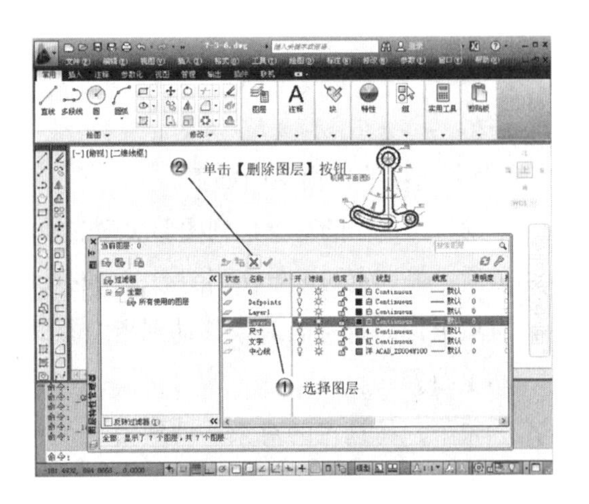

图7-26 删除图层

步骤 3 新建图层过滤器，如图7-27所示。

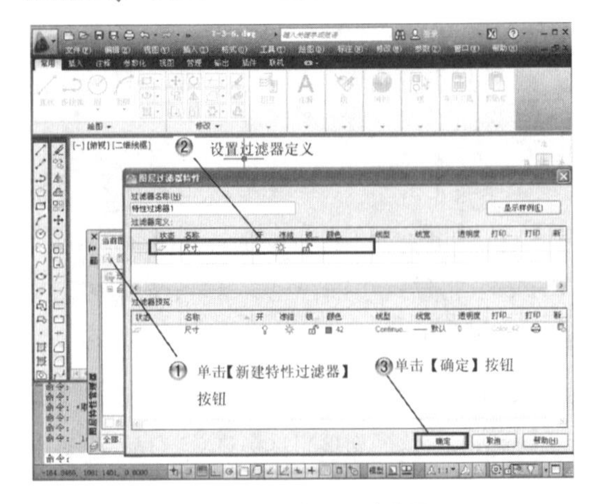

图7-27 新建图层过滤器

步骤 4 置为当前图层，如图7-28所示。

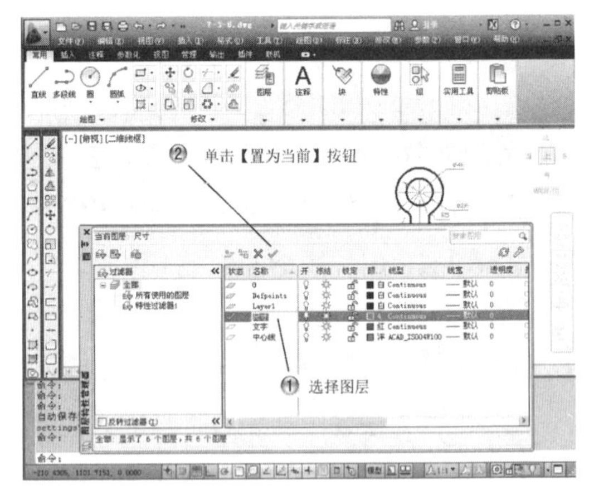

图7-28 置为当前图层

步骤 5 尺寸标注，如图7-29所示。

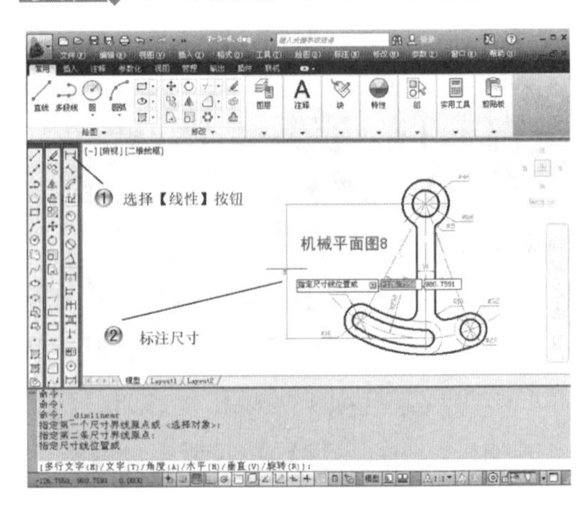

图7-29 尺寸标注

步骤 6 保存新图层状态，如图7-30所示。

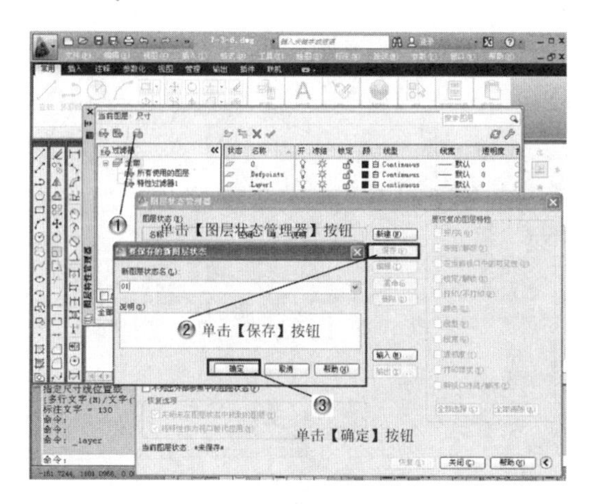

图7-30 保存新图层状态

步骤 7 编辑图层状态，如图7-31所示。

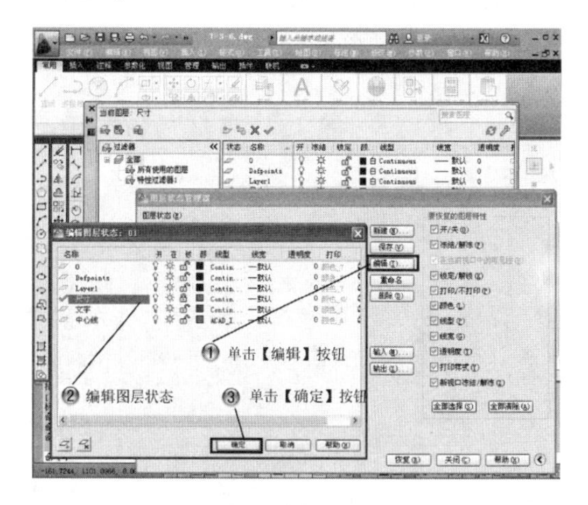

图7-31 编辑图层状态

7.4 本章小结

本章主要介绍了图层的设置、创建、管理，以及相关特性、如何应用特性以及如何处理命名对象等图层的内容。图层在绘图当中是重要的组成，可以方便图纸管理和识别，读者必须结合范例进行学习。

第 8 章 块操作

本章导读

在使用AutoCAD机械、电气，还有建筑的绘图过程当中，都会遇到大量相似的图形实体，如果重复绘制，效率会非常低。AutoCAD提供了一种有效的工具——“块”。块是一组相互集合的实体，它可以作为单个目标加以应用，可以由AutoCAD中的任何图形实体组成。

本章主要介绍块的创建和属性设置方法，以及动态块的相关知识。

学习内容

学习目标 知识点	理解	应用	实践
创建并编辑块	√	√	√
块属性	√	√	√
动态块	√	√	√

8.1 创建并编辑块

在绘制图形时，如果图形中有大量相同或相似的内容，或者所绘制的图形与已有的图形文件相同，则可以把要重复绘制的图形创建成块(也称为图块)，并根据需要为块创建属性，指定块的名称、用途及设计者等信息，在需要时直接插入它们，当然，用户也可以把已有的图形文件以参照的形式插入到当前图形中(即外部参照)，或是通过 AutoCAD设计中心浏览、查找、预览、使用和管理AutoCAD的不同资源文件。块的广泛应用是由它本身的特点决定的。

一般来说，块具有如下特点。

(1) 提高绘图速度

用AutoCAD绘图时，常常要绘制一些重复出现的图形。如果把这些经常要绘制的图形定义成块保存起来，绘制它们时就可以用插入块的方法实现，既把绘图变成了拼图，避免了重复性工作，同时又提高了绘图速度。

(2) 节省存储空间

AutoCAD要保存图中每一个对象的相关信息，如对象的类型、位置、图层、线型、颜色等，这些信息要占用存储空间。如果一幅图中绘有大量相同的图形，则会占据较大的磁盘空间。但如果把相同图形事先定义成一个块，绘制它们时就可以直接把块插入到图中的各个相应位置。这样既满足了绘图要求，又可以节省磁盘空间。因为虽然在块的定义中包含了图形的全部对象，但系统只需要一次这样的定义。对块的每次插入，AutoCAD仅需要记住这个块对象的有关信息(如块名、插入点坐标、插入比例等)，从而节省了磁盘空间。对于复杂但需多次绘制的图形，这一特点表现得更为显著。

(3) 便于修改图形

一张工程图纸往往需要多次修改。如在机械设计中，旧国家标准用虚线表示螺栓的内径，新国标把内径用细实线表示。如果对旧图纸上的每一个螺栓按新国家标准修改，既费时又不方便。但如果原来各螺栓是通过插入块的方法绘制的，那么只要简单地进行再定义块等操作，图中插入的所有该块均会自动进行修改。

(4) 加入属性

很多块还要求有文字信息以进一步解释、说明。AutoCAD允许为块定义这些文字属性，而且还可以在插入的块中显示或不显示这些属性，从图中提取这些信息并将它们传送到数据库中。

块是一个或多个对象组成的对象集合，常用于绘制复杂、重复的图形。一旦一组对象组合成块，就可以根据作图需要将这组对象插入到图中任意指定位置，而且还可以按不同的比例和旋转角度插入。

概括地讲，块操作是指通过操作达到用户使用块的目的，如创建块、保存块、块插入等对块进行的一些操作。

8.1.1 创建块

创建块是把一个或是一组实体定义为一个整体块。可以通过以下方式来创建块。

- 单击【块】面板中的【创建块】按钮。
- 在命令输入行输入block后按下Enter键。
- 在命令输入行输入bmake后按下Enter键。
- 在菜单栏中选择【绘图】|【块】|【创建】菜单命令。

执行上述任一操作后，AutoCAD会打开如图8-1所示的【块定义】对话框。

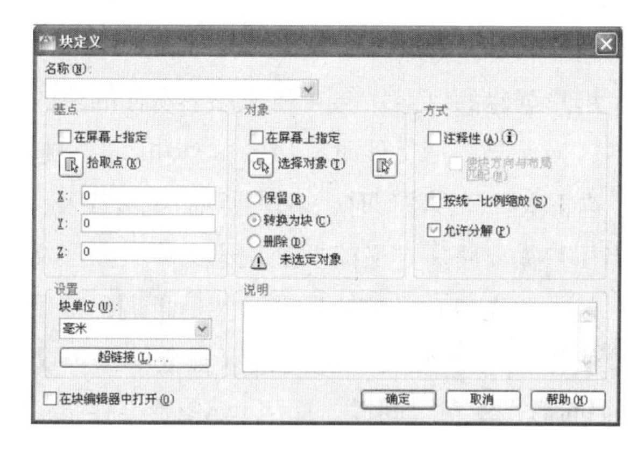

图8-1 【块定义】对话框

下面介绍此对话框中各选项的主要功能。

(1)【名称】下拉列表框

指定块的名称。如果将系统变量 EXTNAMES 设置为 1，块名最长可达 255 个字符，包括字母、数字、空格以及Microsoft Windows 和AutoCAD没有用于其他用途的特殊字符。块名称及块定义保存在当前图形中。

注意

不能用 DIRECT、LIGHT、AVE_RENDER、RM_SDB、SH_SPOT 和 OVERHEAD 作为有效的块名称。

(2)【基点】选项组

指定块的插入基点。默认值是(0，0，0)。

【拾取点】按钮：用户可以通过单击此按钮暂时关闭对话框以便能在当前图形中拾取插入基点，然后利用鼠标直接在绘图区选取。

X文本框：指定 X 坐标值。

Y文本框：指定 Y 坐标值。

Z文本框：指定 Z 坐标值。

(3)【对象】选项组

指定新块中要包含的对象，以及创建块之后是保留或删除选定的对象还是将它们转换成块引用。

【选择对象】按钮：用户可以通过单击此按钮，暂时关闭【块定义】对话框，这时用户可以在绘图区选择图形实体作为将要定义的块实体。完成对象选择后，按Enter键重新显示【块定义】对话框。

快速选择按钮：显示【快速选择】对话框，如图8-2所示，该对话框定义选择集。

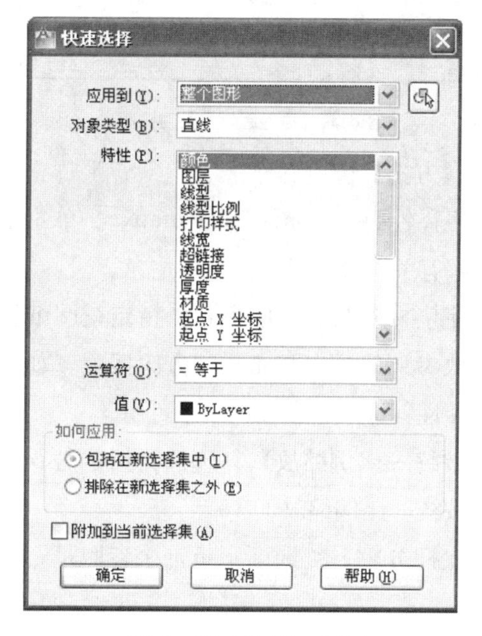

图8-2 【快速选择】对话框

【保留】单选按钮：创建块以后，将选定对象保留在图形中作为区别对象。

【转换为块】单选按钮：创建块以后，将选定对象转换成图形中的块引用。

【删除】单选按钮：创建块以后，从图形中删除选定的对象。

【未选定对象】：创建块以后，显示选定对象的数目。

(4)【设置】选项组

【块单位】下拉列表框：指定块参照插入单位。

【超链接】按钮：打开【插入超链接】对话框，如图8-3所示，可以使用该对话框将某个超链接与块定义相关联。

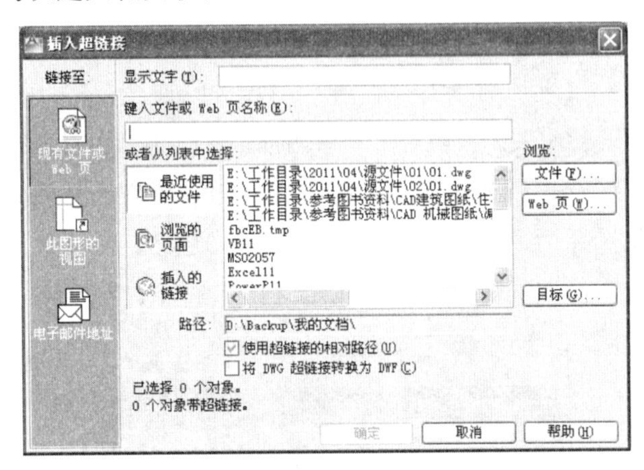

图8-3 【插入超链接】对话框

(5)【方式】选项组

【注释性】：指定块为annotative。单击信息图标以了解有关注释性对象的更多信息。

【使块方向与布局匹配】：指定在图纸空间视口中的块参照的方向与布局的方向匹配。如果未选择“注释性”选项，则该选项不可用。

【按统一比例缩放】复选框：指定是否阻止块参照不按统一比例缩放。

【允许分解】复选框：指定块参照是否可以被分解。

(6)【说明】文本框：指定块的文字说明。

(7)【在块编辑器中打开】复选框：选中此复选框后，单击【块定义】对话框中的【确定】按钮，则在块编辑器中打开当前的块定义。

当需要重新创建块时，用户可以在命令输入行输入block后按下Enter键，命令输入行提示如下：

命令: _block

输入块名或 [?]:　　//输入块名

指定插入基点:　　//确定插入基点位置

选择对象:　　//选择将要被定义为块的图形实体

如果用户输入的是以前存在的块名，AutoCAD会提示用户此块已经存在，用户是否需要重新定义它，命令输入行提示如下：

块“w”已存在。是否重定义？[是(Y)/否(N)] <N>:

当用户输入n后按下Enter键，AutoCAD会自动退出此命令。当用户输入y后按下Enter键，AutoCAD会提示用户继续插入基点位置。

8.1.2 将块保存为文件

用户创建的块会保存在当前图形文件的块的列表中，当保存图形文件时，块的信息和图形一起保存。当再次打开该图形时，块信息同时也被载入。但是当用户需要将所定义的块应用于另一个图形文件时，就需要先将定义的块保存，然后再调出使用。

使用wblock命令，块就会以独立的图形文件(dwg)的形式保存。同样，任何dwg图形文件也可以作为块来插入。执行保存块的操作步骤如下。

(1) 在命令输入行输入wblock后按下Enter键。

(2) 在打开的如图8-4所示的【写块】对话框中进行设置后，单击【确定】按钮即可。

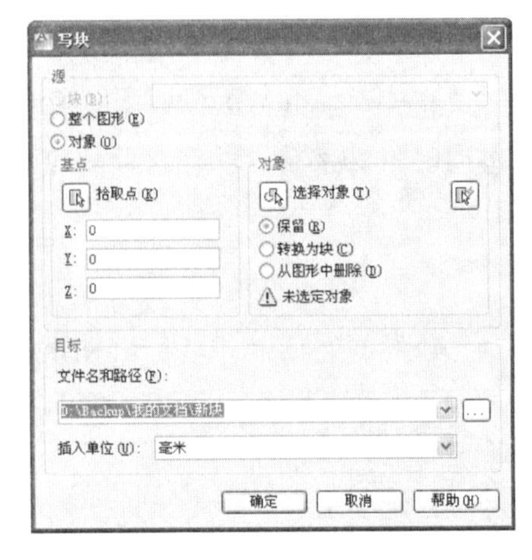

图8-4 【写块】对话框

下面来讲述【写块】对话框中的具体参数设置。

(1)【源】选项组中有3个选项供用户选择。

【块】：选择块后，用户就可以通过后面的下拉列表框选择将要保存的块名或是可以直接输入将要保存的块名。

【整个图形】：选择此项，AutoCAD会认为用户选择整个图形作为块来保存。

【对象】：选择此项，用户可以选择一个图形实体作为块来保存。选择此项后，用户才可以进行下面的设置选择基点，选择实体等，这部分内容与前面定义块的内容相同，在此就不再赘述了。

(2)【基点】和【对象】选项组中的选项主要用于通过基点或对象的方式来选择目标。

(3)【目标】选项组：指定文件的新名称和新位置以及插入块时所用的测量单位。用户可以将此块保存至相应的文件夹中。可以在【文件名和路径】的下拉列表框中选择路径或是单击...按钮来指定路径。【插入单位】用来指定从设计中心拖动新文件并将其作为块插入到使用不同单位的图形中时自动缩放所使用的单位值。如果用户希望插入时不自动缩放图形，则选择“无单位”。

注意

用户在执行wblock命令时，不必先定义一个块，只要直接将所选图形实体作为一个图块保存在磁盘上即可。当所输入的块不存在时，AutoCAD会显示【AutoCAD提示信息】对话框，提示块不存在，是否要重新选择。在多视窗中，wblock命令只适用于当前窗口。存储后的块可以重复使用，而不需要从提供这个块的原始图形中选取。

8.1.3 插入块

定义块和保存块的目的是为了使用块，使用插入命令来将块插入到当前的图形中。

图块是CAD操作中比较核心的工作，许多程序员与绘图工作者都建立了各种各样的图块。他们的工作给我们带来了简便，我们能像使用砖瓦一样使用这些图块。如工程制图中建立各个规格的齿轮与轴承，建筑制图中建立一些门、窗、楼梯、台阶等以便在绘制时方便调用。

用户插入一个块到图形中时，用户必须指定插入的块名，插入点的位置，插入的比例系数以及图块的旋转角度。插入可以分为两类：单块插入和多重插入。下面就分别来讲述这两个插入命令。

1. 单块插入

- 在命令输入窗输入insert后按下Enter键。
- 在菜单栏中选择【插入】|【块】菜单命令。
- 单击【块】面板中的【插入】按钮。

打开如图8-5所示的【插入】对话框。下面来讲解其中的参数设置。

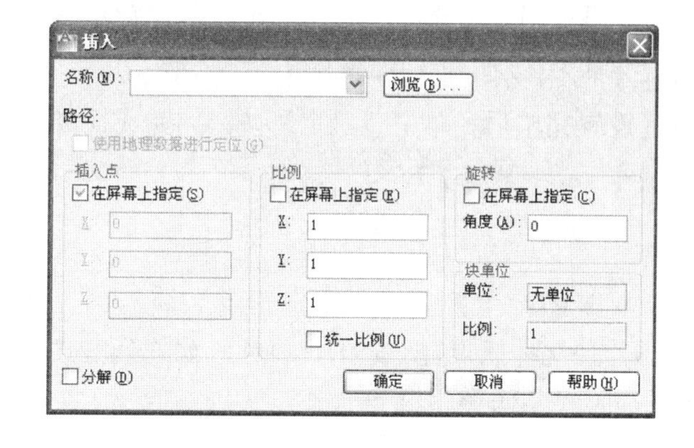

图8-5 【插入】对话框

在【插入】对话框中，在【名称】后的文本框中输入块名称，或是单击文本后的【浏览】按钮来浏览文件，然后从中选择块。

在【插入点】选项组中，当用户启用【在屏幕上指定】复选框时，插入点可以用鼠标动态选取；当用户不启用【在屏幕上指定】复选框时，可以在下面的X、Y、Z后的文本框中输入用户所需的坐标值。

在【比例】选项组中，如果用户启用【在屏幕上指定】复选框时，则比例会是在插入时动态缩放；当用户不启用【在屏幕上指定】复选框时，可以在下面的X、Y、Z后的文本框中输入用户所需的比例值。在此处如果用户启用【统一比例】复选框，则只能在X后的文本框中输入统一的比例因子表示缩放系数。

在【旋转】选项组中，如果用户启用【在屏幕上指定】复选框时，则旋转角度在插入时确定；当用户不启用【在屏幕上指定】复选框时，可以在下面的【角度】后的文本框中输入图块的旋转角度。

在【块单位】选项组中，显示有关块单位的信息。【单位】指定插入块的单位值。【比例】显示单位比例因子，该比例因子是根据块的单位值和图形单位计算的。

在【分解】复选框中，用户可以通过启用它分解块并插入该块的单独部分。

设置完毕后，单击【确定】按钮，完成插入块的操作。

2. 多重插入

有时同一个块在一幅图中要多次插入同一对象，并且这种插入有一定的规律性。如阵列方式，这时可以直接采用多重插入命令。这种方法不但大大节省绘图时间，提高绘图速度，而且节约磁盘空间。

多重插入的步骤如下：

在命令输入行输入minsert后按下Enter键，命令输入行提示如下：

命令: _minsert

输入块名或 [?] <新块>:　　//输入将要被插入的块名

单位: 毫米　转换:　1.0000

指定插入点或 [基点(B)/比例(S)/X/Y/Z/旋转(R)]:　// 输入插入块的基点

输入X比例因子，指定对角点，或 [角点(C)/XYZ(XYZ)] <1>:　　//输入X方向的比例

输入 Y 比例因子或 <使用 X 比例因子>: //输入Y方向的比例

指定旋转角度 <0>:　　//输入旋转块的角度

输入行数 (---) <1>:　　//输入阵列的行数

输入列数 (|||) <1>:　　//输入阵列的列数

输入行间距或指定单位单元 (---):　　//输入行间距

指定列间距 (|||):　　//输入列间距

按照提示进行相应的操作即可。

8.1.4　设置基点

要设置当前图形的插入基点，可以选用下列三种方法。

- 单击【块】面板中的【设置基点】按钮。
- 在菜单栏中选择【绘图】|【块】|【基点】菜单命令。
- 在命令输入行输入base后按下Enter键，命令输入行提示如下：

命令: _base

输入基点 <0.0000,0.0000,0.0000>:　　//指定点，或按Enter键

基点是用当前 UCS 中的坐标来表示的。当向其他图形插入当前图形或将当前图形作为其他图形的外部参照时，此基点将被用作插入基点。

8.1.5　创建并编辑块范例

本范例练习文件：\08\8-1-5.dwg

本范例完成文件：\08\8-1-6.dwg

多媒体教学路径：光盘→多媒体教学→第8章→8.1节

步骤 1 创建块，如图8-6所示。

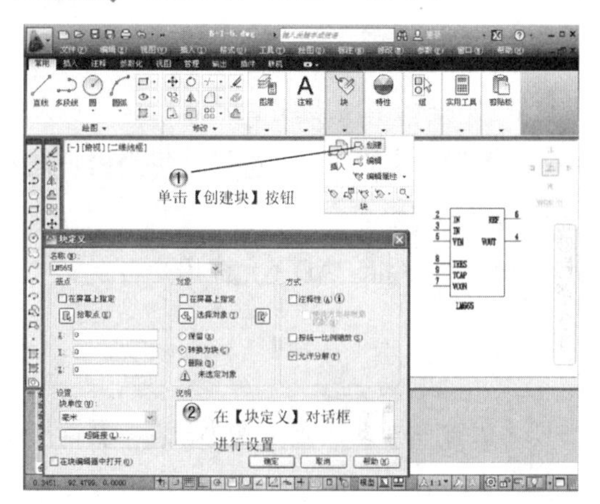

图8-6 创建块

步骤 2 选择对象，如图8-7所示。

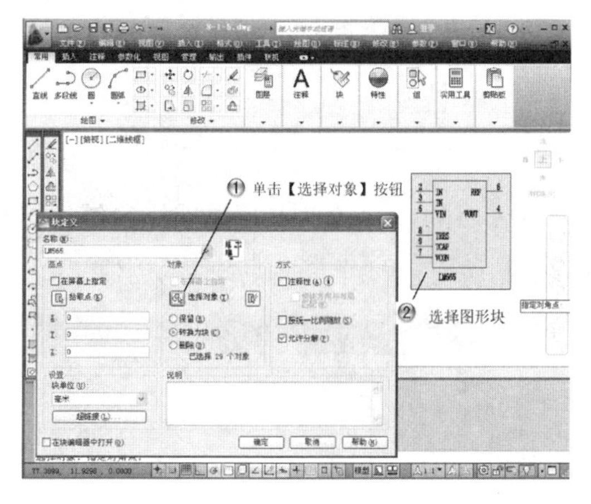

图8-7 选择对象

步骤 3 保存块，如图8-8所示。

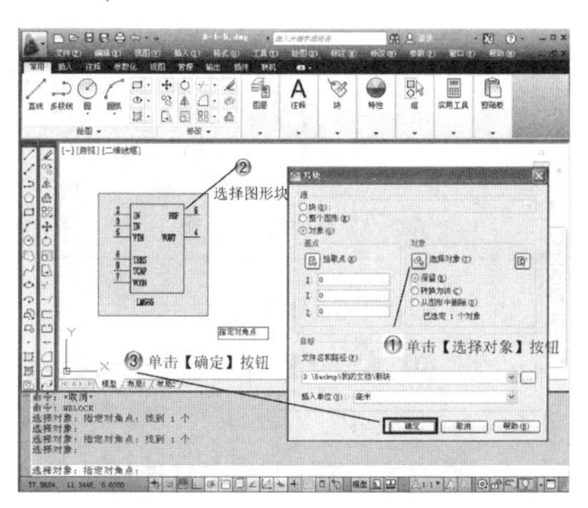

图8-8 保存块

步骤 4 插入块，如图8-9所示。

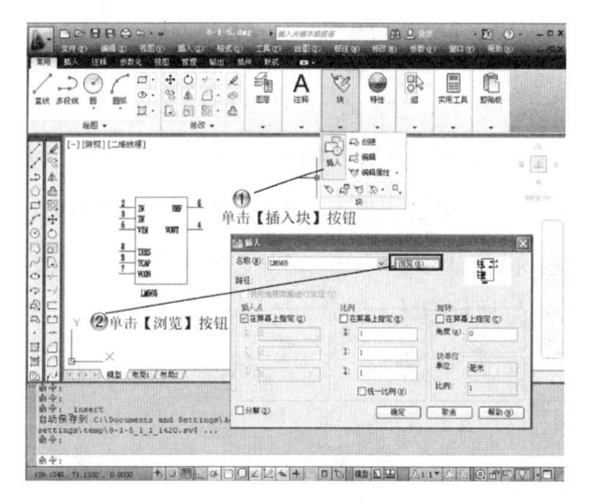

图8-9 插入块

步骤 5 选择块文件，如图8-10所示。

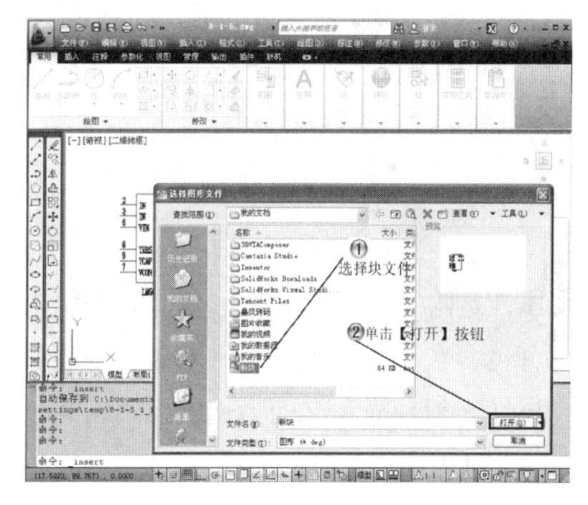

图8-10 选择块文件

步骤 6 选择插入点，如图8-11所示。

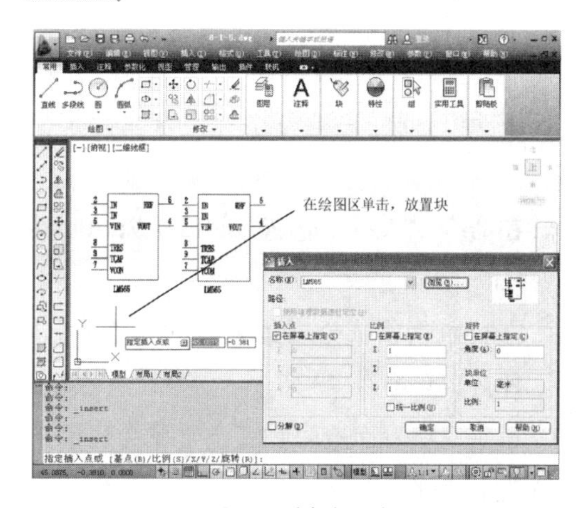

图8-11 选择插入点

8.2 块属性

在一个块中，附带有很多信息，这些信息就称为属性。它是块的一个组成部分，从属于块，可以随块一起保存并随块一起插入到图形中，它为用户提供了一种将文本附于块的交互式标记，每当用户插入一个带有属性的块时，AutoCAD就会提示用户输入相应的数据。

属性在第一次建立块时可以被定义，或者是在块插入时增加属性，AutoCAD还允许用户自定义一些属性。属性具有以下特点。

(1) 一个属性包括属性标志和属性值两个方面。

(2) 在定义块之前，每个属性要用命令进行定义。由它来具体规定属性默认值、属性标志、属性提示以及属性的显示格式等的具体信息。属性定义后，该属性在图中显示出来，并把有关信息保留在图形文件中。

(3) 在插入块之前，AutoCAD将通过属性提示要求用户输入属性值。插入块后，属性以属性值表示。因此同一个定义块，在不同的插入点可以有不同的属性值。如果在定义属性时，把属性值定义为常量，那么AutoCAD将不询问属性值。

8.2.1 创建块属性

块属性是附属于块的非图形信息，是块的组成部分，可包含在块定义中的文字对象。在定义一个块时，属性必须预先定义而后选定。通常属性用于在块的插入过程中进行自动注释。

要创建一个块的属性，用户可以使用ddattdef或attdef命令先建立一个属性定义来描述属性特征，包括标记、提示符、属性值、文本格式、位置以及可选模式等。创建属性的步骤如下。

(1) 选用下列任一种方法打开【属性定义】对话框。

- 在命令输入行中输入ddattdef或attdef后按下Enter键。
- 在菜单栏中选择【绘图】|【块】|【定义属性】菜单命令。
- 单击【块】面板中的【定义属性】按钮。

(2) 在打开的如图8-12所示的【属性定义】对话框中，设置块的一些插入点及属性标记等。然后单击【确定】按钮，即可完成块属性的创建。

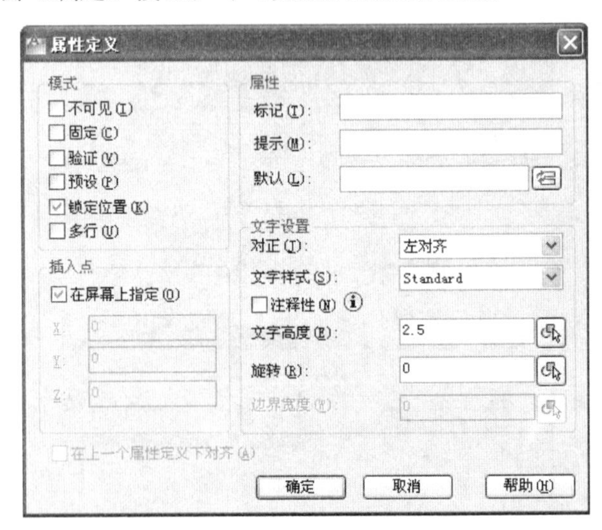

图8-12 【属性定义】对话框

下面介绍【属性定义】对话框中的参数设置。

(1)【模式】选项组

在此选项组中，有以下几个复选框，用户可以任意组合这几种模式作为设置。

①【不可见】：当该模式被选中时，属性为不可见。当用户只想把属性数据保存到图形中，而不想显示或输出时，应将该选项启用。反之则禁用。

②【固定】：当该模式被启用时，属性用固定的文本值设置。如果用户插入的是常数模式的块时，则在插入后，如果不重新定义块，则不能编辑块。

③【验证】：在该模式下把属性值插入图形文件前可检验可变属性的值。在插入块时，AutoCAD显示可变属性的值，等待用户按Enter键确认。

④【预设】：启用该模式可以创建自动可接受默认值的属性。插入块时，不再提示输入属性值，但它与常数不同，块在插入后还可以进行编辑。

⑤【锁定位置】：锁定块参照中属性的位置。解锁后，属性可以相对于使用夹点编辑的块的其他部分移动，并且可以调整多行属性的大小。

⑥【多行】：指定属性值可以包含多行文字。选定此选项后，可以指定属性的边界宽度。

注意

在动态块中，由于属性的位置包括在动作的选择集中，因此必须将其锁定。

(2)【属性】选项组

在该选项组中，有以下3组设置。

①【标记】：每个属性都有一个标记，作为属性的标识符。属性标签可以是除了空格和“！”号之外的任意字符。

注意

AutoCAD会自动将标签中的小写字母换成大写字母。

②【提示】：是用户设定的插入块时的提示。如果该属性值不为常数值，当用户插入该属性的块时，AutoCAD将使用该字符串，提示用户输入属性值。如果设置了常数模式，那么该提示将不会出现。

③【默认】：可变属性一般将默认的属性默认为【未输入】。插入带属性的块时，AutoCAD显示默认的属性值，如果用户按下Enter键，则将接受默认值。单击右侧的【插入字段】按钮，可以插入一个字段作为属性的全部或部分值，如图8-13所示。

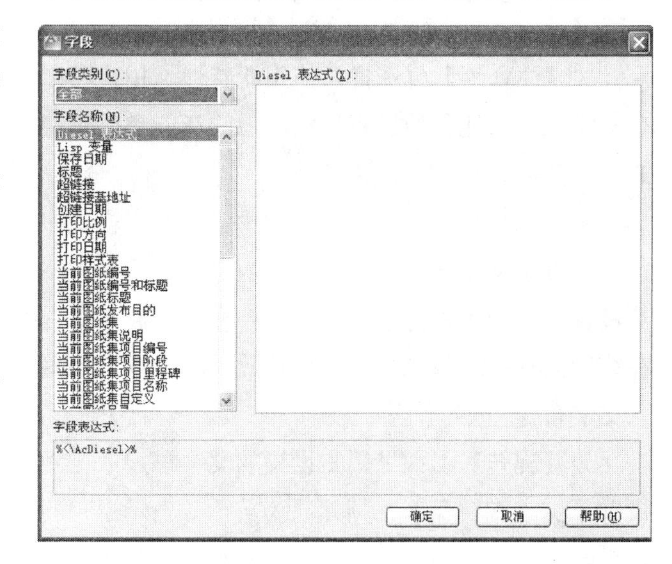

图8-13 【字段】对话框

(3)【插入点】选项组

在此选项组中，用户可以通过启用【在屏幕上指定】复选框，利用鼠标在绘图区选择某一点，也可以直接在下面的X、Y、Z后的文本框中输入用户将设置的坐标值。

(4)【文字设置】选项组

在此选项组中，用户可以设置以下几项。

①【对正】：此选项可以设置块属性的文字对齐情况。用户可以在如图8-14所示的下拉列表框中选择某项作为用户设置的对齐方式。

②【文字样式】：此选项可以设置块属性的文字样式。用户可以通过在如图8-15所示的下拉列表框中选择某项作为用户设置的文字样式。

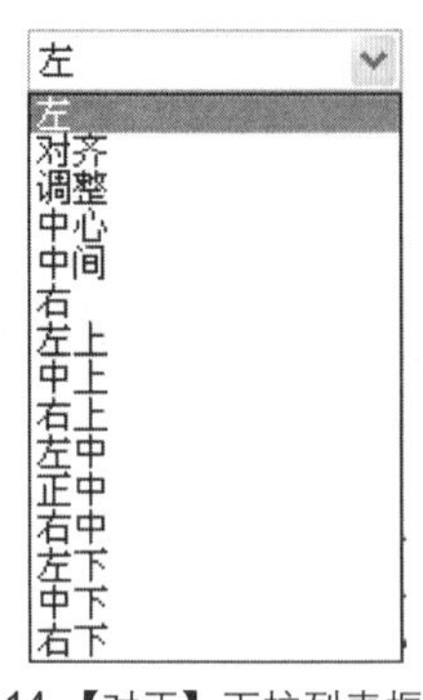

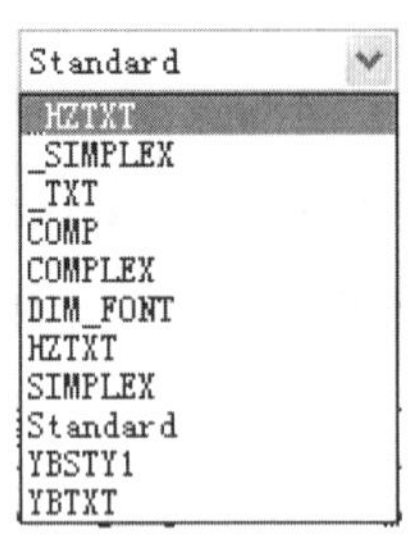

图8-14 【对正】下拉列表框　图8-15 【文字样式】下拉列表框

③【注释性】复选框：使用此特性，用户可以自动完成缩放注释的过程，从而使注释能够以正确的大小在图纸上打印或显示。

④【文字高度】：如果用户设置的文字样式中已经设置了文字高度，则此项为灰色，表示用户不可设置；否则用户可以通过单击按钮，利用鼠标在绘图区动态地选取或是直接在此后的文本框中输入文字高度。

⑤【旋转】：如果用户设置的文字样式中已经设置了文字旋转角度，则此项为灰色，表示用户不可设置；否则用户可以通过单击按钮，利用鼠标在绘图区动态地选取角度或是直接在此后的文本框中输入文字旋转角度。

⑥【边界宽度】：换行前，请指定多线属性中文字行的最大长度。值“0.000”表示对文字行的长度没有限制。此选项不适用于单线属性。

(5)【在上一个属性定义下对齐】复选框：用来将属性标记直接置于定义的上一个属性的下面。如果之前没有创建属性定义，则此选项不可用。

8.2.2 编辑属性定义

创建完属性后，就可以定义带属性的块。定义带属性的块可以按照如下步骤来进行。

(1) 在命令输入行中输入Block后按下Enter键，或是在菜单栏中选择【绘图】|【块】|【创建】菜单命令，打开【块定义】对话框。

(2) 下面的操作和创建块基本相同，步骤可以参考创建块步骤，在此就不再赘述。

先创建“块”，再给这个“块”加上“定义属性”，最后再把两者创建成一个“块”。

8.2.3 编辑块属性

定义带属性的块后，用户需要插入此块，在插入带有属性的块后，还能再次用attedit或是ddatte命令来编辑块的属性。可以通过如下方法来编辑块的属性。

(1) 在命令输入行中输入attedit或ddatte后按下Enter键，用鼠标选取某块，打开【编辑属性】对话框。

(2) 选择【修改】|【对象】|【属性】|【块属性管理器】菜单命令，打开【块属性管理器】对话框，单击其中的【编辑】按钮，打开【编辑属性】对话框。如图8-16所示，用户可以在此对话框中修改块的属性。

图8-16 【编辑属性】对话框

下面介绍【编辑属性】对话框中各选项卡的功能。

①【属性】选项卡

定义将值指定给属性的方式以及已指定的值在绘图区域是否可见，然后设置提示用户输入值的字符串。【属性】选项卡也显示标识该属性的标签名称。

② 【文字选项】选项卡

设置用于定义图形中属性文字的显示方式的特性。在【特性】选项卡上修改属性文字的颜色。

③ 【特性】选项卡

定义属性所在的图层以及属性行的颜色、线宽和线型。如果图形使用打印样式，可以使用【特性】选项卡为属性指定打印样式。

8.2.4 使用块属性管理器

在上一节中，已经运用【块属性管理器】对话框中的选项编辑块属性，在本节中将对其功能作具体的讲解。

选择【修改】|【对象】|【属性】|【块属性管理器】菜单命令，打开【块属性管理器】对话框，如图8-17所示。

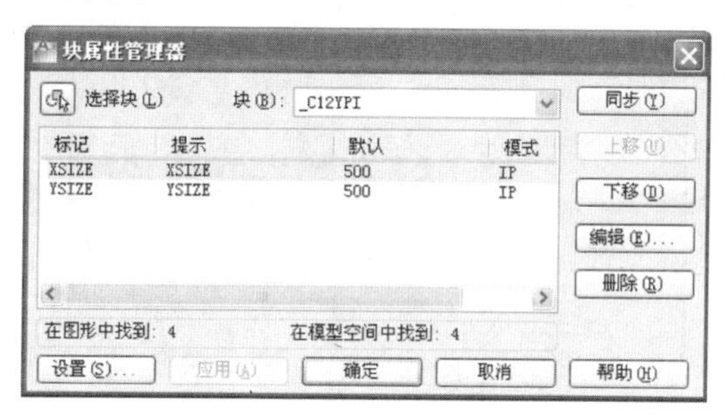

图8-17 【块属性管理器】对话框

【块属性管理器】用于管理当前图形中块的属性定义。用户可以通过它在块中编辑属性定义、从块中删除属性以及更改插入块时系统提示用户输入属性值的顺序。

选定块的属性显示在属性列表中，在默认的情况下，“标记”、“提示”、“默认”和“模式”属性特性显示在属性列表中。单击【设置】按钮，用户可以指定想要在列表中显示的属性特性。

对于每一个选定块，属性列表下的说明都会标识出当前图形和在当前布局中相应块的实例数目。

下面讲解此对话框各选项、按钮的功能。

(1)【选择块】按钮：用户可以使用定点设备从图形区域选择块。当选择【选择块】时，在用户从图形中选择块或按Esc键取消之前，对话框将一直关闭。

如果修改了块的属性，并且未保存所做的更改就选择一个新块，系统将提示在选择其他块之前先保存更改。

(2)【块】下拉列表框：可以列出具有属性的当前图形中的所有块定义，用户从中选择要修改属性的块。

(3)【属性】列表：显示所选块中每个属性的特征。

(4)【在图形中找到】：当前图形中选定块的实例数。

(5)【在模型空间中找到】：当前模型空间或布局中选定块的实例数。

(6)【设置】按钮：用来打开【块属性设置】对话框，如图8-18所示。从中可以自定义【块属性管理器】中属性信息的列出方式，控制【块属性管理器】中属性列表的外观。

在【在列表中显示】选项组中指定要在属性列表中显示的特性。此列表中仅显示选定的特性。其中的“标记”特性总是选定的。【全部选择】按钮用来选择所有特性。【全部清除】按钮用来清除所有特性。【突出显示重复的标记】复选框用于打开或关闭复制强调标记。如果选择此选项，在属性列表中，复制属性标记显示为红色。如果不选择此选项，则在属性列表中不突出显示重复的标记。【将修改应用到现有参照】复选框指定是否更新正在修改其属性的块的所有现有实例。如果选择该选项，则通过新属性定义更新此块的所有实例。如果不选择该选项，则仅通过新属性定义更新此块的新实例。

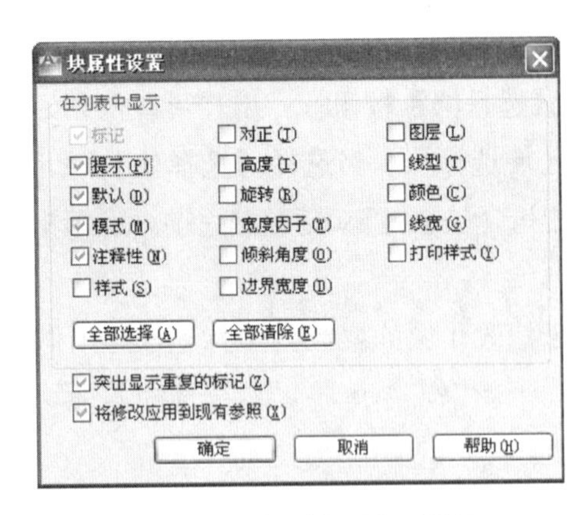

图8-18 【块属性设置】对话框

(7)【应用】按钮：应用用户所做的更改，但不关闭对话框。

(8)【同步】按钮：用来更新具有当前定义的属性特性的选定块的全部实例。此项操作不会影响每个块中赋给属性的值。

(9)【上移】按钮：在提示序列的早期阶段移动选定的属性标签。当选定固定属性时，【上移】按钮不可用。

(10)【下移】按钮：在提示序列的后期阶段移动选定的属性标签。当选定常量属性时，【下移】按钮不可使用。

(11)【编辑】按钮：用来打开【编辑属性】对话框，此对话框的功能已在第三节中做了介绍。

(12)【删除】按钮：从块定义中删除选定的属性。如果在选择【删除】按钮之前已选择了【块属性设置】对话框中的【将修改应用到现有参照】复选框，将删除当前图形中全部块实例的属性。对于仅具有一个属性的块，【删除】按钮不可使用。

8.2.5 块属性范例

本范例练习文件：\08\8-1-5.dwg

本范例完成文件：\08\8-2-5.dwg

多媒体教学路径：光盘→多媒体教学→第8章→8.2节

步骤1 创建块，如图8-19所示。

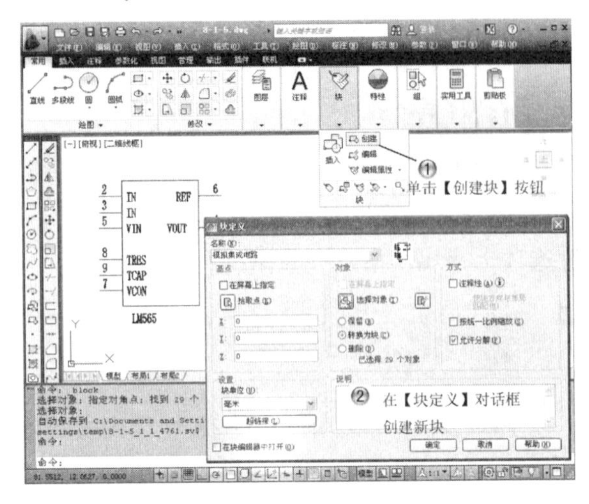

图8-19 创建块

步骤2 定义属性，如图8-20所示。

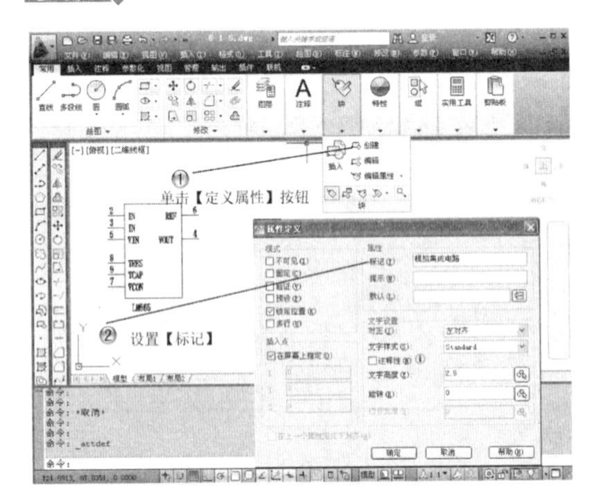

图8-20 定义属性

步骤3 设置字段，如图8-21所示。

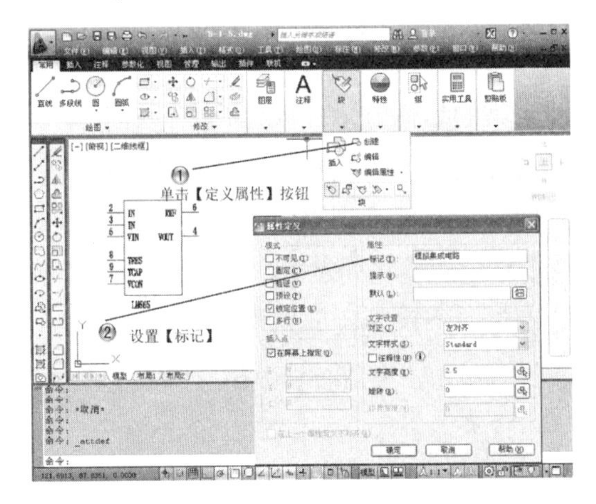

图8-21 设置字段

步骤 4 插入属性，如图8-22所示。

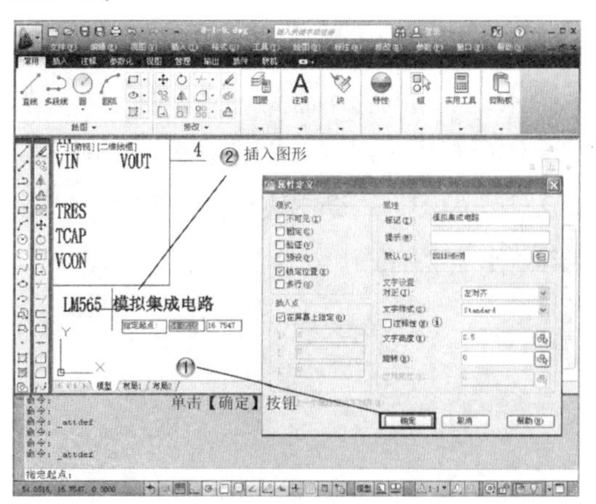

图8-22 插入属性

步骤 5 创建新块，如图8-23所示。

图8-23 创建新块

步骤 6 编辑属性，如图8-24所示。

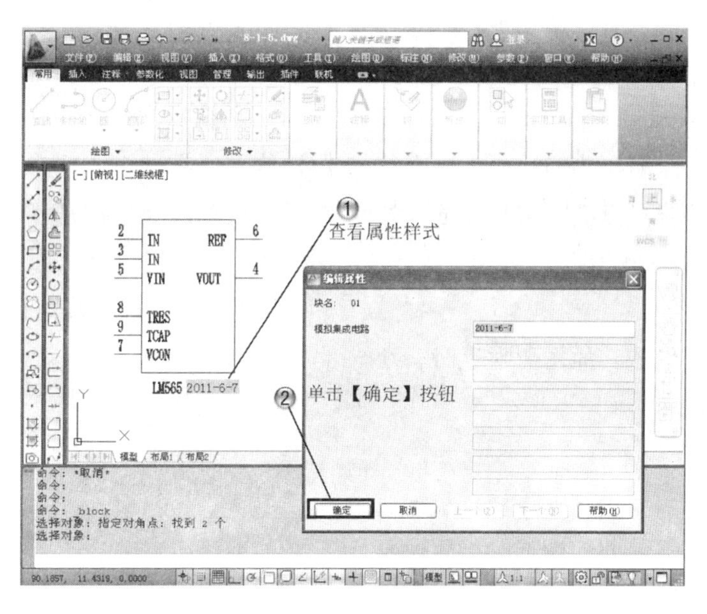

图8-24 编辑属性

8.3 动态块

块是大多数图形中的基本构成部分，用于表示现实中的物体。不同的物体需要定义各种不同的块，这就需要定成千上万的块定义，在这种情况下，如果块的某个外观有些区别，用户就需要分解开图块来编辑其中的几何图形。这种解决方法会产生大量的、矛盾的和错误的图形。动态块功能使用户可编辑图形外观而不需要炸开它们，用户可以在插入图形时或插入块后操作块实例。

8.3.1 动态块概述

动态块具有灵活性和智能性，其特点如下。

(1) 选择多种图形的可见性

块定义可包含特别符号的多个外观形状。在插入后，用户可选择使用哪种外观形状。例如，一个单一的块可保存水龙头的多个视图、多种安装尺寸，或多种阀的符号。

(2) 使用多个不同的插入点

在插入动态块时，可以遍历块的插入点来查找更适合的插入点插入。这样可以消除用户在插入块后还要移动块。

(3) 贴齐到图中的图形

在用户将块移动到图中的其他图形附近时，块会自动贴齐到这些对象上。

(4) 编辑图块几何图形

指定动态块中的夹点可使用户能移动、缩放、拉伸、旋转和翻转块中的部分几何图形。编辑块可以强迫在最大值和最小值间指定或直接在定义好属性的固定列表中选择值。如有一个螺钉的块，可以在总长1~4个图形单位间拉伸。在拉伸螺钉时，长度按0.5个单位的增量增加，而且螺纹也在拉伸过程中自动增加或减少。又如有一个插图编号的块，包含了圆、文字和引线。用户可以绕圆旋转引线，而文字和圆则保持原有状态。又如有一个门的块，用户可拉伸门的宽度和翻转门轴的方向。

8.3.2 创建动态块

用户可以使用【块编辑器】创建动态块。

【块编辑器】是专门用于创建块定义并添加动态行为的编写区域。【块编辑器】提供了专门的编写选项板。通过这些选项板可以快速访问块编写工具。除了块编写选项板之外，【块编辑器】还提供绘图区域，用户可以根据需要在程序的主绘图区域中绘制和编辑几何图形。用户可以指定【块编辑器】绘图区域的背景颜色。选择【工具】|【块编辑器】菜单命令，打开【编辑块定义】对话框，如图8-25所示，指定块名称后单击【确定】按钮，打开【块编写选项板】特性面板，如图8-26所示。

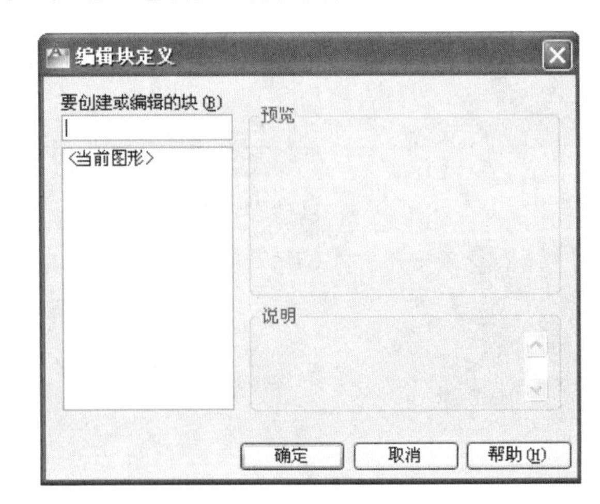

图8-25 【编辑块定义】对话框

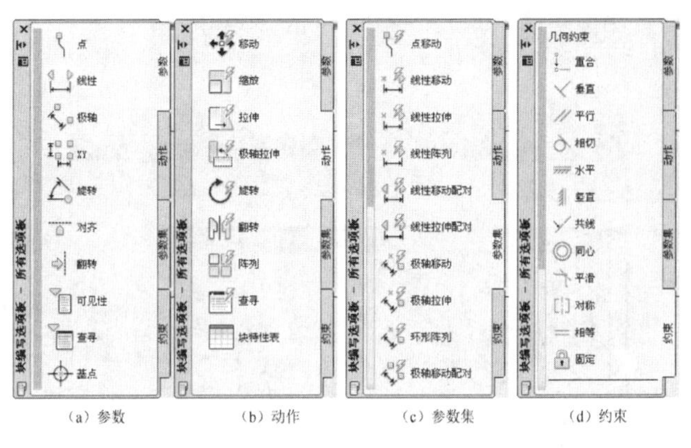

图8-26 【块编写选项板】特性面板

用户可以从头创建块，也可以向现有的块定义中添加动态行为，也可以像在绘图区域中一样创建几何图形。

创建动态块的步骤如下。

(1) 在创建动态块之前规划动态块的内容

在创建动态块之前，应当了解其外观以及在图形中的使用方式。在命令输入行输入确定当操作动态块参照时，块中的哪些对象会更改或移动。另外，还要确定这些对象将如何更改。例如，用户可以创建一个可调整大小的动态块。另外，调整块参照的大小时可能会显示其他几何图形。这些因素决定了添加到块定义中的参数和动作的类型，以及如何使参数、动作和几何图形共同作用。

(2) 绘制几何图形

可以在绘图区域或【块编辑器】中绘制动态块中的几何图形，也可以使用图形中的现有几何图形或现有的块定义。

(3) 了解块元素如何共同作用

在向块定义中添加参数和动作之前，应了解它们相互之间以及它们与块中的几何图形的相关性。在向块定义添加动作时，需要将动作与参数以及几何图形的选择集相关联。此操作将创建相关性。向动态块参照添加多个参数和动作时，需要设置正确的相关性，以便块参照在图形中正常工作。

(4) 添加参数

按照命令输入行的提示向动态块定义中添加适当的参数。

(5) 添加动作

向动态块定义中添加适当的动作。按照命令输入行的提示进行操作，确保将动作与正确的参数和几何图形相关联。动作表示在插入或编辑图块实例时怎样更改几何图形。

(6) 定义动态块参照的操作方式

用户可以指定在图形中操作动态块参照的方式。可以通过自定义夹点和自定义特性来操作动态块参照。在创建动态块定义时，用户将定义显示哪些夹点以及如何通过这些夹点来编辑动态块参照。另外还指定了是否在“特性”选项板中显示出块的自定义特性，以及是否可以通过该选项板或自定义夹点来更改这些特性。

(7) 保存块然后在图形中进行测试

保存动态块定义并退出【块编辑器】，然后将动态块参照插入到一个图形中，并测试该块的功能。由于动态块的编辑方式和参数设置比较多，这里不再逐一介绍，希望读者能够自己多多练习和理解。

8.3.3 动态块范例

本范例练习文件：\08\8-2-5.dwg

本范例完成文件：\08\8-3-3.dwg

多媒体教学路径：光盘→多媒体教学→第8章→8.3节

步骤1 创建动态块，如图8-27所示。

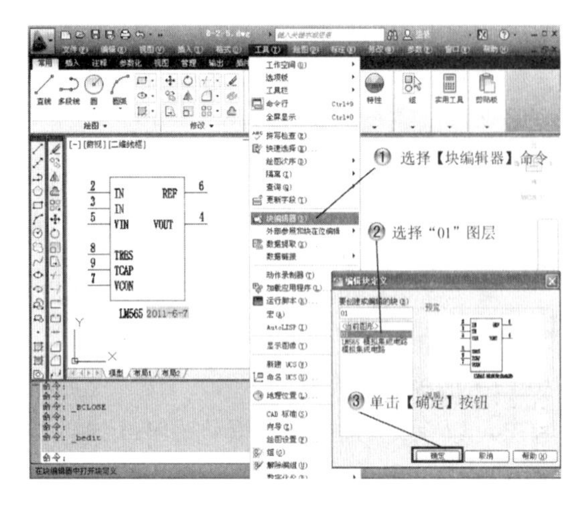

图8-27 创建动态块

步骤2 设置属性，如图8-28所示。

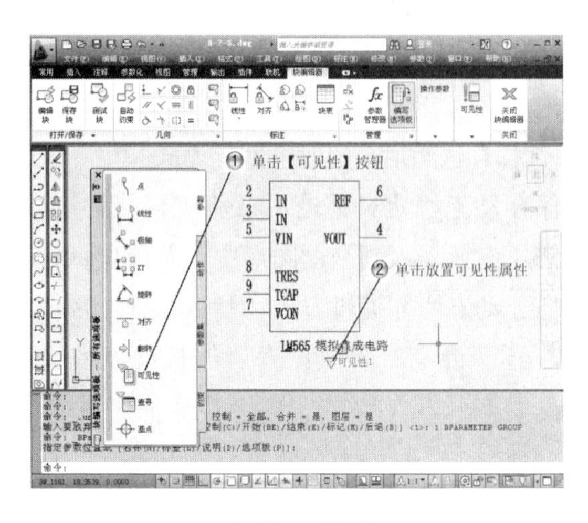

图8-28 设置属性

步骤3 设置可见性，如图8-29所示。

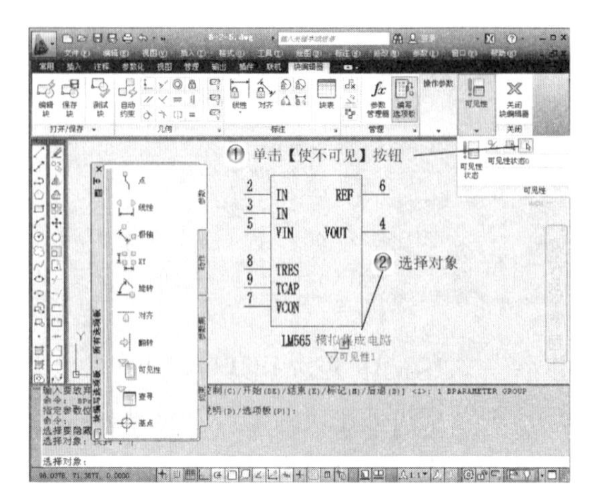

图8-29 设置可见性

步骤4 保存属性，如图8-30所示。

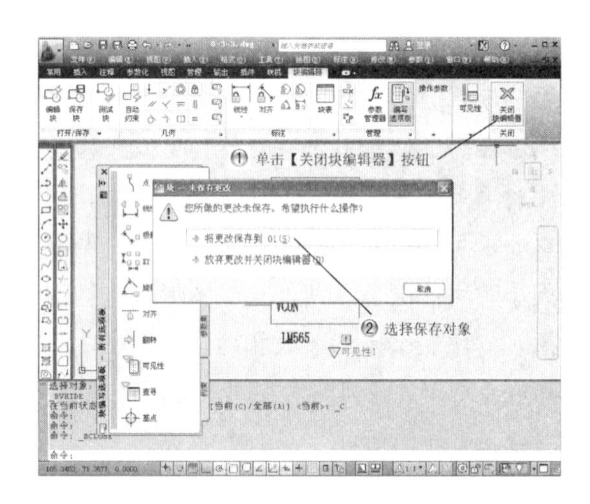

图8-30 保存属性

8.4 本章小结

本章主要介绍了块的创建和应用，在大量应用重复图形时，可以使用块命令来减少重复绘图，可以大大节省工作量，因此读者要结合实例进行掌握，学会灵活运用。

第 9 章

尺寸标注

本章导读

尺寸标注是图形绘制的一个重要组成部分，它是图形的测量注释，可以测量和显示对象的长度、角度等测量值。AutoCAD提供了多种标注样式和设置标注格式的方法，可以满足建筑、机械、电子等大多数应用领域的要求。本章将讲述自行设置尺寸标注样式的方法，以及对图形进行各种尺寸标注的方法。

学习内容

知识点 \ 学习目标	理解	应用	实践
尺寸标注的概念	✓		
尺寸标注的样式	✓	✓	
创建尺寸标注	✓	✓	✓
形位公差标注	✓	✓	✓
编辑尺寸标注	✓	✓	✓

9.1 尺寸标注

尺寸标注是一种通用的图形注释，用来描述图形对象的几何尺寸、实体间的角度和距离等。在AutoCAD 2012中，对绘制的图形进行尺寸标注时应遵循以下原则。

- 物体的真实大小应以图样上所标注的尺寸数值为依据，与图形的大小及绘图的准确度无关。
- 图样中的尺寸以毫米为单位时，不需要标注计量单位的代号或名称。如采用其他单位，则必须注明相应计量单位的代号或名称，如度、厘米及米等。
- 图样中所标注的尺寸为该图样所表示的物体的最后完工尺寸，否则应另加说明。
- 一般物体的每一尺寸只标注一次，并应标注在最后反映该结构最清晰的图形上。

9.1.1 尺寸标注的元素

尽管AutoCAD提供了多种类型的尺寸标注，但通常都是由以下几种基本元素所构成的。下面对尺寸标注的组成元素进行介绍。

一个完整的尺寸标注包括尺寸线、延伸线、尺寸箭头和标注文字4个组成元素。如图9-1所示。

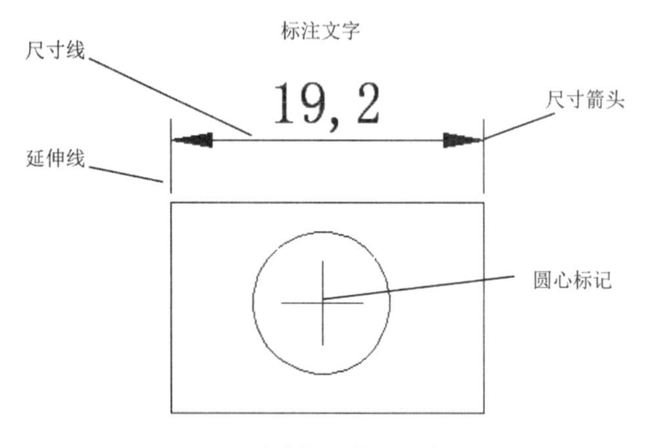

图9-1 完整的尺寸标注示意图

(1) 尺寸线：用于指示标注的方向和范围，通常使用箭头来指出尺寸线的起点和端点。AutoCAD将尺寸线放置在测量区域中，而且通常被分割成两条线，标注文字沿尺寸线放置。角度标注的尺寸线是一条圆弧。

(2) 延伸线：从被标注的对象延伸到尺寸线，又被称为投影线或证示线，一般垂直于尺寸线。但在特殊情况下用户也可以根据需要将延伸线倾斜一定的角度。

(3) 尺寸箭头：显示在尺寸线的两端，表明测量的开始和结束位置。AutoCAD默认使用闭合的填充箭头符号，同时AutoCAD还提供了多种箭头符号可供选择，用户也可以自定义符号。

(4) 标注文字：用于表明图形实际测量值。可以使用由AutoCAD自动计算出的测量值，并可附加公差、前缀和后缀等。用户也可以自行指定文字或取消文字。

(5) 圆心标记：标记圆或圆弧的圆心。

9.1.2 尺寸标注的设置

在AutoCAD中，要使标注的尺寸符合要求，就必须先设置尺寸样式，即确定4个基本元素的大小及相互之间的基本关系。本节将对尺寸标注样式管理、创建及其具体设置作详尽的讲解。

设置尺寸标注样式有以下两种方法。

- 在菜单栏中选择【标注】|【标注样式】菜单命令。
- 在命令输入行中输入ddim命令后按下Enter键。

无论使用上述任何一种方法，AutoCAD都会打开如图9-2所示的【标注样式管理器】对话框。在其中，显示当前可以选择的尺寸样式名，可以查看所选择样式的预览图。

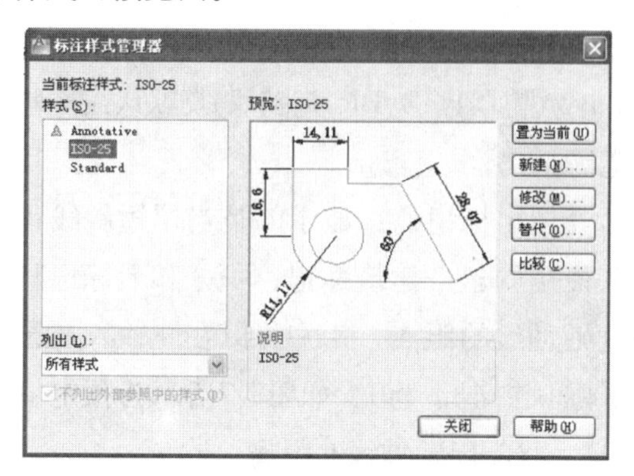

图9-2 【标注样式管理器】对话框

下面对【标注样式管理器】对话框的各项功能作具体介绍。

(1)【置为当前】按钮：用于建立当前尺寸标注类型。

(2)【新建】按钮：用于新建尺寸标注类型。单击该按钮，将打开【创建新标注样式】对话框。

(3)【修改】按钮：用于修改尺寸标注类型。单击该按钮，将打开如图9-3所示的【修改标注样式】对话框，此图显示的是对话框中【线】选项卡的内容。

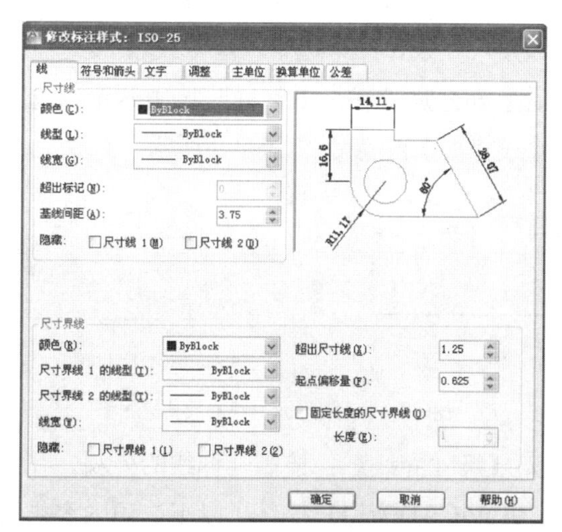

图9-3 【修改标注样式】对话框中的【线】选项卡

(4)【替代】按钮：替代当前尺寸标注类型。单击该按钮，将打开【替代当前样式】对话框，其中的选项与【修改标注样式】对话框中的内容一致。

(5)【比较】按钮：比较尺寸标注样式。单击该按钮，将打开如图9-4所示的【比较标注样式】对话框。比较功能可以帮助用户快速地比较几个标注样式在参数上不同。

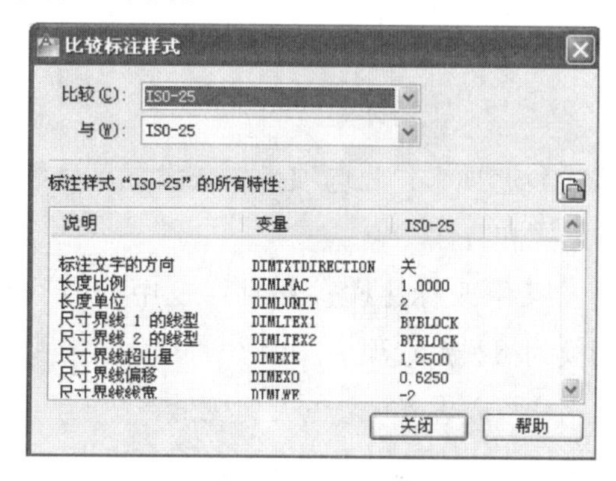

图9-4 【比较标注样式】对话框

单击【标注样式管理器】对话框中的【新建】按钮，出现如图9-5所示的【创建新标注样式】对话框。

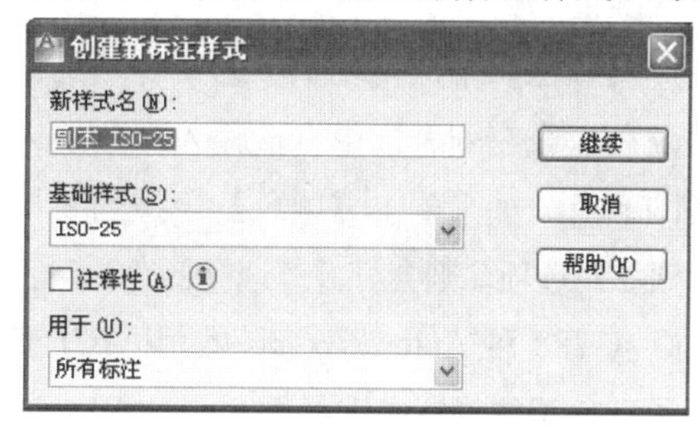

图9-5 【创建新标注样式】对话框

在其中，可以进行以下设置。

(1) 在【新样式名】文本框中输入新的尺寸样式名。

(2) 在【基础样式】下拉列表框中选择相应的标准。

(3) 在【用于】下拉列表框中选择需要将此尺寸样式应用到相应尺寸标注上。

设置完毕后单击【继续】按钮，即可进入【新建标注样式】对话框进行各项设置，其内容与【修改标注样式】对话框中的内容一致。

【新建标注样式】对话框、【修改标注样式】对话框与【替代当前样式】对话框中的内容是一致的，包括7个选项卡，在此对其设置作详细的讲解。

AutoCAD中存在标注样式的导入、导出功能，可以用标注样式的导入、导出功能实现在新建图形中引用当前图形中的标注样式或者导入样式应用标注，后缀名为dim。

1. 线设置

【线】选项卡：此选项卡用来设置尺寸线和延伸线的格式和特性。

单击【修改标注样式】对话框中的【线】标签，切换到【线】选项卡。如图9-3所示。在此选项卡中，用户可以设置尺寸的几何变量。

此选项卡中各选项内容如下。

(1)【尺寸线】：设置尺寸线的特性。在此选项中，AutoCAD为用户提供了以下6项内容供用户设置。

①【颜色】：显示并设置尺寸线的颜色。用户可以选择【颜色】下拉列表框中的某种颜色作为尺寸线的颜色，或在列表框中直接输入颜色名来获得尺寸线的颜色。如果单击【颜色】下拉列表框中的【选择颜色】选项，则会打开【选择颜色】对话框，用户可以从 288 种 AutoCAD 颜色索引(ACI)颜色、真彩色和配色系统颜色中选择颜色，如图9-6所示。

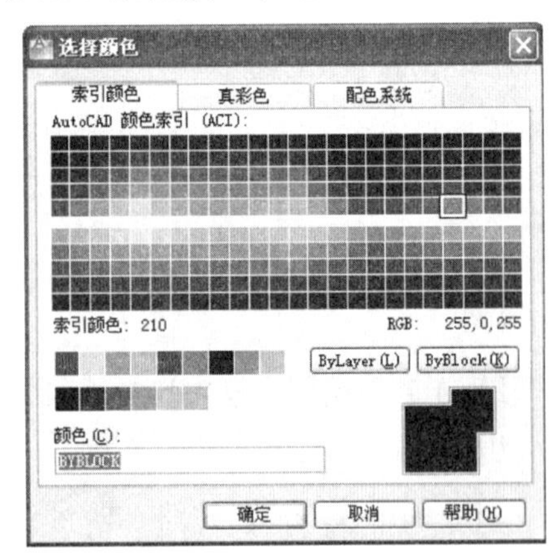

图9-6 【选择颜色】对话框

②【线型】：设置尺寸线的线型。用户可以选择【线型】下拉列表框中的某种线型作为尺寸线的线型。

③【线宽】：设置尺寸线的线宽。用户可以选择【线宽】下拉列表框中的某种属性来设置线宽，如ByLayer(随层)、ByBlock(随块)及默认或一些固定的线宽等。

④【超出标记】：显示的是当用短斜线代替尺寸箭头使用倾斜、建筑标记、积分和无标记时尺寸线超过延伸线的距离，用户可以在此输入自己的预定值。默认情况下为0。如图9-7所示为预定值设定为3时尺寸线超出延伸线的距离。

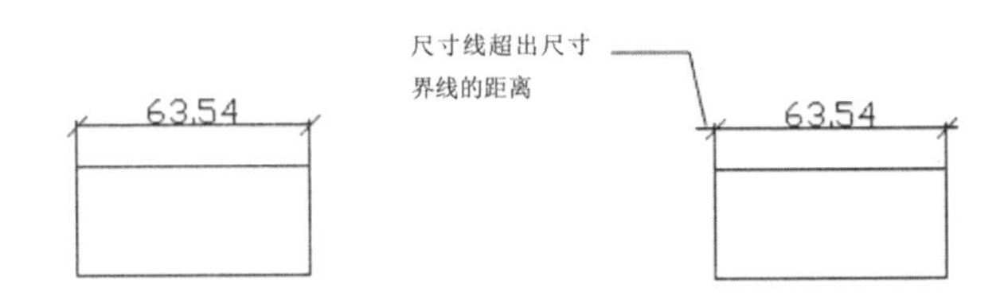

图9-7 输入【超出标记】预定值的前后对比

⑤【基线间距】：显示的是两尺寸线之间的距离，用户可以在此输入自己的预定值。该值将在进行连续和基线尺寸标注时用到。

⑥【隐藏】：不显示尺寸线。当标注文字在尺寸线中间时，如果选中【尺寸线1】复选框，将隐藏前半部分尺寸线，如果选中【尺寸线2】复选框，则隐藏后半部分尺寸线。如果同时选中两个复选框，则尺寸线将被全部隐藏。如图9-8所示。

图9-8 隐藏部分尺寸线的尺寸标注

(2)【尺寸界线】：控制延伸线的外观。在此选项中，AutoCAD为用户提供了以下选项内容供用户设置。

①【颜色】：显示并设置延伸线的颜色。用户可以选择【颜色】下拉列表框中的某种颜色作为延伸线的颜色，或在列表框中直接输入颜色名来获得延伸线的颜色。如果单击【颜色】下拉列表框中的【选择颜色】选项，则会打开【选择颜色】对话框，用户可以从 288 种 AutoCAD 颜色索引(ACI)颜色、真彩色和配色系统颜色中选择颜色。

②【尺寸界线1的线型】及【尺寸界线2的线型】：设置延伸线的线型。用户可以选择其下拉列表框中的某种线型作为延伸线的线型。

③【线宽】：设置延伸线的线宽。用户可以选择【线宽】下拉列表框中的某种属性来设置线宽，如ByLayer(随层)、ByBlock(随块)及默认或一些固定的线宽等。

④【隐藏】：不显示延伸线。如果选中【延伸线1】复选框，将隐藏第一条延伸线，如果选中【延伸线2】复选框，则隐藏第二条延伸线。如果同时选中两个复选框，则延伸线将被全部隐藏，如图9-9所示。

图9-9 隐藏部分延伸线的尺寸标注

⑤【超出尺寸线】：显示的是延伸线超过尺寸线的距离。用户可以在此输入自己的预定值。如图9-10所示为预定值设定为3时延伸线超出尺寸线的距离。

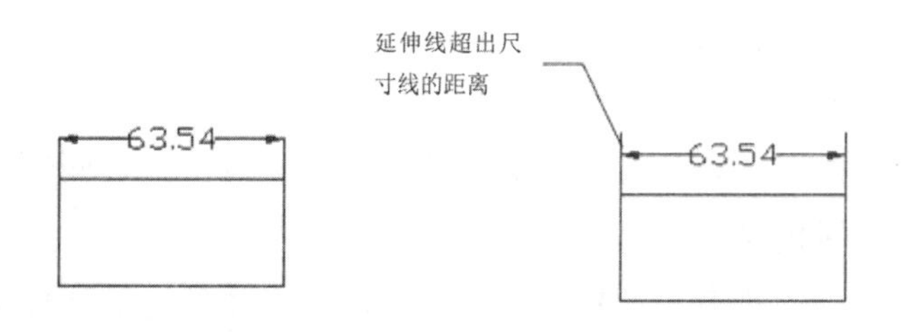

图9-10 输入【超出尺寸线】预定值的前后对比

⑥【起点偏移量】：用于设置自图形中定义标注的点到延伸线的偏移距离。一般来说，延伸线与所标注的图形之间有间隙，该间隙即为起点偏移量，即在【起点偏移量】微调框中所显示的数值，用户也可以把它设为另外一个值。

⑦【固定长度的尺寸界线】：用于设置延伸线从尺寸线开始到标注原点的总长度。如图9-11所示为设定固定长度的延伸线前后的对比。无论是否设置了固定长度的延伸线，延伸线偏移都将设置从延伸线原点开始的最小偏移距离。

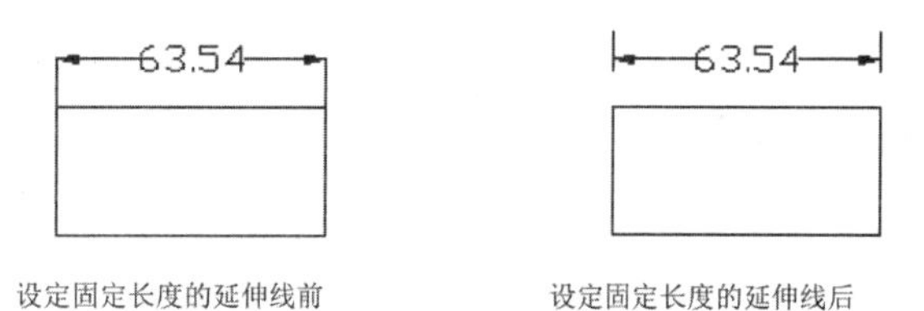

图9-11 设定固定长度的延伸线前后

2. 符号和箭头设置

【符号和箭头】选项卡：此选项卡用来设置箭头、圆心标记、折断标注、弧长符号、半径折弯标注和线性弯折标注的格式和位置。

单击【新建标注样式】对话框中的【符号和箭头】标签，切换到【符号和箭头】选项卡，如图9-12所示。

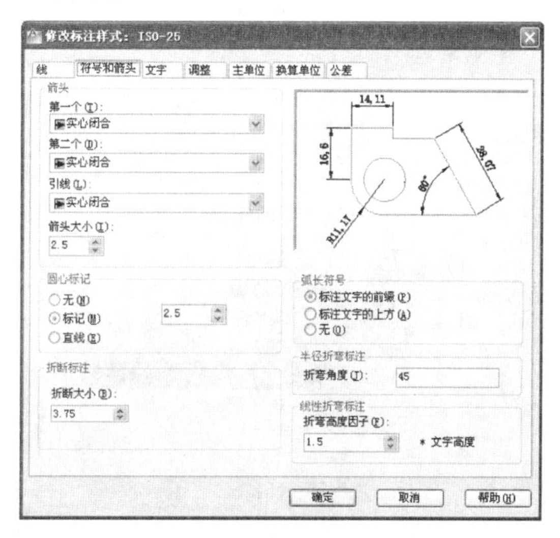

图9-12 【符号和箭头】选项卡

此选项卡各选项内容如下。

(1)【箭头】：控制标注箭头的外观。在此选项中，AutoCAD为用户提供了以下4项内容供用户设置。

①【第一个】：用于设置第一条尺寸线的箭头。当改变第一个箭头的类型时，第二个箭头将自动改变以便同第一个箭头相匹配。

②【第二个】：用于设置第二条尺寸线的箭头。

③【引线】：用于设置引线尺寸标注的指引箭头类型。若用户要指定自己定义的箭头块，可分别单击上述三项下拉列表框中的【用户箭头】选项，则显示【选择自定义箭头块】对话框。用户选择自己定义的箭头块的名称(该块必须在图形中)。

④【箭头大小】：在此微调框中显示的是箭头的大小值，用户可以单击上下移动的箭头选择相应的大小值，或直接在微调框中输入数值以确定箭头的大小值。

另外，在AutoCAD 2012版本中有【旋转】标注的功能，用户可以更改标注上每个标注的方向。如图9-13所示，先选择要改变其方向的标注，然后单击鼠标右键，在打开的下拉菜单中选择【旋转】命令。翻转后的标注如图9-14所示。

图9-13　翻转标注

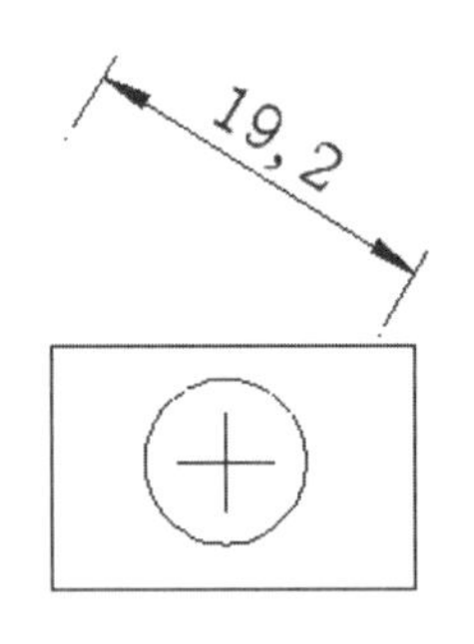

图9-14　翻转后的标注

(2)【圆心标记】：控制直径标注和半径标注的圆心标记和中心线的外观。在此选项中，AutoCAD为用户提供了以下3项内容供用户设置。

①【无】：不创建圆心标记或中心线，其存储值为0。

②【标记】：创建圆心标记，其大小存储为正值。

③【直线】：创建中心线，其大小存储为负值。

(3)【折断标注】：在此微调框中显示和设置圆心标记或中心线的大小。

用户可以在【折断大小】微调框中，通过上下箭头选择一个数值或直接在微调框中输入相应的数值来表示圆心标记的大小。

(4)【弧长符号】：控制弧长标注中圆弧符号的显示。在此选项中，AutoCAD为用户提供了以下3项内容供用户设置：

①【标注文字的前缀】：将弧长符号放置在标注文字的前面。

②【标注文字的上方】：将弧长符号放置在标注文字的上方。

③【无】：不显示弧长符号。

(5)【半径折弯标注】：控制折弯(Z字形)半径标注的显示。折弯半径标注通常在中心点位于页面外部时创建。

【折弯角度】：用于确定连接半径标注的延伸线和尺寸线的横向直线的角度，如图9-15所示。

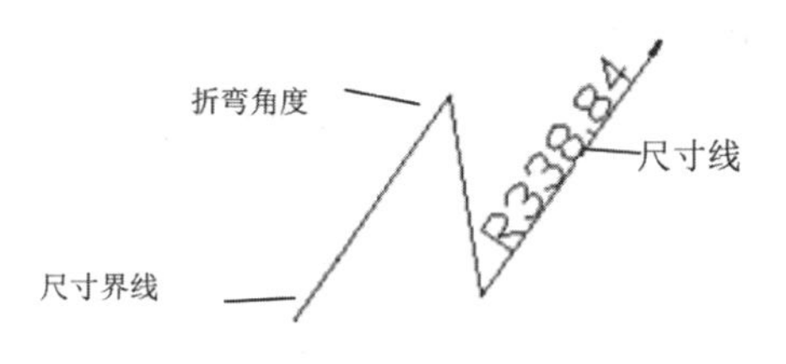

图9-15 折弯角度

(6)【线性折弯标注】：控制线性标注折弯的显示。

用户可以在【折弯高度因子】微调框中通过上下箭头选择一个数值或直接在微调框中输入相应的数值来表示文字高度的大小。

3. 文字设置

【文字】选项卡：此选项卡用来设置标注文字的外观、位置和对齐。

单击【标注样式】对话框中的【文字】标签，切换到【文字】选项卡，如图9-16所示。

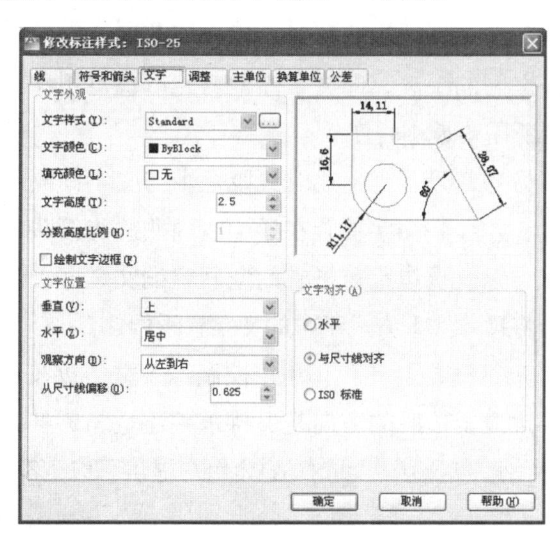

图9-16 【文字】选项卡

此选项卡中各选项内容如下。

(1)【文字外观】：设置标注文字的样式、颜色和大小等属性。在此选项中，AutoCAD为用户提供了以下6项内容供用户设置。

①【文字样式】：用于显示和设置当前标注文字样式。用户可以从其下拉列表框中选择一种样式。若用户要创建和修改标注文字样式，可以单击下拉列表框旁边的【文字样式】按钮...，打开【文字样式】对话框，如图9-17所示，从中进行标注文字样式的创建和修改。

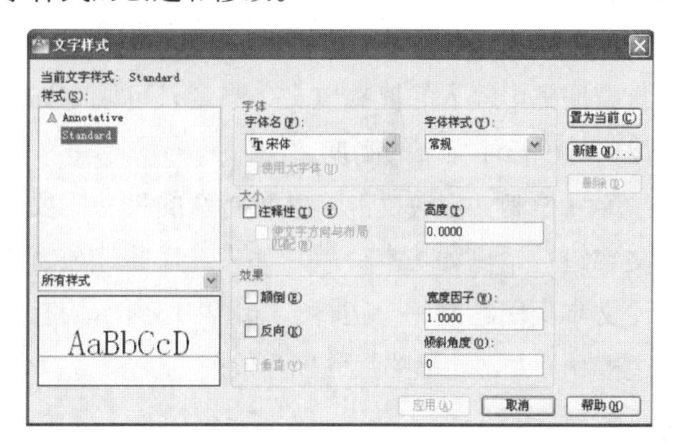

图9-17 【文字样式】对话框

②【文字颜色】：用于设置标注文字的颜色。用户可以选择其下拉列表框中的某种颜色作为标注文字的颜色，或在列表框中直接输入颜色名来获得标注文字的颜色。如果单击其下拉列表框中的“选择颜色”选项，则会打开【选择颜色】对话框，用户可以从288种AutoCAD 颜色索引(ACI)颜色、真彩色和配色系统颜色中选择颜色。

③【填充颜色】：用于设置标注文字背景的颜色。用户可以选择其下拉列表框中的某种颜色作为标注文字背景的颜色，或在列表框中直接输入颜色名来获得标注文字背景的颜色。如果单击其下拉列表框中的“选择颜色”选项，则会打开【选择颜色】对话框，用户可以从 288 种 AutoCAD 颜色索引(ACI)颜色、真彩色和配色系统颜色中选择颜色。

④【文字高度】：用于设置当前标注文字样式的高度。用户可以直接在文本框输入需要的数值。如果用户在【文字样式】选项中将文字高度设置为固定值(即文字样式高度大于 0)，则该高度将替代此处设置的文字高度。如果要使用在【文字】选项卡上设置的高度，必须确保【文字样式】中的文字高度设置为0。

⑤【分数高度比例】：用于设置相对于标注文字的分数比例，用在公差标注中，当公差样式有效时可以设置公差的上下偏差文字与公差的尺寸高度的比例值。另外，只有在【主单位】选项卡上选择【分数】作为【单位格式】时，此选项才可应用。在此微调框中输入的值乘以文字高度，可确定标注分数相对于标注文字的高度。

⑥【绘制文字边框】：某种特殊的尺寸需要使用文字边框。例如基本公差，如果选择此选项将在标注文字周围绘制一个边框。如图9-18所示为有文字边框和无文字边框的尺寸标注效果。

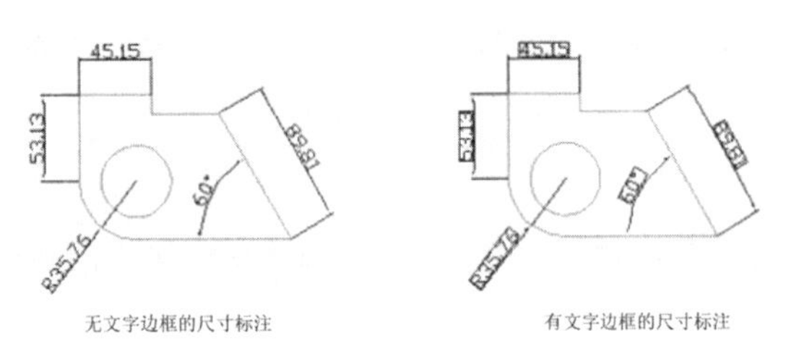

图9-18 有无文字边框尺寸标注的比较

(2)【文字位置】：用于设置标注文字的位置。在此选项中，AutoCAD为用户提供了以下4项内容供用户设置。

①【垂直】：用来调整标注文字与尺寸线在垂直方向的位置。用户可以在此下拉列表框中选择当前的垂直对齐位置，此下拉列表框中共有4个选项供用户选择，说明如下。

“居中”：将文本置于尺寸线的中间。

“上”和“下”：将文本置于尺寸线的上、下方。从尺寸线到文本的最低基线的距离就是当前的文字间距。

“外部”：将文本置于尺寸线上远离第一个定义点的一边。

“JIS”：按日本工业的标准放置。

②【水平】：用来调整标注文字与尺寸线在平行方向的位置。用户可以在此下拉列表框中的选择当前的水平对齐位置，此下拉列表框中共有8个选项供用户选择，它们分别是：

“居中”：将文本置于延伸线的中间。

“第一条尺寸界线”：将标注文字沿尺寸线与第一条尺寸界线左对正。尺寸界线与标注文字的距离是箭头大小加上文字间距之和的两倍。

“第二条尺寸界线”：将标注文字沿尺寸线与第二条尺寸界线右对正。尺寸界线与标注文字的距离是箭头大小加上文字间距之和的两倍。

“第一条尺寸界线上方”：沿第一条尺寸界线放置标注文字或将标注文字放置在第一条尺寸界线之上。

“第二条尺寸界线上方”：沿第二条尺寸界线放置标注文字或将标注文字放置在第二条尺寸界线之上。

③【观察方向】：选择观察尺寸的方向，有“从左到右”和“从右到左”两个选项。

④【从尺寸线偏移】：用于调整标注文字与尺寸线之间的距离，即文字间距。此值也可用作尺寸线段所需的最小长度。

另外，只有当生成的线段至少与文字间隔同样长时，才会将文字放置在延伸线内侧。当箭头、标注文字以及页边距有足够的空间容纳文字间距时，才会将尺寸线上方或下方的文字置于内侧。

(3)【文字对齐】：用于控制标注文字放在延伸线外边或里边时的方向是保持水平还是与延伸线平行。在此选项中，AutoCAD为用户提供了以下3项内容供用户设置。

①【水平】：选中此单选按钮表示无论尺寸标注为何种角度，它的标注文字总是水平的。

②【与尺寸线对齐】：选中此单选按钮表示尺寸标注为何种角度时，它的标注文字即为何种角度，文字方向总是与尺寸线平行。

③【ISO标准】：选中此单选按钮表示标注文字方向遵循ISO标准。当文字在延伸线内时，文字与尺

寸线对齐；当文字在延伸线外时，文字水平排列。

国家制图标准专门对文字标注做出了规定，其主要内容如下：

字体的号数有20、14、10、7、8、3.8、2.8 7种，其号数即为字的高度(单位为mm)。字的宽度约等于字体高度的2/3。对于汉字，因笔画较多，不宜采用2.8号字。

文字中的汉字应采用长仿宋体；拉丁字母分大、小写2种，而这2种字母又可分别写成直体(正体)和斜体形式。斜体字的字头向右侧倾斜，与水平线约成78°；阿拉伯数字也有直体和斜体2种形式。斜体数字与水平线也成78°。实际标注中，有时需要将汉字、字母和数字组合起来使用。例如，标注"4-M8深18"时，就用到了汉字、字母和数字。

以上简要介绍了国家制图标准对文字标注要求的主要内容。其详细要求请参考相应的国家制图标准。下面介绍如何为AutoCAD创建符合国标要求的文字样式。

要创建符合国家要求的文字样式，关键是要有相应的字库。AutoCAD支持TRUETYPE字体，如果用户的计算机中已安装TRUETYPE形式的长仿宋体，按前面创建STHZ文字样式的方法创建相应文字样式，即可标注出长仿宋体字。此外，用户也可以采用宋体或仿宋体字体作为近似字体，但此时要设置合适的宽度比例。

4. 调整设置

【调整】选项卡：此选项卡用来设置标注文字、箭头、引线和尺寸线的放置位置。

单击【标注样式】对话框中的【调整】标签，切换到【调整】选项卡，如图9-19所示。

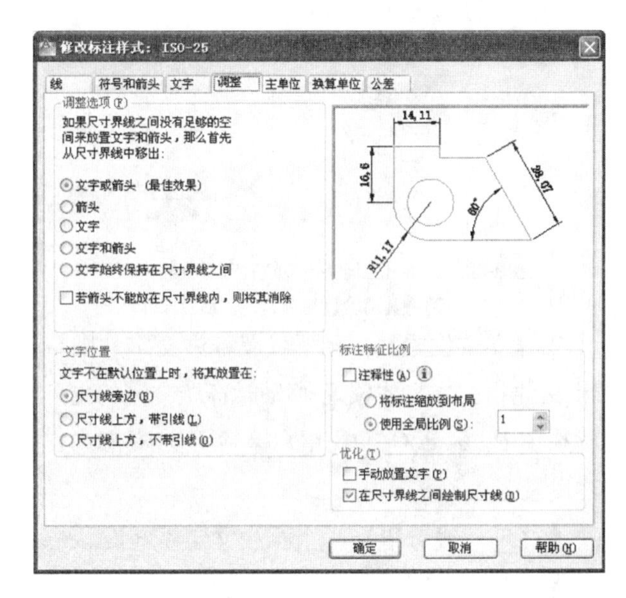

图9-19 【调整】选项卡

此选项卡中各选项内容如下。

(1)【调整选项】：用于在特殊情况下调整尺寸的某个要素的最佳表现方式。在此选项中，AutoCAD为用户提供了以下6项内容供用户设置。

①【文字或箭头(最佳效果)】：选中此单选按钮表示AutoCAD会自动选取最优的效果，当没有足够的空间放置文字和箭头时，AutoCAD会自动把文字或箭头移出延伸线。

②【箭头】：选中此单选按钮表示在延伸线之间如果没有足够的空间放置文字和箭头时，将首先把箭头移出延伸线。

③【文字】：选中此单选按钮表示在延伸线之间如果没有足够的空间放置文字和箭头时，将首先把文字移出延伸线。

④【文字和箭头】：选中此单选按钮表示在延伸线之间如果没有足够的空间放置文字和箭头时，将会把文字和箭头同时移出延伸线。

⑤【文字始终保持在尺寸界线之间】：选中此单选按钮表示在尺寸界线之间如果没有足够的空间放置文字和箭头时，文字将始终留在尺寸界线内。

⑥【若箭头不能放在尺寸界线内，则将其消除】：选中此复选框，表示当文字和箭头在尺寸界线放置不下时，则消除箭头，即不画箭头。如图9-20所示的R11.17的半径标注为选中此复选框的前后对比。

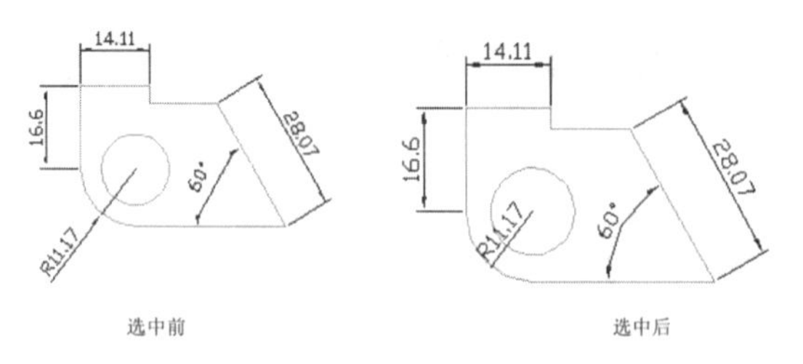

图9-20 选中【若箭头不能放在尺寸界线内，则将其消除】复选框的前后对比

(2)【文字位置】：用于设置标注文字从默认位置(由标注样式定义的位置)移动时标注文字的位置。在此选项中，AutoCAD为用户提供了以下3项内容供用户设置。

①【尺寸线旁边】：当标注文字不在默认位置时，将文字标注在尺寸线旁。这是默认的选项。

②【尺寸线上方，带引线】：当标注文字不在默认位置时，将文字标注在尺寸线的上方，并加一条引线。

③【尺寸线上方，不带引线】：当标注文字不在默认位置时，将文字标注在尺寸线的上方，不加引线。

(3)【标注特征比例】：用于设置全局标注比例值或图纸空间比例。在此选项中，AutoCAD为用户提供了以下2项内容供用户设置。

①【使用全局比例】：表示整个图形的尺寸比例，比例值越大表示尺寸标注的字体越大。选中此单选按钮后，用户可以在其微调框中选择某一个比例或直接在微调框中输入一个数值表示全局的比例。

②【将标注缩放到布局】：表示以相对于图纸的布局比例来缩放尺寸标注。

(4)【优化】：提供用于放置标注文字的其他选项。在此选项中，AutoCAD为用户提供了以下两项内容供用户设置。

①【手动放置文字】：选中此复选框表示每次标注时总是需要用户设置放置文字的位置，反之则在标注文字时使用默认设置。

②【在尺寸界线之间绘制尺寸线】：选中该复选框表示当尺寸界线距离比较近时，在界线之间也要绘制尺寸线，反之则不绘制。

5．主单位设置

【主单位】选项卡：此选项卡用来设置主标注单位的格式和精度，并设置标注文字的前缀和后缀。

单击【标注样式】对话框中的【主单位】标签，切换到【主单位】选项卡，如图9-21所示。

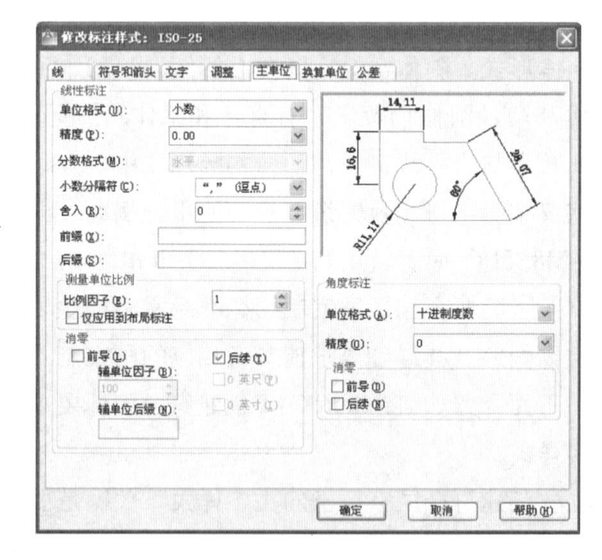

图9-21 【主单位】选项卡

此选项卡中各选项内容如下。

(1)【线性标注】：用于设置线性标注的格式和精度。在此选项中，AutoCAD为用户提供了以下选项内容供用户设置。

①【单位格式】：设置除角度之外的所有尺寸标注类型的当前单位格式。其中的选项共有6项，它们是："科学"、"小数"、"工程"、"建筑"、"分数"和"Windows桌面"。

②【精度】：设置尺寸标注的精度。用户可以通过在其下拉列表框中选择某一项作为标注精度。

③【分数格式】：设置分数的表现格式。此选项只有当【单位格式】选中的是"分数"时才有效，它包括"水平"、"对角"、"非堆叠"3个选项。

④【小数分隔符】：设置用于十进制格式的分隔符。此选项只有当【单位格式】选中的是“小数”时才有效，它包括“句点”、“逗点”、“空格”3个选项。

⑤【舍入】：设置四舍五入的位数及具体数值。用户可以在其微调框中直接输入相应的数值来设置。如果输入 0.28，则所有标注距离都以 0.28 为单位进行舍入；如果输入 1.0，则所有标注距离都将舍入为最接近的整数。小数点后显示的位数取决于【精度】设置。

⑥【前缀】：在此文本框中用户可以为标注文字输入一定的前缀，可以输入文字或使用控制代码显示特殊符号。如图9-22所示，在【前缀】文本框中输入“%%C”后，标注文字前加表示直径的前缀“ϕ”号。

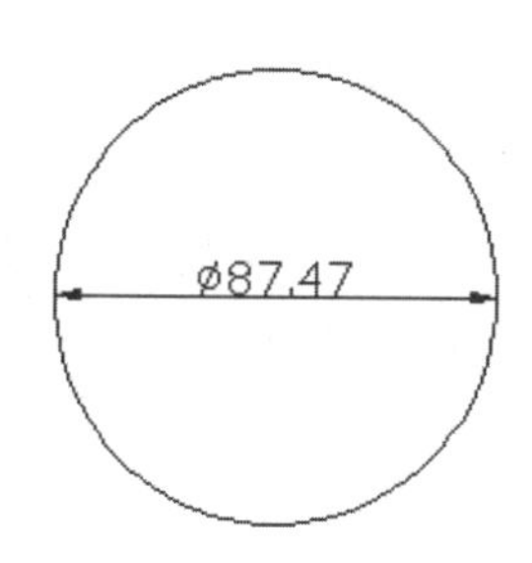

图9-22 加入前缀“%%C”的尺寸标注

⑦【后缀】：在此文本框中用户可以为标注文字输入一定的后缀，可以输入文字或使用控制代码显示特殊符号。如图9-23所示，在【后缀】文本框中输入“cm”后，标注文字后加后缀“cm”。

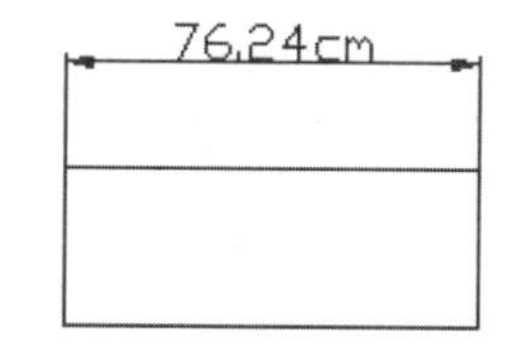

图9-23 加入后缀“cm”的尺寸标注

在AutoCAD标注文字时，有很多特殊的字符和标注，这些特殊字符和标注由控制字符来实现，AutoCAD的特殊字符及其对应的控制字符如表9-1所示。

表9-1 特殊字符及其对应的控制字符表

特殊符号或标注	控制字符	示　例
圆直径标注符号(ϕ)	%%c	ϕ48
百分号	%%%	%30
正/负公差符号(±)	%%c	20±0.8
度符号(º)	%%d	48º
字符数nnn	%%nnn	Abc
加上划线	%%o	$\overline{123}$
加下划线	%%u	$\underline{123}$

在AutoCAD实际操作中也会遇到要求对数据标注上下标，下面介绍一下数据标注上下标的方法。

- 上标：编辑文字时，输入2^，然后选中2^，单击a/b按键即可。
- 下标：编辑文字时，输入^2，然后选中^2，单击a/b按键即可。
- 上下标：编辑文字时，输入2^2，然后选中2^2，单击a/b按键即可。

提 示

当输入前缀或后缀时，输入的前缀或后缀，将覆盖在直径和半径等标注中。如果指定了公差，前缀或后缀将添加到公差和主标注中。

⑧【测量单位比例】：定义线性比例选项，主要应用于传统图形。

用户可以通过在【比例因子】微调框中输入相应的数字表示设置比例因子。但是建议不要更改此值的默认值 1.00。例如，如果输入 2，则 1 英寸直线的尺寸将显示为 2 英寸。该值不应用到角度标注，也不应用到舍入值或者正负公差值。

用户也可以选中【仅应用到布局标注】复选框或不选使设置应用到整个图形文件中。

⑨【消零】：用来控制不输出前导零、后续零以及零英尺、零英寸部分，即在标注文字中不显示

前导零、后续零以及零英尺、零英寸部分。

(2)【角度标注】：用于显示和设置角度标注的当前角度格式。在此选项中，AutoCAD为用户提供了以下3项内容供用户设置。

① 【单位格式】：设置角度单位格式。其中的选项共有4项，它们是："十进制度数"、"度/分/秒"、"百分度"和"弧度"。

② 【精度】：设置角度标注的精度。用户可以通过在其下拉列表框中选择某一项作为标注精度。

③ 【消零】：用来控制不输出前导零、后续零，即在标注文字中不显示前导零、后续零。

6. 换算单位设置

【换算单位】选项卡：此选项卡用来设置标注测量值中换算单位的显示并设置其格式和精度。

单击【标注样式】对话框中的【换算单位】标签，切换到【换算单位】选项卡，如图9-24所示。

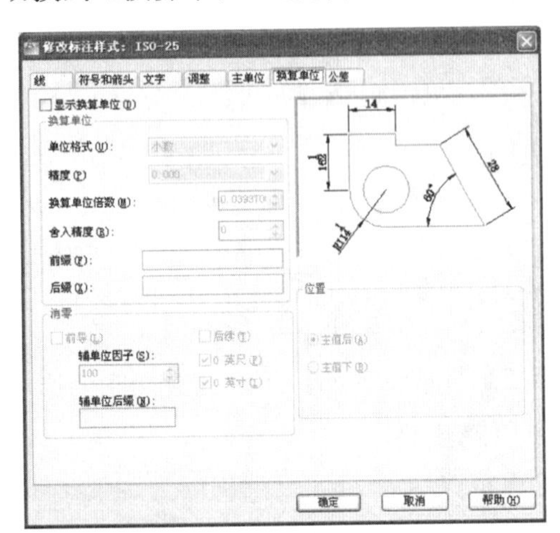

图9-24 【换算单位】选项卡

此选项卡中各选项内容如下。

(1)【显示换算单位】：用于向标注文字添加换算测量单位。只有当用户选中此复选框时，【换算单位】选项卡的所有选项才有效；否则即为无效，即在尺寸标注中换算单位无效。

(2)【换算单位】：用于显示和设置角度标注的当前角度格式。在此选项中，AutoCAD为用户提供了以下6项内容供用户设置。

① 【单位格式】：设置换算单位格式。此项与主单位的单位格式设置相同。

② 【精度】：设置换算单位的尺寸精度。此项也与主单位的精度设置相同。

③ 【换算单位倍数】：设置换算单位之间的比例，用户可以指定一个乘数，作为主单位和换算单位之间的换算因子使用。例如，要将英寸转换为毫米，则输入 26.4。此值对角度标注没有影响，而且不会应用于舍入值或者正、负公差值。

④ 【舍入精度】：设置四舍五入的位数及具体数值。如果输入 0.28，则所有标注测量值都以 0.28 为单位进行舍入；如果输入 1.0，则所有标注测量值都将舍入为最接近的整数。小数点后显示的位数取决于【精度】设置。

⑤ 【前缀】：在此文本框中用户可以为尺寸换算单位输入一定的前缀，可以输入文字或使用控制代码显示特殊符号。如图9-25所示，在【前缀】文本框中输入"%%C"后，换算单位前加表示直径的前缀"ϕ"号。

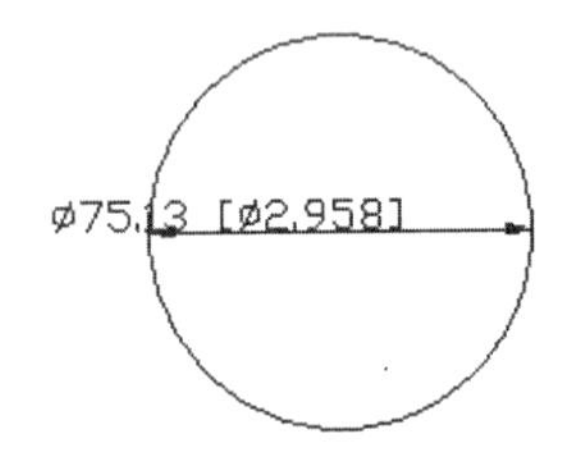

图9-25 加入前缀的换算单位示意图

⑥ 【后缀】：在此文本框中用户可以为尺寸换算单位输入一定的后缀，可以输入文字或使用控制代码显示特殊符号。如图9-26所示，在【后缀】文本框中输入"cm"后，换算单位后加后缀"cm"。

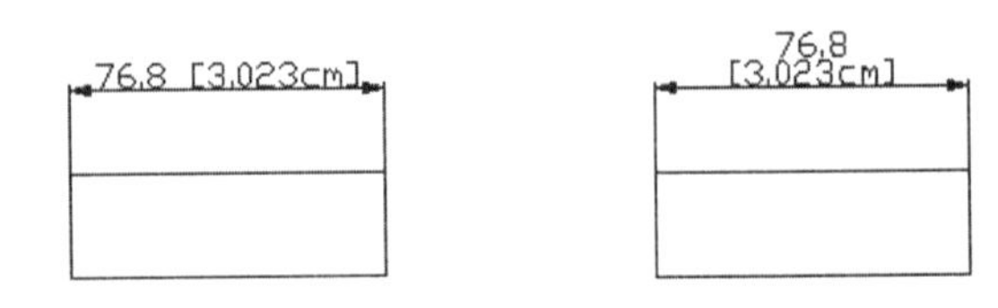

将换算单位放置主单位之后的尺寸标注　　将换算单位放置主单位下面的尺寸标注

图9-26 加入后缀的换算单位示意图

(3)【消零】：用来控制不输出前导零、后续零以及零英尺、零英寸部分，即在换算单位中不显示前导零、后续零以及零英尺、零英寸部分。

(4)【位置】：用于设置标注文字中换算单位的放置位置。在此选项中，有以下2个单选按钮。

①【主值后】：选中此单选按钮表示将换算单位放在标注文字中的主单位之后。

②【主值下】：选中此单选按钮表示将换算单位放在标注文字中的主单位下面。

如图9-27所示为换算单位放置在主单位之后和主值下面的尺寸标注对比。

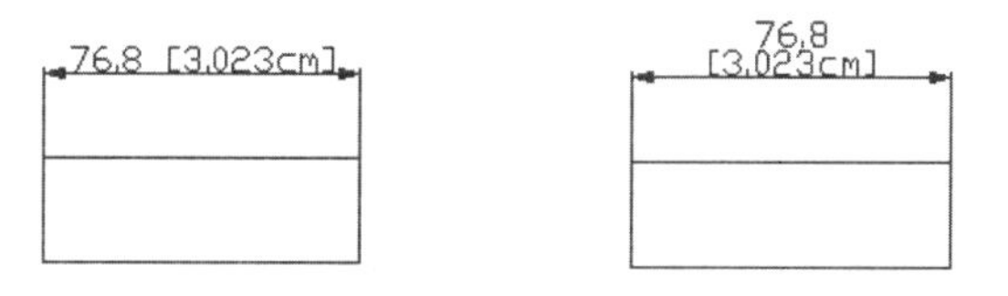

将换算单位放置主单位之后的尺寸标注　　将换算单位放置主单位下面的尺寸标注

图9-27　换算单位放置在主单位之后和主值下面的尺寸标注

7. 公差设置

【公差】选项卡：此选项卡用来设置公差格式及换算公差等。

单击【标注样式】对话框中的【公差】标签，切换到【公差】选项卡，如图9-28所示。

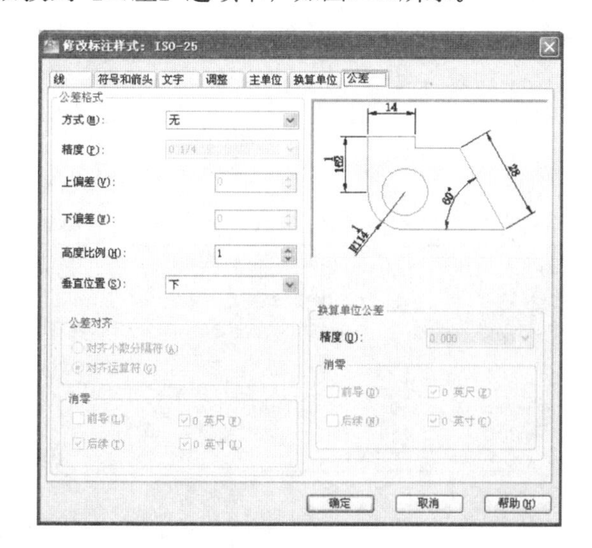

图9-28　【公差】选项卡

此选项卡中各选项内容如下。

(1)【公差格式】：用于设置标注文字中公差的格式及显示。在此选项中，AutoCAD为用户提供了以下8项内容供用户设置：

①【方式】：设置公差格式。用户可以在其下拉列表框中选择其一作为公差的标注格式。其中的选项共有5项，它们是：“无”、“对称”、“极限偏差”、“极限尺寸”和“基本尺寸”。

“无”：不添加公差。

“对称”：添加公差的正/负表达式，其中一个偏差量的值应用于标注测量值。标注后面将显示加号或减号。在【上偏差】中输入公差值。

“极限偏差”：添加正/负公差表达式。不同的正公差和负公差值将应用于标注测量值。在【上偏差】中输入的公差值前面将显示正号(+)。在【下偏差】中输入的公差值前面将显示负号(-)。

“极限尺寸”：创建极限标注。在此类标注中，将显示一个最大值和一个最小值，一个在上，另一个在下。最大值等于标注值加上在【上偏差】中输入的值。最小值等于标注值减去在【下偏差】中输入的值。

“基本尺寸”：创建基本标注，这将在整个标注范围周围显示一个框。

②【精度】：设置公差的小数位数。

③【上偏差】：设置最大公差或上偏差。如果在【方式】中选择“对称”，则此项数值将用于公差。

④【下偏差】：设置最小公差或下偏差。

⑤【高度比例】：设置公差文字的当前高度。

⑥【垂直位置】：设置对称公差和极限公差的文字对正。

⑦【公差对齐】：可以对齐小数分隔符和运算符。

⑧【消零】：用来控制不输出前导零、后续零以及零英尺、零英寸部分，即在公差中不显示前导零、后续零以及零英尺、零英寸部分。

(2)【换算单位公差】：用于设置换算公差单位的格式。在此选项中的【精度】、【消零】的设置与前面的设置相同。

设置好各选项后，单击任一选项卡的【确定】按钮，然后单击【标注样式管理器】对话框中的【关闭】按钮即完成设置。

9.2 线性、对齐标注

尺寸标注是图形设计中基本的设计步骤和过程，其随图形的多样性而有多种不同的标注，AutoCAD提供了多种标注类型，包括线性尺寸标注、对齐尺寸标注等，通过了解这些尺寸标注，可以灵活地给图形添加尺寸标注。下面就来介绍AutoCAD 2012的尺寸标注方法和规则。

9.2.1 线性标注

线性尺寸标注用来标注图形的水平尺寸、垂直尺寸，如图9-29所示。

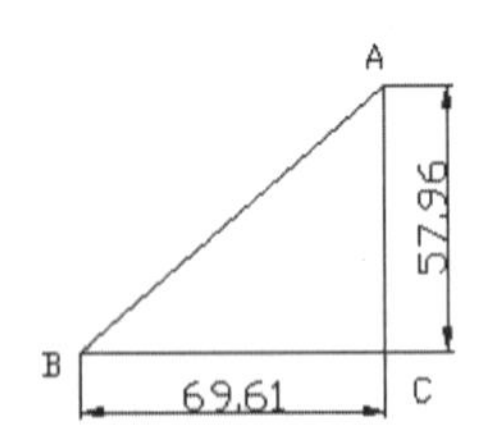

图9-29　线性尺寸标注

创建线性尺寸标注有以下3种方法。

- 在菜单栏中选择【标注】|【线性】菜单命令。
- 在命令输入行中输入Dimlinear命令后按下Enter键。
- 单击【标注】面板或工具栏中的【线性】按钮。

执行上述任一操作后，命令输入行提示如下：

命令: _dimlinear

指定第一个延伸线原点或 <选择对象>:　//选择A点后单击

指定第二条延伸线原点:　　　　//选择C点后单击

指定尺寸线位置或[多行文字(M)/文字(T)/角度(A)/水平(H)/垂直(V)/旋转(R)]: 标注文字 = 57.96

//拖动尺寸线移动到合适的位置后单击

提示

以上命令输入行提示选项解释如下。

【多行文字】：用户可以在标注的同时输入多行文字。

【文字】：用户只能输入一行文字。

【角度】：输入标注文字的旋转角度。

【水平】：标注水平方向距离尺寸。

【垂直】：标注垂直方向距离尺寸。

【旋转】：输入尺寸线的旋转角度。

9.2.2 对齐标注

对齐尺寸标注是指标注两点间的距离，标注的尺寸线平行于两点间的连线，如图9-30所示为线性尺寸标注与对齐尺寸标注的对比。

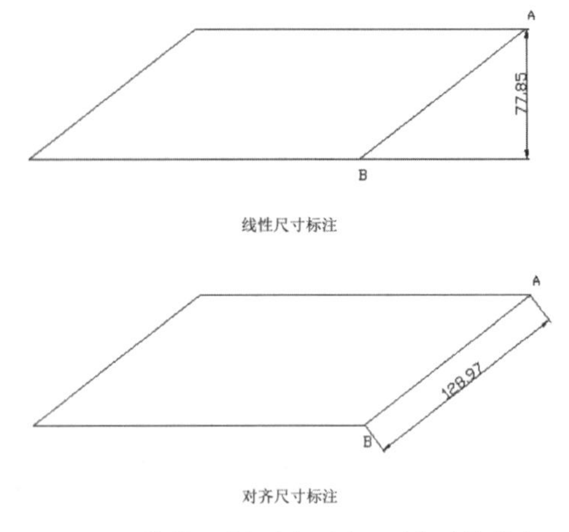

图9-30　线性尺寸标注与对齐尺寸标注的对比

创建对齐尺寸标注有以下3种方法。

- 在菜单栏中选择【标注】|【对齐】菜单命令。
- 在命令输入行中输入dimaligned命令后按下Enter键。
- 单击【标注】面板或工具栏中的【对齐】按钮。

执行上述任一操作后，命令输入行提示如下：

命令: _dimaligned

指定第一个延伸线原点或 <选择对象>: //选择A点后单击

指定第二条延伸线原点: //选择B点后单击

指定尺寸线位置或[多行文字(M)/文字(T)/角度(A)]:

标注文字 = 128.97 //拖动尺寸线移动到合适的位置后单击

9.2.3 线性、对齐标注范例

本范例练习文件：\09\9-2-3.dwg

本范例完成文件：\09\9-2-4.dwg

多媒体教学路径：光盘→多媒体教学→第9章→9.2节

步骤 1 标注线性尺寸，如图9-31所示。

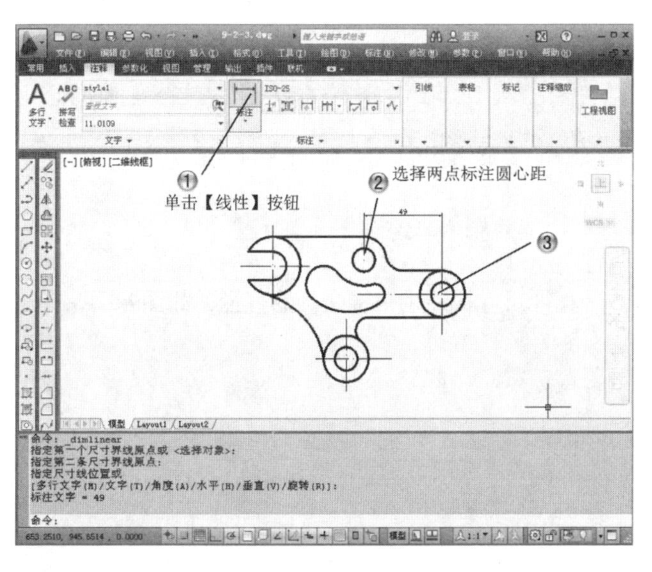

图9-31 标注线性尺寸

步骤 2 标注圆心距，如图9-32所示。

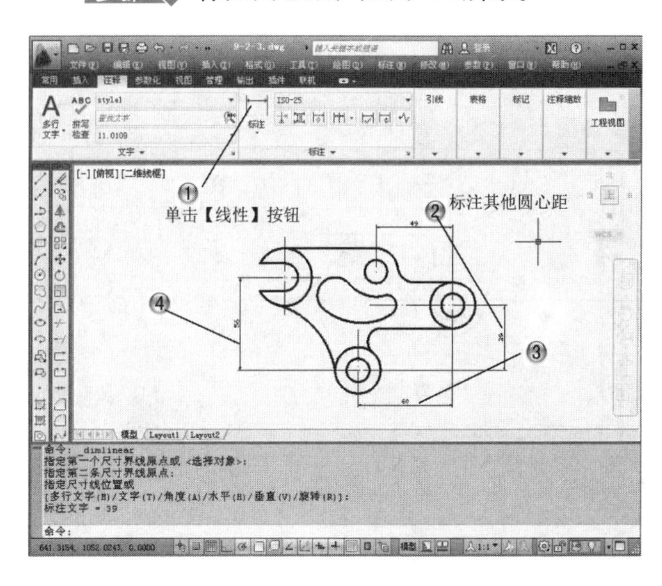

图9-32 标注圆心距

步骤 3 标注圆弧圆心距，如图9-33所示。

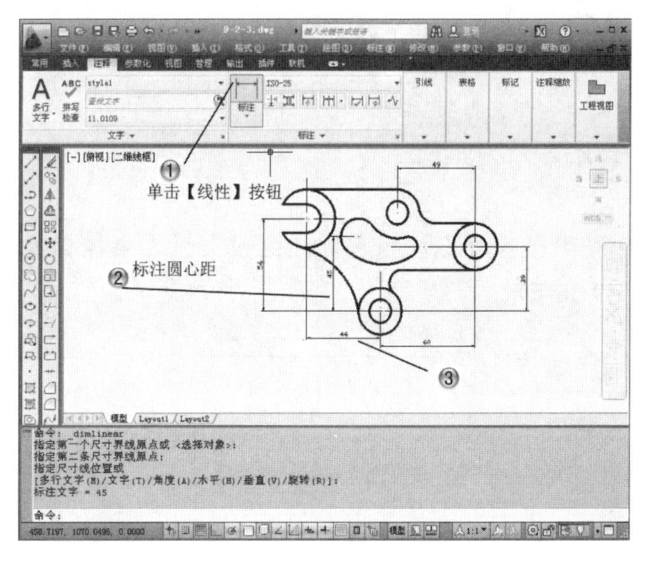

图9-33 标注圆弧圆心距

步骤 4 标注其他圆弧圆心距，如图9-34所示。

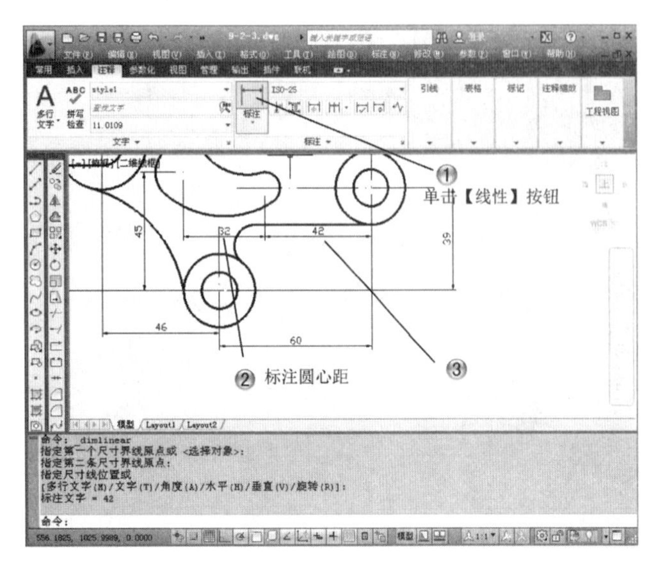

图9-34 标注其他圆弧圆心距

步骤 5 标注对齐尺寸，如图9-35所示。

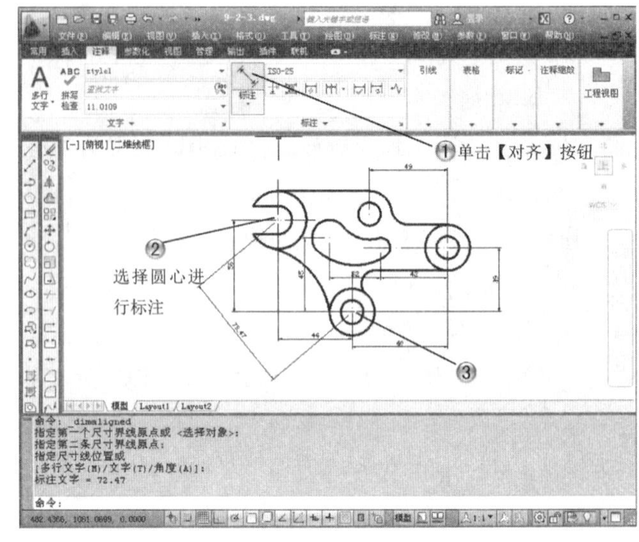

图9-35 标注对齐尺寸

9.3 半径、直径和角度标注

9.3.1 半径标注

半径尺寸标注用来标注圆或圆弧的半径，如图9-36所示。

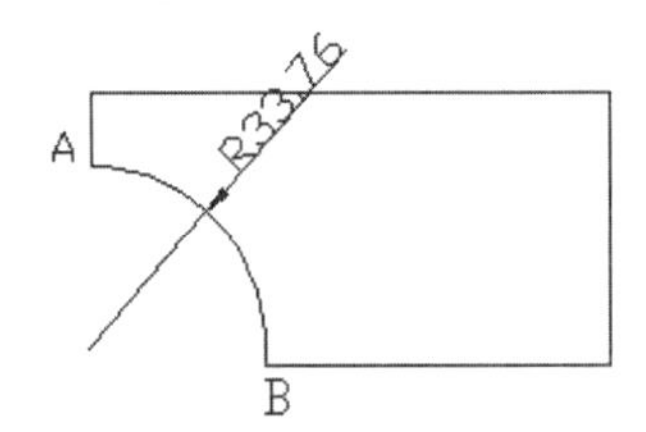

图9-36 半径尺寸标注

创建半径尺寸标注有以下3种方法。

- 在菜单栏中选择【标注】|【半径】菜单命令。
- 在命令输入行中输入dimradius命令后按下Enter键。
- 单击【标注】面板或工具栏中的【半径】按钮。

执行上述任一操作后，命令输入行提示如下：

命令: _dimradius

选择圆弧或圆: //选择圆弧AB后单击

标注文字 = 33.76

指定尺寸线位置或 [多行文字(M)/文字(T)/角度(A)]: //移动尺寸线至合适位置后单击

9.3.2 直径标注

直径尺寸标注用来标注圆的直径，如图9-37所示。

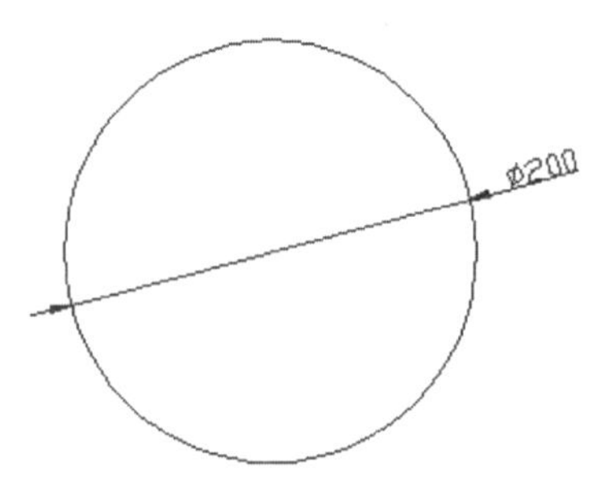

图9-37 直径尺寸标注

创建直径尺寸标注有以下3种方法。

- 在菜单栏中选择【标注】|【直径】菜单命令。
- 在命令输入行中输入Dimdiameter命令后按下Enter键。
- 单击【标注】面板或工具栏中的【直径】按钮。

执行上述任一操作后，命令输入行提示如下：

命令: _dimdiameter

选择圆弧或圆: //选择圆后单击

标注文字 = 200

指定尺寸线位置或 [多行文字(M)/文字(T)/角度(A)]: //移动尺寸线至合适位置后单击

9.3.3 角度标注

角度尺寸标注用来标注两条不平行线的夹角或圆弧的夹角。如图9-38所示不同图形的角度尺寸标注。

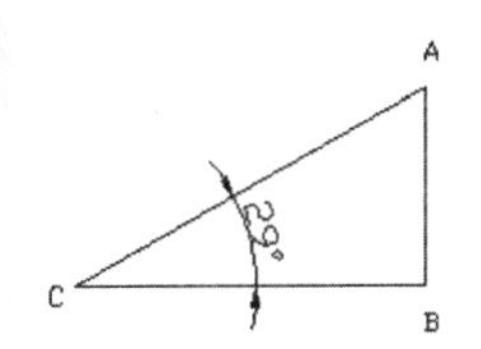

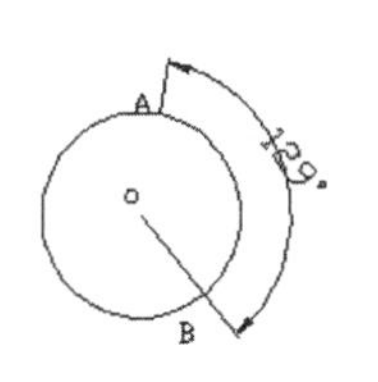

选择两条直线的角度尺寸标注　选择圆弧的角度尺寸标注　选择圆的角度尺寸标注

图9-38　角度尺寸标注

创建角度尺寸标注有以下3种方法。

- 在菜单栏中选择【标注】|【角度】菜单命令。
- 在命令输入行中输入Dimangular命令后按下Enter键。
- 单击【标注】面板或工具栏中的【角度】按钮。

如果选择直线，执行上述任一操作后，命令输入行提示如下：

命令: _dimangular

选择圆弧、圆、直线或 <指定顶点>: //选择直线AC后单击

选择第二条直线: //选择直线BC后单击

指定标注弧线位置或 [多行文字(M)/文字(T)/角度(A)/象限点(Q)]: //选定标注位置后单击

标注文字 = 29

如果选择圆弧，执行上述任一操作后，命令输入行提示如下：

命令: _dimangular

选择圆弧、圆、直线或 <指定顶点>: //选择圆弧AB后单击

指定标注弧线位置或 [多行文字(M)/文字(T)/角度(A)]: //选定标注位置后单击

标注文字 = 157

如果选择圆，执行上述任一操作后，命令输入行提示如下：

命令: _dimangular

选择圆弧、圆、直线或 <指定顶点>: //选择圆O并指定A点后单击

指定角的第二个端点: //选择点B后单击

指定标注弧线位置或 [多行文字(M)/文字(T)/角度(A)/象限点(Q)]: //选定标注位置后单击

标注文字 = 129

9.3.4 半径、直径和角度标注范例

本范例练习文件：\09\9-2-4.dwg

本范例完成文件：\09\9-3-4.dwg

多媒体教学路径：光盘→多媒体教学→第9章→9.3节

步骤 1 标注外圈半径，如图9-39所示。

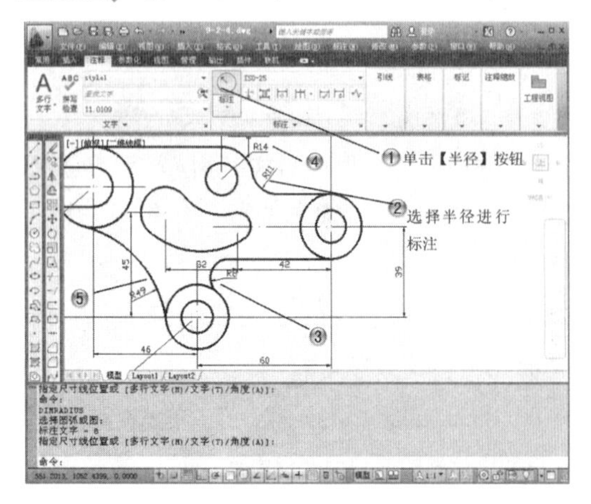

图9-39 标注外圈半径

步骤 2 标注内圈半径，如图9-40所示。

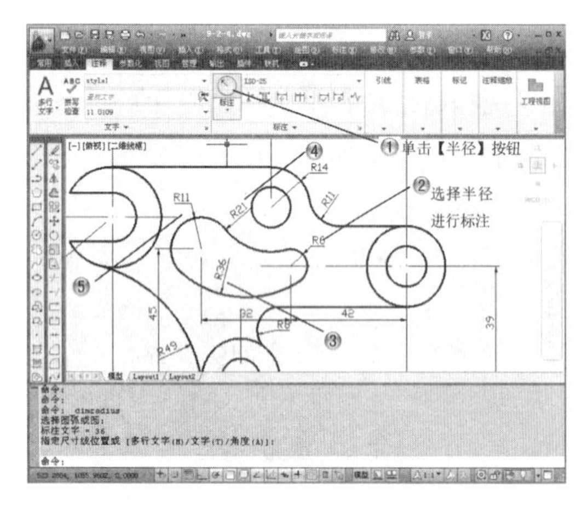

图9-40 标注内圈半径

步骤 3 标注圆弧直径，如图9-41所示。

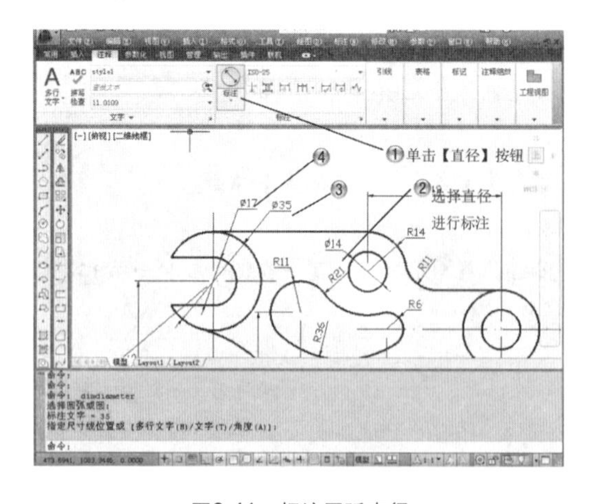

图9-41 标注圆弧直径

步骤 4 标注同心圆直径，如图9-42所示。

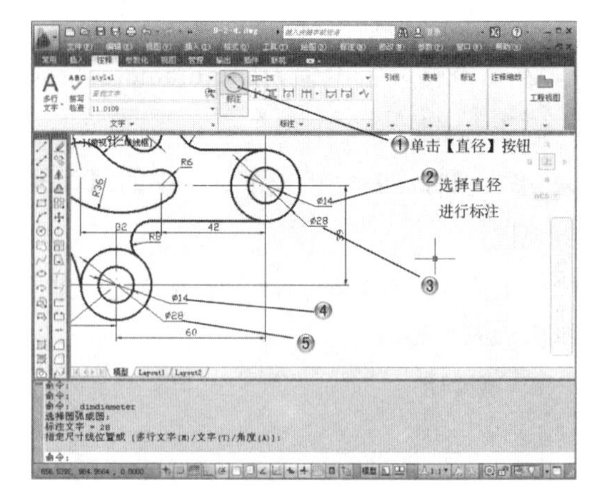

图9-42 标注同心圆直径

步骤 5 绘制圆心直线，如图9-43所示。

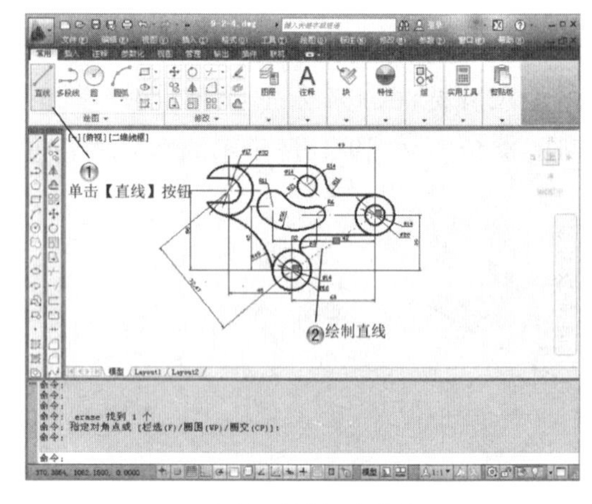

图9-43 绘制圆心直线

步骤 6 标注角度，如图9-44所示。

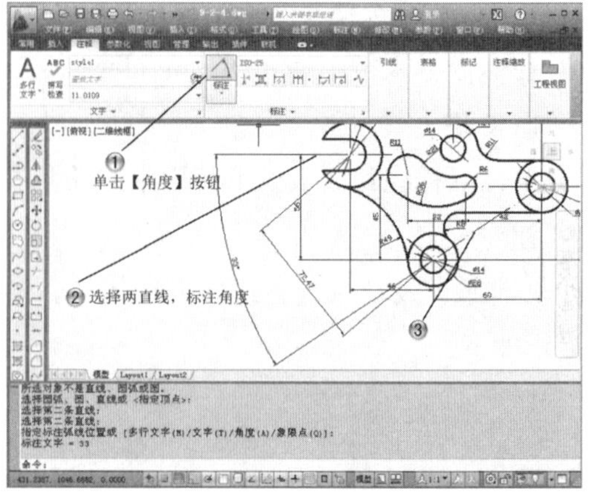

图9-44 标注角度

9.4 基线、连续标注

9.4.1 基线标注

基线尺寸标注用来标注以同一基准为起点的一组相关尺寸，如图9-45所示。

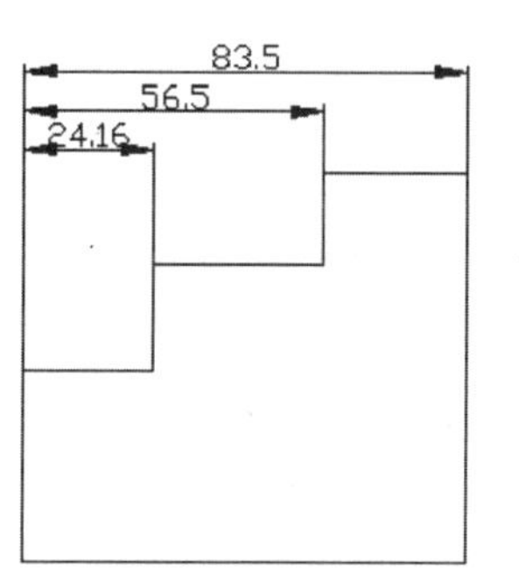

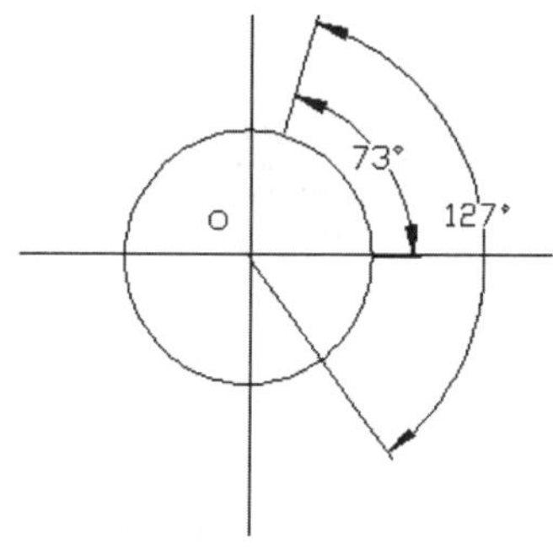

矩形的基线尺寸标注　　圆的基线尺寸标注

图9-45 基线尺寸标注

创建基线尺寸标注有以下3种方法。

- 在菜单栏中选择【标注】|【基线】菜单命令。
- 在命令输入行中输入Dimbaseline命令后按下Enter键。
- 单击【标注】面板或工具栏中的【基线】按钮。

如果当前任务中未创建任何标注，执行上述任一操作后，系统将提示用户选择线性标注、坐标标注或角度标注，以用作基线标注的基准。命令输入行提示如下：

选择基准标注: //选择线性标注(图9-45中线性标注24.16)、坐标标注或角度标注(图9-45中角度标注73º)

否则，系统将跳过该提示，并使用上次在当前任务中创建的标注对象。如果基准标注是线性标注或角度标注，将显示下列提示：

命令: _dimbaseline

指定第二条延伸线原点或 [放弃(U)/选择(S)] <选择>: //选定第二条延伸线原点后单击或按下Enter键

标注文字 = 56.5(图9-45中的矩形标注)或127(图9-45中圆的标注)

指定第二条延伸线原点或 [放弃(U)/选择(S)] <选择>: //选定第三条延伸线原点后按下Enter键

标注文字 = 83.5(图9-45中的矩形标注)

如果基准标注是坐标标注，将显示下列提示：

指定点坐标或 [放弃(U)/选择(S)] <选择>:

9.4.2 连续标注

连续尺寸标注用来标注一组连续相关尺寸，即前一尺寸标注是后一尺寸标注的基准，如图9-46所示。

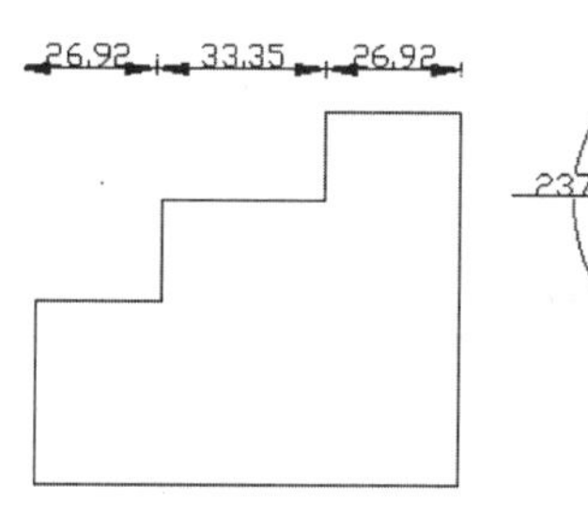

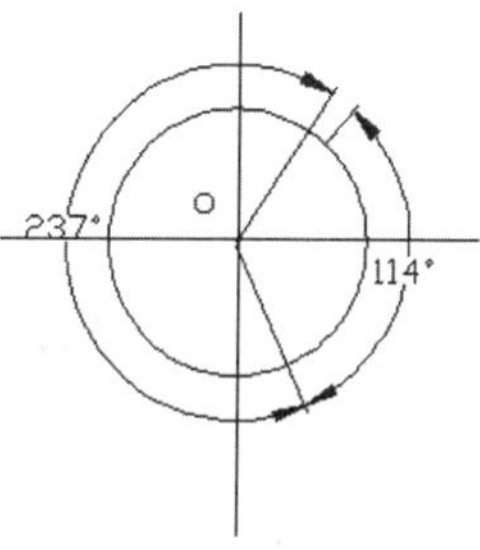

矩形的连续尺寸标注　　圆的连续尺寸标注

图9-46 连续尺寸标注

创建连续尺寸标注有以下3种方法。

- 在菜单栏中选择【标注】|【连续】菜单命令。
- 在命令输入行中输入Dimcontinue命令后按下Enter键。
- 单击【标注】面板或工具栏中的【连续】按钮。

如果当前任务中未创建任何标注，执行上述任一操作后，系统将提示用户选择线性标注、坐标标注或角度标注，以用作连续标注的基准。命令输入行提示如下：

选择连续标注：　//选择线性标注(图9-46中线性标注26.92)、坐标标注或角度标注(图9-46中角度标注114°)

否则，系统将跳过该提示，并使用上次在当前任务中创建的标注对象。如果基准标注是线性标注或角度标注，将显示下列提示：

命令: _dimcontinue

指定第二条延伸线原点或 [放弃(U)/选择(S)] <选择>: //选定第二条延伸线原点后单击或按下Enter键

标注文字 = 33.35(图9-46中的矩形标注)或237(图9-46中圆的标注)

指定第二条延伸线原点或 [放弃(U)/选择(S)] <选择>: //选定第三条延伸线原点后按下Enter键

标注文字 = 26.92(图9-46中的矩形标注)

如果基准标注是坐标标注，将显示下列提示：

指定点坐标或 [放弃(U)/选择(S)] <选择>:

9.4.3 基线、连续标注范例

本范例练习文件：\09\9-4-3.dwg

本范例完成文件：\09\9-4-4.dwg

多媒体教学路径：光盘→多媒体教学→第9章→9.4节

步骤1 标注线性尺寸，如图9-47所示。

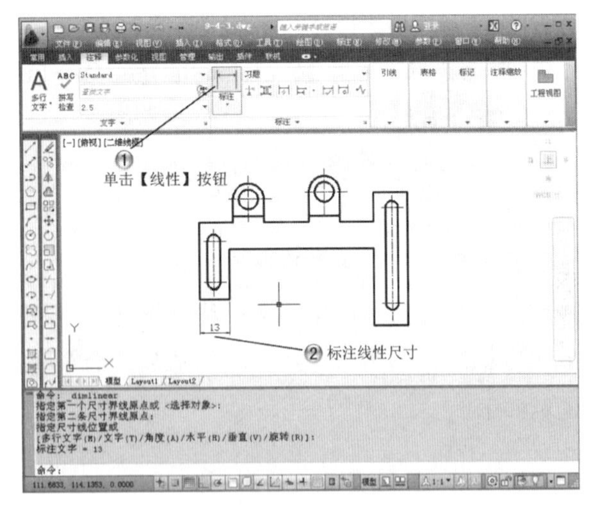

图9-47　标注线性尺寸

步骤2 标注基线尺寸，如图9-48所示。

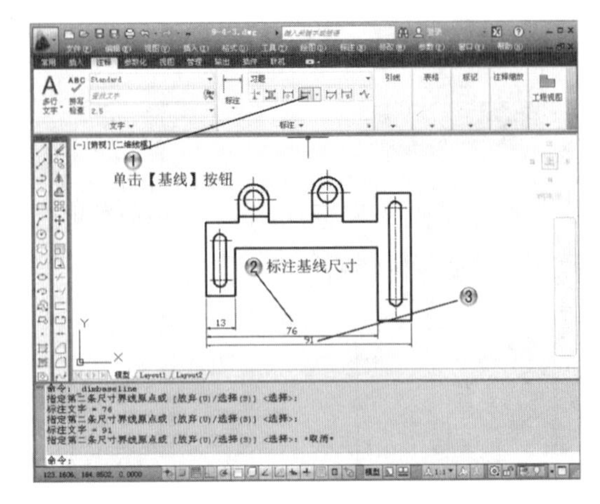

图9-48　标注基线尺寸

步骤3 标注线性尺寸，如图9-49所示。

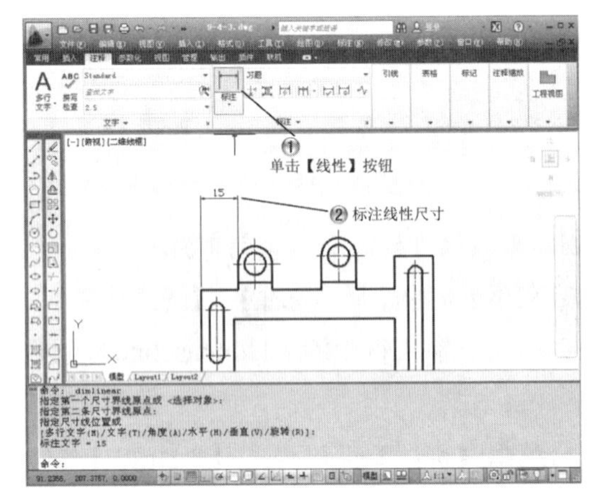

图9-49　标注线性尺寸

步骤4 标注连续尺寸，如图9-50所示。

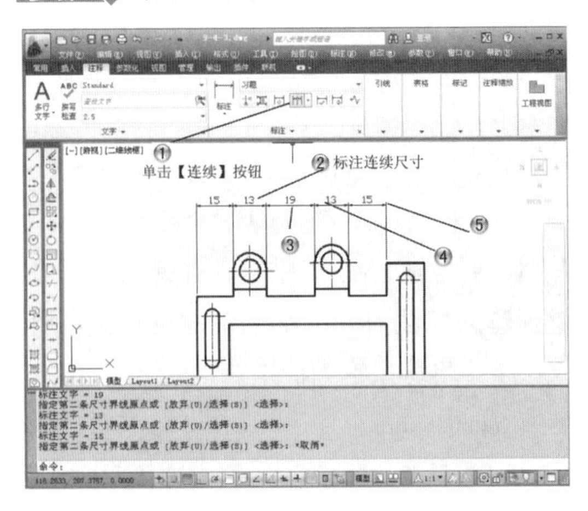

图9-50　标注连续尺寸

9.5 其他标注

9.5.1 圆心标记

圆心标记用来绘制圆或者圆弧的圆心十字形标记或是中心线。

如果用户既需要绘制十字形标记又需要绘制中心线，则首先必须在【新建标注样式】对话框的【符号和箭头】选项卡中，选择【圆心标记】为【直线】选项，并在【大小】微调框中输入相应的数值，来设定圆心标记的大小(若只需要绘制十字形标记则选择【圆心标记】为【标记】选项)，如图9-51所示。

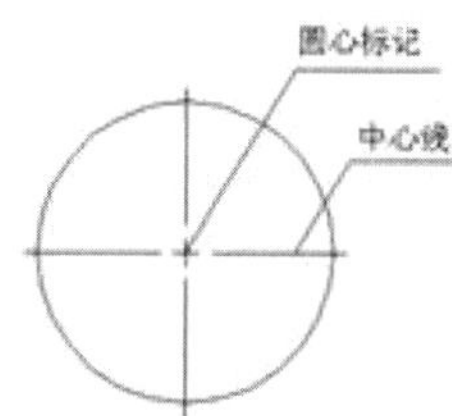

图9-51 圆心标记

然后进行圆心标记的创建，方法有以下3种。

- 在菜单栏中选择【标注】|【圆心标记】菜单命令。
- 在命令输入行中输入dimcenter命令后按下Enter键。
- 单击【标注】面板或工具栏中的【圆心标记】按钮 。

执行上述任一操作后，命令输入行提示如下：

命令: _dimcenter

选择圆弧或圆: //选择圆或圆弧后单击

9.5.2 引线标注

引线尺寸标注是从图形上的指定点引出连续的引线，用户可以在引线上输入标注文字，如图9-52所示。

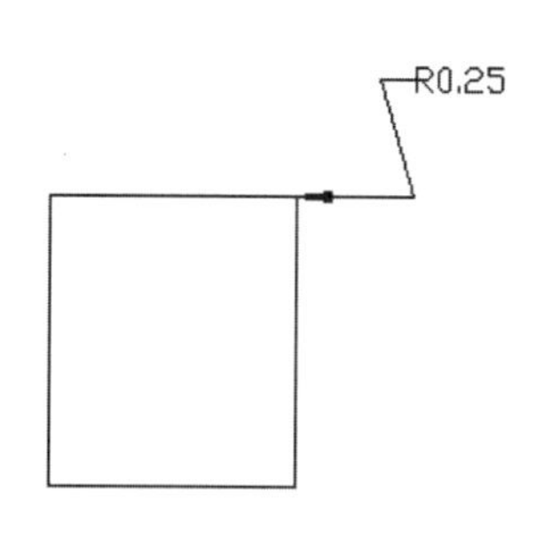

图9-52 引线尺寸标注

创建引线尺寸标注的方法是在命令输入行中输入qleader命令后按下Enter键。

执行上述任一操作后，命令输入行提示如下：

命令: _qleader

指定第一个引线点或 [设置(S)] <设置>: //选定第一个引线点

指定下一点: //选定第二个引线点

指定下一点:

指定文字宽度<0>:8 //输入文字宽度8

输入注释文字的第一行 <多行文字(M)>: R0.25 //输入注释文字R0.25后连续两次按下Enter键

若用户执行“设置”操作，即在命令输入行中输入S：

命令: _qleader

指定第一个引线点或 [设置(S)] <设置>: S //输入S后按下Enter键

此时打开【引线设置】对话框，如图9-53所示，在其中的【注释】选项卡中可以设置引线注释类型、指定多行文字选项，并指明是否需要重复使用注释；在【引线和箭头】选项卡中可以设置引线和箭头格式；在【附着】选项卡中可以设置引线和多行文字注释的附着位置(只有在【注释】选项卡中选定【多行文字】单选按钮时，此选项卡才可用)。

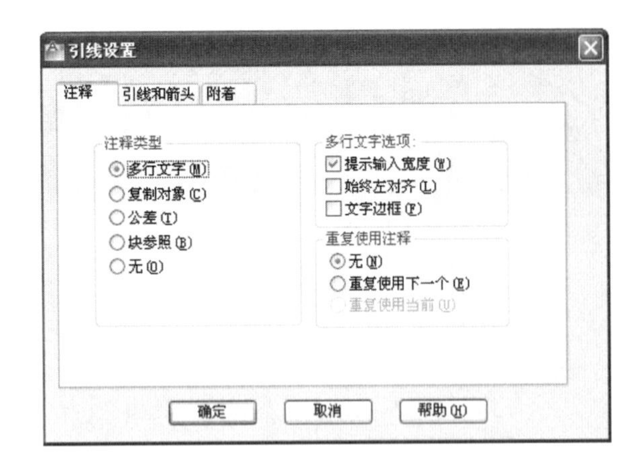

图9-53 【引线设置】对话框

9.5.3 坐标标注

坐标尺寸标注用来标注指定点到用户坐标系(UCS)原点的坐标方向距离。如图9-54所示，圆心沿横向坐标方向的坐标距离为13.24，圆心沿纵向坐标方向的坐标距离为480.24。

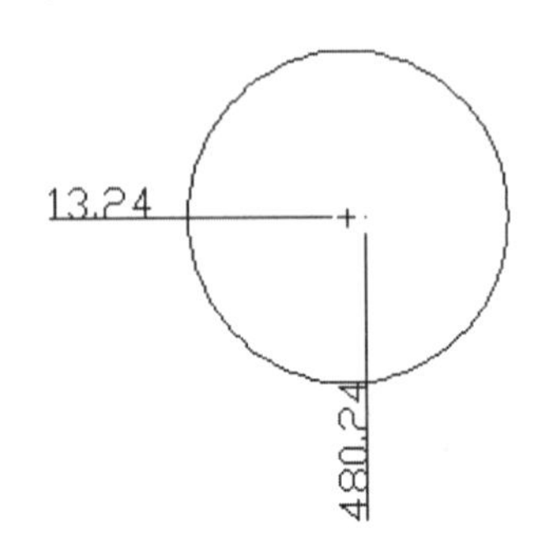

图9-54 坐标尺寸标注

创建坐标尺寸标注有以下3种方法。

- 在菜单栏中选择【标注】|【坐标】菜单命令。
- 在命令输入行中输入dimordinate命令后按下Enter键。
- 单击【标注】面板或工具栏中的【坐标】按钮。

执行上述任一操作后，命令输入行提示如下：

命令: _dimordinate

指定点坐标:　　　　//选定圆心后单击

指定引线端点或 [X 基准(X)/Y 基准(Y)/多行文字(M)/文字(T)/角度(A)]: 标注文字 = 13.24

//拖动鼠标确定引线端点至合适位置后单击

9.5.4 快速标注

快速尺寸标注用来标注一系列图形对象，如为一系列圆进行标注，如图9-55所示。

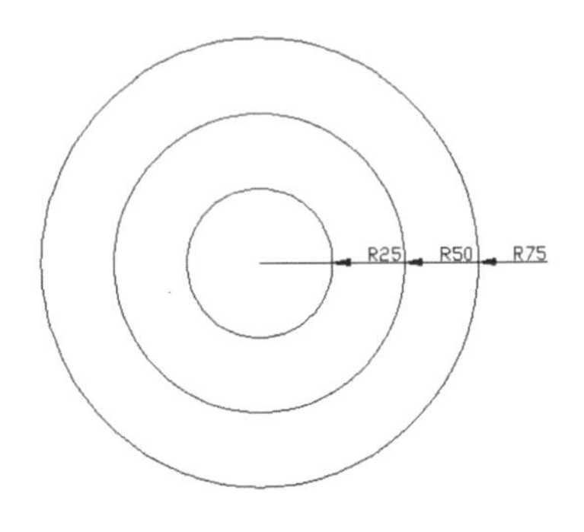

图9-55 快速尺寸标注

创建快速尺寸标注有以下两种方法。

- 在菜单栏中选择【标注】|【快速标注】菜单命令。
- 在命令输入行中输入qdim命令后按下Enter键。
- 单击【标注】面板或工具栏中的【快速标注】按钮。

执行上述任一操作后，命令输入行提示如下：

命令: _qdim

关联标注优先级 = 端点

选择要标注的几何图形: 找到 1 个

选择要标注的几何图形: 找到 1 个，总计 2 个

选择要标注的几何图形: 找到 1 个，总计 3 个

选择要标注的几何图形:

指定尺寸线位置或 [连续(C)/并列(S)/基线(B)/坐标(O)/半径(R)/直径(D)/基准点(P)/编辑(E)/设置(T)]

<半径>:　　　　//标注一系列半径型尺寸标注，并移动尺寸线至合适位置后单击

提示

命令输入行中选项的含义如下。

【连续】：标注一系列连续型尺寸标注。

【并列】：标注一系列并列尺寸标注。

【基线】：标注一系列基线型尺寸标注。

【坐标】：标注一系列坐标型尺寸标注。

【半径】：标注一系列半径型尺寸标注。

【直径】：标注一系列直径型尺寸标注。

【基准点】：为基线和坐标标注设置新的基准点。

【编辑】：编辑标注。

9.5.5 其他标注范例

本范例练习文件：\09\9-4-4.dwg

本范例完成文件：\09\9-5-5.dwg

多媒体教学路径：光盘→多媒体教学→第9章→9.5节

步骤 1 标注圆心，如图9-56所示。

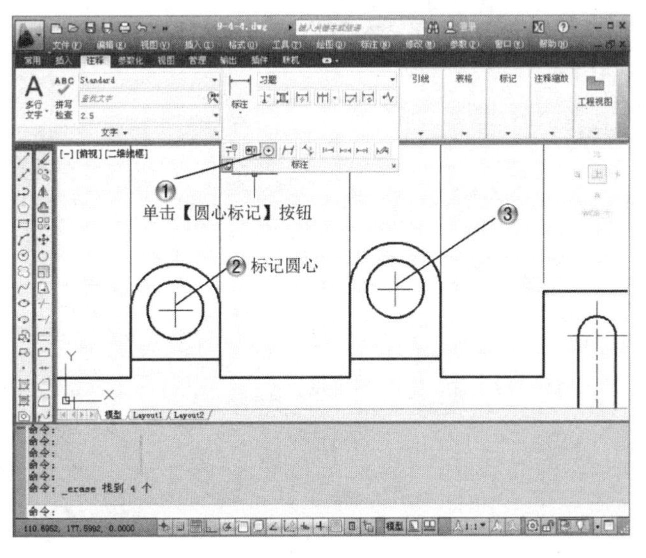

图9-56 标注圆心

步骤 2 引线标注，如图9-57所示。

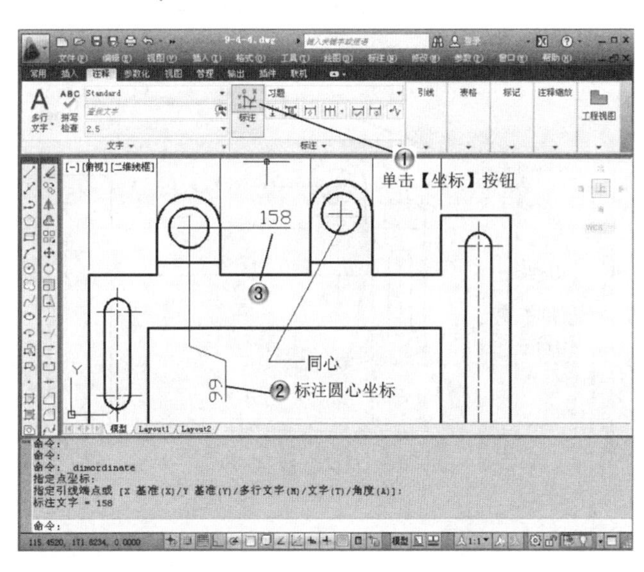

图9-57 引线标注

步骤 3 圆心坐标标注，如图9-58所示。

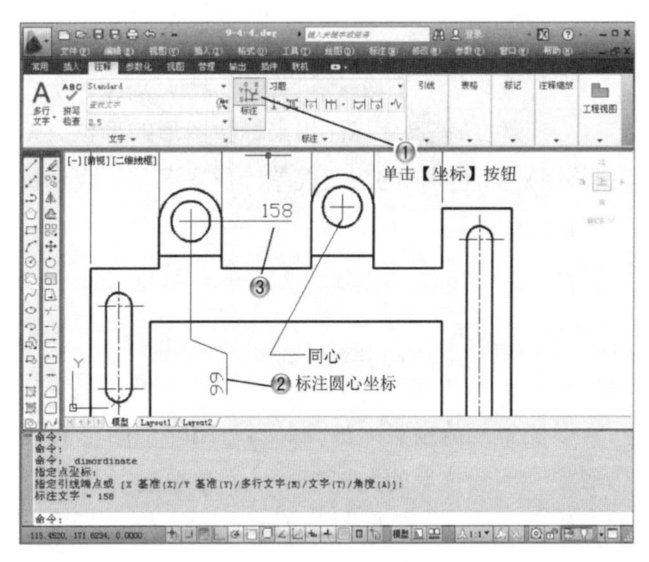

图9-58 圆心坐标标注

步骤 4 快速标注，如图9-59所示。

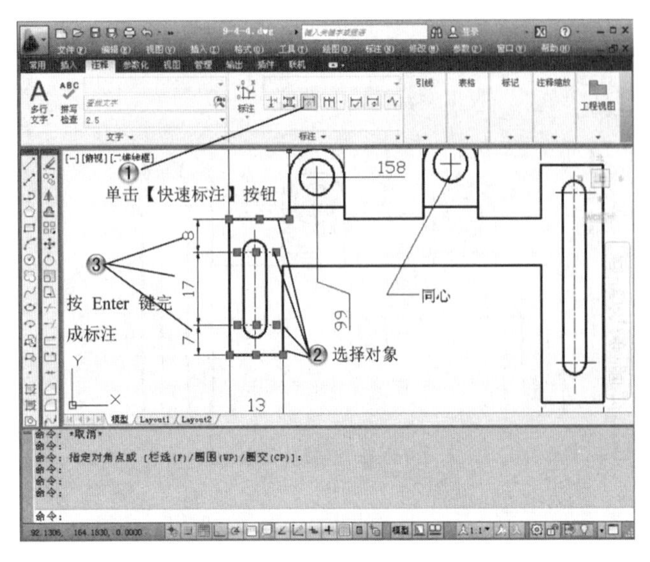

图9-59 快速标注

步骤 5 快速标注其余图形，如图9-60所示。

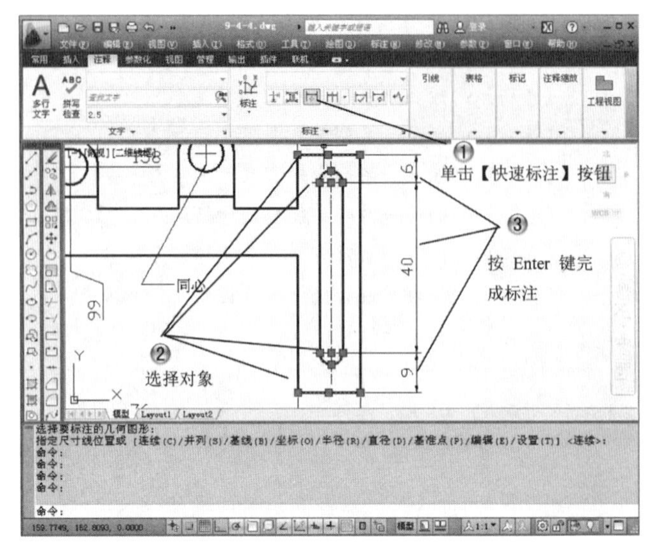

图9-60 快速标注其余图形

9.6 形位公差标注

形位公差尺寸标注用来标注图形的形位公差，如垂直度、同轴度、圆跳度、对称度等，这些公差用来标注图形的形状误差、位置误差，表示机械加工的精度和等级。本节将对其样式和标注方法做详细介绍。

9.6.1 形位公差的样式

形位公差是指实际被测要素对图样上给定的理想形状、理想位置的允许变动量，主要包括形状公差和位置公差，主要的公差项目如表9-2所示。

表9-2 公差项目表

分 类	项 目	符 号
形状公差	直线度	—
	平面度	▱
	圆度	○
	圆柱度	⌭

续表

分 类	项 目	符 号
位置公差	平行度	//
	垂直度	⊥
	倾斜度	∠
	同轴度	◎
	对称度	⌯
	位置度	⌖
	圆跳动	↗
	全跳动	⌰

形位公差的基本标注样式如图9-61所示，它主要包括指引线、公差项目、公差值、与被测项目有关的符号、基准符号五个组成部分。

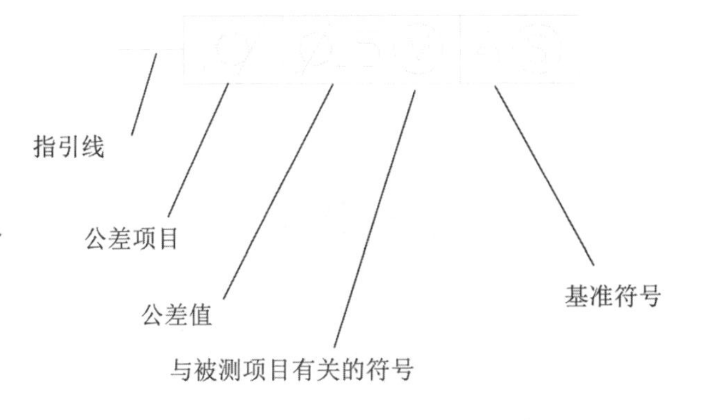

图9-61 形位公差的基本标注样式

9.6.2 标注形位公差

下面来介绍在AutoCAD 2012中标注形位公差的具体方法。

首先选择【标注】|【公差】菜单命令，或者单击【标注】面板上的【公差】按钮，打开【形位公差】对话框，如图9-62所示。在其中可以设置形位公差的项目和公差值等参数。

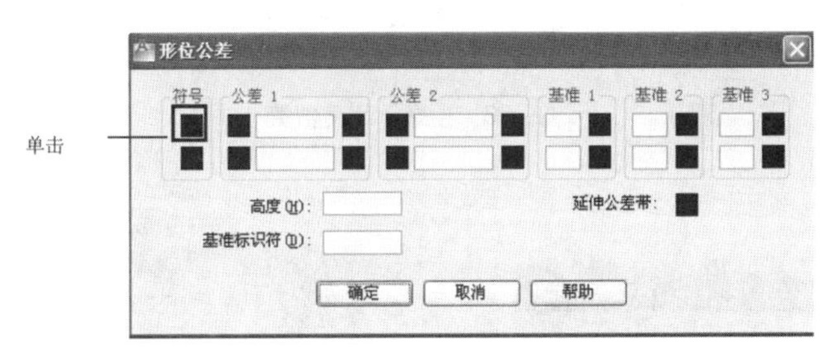

图9-62 【形位公差】对话框

在【形位公差】对话框中的【符号】项下单击黑色块，会打开【特征符号】选择框，如图9-63所示，在这里可以选择相应的形位公差项目符号。选择完形位公差符号，在【公差1】、【公差2】后的文本框中可以输入公差数值，在【基准标识符】文本框中可以输入基准符号。【高度】参数可以设置公差标注的文本高度。设置完成后，单击【确定】按钮即可完成公差标注。

图9-63 【特征符号】选择框

9.6.3 形位公差标注范例

本范例练习文件：\09\9-5-5.dwg

本范例完成文件：\09\9-6-3.dwg

多媒体教学路径：光盘→多媒体教学→第9章→9.6节

步骤 1 设置同轴度，如图9-64所示。

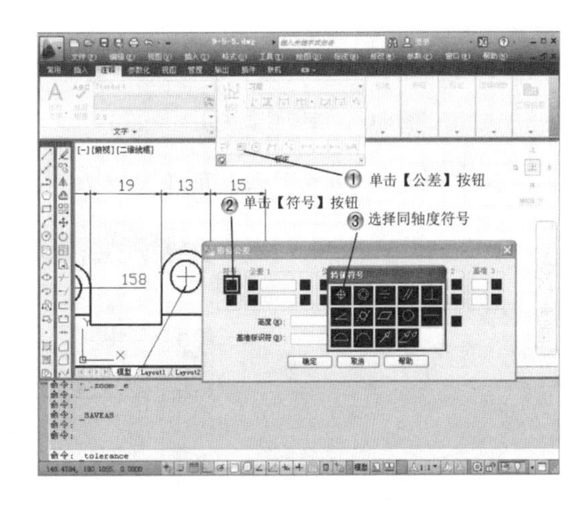

图9-64 设置同轴度

步骤 2 设置同轴度数值，如图9-65所示。

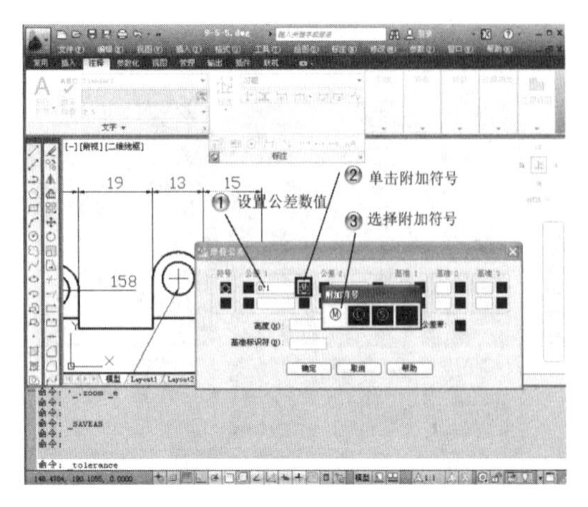

图9-65　设置同轴度数值

步骤 3 绘制同轴度引线，如图9-66所示。

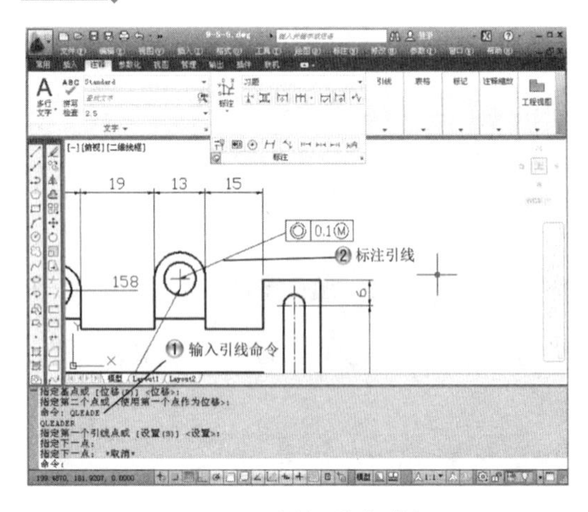

图9-66　绘制同轴度引线

步骤 4 设置平面度，如图9-67所示。

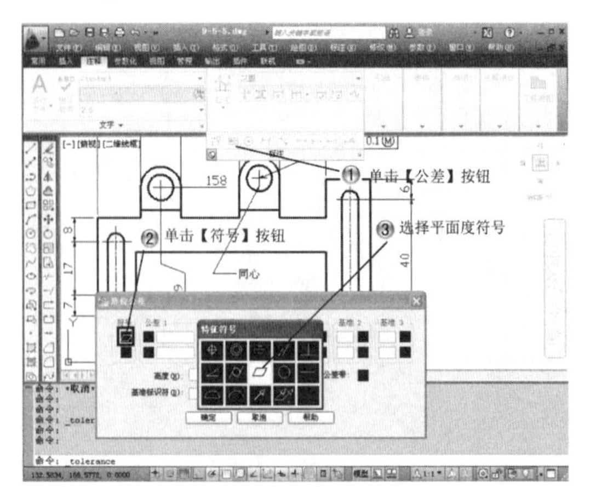

图9-67　设置平面度

步骤 5 设置平面度数值，如图9-68所示。

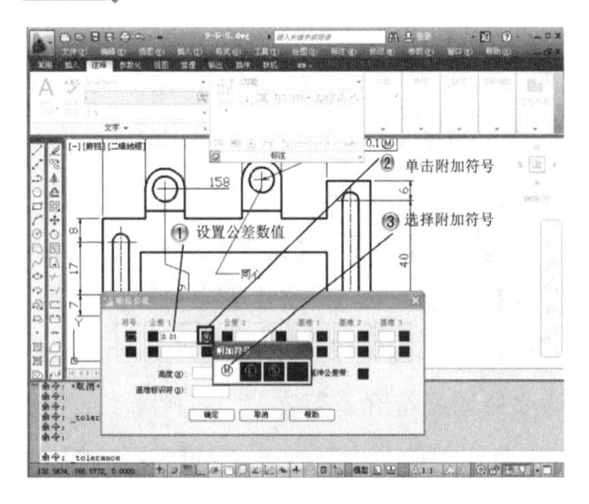

图9-68　设置平面度数值

步骤 6 绘制平面度引线，如图9-69所示。

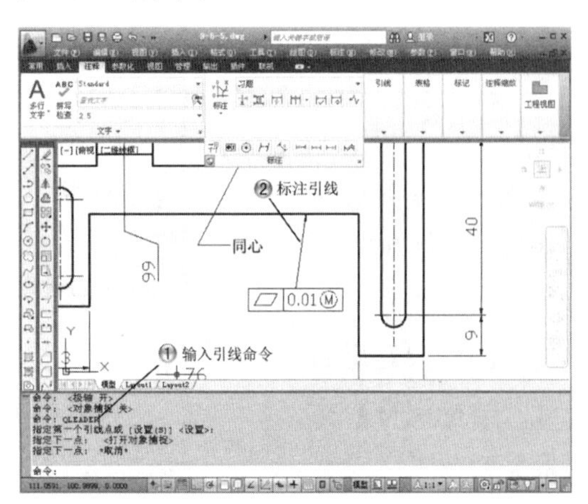

图9-69　绘制平面度引线

9.7 编辑尺寸标注

与绘制图形相似的是，用户在标注的过程中难免会出现差错，这时就需要用到尺寸标注的编辑。

9.7.1 编辑标注

编辑标注是用来编辑标注文字的位置和标注样式，以及创建新标注。

编辑标注的操作方法有以下几种。

- 在命令输入行中输入dimedit命令后按下Enter键。
- 在菜单栏中选择【标注】|【倾斜】菜单命令。
- 单击【标注】面板中的【倾斜】按钮。
- 单击【标注】工具栏中的【编辑标注】按钮。

执行上述任一操作后，命令输入行提示如下：

命令: dimedit

输入标注编辑类型 [默认(H)/新建(N)/旋转(R)/倾斜(O)] <默认>:

选择对象:

提示

命令输入行中各选项的含义如下。

【默认】：用于将指定对象中的标注文字移回到默认位置。

【新建】：选择该项将调用多行文字编辑器，用于修改指定对象的标注文字。

【旋转】：用于旋转指定对象中的标注文字，选择该项后系统将提示用户指定旋转角度，如果输入0则把标注文字按默认方向放置。

【倾斜】：调整线性标注延伸线的倾斜角度，选择该项后系统将提示用户选择对象并指定倾斜角度，如图9-70所示。

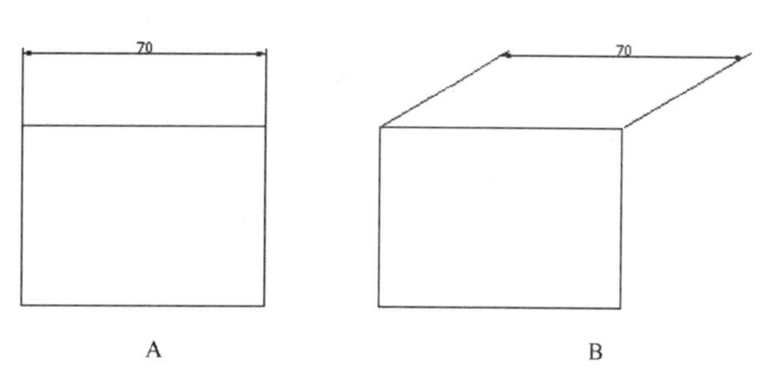

图9-70 倾斜尺寸标注示意图

9.7.2 编辑标注文字

编辑标注文字用来编辑标注的文字的位置和方向。

编辑标注文字的操作方法有以下3种。

- 在菜单栏中选择【标注】|【对齐文字】次级菜单命令。
- 在命令输入行中输入dimtedit命令后按下Enter键。
- 单击【标注】面板中的【角度】按钮、【左对正】按钮、【居中对正】按钮和【右对正】按钮。

执行上述任一操作后，命令输入行提示如下：

命令: _dimtedit

选择标注:

指定标注文字的新位置或 [左对齐(L)/右对齐(R)/居中(C)/默认(H)/角度(A)]: _a

提示

命令输入行中各选项的含义如下。

【左对齐】：沿尺寸线左移标注文字。本选项只适用于线性、直径和半径标注。

【右对齐】：沿尺寸线右移标注文字。本选项只适用于线性、直径和半径标注。

【居中】：标注文字位于两尺寸边界线中间；

【默认】：将标注文字移回默认位置。

【角度】：指定标注文字的角度。当输入零度角将使标注文字以缺省方向放置，如图9-71所示。

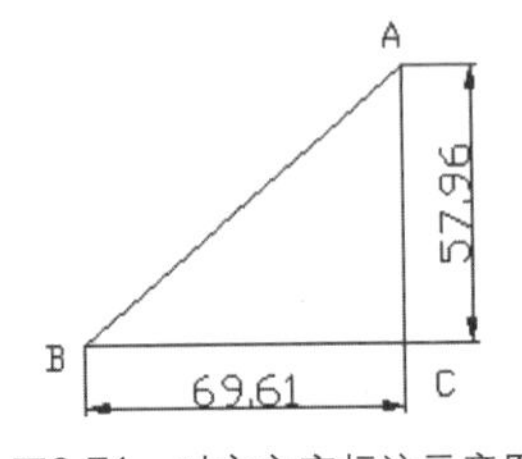

图9-71　对齐文字标注示意图

9.7.3 替代

使用标注样式替代，无需更改当前标注样式便可临时更改标注系统变量。

标注样式替代是对当前标注样式中的指定设置所做的修改，它在不修改当前标注样式的情况下修改尺寸标注系统变量。可以为单独的标注或当前的标注样式定义标注样式替代。

某些标注特性对于图形或尺寸标注的样式来说是通用的，因此适合作为永久标注样式设置。其他标注特性一般基于单个基准应用，因此可以作为替代以便更有效地应用。例如，图形通常使用单一箭头类型，因此将箭头类型定义为标注样式的一部分是有意义的。但是，隐藏延伸线通常只应用于个别情况，更适于标注样式替代。

有几种设置标注样式替代的方式：可以通过修改对话框中的选项或修改命令输入行的系统变量设置。可以通过将修改的设置返回其初始值来撤销替代。替代将应用到正在创建的标注以及所有使用该标注样式后所创建的标注，直到撤销替代或将其他标注样式置为当前为止。

1. 替代的操作方法

- 在命令输入行中输入dimoverride命令后按下Enter键。
- 在菜单栏中选择【标注】|【替代】菜单命令。
- 在【标注】面板或工具栏中单击【替代】按钮。

可以通过在命令输入行中输入标注系统变量的名称，创建标注的同时，替代当前标注样式。尺寸线颜色发生改变。改变将影响随后创建的标注，直到撤销替代或将其他标注样式置为当前。命令输入行提示如下：

命令: dimoverride

输入要替代的标注变量名或 [清除替代(C)]:　　//输入值或按 Enter 键

选择对象:　//使用对象选择方法选择标注

2. 设置标注样式替代的步骤

(1) 选择【标注】|【标注样式】菜单命令，打开【标注样式管理器】对话框。

(2) 在【标注样式管理器】对话框中的【样式】选项下，选择要为其创建替代的标注样式，单击【替代】按钮，打开【替代当前样式】对话框。

(3) 在【替代当前样式】对话框中单击相应的选项卡来修改标注样式。

(4) 单击【确定】按钮返回【标注样式管理器】对话框。这时在“标注样式名称”列表中的修改样式下，列出了“样式替代”。

(5) 单击【关闭】按钮。

3. 应用标注样式替代的步骤

(1) 选择【标注】|【标注样式】菜单命令，打开【标注样式管理器】对话框。

(2) 在【标注样式管理器】对话框中单击【替代】按钮，打开【替代当前样式】对话框。

(3) 在【替代当前样式】对话框中输入样式替

代。单击【确定】按钮返回【标注样式管理器】对话框。

程序将在【标注样式管理器】对话框中的“标注样式名称”下显示“样式替代”。

创建标注样式替代后，可以继续修改标注样式，将它们与其他标注样式进行比较，或者删除或重命名该替代。

其实还有其他编辑标注的方法，可以使用AutoCAD的编辑命令或夹点来编辑标注的位置。如可以使用夹点或者stretch命令拉伸标注；可以使用trim和extend命令来修剪和延伸标注。此外，还可以通过特性窗口来编辑包括标注文字在内的任何标注特性。

9.7.4 编辑尺寸标注范例

本范例练习文件：\09\9-6-3.dwg

本范例完成文件：\09\9-7-4.dwg

多媒体教学路径：光盘→多媒体教学→第9章→9.7节

步骤 1 倾斜尺寸，如图9-72所示。

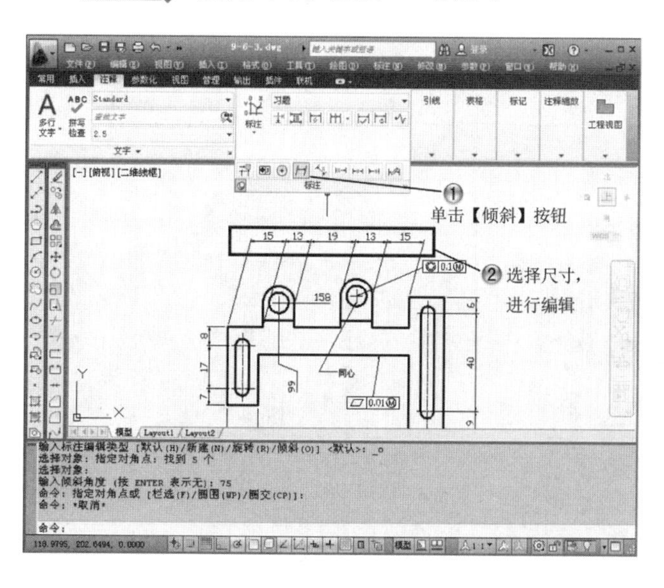

图9-72 倾斜尺寸

步骤 2 左对齐文字，如图9-73所示。

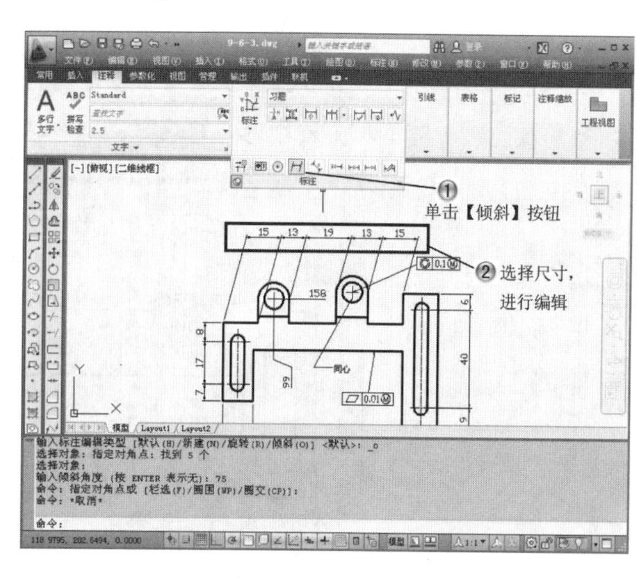

图9-73 左对齐文字

步骤 3 设置替代样式，如图9-74所示。

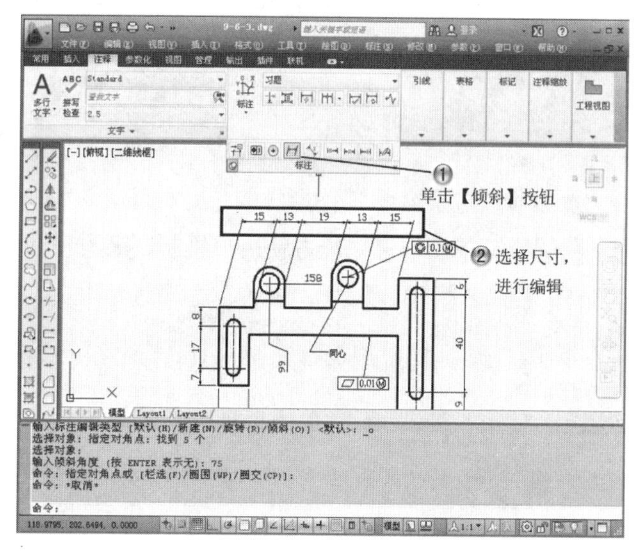

图9-74 设置替代样式

步骤 4 标注替代线性尺寸，如图9-75所示。

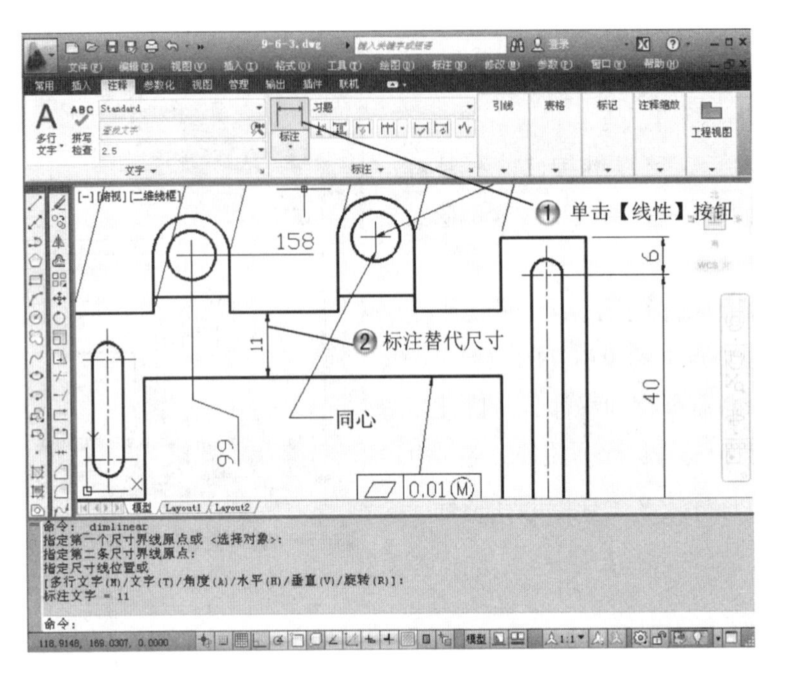

图9-75 标注替代线性尺寸

9.8 本章小结

本章主要介绍各种形式的尺寸标注，在绘图时使用尺寸标注，能够对图形的各个部分添加提示和解释等辅助信息，既方便用户绘制，又方便使用者阅读。

第10章 建立和编辑文字

本章导读

图纸绘制好之后，往往要添加文字内容。建立和编辑文字的方法和绘制图形有些区别，文字添加更多的涉及文字创建和编辑内容。本章将讲述建立文字、设置文字样式，以及修改和编辑文字的方法和技巧。通过本章的学习，读者应该能够根据工作的需要，在图形文件的相应位置建立相应的文字，并能够进一步编辑修改此文字。

学习内容

知识点 \ 学习目标	理解	应用	实践
单行文字	✓	✓	✓
多行文字	✓	✓	✓
文字样式	✓	✓	✓

10.1 单行文字

单行文字一般用于图形对象的规格说明、标题栏信息和标签等，也可以作为图形的一个有机组成部分。对于这种不需要使用多种字体的简短内容，可以使用【单行文字】命令建立单行文字。

10.1.1 创建单行文字

创建单行文字的几种方法如下。

- 在命令输入行中输入dtext命令后按下Enter键。
- 在【常用】选项卡的【注释】面板或【注释】选项卡的【文字】面板中单击【单行文字】按钮。
- 在菜单栏中选择【绘图】|【文字】|【单行文字】菜单命令。

每行文字都是独立的对象，可以重新定位、调整格式或进行其他修改。

创建单行文字时，要指定文字样式并设置对正方式。文字样式设置文字对象的默认特征。对正方式决定字符的哪一部分与插入点对正。

执行此命令后，命令输入行提示如下。

命令: _dtext

当前文字样式: "Standard" 文字高度: 2.5000 注释性: 否

指定文字的起点或 [对正(J)/样式(S)]:

此命令行各选项的含义如下。

(1) 默认情况下提示用户输入单行文字的起点。

(2)【对正】：用来设置文字对齐的方式，AutoCAD默认的对齐方式为左对齐。由于此项的内容较多，在后面会有详细的说明。

(3)【样式】：用来选择文字样式。

在命令输入行中输入S并按下Enter键，执行此命令，AutoCAD会出现如下信息：

输入样式名或 [?] <Standard>:

此信息提示用户在输入样式名或 [?] <Standard>后输入一种文字样式的名称(默认值是当前样式名)。

输入样式名称后，AutoCAD又会出现指定文字的起点或 [对正(J)/样式(S)]的提示，提示用户输入起点位置。输入完起点坐标后按下Enter键，AutoCAD会出现如下提示：

指定高度 <2.5000>:

提示用户指定文字的高度。指定高度后按下Enter键，命令输入行提示如下。

指定文字的旋转角度 <0>:

指定角度后按下Enter键，这时用户就可以输入文字内容。

在指定文字的起点或 [对正(J)/样式(S)]后输入J并按下Enter键，AutoCAD会在命令输入行出现如下信息：

输入选项

[对齐(A)/布满(F)/居中(C)/中间(M)/右对齐(R)/左上(TL)/中上(TC)/右上(TR)/左中(ML)/正中(MC)/右中(MR)/左下(BL)/中下(BC)/右下(BR)]:

即用户可以有以上多种对齐方式选择，各种对齐方式及其说明如表10-1所示。

表10-1 各种对齐方式及其说明

对齐方式	说明
对齐(A)	提供文字基线的起点和终点，文字在此基线上均匀排列，这时可以调整字高比例以防止字符变形
布满(F)	给定文字基线的起点和终点，文字在此基线上均匀排列，而文字的高度保持不变，这时字型的间距要进行调整
居中(C)	给定一个点的位置，文字在该点为中心水平排列

续表

对齐方式	说　明
中间(M)	指定文字串的中间点
右对齐(R)	指定文字串的右基线点
左上(TL)	指定文字串的顶部左端点与大写字母顶部对齐
中上(TC)	指定文字串的顶部中心点以大写字母顶部为中心点
右上(TR)	指定文字串的顶部右端点与大写字母顶部对齐
左中(ML)	指定文字串的中部左端点与大写字母和文字基线之间的线对齐
正中(MC)	指定文字串的中部中心点与大写字母和文字基线之间的中心线对齐
右中(MR)	指定文字串的中部右端点与大写字母和文字基线之间的一点对齐
左下(BL)	指定文字左侧起始点，与水平线的夹角为字体的选择角，且过该点的直线就是文字中最下方字符字底的基线
中下(BC)	指定文字沿排列方向的中心点，最下方字符字底基线与BL相同
右下(BR)	指定文字串的右端底部是否对齐

提示

要结束单行输入，在空白行处按下Enter键即可。

如图10-1所示，即为4种对齐方式的示意图，分别为对齐方式、中间方式、右上方式、左下方式。

图10-1　单行文字的4种对齐方式

10.1.2　编辑单行文字

与绘图类似的是，在建立文字时，也有可能出现错误操作，这时就需要编辑文字。

编辑单行文字的方法可以分为以下几种。

(1) 在命令输入行中输入Ddedit后按下Enter键。

(2) 用鼠标双击文字，即可实现编辑单行文字操作。

在命令输入行中输入Ddedit后按下Enter键，出现捕捉标志“□”。移动鼠标使此捕捉标志至需要编辑的文字位置，然后单击选中文字实体。

在其中可以修改的只是单行文字的内容，修改完文字内容后按下两次Enter键即可。

10.1.3　单行文字范例

本范例练习文件：\10\10-1-3.dwg

本范例完成文件：\10\10-1-4.dwg

多媒体教学路径：光盘→多媒体教学→第10章→10.1节

步骤 1 添加单行文字，如图10-2所示。

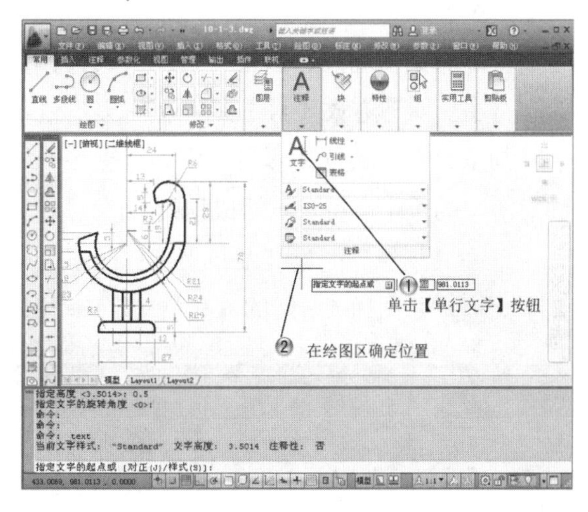

图10-2　添加单行文字

步骤 2 设置文字样式，如图10-3所示。

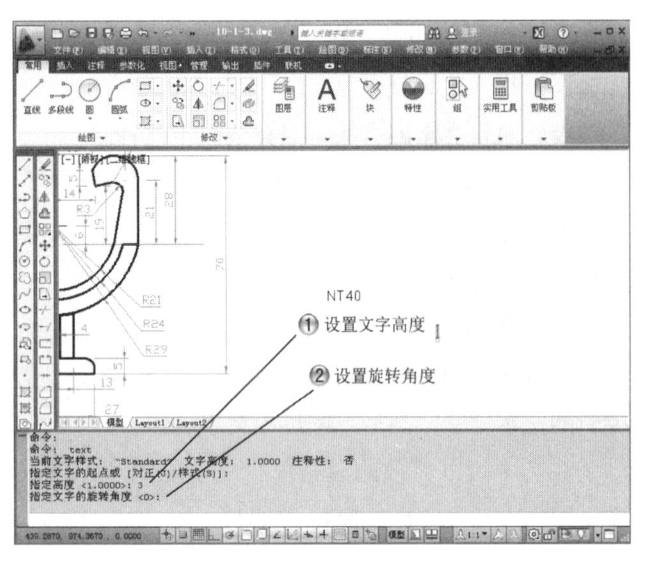

图10-3 设置文字样式

步骤 3 修改单行文字，如图10-4所示。

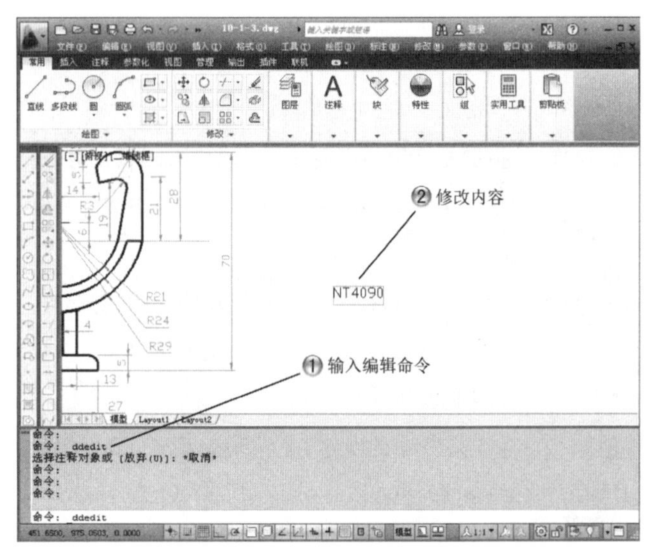

图10-4 修改单行文字

10.2 多行文字

对于较长和较为复杂的内容，可以使用【多行文字】命令来创建多行文字。多行文字可以布满指定的宽度，在垂直方向上无限延伸。用户可以自行设置多行文字对象中的单个字符的格式。

多行文字由任意数目的文字行或段落组成，与单行文字不同的是在一个多行文字编辑任务中创建的所有文字行或段落都被当作同一个多行文字对象。多行文字可以被移动、旋转、删除、复制、镜像、拉伸或比例缩放。

可以将文字高度、对正、行距、旋转、样式和宽度应用到文字对象中或将字符格式应用到特定的字符中。对齐方式要考虑文字边界以决定文字要插入的位置。

与单行文字相比，多行文字具有更多的编辑选项。可以将下划线、字体、颜色和高度变化应用到段落中的单个字符、词语或词组。

单击【注释】面板【多行文字】按钮A，会打开【文字编辑器】选项卡，包括如图10-5所示的几个面板，如图10-6所示的【在位文字编辑器】以及【标尺】。

图10-5 【文字编辑器】选项卡

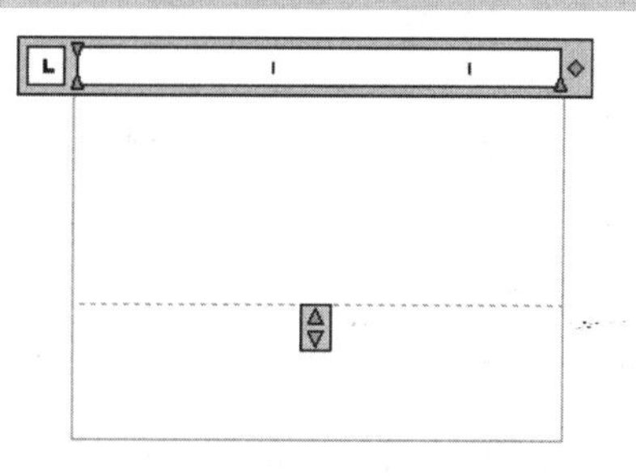

图10-6 【在位文字编辑器】及其【标尺】

其中，在【文字编辑器】选项卡中包括【样式】、【格式】、【段落】、【插入】、【拼写检查】、【工具】、【选项】、【关闭】八个面板，可以根据不同的需要对多行文字进行编辑和修改，下面进行具体的一些介绍。

1. 【样式】面板

在【样式】面板中可以选择文字样式，可以选择或输入文字高度，其中【文字高度】下拉列表如图10-7所示。

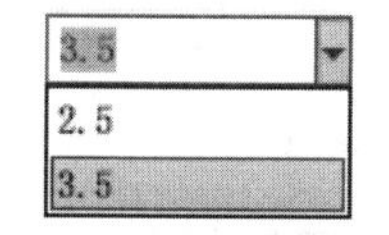

图10-7 【文字高度】下拉列表

2. 【格式】面板

在【格式】面板中可以对字体进行设置，如可以将字体修改为粗体、斜体等。用户还可以选择自己需要的字体及颜色，其【字体】下拉列表如图10-8所示，【颜色】下拉列表如图10-9所示。

3. 【段落】面板

在【段落】面板中可以对段落进行设置，包括对正、编号、分布、对齐等，其中【对正】下拉列表如图10-10所示。

4. 【插入】面板

在【插入】面板中可以插入符号、字段，可以进行分栏设置，其中【符号】下拉列表如图10-11所示。

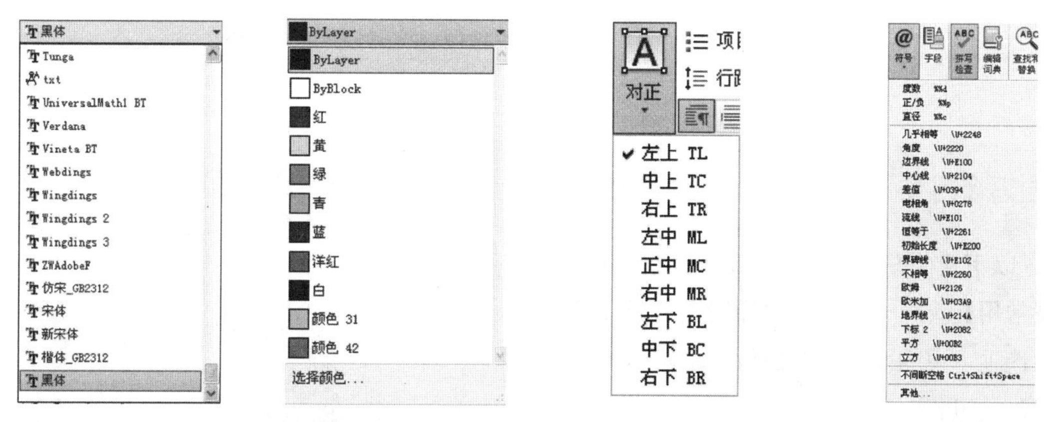

图10-8 【字体】下拉列表 图10-9 【颜色】下拉列表 图10-10 【对正】下拉列表 图10-11 【符号】下拉列表

5. 【拼写检查】面板

在【拼写检查】面板中将文字输入图形中时可以检查所有文字的拼写。也可以指定已使用的特定语言的词典并自定义和管理多个自定义拼写词典。

可以检查图形中所有文字对象的拼写，包括：单行文字和多行文字；标注文字；多重引线文字；块属性中的文字；外部参照中的文字。

使用拼写检查，将搜索用户指定的图形或图形的文字区域中拼写错误的词语。如果找到拼写错误的词语，则将亮显该词语，并且绘图区域将缩放为便于读取该词语的比例。

6. 【工具】面板

在【工具】面板中，可以搜索指定的文字字符串，并用新文字进行替换。

7. 【选项】面板

在【选项】面板中可以显示其他文字选项列表。在【选项】面板，选择【更多】|【编辑器设置】|【显示工具栏】命令，打开如图10-12所示的【文字格式】工具栏，也可以用此工具栏中的命令来编辑多行文字，它和【多行文字】选项卡下的几个面板提供的命令是一样。

图10-12 【文字格式】工具栏

8. 【关闭】面板

单击【关闭文字编辑器】按钮，可以退回到原来的主窗口，完成多行文字的编辑操作。

10.2.1 创建多行文字

可以通过以下几种方式创建多行文字。

- 在【常用】选项卡中的【注释】面板或【注释】选项卡中的【文字】面板中单击【多行文字】按钮A。
- 在命令输入行中输入mtext后按下Enter键。
- 在菜单栏中选择【绘图】|【文字】|【多行文字】菜单命令。

提示

创建多行文字对象的高度，取决于输入的文字总量。

命令输入行提示如下。

命令: _mtext 当前文字样式: "Standard" 文字高度:2.5

注释性: 否

指定第一角点:

指定对角点或 [高度(H)/对正(J)/行距(L)/旋转(R)/样式(S)/宽度(W) /栏(C)]: h

指定高度 <2.5>: 60

指定对角点或 [高度(H)/对正(J)/行距(L)/旋转(R)/样式(S)/宽度(W) /栏(C)]: w

指定宽度:100

此时绘图区如图10-13所示。

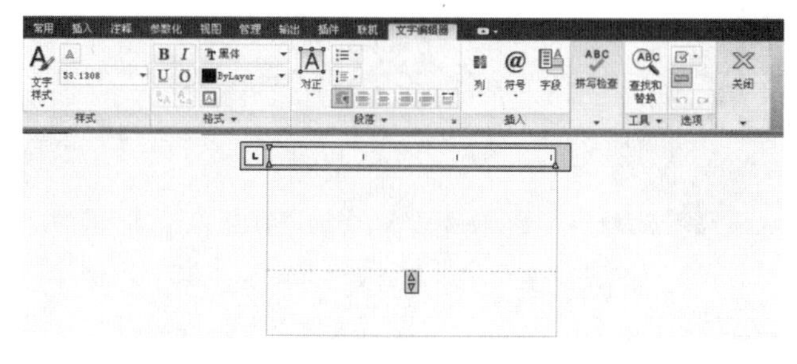

图10-13　选择宽度(W)后绘图区所显示的图形

用【多行文字】命令创建的文字如图10-14所示。

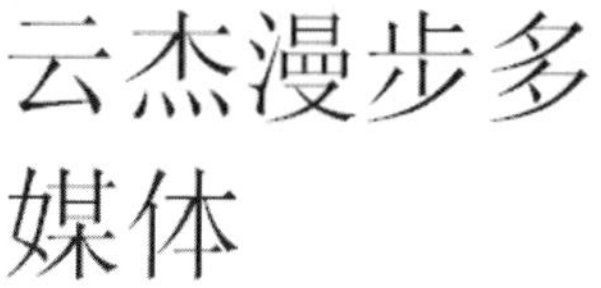

云杰漫步多
媒体

图10-14　用【多行文字】命令创建的文字

10.2.2　编辑多行文字

1. 编辑多行文字的方法

(1) 在命令输入行中输入mtedit后按下Enter键。

(2) 在菜单栏中选择【修改】|【对象】|【文字】|【编辑】菜单命令。

2. 编辑多行文字

在命令输入行中输入mtedit后，选择多行文字对象，会重新打开【文字编辑器】选项卡，可以将原来的文字重新编辑为用户所需要的文字。原来的文字如图10-15所示，编辑后的文字如图10-16所示。

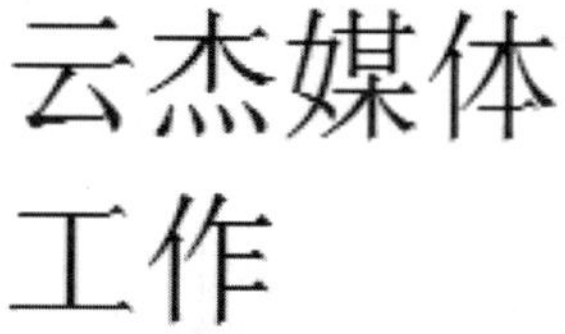

云杰媒体
工作

图10-15　原【多行文字】命令输入的文字

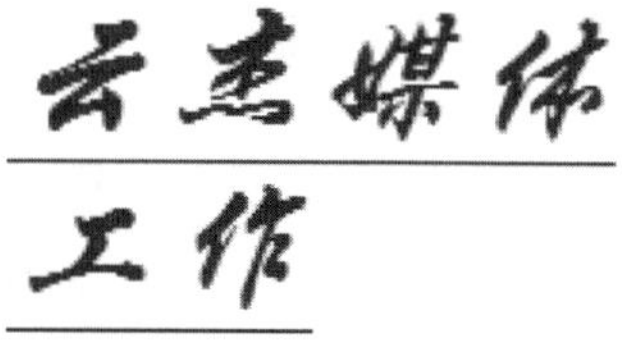

云杰媒体
工作

图10-16　编辑后的文字

10.2.3　多行文字范例

本范例练习文件：\10\10-1-4.dwg

本范例完成文件：\10\10-2-3.dwg

多媒体教学路径：光盘→多媒体教学→第10章→10.2节

步骤 1 添加多行文字，如图10-17所示。

单击【多行文字】按钮
在绘图区确定位置

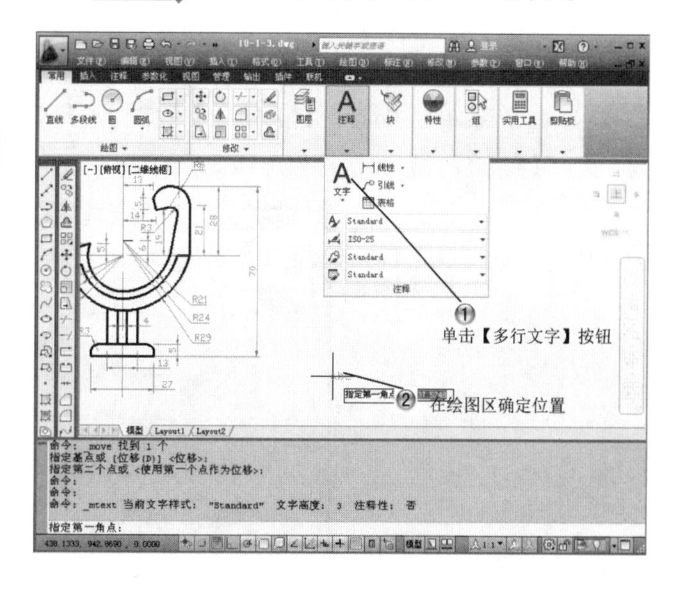

图10-17　添加多行文字

步骤 2 添加文字内容，如图10-18所示。

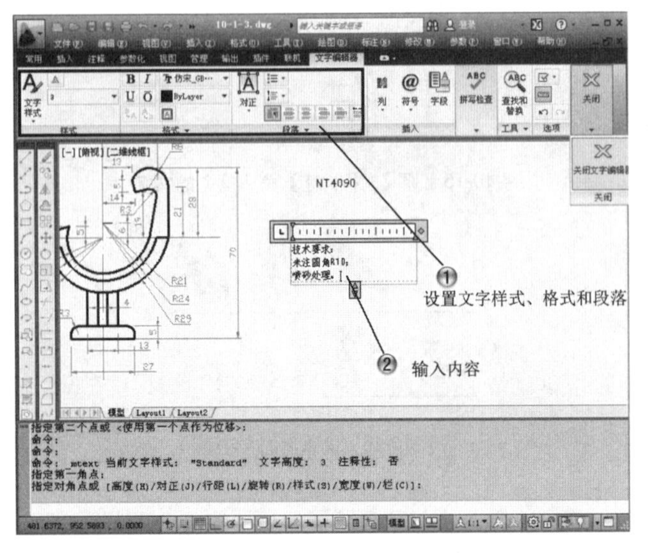

图10-18 添加文字内容

步骤 3 编辑文字内容，如图10-19所示。

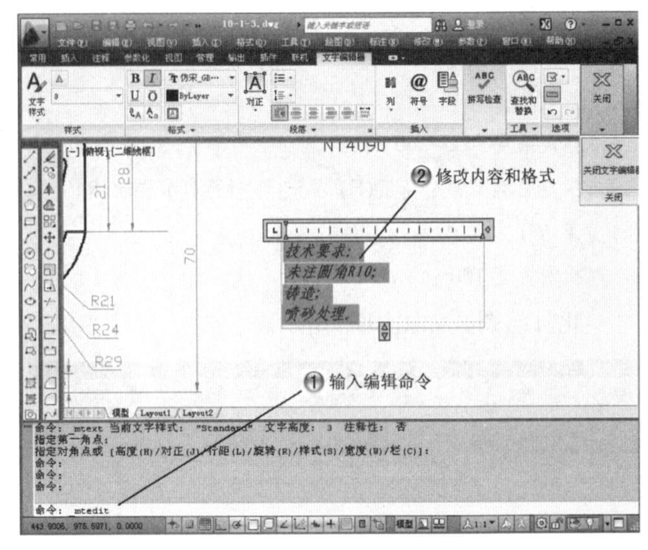

图10-19 编辑文字内容

10.3 文字样式

在AutoCAD图形中，所有的文字都有与之相关的文字样式。当输入文字时，AutoCAD会使用当前的文字样式作为其默认的样式，该样式可以包括字体、样式、高度、宽度比例和其他文字特性。

打开【文字样式】对话框有以下几种方法。

- 在命令输入行中输入style 后按下Enter键。
- 在【常用】选项卡的【注释】面板【文字样式】下拉列表中，单击【管理文字样式】按钮。
- 在菜单栏中选择【格式】|【文字样式】菜单命令。

【文字样式】对话框如图10-20所示。

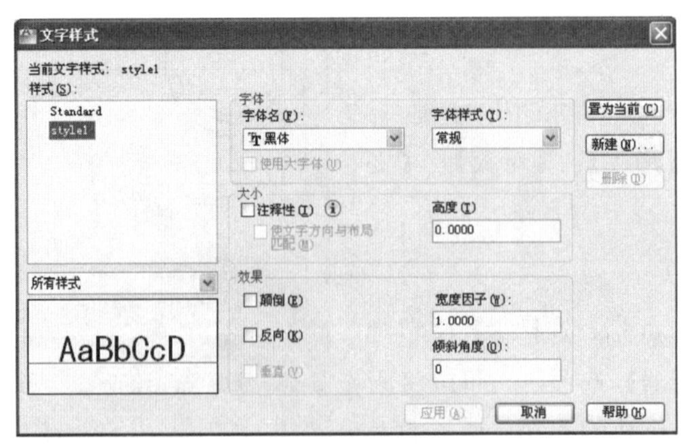

图10-20 【文字样式】对话框

其中各选项的介绍如下。

(1) 在【样式】选项组中可以新建、重命名和删除文字样式。用户可以从左边的下拉列表框中选择相应的文字样式名称，可以单击【新建】按钮来新建一种文字样式的名称，可以右击选择的样式，在右键快捷菜单中选择【重命名】命令，为某一文字样式重新命名，还可以单击【删除】按钮，删除某一文字样式的名称。

字体名(F):
宋体
仿宋_GB2312
黑体
楷体_GB2312
宋体
新宋体

图10-21　【字体名】下拉列表

(2) 在【字体】选项组中，可以设置字体的名称和高度等。用户可以在如图10-21所示的【字体名】下拉列表中选择要使用的字体，可以在【高度】文本框中输入相应的数值表示字体的高度。

(3) 在【效果】选项组中，可以设置字体的排列方法和距离等。用户可以启用【颠倒】、【反向】和【垂直】复选框来分别设置文字的排列样式，也可以在【宽度因子】和【倾斜角度】文本框中输入相应的数值，来设置文字的辅助排列样式。

10.3.1　样式名

当用户所需的文字样式不够使用时，需要创建一个新的文字样式，具体操作步骤如下。

(1) 在命令输入行中输入style命令后按下Enter键。

(2) 在打开的【文字样式】对话框中，单击【新建】按钮，打开如图10-22所示的【新建文字样式】对话框。

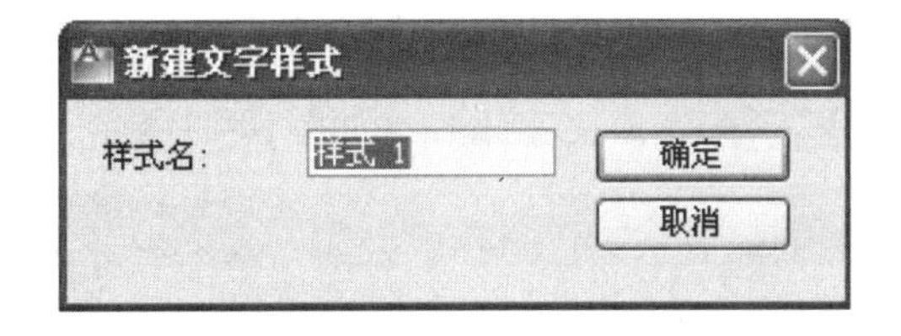

图10-22　【新建文字样式】对话框

(3) 在【样式名】文本框中，输入新创建的文字样式的名称后，单击【确定】按钮。若未输入文字样式的名称，则AutoCAD会自动将该样式命名为"样式1"(AutoCAD会自动地为每一个新命名的样式加1)。

10.3.2　字体

AutoCAD为用户提供了许多不同的字体，用户可以在【字体名】下拉列表中选择自己所需要的字体。

10.3.3　文字效果

在【效果】选项组中，用户可以选择自己所需要的文字效果。当启用【颠倒】复选框时，显示如图10-23所示。显示的颠倒文字效果如图10-24所示。

图10-23　启用【颠倒】复选框

图10-24　显示的颠倒文字效果

启用【反向】复选框时，显示如图10-25所示。显示的反向文字效果如图10-26所示。

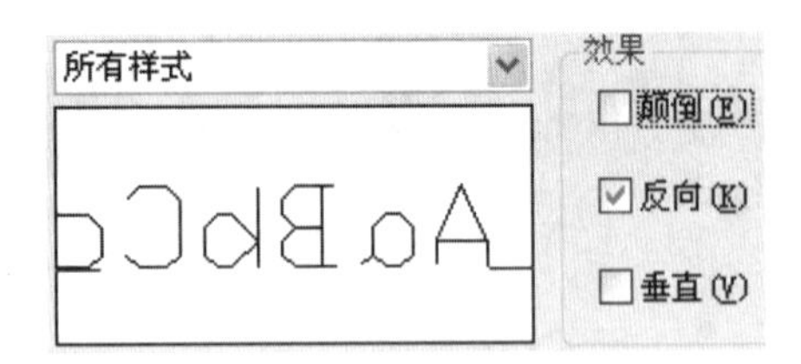

图10-25　启用【反向】复选框

图10-26　显示的反向文字效果

启用【垂直】复选框时，显示如图10-27所示。显示的垂直文字效果如图10-28所示。

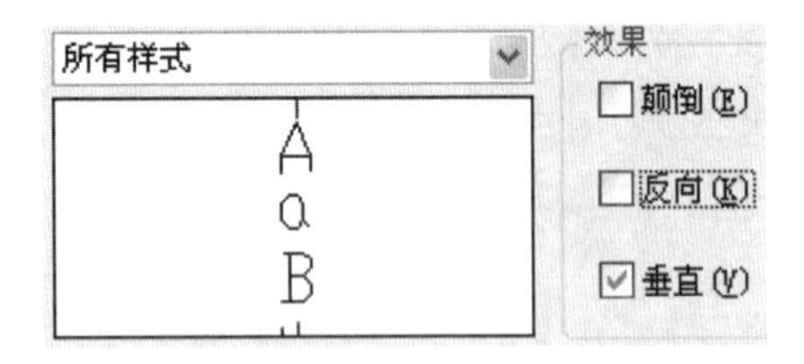

图10-27　启用【垂直】复选框

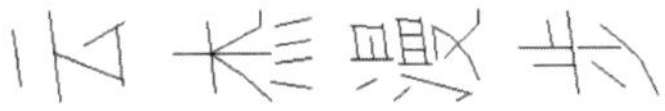

图10-28　显示的垂直文字效果

10.3.4　文字样式范例

本范例练习文件：\10\10-2-3.dwg

本范例完成文件：\10\10-3-4.dwg

多媒体教学路径：光盘→多媒体教学→第10章→10.3节

步骤 1 设置文字样式，如图10-29所示。

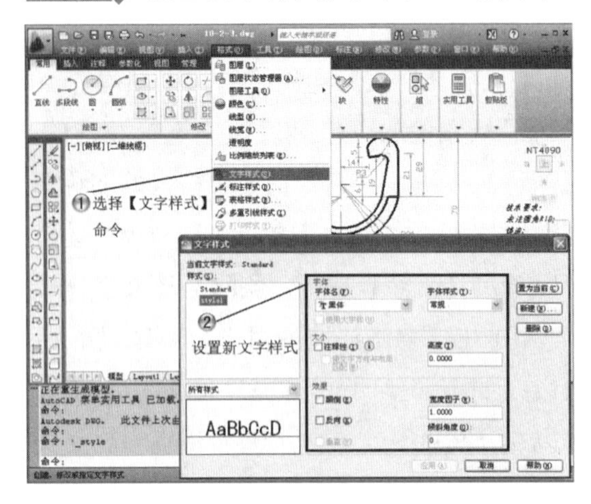

图10-29　设置文字样式

步骤 2 添加多行文字，如图10-30所示。

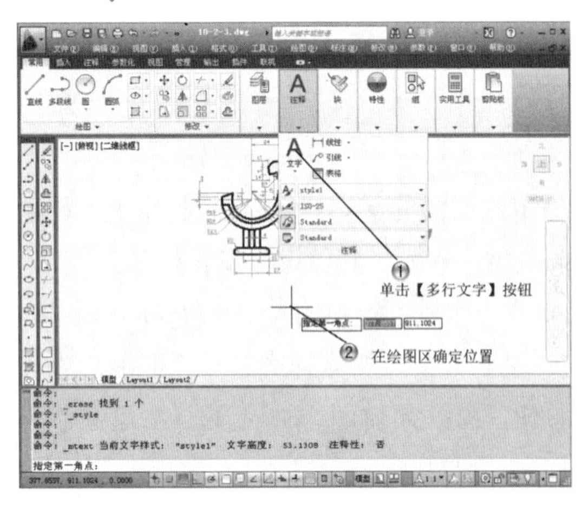

图10-30　添加多行文字

步骤 3 完成文字添加，如图10-31所示。

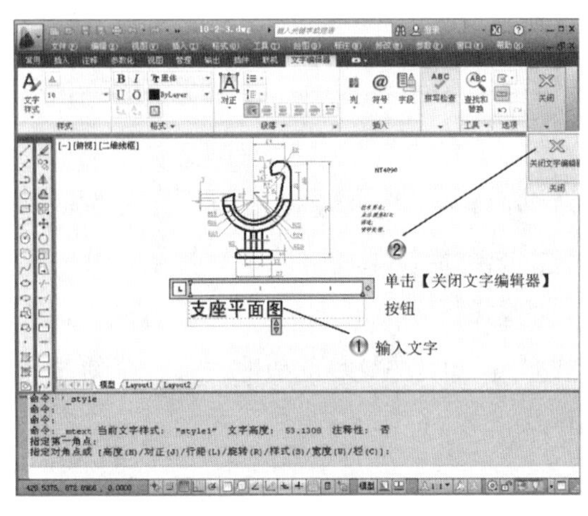

图10-31　完成文字添加

10.4 本章小结

本章讲述了建立文字、设置文字样式、以及修改和编辑文字的方法和技巧。在绘制图纸的时候要经常使用文字标注，是图纸不可缺少的部分。

第11章 表格和工具选项

本章导读

AutoCAD绘制图形过程当中，会遇到大量相似的图形，如机械行业的标准件、电子行业的电气元件，以及建筑行业的门窗等，如果重复绘制，效率极其低下。通过本章的学习，读者应学会一些基本的表格样式的设置、表格的创建和编辑，以及设计中心和工具选项等，都可以将已有的图形文件以块的形式插入到需要的图形文件中，可以减小图形文件的容量，节省存储空间，进而提高绘图速度。

学习内容

学习目标 知识点	理解	应用	实践
表格	✓	✓	✓
设计中心	✓	✓	
工具选项板	✓	✓	
协同设计中的外部参照工具	✓		

11.1 表格

在AutoCAD中，可以使用【表格】命令创建表格，还可以从Microsoft Excel中直接复制表格，并将其作为AutoCAD表格对象粘贴到图形中，也可以从外部直接导入表格对象。此外，还可以输出来自AutoCAD的表格数据，以供Microsoft Excel或其他应用程序使用。

11.1.1 创建表格样式

使用表格可以使信息表达得很有条理、便于阅读，同时表格也具备计算功能。表格在建筑类中经常用于门窗表、钢筋表、原料单和下料单等，在机械类中常用于装配图中零件明细栏、标题栏和技术说明栏等。

在菜单栏中选择【格式】|【表格样式】菜单命令，打开如图11-1所示的【表格样式】对话框。此对话框可以设置当前表格样式，以及创建、修改和删除表格样式。

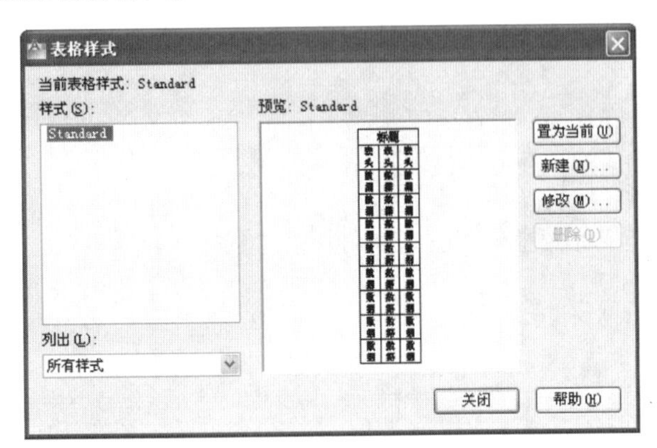

图11-1 【表格样式】对话框

下面介绍此对话框中各选项的主要功能。

(1)【当前表格样式】选项组：显示应用于所创建表格的表格样式的名称。默认表格样式为standard。

(2)【样式】：显示表格样式列表框。当前样式被亮显。

(3)【列出】：控制“样式”列表框的内容。

- 【所有样式】：显示所有表格样式。
- 【正在使用的样式】：仅显示被当前图形中的表格引用的表格样式。

(4)【预览】：显示【样式】列表框中选定样式的预览图像。

(5)【置为当前】：将【样式】列表框中选定的表格样式设置为当前样式。所有新表格都将使用此表格样式创建。

(6)【新建】：显示【创建新的表格样式】对话框，从中可以定义新的表格样式。

(7)【修改】：显示【修改表格样式】对话框，从中可以修改表格样式。

(8)【删除】：删除【样式】列表格中选定的表格样式。不能删除图形中正在使用的样式。

单击【新建】按钮，出现如图11-2所示的【创建新的表格样式】对话框，定义新的表格样式。

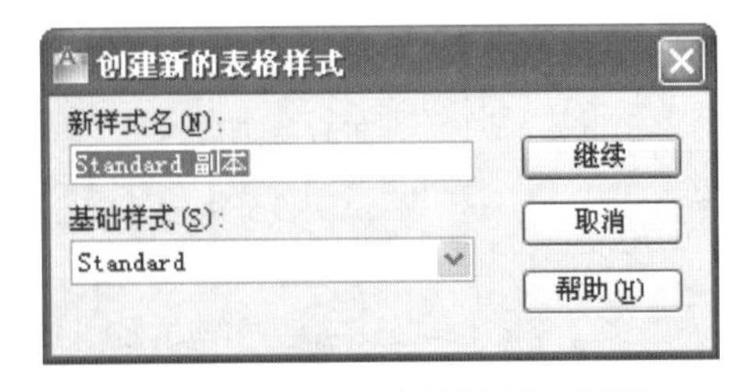

图11-2 【创建新的表格样式】对话框

在【新样式名】文本框中输入要建立的表格名称，然后单击【继续】按钮，出现如图11-3所示的【新建表格样式】对话框，在该对话框中通过对起始表格、常规、单元样式等格式设置完成对表格样式的设置。

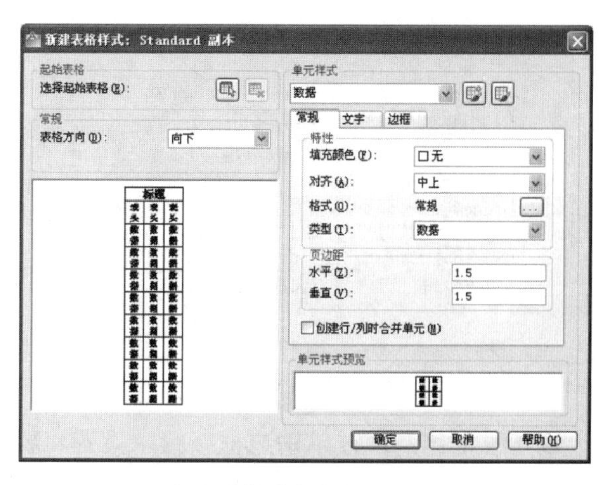

图11-3 【新建表格样式】对话框

(1)【起始表格】选项组：起始表格式图形中用作设置新表格样式格式的样例的表格。一旦选定表格，用户即可指定要从此表格复制到表格样式的结构和内容。创建新的表格样式时，可以指定一个起始表格，也可以从表格样式中删除起始表格。

(2)【常规】选项组：可以完成对表格方向的设置。

【表格方向】：设置表格方向。“向下”将创建由上而下读取的表格。“向上”将创建由下而上读取的表格。

【向下】：标题行和列标题行位于表格的顶部。单击“插入行”并单击“下”时，将在当前行的下面插入新行。

【向上】：标题行和列标题行位于表格的底部。单击“插入行”并单击“上”时，将在当前行的上面插入新行。

如图11-4所示为表格方式设置的方法和表格样式预览窗口的变化。

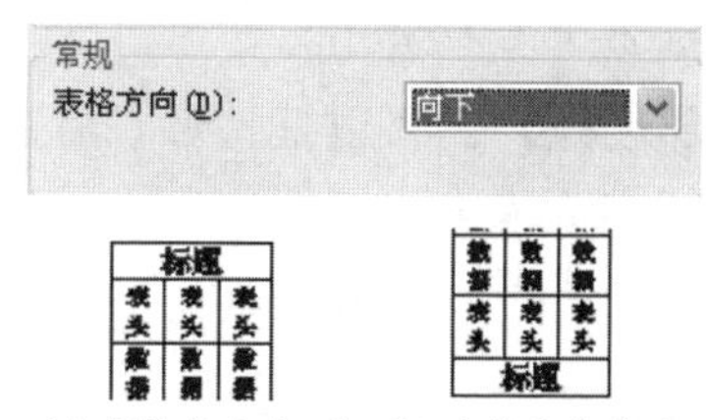

(a) 表格方向向下 (b) 表格方向向上

图11-4 【基本】选项

(3)【单元样式】选项组：定义新的单元样式或修改现有单元样式。可以创建任意数量的单元样式。

【单元样式】下拉列表：显示表格中的单元样式。

【创建新单元样式】按钮：启动【创建新单元样式】对话框。

【管理单元样式】按钮：启动【管理单元样式】对话框。

【单元样式】：设置数据单元、单元文字和单元边界的外观，取决于处于活动状态的选项卡。

【常规】选项卡：包括【特性】选项组、【页边距】选项组和【创建行/列时合并单元】复选框的设置，如图11-5所示。

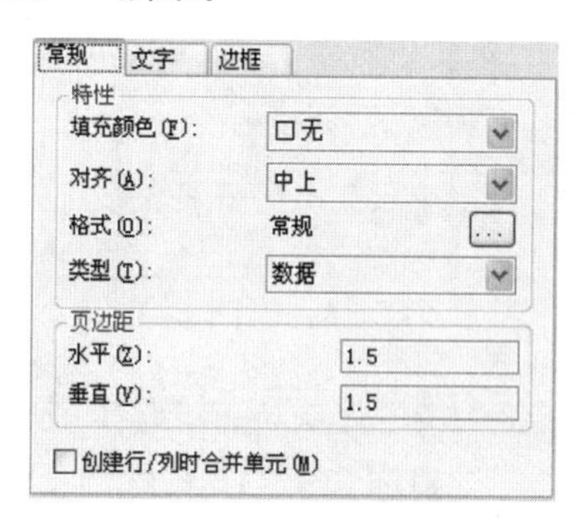

图11-5 【常规】选项卡

① 【特性】选项组。

【填充颜色】：指定单元的背景色。默认值为“无”，可以选择【选择颜色】以显示【选择颜色】对话框。

【对齐】：设置表格单元中文字的对正和对齐方式。文字相对于单元的顶部边框和底部边框进行居中对齐、上对齐或下对齐。文字相对于单元的左边框和右边框进行居中对正、左对正或右对正。

【格式】：为表格中的“数据”、“列标题”或“标题”行设置数据类型和格式。单击该按钮将显示【表格单元格式】对话框，从中可以进一步定义格式选项。

【类型】：将单元样式指定为标签或数据。

②【页边距】选项组：控制单元边界和单元内容之间的间距。单元边距设置应用于表格中的所有单元。默认设置为0.06(英制)和1.5(公制)。

【水平】：设置单元中的文字或块与左右单元边界之间的距离。

【垂直】：设置单元中的文字或块与上下单元边界之间的距离。

③【创建行/列时合并单元】复选框：将使用当前单元样式创建的所有新行或新列合并为一个单元。可以使用此选项在表格的顶部创建标题行。

【文字】选项卡：包括表格内文字的样式、高度、颜色和角度的设置，如图11-6所示。

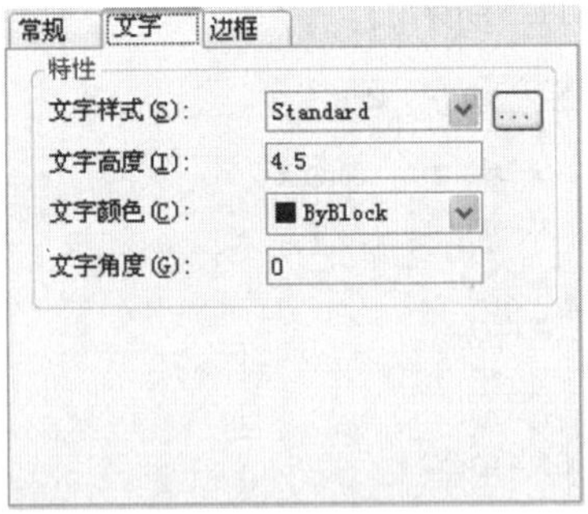

图11-6 【文字】选项卡

①【文字样式】：列出图形中的所有文字样式。

单击[...]按钮将显示【文字样式】对话框，从中可以创建新的文字样式。

②【文字高度】：设置文字高度。数据和列标题单元的默认文字高度为0.18。表标题的默认文字高度为0.25。

③【文字颜色】：指定文字颜色。选择下拉列表底部的【选择颜色】可显示【选择颜色】对话框。

④【文字角度】：设置文字角度。默认的文字角度为0度。可以输入－359～+359度之间的任意角度。

【边框】选项卡：包括表格边框的线宽、线型和边框的颜色，还可以将表格内的线设置成双线形式，单击表格边框按钮可以将选定的特性应用到边框，如图11-7所示。

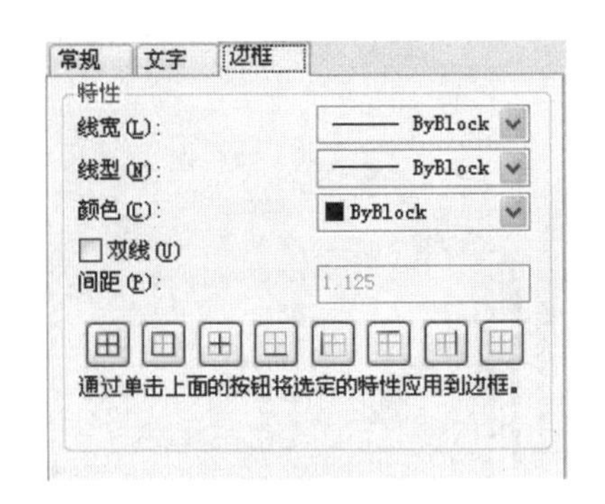

图11-7 【边框】选项卡

①【线宽】：通过单击边框按钮，设置将要应用于指定边界的线宽。如果使用粗线宽，必须增加单元边距。

②【线型】：通过单击边框按钮，设置将要应用于指定边界的线型。将显示标准线型随块、随层和连续，或者可以选择“其他”加载自定义线型。

③【颜色】：通过单击边框按钮，设置将要应用于指定边界的颜色。选择【选择颜色】可显示【选择颜色】对话框。

④【双线】：将表格边框显示为双线。

⑤【间距】：确定双线边框的间距。默认间距为0.1800。

⑥【边界】按钮：控制单元边界的外观。边框特性包括栅格线的线宽和颜色。

- 【所有边框】：将边框特性设置应用到指定单元样式的所有边框。
- 【外边框】：将边框特性设置应用到指定单元样式的外部边框。
- 【内边框】：将边框特性设置应用到指定单元样式的内部边框。
- 【底部边框】：将边框特性设置应用到指定单元样式的底部边框。
- 【左边框】：将边框特性设置应用到指定的单元样式的左边框。
- 【上边框】：将边框特性设置应用到指定单元样式的上边框。

- 【右边框】：将边框特性设置应用到指定单元样式的右边框。
- 【无边框】：隐藏指定单元样式的边框。

(4)【单元样式预览】：显示当前表格样式设置效果的样例。

注意

边框设置好后一定要单击表格边框按钮应用选定的特征，如不应用，表格中的边框线在打印和预览时都看不见。

11.1.2 绘制表格

创建表格样式的最终目的是绘制表格，以下将详细介绍按照表格样式绘制表格的方法。

在菜单栏中选择【绘图】|【表格】菜单命令或在命令行中输入table，按Enter键，都会出现如图11-8所示的【插入表格】对话框，

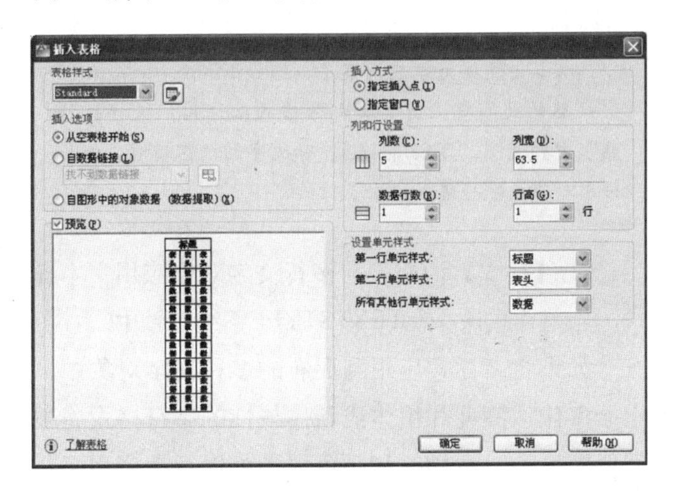

图11-8 【插入表格】对话框

下面介绍【插入表格】对话框中各选项的功能。

(1)【表格样式】选项组：在要从中创建表格的当前图形中选择表格样式。 通过单击下拉列表旁边的按钮，用户可以创建新的表格样式。

(2)【插入选项】选项组：指定插入表格的方式。

【从空表格开始】单选按钮：创建可以手动填充数据的空表格。

【自数据链接】单选按钮：从外部电子表格中的数据创建表格。

【自图形中的对象数据(数据提取)】单选按钮：启动“数据提取”向导。

(3)【预览】：显示当前表格样式的样例。

(4)【插入方式】选项组：指定表格位置。

【指定插入点】单选按钮：指定表格左上角的位置。可以使用定点设备，也可以在命令提示下输入坐标值。如果表格样式将表格的方向设置为由下而上读取，则插入点位于表格的左下角。

【指定窗口】单选按钮：指定表格的大小和位置。可以使用定点设备，也可以在命令提示下输入坐标值。选定此选项时，行数、列数、列宽和行高取决于窗口的大小以及列和行设置。

(5)【列和行设置】选项组：设置列和行的数目和大小。

▥按钮：表示列。

▤按钮：表示行。

【列数】：指定列数。选择【指定窗口】单选按钮并指定列宽时，“自动”选项将被选定，且列数由表格的宽度控制。如果已指定包含起始表格的表格样式，则可以选择要添加到此起始表格的其他列的数量。

【列宽】：指定列的宽度。选择【指定窗口】单选按钮并指定列数时，则选定了“自动”选项，且列宽由表格的宽度控制。最小列宽为一个字符。

【数据行数】：指定行数。选择【指定窗口】单选按钮并指定行高时，则选定了“自动”选项，且行数由表格的高度控制。带有标题行和表格头行的表格样式最少应有三行。最小行高为一个文字行。如果已指定包含起始表格的表格样式，则可以

选择要添加到此起始表格的其他数据行的数量。

【行高】：按照行数指定行高。文字行高基于文字高度和单元边距，这两项均在表格样式中设置。选择【指定窗口】单选按钮并指定行数时，则选定了“自动”选项，且行高由表格的高度控制。

> **注意**
>
> 在【插入表格】对话框中，要注意列宽和行高的设置。

(6)【设置单元样式】选项组：对于那些不包含起始表格的表格样式，请指定新表格中行的单元格式。

【第一行单元样式】：指定表格中第一行的单元样式。默认情况下，使用标题单元样式。

【第二行单元样式】：指定表格中第二行的单元样式。默认情况下，使用表头单元样式。

【所有其他行单元样式】：指定表格中所有其他行的单元样式。默认情况下，使用数据单元样式。

11.1.3 填写表格

表格内容的填写包括输入文字、单元格内插入块、插入公式等内容，下面将详细介绍。

1. 输入文字

单击要输入文字的表格，出现如图11-9所示的【表格单元】选项卡，在其中的【行】、【列】和【合并】面板可以进行插入新的表格操作；在【单元样式】和【单元格式】面板，可以设置相应的单元内容。

图11-9 【表格单元】选项卡

输入文字之后，出现【文字编辑器】选项卡，如图11-10所示。

图11-10 【文字编辑器】选项卡

下面介绍此选项卡中各选项的主要功能。

(1)【格式】面板：控制多行文字对象的文字样式和选定文字的字符格式、段落格式。

【字体】下拉列表：为新输入的文字指定字体或改变选定文字的字体。TrueType字体按字体族的名称列出。AutoCAD编译的字体按字体所在文件的名称列出。自定义字体和第三方字体在编辑器中显示为Autodesk提供的代理字体。

【文字颜色】下拉列表：指定新文字的颜色或更改选定文字的颜色。可以为文字指定与被打开的图层相关联的颜色(随层)或所在的块的颜色(随块)。也可以从颜色列表中选择一种颜色，或单击【选择颜色】对话框。

> **注意**
>
> 从其他文字处理应用程序（例如 Microsoft Word）中粘贴的文字将保留其大部分格式。使用“选择性粘贴”中的选项，可以清除已粘贴文字的段落格式，例如段落对齐或字符格式。

(2)【样式】面板：向多行文字对象应用文字样式。当前样式保存在TEXTSTYLE系统变量中。

如果将新样式应用到现有的多行文字对象中，用于字体、高度和粗体或斜体属性的字符格式将被替代。堆叠、下划线和颜色属性将保留在应用了新样式的字符中。

不应用具有反向或倒置效果的样式。如果在SHX字体中应用定义为垂直效果的样式，这些文字将在在位文字编辑器中水平显示。

【注释性】：打开或关闭当前多行文字对象的“注释性”。

【文字高度】下拉列表框：按图形单位设置新文字的字符高度或修改选定文字的高度。如果当前文字样式没有固定高度，则文字高度是TEXTSIZE系统变量中存储的值。多行文字对象可以包含不同高度的字符。

(3)【插入】面板：插入相关的内容。

【列】下拉列表：该菜单提供三个栏选项：【不分栏】、【静态栏】和【动态栏】。

【字段】按钮：显示【字段】对话框。

【符号】下拉列表：插入各种符号。

(4)【段落】面板：设置多段文字的排列方式。

【对正】下拉列表：为显示多行文字对正的菜单。并且有九个对齐选项可用。【正中】为默认。

【默认、左对齐、居中、右对齐、对正和分散对齐】按钮：设置当前段落或选定段落的左、中或右文字边界的对正和对齐方式。包含在一行的末尾输入的空格，并且这些空格会影响行的对正。

【行距】下拉列表：显示建议的行距选项。在当前段落或选定段落中设置行距。注意行距是多行段落中文字的上一行底部和下一行顶部之间的距离。

【项目符号和编号】下拉列表：显示用于创建列表的选项。缩进列表以与第一个选定的段落对齐。

根据正在编辑的内容，有些选项可能不可用。

2. 单元格内插入块

选择任一单元格，单击鼠标右键，在弹出的快捷菜单中选择【插入点】|【块】命令，打开如图11-11所示的【在表格单元中插入块】对话框。

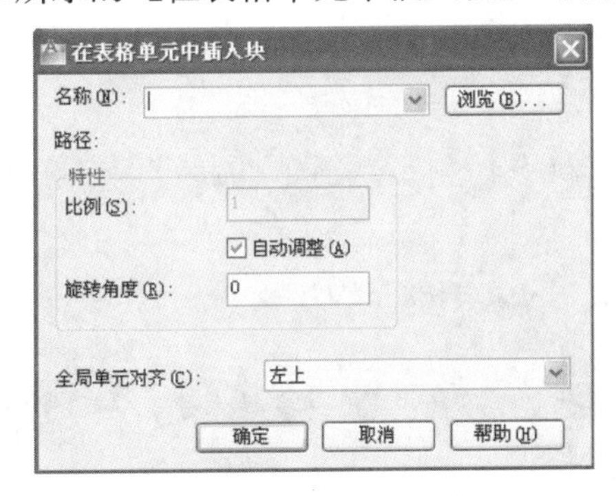

图11-11 【在表格单元中插入块】对话框

下面介绍此对话框中各选项的主要功能。

(1)【浏览】按钮

在【插入】对话框中，从图形的块列表格中选择块，或单击【浏览】按钮查找其他图形中的块。

(2)【特性】选项组

【比例】：指定块参照的比例。输入值或选择“自动调整”缩放块以适应选定的单元。

【旋转角度】：指定块的旋转角度。

【全局单元对齐】：指定块在表格单元中的对齐方式。块相对于上、下单元边框居中对齐、上对齐或下对齐；相对于左、右单元边框居中对齐、左对齐或右对齐。

3. 插入公式

任一选择一单元格，用鼠标右键单击，弹出如图11-12所示的快捷菜单。

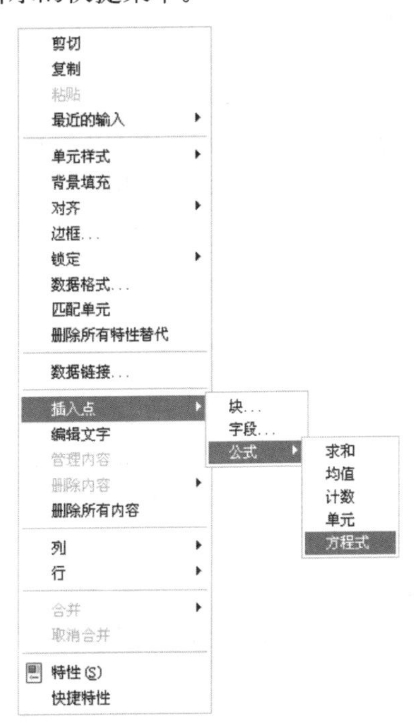

图11-12 快捷菜单

在快捷菜单中选择【插入点】|【公式】|【方程式】命令，在单元格内输入公式，完成输入后，单击【文字格式】对话框中的【确定】按钮，完成公式的输入。

4. 直接插入块

(1) 注释性块的插入。选择【插入】|【块】菜单命令，打开【插入】对话框来完成块的插入，如图11-13所示。

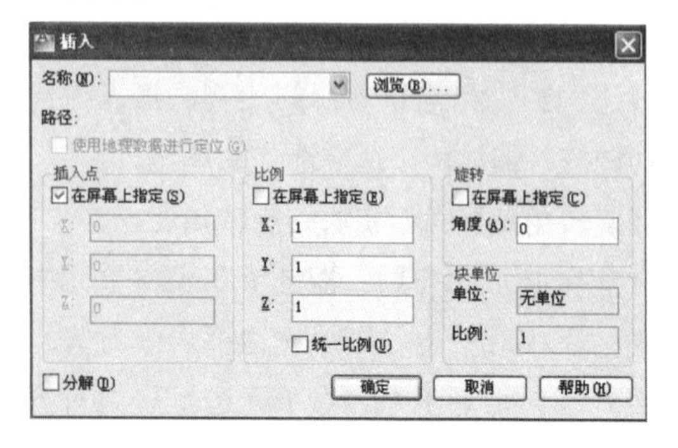

图11-13 【插入】对话框

①【名称】：指定要插入块的名称，或指定要作为块插入的文件的名称。

②【浏览】按钮：打开【选择图形文件】对话框(标准文件选择对话框)，从中可选择要插入的块或图形文件。

③【路径】选项组：指定块的路径。

④【插入点】选项组：指定块的插入点。

【在屏幕上指定】： 用定点设备指定块的插入点。

X：设置 X 坐标值。

Y：设置 Y 坐标值。

Z：设置 Z 坐标值。

⑤【比例】选项组：指定插入块的缩放比例。如果指定负的 X、Y 和 Z 缩放比例因子，则插入块的镜像图像。

【在屏幕上指定】：用定点设备指定块的比例。

X：设置 X 比例因子。

Y：设置 Y 比例因子。

Z：设置 Z 比例因子。

【统一比例】复选框：为 X、Y 和 Z 坐标指定单一的比例值。为 X 指定的值也反映在 Y 和 Z 的值中。

⑥【旋转】选项组：在当前 UCS 中指定插入块的旋转角度。

【在屏幕上指定】：用定点设备指定块的旋转角度。

【角度】：设置插入块的旋转角度。

⑦【块单位】选项组：显示有关块单位的信息。

【单位】：指定插入块的INSUNITS值。

【比例】：显示单位比例因子，该比例因子是根据块的 INSUNITS 值和图形单位计算的。

⑧【分解】复选框：分解块并插入该块的各个部分。启用【分解】复选框时，只可以指定统一比例因子。在图层 0 上绘制的块的部件对象仍保留在图层 0 上。颜色为随层的对象为白色。线型为随块的对象具有 CONTINUOUS 线型。

注意

直接插入的块，不能保证块在表格中的位置，但直接插入的块与表格不是一个整体，以后可对块单独进行编辑。而在单元格内插入块，能准确保证块的对齐方式，但不能在表格中对块进行直接编辑。

(2) 动态属性块的插入。动态属性块的设置可以带来很多方便。插入表格之后，动态属性块已经不具有动态性，不能被编辑，因此动态属性块的插入(如需编辑)也应采用直接插入块的方法。

(3) 滚动轴承注释性动态块的插入。注释性动态块与注释性块一样不能插入表格。

11.1.4 表格范例

本范例练习文件：\11\11-1-4.dwg

本范例完成文件：\11\11-1-5.dwg

多媒体教学路径：光盘→多媒体教学→第11章→11.1节

步骤 1 插入表格，如图11-14所示。

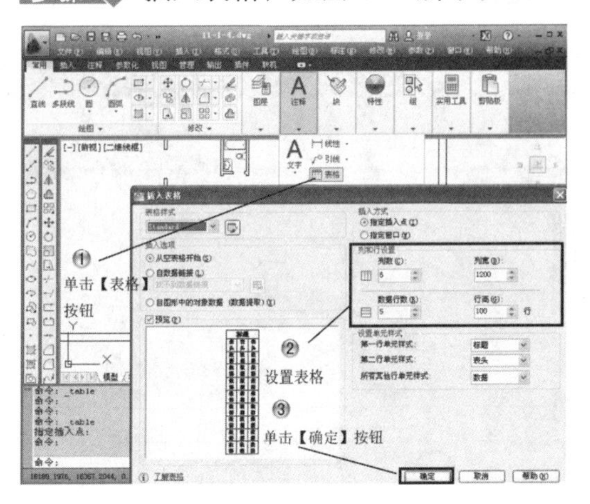

图11-14 插入表格

步骤 2 取消合并，如图11-15所示。

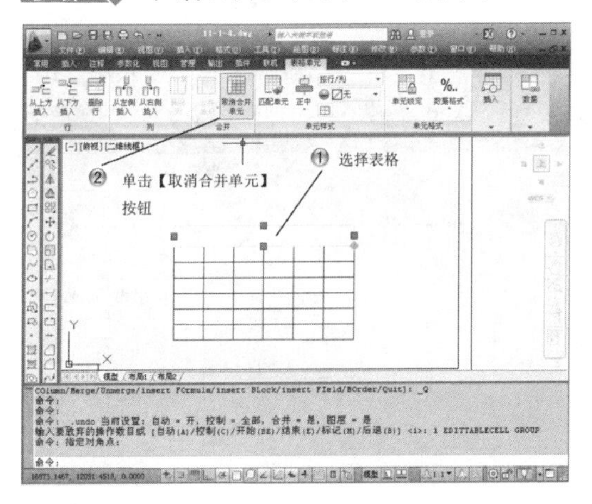

图11-15 取消合并

步骤 3 移动调整表格，如图11-16所示。

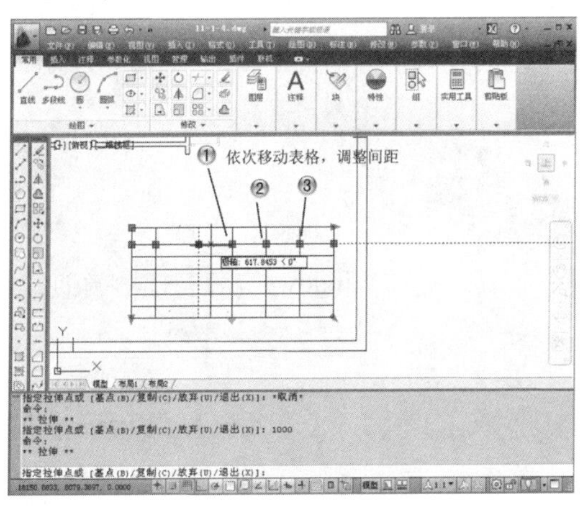

图11-16 移动调整表格

步骤 4 合并表格，如图11-17所示。

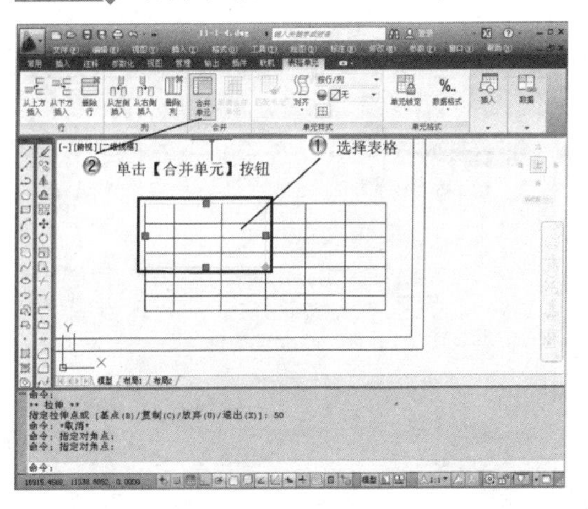

图11-17 合并表格

步骤 5 合并表格，如图11-18所示。

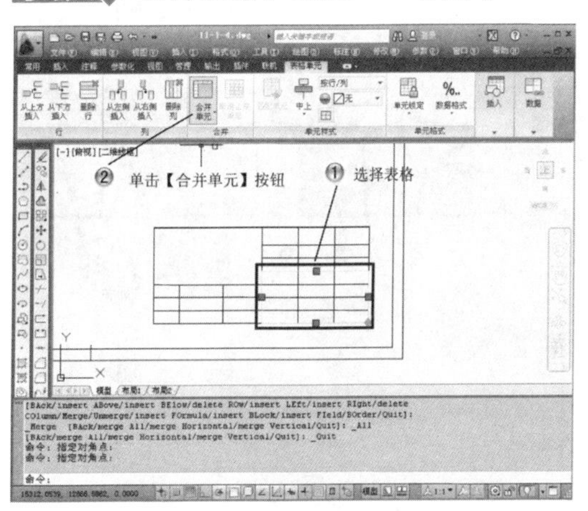

图11-18 合并表格

步骤 6 合并表格，如图11-19所示。

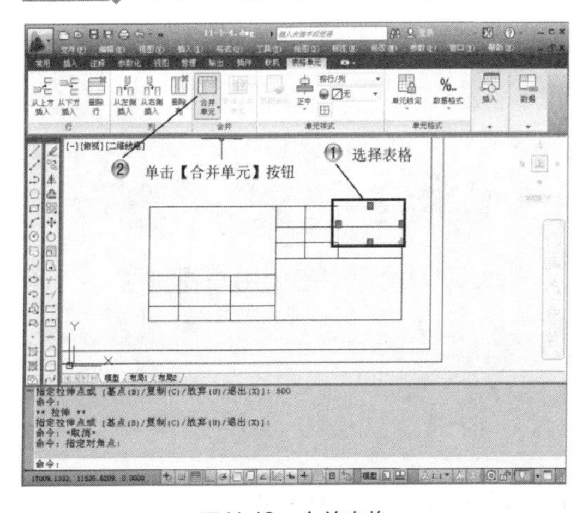

图11-19 合并表格

步骤 7 绘制直线，如图11-20所示。

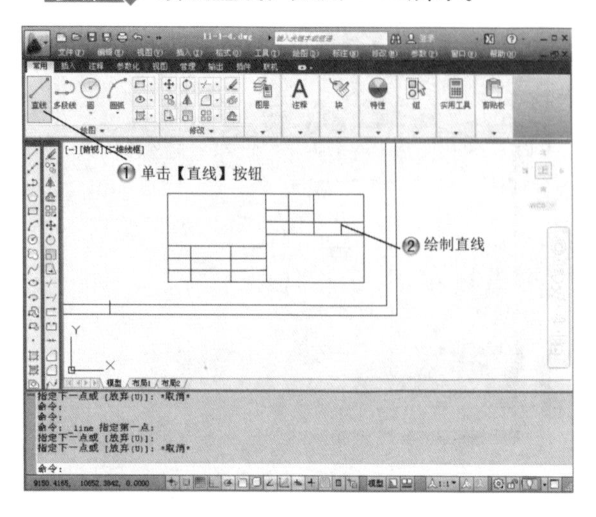

图11-20 绘制直线

步骤 8 填写表格，如图11-21所示。

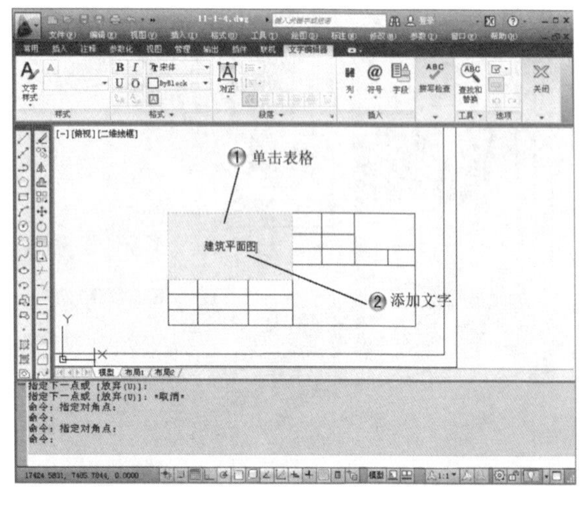

图11-21 填写表格

步骤 9 填写其他内容，如图11-22所示。

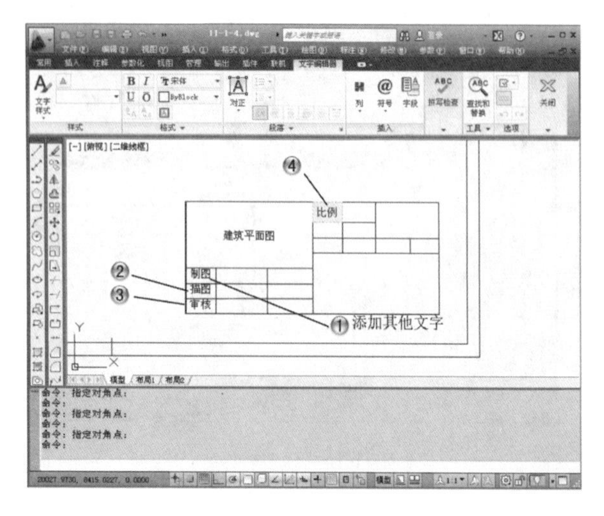

图11-22 填写其他内容

步骤 10 移动表格，如图11-23所示。

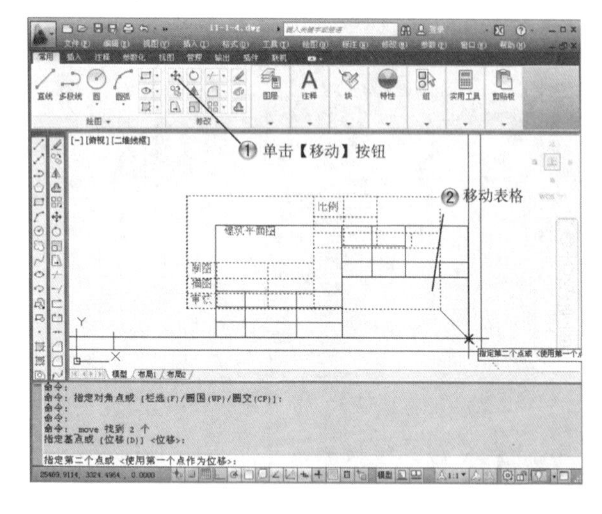

图11-23 移动表格

11.2 设计中心

AutoCAD设计中心为用户提供了一个直观且高效的管理工具，它与Windows资源管理器类似。

11.2.1 利用设计中心打开图形

利用设计中心打开图形的主要操作方法如下。

- 选择【工具】|【选项板】|【设计中心】菜单命令。
- 在【视图】选项卡的【选项板】面板中单击

【设计中心】按钮▦。

- 在命令输入行中输入adcenter，按Enter键。

执行以上任一步骤，都将出现如图11-24所示的【设计中心】特性面板。

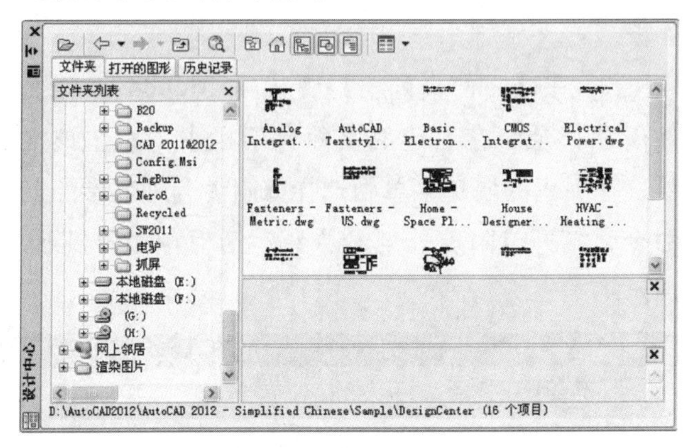

图11-24　【设计中心】特性面板

从【文件夹列表】中任意找到一个AutoCAD文件，右击文件，在弹出的快捷菜单中选择【在应用程序窗口中打开】命令，将图形打开，如图11-25所示。

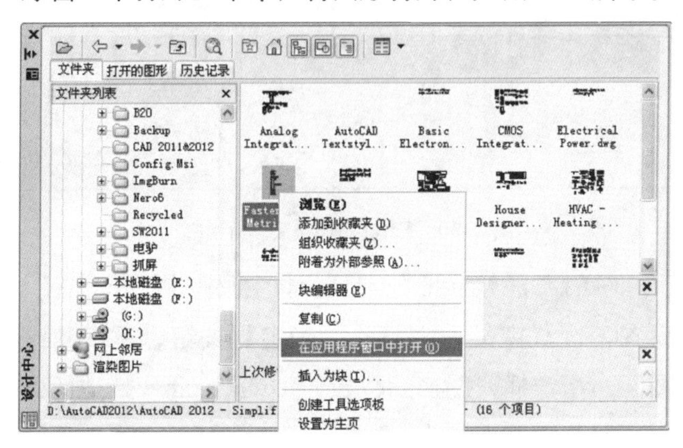

图11-25　选择【在应用程序窗口中打开】命令

11.2.2　使用设计中心插入块

使用设计中心可以把其他图形中的块引用到当前图形中。

下面介绍具体的使用方法。

(1) 打开一个dwg图形文件；

(2) 在【选择板】面板中单击【设计中心】按钮▦，打开【设计中心】特性面板。

(3) 在【文件夹列表】中，双击要插入到当前图形中的图形文件，在右边栏中会显示出图形文件所包含的标注样式、文字样式、图层、块等内容，如图11-26所示。

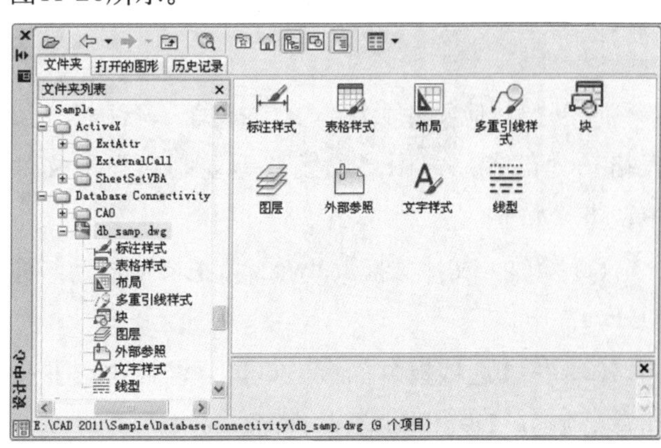

图11-26　【设计中心】特性面板

(4) 双击【块】选项，显示出图形中包含的所有块，如图11-27所示。

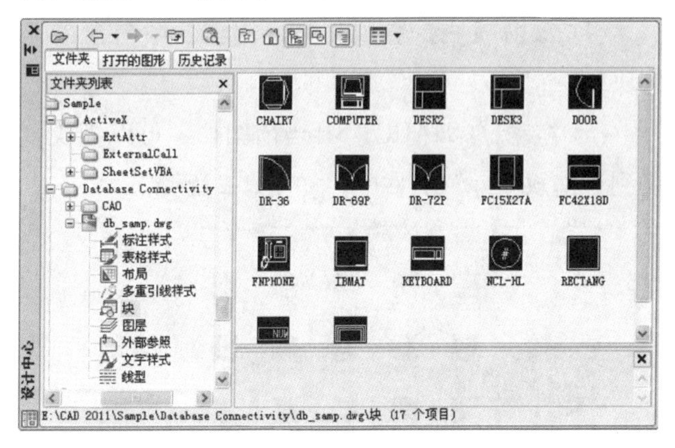

图11-27　显示所有【块】的【设计中心】特性面板

(5) 双击要插入的块，如图11-28所示，会出现【插入】对话框。

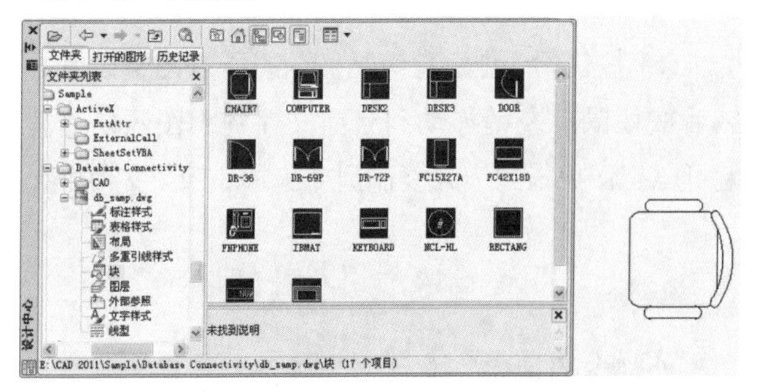

图11-28　双击要插入的块

(6) 在【插入】对话框中可以指定插入点的位置、旋转角度和比例等，设置完后单击【确定】按钮，返回当前图形，完成对块的插入。

11.2.3 设计中心的拖放功能

可以把其他文件中块、文字样式、标注样式、表格、外部参照、图层和线型等复制到当前文件中，步骤如下。

(1) 新建一文件“拖放.dwg”，把块拖放到“拖放.dwg”中。

(2) 在【选项板】面板上单击【设计中心】按钮，打开【设计中心】特性面板。

(3) 双击要插入到当前图形中的图形文件，在内容区显示图形中包含的标注样式、文字样式、图层、块等内容。

(4) 双击【块】选项，显示出图像中包含的所有块。

(5) 拖动“CHAIR7”到当前图形，可以把块复制到“拖放.dwg”文件中，如图11-29所示。

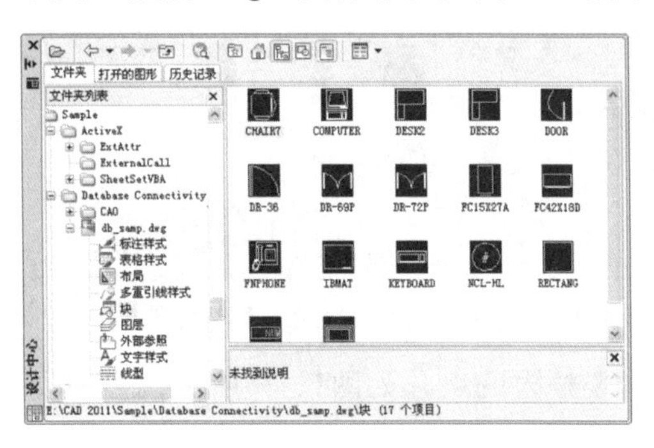

图11-29　拖放块到当前图形

(6) 按住Ctrl键，选择要复制的所有图层设置，然后按住鼠标左键拖动到当前文件到绘图区，这样就可以把图层设置一并复制到“拖放.dwg”文件中。

11.2.4 利用设计中心引用外部参照

外部参照是将一文件作为外部参照插入到另一文件中，操作步骤如下。

(1) 新建“外部参照.dwg”图形文件。

(2) 在【视图】选项卡中的【选项板】面板上单击【设计中心】按钮，打开【设计中心】特性面板。

(3) 在【文件夹列表】中找到Kitchens.dwg文件所在目录，在右边的文件显示栏中，右击该文件，在弹出的快捷菜单中选择【附着为外部参照】命令，打开【附着外部参照】对话框，如图11-30所示。

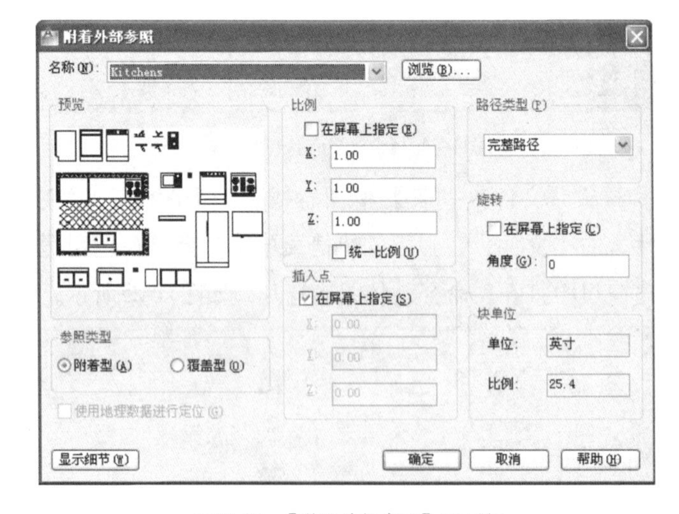

图11-30　【附着外部参照】对话框

(4) 在【附着外部参照】对话框中进行外部参照设置，设置完成后，单击【确定】按钮，返回到绘图区，指定插入图形的位置，Kitchens.dwg就被插入到了当前图形中。

11.2.5 设计中心范例

本范例练习文件：\11\11-1-5.dwg

本范例完成文件：\11\11-2-5.dwg

多媒体教学路径：光盘→多媒体教学→第11章→11.2节

步骤 1 打开设计中心，如图11-31所示。

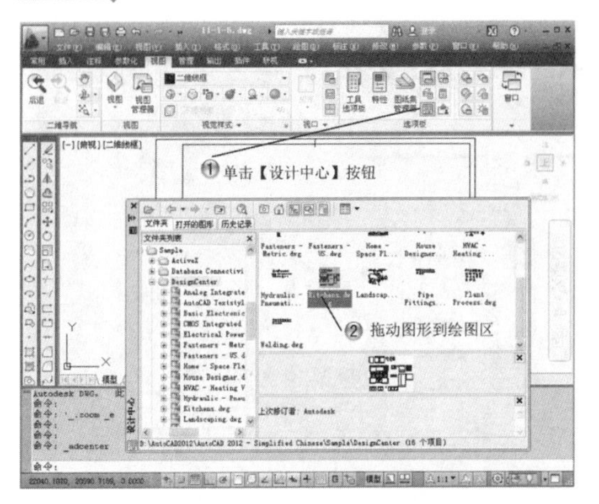

图11-31 打开设计中心

步骤 2 插入厨房块，如图11-32所示。

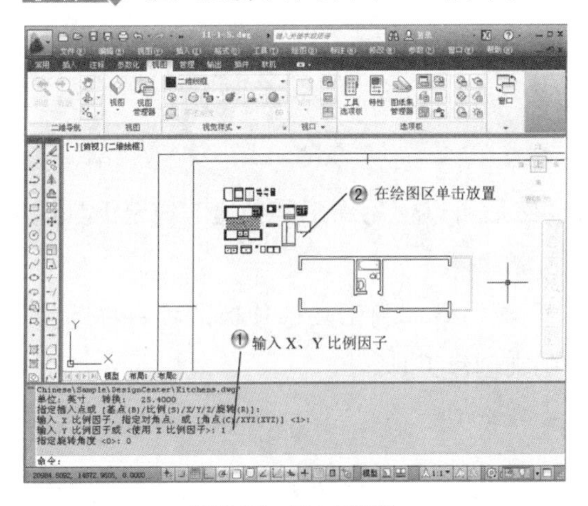

图11-32 插入厨房块

步骤 3 分解块，如图11-33所示。

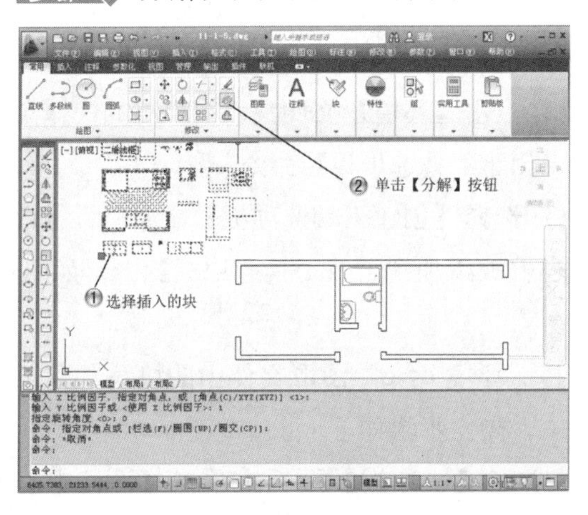

图11-33 分解块

步骤 4 删除图形，如图11-34所示。

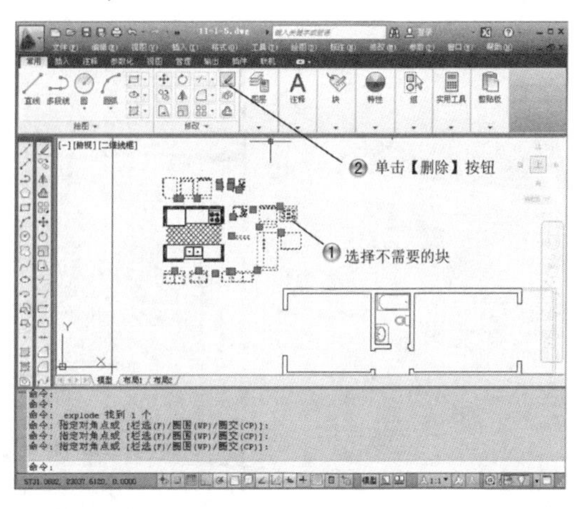

图11-34 删除图形

步骤 5 移动图形，如图11-35所示。

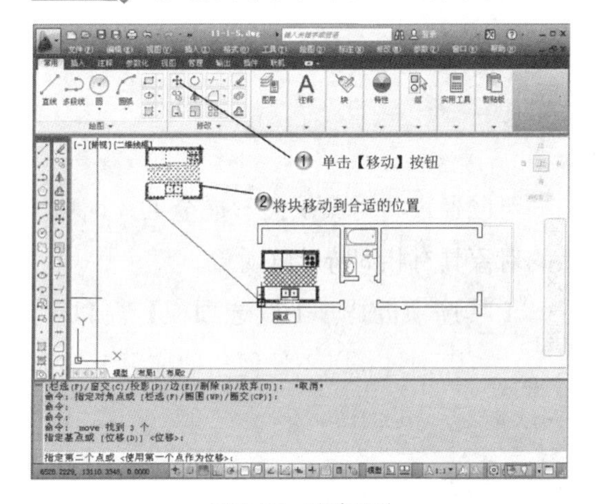

图11-35 移动图形

步骤 6 移动橱柜，如图11-36所示。

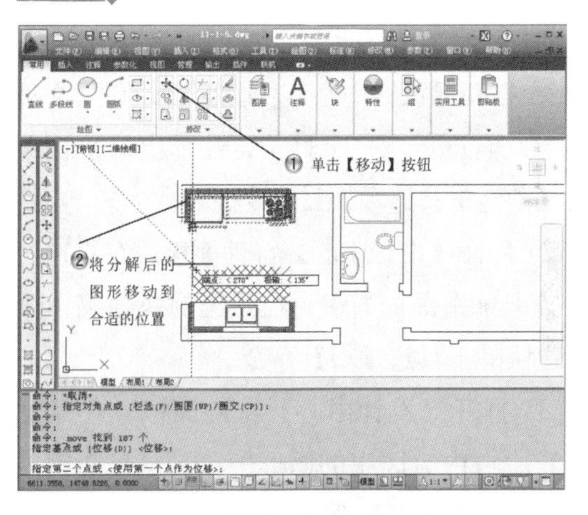

图11-36 移动橱柜

步骤 7 删除其他图形，如图11-37所示。

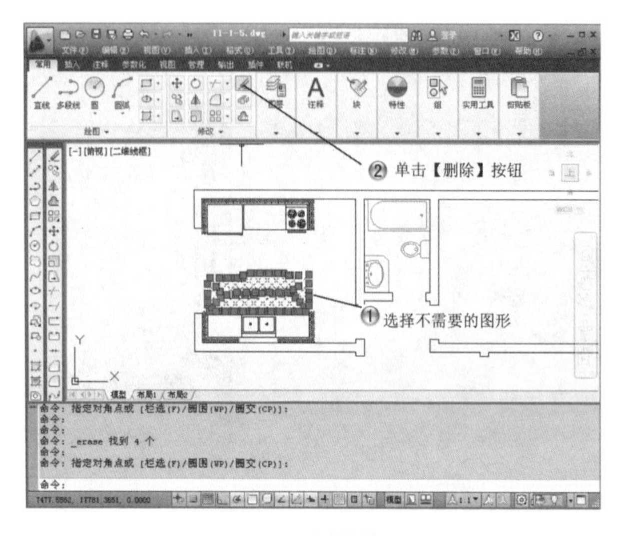

图11-37　删除其他图形

11.3　工具选项板

可以通过将对象从图形拖至工具选项板来创建工具。然后可以使用新工具创建与拖至工具选项板的对象具有相同特性的对象。

工具选项板是【工具选项板】窗口中选项卡形式的区域。添加到工具选项板的项目称为“工具”。可以通过将以下任何一项拖至工具选项板(一次一项)来创建工具。

11.3.1　向工具选项板添加新内容

利用设计中心向工具选项板添加内容，可以使用以下方法。

(1) 打开【设计中心】特性面板，在【文件夹列表】中，右击任意一个目录，在弹出的快捷菜单中选择【创建工具选项板】命令。

(2) 打开【设计中心】特性面板，在右边内容区的背景上单击鼠标右键，在弹出的快捷菜单中选择【创建块的工具选项板】命令。

(3) 打开【设计中心】特性面板，在【文件夹列表】中或内容区中的图形上单击鼠标右键，选择【创建工具选项板】命令。

下面将名为【环境】的文件夹的内容创建为【环境】选项板，具体步骤如下。

(1) 在【选项板】面板上单击【设计中心】按钮，打开【设计中心】特性面板。

(2) 右击【环境】文件夹，在弹出的快捷菜单中选择【创建工具选项板】命令。

(3) 选择【创建工具选项板】命令后，【环境】的内容就被添加到了【工具选项板】中，如图11-38所示。

将“环境.dwg”图形文件中的块添加到工具选项板中，操作步骤如下。

(1) 在【选项板】面板上单击【设计中心】按钮，打开【设计中心】特性面板。

(2) 选择“环境.dwg”的块文件，右击，在弹出的快捷菜单中选择【创建工具选项板】命令。

(3) 选择【创建工具选项板】命令后，“环境.dwg”的内容就被添加到了【工具选项板】中，如图11-39所示。

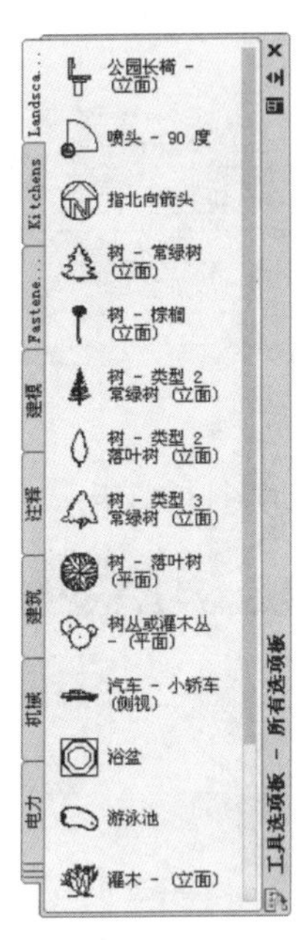

图11-38 创建“环境”目录的【工具选项板】

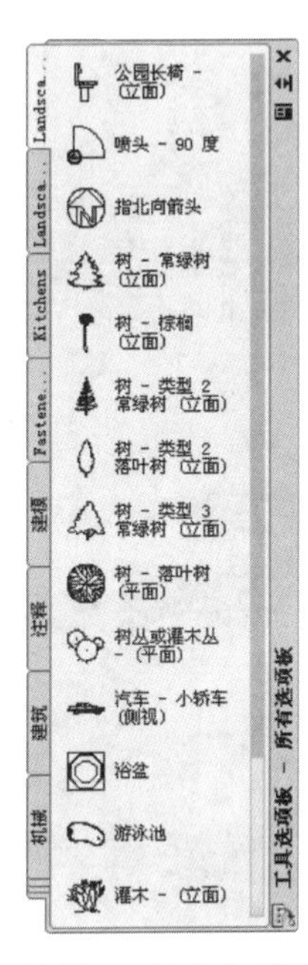

图11-39 创建“环境”块的【工具选项板】

11.3.2 工具选项板的使用

可将【工具选项板】中的内容复制到当前图形中，下面将上节创建的“环境.dwg”选项板复制到Kitchens.dwg中。

操作步骤如下。

(1) 打开“Kitchens.dwg”图形文件。

(2) 在【选项板】面板上单击【设计中心】按钮，打开【设计中心】特性面板。

(3) 选择【环境】选项，单击【汽车】按钮，在绘图区中确定插入位置，可以看到，该块被插入到图中。

11.3.3 工具选项板范例

本范例练习文件：\11\11-2-5.dwg

本范例完成文件：\11\11-3-3.dwg

多媒体教学路径：光盘→多媒体教学→第11章→11.3节

步骤 1 插入门的块，如图11-40所示。

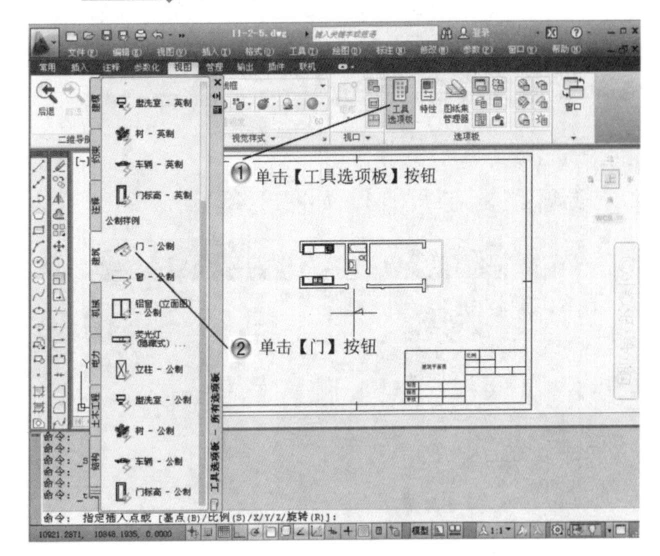

图11-40 插入门的块

步骤 2 放置门插件，如图11-41所示。

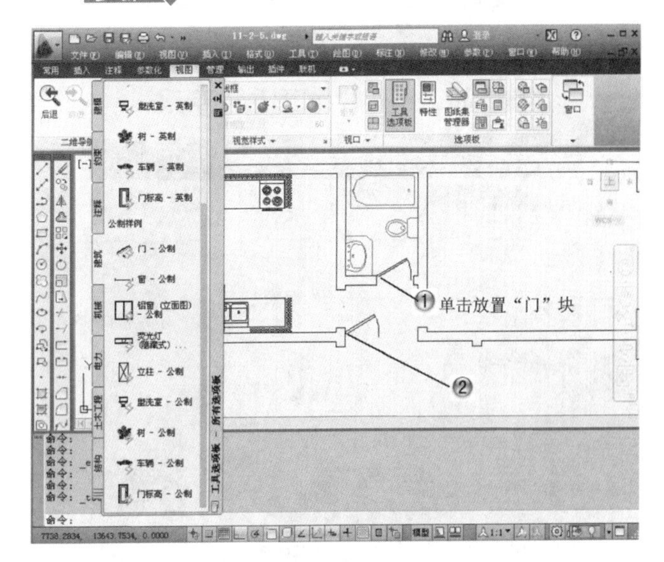

图11-41 放置门插件

步骤3 插入其他门，如图11-42所示。

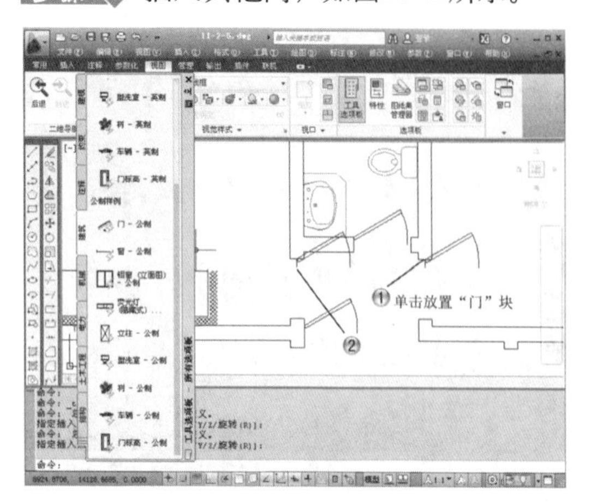

图11-42 插入其他门

步骤4 旋转图形，如图11-43所示。

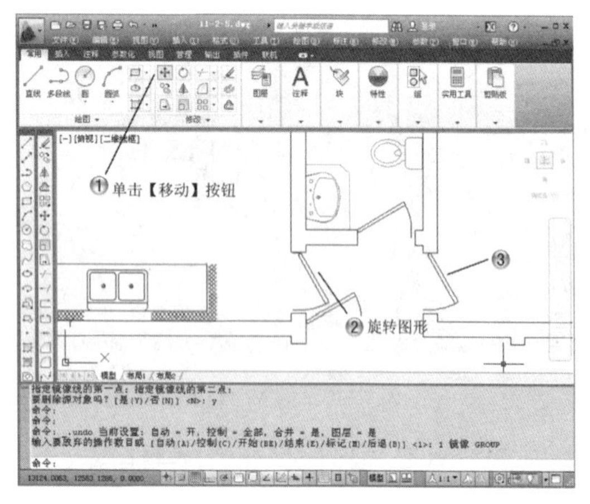

图11-43 旋转图形

步骤5 镜像图形，如图11-44所示。

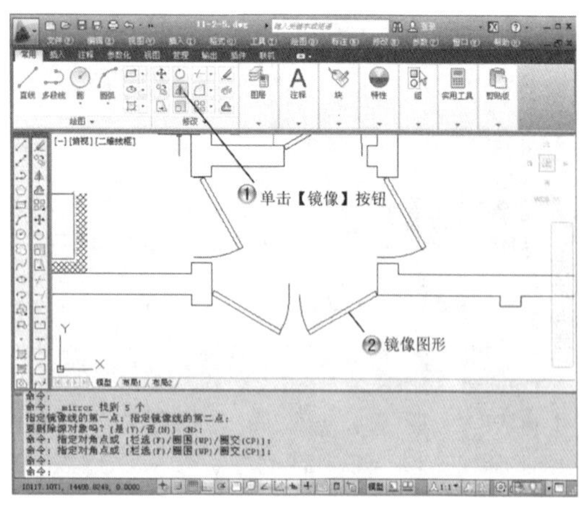

图11-44 镜像图形

步骤6 插入树的块，如图11-45所示。

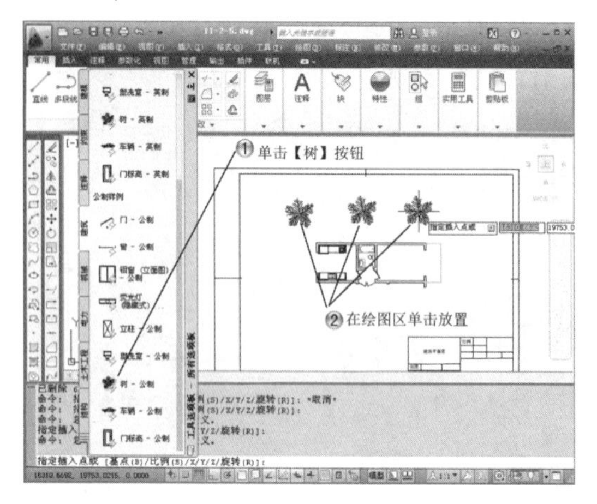

图11-45 插入树的块

步骤7 插入窗户的块，如图11-46所示。

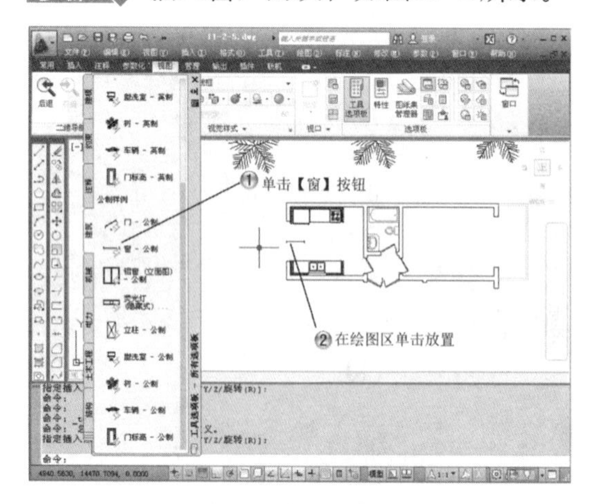

图11-46 插入窗户的块

步骤8 绘制直线，如图11-47所示。

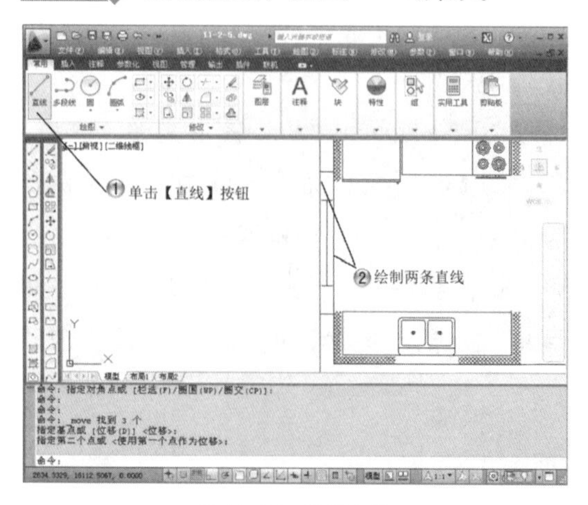

图11-47 绘制直线

11.4 CAD协同设计中的外部参照工具

协同设计是由多人共同协作完成的设计，利用协同设计功能可以非常有效地在同一地点或者不同地点，不同机器上对同一个项目进行设计。

AutoCAD提供支持协同设计的工具有：外部参照、CAD标准、设计中心、链入和嵌入图形、保护和签名图形、电子传递以及发布图形集等内容。其中的重点如设计中心及块的相关内容已在前面的章节中有所介绍，下面我们来着重介绍外部参照。

1. 外部参照概述

外部参照(External Reference，Xref)提供了另一种更为灵活的图形引用方法。使用外部参照可以将多个图形链接到当前图形中，并且作为外部参照的图形会随着原图形的修改而更新。此外，外部参照不会明显地增加当前图形的文件大小，从而可以节省磁盘空间，也利于保持系统的性能。

当一个图形文件被作为外部参照插入到当前图形中时，外部参照中每个图形的数据仍然分别保存在各自的源图形文件中，当前图形中所保存的只是外部参照的名称和路径。无论一个外部参照文件多么复杂，AutoCAD都会把它作为一个单一对象来处理，而不允许进行分解。用户可对外部参照进行比例缩放、移动、复制、镜像或旋转等操作，还可以控制外部参照的显示状态，但这些操作都不会影响到原图文件。

AutoCAD允许在绘制当前图形的同时，显示多达32000个图形参照，并且可以对外部参照进行嵌套，嵌套的层次可以为任意多层。当打开或打印附着有外部参照的图形文件时，AutoCAD自动对每一个外部参照图形文件进行重载，从而确保每个外部参照图形文件反映的都是它们的最新状态。

2. 使用外部参照

以外部参照方式将图形插入到某一图形（称之为主图形）后，被插入图形文件的信息并不直接加入到主图形中，主图形只是记录参照的关系，例如，参照图形文件的路径等信息。如果外部参照中包含有任何可变块属性，它们将被忽略。另外，对主图形的操作不会改变外部参照图形文件的内容。当打开具有外部参照的图形时，系统会自动把各外部参照图形文件重新调入内存并在当前图形中显示出来。

选择【插入】|【外部参照】菜单命令，打开【外部参照】选项板，如图11-48所示。

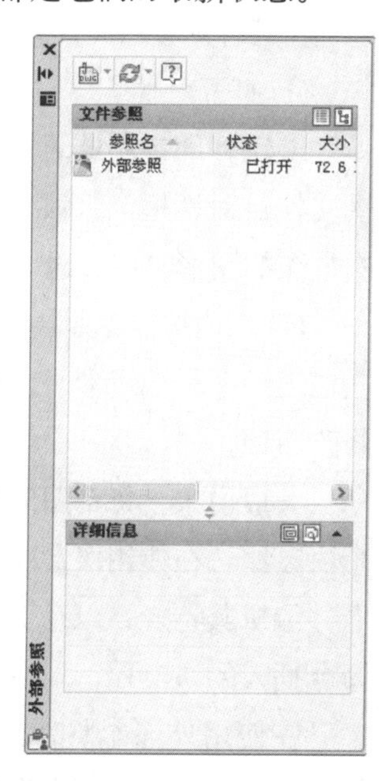

图11-48 【外部参照】选项板

在 AutoCAD中，用户可以在【外部参照】选项板中对外部参照进行编辑和管理。用户单击选项板上【附着】下拉列表，如图11-49所示，可以添加不同格式的外部参照文件；选择任意一个外部参照文件，打开【附着外部参照】对话框，如图11-50所示，在其中进行相应的设置后，单击【确定】按钮，在下方【详细信息】列表中显示该外部参照的名称、加载状态、文件大小、参照类型、参照日期及参照文件的保存路径等内容，如图11-51所示。

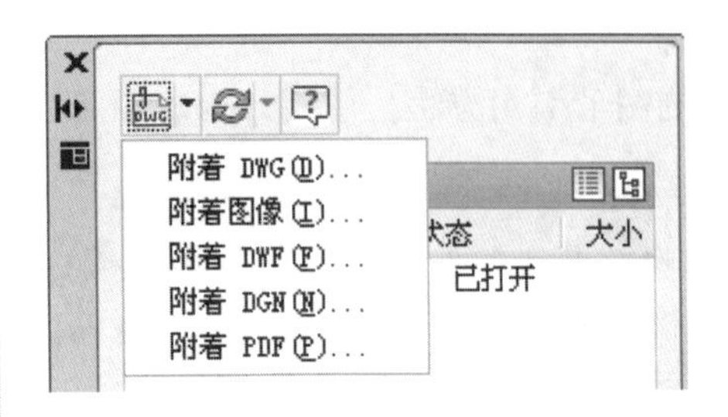

图11-49 【附着】下拉列表

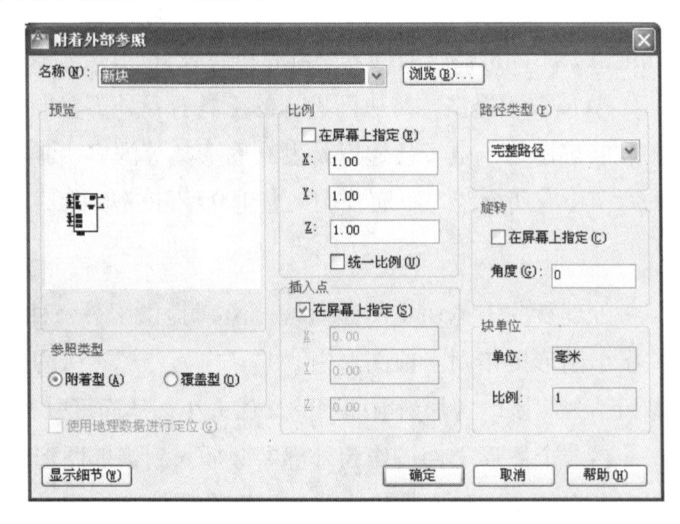

图11-50 【附着外部参照】对话框

当插入的外部参照不能满足我们的需求时，则需要对外部参照进行修改。修改最直接的方法莫过于对外部原文件的修改，如果这样那我们就必须首先查找原文件，然后打开。不过还好，AutoCAD给我们提供简便方式。

选择【工具】|【外部参照和块在位编辑】次级菜单，我们既可以选择【打开参照】方式，也可以选择【在位编辑参照】的方法。

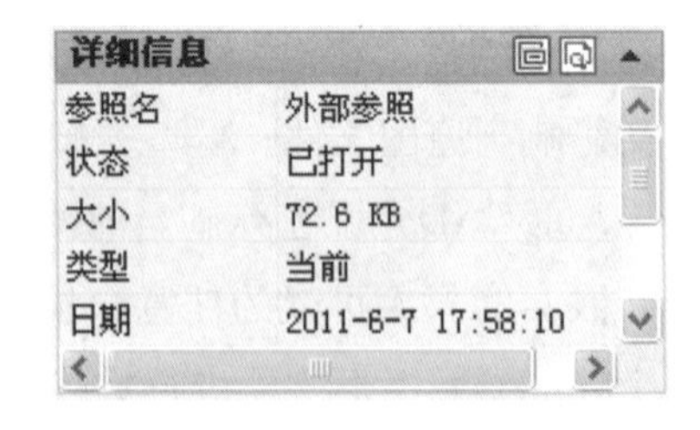

图11-51 显示外部参照的详细信息

(1) 打开参照

编辑外部参照最简单、最直接的方法是在单独的窗口中打开参照的图形文件，而无需使用【选择文件】对话框浏览该外部参照。如果图形参照中包含嵌套的外部参照，则将打开选定对象嵌套层次最深的图形参照。这样，用户可以访问该参照图形中的所有对象。

(2) 在位编辑参照

通过在位编辑参照，可以在当前图形的可视上下文中修改参照。

一般说来，每个图形都包含一个或多个外部参照和多个块参照。在使用块参照时，可以选择块并进行修改，查看并编辑其特性，以及更新块定义。不能编辑使用minsert命令插入的块参照。

如果打算对参照进行较大修改，则打开参照图形直接修改。如果使用在位参照编辑进行较大修改，会使在位参照编辑任务期间，当前图形文件的大小明显增加。

在使用外部参照时，可以选择要使用的参照，修改其对象，然后将修改保存到参照图形。进行较小修改时，不需要在图形之间来回切换。

3. 参照管理器

AutoCAD图形可以参照多种外部文件，包括图形、文字字体、图像和打印配置。这些参照文件的路径保存在每个AutoCAD图形中。有时可能需要将图形文件或它们参照的文件移动到 其他文件夹或其他磁盘驱动器中，这时就需要更新保存的参照路径。打开每个图形文件然后手动更新保存的每个参照路径是一个冗长乏味的过程。

Autodesk 参照管理器提供了多种工具，可以列出选定图形中的参照文件，可以修改保存的参照路径而不必打开 AutoCAD 中的图形文件。利用参照管理器，可以轻松地标识并修复包含未融入参照的图形。但它依然有其限制。参照管理器当前并非对图形所参照的所有文件都提供支持。不受支持的参照包括与文字样式无关联的文字字体、OLE 链接、超级链接、数据库文件链接、PMP 文件以及 Web 上的 URL 的外部参照。如果参照管理器遇到 URL 的外部参照，它会将参照报告为“未找到”。

参照管理器是单机应用程序，可以选择【开始】|【程序】|Autodesk|AutoCAD 2012-Simplified Chinese|【参照管理器】命令，打开【参照管理器】窗口，如图11-52所示。

当我们双击右侧信息条后，将会出现【编辑选定的路径】对话框，如图11-53所示。

选择存储路径并单击【确定】按钮后，【参数管理器】的可应用项发生改变，如图11-54所示。

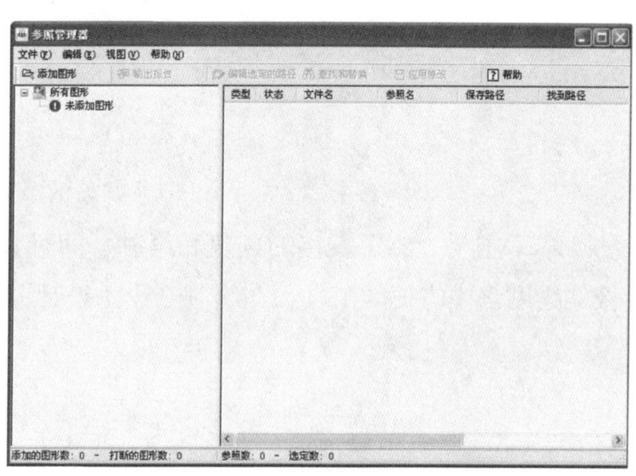

图11-52 【参照管理器】窗口

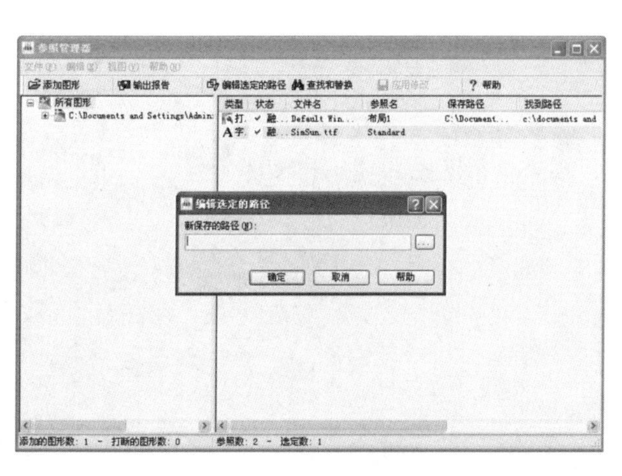

图11-53 设置新路径

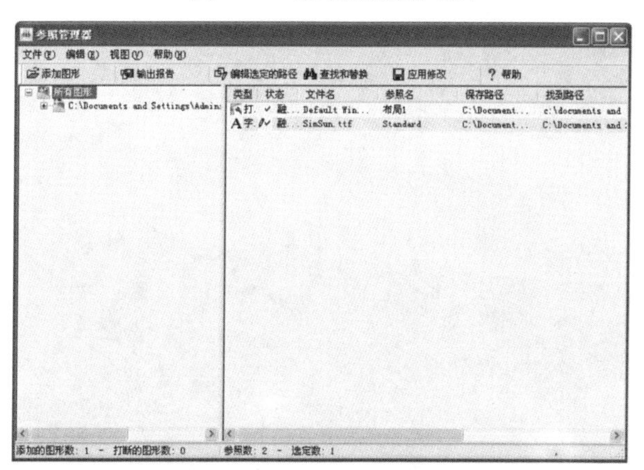

图11-54 部分功能按钮启用

单击【应用修改】按钮后，打开新对话框，如图11-55所示。

图11-55　【概要】对话框

单击【详细信息】按钮，可以查看具体内容，如图11-56所示。

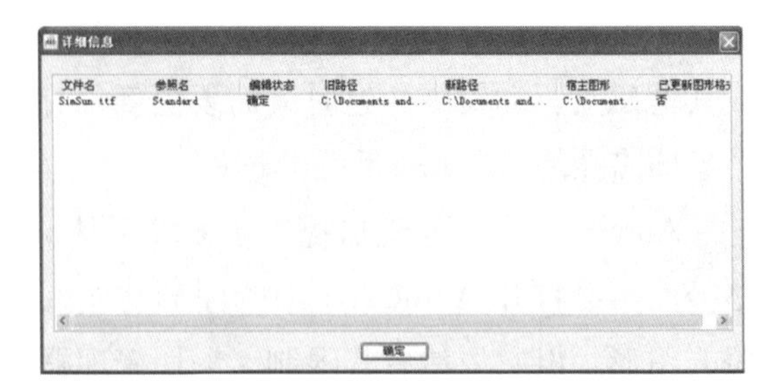

图11-56　【详细信息】窗口

11.5　本章小结

本章主要介绍了表格的创建和绘制，同时介绍了表格内容的添加和编辑；设计中心和工具选项板是绘图当中方便的工具，在绘制专业图纸时，适当的使用这两种工具可以起到事半功倍的效果。

第 12 章

图形输出与打印

本章导读

图形输出与打印是将绘制好的图形用打印机或绘图仪绘制出来。通过本章的学习，读者可以掌握如何添加与配置绘图设备、如何设置打印样式、如何设置页面，以及如何打印绘图文件。另外，本章还向读者介绍把AutoCAD 2012绘制的图形输出为其他软件的图形数据的方法。

学习内容

知识点 \ 学习目标	理解	应用	实践
创建布局	✓	✓	
设置绘图设备	✓	✓	
图形输出	✓	✓	✓
页面设置	✓	✓	✓
打印设置	✓	✓	✓

12.1 创建布局

布局是一种图纸空间环境，它模拟图纸页面，提供直观的打印设置。在布局中可以创建并放置视口对象，还可以添加标题栏或其他几何图形。可以在图形中创建多个布局以显示不同视图，每个布局可以包含不同的打印比例和图纸尺寸。布局显示的图形与图纸页面上打印出来的图形完全一样。

12.1.1 模型空间和图纸空间

AutoCAD最有用的功能之一就是可在两个环境中完成绘图和设计工作，即“模拟空间”和“图纸空间”。模拟空间又可分为平铺式的模拟空间和浮动式的模拟空间。大部分设计和绘图工作都是在平铺式模拟空间中完成的，而图纸空间是模拟手工绘图的空间，它是为绘制平面图而准备的一张虚拟图纸，是一个二维空间的工作环境。从某种意义上来说，图纸空间就是为布局图面、打印出图而设计的，还可在其中添加诸如边框、注释、标题和尺寸标注等内容。

在状态栏中单击【快速查看布局】按钮，出现【模型】选项卡以及一个或多个【布局】选项卡，如图12-1所示。

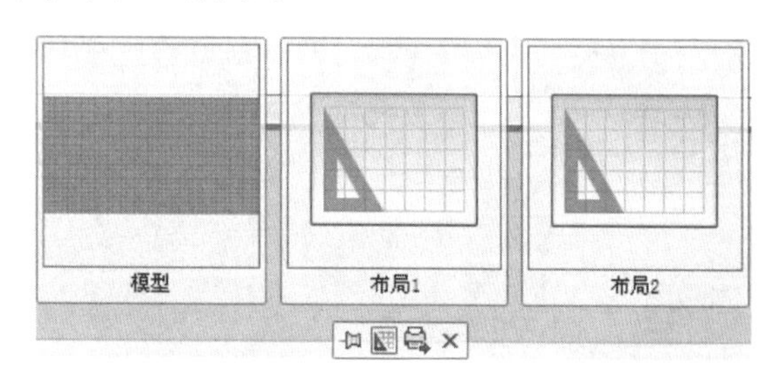

图12-1 【模型】选项卡和【布局】选项卡

在模型空间和图纸空间都可以进行输出设置，而且它们之间的转换也非常简单，单击【模型】选项卡或【布局】选项卡就可以在它们之间进行切换，如图12-2所示。

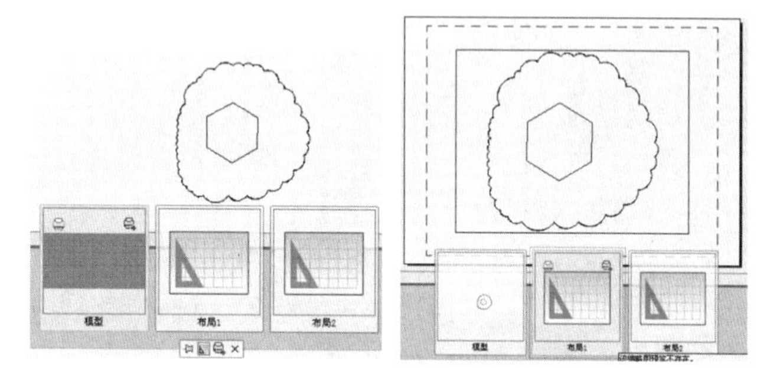

图12-2 模型空间和图纸空间的切换

可以根据坐标标志来区分模型空间和图纸空间，当处于模型空间时，屏幕显示UCS标志，当处于图纸空间时，屏幕显示图纸空间标志，即一个直角三角形，所以旧的版本将图纸空间又称做“三角视图”。

注意

模型空间和图纸空间是两种不同的制图空间，在同一个图形中无法同时在这两个环境中工作的。

12.1.2 在图纸空间中创建布局

在AutoCAD中，可以用【布局向导】命令来创建新布局，也可以用LAYOUT命令以模板的方式来创建新布局，这里将主要介绍以向导方式创建布局的过程。

(1) 选择【插入】|【布局】|【创建布局向导】命令。

(2) 在命令输入行输入block后按下Enter键。

执行上述任一操作后，AutoCAD会打开如图12-3

所示的【创建布局－开始】对话框。该对话框用于为新布局命名。左边一列项目是创建中要进行的8个步骤，前面标有三角符号的是当前步骤。在【输入新布局的名称】文本框中输入名称。

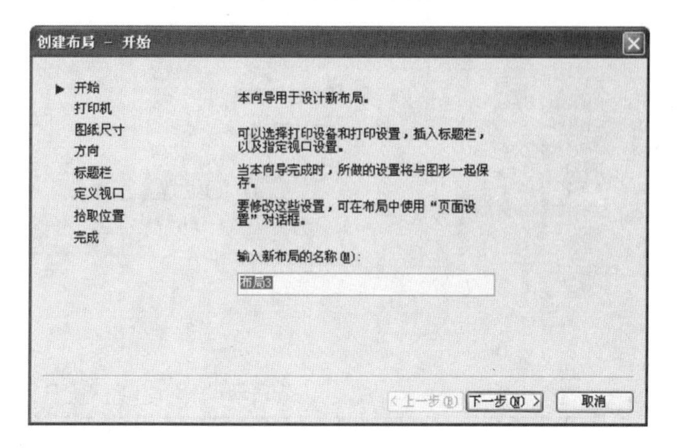

图12-3 【创建布局-开始】对话框

单击【下一步】按钮，出现如图12-4所示的【创建布局－打印机】对话框。

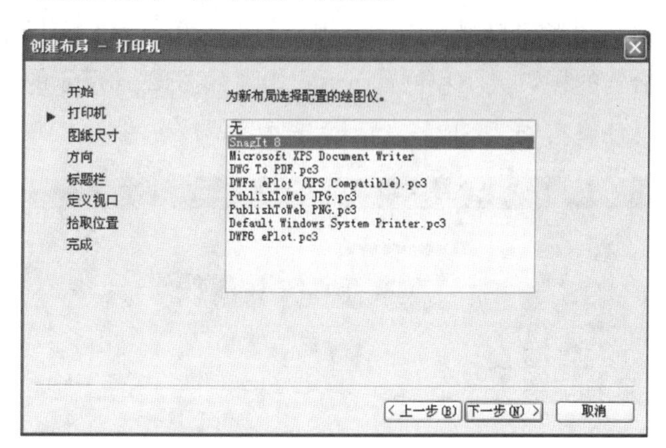

图12-4 【创建布局 - 打印机】对话框

图12-4所示对话框用于选择打印机，在列表中列出了本机可用的打印机设备，从中选择一种打印机作为输出设备。完成选择后单击【下一步】按钮，出现如图12-5所示的【创建布局 － 图纸尺寸】对话框。

图12-5所示对话框用于选择打印图纸的大小和所用的单位。对话框的下拉列表框中列出了可用的各种格式的图纸，它由选择的打印设备决定，可从中选择一种格式。

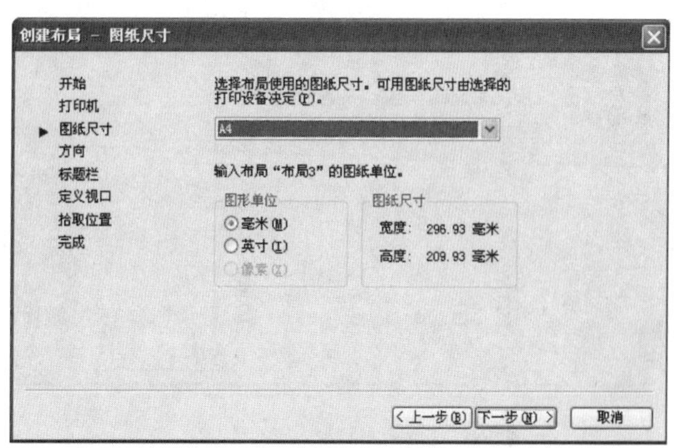

图12-5 【创建布局-图纸尺寸】对话框

- 【图形单位】：用于控制图形单位，可以选择毫米、英寸或像素。
- 【图纸尺寸】：当图形单位有所变化时，图形尺寸也相应变化。

单击【下一步】按钮，出现如图12-6所示的【创建布局－方向】对话框。

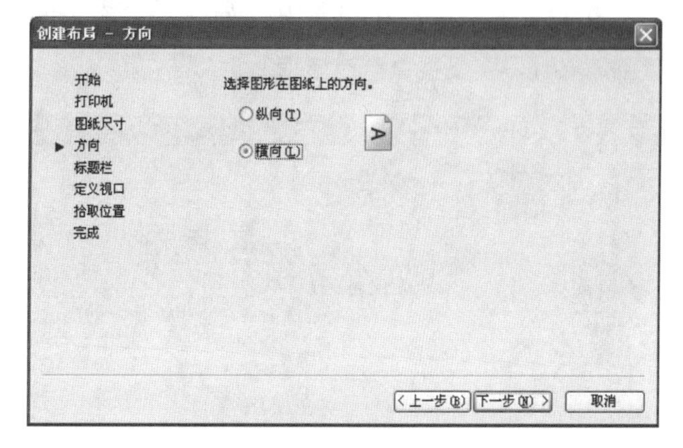

图12-6 【创建布局-方向】对话框

此对话框用于设置打印的方向，两个单选按钮分别表示不同的打印方向。

- 【横向】：表示按横向打印。
- 【纵向】：表示按纵向打印。

完成打印方向设置后，单击【下一步】按钮，出现如图12-7所示的【创建布局 － 标题栏】对话框。

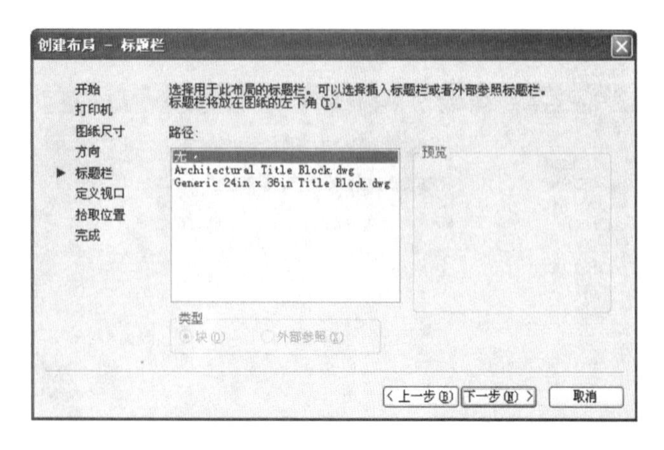

图12-7 【创建布局 - 标题栏】对话框

此对话框用于选择图纸的边框和标题栏的样式。

- 【路径】：列出了当前可用的样式，可从中选择一种；
- 【预览】：显示所选样式的预览图像；
- 【类型】：可指定所选择的标题栏图形文件是作为“块”还是作为“外部参照”插入到当前图形中。

单击【下一步】按钮，出现如图12-8所示的【创建布局－定义视口】对话框。

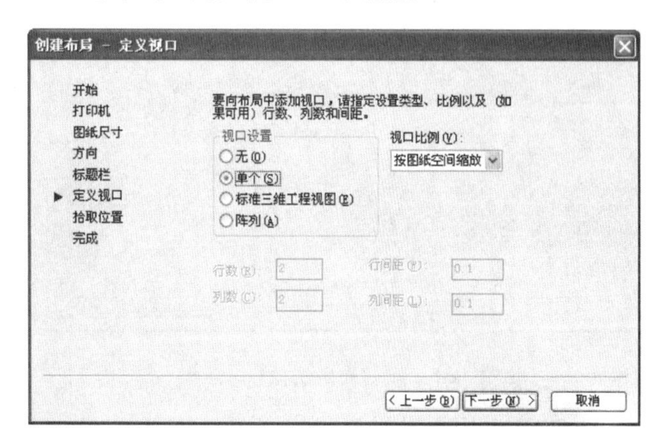

图12-8 【创建布局 - 定义视口】对话框

此对话框可指定新创建的布局默认视口设置和比列等。分以下两组设置。

- 【视口设置】：用于设置当前布局定义视口数；
- 【视口比例】：用于设置视口的比例；

选择【阵列】单选按钮，则下面的文本框变为可用，分别输入视口的行数和列数，以及视口的行间距和列间距。

单击【下一步】按钮，出现如图12-9所示的【创建布局－拾取位置】对话框。

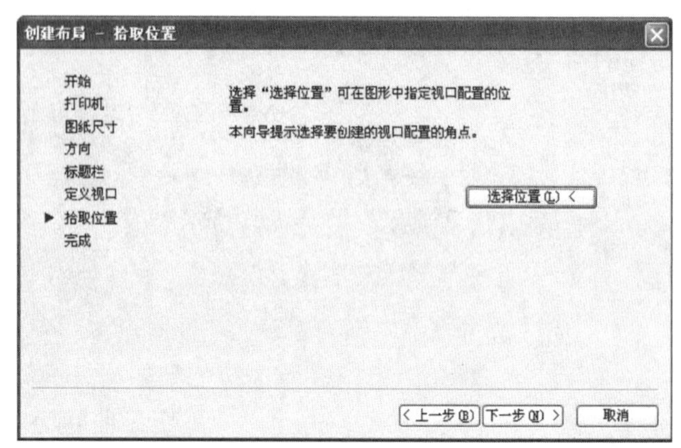

图12-9 【创建布局 - 拾取位置】对话框

此对话框用于制定视口的大小和位置。单击【选择位置】按钮，系统将暂时关闭该对话框，返回到图形窗口，从中制定视口的大小和位置。选择恰当的视口大小和位置以后，出现如图12-10所示的【创建布局－完成】对话框。

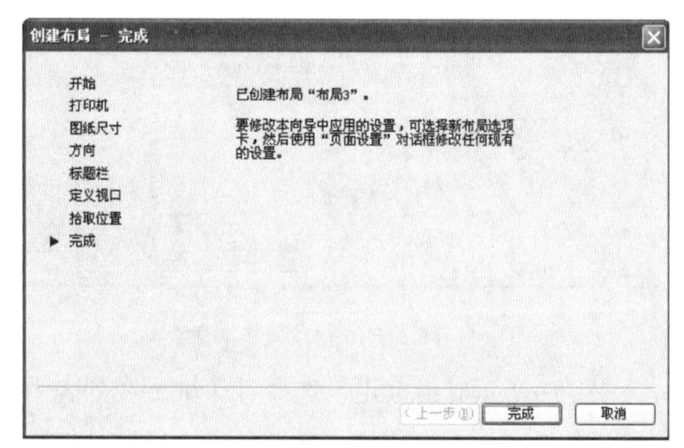

图12-10 【创建布局 - 完成】对话框

如果对当前的设置都很满意，单击【完成】按钮，完成新布局的创建，系统自动返回到布局空间，显示新创建的布局。

除了可使用上面的导向创建新的布局外，还可以使用LAYOUT命令在命令行创建布局。用该命令能以多种方式创建新布局，如从已有的模板开始创建，从已有的布局开始创建或从头开始创建。另外，还可以用该命令管理已创建的布局，如删除、改名、保存以及设置等。

12.1.3 视口

与模型空间一样，用户也可以在布局空间建立多个视口，以便显示模型的不同视图。在布局空间建立视口时，可以确定视口的大小，并且可以将其定位于布局空间的任意位置，因此，布局空间视口通常被称为浮动视口。

1. 创建浮动视口

在创建布局时，浮动视口是一个非常重要的工具，用于显示模型空间和布局空间中的图形。

在创建布局后，系统会自动创建一个浮动视口。如果该视口不符合要求，用户可以将其删除，然后重新建立新的浮动视口。在浮动视口内双击鼠标左键，即可进入浮动模型空间，其边界将以粗线显示，如图12-11所示。

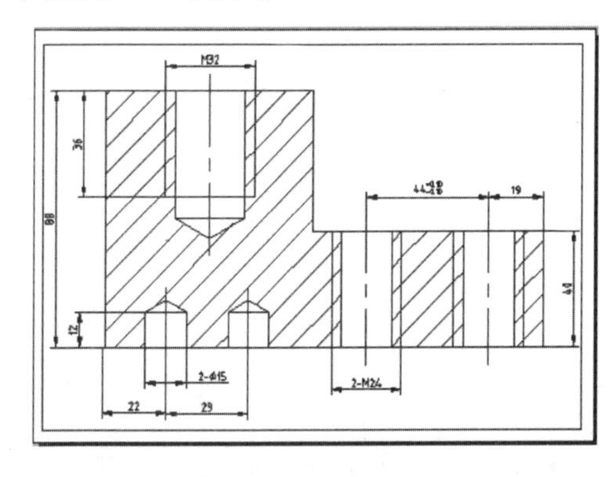

图12-11 浮动视口

在AutoCAD 2012中，可以通过以下两种方法创建浮动视口。

(1) 选择【视图】|【视口】|【新建视口】菜单命令，在弹出的【视口】对话框中，在【标准视口】列表框中选择【两个：垂直】选项时，创建的浮动视口如图12-12所示。

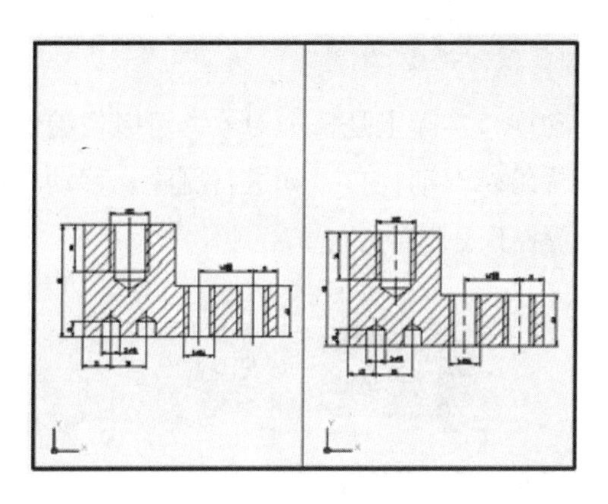

图12-12 创建的浮动视口

(2) 使用夹点编辑创建浮动视口：在浮动视口外双击鼠标左键，选择浮动视口的边界，然后在右上角的夹点上拖拽鼠标，先将该浮动视口缩小，如图12-13所示，然后连续按两次Enter键，在命令提示行中选择【复制】选项，对该浮动视口进行复制，并将其移动至合适位置，效果如图12-14所示。

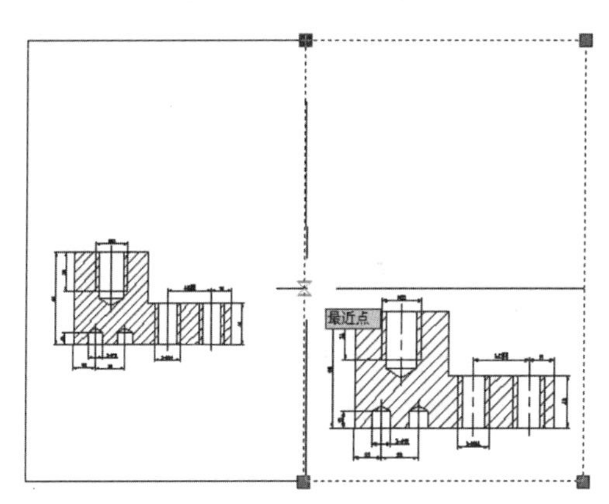

图12-13 缩小浮动视口

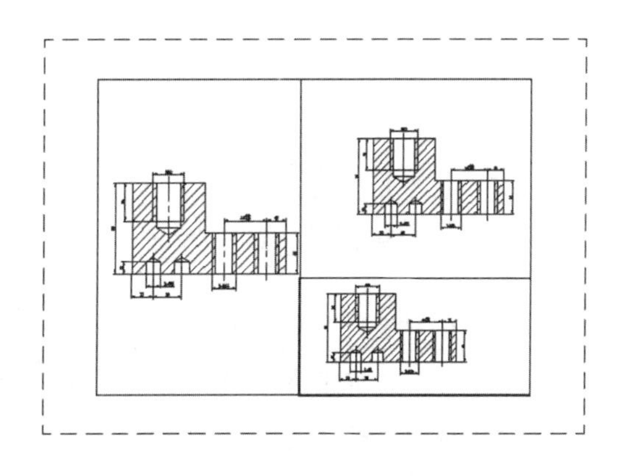

图12-14 复制并调整浮动视口

2. 编辑浮动视口

浮动视口实际上是一个对象，可以像编辑其他对象一样编辑浮动视口，如进行删除、移动、拉伸和缩放等操作。

要对浮动视口内的图形对象进行编辑修改，只能在模型空间中进行，而不能在布局空间中进行。用户可以切换到模型空间，对其中的对象进行编辑。

12.2 设置绘图设备

AutoCAD支持多种打印机和绘图仪，还可将图形输出到各种格式的文件。

AutoCAD将有关介质和打印设备的相关信息保存在打印机配置文件中，该文件以PC3为文件扩展名。打印配置是便携式的，并且可以在办公室或项目组中共享(只要它们用于相同的驱动器、型号和驱动程序版本)。Windows 系统打印机共享的打印配置也需要相同的 Windows 版本。如果校准一台绘图仪，校准信息存储在打印模型参数 (PMP) 文件中，此文件可附加到任何为校准绘图仪而创建的 PC3 文件中。

用户可以为多个设备配置 AutoCAD，并为一个设备存储多个配置。每个绘图仪配置中都包含以下信息：设备驱动程序和型号、设备所连接的输出端口以及设备特有的各种设置等。可以为相同绘图仪创建多个具有不同输出选项的 PC3 文件。创建 PC3 文件后，该 PC3 文件将显示在【打印】对话框的绘图仪配置名称列表中。

12.2.1 创建PC3文件

用户可以通过以下方式创建PC3文件。

(1) 在命令输入行中输入plottermanager后按下Enter键，或选择【文件】|【绘图仪管理器】菜单命令，或在Windows的控制面板中双击如图12-15所示的【Autodesk绘图仪管理器】图标。打开如图12-16所示的Plotters对话框。

图12-15 【Autodesk绘图仪管理器】图标

(2) 在打开的对话框中双击【添加绘图仪向导】图标，打开如图12-17所示的【添加绘图仪－简介】对话框。

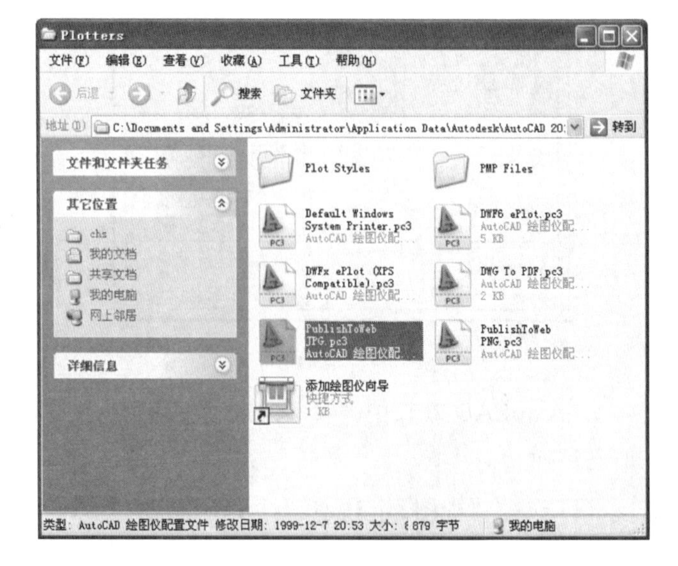

图12-16 Plotters对话框

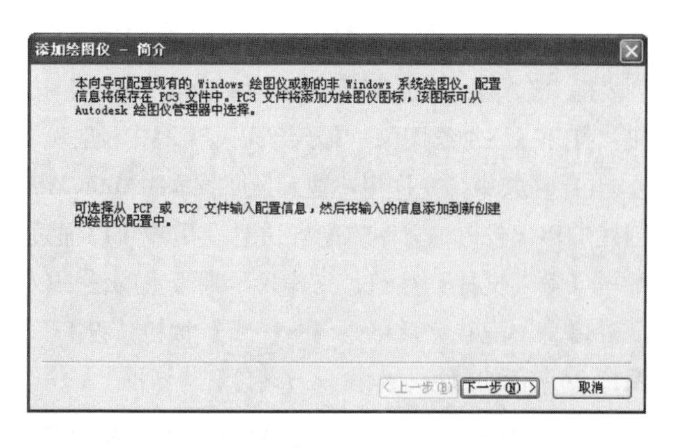

图12-17 【添加绘图仪 - 简介】对话框

(3) 阅读完其中的信息后单击【下一步】按钮，进入【添加绘图仪 - 开始】对话框，如图12-18所示。

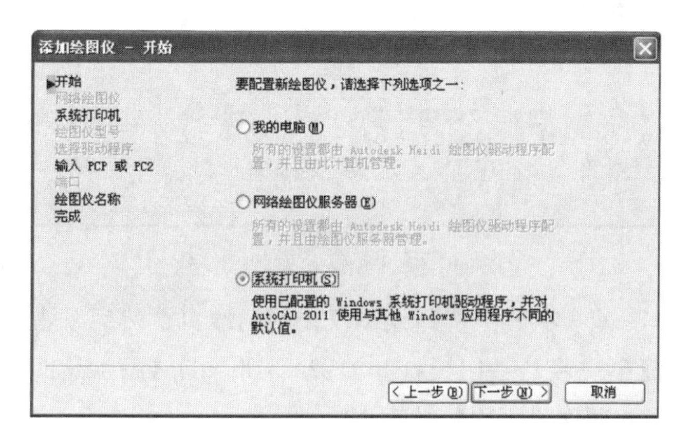

图12-18 【添加绘图仪 - 开始】对话框

(4) 在其中选择【系统打印机】单选按钮，单击【下一步】按钮，打开如图12-19所示的【添加绘图仪 - 系统打印机】对话框。

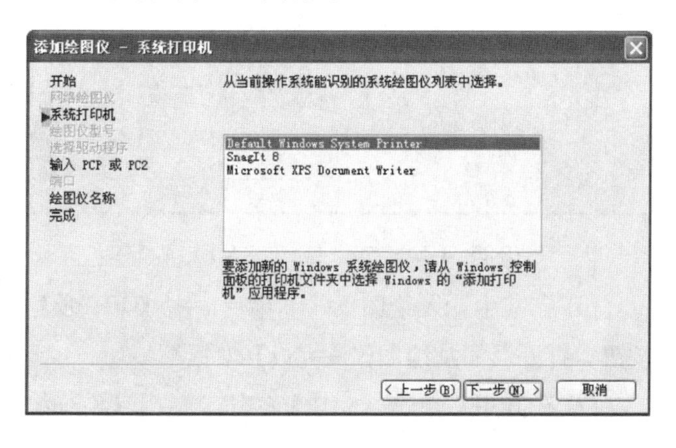

图12-19 【添加绘图仪 - 系统打印机】对话框

(5) 在其中的右边列表中选择要配置的系统打印机，单击【下一步】按钮，打开如图12-20所示的【添加绘图仪 - 输入PCP或PC2】对话框。

注意

右边列表中列出了当前操作系统能够识别的所有打印机，如果列表中没有要配置的打印机，则用户必须首先使用【控制面板】中的Windows【添加打印机向导】来添加打印机。

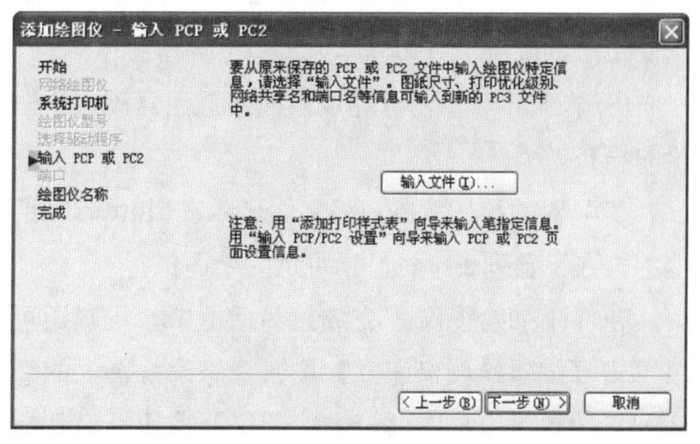

图12-20 【添加绘图仪-输入PCP或PC2】对话框

(6) 在其中允许用户输入早期版本的AutoCAD创建的PCP或PC2文件的配置信息。用户可以通过单击【输入文件】按钮，输入早期版本的打印机配置信息。

(7) 单击【下一步】按钮，打开如图12-21所示的【添加绘图仪 - 绘图仪名称】对话框，在【绘图仪名称】文本框中输入绘图仪的名称，然后单击【下一步】按钮，打开如图12-22所示的【添加绘图仪 - 完成】对话框。

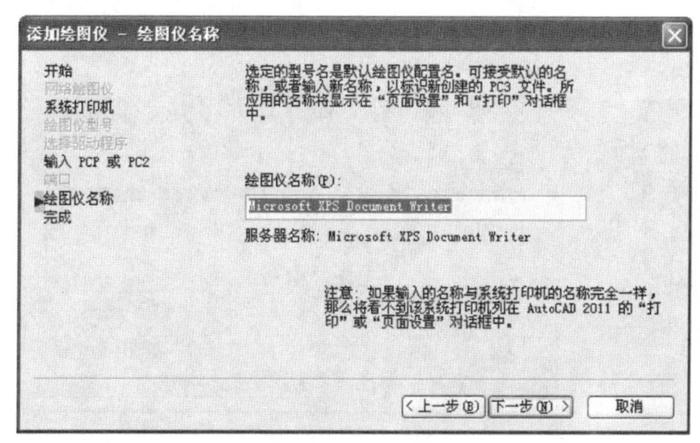

图12-21 【添加绘图仪 - 绘图仪名称】对话框

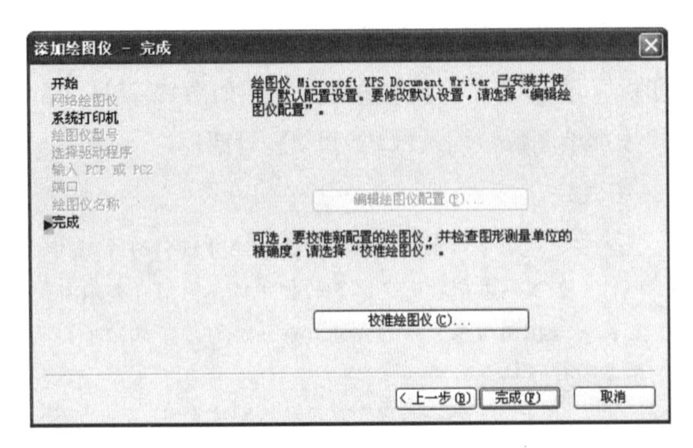

图12-22 【添加绘图仪-完成】对话框

(8) 在其中，单击【完成】按钮退出【添加绘图仪向导】。

新配置的绘图仪的PC3文件显示在Plotters对话框中，在设备列表中将显示可用的绘图仪。

在【添加绘图仪－完成】对话框中，用户还可以单击【编辑绘图仪配置】按钮来修改绘图仪的默认配置。也可以单击【校准绘图仪】按钮，对新配置的绘图仪进行校准测试。

12.2.2 配置本地非系统绘图仪

配置本地非系统绘图仪的步骤如下。

(1) 重复配置系统绘图仪的1～3步。

(2) 在打开的【添加绘图仪－开始】对话框中选择【我的电脑】单选按钮后，单击【下一步】按钮，打开如图12-23所示的【添加绘图仪－绘图仪型号】对话框。

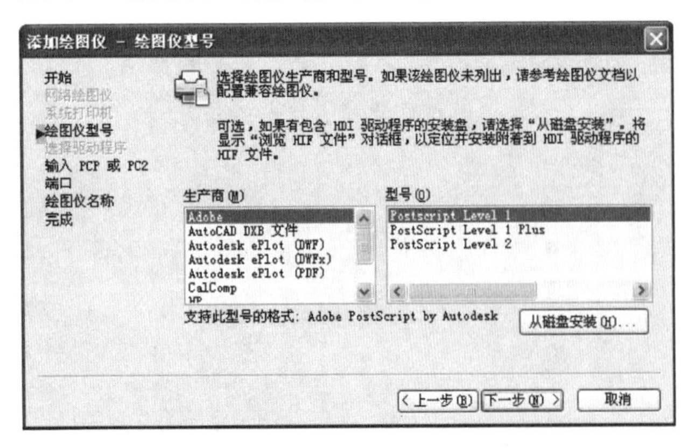

图12-23 【添加绘图仪－绘图仪型号】对话框。

(3) 在其中，用户在【生产商】和【型号】下的列表框中选择相应的厂商和型号后单击【下一步】按钮，打开【添加绘图仪－输入PCP或PC2】对话框。

(4) 在其中，允许用户输入早期版本的AutoCAD创建的PCP或PC2文件的配置信息。用户可以通过单击【输入文件】按钮，来输入早期版本的绘图仪配置信息，配置完后单击【下一步】按钮，打开如图12-24所示的【添加绘图仪－端口】对话框。

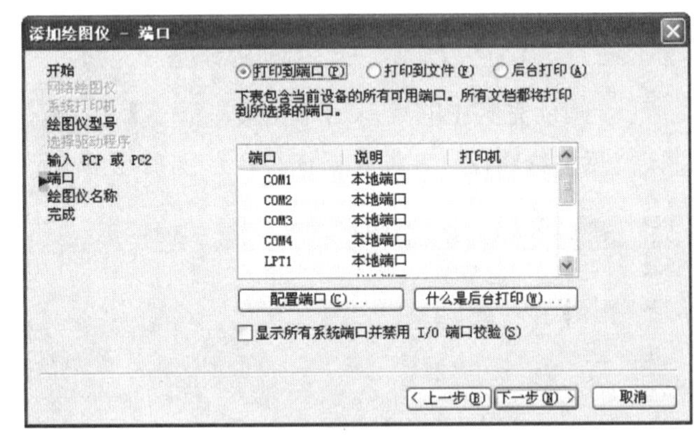

图12-24 【添加绘图仪－端口】对话框

(5) 在其中选择绘图仪使用的端口。然后单击【下一步】按钮，打开如12-25所示的【添加绘图仪－绘图仪名称】对话框。

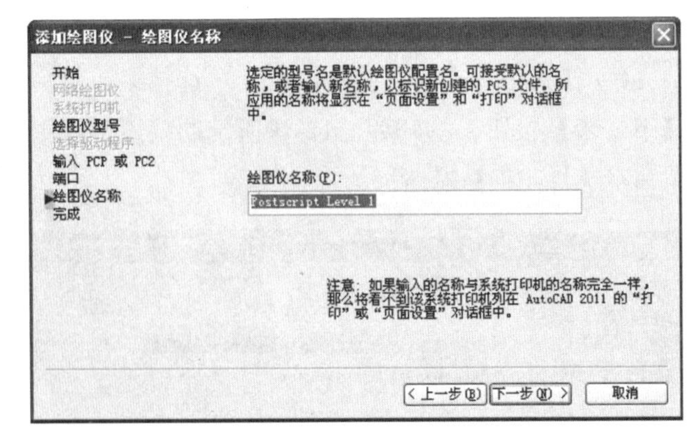

图12-25 【添加绘图仪-绘图仪名称】对话框

(6) 在其中输入绘图仪的名称后单击【下一步】按钮，打开【添加绘图仪－完成】对话框。

(7) 在其中，单击【完成】按钮，退出【添加绘图仪向导】。

12.2.3 配置网络非系统绘图仪

配置网络非系统绘图仪的步骤如下。

(1) 重复配置系统绘图仪的1～3步。

(2) 在打开【添加绘图仪 - 开始】对话框中选择【网络绘图仪服务器】单选按钮后，单击【下一步】按钮，打开如图12-26所示的【添加绘图仪 - 网络绘图仪】对话框。

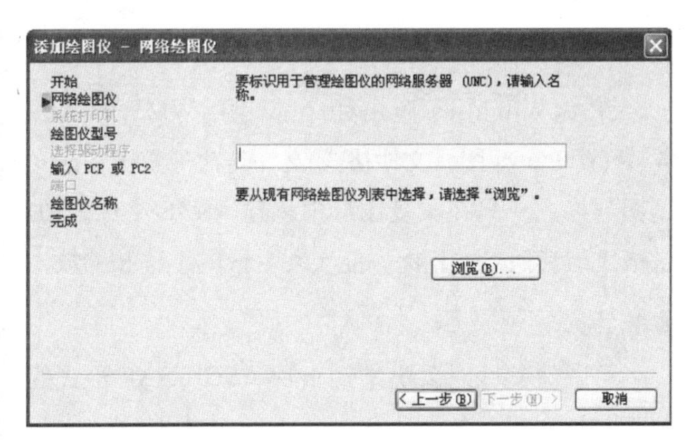

图12-26 【添加绘图仪 - 网络绘图仪】对话框

(3) 在其中的文本框中输入要使用的网络绘图仪服务器的共享名后单击【下一步】按钮，打开【添加绘图仪 - 绘图仪型号】对话框。

(4) 在其中，用户在【生产商】和【型号】下的列表框中选择相应的厂商和型号后单击【下一步】按钮，打开【添加绘图仪 - 输入PCP或PC2】对话框。

(5) 在其中，允许用户输入早期版本的AutoCAD创建的PCP或PC2文件的配置信息。用户可以通过单击【输入文件】按钮来输入早期版本的绘图仪配置信息，配置完后单击【下一步】按钮，打开【添加绘图仪 - 绘图仪名称】对话框。

(6) 在其中输入绘图仪的名称后，单击【下一步】按钮，打开【添加绘图仪 - 完成】对话框。

(7) 单击【完成】按钮退出【添加绘图仪向导】。至此，绘图仪的配置完毕。

如果用户有早期使用的绘图仪配置文件，在配置当前的绘图仪配置文件时可以输入早期的PCP或PC3文件。

12.2.4 从PCP或PC3文件中输入信息

从PCP或PC3文件中输入信息的步骤如下。

(1) 以上配置绘图仪的步骤一步步运行，直到打开【添加绘图仪 - 输入PCP或PC2】对话框，在此单击【输入文件】按钮，打开如图12-27所示的【输入】对话框。

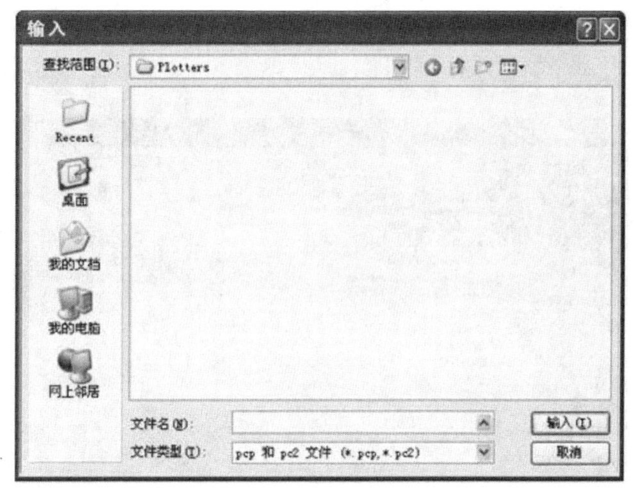

图12-27 【输入】对话框

(2) 在其中，用户选择输入文件后单击【打开】按钮，返回到上一级的对话框。

(3) 查看【输入数据信息】对话框显示的最终结果。

在绘图仪的添加过程中，还有绘图仪的校准，本书不做介绍。

12.3 图形输出

AutoCAD可以将图形输出到各种格式的文件，以方便用户将在AutoCAD中绘制好的图形文件在其他软件中继续进行编辑或修改。

12.3.1 输出的文件类型

输出的文件类型有：三维 DWF(*.dwf)、图元文件(*.wmf)、ACIS(*.sat)、平板印刷(*.stl)、封装PS(*.eps)、DXX 提取(*.dxx)、位图(*.bmp)、块(*.dwg)、V8 DGN(*.DGN)等。选择【文件】|【输出】菜单命令后，可以打开【输出数据】对话框，在其中的【文件类型】下拉列表中就列出了输出的文件类型，如图12-28所示。

图12-28 【输出数据】对话框

下面将介绍部分文件格式的概念。

1. 三维 DWF(*.dwf)

可以生成三维模型的DWF文件，它的视觉逼真度几乎与原始 DWG 文件相同。可以创建一个单页或多页 DWF 文件，该文件可以包含二维和三维模型空间对象。

2. 图元文件(*.wmf)

许多 Windows 应用程序都使用 WMF 格式。WMF(Windows 图元文件格式)文件包含矢量图形或光栅图形格式。只在矢量图形中创建 WMF 文件。矢量格式与其他格式相比，能实现更快的平移和缩放。

3. ACIS(*.sat)

可以将某些对象类型输出到 ASCII(SAT)格式的 ACIS 文件中。

可将代表修剪过的 NURBS 曲面、面域和实体的 ShapeManager 对象输出到 ASCII (SAT)格式的 ACIS 文件中。其他一些对象，例如线和圆弧，将被忽略。

4. 平板印刷(*.stl)

可以使用与平板印刷设备(SAT)兼容的文件格式写入实体对象。实体数据以三角形网格面的形式转换为 SLA。SLA 工作站使用该数据来定义代表部件的一系列图层。

5. 封装PS(*.eps)

可以将图形文件转换为 PostScript 文件，很多桌面发布应用程序都使用该文件格式。

许多桌面发布应用程序使用 PostScript 文件格式类型，其高分辨率的打印能力使其更适用于光栅格式，例如 GIF、PCX 和 TIFF。将图形转换为 PostScript 格式后，也可以使用 PostScript 字体。

12.3.2 输出PDF文件

AutoCAD 2012新增了直接输出PDF文件的功能，下面介绍一下它的使用方法。

打开功能区的【输出】选项卡，可以看到【输出为DWF/PDF】面板，如图12-29所示。

图12-29 【输出】选项卡

在其中单击PDF按钮，就可以打开【另存为PDF】对话框，如图12-30所示，设置好文件名后，单击【保存】按钮，即可输出PDF文件。

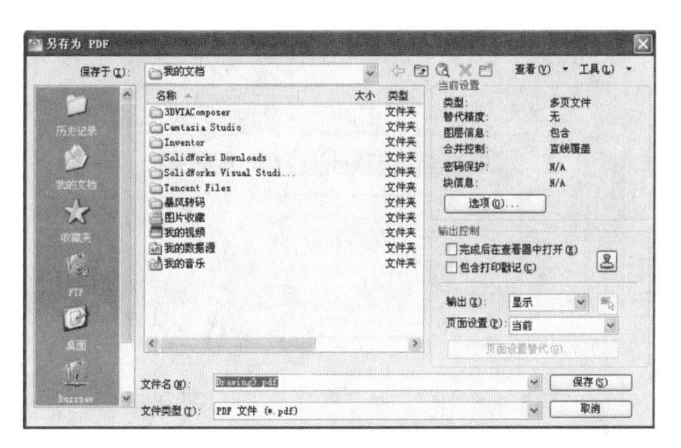

图12-30 【另存为PDF】对话框

12.3.3 图形输出范例

本范例练习文件：\12\12-3-3.dwg

本范例完成文件：\12\12-3-4.wmf、12-3-5.dwg、12-3-6.pdf

多媒体教学路径：光盘→多媒体教学→第12章→12.3节

步骤 1 输出图元文件，如图12-31所示。

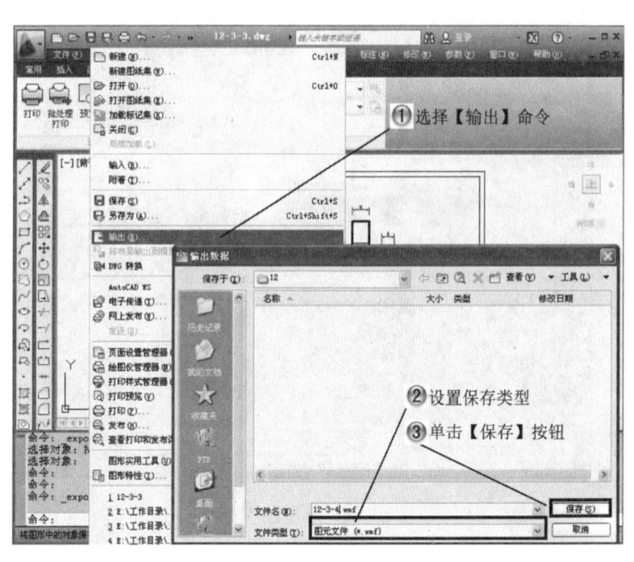

图12-31 输出图元文件

步骤 2 选择图形，如图12-32所示。

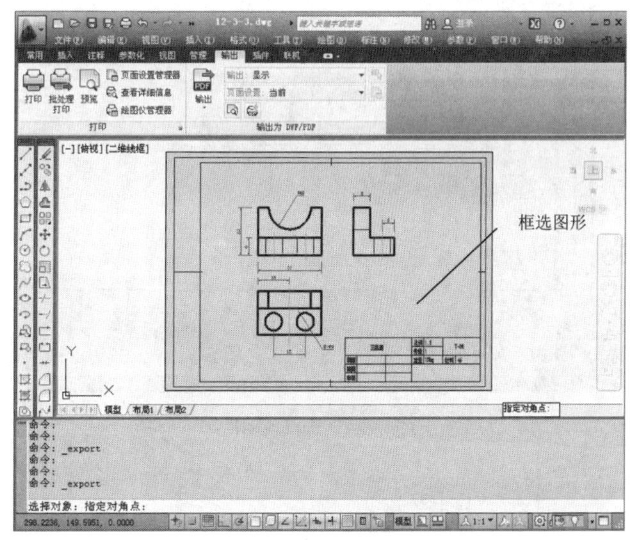

图12-32 选择图形

步骤 3 输出块文件，如图12-33所示。

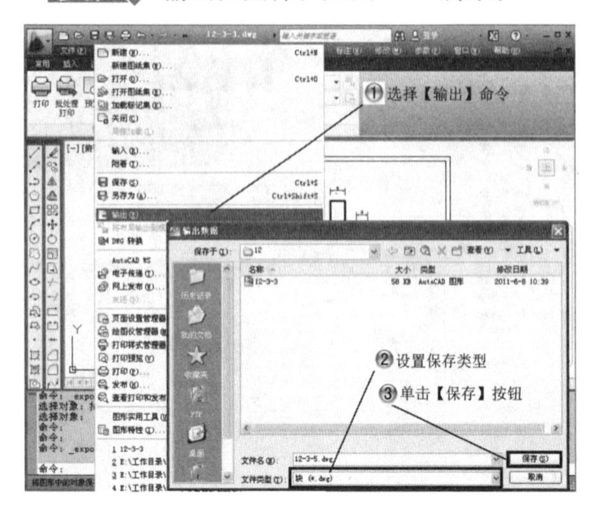

图12-33　输出块文件

步骤 4 选择块图形，如图12-34所示。

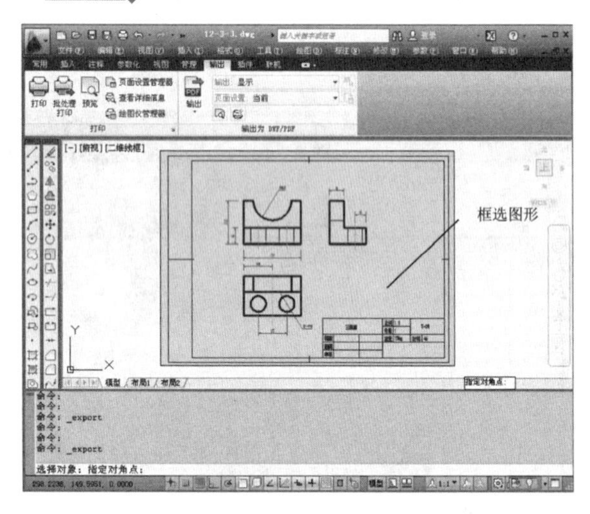

图12-34　选择块图形

步骤 5 输出PDF文件，如图12-35所示。

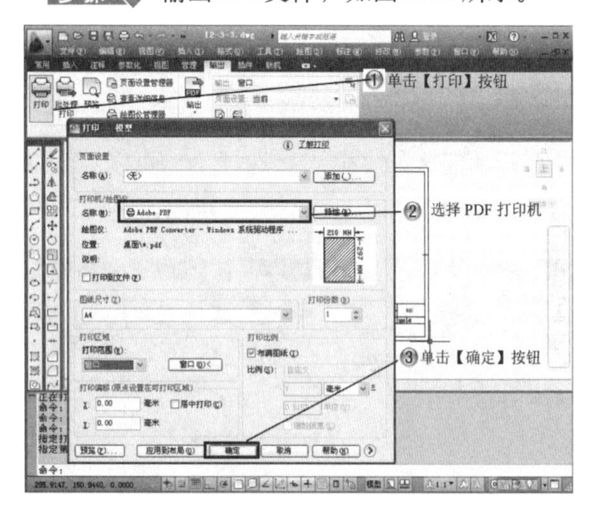

图12-35　输出PDF文件

步骤 6 选择保存位置，如图12-36所示。

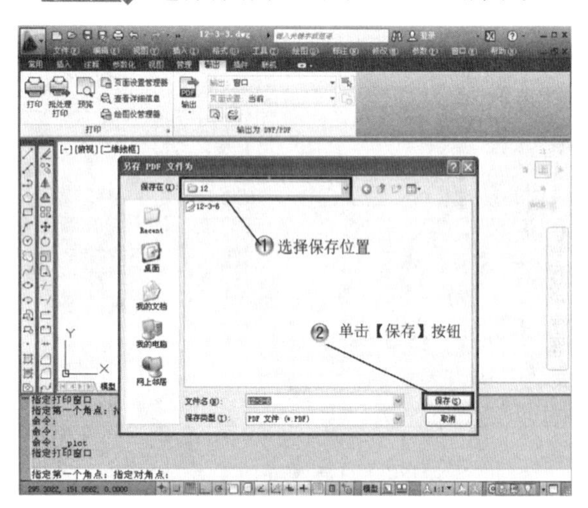

图12-36　选择保存位置

12.4　页面设置

通过页面设置，准备好要打印或发布的图形。这些设置连同布局都保存在图形文件中。建立布局后，可以修改页面设置中的设置或应用其他页面设置。用户可以通过以下步骤设置页面。

12.4.1　页面设置管理器

【页面设置管理器】的设置方法如下。

(1) 选择【文件】|【页面设置管理器】菜单命令或在命令输入行中输入pagesetup后按下Enter键。然后AutoCAD会自动打开如图12-37所示的【页面设置

管理器】对话框。

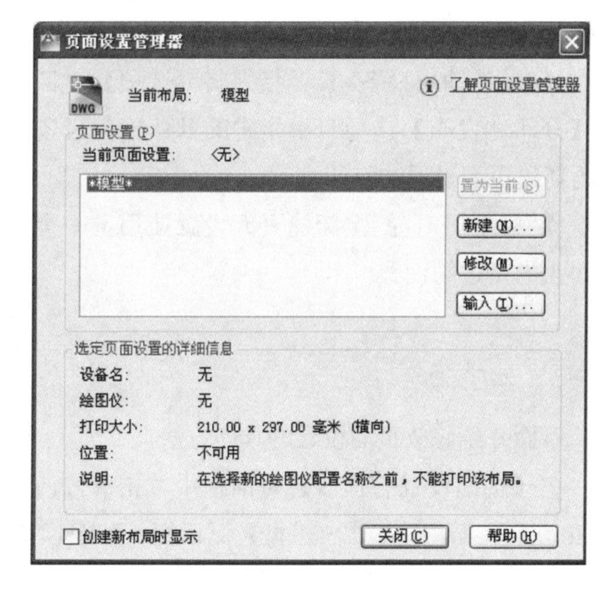

图12-37 【页面设置管理器】对话框

(2)【页面设置管理器】对话框可以为当前布局或图纸指定页面设置。也可以创建命名页面设置、修改现有页面设置，或从其他图纸中输入页面设置。

①【当前布局】：列出要应用页面设置的当前布局。如果从图纸集管理器打开页面设置管理器，则显示当前图纸集的名称。如果从某个布局打开页面设置管理器，则显示当前布局的名称。

②【页面设置】选项组。

【当前页面设置】：显示应用于当前布局的页面设置。由于在创建整个图纸集后，不能再对其应用页面设置，因此，如果从【图纸集管理器】中打开【页面设置管理器】，将显示“不适用”。

页面设置列表框：列出可应用于当前布局的页面设置，或列出发布图纸集时可用的页面设置。

如果从某个布局打开【页面设置管理器】，则默认选择当前页面设置。列表包括可在图纸中应用的命名页面设置和布局。已应用命名页面设置的布局括在星号内，所应用的命名页面设置括在括号内；例如，*Layout 1 (System Scale-to-fit)*。可以双击此列表中的某个页面设置，将其设置为当前布局的当前页面设置。

如果从【图纸集管理器】打开【页面设置管理器】对话框，将只列出其【打印区域】被设置为【布局】或【范围】的页面设置替代文件(图形样板[.dwt] 文件)中的命名页面设置。默认情况下，选择列表中的第一个页面设置。PUBLISH 操作可以临时应用这些页面设置中的任一种设置。快捷菜单也提供了删除和重命名页面设置的选项。

【置为当前】：将所选页面设置为当前布局的当前页面设置。不能将当前布局设置为当前页面设置。【置为当前】对图纸集不可用。

【新建】：单击【新建】按钮，可以进行新的页面设置。

【修改】：单击【修改】按钮，可以对页面设置的参数进行修改。

【输入】：单击【输入】按钮，显示从【文件选择页面设置】对话框(标准文件选择对话框)，从中可以选择图形格式 (DWG)、DWT 或图形交换格式 (DXF) 文件，从这些文件中输入一个或多个页面设置。如果选择 DWT 文件类型，从【文件选择页面设置】对话框中将自动打开 Template 文件夹。单击【打开】按钮，将显示【输入页面设置】对话框。

③【选定页面设置的详细信息】：显示所选页面设置的信息。

【设备名】：显示当前所选页面设置中指定的打印设备的名称。

【绘图仪】：显示当前所选页面设置中指定的打印设备的类型。

【打印大小】：显示当前所选页面设置中指定的打印大小和方向。

【位置】：显示当前所选页面设置中指定的输出设备的物理位置。

【说明】：显示当前所选页面设置中指定的输出设备的说明文字。

④【创建新布局时显示】：指定当选中新的布局选项卡或创建新的布局时，显示【页面设置】对话框。需要重置此功能，则在【选项】对话框的【显示】选项卡上选中新建布局时显示【页面设置】对话框选项。

12.4.2 新建页面设置

下面介绍新建页面设置的具体方法。

在【页面设置管理器】对话框中单击【新建】按钮，显示【新建页面设置】对话框，如图12-38所示，从中可以为新建页面设置输入名称，并指定要使用的基础页面设置。

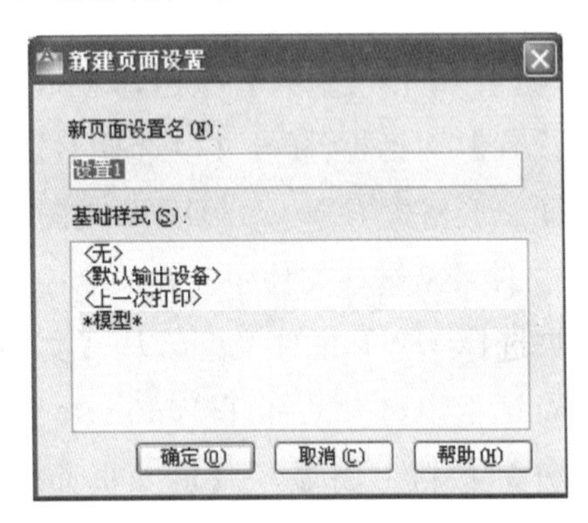

图12-38 【新建页面设置】对话框

(1)【新页面设置名】：指定新建页面设置的名称。

(2)【基础样式】：指定新建页面设置要使用的基础页面设置。单击【确定】按钮，将显示【页面设置】对话框以及所选页面设置的设置，必要时可以修改这些设置。

如果从图纸集管理器打开【新建页面设置】对话框，将只列出页面设置替代文件中的命名页面设置。

【<无>】：指定不使用任何基础页面设置。可以修改【页面设置】对话框中显示的默认设置。

【<默认输出设备>】：指定将【选项】对话框的【打印和发布】选项卡中指定的默认输出设备设置为新建页面设置的打印机。

【*模型*】：指定新建页面设置使用上一个打印作业中指定的设置。

12.4.3 修改页面设置

下面介绍修改页面设置的具体方法。

在【页面设置管理器】对话框中单击【修改】按钮，显示【页面设置 - 模型】对话框，如图12-39所示，从中可以编辑所选页面设置的设置。

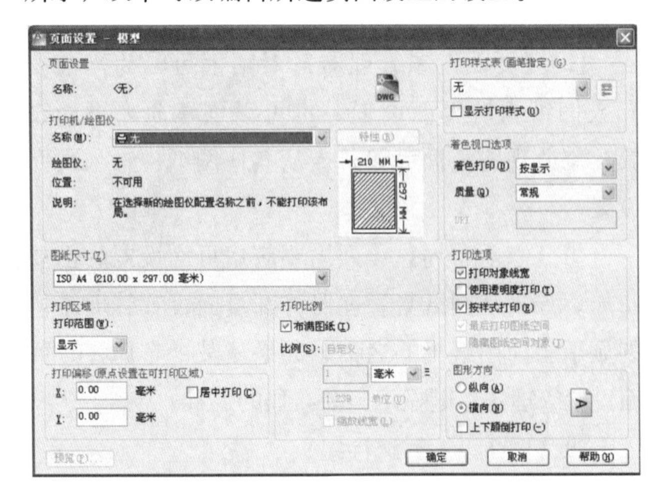

图12-39 【页面设置 - 模型】对话框

在【页面设置 - 模型】对话框中将为用户介绍部分选项的含义。

(1)【图纸尺寸】：显示所选打印设备可用的标准图纸尺寸。例如：A4、A3、A2、A1、B5、B4……如图12-40所示的【图纸尺寸】下拉列表框，如果未选择绘图仪，将显示全部标准图纸尺寸的列表以供选择。

如果所选绘图仪不支持布局中选定的图纸尺寸，将显示警告，用户可以选择绘图仪的默认图纸尺寸或自定义图纸尺寸。

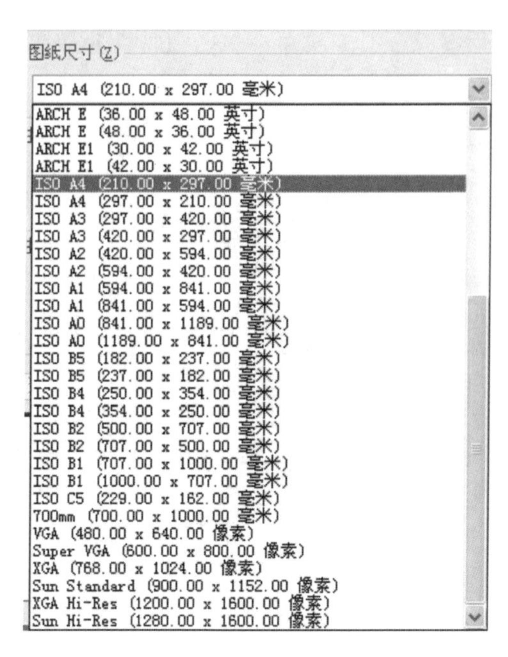

图12-40 【图纸尺寸】下拉列表框

使用【添加绘图仪】向导创建 PC3 文件时，将为打印设备设置默认的图纸尺寸。在【页面设置】对话框中选择的图纸尺寸将随布局一起保存，并将替代 PC3 文件设置。

页面的实际可打印区域(取决于所选打印设备和图纸尺寸)在布局中由虚线表示。

如果打印的是光栅图像(如 BMP 或 TIFF 文件)，打印区域大小的指定将以像素为单位而不是英寸或毫米。

(2)【打印区域】：指定要打印的图形区域。在【打印范围】下拉列表框中，可以选择要打印的图形区域，如图12-41所示为【打印范围】下拉列表框。

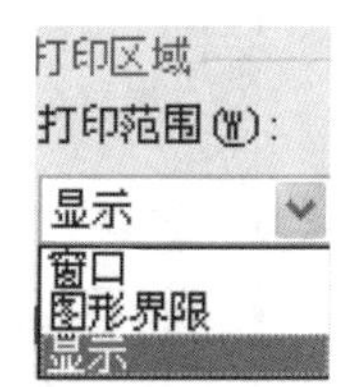

图12-41 【打印范围】下拉列表框

【窗口】：打印指定的图形部分。指定要打印区域的两个角点时，【窗口】按钮才可用。单击【窗口】按钮以使用定点设备指定要打印区域的两个角点，或输入坐标值。

【范围】：打印包含对象的图形的部分当前空间。当前空间内的所有几何图形都将被打印。打印之前，可能会重新生成图形以重新计算范围。

【图形界限】：打印布局时，将打印指定图纸尺寸的可打印区域内的所有内容，其原点从布局中的(0，0)点计算得出。

从【模型】选项卡打印时，将打印栅格界限定义的整个图形区域。如果当前视口不显示平面视图，该选项与【范围】选项效果相同。

【显示】：打印【模型】选项卡当前视口中的视图或【布局】选项卡上当前图纸空间视图中的视图。

(3)【打印偏移】：根据【指定打印偏移时相对于】选项(【选项】对话框的【打印和发布】选项卡)中的设置，指定打印区域相对于可打印区域左下角或图纸边界的偏移。【页面设置－模型】对话框的【打印偏移】区域在括号中显示指定的打印偏移选项。

图纸的可打印区域由所选输出设备决定，在布局中以虚线表示。修改为其他输出设备时，可能会修改可打印区域。

通过在“X偏移”和“Y偏移”文本框中输入正值或负值，可以偏移图纸上的几何图形。图纸中的绘图仪单位为英寸或毫米。

【居中打印】：自动计算“X偏移”和“Y偏移”值，在图纸上居中打印。当【打印区域】设置为【布局】时，此选项不可用。

X：相对于【打印偏移定义】选项中的设置指定 X 方向上的打印原点。

Y：相对于【打印偏移定义】选项中的设置指定 Y 方向上的打印原点。

(4)【打印比例】：控制图形单位与打印单位之间的相对尺寸。打印布局时，默认缩放比例设置为1:1。从【模型】选项卡打印时，默认设置为【布满图纸】。如图12-42所示为【打印比例】下拉列表框。

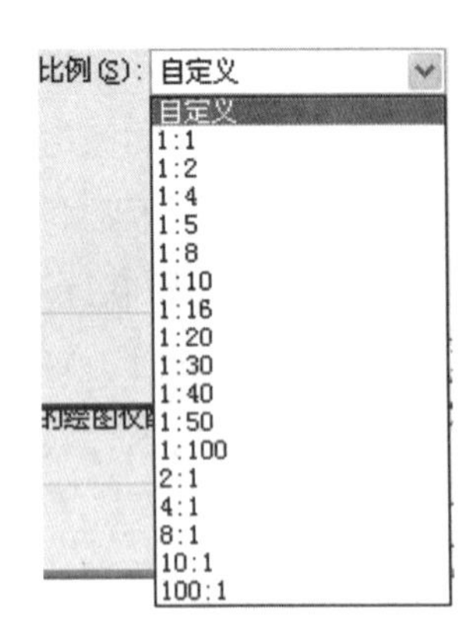

图12-42 【打印比例】下拉列表框

注意

如果在【打印区域】中指定了【布局】选项，那么无论在【比例】中指定了何种设置，都将以 1：1 的比例打印布局。

【布满图纸】：缩放打印图形以布满所选图纸尺寸。

【比例】：定义打印的精确比例。“自定义”可定义用户定义的比例。可以通过输入与图形单位数等价的英寸(或毫米)数来创建自定义比例。

注意

可以使用 SCALELISTEDIT 修改比例列表。

【英寸/毫米】：指定与指定的单位数等价的英寸数或毫米数。

【单位】：指定与指定的英寸数、毫米数或像素数等价的单位数。

【缩放线宽】：与打印比例成正比缩放线宽。线宽通常指定打印对象的线的宽度并按线宽尺寸打印，而不考虑打印比例。

(5)【着色视口选项】：指定着色和渲染视口的打印方式，并确定它们的分辨率大小和每英寸点数(DPI)。

【着色打印】：指定视图的打印方式。要为【布局】选项卡上的视口指定此设置，请选择该视口，然后在【工具】菜单中单击【特性】按钮。

在【着色打印】下拉列表框中，如图12-43所示，可以选择以下选项：

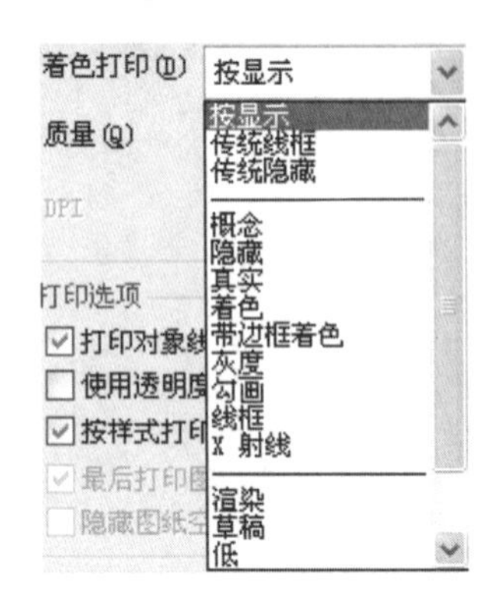

图12-43 【着色打印】下拉列表框

【按显示】：按对象在屏幕上的显示方式打印。

【传统线框】：在线框中打印对象，不考虑其在屏幕上的显示方式。

【传统隐藏】：打印对象时消除隐藏线，不考虑其在屏幕上的显示方式。

【概念】：打印对象时应用“概念”视觉样式，不考虑其在屏幕上的显示方式。

【真实】：打印对象时应用“真实”视觉样式，不考虑其在屏幕上的显示方式。

【渲染】：按渲染的方式打印对象，不考虑其在屏幕上的显示方式。

【质量】：指定着色和渲染视口的打印分辨率。如图12-44所示为【质量】下拉列表框。

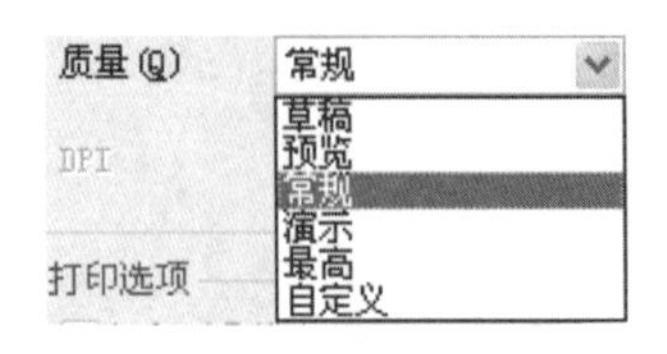

图12-44 【质量】下拉列表框

可从下列选项中选择。

- 【草稿】：将渲染和着色模型空间视图设置为线框打印。

- 【预览】：将渲染模型和着色模型空间视图的打印分辨率，设置为当前设备分辨率的四分之一，最大值为 150 DPI。
- 【常规】：将渲染模型和着色模型空间视图的打印分辨率，设置为当前设备分辨率的二分之一，最大值为 300 DPI。
- 【演示】：将渲染模型和着色模型空间视图的打印分辨率，设置为当前设备的分辨率，最大值为 600 DPI。
- 【最大】：将渲染模型和着色模型空间视图的打印分辨率，设置为当前设备的分辨率，无最大值。
- 【自定义】：将渲染模型和着色模型空间视图的打印分辨率，设置为DPI文本框中指定的分辨率设置，最大可为当前设备的分辨率。

在DPI文本框中指定渲染和着色视图的每英寸点数，最大可为当前打印设备的最大分辨率。只有在【质量】下拉列表框中选择了“自定义”后，此选项才可用。

(6)【打印选项】：指定线宽、打印样式、着色打印和对象的打印次序等选项。

【打印对象线宽】：指定是否打印为对象或图层指定的线宽。

【使用透明度打印】：将对象使用不同的透明度进行打印。

【按样式打印】：指定是否打印应用于对象和图层的打印样式。如果选择该选项，也将自动选择【打印对象线宽】。

【最后打印图纸空间】：首先打印模型空间几何图形。通常先打印图纸空间几何图形，然后再打印模型空间几何图形。

【隐藏图纸空间对象】：指定HIDE操作是否应用于图纸空间视口中的对象。此选项仅在布局选项卡中可用。此设置的效果反映在打印预览中，而不反映在布局中。

(7)【图形方向】：为支持纵向或横向的绘图仪指定图形在图纸上的打印方向。

【纵向】：放置并打印图形，使图纸的短边位于图形页面的顶部，如图12-45所示：

图12-45 图形方向为纵向时的效果

【横向】：放置并打印图形，使图纸的长边位于图形页面的顶部，如图12-46所示：

图12-46 图形方向为横向时的效果

【上下颠倒打印】：上下颠倒地放置并打印图形，如图12-47所示：

图12-47 图形方向为反向打印时的效果

12.4.4 页面设置范例

本范例练习文件：\12\12-3-3.dwg

本范例完成文件：\12\12-4-4.dwg

多媒体教学路径：光盘→多媒体教学→第12章→12.4节

步骤1 打开页面设置管理器，如图12-48所示。

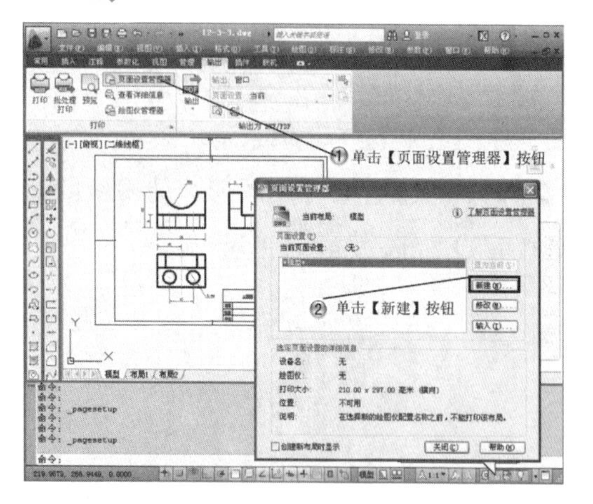

图12-48　打开页面设置管理器

步骤2 新建页面设置，如图12-49所示。

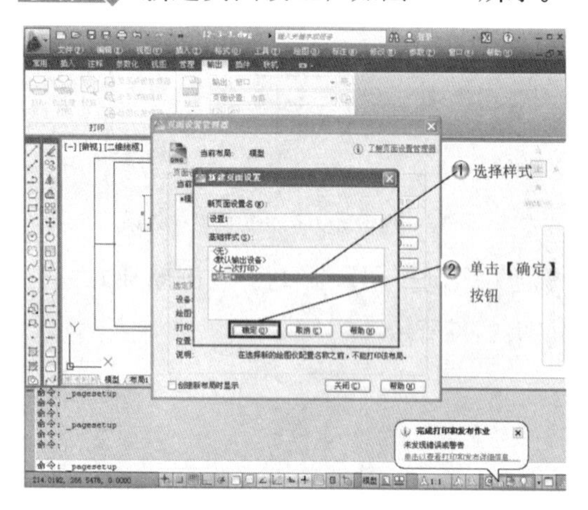

图12-49　新建页面设置

步骤3 设置页面，如图12-50所示。

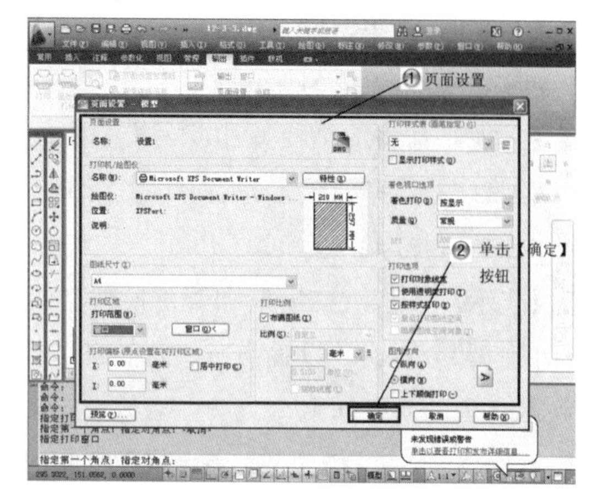

图12-50　设置页面

步骤4 选择窗口，如图12-51所示。

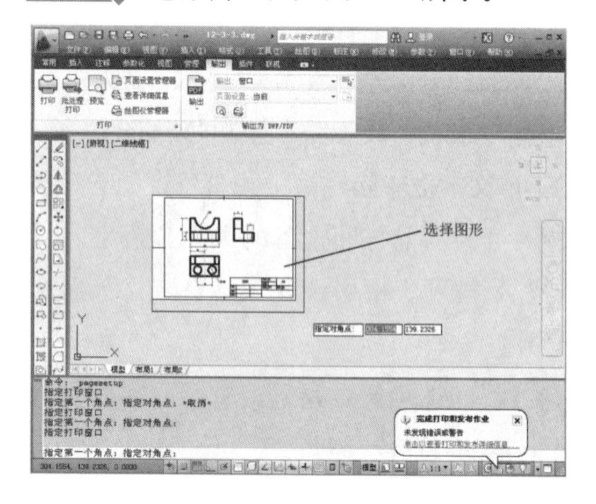

图12-51　选择窗口

步骤5 打印预览，如图12-52所示。

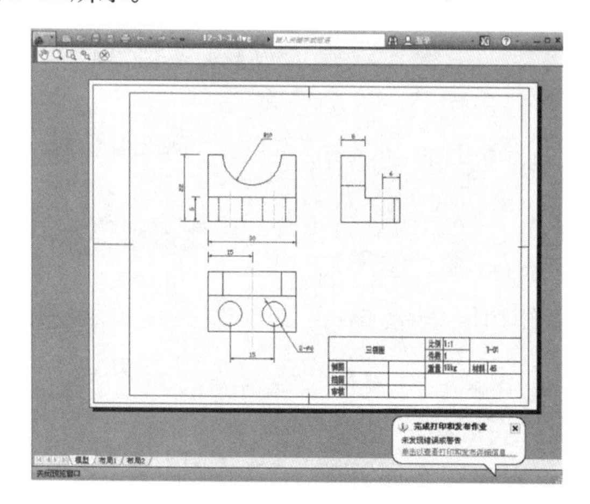

图12-52　打印预览

12.5 打印设置

打印是将绘制好的图形用打印机或绘图仪绘制出来。通过本节的学习，读者可以掌握如何添加与配置绘图设备、如何配置打印样式、如何设置页面，以及如何打印绘图文件。

用户设置好所有的配置后，单击【输出】选项卡中【打印】面板上的【打印】按钮或在命令输入行中输入plot后按下Enter键或按下Ctrl+P键，或选择【文件】|【打印】菜单命令，打开如图12-53所示的【打印－模型】对话框。在该对话框中，显示了用户最近设置的一些选项，用户还可以更改这些选项，如果用户认为设置符合用户的要求，则单击【确定】按钮，AutoCAD即会自动开始打印。

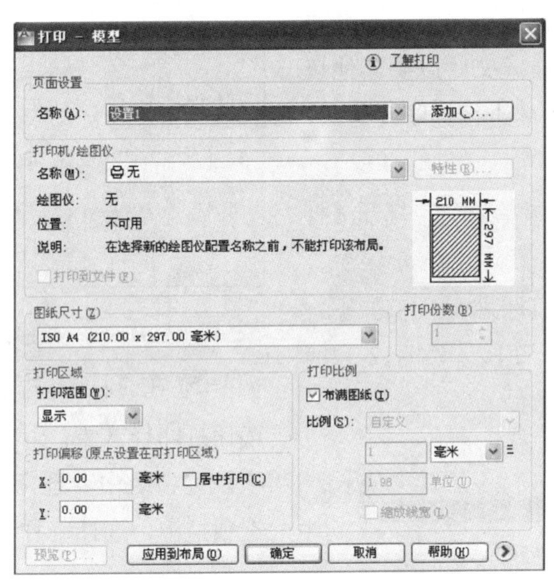

图12-53 【打印 - 模型】对话框

12.5.1 打印预览

在将图形发送到打印机或绘图仪之前，最好先生成打印图形的预览。生成预览可以节约时间和材料。

用户可以从对话框预览图形。预览显示图形在打印时的确切外观，包括线宽、填充图案和其他打印样式选项。

预览图形时，将隐藏活动工具栏和工具选项板，并显示临时的【预览】工具栏，其中提供打印、平移和缩放图形的按钮。

在【打印】和【页面设置】对话框中，缩微预览还在页面上显示可打印区域和图形的位置。

预览打印的步骤如下。

(1) 选择【文件】|【打印】菜单命令，打开【打印】对话框。

(2) 在【打印】对话框中，单击【预览】按钮。

(3) 打开【预览】窗口，光标将改变为实时缩放光标。

(4) 单击鼠标右键可显示包含以下选项的快捷

菜单，【打印】、【平移】、【缩放】、【缩放窗口】或【缩放为原窗口】(缩放至原来的预览比例)。

(5) 按Esc键退出预览并返回到【打印】对话框。

(6) 如果需要，继续调整其他打印设置，然后再次预览打印图形。

(7) 设置正确之后，单击【确定】按钮以打印图形。

12.5.2 打印图形

绘制图形后，可以使用多种方法输出。可以将图形打印在图纸上，也可以创建成文件以供其他应用程序使用。以上两种情况都需要进行打印设置。

打印图形的步骤如下。

(1) 选择【文件】|【打印】菜单命令，打开【打印】对话框。

(2) 在【打印】对话框的【打印机/绘图仪】下，从【名称】列表框中选择一种绘图仪。如图12-54所示为【名称】下拉列表框。

图12-54 【名称】下拉列表框

(3) 在【图纸尺寸】下拉列表框中选择图纸尺寸。在【打印份数】中，输入要打印的份数。在【打印区域】选项组中，指定图形中要打印的部分。在【打印比例】选项组中，从【比例】下拉列表框中选择缩放比例。

(4) 有关其他选项的信息，单击【更多选项】按钮⊙，如图12-55所示。如不需要则可单击【更少选项】按钮⊙。

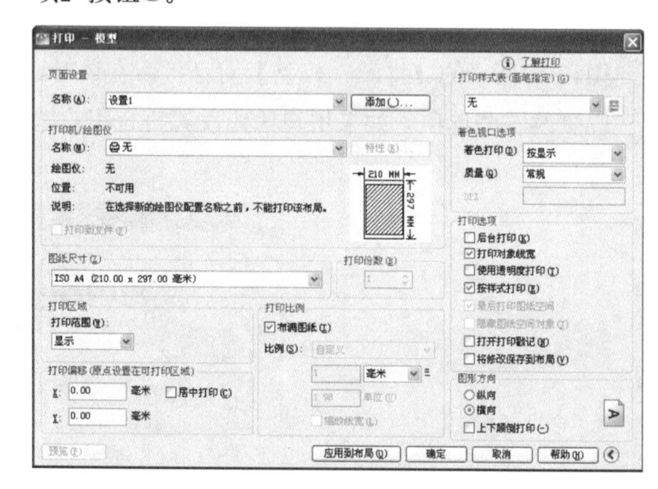

图12-55 单击【更多选项】按钮⊙后的图示

(5) 在【打印样式表(画笔指定)】下拉列表框中选择打印样式表。在【着色视口选项】和【打印选项】选项组中，选择适当的设置。在【图形方向】选项组中，选择一种方向。

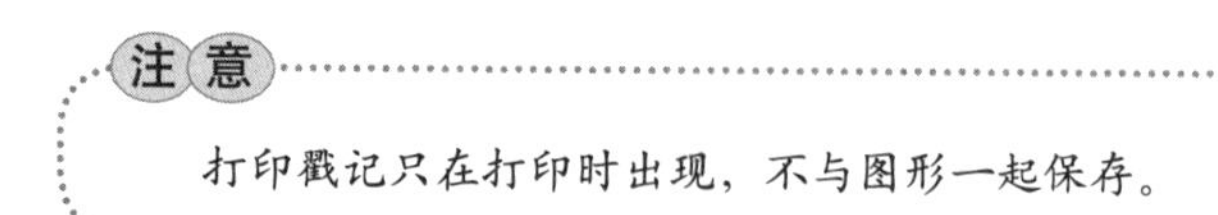

(6) 单击【确定】按钮即可进行最终的打印。

12.6 本章小结

本章主要介绍了图纸的输出和打印，其中包括布局的创建、设置绘图设备、图形的输出格式，在所有设置好之后，打印输出的时候，要设置页面和打印属性，这样才能成功地完成图形的输出与打印，读者通过范例可以进一步体会。

第 13 章

绘制三维实体

本章导读

AutoCAD是可以进行三维绘图的。利用三维图形可以直观地体现模型的位置、状态等信息，更有利于生产制造。三维绘图是二维绘图的延伸，也是绘图中较为高端的手段。

本章主要向用户介绍三维绘图的基础知识，包括坐标系统和视点的使用，同时讲解基本的三维图形界面和三维曲面绘制方法，介绍绘制三维实体的方法和命令。

学习内容

知识点 \ 学习目标	理解	应用	实践
三维界面和坐标系	√	√	
设置三维视点	√	√	
绘制三维网格曲面	√	√	√
绘制旋转和平移曲面	√	√	√
绘制直纹和边界曲面	√	√	√
绘制长方体、圆柱体、圆锥体和楔体	√	√	√
绘制球体和圆环体	√	√	√
绘制拉伸和旋转实体	√	√	√

13.1 三维界面和坐标系

在AutoCAD 2012中包含三维绘图的界面，更加适合三维绘图的习惯。另外要进行三维绘图，首先要了解用户坐标。下面来认识一下三维建模界面和用户坐标系统，并了解用户坐标系统的一些基本操作。

13.1.1 三维建模界面介绍

三维建模界面是AutoCAD 2012中的一种界面形式，启动三维建模界面比较简单，在状态栏中单击【切换工作空间】按钮，打开菜单后选择【三维建模】选项，如图13-1所示，即可启动三维建模界面，界面如图13-2所示。

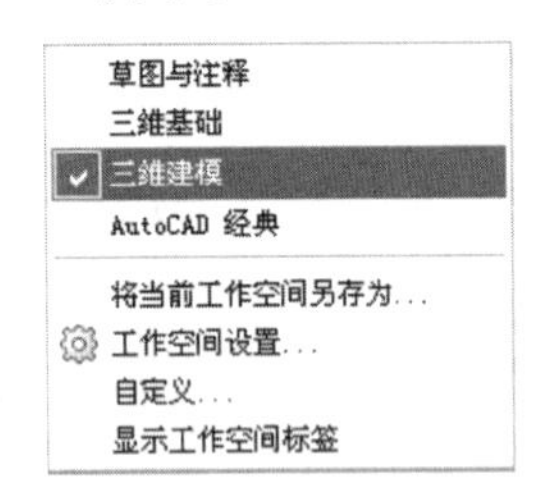

图13-1 切换工作空间

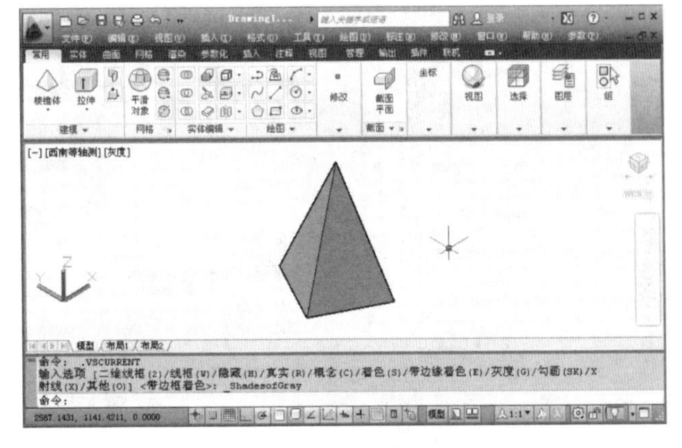

图13-2 三维建模界面

下面对其进行简单的介绍：该界面和普通界面的结构基本相同，但是其面板区变为了三维面板，主要包括【建模】、【网格】、【实体编辑】、【绘图】、【修改】和【截面】等面板，集成了多个工具按钮，方便了三维绘图的使用。

13.1.2 用户坐标系统

读者在前面已经了解了坐标系，下面来介绍一下用户坐标系。

用户坐标系(UCS)是用于创建坐标、操作平面和观察的一种可移动的坐标系统。用户坐标系统由用户来指定，它可以在任意平面上定义XY平面，并根据这个平面，垂直拉伸出Z轴，组成坐标系统。它大大方便了三维物体绘制时，坐标的定位。

打开【视图】选项卡，常用的关于坐标系的命令就放在如图13-3所示的【坐标】面板里，用户只要单击其中的按钮即可启动对应的坐标系命令。也可以使用【工具】|【新建UCS】菜单中的各命令，如图13-4所示。UCS即“用户坐标系”的英文的第一个字母组合。

图13-3 【坐标】面板

新建 UCS(W)
命名 UCS(U)...
地理位置(L)...
CAD 标准(S)
向导(Z)
绘图设置(F)...
组(G)
解除编组(U)
数字化仪(B)
自定义(C)
选项(N)...
世界(W)
上一个
面(F)
对象(O)
视图(V)
原点(N)
Z 轴矢量(A)
三点(3)
X
Y
Z

图13-4 【工具】|【新建UCS】菜单

AutoCAD的大多数几何编辑命令取决于UCS的位置和方向，图形将绘制在当前UCS的XY平面上。UCS 命令设置用户坐标系在三维空间中的方向。它定义二维对象的方向和 THICKNESS 系统变量的拉伸方向。它也提供ROTATE(旋转)命令的旋转轴，并为指定点提供默认的投影平面。当使用定点设备定义点时，定义的点通常置于XY平面上。如果UCS旋转使Z轴位于与观察平面平行的平面上(XY 平面对于观察者来说显示为一条边)，那么可能很难查看该点的位置。这种情况下，将把该点定位在与观察平面平行的包含UCS原点的平面上。例如，如果观察方向沿着X轴，那么用定点设备指定的坐标将定义在包含UCS原点的YZ平面上。不同的对象新建的UCS也有所不同，如表13-1所示。

表13-1 不同对象新建UCS的情况

对 象	确定UCS的情况
圆弧	圆弧的圆心成为新UCS的原点，X轴通过距离选择点最近的圆弧端点
圆	圆的圆心成为新UCS的原点，X轴通过选择点
直线	距离选择点最近的端点成为新UCS的原点，选择新X轴，直线位于新UCS的XZ平面上。直线第二个端点在新系统中的Y坐标为0
二维多段线	多段线的起点为新UCS的原点，X轴沿从起点到下一个顶点的线段延伸

1. 管理用户坐标

新建用户坐标有以下两种操作方式。

- 单击【视图】选项卡中【坐标】面板的【UCS】按钮。
- 在命令输入行输入：UCS。

在命令输入行将会出现如下选择命令提示：

命令: ucs

当前 UCS 名称: *世界*

指定 UCS 的原点或 [面(F)/命名(NA)/对象(OB)/上一个(P)/视图(V)/世界(W)/X/Y/Z/Z 轴(ZA)] <世界>:

提示

该命令不能选择下列对象：三维实体、三维多段线、三维网络、视窗、多线、面、样条曲线、椭圆、射线、构造线、引线、多行文字。

(1) 新建(N)

选择管理用户坐标系(UCS)命令，输入N(新建)时，命令输入行有如下提示，提示用户选择新建用户坐标系的方法：

指定 UCS 的原点或 [面(F)/命名(NA)/对象(OB)/上一个(P)/视图(V)/世界(W)/X/Y/Z/Z 轴(ZA)] <世界>:N

指定新 UCS 的原点或 [Z 轴(ZA)/三点(3)/对象(OB)/面(F)/视图(V)/X/Y/Z] <0,0,0>:

下列7种方法可以建立新坐标。

① 原点

通过指定当前用户坐标系UCS的新原点，保持其X、Y和Z轴方向不变，从而定义新的 UCS。如图13-5所示。命令输入行提示如下：

指定新 UCS 的原点或 [Z 轴(ZA)/三点(3)/对象(OB)/面(F)/视图(V)/X/Y/Z] <0,0,0>: // 指定点

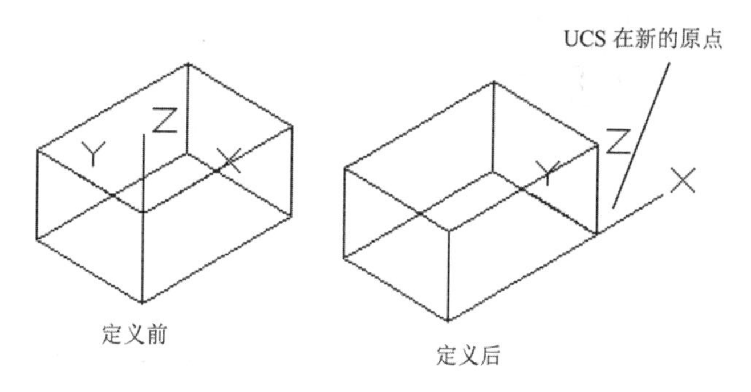

图13-5 自定原点定义坐标系

② Z轴(ZA)

用特定的Z轴正半轴定义UCS。命令输入行提示如下：

指定新 UCS 的原点或 [Z 轴(ZA)/三点(3)/对象(OB)/面(F)/视图(V)/X/Y/Z] <0,0,0>: ZA

指定新原点 <0，0，0>: //指定点

在正 Z 轴的半轴指定点: //指定点

指定新原点和位于新建Z轴正半轴上的点。“Z轴”选项使XY平面倾斜，如图13-6所示。

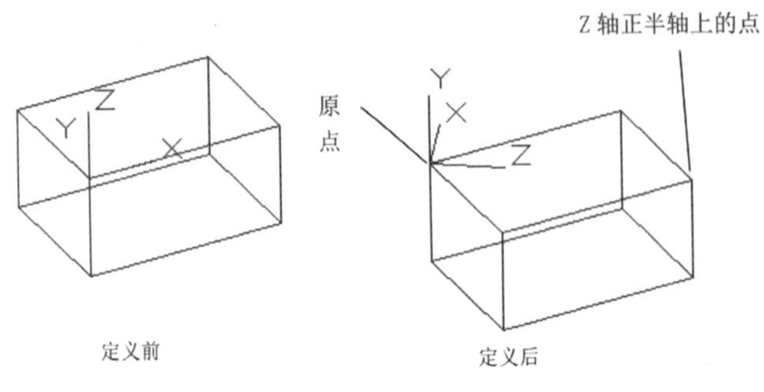

图13-6　指定Z轴定义坐标系

③ 三点(3)

指定新UCS原点及其X和Y轴的正方向。Z轴由右手螺旋定则确定。可以使用此选项指定任意可能的坐标系。也可以在【坐标】面板中单击【3点】按钮，命令输入行提示如下：

指定新 UCS 的原点或 [Z 轴(ZA)/三点(3)/对象(OB)/面(F)/视图(V)/X/Y/Z] <0,0,0>:3

指定新原点 <0,0,0>: _ner

在正 X 轴范围上指定点 <1.0000,-106.9343,0.0000>: @0,10,0(按相对坐标确定X轴通过的点)

在 UCS XY 平面的正 Y 轴范围上指定点 <-1.0000,-106.9343,0.0000>: @-10,0,0　　(按相对坐标确定Y轴通过的点)

效果如图13-7所示。

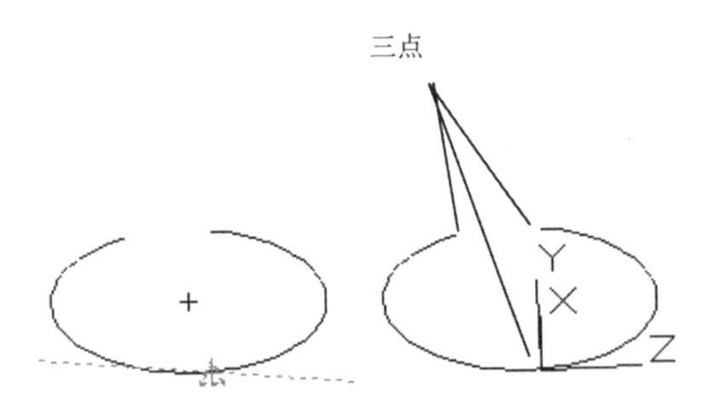

图13-7　三点确定UCS

第一点指定新UCS的原点。第二点定义了X轴的正方向。第三点定义了Y轴的正方向。第三点可以位于新UCS XY平面Y轴正半轴上的任何位置。

④ 对象(OB)

根据选定三维对象定义新的坐标系。新坐标系UCS的Z轴正方向为选定对象的拉伸方向，如图13-8所示。命令输入行提示如下：

指定新 UCS 的原点或 [Z 轴(ZA)/三点(3)/对象(OB)/面(F)/视图(V)/X/Y/Z] <0,0,0>: OB

选择对齐 UCS 的对象:　　　　　　//选择对象

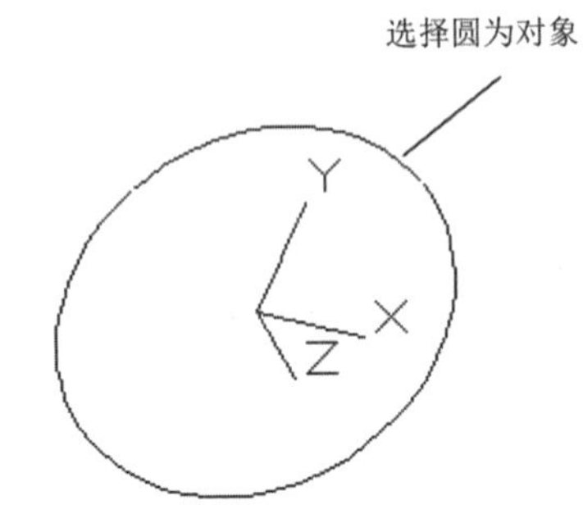

图13-8　选择对象定义坐标系

注意

此选项不能用于下列对象，三维实体、三维多段线、三维网格、面域、样条曲线、椭圆、射线、参照线、引线、多行文字等不能拉伸的图形对象。

对于非三维面的对象，新UCS的XY平面与当绘制该对象时生效的XY平面平行。但X和Y轴可作不同的旋转。

⑤ 面(F)

将UCS与实体对象的选定面对齐。要选择一个面，请在此面的边界内或面的边上单击，被选中的面将亮显，UCS的X轴将与找到的第一个面上的最近的边对齐。命令输入行提示如下：

指定新 UCS 的原点或 [Z 轴(ZA)/三点(3)/对象(OB)/面(F)/视图(V)/X/Y/Z] <0,0,0>:F

选择实体对象的面：

输入选项 [下一个(N)/X 轴反向(X)/Y 轴反向(Y)] <接受>:

命令提示的介绍如下。

下一个：将 UCS 定位于邻接的面或选定边的后向面。

X 轴反向：将 UCS 绕 X 轴旋转 180 度。

Y 轴反向：将 UCS 绕 Y 轴旋转 180 度。

接受：如果按Enter 键，则接受该位置。否则将重复出现提示，直到接受位置为止。 如图13-9所示。

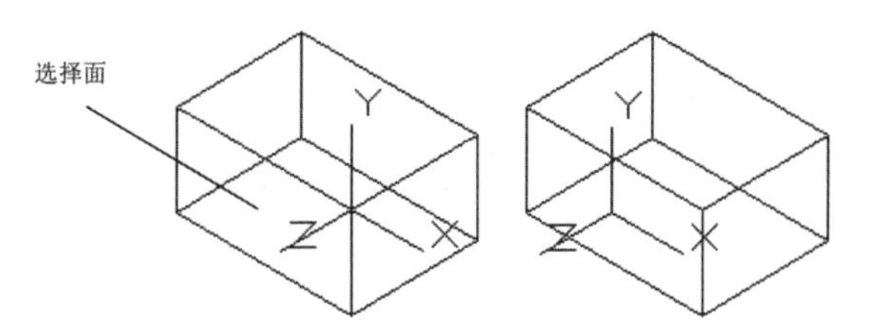

图13-9 选择面定义坐标系

⑥ 视图(V)

以垂直于观察方向(平行于屏幕)的平面为XY平面，建立新的坐标系。UCS原点保持不变，如图13-10所示。

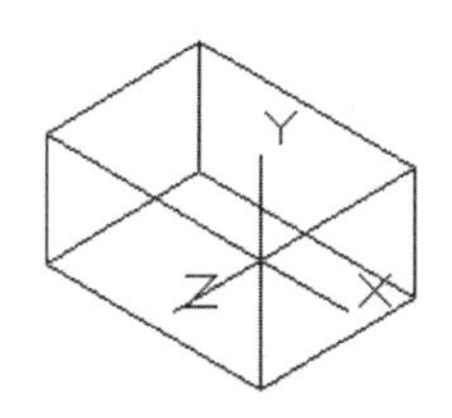

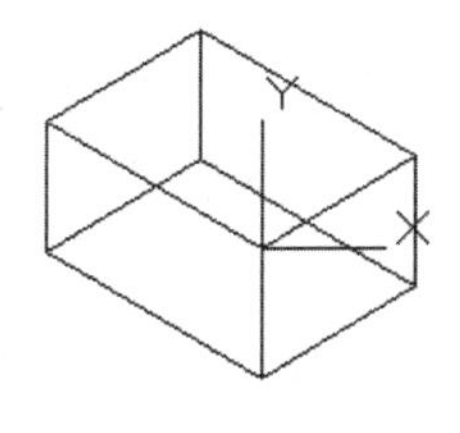

图13-10 用视图方法定义坐标系

⑦ X/Y/Z

绕指定轴旋转当前UCS。命令输入行提示如下：

指定新 UCS 的原点或 [Z 轴(ZA)/三点(3)/对象(OB)/面(F)/视图(V)/X/Y/Z] <0,0,0>:X //或者输入Y或者Z

指定绕X轴、Y轴或Z轴的旋转角度 <0>: //指定角度

输入正或负的角度以旋转 UCS。AutoCAD 用右手定则来确定绕该轴旋转的正方向。通过指定原点和一个或多个绕 X、Y或Z轴的旋转，可以定义任意的 UCS，如图13-11所示。 也可以通过【坐标】面板上的按钮、按钮和按钮来实现。

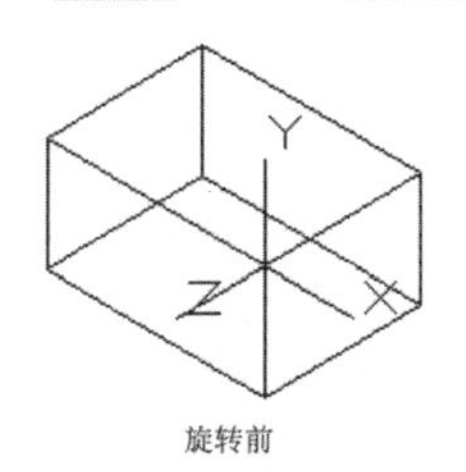

旋转前

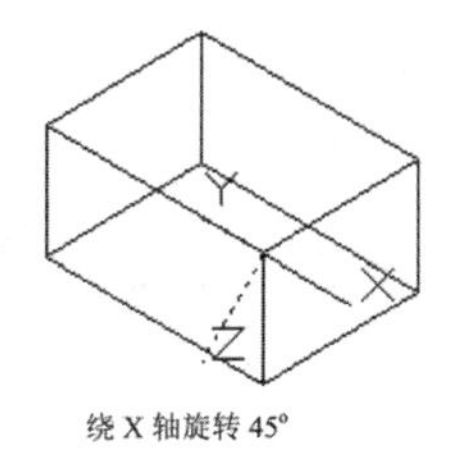

绕 X 轴旋转 45°

图13-11 坐标系绕坐标轴旋转

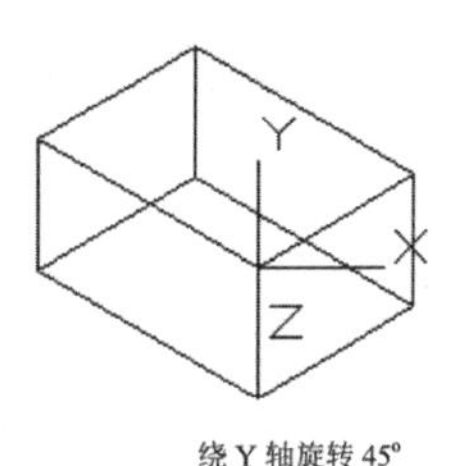

绕 Y 轴旋转 45°

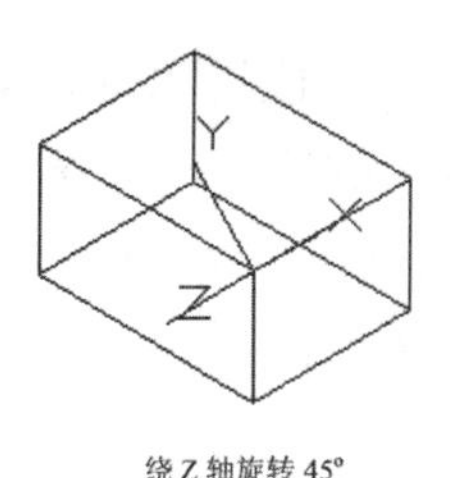

绕 Z 轴旋转 45°

图13-11 坐标系绕坐标轴旋转(续)

(2) 移动(M)

通过平移当前UCS的原点或修改其Z轴深度来重新定义UCS，但保留其XY平面的方向不变。修改Z轴深度将使UCS相对于当前原点沿自身Z轴的正方向或负方向移动。命令输入行提示如下：

指定 UCS 的原点或 [面(F)/命名(NA)/对象(OB)/上一个(P)/视图(V)/世界(W)/X/Y/Z/Z 轴(ZA)] <世界>:M

指定新原点或 [Z 向深度(Z)] <0，0，0>: //指定或输入z

命令解释如下。

新原点：修改 UCS 的原点位置。

Z 向深度(Z)：指定 UCS 原点在 Z 轴上移动的距离。命令提示行如下：

指定 Z 向深度 <0>: //输入距离

如果有多个活动视窗，且改变视窗来指定新原点或Z 向深度时，那么所作修改将被应用到命令开始执行时的当前视窗中的UCS上，且命令结束后此视图被置为当前视图。

(3) 正交(G)

指定AutoCAD提供的六个正交UCS之一。这些UCS设置通常用于查看和编辑三维模型。命令输入行提示如下：

指定 UCS 的原点或 [面(F)/命名(NA)/对象(OB)/上一个(P)/视图(V)/世界(W)/X/Y/Z/Z 轴(ZA)] <世界>:G

输入选项 [俯视(T)/仰视(B)/主视(F)/后视(BA)/左视(L)/右视(R)]: //输入选项

默认情况下，正交UCS设置将相对于世界坐标系(WCS)的原点和方向确定当前UCS的方向。UCSBASE系统变量控制UCS，这个UCS是正交设置

的基础。使用UCS命令的移动选项可修改正交UCS设置中的原点或Z向深度。

(4) 上一个(P)

恢复前一个 UCS。可以单击【坐标】面板上的【UCS，上一个】按钮来实现。AutoCAD 保存在图纸空间中创建的最后10个坐标系和在模型空间中创建的最后10个坐标系。重复此选项将逐步返回一个集或其他集，这取决于哪一空间是当前空间。

如果在单独视窗中已保存不同的 UCS 设置并在视窗之间切换，那么AutoCAD不在上一个列表中保留不同的UCS。但是，如果在一个视窗中修改UCS 设置，AutoCAD将在上一个列表中保留最后的UCS设置。

例如，将UCS从“世界”修改为“UCS1”时，AutoCAD 将把“世界”保留在上一个列表的顶部。如果切换视窗，使主视图成为当前UCS，接着又将UCS修改为“右视图”，则“主视图”UCS保留在上一个列表的顶部。这时如果在当前视窗中选择【上一个】选项两次，那么第一次返回主视图UCS设置，第二次返回世界坐标系。

(5) 保存(S)

把当前UCS按指定名称保存。该名称最多可以包含255个字符，并可包括字母、数字、空格和任何未被Microsoft Windows和AutoCAD用作其他用途的特殊字符。命令输入行提示如下：

指定 UCS 的原点或 [面(F)/命名(NA)/对象(OB)/上一个(P)/视图(V)/世界(W)/X/Y/Z/Z 轴(ZA)] <世界>:S

输入保存当前 UCS 的名称或 [?]:　　　//输入名称保存当前 UCS

(6) 删除(D)

从已保存的用户坐标系列表中删除指定的UCS。命令输入行提示如下：

指定 UCS 的原点或 [面(F)/命名(NA)/对象(OB)/上一个(P)/视图(V)/世界(W)/X/Y/Z/Z 轴(ZA)] <世界>:D

输入要删除的 UCS 名称 <无>:　　　//输入名称列表或按Enter键

AutoCAD删除用户输入的已命名UCS。如果删除的已命名UCS为当前UCS，AutoCAD 将重命名当前UCS为“未命名”。

(7) 应用(A)

其他视窗保存有不同的UCS时将当前UCS设置应用到指定的视窗或所有活动视窗。命令提示行如下：

指定 UCS 的原点或 [面(F)/命名(NA)/对象(OB)/上一个(P)/视图(V)/世界(W)/X/Y/Z/Z 轴(ZA)] <世界>:A

拾取要应用当前 UCS 的视口或 [所有(A)] <当前>:　//单击视窗内部指定视窗、输入A或按Enter键

(8) 世界(W)

单击【坐标】面板【UCS，世界】按钮，可以使处于任何状态的坐标系恢复到世界UCS状态。WCS是所有用户坐标系的基准，不能被重新定义。

在三维空间中图形对象的方位比二维平面中要复杂、丰富得多，因此，在AutoCAD 2012的绘图中，依靠一个固定坐标系如世界坐标系WCS(World Coordinate System)是不够的。因此，可以建立用户坐标系统UCS来对三维物体辅助定位。

2. 命名UCS

新建了UCS后，还可以对UCS进行命名。

用户可以使用以下方法启动UCS命名工具。

- 在命令输入行输入命令：dducs。
- 选择【工具】|【命名UCS】菜单命令。

这时会打开UCS对话框，如图13-12所示。

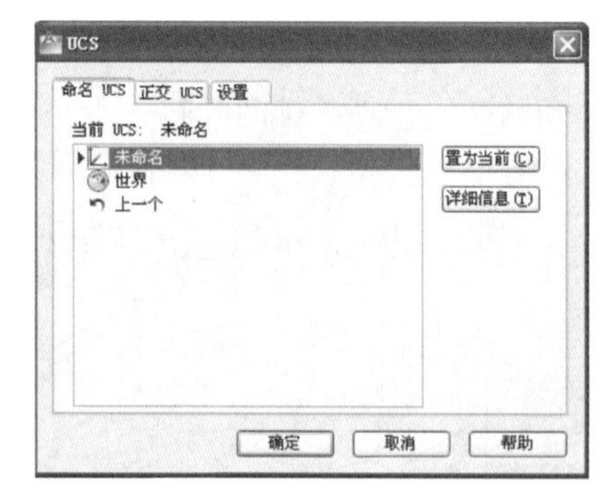

图13-12　UCS对话框

UCS对话框的参数用来设置和管理UCS坐标，下面来分别对这些参数设置进行讲解。

(1)【命名UCS】选项卡

该选项卡列出了已有的UCS。

在列表中选取一个UCS，然后单击【置为当前】按钮，则将该UCS坐标设置为当前坐标系。

在在列表中选取一个UCS，单击【详细信息】按钮，则打开【UCS详细信息】对话框，如图13-13所示，在这个对话框中详细列出了该UCS坐标系的原点坐标，X、Y、Z轴的方向。

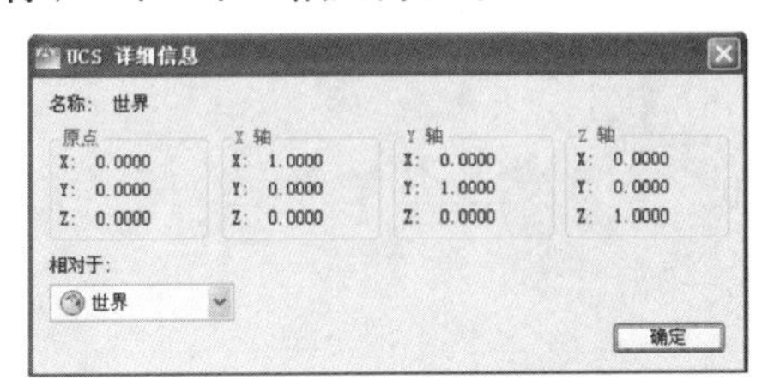

图13-13 【UCS详细信息】对话框

(2)【正交UCS】选项卡

【正交UCS】选项卡如图13-14所示，在列表中有“俯视”、“仰视”、“前视”、“后视”、“左视”和“右视”六种在当前图形中的正投影类型。

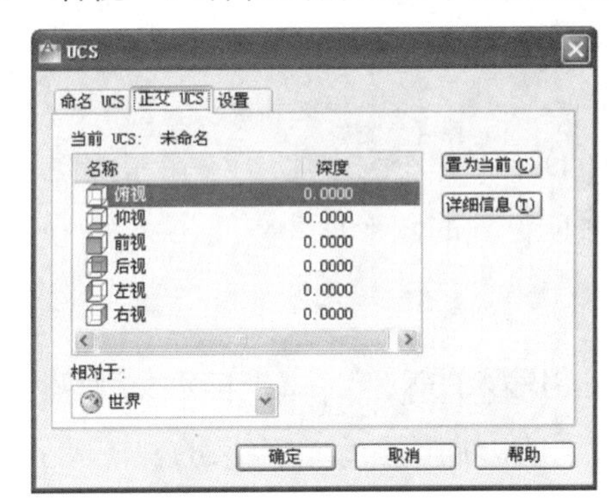

图13-14 【正交UCS】选项卡

(3)【设置】选项卡

【设置】选项卡如图13-15所示。下面介绍一下各项参数设置。

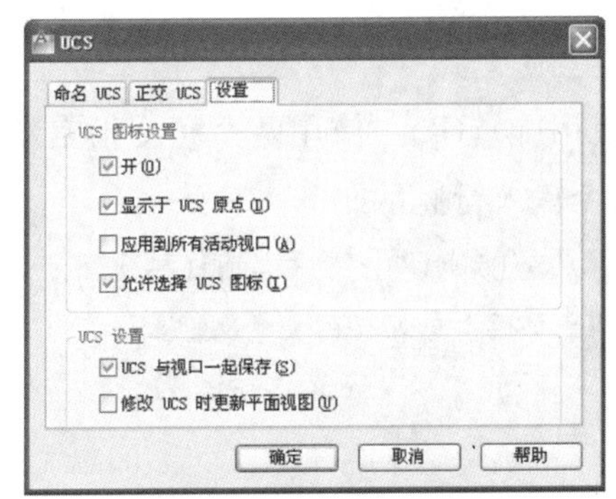

图13-15 【设置】选项卡

在【UCS图标设置】选项中，选择【开】复选框，则在当前视图中显示用户坐标系的图标；选择【显示于UCS原点】复选框，在用户坐标系的起点显示图标；选择【应用到所有活动窗口】复选框，在当前图形的所有活动窗口显示图标。

在【UCS设置】选项中，选择【UCS与视口一起保存】复选框，就与当前视口一起保存坐标系，该选项由系统变量UCSVP控制；选择【修改UCS时更新平面视图】复选框，则当窗口的坐标系改变时，保存平面视图，该选项由系统变量UCSFOLLOW控制。

13.1.3 三维界面和坐标系范例

本范例练习文件：\13\13-1-3.dwg

本范例完成文件：\13\13-1-4.dwg

多媒体教学路径：光盘→多媒体教学→第13章→13.1节

步骤 1 移动坐标系，如图13-16所示。

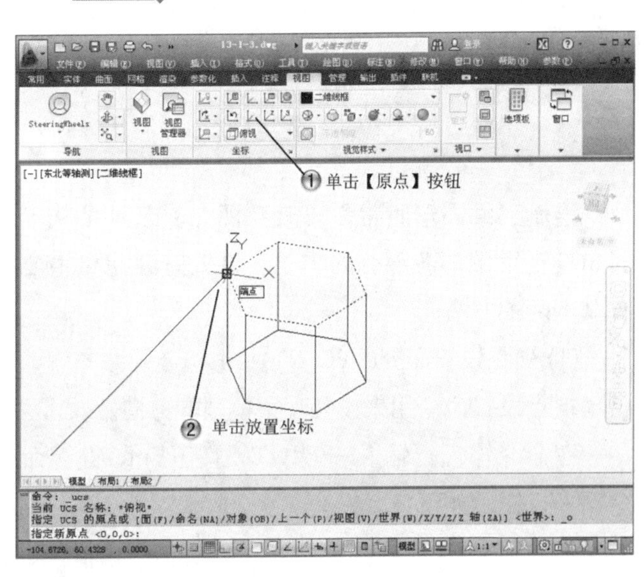

图13-16 移动坐标系

步骤 2 旋转坐标系，如图13-17所示。

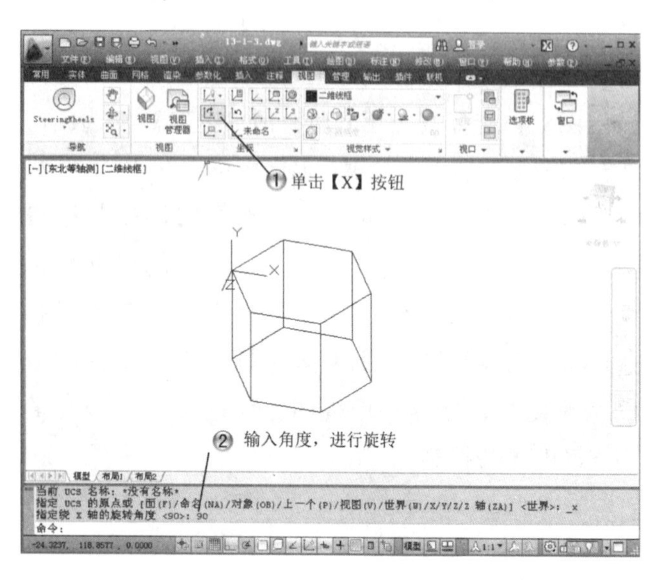

图13-17 旋转坐标系

步骤 3 进入平面绘图，如图13-18所示。

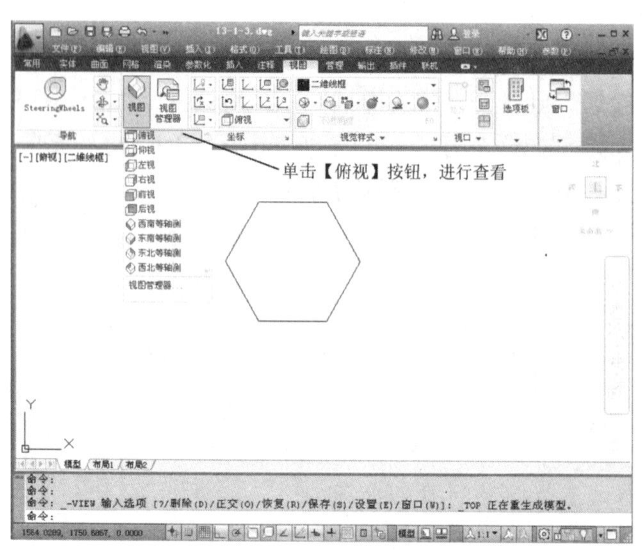

图13-18 进入平面绘图

13.2 设置三维视点

视点是指用户在三维空间中观察三维模型的位置。视点的X、Y、Z坐标确定了一个由原点发出的矢量，这个矢量就是观察方向。由视点沿矢量方向原点看去所见到的图形称为视图。

13.2.1 设置三维视点

1. 设置三维视点的命令

绘制三维图形时常需要改变视点，以满足从不同角度观察图形各部分的需要。设置三维视点主要有以下两种方法。

(1) 视点设置命令(VPOINT)

视点设置命令用来设置观察模型的方向。

在命令输入行输入VPOINT，按下Enter键。命令输入行提示如下：

命令: VPOINT

当前视图方向: VIEWDIR=-1.0000,-1.0000,1.0000

指定视点或 [旋转(R)] <显示指南针和三轴架>:

这里有几种方法可以设置视点。

① 使用输入的X、Y和Z坐标定义视点，创建定义观察视图的方向的矢量。定义的视图如同是观察者在该点向原点 (0，0，0) 方向观察。命令输入行提示如下：

命令: VPOINT

当前视图方向: VIEWDIR=0.0000,0.0000,1.0000

指定视点或 [旋转(R)] <显示指南针和三轴架>:0,1,0

正在重生成模型。

② 使用旋转(R)：使用两个角度指定新的观察方向。命令输入行提示如下：

指定视点或 [旋转(R)] <显示指南针和三轴架>: R

输入 XY 平面中与 X 轴的夹角 <当前值>:

//指定一个角度，第一个角度指定为在 XY 平面中与 X 轴的夹角。

输入 XY 平面中与 X 轴的夹角 <当前值>:

//指定一个角度，第二个角度指定为与 XY 平面的夹角，位于 XY 平面的上方或下方。

③ 使用指南针和三轴架：在命令提示行直接按Enter键，则按默认选项显示指南针和三轴架，用来定义视窗中的观察方向，如图13-19所示。

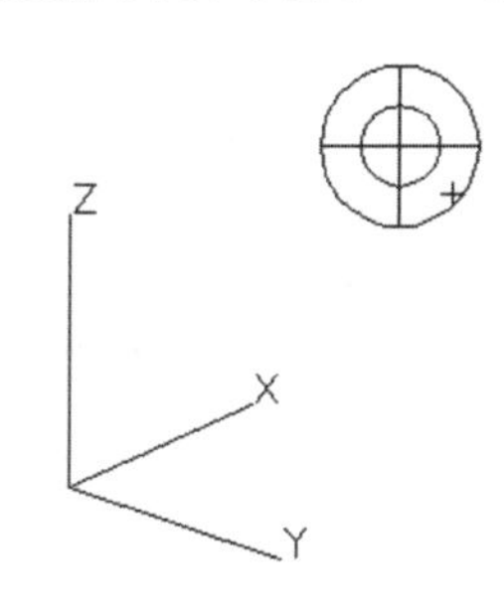

图13-19 使用坐标球和三轴架

右上角坐标球为一个球体的俯视图，十字光标代表视点的位置。拖动鼠标，使十字光标在坐标球范围内移动，光标位于小圆环内表示视点在Z轴正方向，光标位于两个圆环之间表示视点在Z轴负方向，移动光标，就可以设置视点。图13-20所示为不同坐标球和三轴架设置时不同的视点位置。

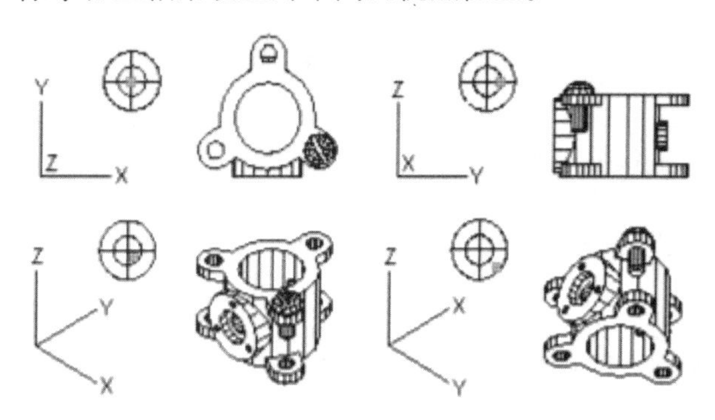

图13-20 不同的视点设置

(2) 用【视点预设】对话框选择视点

还可以用对话框的方式选择视点。操作步骤如下。

选择【视图】|【三维视图】|【视点预设】菜单命令或者在命令提示行输入ddvpoint，按下Enter键，打开【视点预设】对话框如图13-21所示，其中各参数设置方法说明如下。

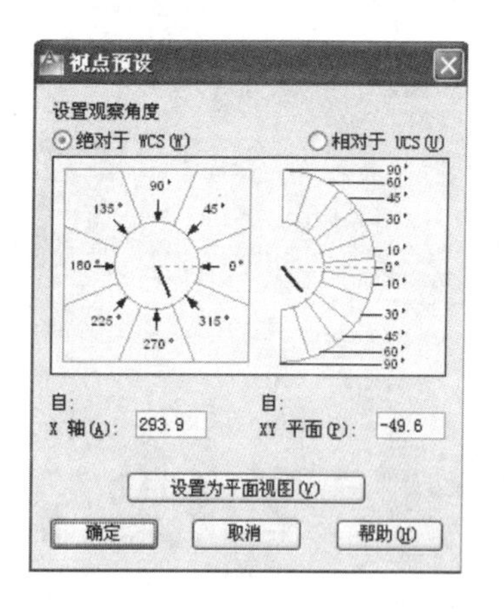

图13-21 【视点预设】对话框

- 【绝对于UCS】：所设置的坐标系基于世界坐标系。
- 【相对于UCS】：所设置的坐标系相对于当前用户坐标系。
- 左半部分方形分度盘表示观察点在XY平面投影与X轴夹角。有8个位置可选。
- 右半部分半圆分度盘表示观察点与原点连线与XY平面夹角。有9个位置可选。
- 【X轴】文本框：可键入360度以内任意值设置观察方向与X轴的夹角。
- 【XY平面】文本框：可键入以±90度内任意值设置观察方向与XY平面的夹角。
- 【设置为平面视图】按钮：单击该按钮，则取标准值，与X轴夹角270度，与XY平面夹角90度。

2. 其他特殊视图

在视点摄制过程中，还可以选取预定义标准观察点，可以从AutoCAD中预定义的10个标准视图中直接选取。

在菜单栏中选择【视图】|【三维视图】的10个标准命令，如图13-22所示，即可定义观察点。这些标准视图包括：俯视图、仰视图、左视图、右视图、主视图、后视图、西南等轴侧视图、东南等轴侧视图、东北等轴侧视图和西北等轴侧视图。

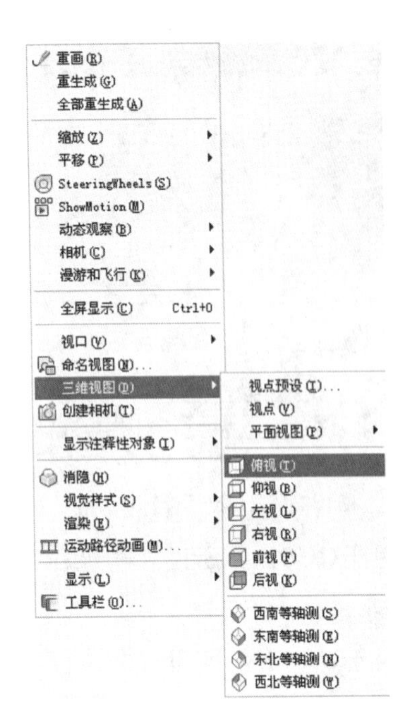

图13-22 【三维视图】菜单

3. 三维动态观察器

应用三维动态可视化工具，用户可以从不同视点动态观察各种三维图形。

选择【视图】|【动态观察】菜单命令，如图13-23所示，可以启动这三种观察工具。

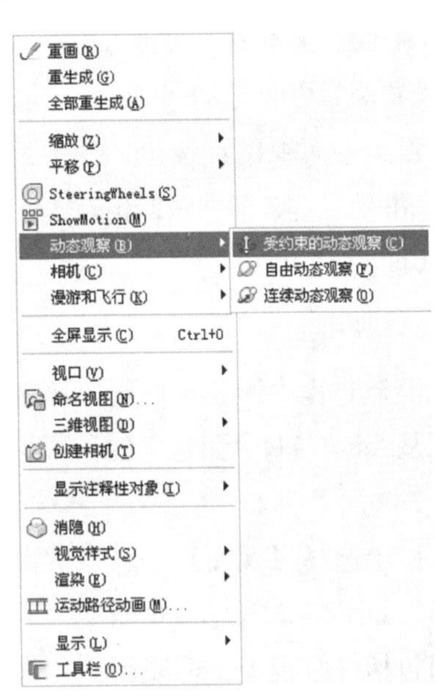

图13-23 【动态观察】子菜单

启动【自由动态观察】工具后，如图13-24所示。按住鼠标左键不放，移动光标，坐标系原点、观察对象相应转动，实现动态观察，对象呈现不同观察状态。松开鼠标左键，画面定位。

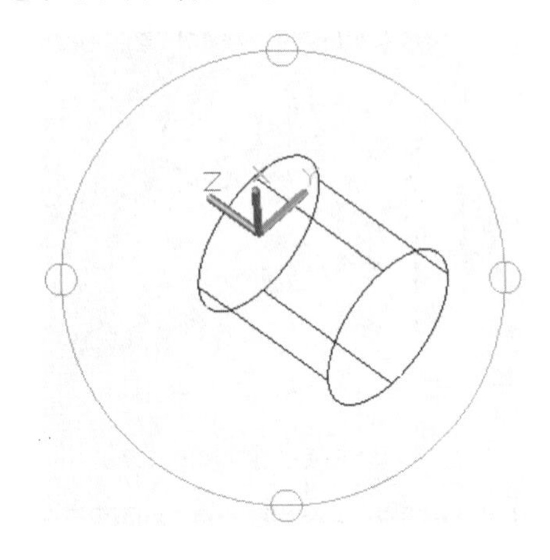

图13-24 自由动态观察

13.2.2 三维视点范例

本范例练习文件：\13\13-2-2.dwg

本范例完成文件：\13\13-2-3.dwg

多媒体教学路径：光盘→多媒体教学→第13章→13.2节

步骤 1 东北轴测图，如图13-25所示。

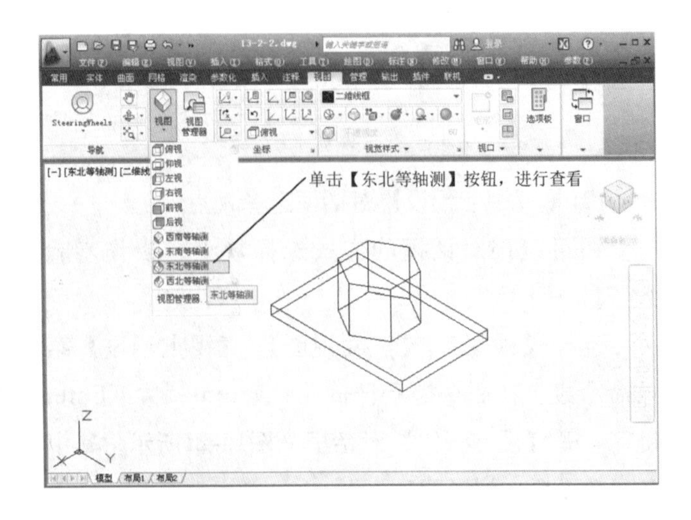

图13-25 东北轴测图

步骤 2 左视图，如图13-26所示。

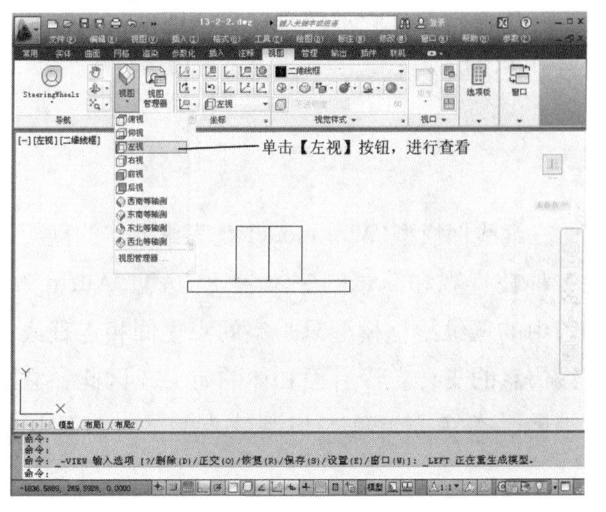

图13-26　左视图

步骤 3 自由动态观察，如图13-27所示。

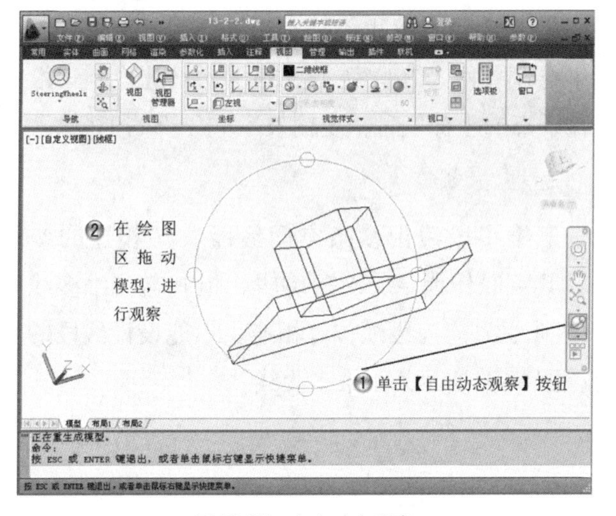

图13-27　自由动态观察

步骤 4 新建视图，如图13-28所示。

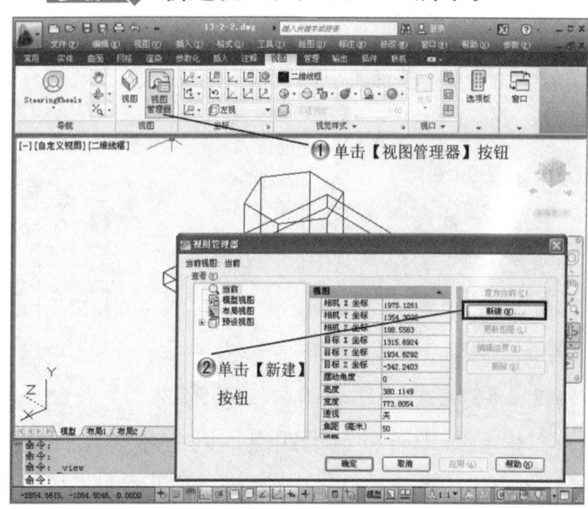

图13-28　新建视图

步骤 5 设置新视图属性，如图13-29所示。

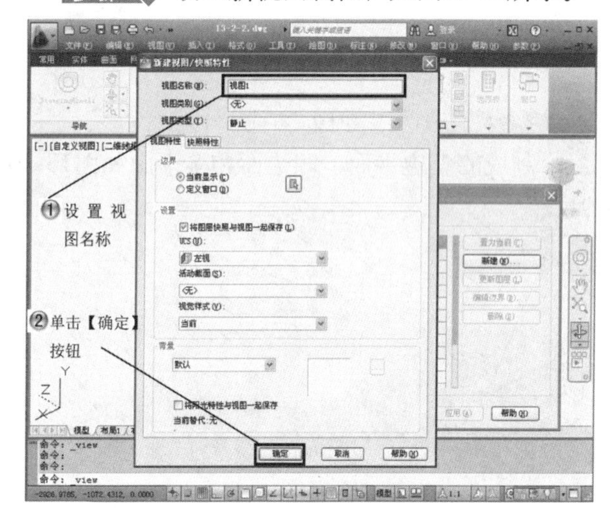

图13-29　设置新视图属性

13.3　绘制三维网格曲面

AutoCAD 2012可绘制的三维图形有线框模型、表面模型和实体模型等图形，并且可以对三维图形进行编辑。

13.3.1　绘制三维网格面

三维面命令用来创建任意方向的三边或四边三维面，四点可以不共面。绘制三维面模型命令调用方法如下。

- 选择【绘图】|【建模】|【网格】|【三维面】菜单命令
- 命令输入行输入命令：3dface。

命令输入行提示如下：

命令: 3dface
指定第一点或 [不可见(I)]:
指定第二点或 [不可见(I)]:
指定第三点或 [不可见(I)] <退出>: //直接按下Enter键，生成三边面，指定点继续
指定第四点或 [不可见(I)] <创建三侧面>:

在提示行中若指定第四点，则命令提示行继续提示指定第三点或退出，直接按下Enter键，则生成四边平面或曲面。若继续确定点，则上一个第三点和第四点连线成为后续平面第一边，三维面递进生长。命令提示行如下：

指定第三点或 [不可见(I)] <退出>:
指定第四点或 [不可见(I)] <创建三侧面>:

绘制成的三边平面、四边面和多个面如图13-30所示。

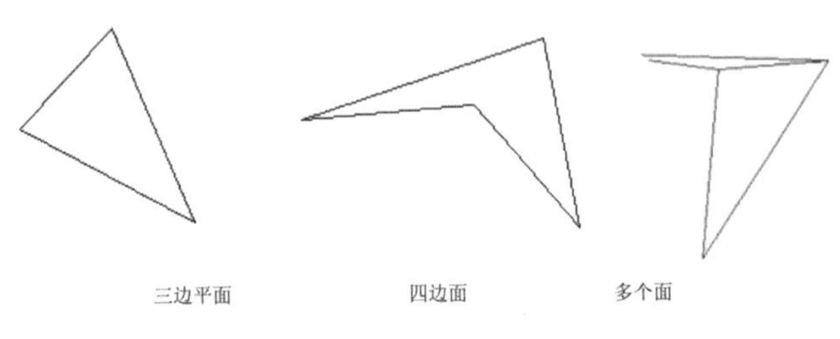

图13-30 三维面

命令提示行选项说明如下。

(1) 第一点：定义三维面的起点。在输入第一点后，可按顺时针或逆时针方向输入其余的点，以创建普通三维面。如果四个顶点在同一个平面上，那么 AutoCAD 将创建一个类似于面域对象的平面。当着色或渲染对象时，该平面将被填充。

(2) 不可见(I)：控制三维面各边的可见性，以便建立有孔对象的正确模型。在边的第一点之前输入i或invisible可以使该边不可见。不可见属性必须在使用任何对象捕捉模式、XYZ 过滤器或输入边的坐标之前定义。可以创建所有边都不可见的三维面。这样的面是虚幻面，它不显示在线框图中，但在线框图形中会遮挡形体。

13.3.2 绘制三维线条

三维线框模型(Wire model)是三维形体的框架，是一种较直观和简单的三维表达方式。AutoCAD 2012中的三维线框模型只是空间点之间相连直线、曲线信息的集合，没有面和体的定义，因此，它不能消隐、着色或渲染。但是它有简洁、好编辑的优点。

1. 三维线条

二维绘图中使用的直线(Line)和样条曲线(Spline)命令可直接用于绘制三维图形，操作方式与二维绘制相同，在此就不重复了，只是绘制三维线条输入点的坐标值时，要输入X、Y、Z的坐标值。

2. 三维多段线

三维多段线由多条空间线段首尾相连的多段线，其可以作为单一对象编辑，但其与二维多线段有区别,它只能为线段首位相连，不能设计线段的宽度。图13-31所示为三维多段线。

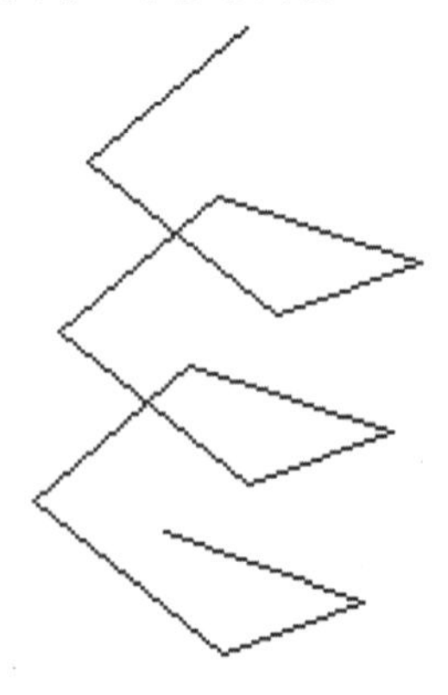

图13-31 三维多段线

绘制三维多段线的方法如下。

- 在【常用】选项卡的【绘图】面板中单击【三维多段线】按钮。

● 选择【绘图】|【三维多段线】菜单命令。

● 命令输入行输入命令：3dpoly。

命令输入行提示如下：

指定多段线的起点:

指定直线的端点或 [放弃(U)]:

指定直线的端点或 [放弃(U)]:

指定直线的端点或 [闭合(C)/放弃(U)]:

从前一点到新指定的点绘制一条直线。命令提示不断重复，直到按 Enter 键结束命令为止。如果在命令行输入命令U，则结束绘制三维多段线，如果输入指定三点后，输入命令C，则多段线闭合。指定点可以用鼠标选择或者输入点的坐标。

三维多段线和二维多段线的比较如表13-2所示。

表13-2 三维多段线和二维多段线比较表

	三维多段线	二维多段线
相同点	多段线是一个对象 可以分解 可以用Pedit命令进行编辑	
不同点	Z坐标值可以不同 不含弧线段，只有直线段 不能有宽度 不能有厚度 只有实线一种线形	Z坐标值均为0 包括弧线段等多种线段 可以有宽度 可以有厚度 有多种线形

13.3.3 绘制三维网格曲面范例

本范例练习文件：\13\13-3-3.dwg

本范例完成文件：\13\13-3-4.dwg

多媒体教学路径：光盘→多媒体教学→第13章→13.3节

步骤 1 绘制三维线条，如图13-32所示。

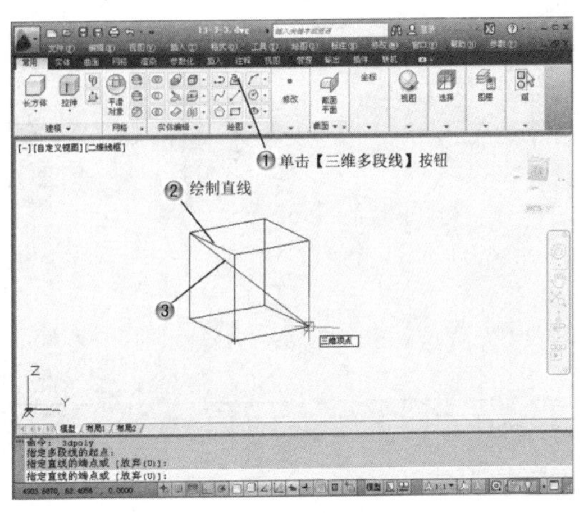

图13-32 绘制三维线条

步骤 2 确定三维线条端点，如图13-33所示。

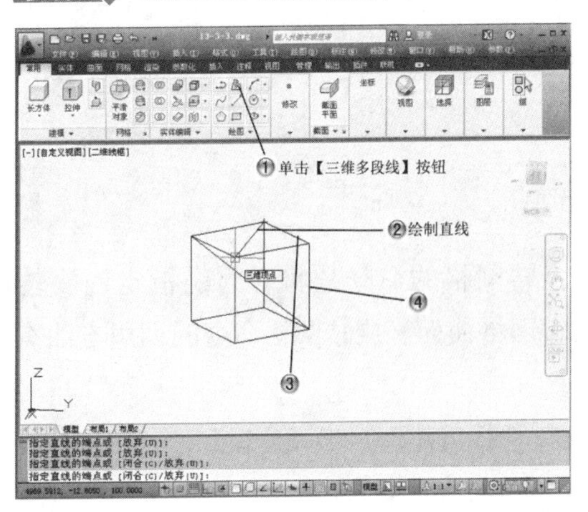

图13-33 确定三维线条端点

步骤 3 删除立方体，如图13-34所示。

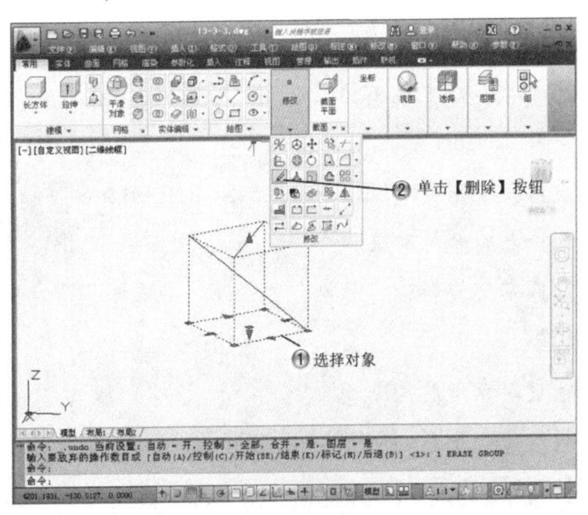

图13-34 删除立方体

步骤 4 绘制三维网格面，如图13-35所示。

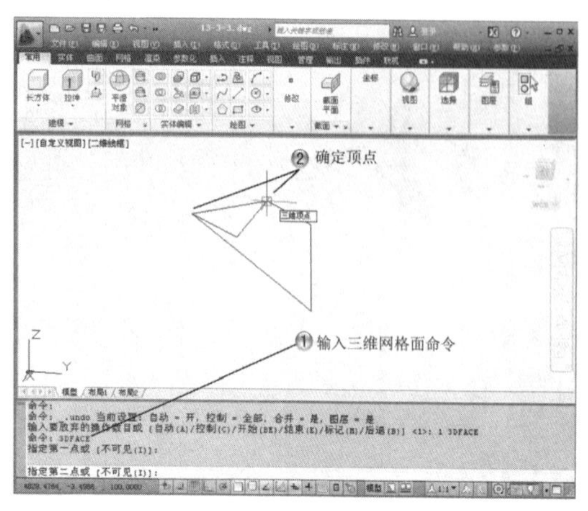

图13-35　绘制三维网格面

步骤 5 确定网格面端点，如图13-36所示。

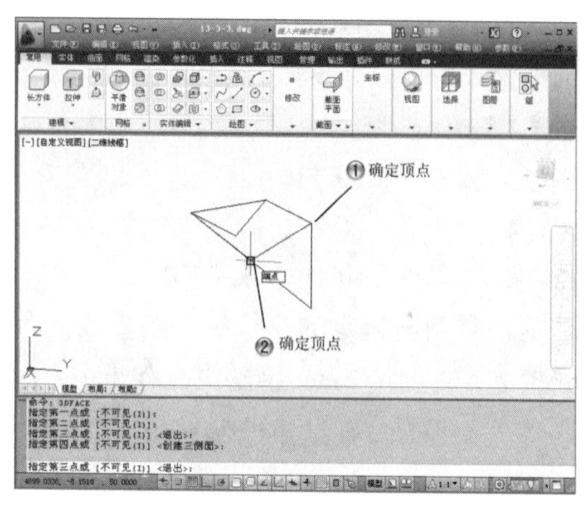

图13-36　确定网格面端点

13.4　绘制旋转和平移曲面

13.4.1　绘制旋转曲面

旋转网格的命令是将对象绕指定轴旋转，生成旋转网格曲面。旋转网格命令的调用方法有以下几种。

- 选择【绘图】|【建模】|【网格】|【旋转网格】菜单命令。
- 单击【图元】面板中的【建模，网格，旋转曲面】按钮。
- 命令输入行输入命令：revsurf。

命令输入行提示如下：

命令: revsurf

当前线框密度: SURFTAB1=6 SURFTAB2=6

选择要旋转的对象:　　　　　　//选择一个对象

选择定义旋转轴的对象:　　　　　　//选择一个对象，通常为直线

指定起点角度 <0>:

指定包含角 (+=逆时针，-=顺时针) <360>:

绘制成的旋转网格如图13-37所示。

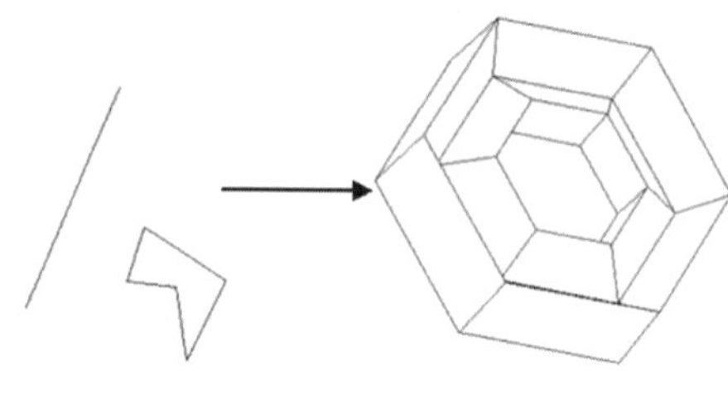

图13-37　旋转网格

注意

在执行此命令前，应绘制好轮廓曲线和旋转轴。在命令输入行输入SURFTAB1或SURFTAB2后，按下Enter键，可调整线框的密度值。

13.4.2　绘制平移曲面

平移网格命令可绘制一个由路径曲线和方向矢量所决定的多边形网格。平移网格命令的调用方法有以下几种。

- 选择【绘图】|【建模】|【网格】|【平移网格】菜单命令。
- 单击【图元】面板中的【建模，网格，平移

曲面】按钮。

● 命令输入行输入命令：tabsurf。

命令输入行提示如下：

命令: _tabsurf

当前线框密度: SURFTAB1=6

选择用作轮廓曲线的对象:

选择用作方向矢量的对象:

绘制成的平移曲面如图13-38所示。

注意

在执行此命令前，应绘制好轮廓曲线和方向矢量。轮廓曲线可以是直线、圆弧、曲线等。

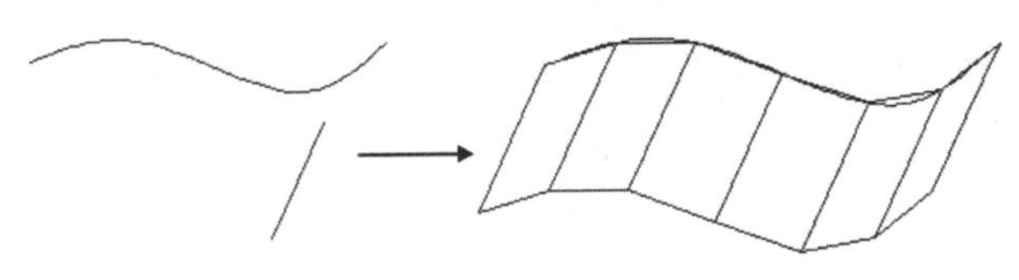

图13-38 平移曲面

13.4.3 绘制旋转、平移曲面范例

本范例完成文件：\13\13-4-3.dwg

多媒体教学路径：光盘→多媒体教学→第13章→13.4节

步骤 1 绘制两条直线，如图13-39所示。

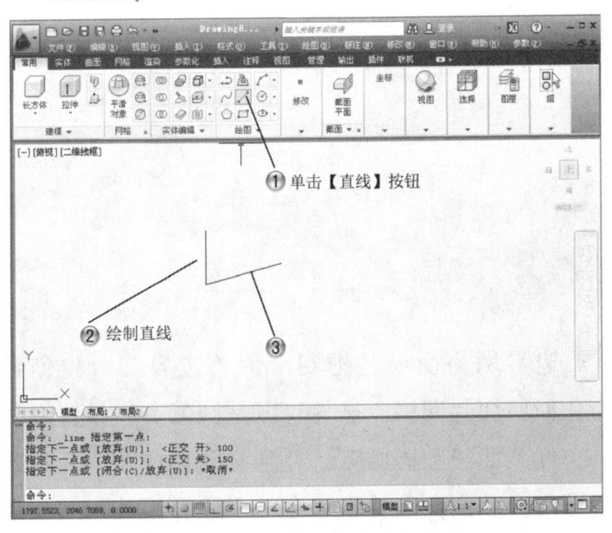

图13-39 绘制两条直线

步骤 2 平移曲面，如图13-40所示。

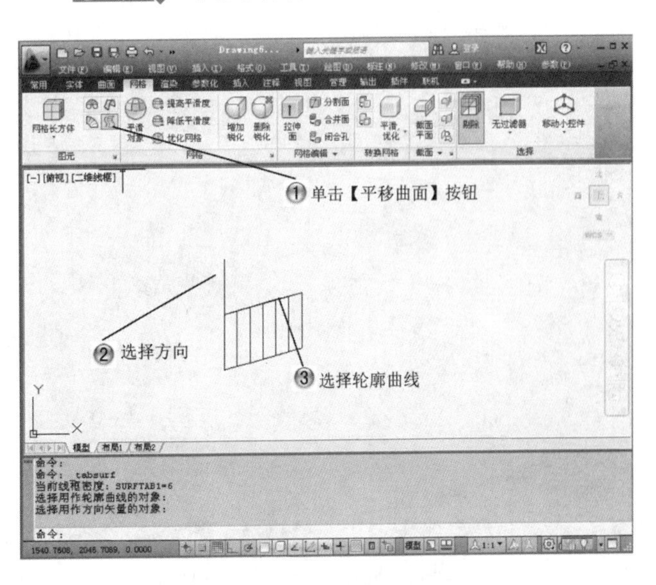

图13-40 平移曲面

步骤 3 绘制矩形，如图13-41所示。

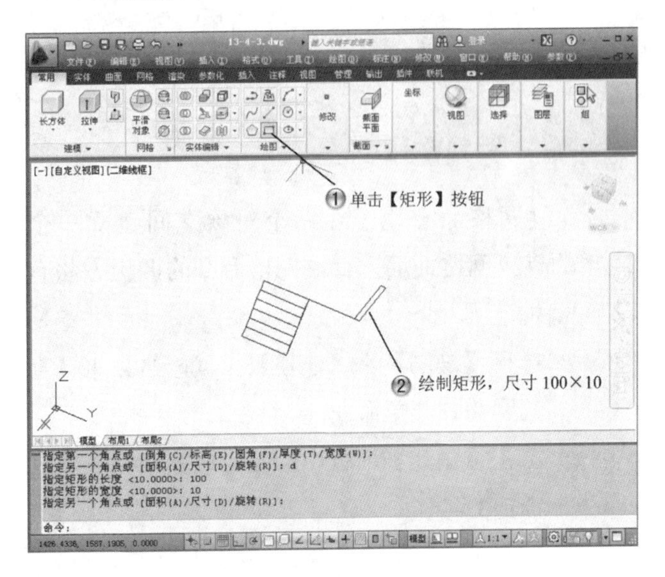

图13-41 绘制矩形

步骤4 选择旋转对象和旋转轴，如图13-42所示。

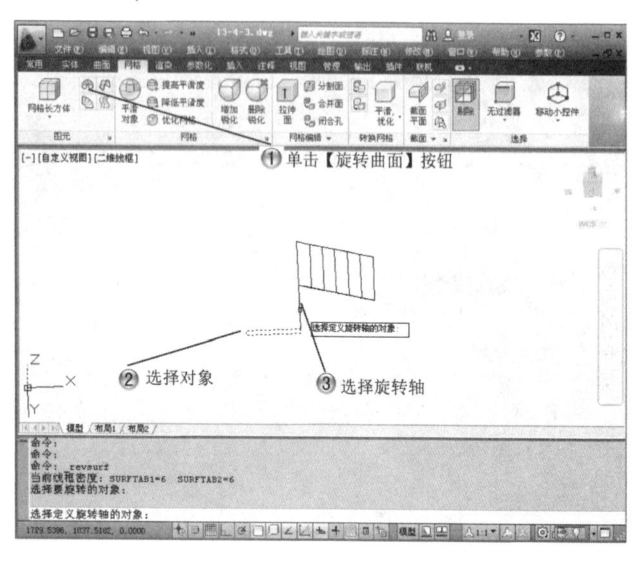

图13-42 选择旋转对象和旋转轴

步骤5 旋转曲面，如图13-43所示。

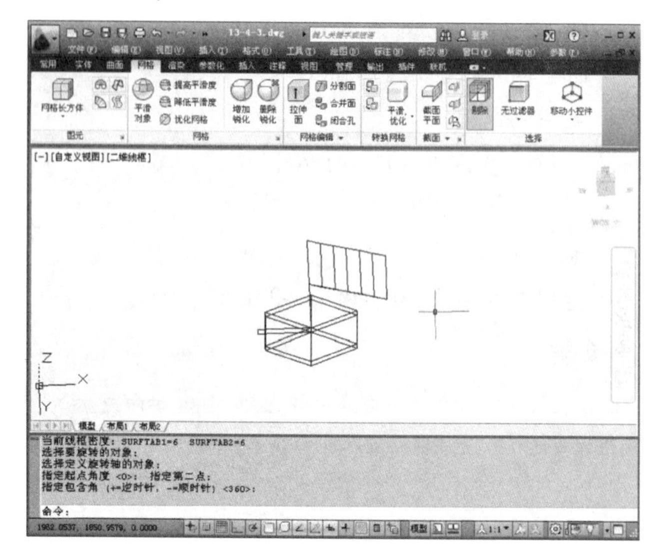

图13-43 旋转曲面

13.5 绘制直纹和边界曲面

13.5.1 绘制直纹曲面

直纹网格命令用于在两个对象之间建立一个2×N的直纹网格曲面。直纹网格命令的调用方法有以下几种。

- 选择【绘图】|【建模】|【网格】|【直纹网格】菜单命令。
- 单击【图元】面板中的【建模，网格，直纹曲面】按钮。
- 命令输入行输入命令：rulesurf。

命令输入行提示如下：

命令: rulesurf

当前线框密度: SURFTAB1=6

选择第一条定义曲线:

选择第二条定义曲线:

绘制成的直纹网格如图13-44所示。

注意

要生成直纹网格，两对象只能封闭曲线对封闭曲线，开放曲线对开放曲线。

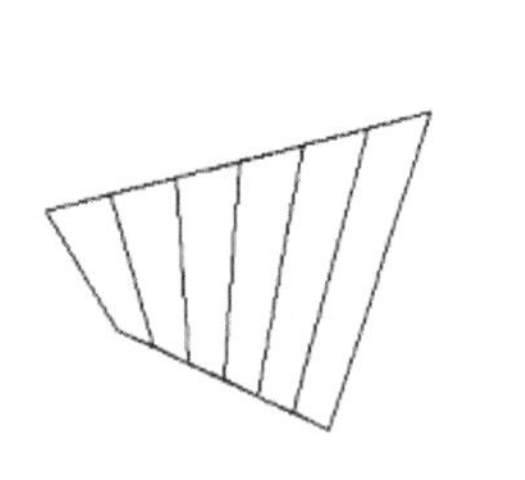

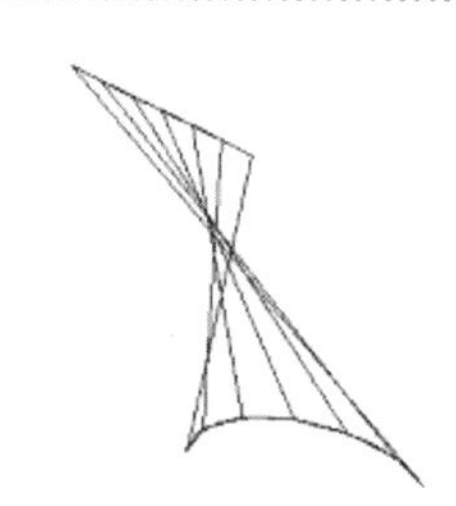

图13-44 直纹网格

13.5.2 绘制边界曲面

边界网格命令是把四个称为边界的对象创建为孔斯曲面片网格。边界可以是圆弧、直线、多线段、样条曲线和椭圆弧，并且必须形成闭合环和公共端点。孔斯曲面片是插在四个边界间的双三次曲面(一条M方向上的曲线和一条N方向上的曲线)。边界网格命令的调用方法有以下几种。

- 选择【绘图】|【建模】|【网格】|【边界网格】菜单命令。
- 单击【图元】面板中的【建模，网格，边界曲面】按钮。
- 命令输入行输入命令：edgesurf。

命令输入行提示如下：

命令: edgesurf

当前线框密度: SURFTAB1=6 SURFTAB2=6

选择用作曲面边界的对象 1:

选择用作曲面边界的对象 2:

选择用作曲面边界的对象 3:

选择用作曲面边界的对象 4:

绘制成的边界网格如图13-45所示。

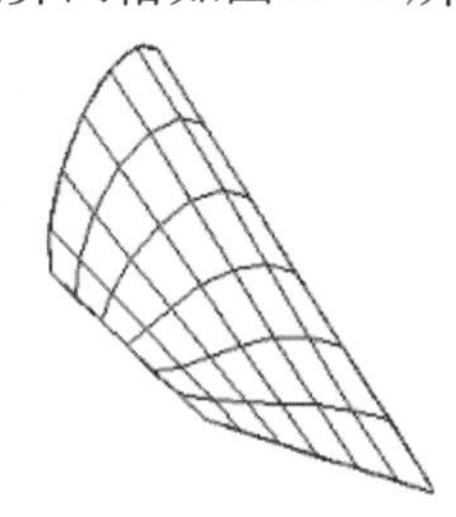

图13-45 边界曲面

13.5.3 绘制直纹、边界曲面范例

步骤 1 绘制矩形，如图13-46所示。

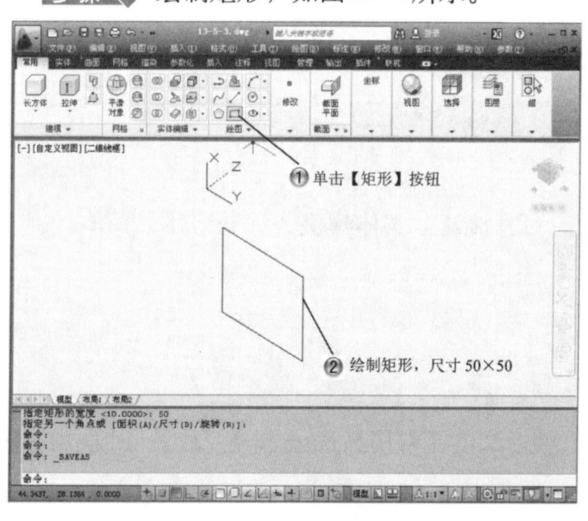

图13-46 绘制矩形

步骤 2 设置坐标系，如图13-47所示。

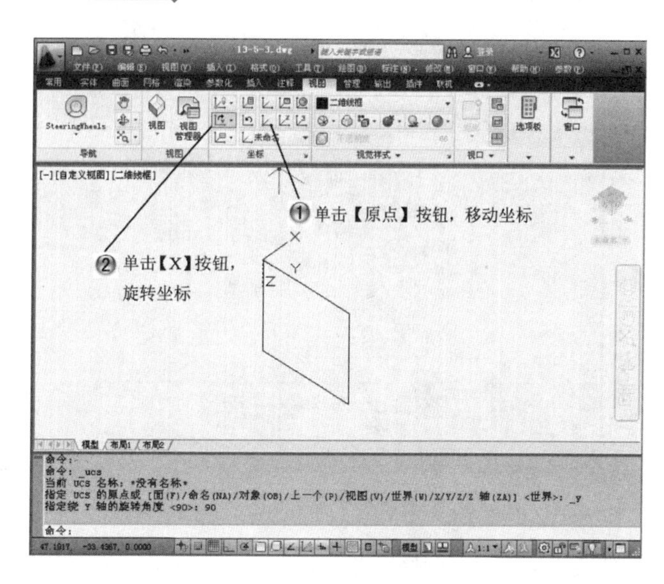

图13-47 设置坐标系

步骤 3 绘制直线，如图13-48所示。

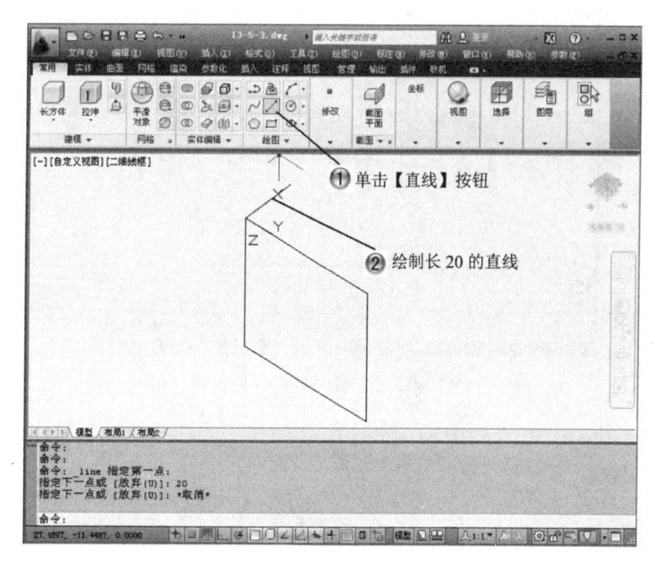

图13-48 绘制直线

步骤 4 复制直线，如图13-49所示。

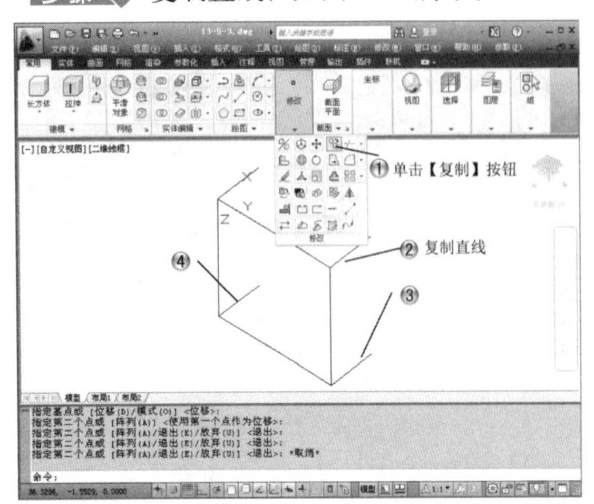

图13-49 复制直线

步骤 5 绘制样条曲线、直线，如图13-50所示。

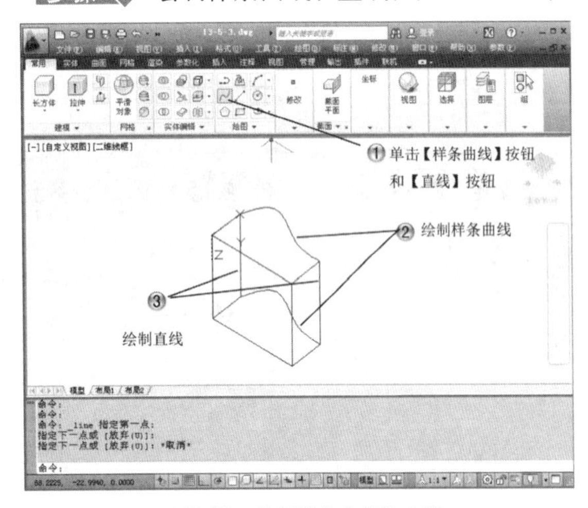

图13-50 绘制样条曲线和直线

步骤 6 直纹平面，如图13-51所示。

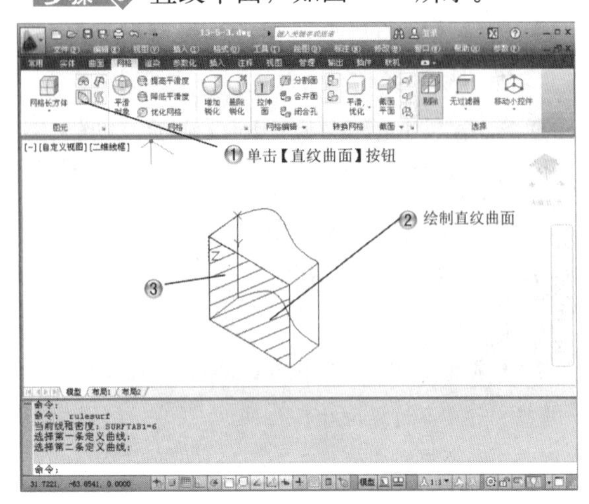

图13-51 直纹平面

步骤 7 边界曲面，如图13-52所示。

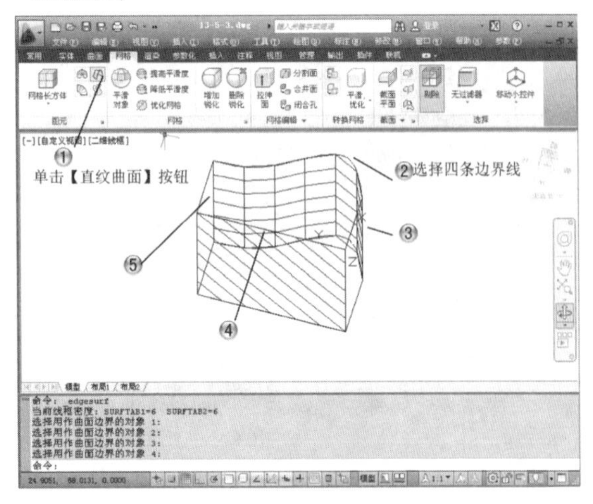

图13-52 边界曲面

13.6 绘制长方体、圆柱体、圆锥体和楔体

在AutoCAD 2012中，提供了多种基本的实体模型，可直接建立实体模型，如长方体、球体、圆柱体、圆锥体、楔体多种模型。

13.6.1 绘制长方体

下面介绍绘制长方体命令的调用方法。

- 选择【绘图】|【建模】|【长方体】菜单命令。
- 单击【常用】选项卡【建模】面板中的【长方体】按钮。
- 命令行输入命令：box。

命令输入行提示如下：

命令: box

指定第一个角点或 [中心(C)]: //指定长方体的第一个角点

指定其他角点或 [立方体(C)/长度(L)]: //输入C则创建立方体

指定高度或 [两点(2P)]:

> **注意**
>
> 长度(L)是指按照指定长、宽、高创建长方体。长度与 X 轴对应，宽度与 Y 轴对应，高度与 Z 轴对应。

绘制完成的长方体如图13-53所示。

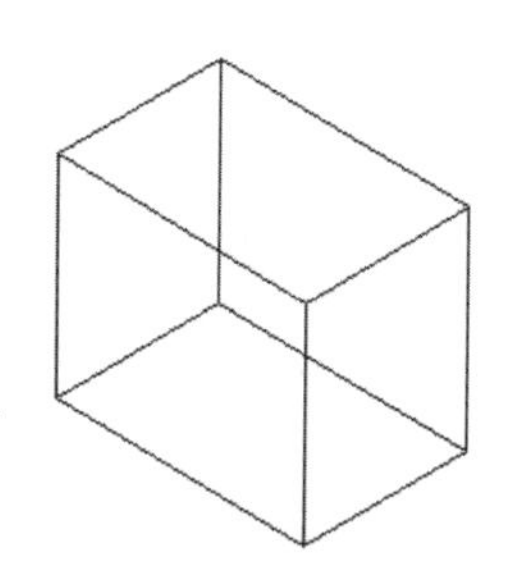

图13-53 绘制好的长方体

13.6.2 绘制圆柱体

圆柱底面既可以是圆，也可以是椭圆。绘制圆柱体命令的调用方法有以下几种。

- 选择【绘图】|【建模】|【圆柱体】菜单命令。
- 命令输入行输入命令：cylinder。
- 单击【建模】工具栏中的【圆柱体】按钮。

首先来绘制圆柱体，命令输入行提示如下：

命令: cylinder

指定底面的中心点或 [三点(3P)/两点(2P)/切点、切点、半径(T)/椭圆(E)]: //输入坐标或者指定点

指定底面半径或 [直径(D)]:

指定高度或 [两点(2P)/轴端点(A)]:

绘制完成的圆柱体如图13-54所示。

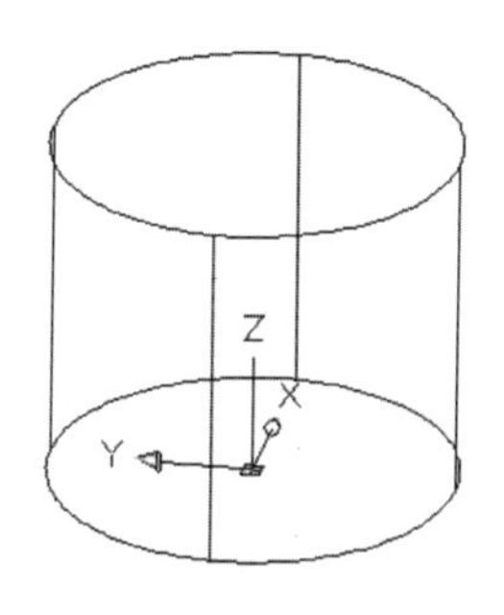

图13-54 圆柱体

下面来绘制椭圆柱体，命令输入行提示如下：

命令: cylinder

指定底面的中心点或 [三点(3P)/两点(2P)/切点、切点、半径(T)/椭圆(E)]: E(执行绘制椭圆柱体选项)

指定第一个轴的端点或 [中心(C)]: c(执行中心点选项)

指定中心点:

指定到第一个轴的距离:

指定第二个轴的端点:

指定高度或 [两点(2P)/轴端点(A)]:

绘制完成的椭圆柱体如图13-55所示。

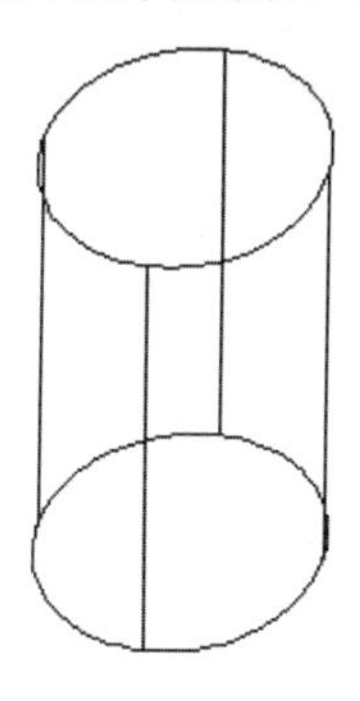

图13-55 椭圆柱体

13.6.3 绘制圆锥体

CONE命令用来创建圆锥体或椭圆锥体。圆锥体命令的调用方法有以下几种。

- 选择【绘图】|【建模】|【圆锥体】菜单命令。
- 命令输入行输入命令：cone。
- 单击【常用】选项卡的【建模】面板中的【圆锥体】按钮。

命令输入行提示如下：

命令: cone

指定底面的中心点或 [三点(3P)/两点(2P)/切点、切点、半径(T)/椭圆(E)]: //输入E可以绘制椭圆锥体

指定底面半径或 [直径(D)]:

指定高度或 [两点(2P)/轴端点(A)/顶面半径(T)]:

绘制完成的圆锥体如图13-56所示。

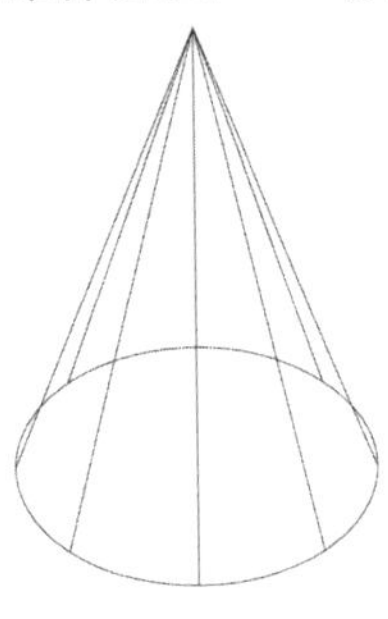

图13-56 圆锥体

13.6.4 绘制楔体

WEDGE命令用来绘制楔体。绘制楔形体命令的调用方法有以下几种。

- 选择【绘图】|【建模】|【楔体】菜单命令。
- 命令输入行输入命令：wedge
- 单击【常用】选项卡【建模】面板中的【楔体】按钮。

命令输入行提示如下：

命令: wedge

指定第一个角点或 [中心(C)]:

指定其他角点或 [立方体(C)/长度(L)]:

指定高度或 [两点(2P)]:

绘制完成的楔体如图13-57所示。

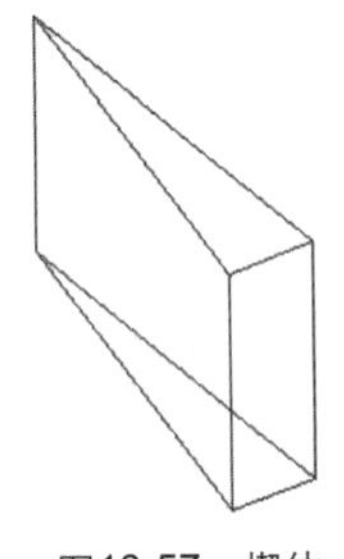

图13-57 楔体

13.6.5 绘制长方体、圆柱体、圆锥体和楔体范例

本范例完成文件：\13\13-6-5.dwg

多媒体教学路径：光盘→多媒体教学→第13章→13.6节

步骤1 绘制长方体，如图13-58所示。

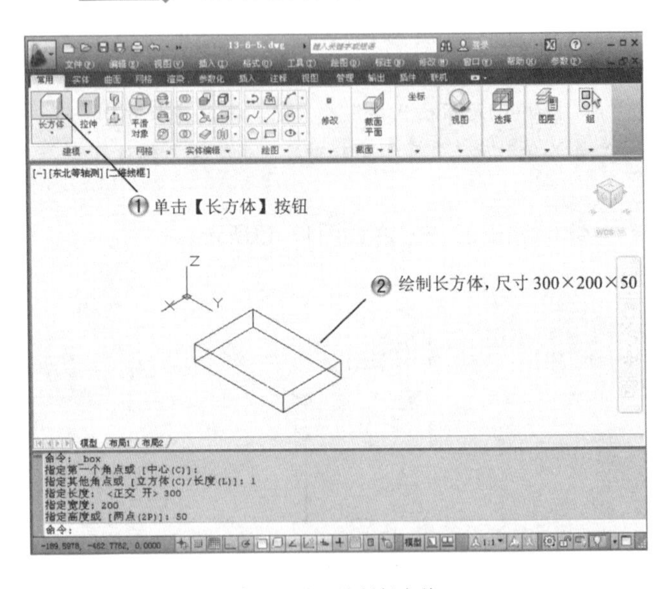

图13-58 绘制长方体

步骤2 绘制第二个长方体，如图13-59所示。

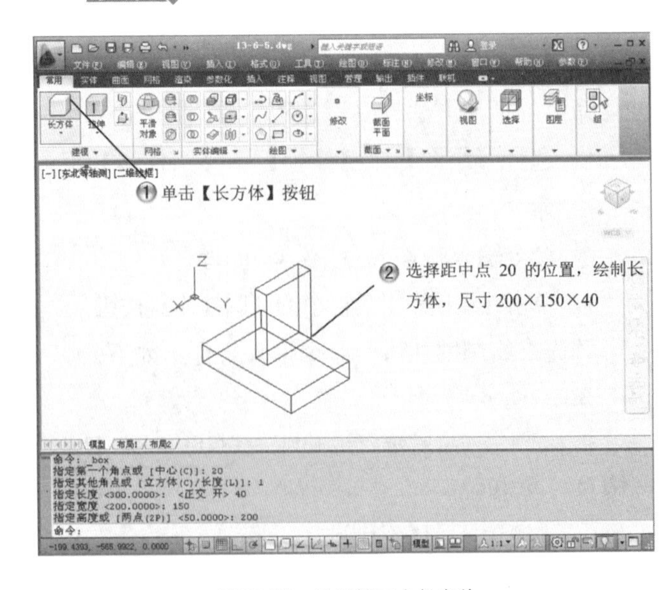

图13-59 绘制第二个长方体

步骤 3 设置坐标系，如图13-60所示。

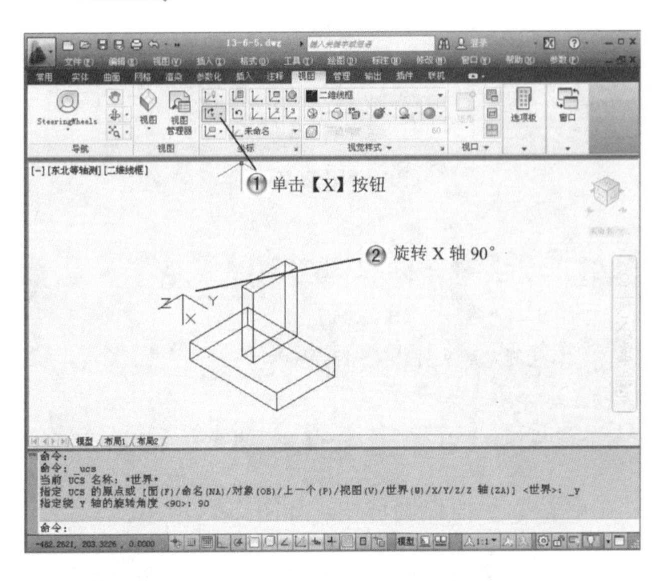

图13-60　设置坐标系

步骤 4 绘制圆柱体，如图13-61所示。

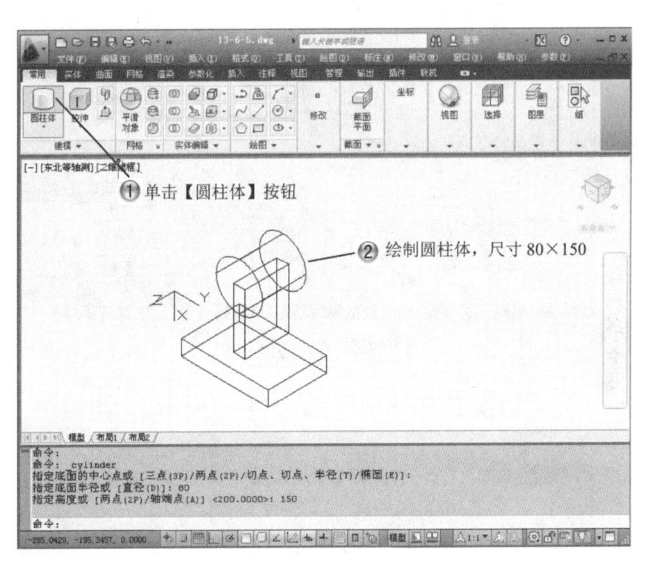

图13-61　绘制圆柱体

步骤 5 绘制圆锥体，如图13-62所示。

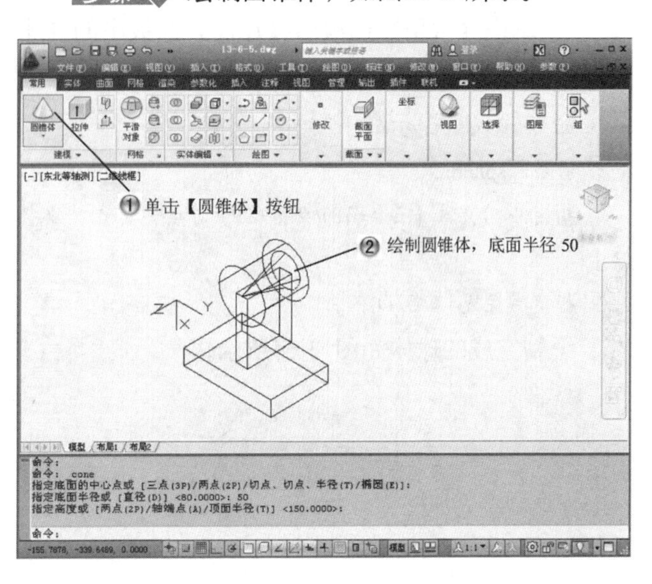

图13-62　绘制圆锥体

步骤 6 绘制楔体，如图13-63所示。

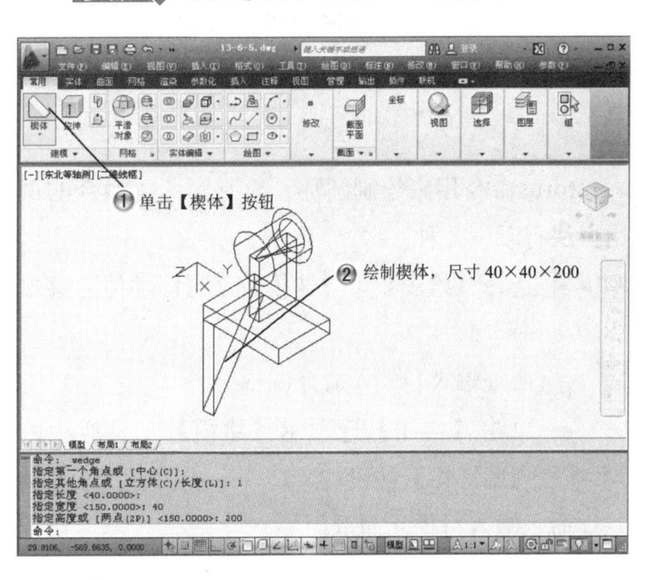

图13-63　绘制楔体

13.7　绘制球体和圆环体

13.7.1　绘制球体

sphere命令用来创建球体。绘制球体命令的调用方法有以下几种。

- 选择【绘图】|【建模】|【球体】菜单命令。

- 命令输入行输入命令sphere。
- 单击【常用】选项卡【建模】面板中的【球体】按钮 。

命令输入行提示如下：

命令: _sphere

指定中心点或 [三点(3P)/两点(2P)/切点、切点、半径(T)]:

指定半径或 [直径(D)]:

绘制完成的球体如图13-64所示。

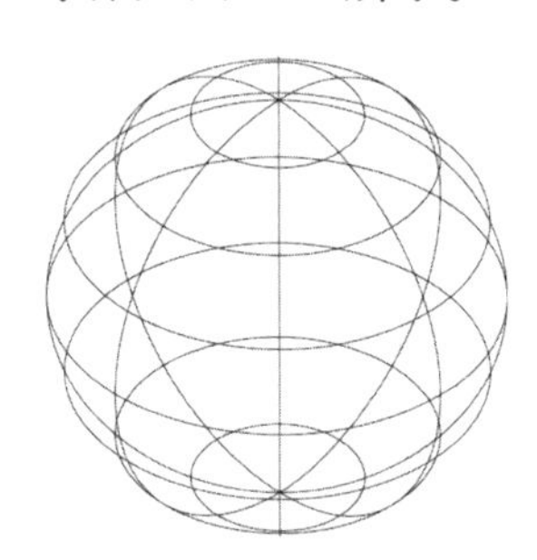

图13-64　球体

13.7.2　绘制圆环体

torus命令用来绘制圆环。绘制圆环体命令的调用方法有以下几种。

- 选择【绘图】｜【建模】｜【圆环体】菜单命令。
- 命令输入行输入命令torus。
- 单击【常用】选项卡【建模】工具栏中的【圆环体】按钮。

命令输入行提示如下：

命令: torus

指定中心点或 [三点(3P)/两点(2P)/切点、切点、半径(T)]:

指定半径或 [直径(D)]:　　　　//指定圆环体中心到圆环圆管中心的距离

指定圆管半径或 [两点(2P)/直径(D)]:　//指定圆环体圆管的半径

绘制完成的圆环体如图13-65所示。

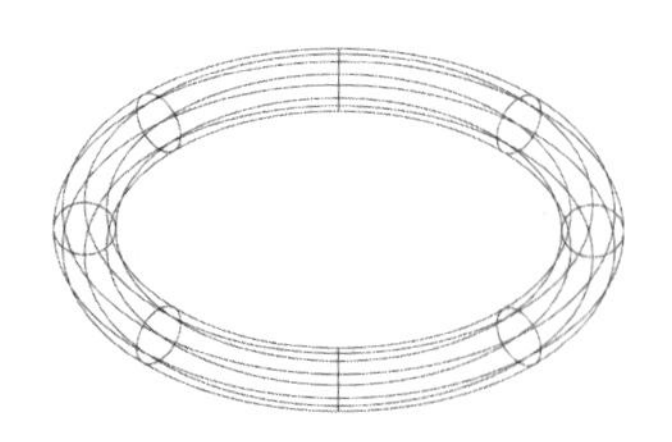

图13-65　圆环体

13.7.3　绘制球体和圆环体范例

本范例完成文件：\13\13-7-3.dwg

多媒体教学路径：光盘→多媒体教学→第13章→13.7节

步骤 1 绘制圆环体，如图13-66所示。

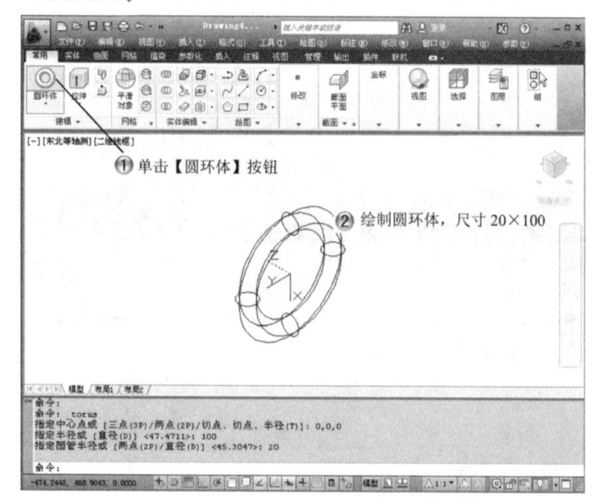

图13-66　绘制圆环体

步骤 2 绘制球体，如图13-67所示。

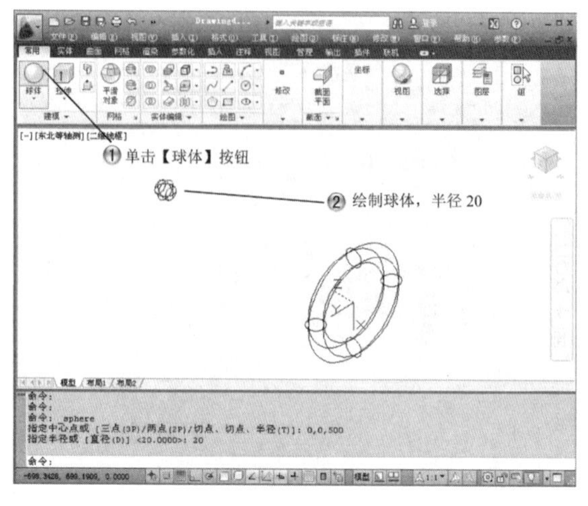

图13-67　绘制球体

步骤 3 调整坐标系，如图13-68所示。

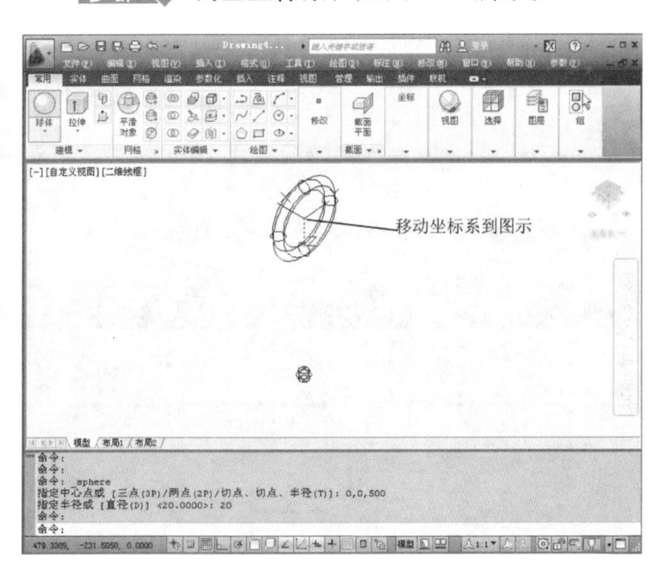

图13-68 调整坐标系

步骤 4 绘制圆柱体，如图13-69所示。

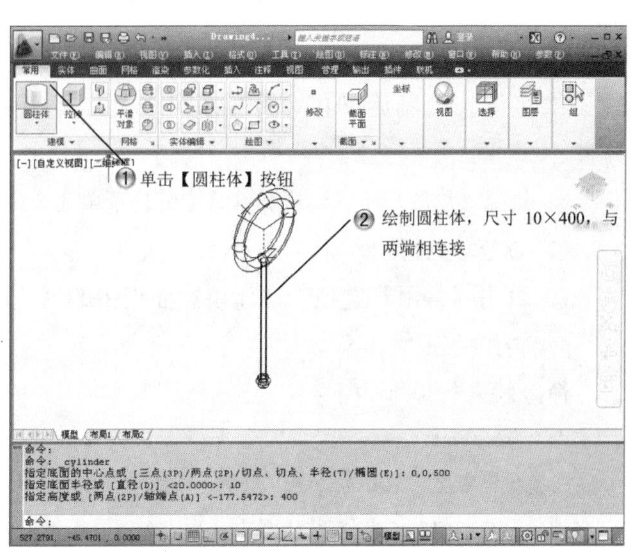

图13-69 绘制圆柱体

13.8 绘制拉伸和旋转实体

13.8.1 拉伸实体

【拉伸】命令用来拉伸二维对象生成三维实体，二维对象可以是多边形、圆、椭圆、样条封闭曲线等。绘制拉伸体命令的调用方法有以下几种。

- 选择【绘图】|【建模】|【拉伸】菜单命令。
- 命令输入行输入命令extrude。
- 单击【常用】选项卡【建模】面板中的【拉伸】按钮。

命令输入行提示如下：

命令: _extrude

当前线框密度: ISOLINES=4，闭合轮廓创建模式 = 实体

选择要拉伸的对象或 [模式(MO)]: _MO 闭合轮廓创建模式 [实体(SO)/曲面(SU)] <实体>: _SO

//选择一个图形对象

选择要拉伸的对象或 [模式(MO)]: 找到 1 个

选择要拉伸的对象或 [模式(MO)]:

指定拉伸的高度或 [方向(D)/路径(P)/倾斜角(T)/表达式(E)]: P //沿路径进行拉伸

选择拉伸路径或 [倾斜角(T)]: //选择作为路径的对象

提示

可以选取直线、圆、圆弧、椭圆、多段线等作为拉伸路径的对象。

绘制完成的拉伸实体如图13-70所示。

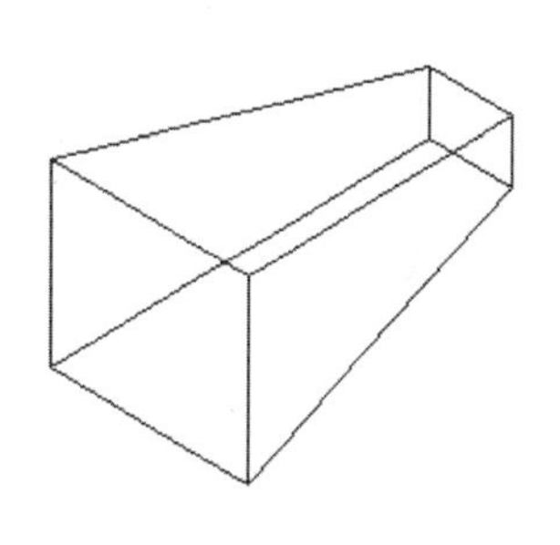

图13-70 拉伸实体

13.8.2 旋转实体

旋转是将闭合曲线绕一条旋转轴旋转生成回转三维实体。绘制旋转体命令的调用方法有以下几种。

- 选择【绘图】|【建模】|【旋转】菜单命令。
- 命令输入行输入命令revolve。
- 单击【常用】选项卡【建模】面板中的【旋转】按钮。

命令输入行提示如下：

命令: revolve

当前线框密度: ISOLINES=4，闭合轮廓创建模式 = 实体

选择要旋转的对象或 [模式(MO)]: 找到 1 个　　//选择旋转对象

选择要旋转的对象或 [模式(MO)]:

指定轴起点或根据以下选项之一定义轴 [对象(O)/X/Y/Z] <对象>:　//选择轴起点

指定轴端点:　　//选择轴端点

指定旋转角度或 [起点角度(ST)/反转(R)/表达式(EX)] <360>:

绘制完成的旋转实体如图13-71所示。

执行此命令，要先选择对象。

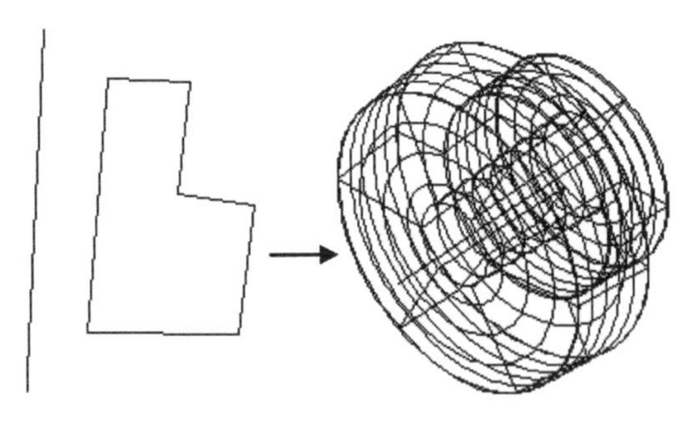

图13-71　旋转实体

13.8.3 绘制拉伸和旋转实体范例

本范例完成文件：\13\13-8-3.dwg

多媒体教学路径：光盘→多媒体教学→第13章→13.8节

步骤 1 绘制草图，如图13-72所示。

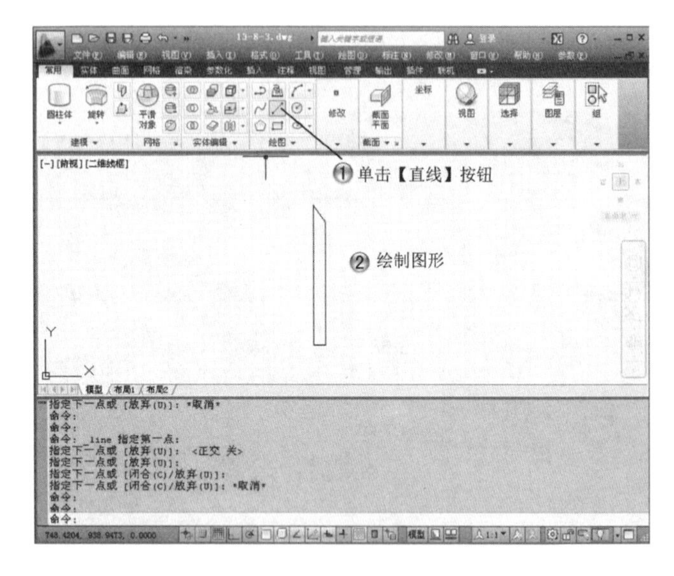

图13-72　绘制草图

步骤 2 选择旋转起点，如图13-73所示。

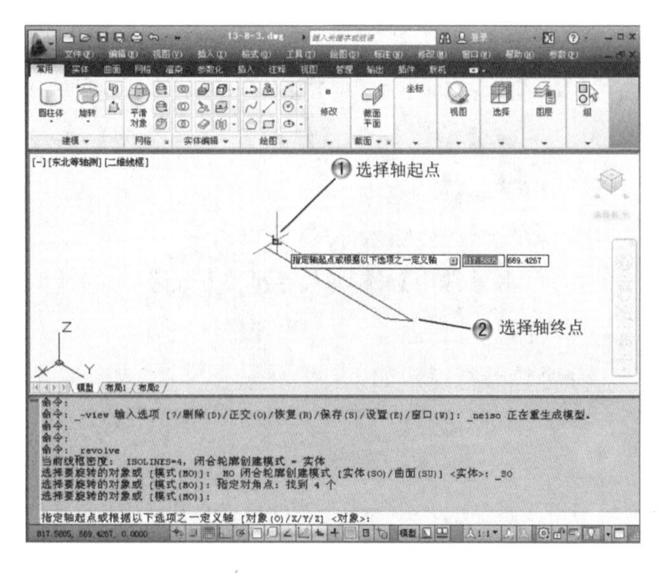

图13-73　选择旋转起点

步骤 3 旋转图形，如图13-74所示。

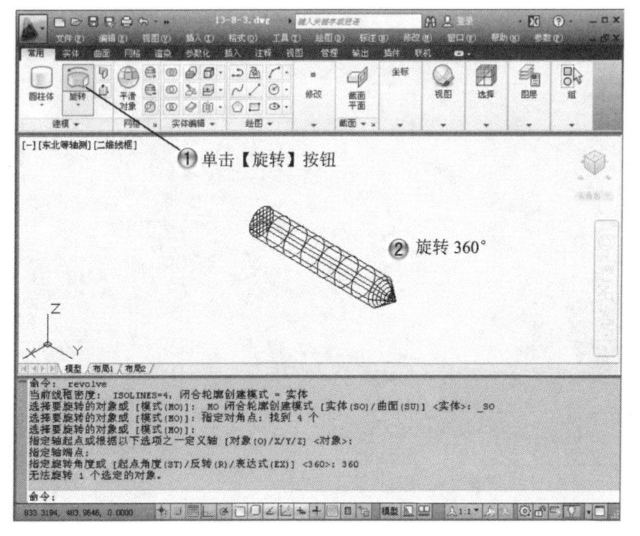

图13-74 旋转图形

步骤 4 设置坐标系，如图13-75所示。

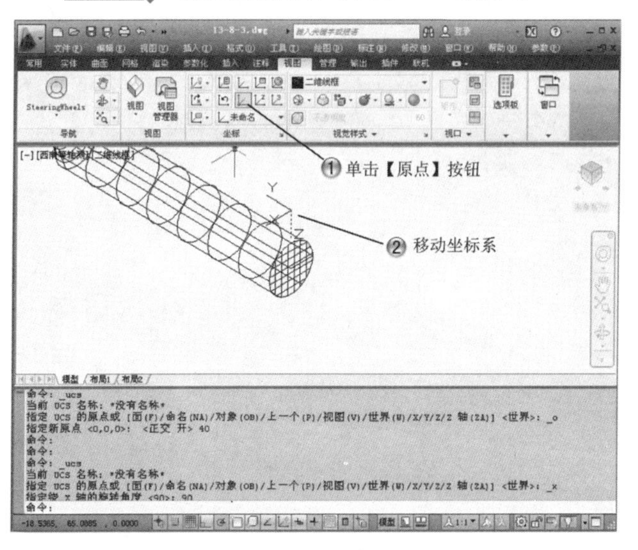

图13-75 设置坐标系

步骤 5 绘制矩形，如图13-76所示。

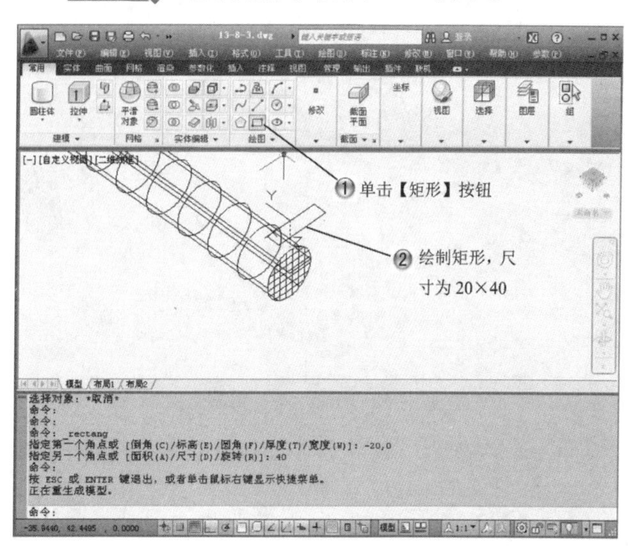

图13-76 绘制矩形

步骤 6 拉伸实体，如图13-77所示。

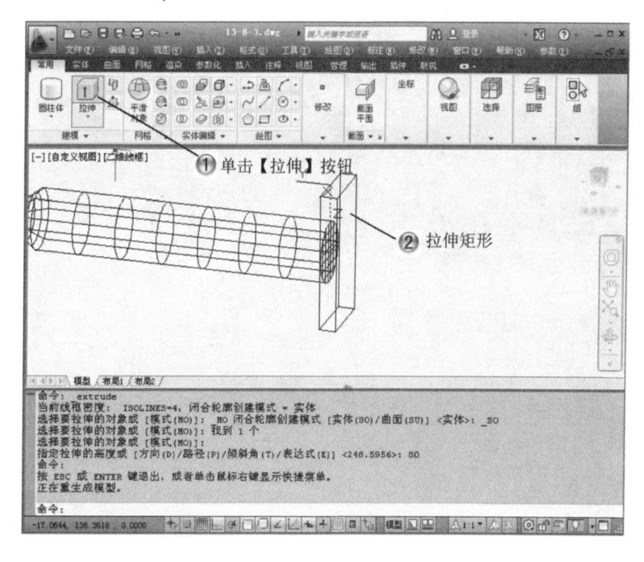

图13-77 拉伸实体

13.9 本章小结

三维立体是一个直观的立体的表现方式，但要在平面的基础上表示三维图形，则需要懂得一些三维知识，并且对平面的立体图形有所认识。AutoCAD 2012提供直接绘制三维实体的功能，并支持多种三维绘制方法。通过本章的学习可以对绘制三维实体有一个全面的认识。

第 14 章

编辑三维体

本章导读

AutoCAD完成三维绘图的时候，经常需要对三维体进行修改，才能完成复杂的模型结构。

本章主要向用户介绍三维体编辑的基础知识，包括剖切和截面、三维操作，同时讲解集运算和实体面操作，以及实体边操作和抽壳，最后讲解三维效果的制作。

学习内容

知识点 \ 学习目标	理解	应用	实践
剖切实体和截面	√	√	√
编辑三维对象	√	√	√
集运算	√	√	√
拉伸、移动、偏移和复制实体面	√	√	√
删除、旋转、倾斜和着色面	√	√	√
着色、复制和压印边	√	√	√
清除和抽壳实体	√	√	√
制作三维效果	√	√	√

14.1 剖切实体和截面

14.1.1 剖切实体

AutoCAD 2012提供了对三维实体进行剖切的功能，用户可以利用这个功能很方便地绘制实体的剖切面。【剖切】命令的调用方法有以下几种。

- 选择【修改】|【三维操作】|【剖切】菜单命令。
- 命令输入行输入命令：slice。
- 单击【实体编辑】面板中的【剖切】按钮。

命令输入行提示如下：

命令: slice

选择要剖切的对象: 找到 1 个　　//选择剖切对象

选择要剖切的对象:

指定 切面 的起点或 [平面对象(O)/曲面(S)/Z 轴(Z)/视图(V)/XY(XY)/YZ(YZ)/ZX(ZX)/三点(3)] <三点>:　　//选择点1

指定平面上的第二个点:　　//选择点2

指定平面上的第三个点:　　//选择点3

在所需的侧面上指定点或 [保留两个侧面(B)] <保留两个侧面>:　　//输入B则两侧都保留

剖切后的实体如图14-1所示。

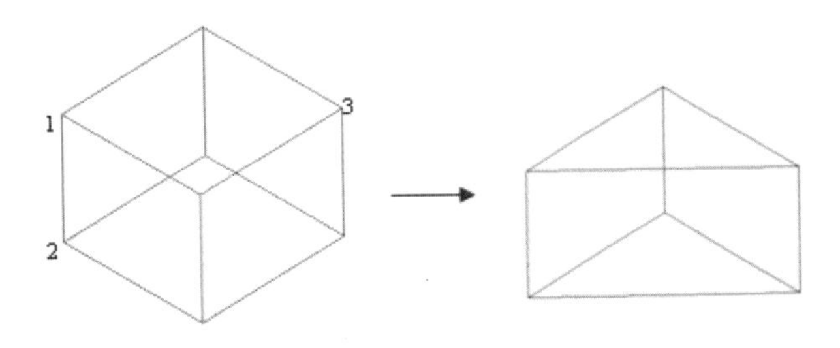

图14-1　剖切实体

14.1.2 截面

创建横截面目的是为了显示三维对象的内部细节。通过sectionplane命令，可以创建截面对象作为穿过实体、曲面、网格或面域的剪切平面。然后打开活动截面，在三维模型中移动截面对象，以实时显示其内部细节。

可以通过多种方法对齐截面对象。

1．将截面平面与三维面对齐

设置截面平面的一种方法是单击现有三维对象的面(移动光标时，会出现一个点轮廓，表示要选择的平面的边)。截面平面自动与所选面的平面对齐，如图14-2所示。

图14-2　与面对齐的截面对象

2．创建直剪切平面

拾取两个点以创建直剪切平面，如图14-3所示。

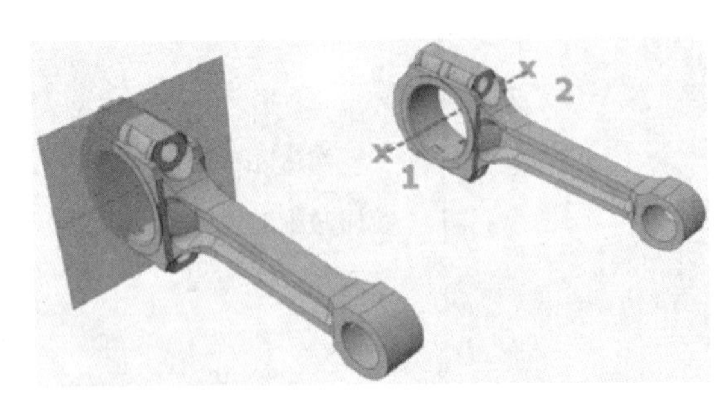

图14-3　创建直剪切平面

3．添加折弯段

截面平面可以是直线，也可以包含多个截面或折弯截面。例如，包含折弯的截面是从圆柱体切除扇形楔体形成的。

可以通过使用绘制截面选项在三维模型中拾取多个点来创建包含折弯线段的截面线，如图14-4所示。

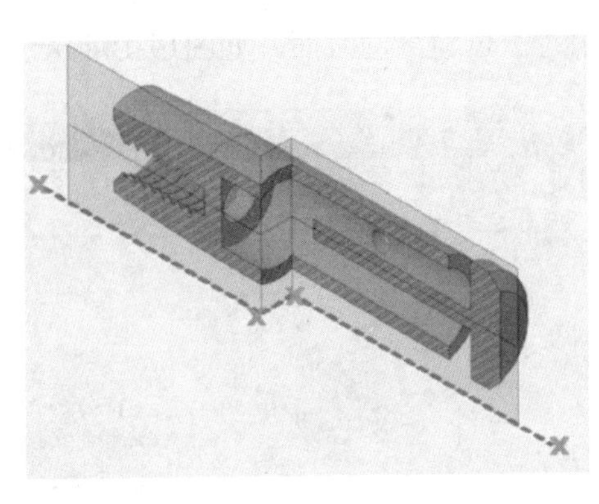

图14-4 添加的折弯段

4. 创建正交截面

可以将截面对象与当前 UCS 的指定正交方向对齐(例如前视、后视、仰视、俯视、左视或右视)。将正交截面平面放置于通过图形中所有三维对象的三维范围的中心位置处，如图14-5所示。

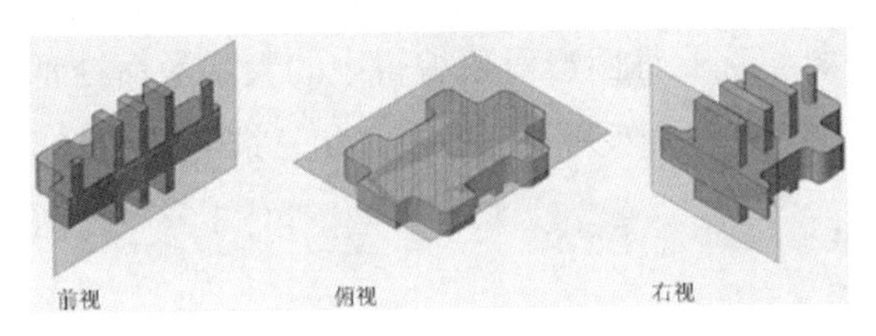

图14-5 创建的正交截面

5. 创建面域以表示横截面

通过section命令，可以创建二维对象，用于表示穿过三维实体对象的平面横截面。使用此传统方法创建横截面时无法使用活动截面功能，如图14-6所示。

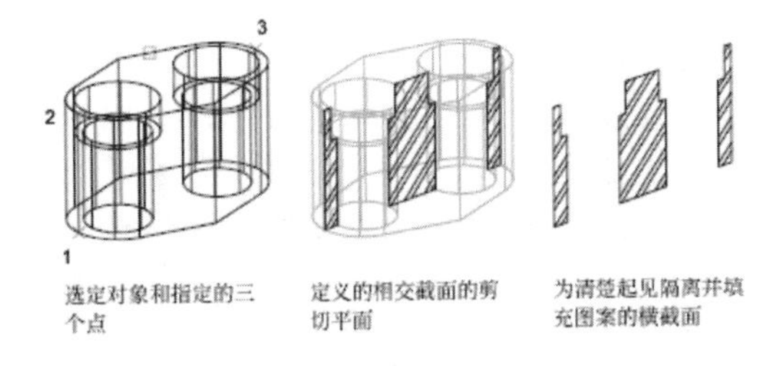

图14-6 创建的面域

可以使用以下方法之一定义横截面的面。

(1) 指定三个点。

(2) 指定二维对象，例如圆、椭圆、圆弧、样条曲线或多段线。

(3) 指定视图。

(4) 指定 Z 轴。

(5) 指定 XY、YZ 或 ZX 平面。

14.1.3 剖切实体和截面范例

本范例练习文件：\14\14-1-3.dwg

本范例完成文件：\14\14-1-4.dwg

多媒体教学路径：光盘→多媒体教学→第14章→14.1节

步骤 1 选择剖切直线，如14-7所示。

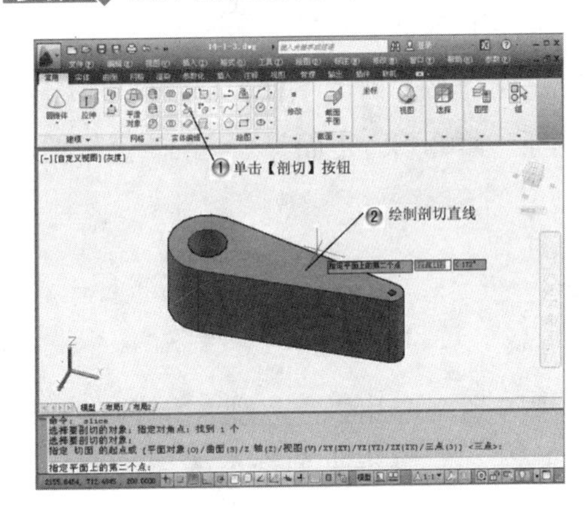

图14-7 选择剖切直线

步骤 2 选择保留面，如14-8所示。

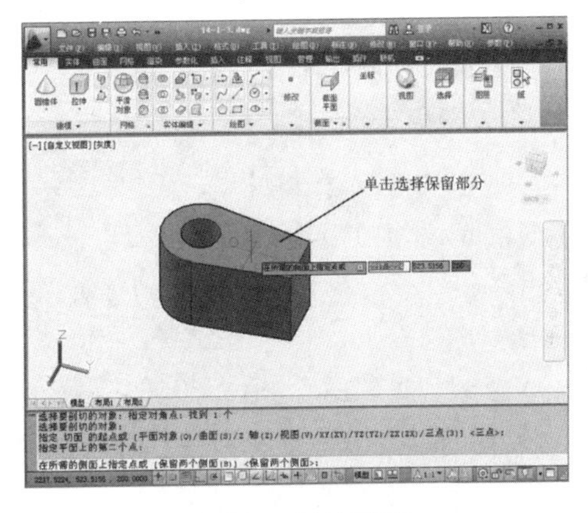

图14-8 选择保留面

步骤 3 创建截面平面，如图14-9所示。

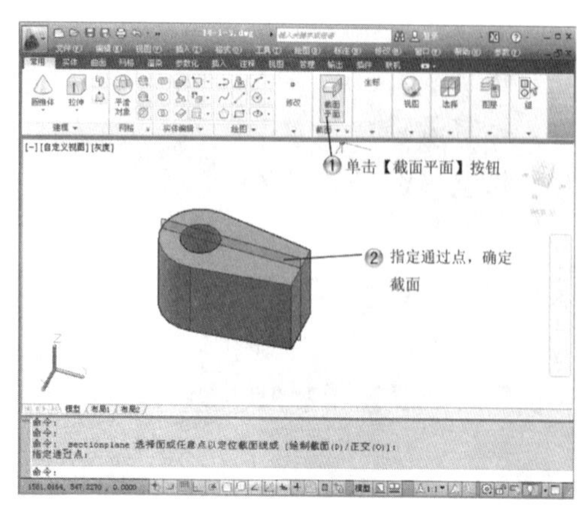

图14-9 创建截面平面

步骤 4 创建活动截面，如图14-10所示。

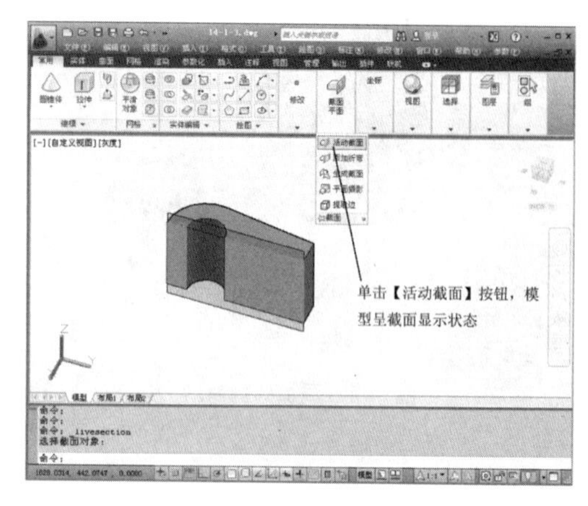

图14-10 创建活动截面

14.2 编辑三维对象

与二维图形对象一样，用户也可以编辑三维图形对象，且二维图形对象编辑中的大多数命令都适用于三维图形。下面将介绍编辑三维图形对象的命令，包括三维阵列、三维镜像和三维旋转。

14.2.1 三维阵列

三维阵列命令用于在三维空间创建对象的矩形和环形阵列，三维阵列命令的调用方法有以下几种。

- 选择【修改】|【三维操作】|【三维阵列】菜单命令。
- 命令输入行输入命令：3darray。

命令输入行提示如下：

命令: 3darray

正在初始化... 已加载 3darray。

选择对象: //选择要阵列的对象

选择对象:

输入阵列类型 [矩形(R)/环形(P)] <矩形>:

这里有两种阵列方式：矩形和环形，下面来分别介绍。

1. 矩形阵列

在行（X轴）、列（Y轴）和层（Z轴）矩阵中复制对象。一个阵列必须具有至少两个行、列或层。命令输入行提示如下:

输入阵列类型 [矩形(R)/环形(P)] <矩形>:R

输入行数 (---) <1>:

输入列数 (|||) <1>:

输入层数 (...) <1>:

指定行间距 (---):

指定列间距 (|||):

指定层间距 (...):

输入正值将沿X、Y、Z轴的正向生成阵列。输入负值将沿X、Y、Z轴的负向生成阵列。

矩形阵列得到的图形如图14-11所示。

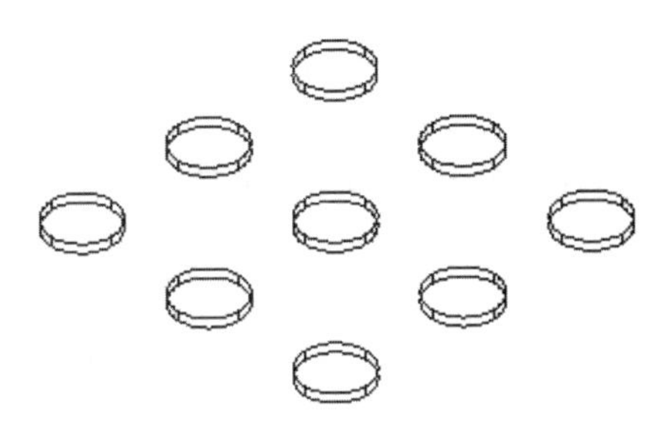

图14-11 矩形阵列

2. 环形阵列

环形阵列是指绕旋转轴复制对象。命令输入行提示如下：

输入阵列类型 [矩形(R)/环形(P)] <矩形>:P

输入阵列中的项目数目: //输入要阵列的数目

指定要填充的角度 (+=逆时针, -=顺时针) <360>:

旋转阵列对象？ [是(Y)/否(N)] <是>:

指定阵列的中心点:

指定旋转轴上的第二点:

环形阵列得到的图形如图14-12所示。

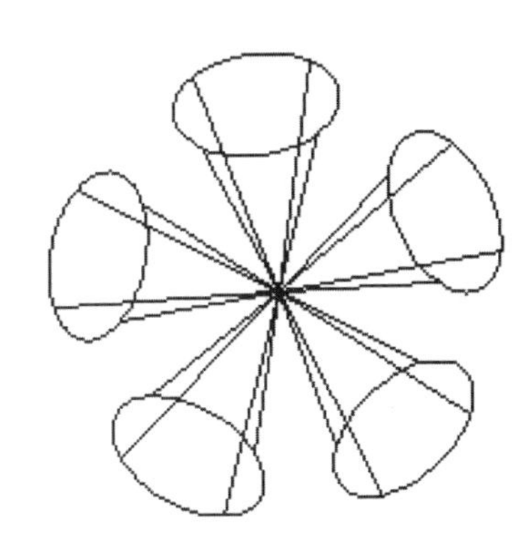

图14-12 环形阵列

14.2.2 三维镜像

三维镜像命令用来沿指定的镜像平面创建三维镜像。三维镜像命令的调用方法有以下几种。

- 选择【修改】|【三维操作】|【三维镜像】菜单命令。
- 命令输入行输入命令：mirror3d。

命令输入行提示如下：

命令: _mirror3d

选择对象: //选择要镜像的图形

选择对象:

指定镜像平面 (三点) 的第一个点或

[对象(O)/最近的(L)/Z 轴(Z)/视图(V)/XY 平面(XY)/YZ 平面(YZ)/ZX 平面(ZX)/三点(3)] <三点>:

命令提示行中各选项的说明如下。

(1) 对象(O)：使用选定平面对象的平面作为镜像平面。

选择圆、圆弧或二维多段线线段:

是否删除源对象？[是(Y)/否(N)] <否>:

如果输入y，AutoCAD将把被镜像的对象放到图形中并删除原始对象。如果输入n或按 Enter键，AutoCAD将把被镜像的对象放到图形中并保留原始对象。

(2) 最近的(L)：相对于最后定义的镜像平面对选定的对象进行镜像处理。

是否删除源对象？[是(Y)/否(N)] <否>:

(3) Z轴(Z)：根据平面上的一个点和平面法线上的一个点定义镜像平面。

在镜像平面上指定点:

在镜像平面的 Z 轴 (法向) 上指定点:

是否删除源对象？[是(Y)/否(N)] <否>:

如果输入 y，AutoCAD将把被镜像的对象放到图形中并删除原始对象。如果输入 n或按 Enter 键，AutoCAD将把被镜像的对象放到图形中并保留原始对象。

(4) 视图(V)：将镜像平面与当前视窗中通过指定点的视图平面对齐。

在视图平面上指定点 <0,0,0>: //指定点或按 Enter 键

是否删除源对象？[是(Y)/否(N)] <否>: //输入 y 或 n 或按 Enter 键

如果输入 y，AutoCAD将把被镜像的对象放到图形中并删除原始对象。如果输入 n或按 Enter键，

AutoCAD将把被镜像的对象放到图形中并保留原始对象。

(5) XY 平面(XY)、YZ 平面(YZ)、 ZX平面(ZX)：将镜像平面与一个通过指定点的标准平面(XY、YZ 或 ZX)对齐。

指定 (XY,YZ,ZX) 平面上的点 <0,0,0>:

(6) 三点(3)：通过三个点定义镜像平面。如果通过指定一点指定此选项，则 AutoCAD 将不再显示“在镜像平面上指定第一点”提示。

在镜像平面上指定第一点:

在镜像平面上指定第二点:

在镜像平面上指定第三点:

是否删除源对象？[是(Y)/否(N)] <N>:

三维镜像得到的图形如图14-13所示。

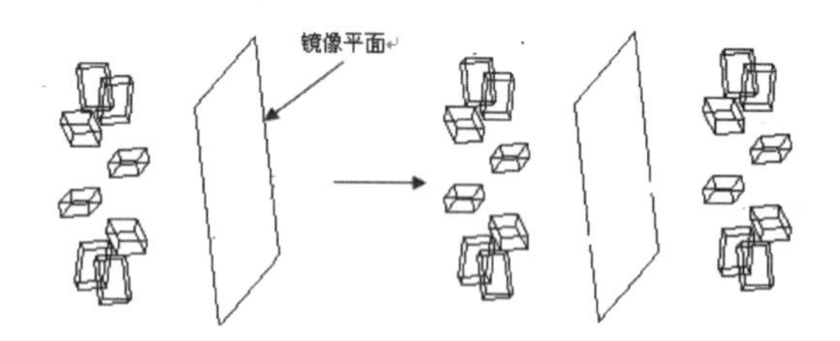

图14-13　三维镜像

14.2.3　三维旋转

三维旋转命令用来在三维空间内旋转三维对象。三维旋转命令的调用方法有以下几种。

- 选择【修改】|【三维操作】|【三维旋转】菜单命令。
- 命令输入行输入命令：3drotate。

命令输入行提示如下：

命令: _3drotate

UCS当前的正角方向: ANGDIR=逆时针 ANGBASE=0

选择对象: 找到 1 个

选择对象:

指定基点:

拾取旋转轴:

指定角的起点或键入角度:

指定角的端点: 正在重生成模型。

三维实体和旋转后的效果如图14-14所示。

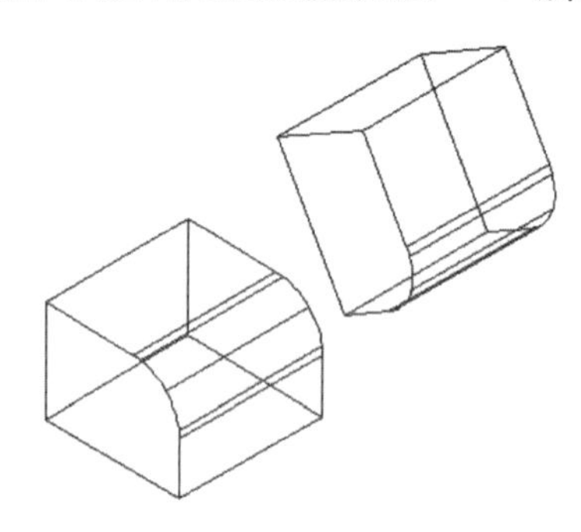

图14-14　三维实体旋转后的效果

14.2.4　编辑三维对象范例

本范例练习文件：\14\14-2-4.dwg

本范例完成文件：\14\14-2-5.dwg

多媒体教学路径：光盘→多媒体教学→第14章→14.2节

步骤 1 选择三维旋转实体，如图14-15所示。

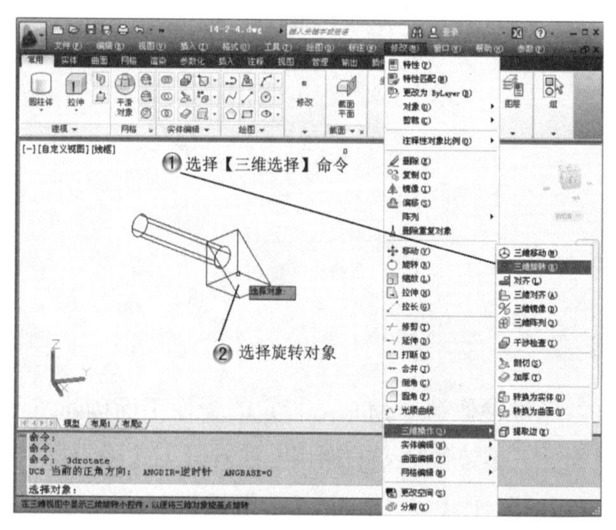

图14-15　选择三维旋转实体

步骤 2 选择三维阵列，如图14-16所示。

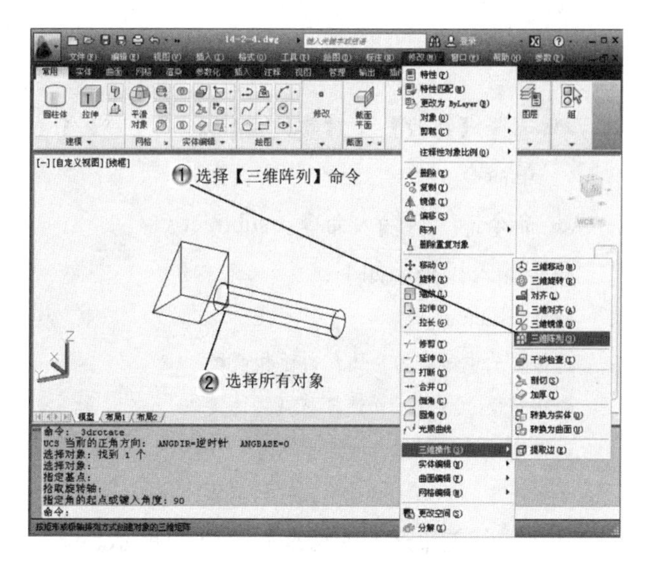

图14-16 选择三维阵列

步骤 3 三维阵列，如图14-17所示。

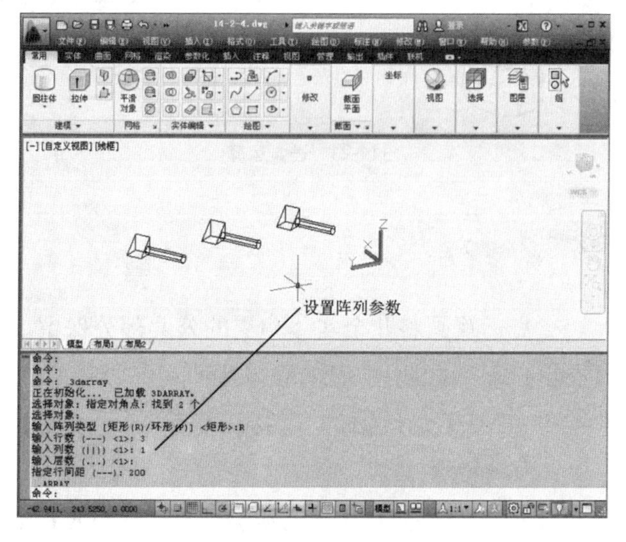

图14-17 三维阵列

步骤 4 选择三维镜像平面，如图14-18所示。

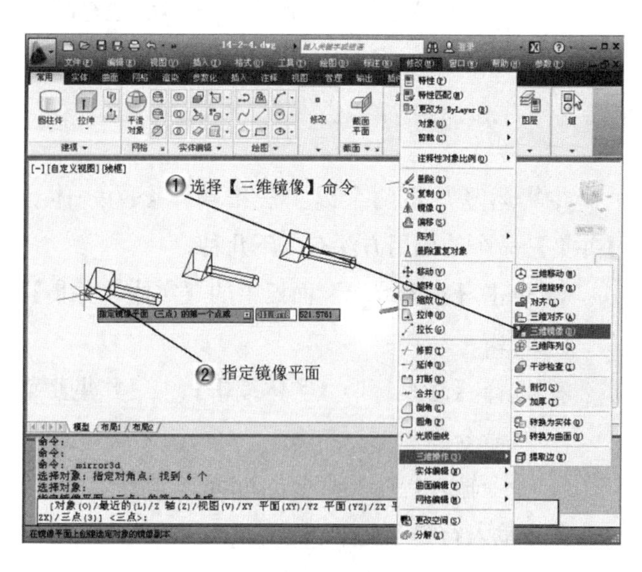

图14-18 选择三维镜像平面

步骤 5 三维镜像，如图14-19所示。

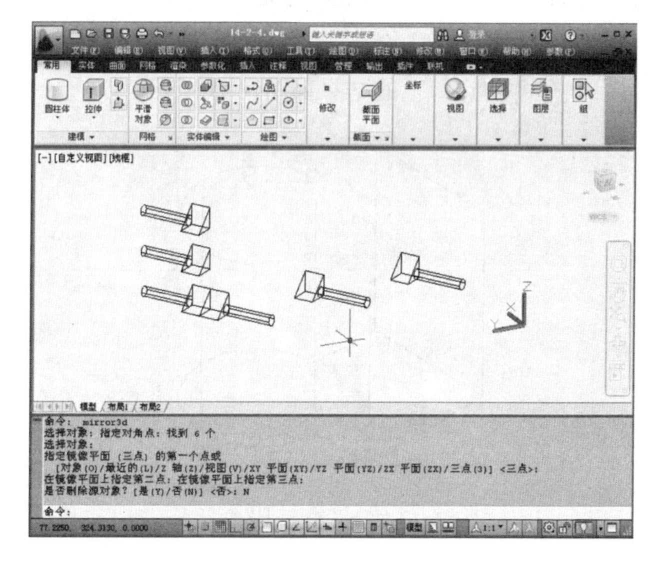

图14-19 三维镜像

14.3 并集、差集和交集运算

14.3.1 并集运算

并集运算是将两个以上三维实体合为一体。【并集】命令的调用方法有以下几种。

- 单击【实体编辑】面板中的【实体，并集】按钮。
- 选择【修改】|【实体编辑】|【并集】菜单命令。
- 命令输入行输入命令：union。

命令输入行提示如下：

```
命令: union
选择对象:        //选择第1个实体
选择对象:        //选择第2个实体
选择对象:
```

实体并集运算后的结果如图14-20所示。

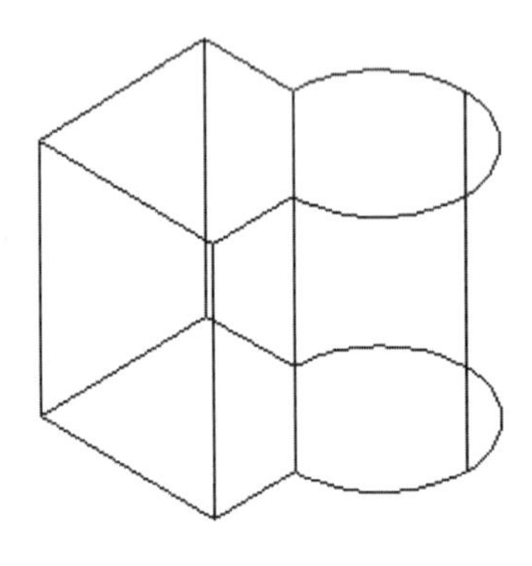

图14-20 并集后的物体

14.3.2 差集运算

差集运算是从一个三维实体中去除与其他实体的公共部分。差集命令的调用方法有以下几种。

- 单击【实体编辑】面板中的“实体，差集”按钮。
- 选择【修改】|【实体编辑】|【差集】菜单命令。
- 命令输入行输入命令：subtract。

命令输入行提示如下：

```
命令: _subtract
选择要从中减去的实体、曲面和面域……
选择对象:        //选择被减去的实体
选择要减去的实体、曲面和面域 ……
选择对象:        //选择减去的实体
```

实体进行差集运算的结果如图14-21所示。

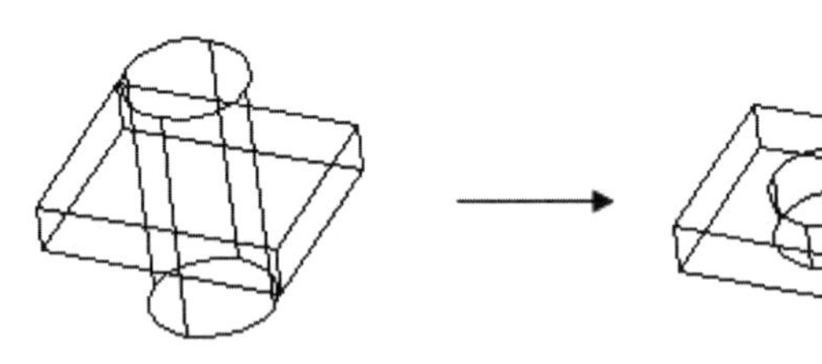

图14-21 差集运算

14.3.3 交集运算

交集运算是将几个实体相交的公共部分保留。【交集】命令的调用方法有以下几种。

- 单击【实体编辑】面板中的【实体，交集】按钮。
- 选择【修改】|【实体编辑】|【交集】菜单命令。
- 命令输入行输入命令：intersect。

命令输入行提示如下：

```
命令: _intersect
选择对象:        //选择第1个实体
选择对象:        //选择第2个实体
```

实体进行交集运算的结果如图14-22所示。

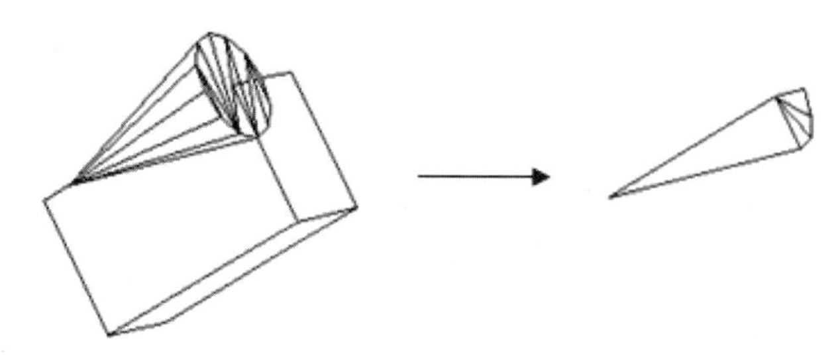

图14-22　进行交集运算

14.3.4　并集、差集和交集运算范例

本范例练习文件：\14\14-3-4.dwg

本范例完成文件：\14\14-3-5.dwg

多媒体教学路径：盘→多媒体教学→第14章→14.3节

步骤 1 交集运算，如图14-23所示。

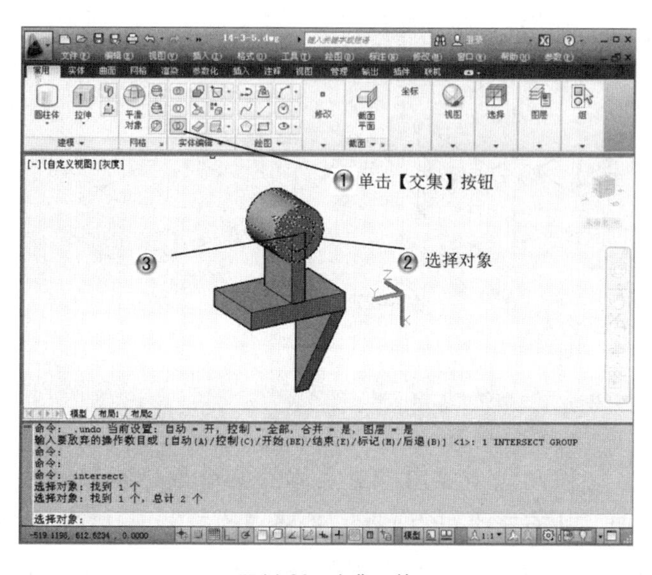

图14-23　交集运算

步骤 2 差集运算，如图14-24所示。

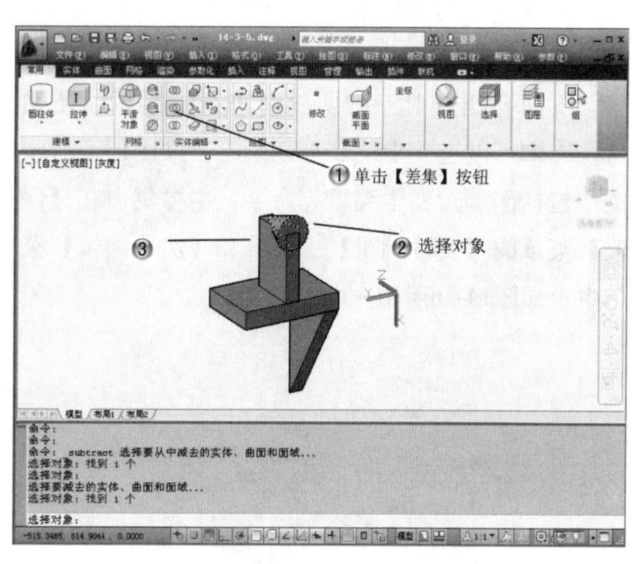

图14-24　差集运算

步骤 3 并集运算，如图14-25所示。

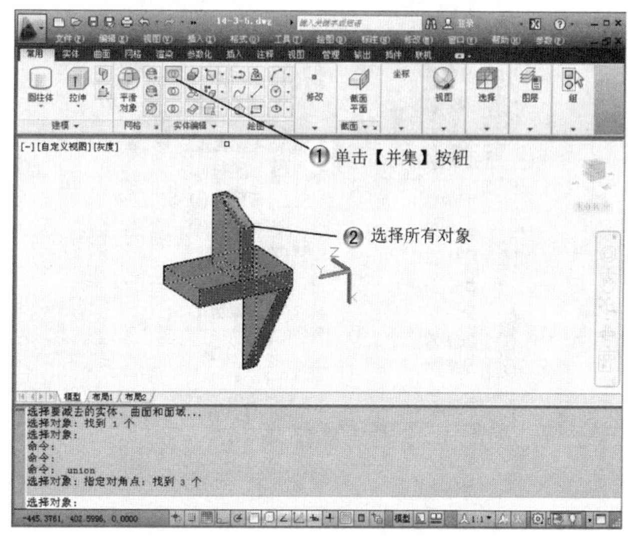

图14-25　并集运算

14.4 拉伸、移动、偏移和复制实体面

下面介绍针对三维实体所进行的编辑，使用这些编辑可以进一步绘制更复杂的三维图形，这些操作包括面编辑和体编辑等命令，主要集中在【修改】菜单的【实体编辑】子菜单和【实体编辑】菜单中，如图14-26所示。

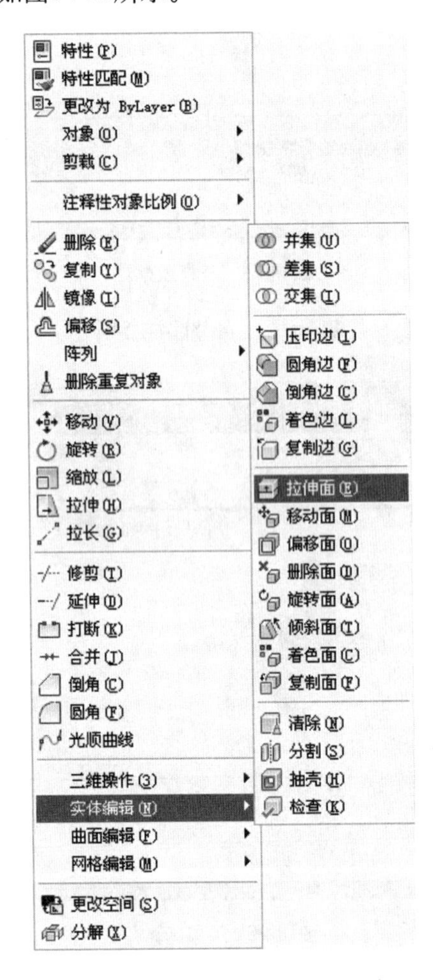

图14-26 【实体编辑】子菜单

14.4.1 拉伸面

拉伸面主要用于对实体的某个面进行拉伸处理，从而形成新的实体。选择【修改】|【实体编辑】|【拉伸面】菜单命令，或者单击【实体编辑】面板中的【拉伸面】按钮，即可进行拉伸面操作，命令输入行提示如下：

命令: _solidedit

实体编辑自动检查: SOLIDCHECK=1

输入实体编辑选项 [面(F)/边(E)/体(B)/放弃(U)/退出(X)] <退出>: _face

输入面编辑选项

[拉伸(E)/移动(M)/旋转(R)/偏移(O)/倾斜(T)/删除(D)/复制(C)/颜色(L)/材质(A)/放弃(U)/退出(X)] <退出>: _extrude

选择面或 [放弃(U)/删除(R)]:　　　　//选择实体上的面

选择面或 [放弃(U)/删除(R)/全部(ALL)]:

指定拉伸高度或 [路径(P)]:　　//输入P则选择拉伸路径

指定拉伸的倾斜角度 <0>:

已开始实体校验。

已完成实体校验。

实体经过拉伸面操作后的结果如图14-27所示。

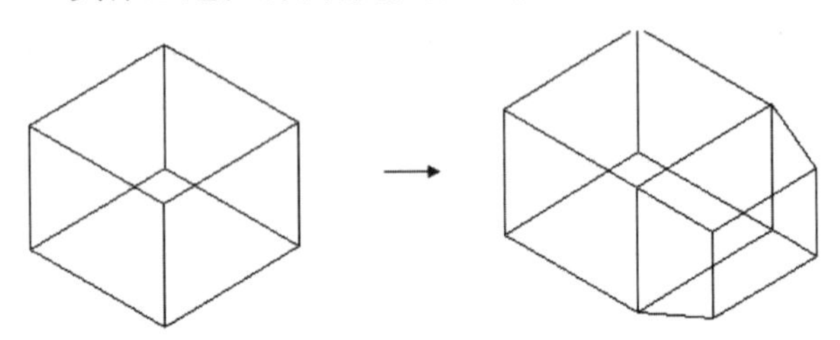

图14-27 拉伸面操作

14.4.2 移动面

移动面主要用于对实体的某个面进行移动处理，从而形成新的实体。选择【修改】|【实体编辑】|【移动面】菜单命令，或者单击【实体编辑】面板中的【移动面】按钮，即可进行移动面操作，命令输入行提示如下：

命令: _solidedit

实体编辑自动检查: SOLIDCHECK=1

输入实体编辑选项 [面(F)/边(E)/体(B)/放弃(U)/退出(X)]

<退出>: _face

输入面编辑选项

[拉伸(E)/移动(M)/旋转(R)/偏移(O)/倾斜(T)/删除(D)/复制(C)/颜色(L)/材质(A)/放弃(U)/退出(X)] <退出>: _move

选择面或 [放弃(U)/删除(R)]: //选择实体上的面

选择面或 [放弃(U)/删除(R)/全部(ALL)]:

指定基点或位移: //指定一点

指定位移的第二点: //指定第2点

已开始实体校验。

已完成实体校验。

实体经过移动面操作后的结果如图14-28所示。

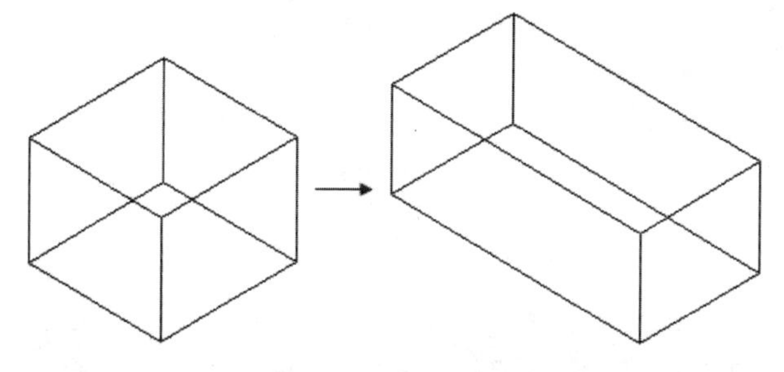

图14-28 移动面操作

14.4.3 偏移面

偏移面按指定的距离或通过指定的点，将面均匀地偏移。正值会增大实体的大小或体积。负值会减小实体的大小或体积，选择【修改】|【实体编辑】|【偏移面】菜单命令，或者单击【常用】选项卡【实体编辑】面板中的【偏移面】按钮，即可进行偏移面操作，命令输入行提示如下：

命令: _solidedit

实体编辑自动检查: SOLIDCHECK=1

输入实体编辑选项 [面(F)/边(E)/体(B)/放弃(U)/退出(X)] <退出>: _face

输入面编辑选项

[拉伸(E)/移动(M)/旋转(R)/偏移(O)/倾斜(T)/删除(D)/复制(C)/颜色(L)/材质(A)/放弃(U)/退出(X)] <退出>: _offset

选择面或 [放弃(U)/删除(R)]: 找到一个面。 //选择实体上的面

选择面或 [放弃(U)/删除(R)/全部(ALL)]:

指定偏移距离: 100 //指定偏移距离

已开始实体校验。

已完成实体校验。

输入面编辑选项

[拉伸(E)/移动(M)/旋转(R)/偏移(O)/倾斜(T)/删除(D)/复制(C)/颜色(L)/材质(A)/放弃(U)/退出(X)] <退出>: O //输入编辑选项

实体经过移动面操作后的结果如图14-29所示。

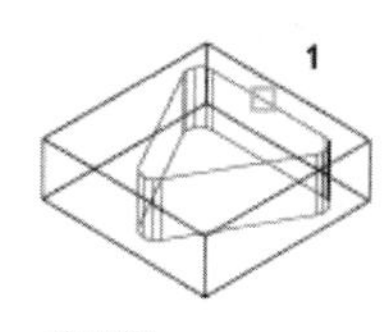

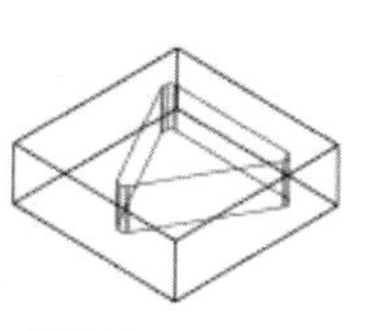

选定面　面偏移 = 1　面偏移 = -1

图14-29 偏移的面

注意

指定偏移距离，设置正值增加实体大小，或设置负值减小实体大小。

14.4.4 复制面

将面复制为面域或体。选择【修改】|【实体编辑】|【复制面】菜单命令，或者单击【常用】选项卡【实体编辑】面板中的【复制面】按钮，即可进行复制面操作，命令输入行提示如下：

命令: _solidedit

实体编辑自动检查: SOLIDCHECK=1

输入实体编辑选项 [面(F)/边(E)/体(B)/放弃(U)/退出(X)] <退出>: _face

输入面编辑选项

[拉伸(E)/移动(M)/旋转(R)/偏移(O)/倾斜(T)/删除(D)/复制(C)/颜色(L)/材质(A)/放弃(U)/退出(X)] <退出>: _copy

选择面或 [放弃(U)/删除(R)]: 找到一个面。 //选择复制的面

选择面或 [放弃(U)/删除(R)/全部(ALL)]:

指定基点或位移: //选择基点

指定位移的第二点: //选择第二位移点

输入面编辑选项

[拉伸(E)/移动(M)/旋转(R)/偏移(O)/倾斜(T)/删除(D)/复制(C)/颜色(L)/材质(A)/放弃(U)/退出(X)] <退出>: C

复制面后的效果如图14-30所示。

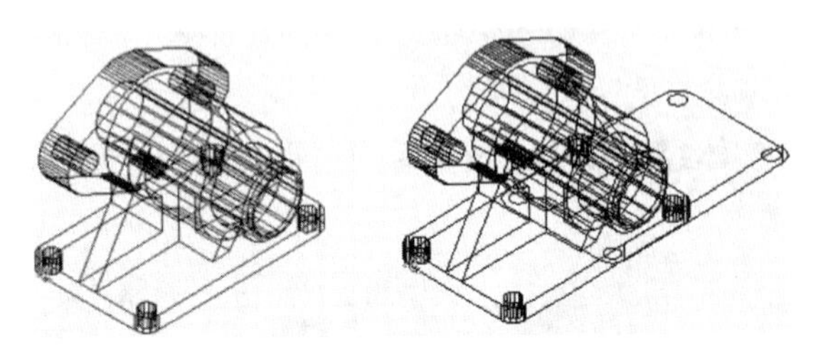

图14-30 复制面前后的效果图

14.4.5 拉伸、移动、偏移和复制实体面范例

本范例练习文件：\14\14-4-5.dwg

本范例完成文件：\14\14-4-6.dwg

多媒体教学路径：光盘→多媒体教学→第14章→14.4节

步骤 1 拉伸面，如图14-31所示。

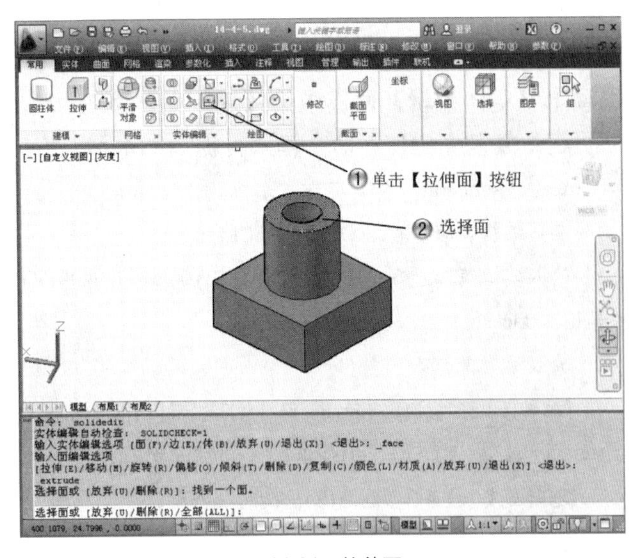

图14-31 拉伸面

步骤 2 移动面，如图14-32所示。

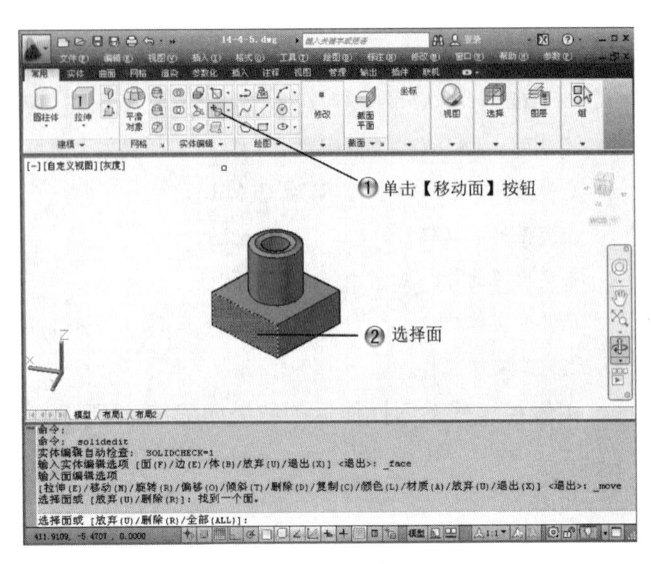

图14-32 移动面

步骤 3 偏移面，如图14-33所示。

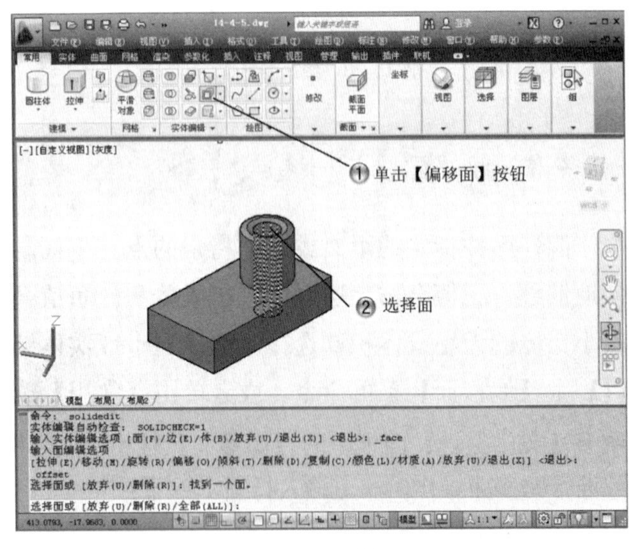

图14-33 偏移面

步骤 4 复制面，如图14-34所示。

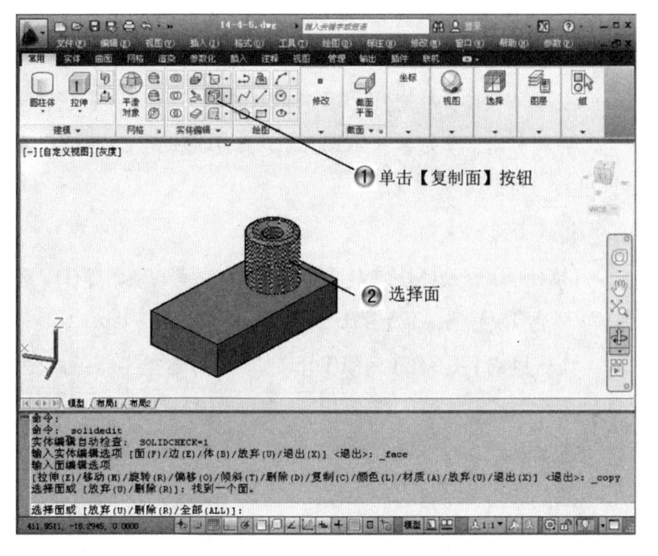

图14-34 复制面

步骤 5 指定复制面基点，如图14-35所示。

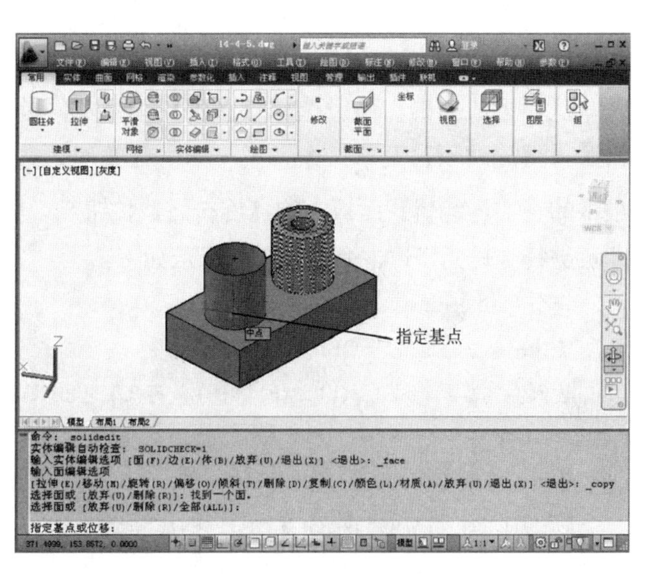

图14-35 指定复制面基点

14.5 删除、旋转、倾斜和着色面

14.5.1 删除面

删除面包括删除圆角和倒角，使用此选项可删除圆角和倒角边，并在稍后进行修改。如果更改生成无效的三维实体，将不删除面，选择【修改】|【实体编辑】|【删除面】菜单命令，或者单击【常用】选项卡【实体编辑】面板中的【删除面】按钮，命令输入行提示如下：

命令: _solidedit

实体编辑自动检查: SOLIDCHECK=1

输入实体编辑选项 [面(F)/边(E)/体(B)/放弃(U)/退出(X)] <退出>: _face

输入面编辑选项

[拉伸(E)/移动(M)/旋转(R)/偏移(O)/倾斜(T)/删除(D)/复制(C)/颜色(L)/材质(A)/放弃(U)/退出(X)] <退出>: _delete

选择面或 [放弃(U)/删除(R)]: 找到一个面。 //选择的面

选择面或 [放弃(U)/删除(R)/全部(ALL)]:

已开始实体校验。

已完成实体校验。

输入面编辑选项

[拉伸(E)/移动(M)/旋转(R)/偏移(O)/倾斜(T)/删除(D)/复制(C)/颜色(L)/材质(A)/放弃(U)/退出(X)] <退出>: D //选择面的编辑选项

实体经过删除面操作后的结果如图14-36所示。

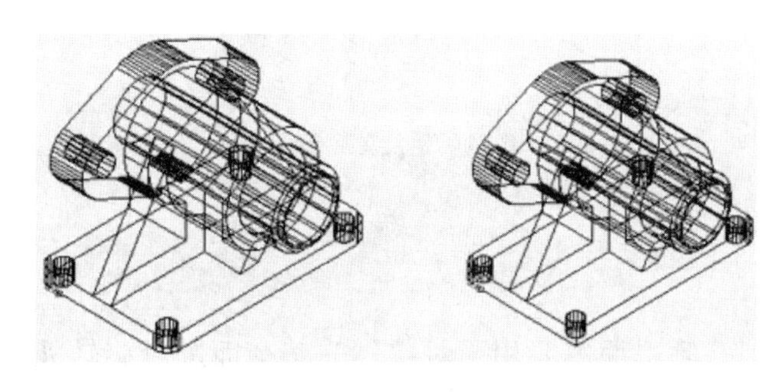

图14-36 删除面前后对比图

14.5.2 旋转面

旋转面主要用于对实体的某个面进行旋转处理，从而形成新的实体。选择【修改】|【实体编辑】|【旋转面】菜单命令，或者单击【常用】选项卡的【实体编辑】面板中的【旋转面】按钮，即可进行旋转面操作，命令输入行提示如下：

命令: _solidedit

实体编辑自动检查: SOLIDCHECK=1

输入实体编辑选项 [面(F)/边(E)/体(B)/放弃(U)/退出(X)] <退出>: _face

输入面编辑选项

[拉伸(E)/移动(M)/旋转(R)/偏移(O)/倾斜(T)/删除(D)/复制(C)/颜色(L)/材质(A)/放弃(U)/退出(X)] <退出>: _rotate

选择面或 [放弃(U)/删除(R)]: //选择实体上的面

选择面或 [放弃(U)/删除(R)/全部(ALL)]:

指定轴点或 [经过对象的轴(A)/视图(V)/X 轴(X)/Y 轴(Y)/Z 轴(Z)] <两点>:

在旋转轴上指定第二个点:

指定旋转角度或 [参照(R)]:

已开始实体校验。

已完成实体校验。

实体经过旋转面操作后的结果如图14-37所示。

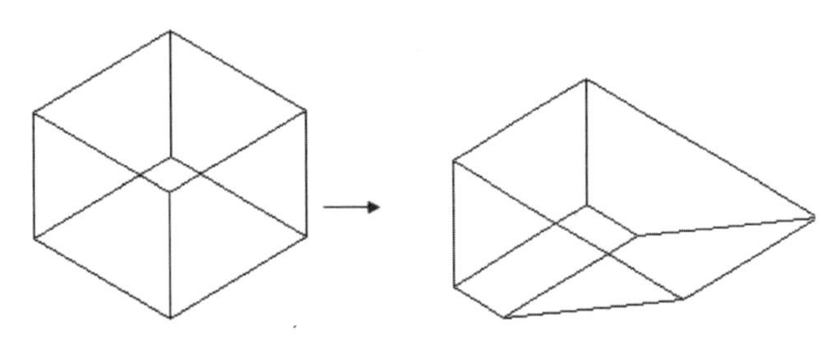

图14-37 旋转面操作

14.5.3 倾斜面

倾斜面主要用于对实体的某个面进行旋转处理，从而形成新的实体。选择【修改】|【实体编辑】|【倾斜面】菜单命令，或者单击【常用】选项卡的【实体编辑】面板中的【倾斜面】按钮，即可进行倾斜面操作，命令输入行提示如下：

命令: _solidedit

实体编辑自动检查: SOLIDCHECK=1

输入实体编辑选项 [面(F)/边(E)/体(B)/放弃(U)/退出(X)] <退出>: _face

输入面编辑选项

[拉伸(E)/移动(M)/旋转(R)/偏移(O)/倾斜(T)/删除(D)/复制(C)/颜色(L)/材质(A)/放弃(U)/退出(X)] <退出>: _taper

选择面或 [放弃(U)/删除(R)]: //选择实体上的面

选择面或 [放弃(U)/删除(R)/全部(ALL)]:

指定基点: //指定一个点

指定沿倾斜轴的另一个点: //指定另一个点

指定倾斜角度:

已开始实体校验。

已完成实体校验。

实体经过倾斜面操作后的结果如图14-38所示。

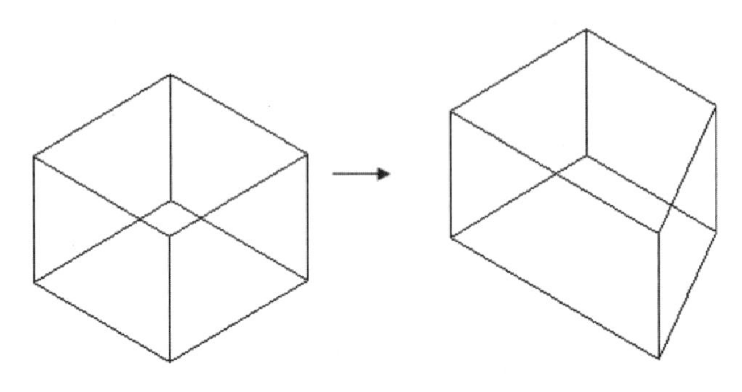

图14-38 倾斜面操作

14.5.4 着色面

着色面可用于亮显复杂三维实体模型内的细节。选择【修改】|【实体编辑】|【着色面】菜单命令，或者单击【常用】选项卡的【实体编辑】面板中的【着色面】按钮，即可进行着色面操作，命令输入行提示如下：

命令: _solidedit

实体编辑自动检查: SOLIDCHECK=1

输入实体编辑选项 [面(F)/边(E)/体(B)/放弃(U)/退出(X)] <退出>: _face

输入面编辑选项

[拉伸(E)/移动(M)/旋转(R)/偏移(O)/倾斜(T)/删除(D)/复制(C)/颜色(L)/材质(A)/放弃(U)/退出(X)] <退出>: _color

选择面或 [放弃(U)/删除(R)]: 找到一个面。 // 选择的面

选择面或 [放弃(U)/删除(R)/全部(ALL)]:

输入面编辑选项

[拉伸(E)/移动(M)/旋转(R)/偏移(O)/倾斜(T)/删除(D)/复制(C)/颜色(L)/材质(A)/放弃(U)/退出(X)] <退出>: L //输入编辑选项

选择要着色的面后，打开如图14-39所示的【选择颜色】对话框。选择要着色的颜色后单击【确定】按钮。

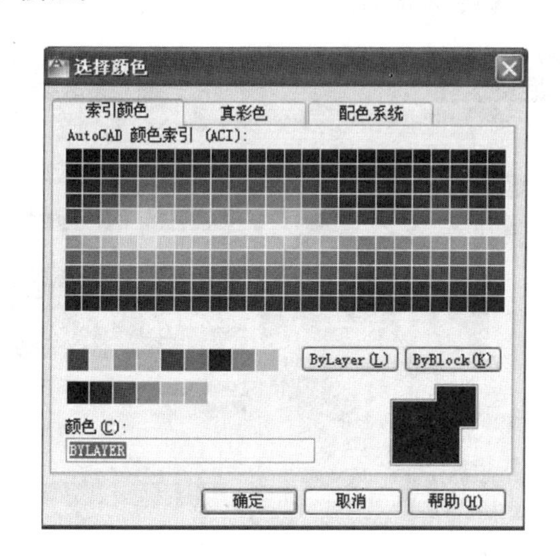

图14-39 【选择颜色】对话框

着色后的效果如图14-40所示。

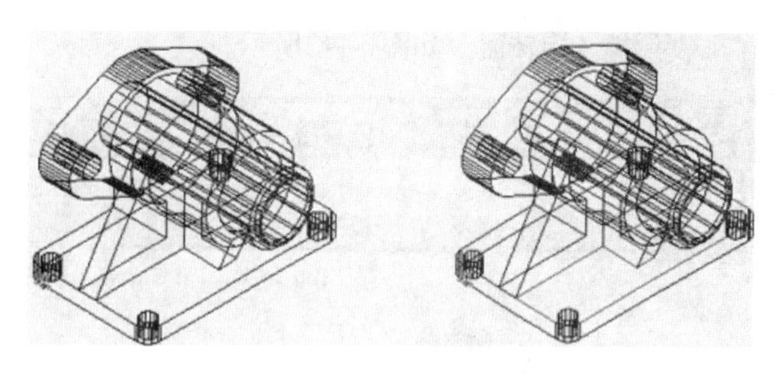

图14-40 着色前后对比图

14.5.5 删除、旋转、倾斜和着色面范例

本范例练习文件：\14\14-5-5.dw

本范例完成文件：\14\14-5-6.dwg

多媒体教学路径：光盘→多媒体教学→第14章→14.5节

步骤 1 删除面，如图14-41所示。

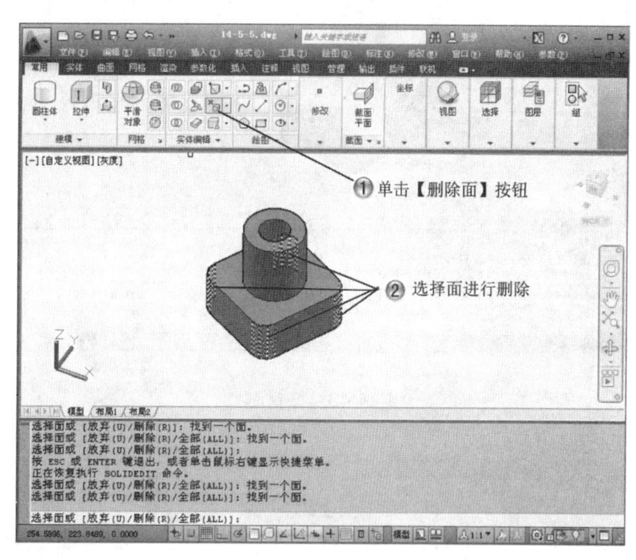

图14-41 删除面

步骤 2 旋转面，如图14-42所示。

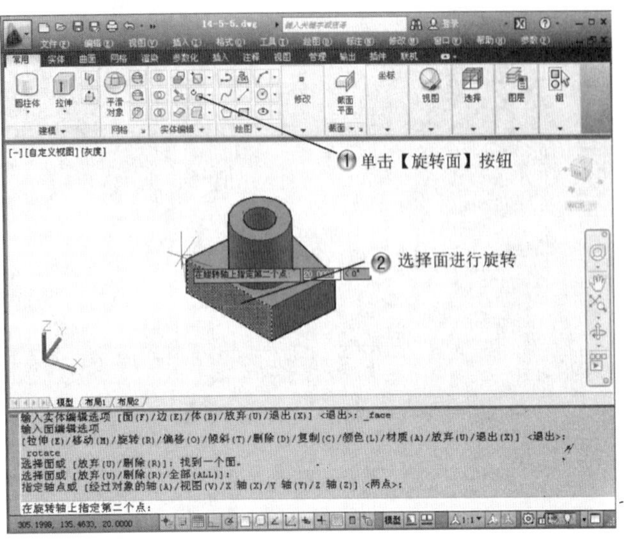

图14-42　旋转面

步骤 3 倾斜面，如图14-43所示。

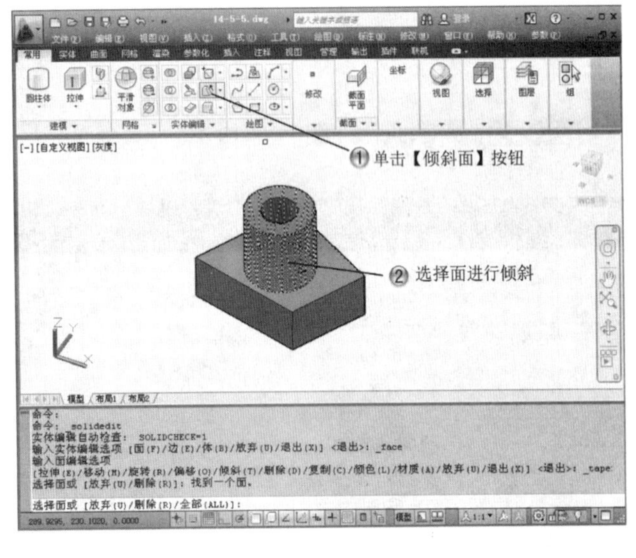

图14-43　倾斜面

步骤 4 选择倾斜面的基点，如图14-44所示。

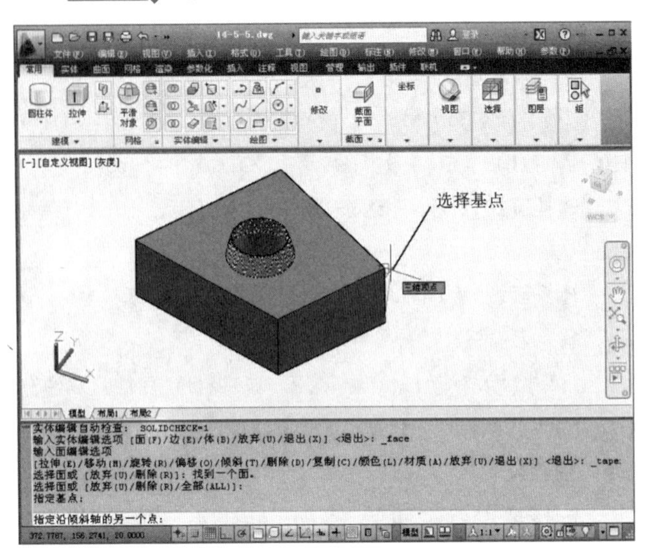

图14-44　选择倾斜面的基点

步骤 5 着色面，如图14-45所示。

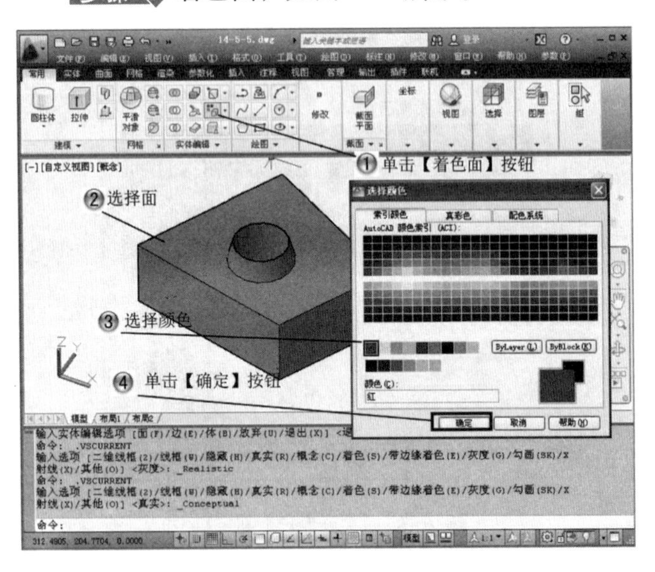

图14-45　着色面

14.6　着色、复制和压印边

14.6.1　着色边

选择【修改】|【实体编辑】|【着色边】菜单命令，或者单击【常用】选项卡的【实体编辑】面板中的【着色边】按钮，即可进行着色边操作，命令输入行提示如下：

命令: _solidedit

实体编辑自动检查: SOLIDCHECK=1

输入实体编辑选项 [面(F)/边(E)/体(B)/放弃(U)/退出(X)] <退出>: _edge

输入边编辑选项 [复制(C)/着色(L)/放弃(U)/退出(X)] <退出>: _color

选择边或 [放弃(U)/删除(R)]:　　//选择要着色边

选择边或 [放弃(U)/删除(R)]:

输入边编辑选项 [复制(C)/着色(L)/放弃(U)/退出(X)] <退出>: L

对边进行着色后的效果如图14-46所示。

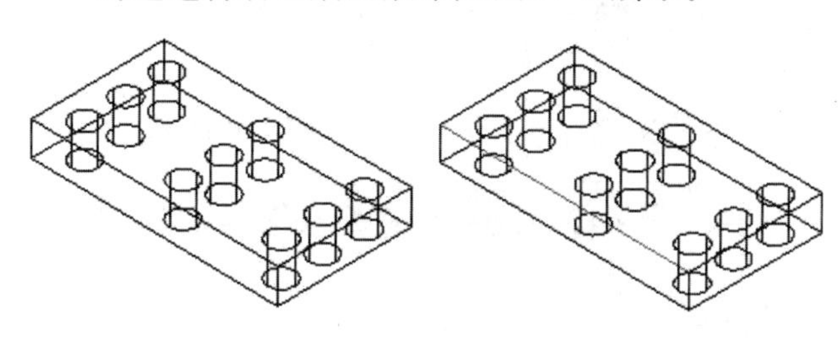

图14-46　着色边后的效果图

14.6.2　复制边

选择【修改】|【实体编辑】|【复制边】菜单命令，或者单击【实体编辑】面板中的【复制边】按钮，即可进行复制边操作，命令输入行提示如下：

命令: _solidedit

实体编辑自动检查: SOLIDCHECK=1

输入实体编辑选项 [面(F)/边(E)/体(B)/放弃(U)/退出(X)] <退出>: _edge

输入边编辑选项 [复制(C)/着色(L)/放弃(U)/退出(X)] <退出>: _copy

选择边或 [放弃(U)/删除(R)]:　　//选择要复制的边

选择边或 [放弃(U)/删除(R)]:

指定基点或位移:　　//选择指定的基点

指定位移的第二点:　　//选择位移的第二点

输入边编辑选项 [复制(C)/着色(L)/放弃(U)/退出(X)] <退出>: C

复制边后的效果如图14-47所示。

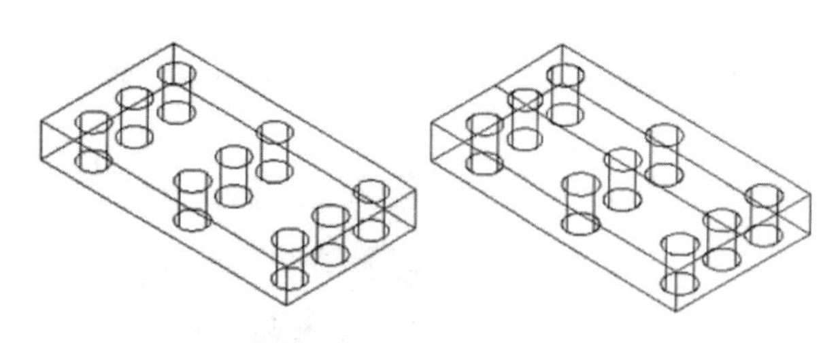

图14-47　复制边后的效果

14.6.3　压印边

选择【修改】|【实体编辑】|【压印边】菜单命令，或者单击【常用】选项卡的【实体编辑】面板中的【压印边】按钮，即可进行压印边操作，命令输入行提示如下：

命令: _imprint

选择三维实体或曲面:　　//选择三维实体

选择要压印的对象:　　//选择要压印的对象

是否删除源对象 [是(Y)/否(N)] <N>: y

选择要压印的对象:

压印边后的效果图如图14-48所示。

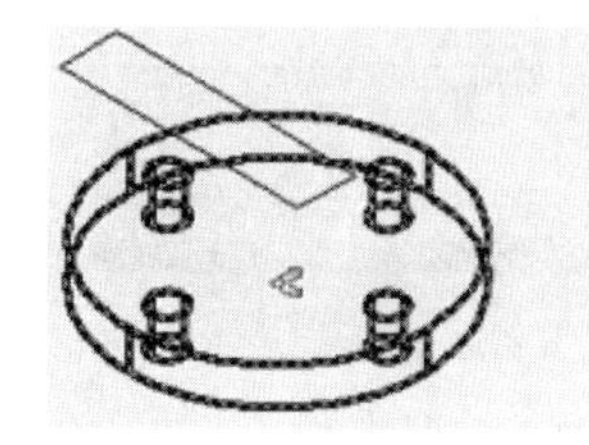

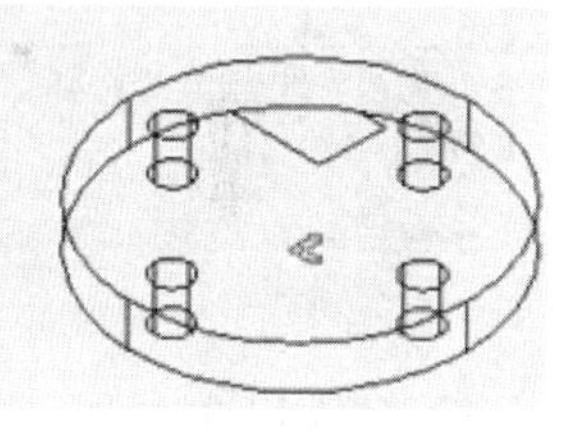

图14-48　压印边前后的效果

14.6.4　着色、复制和压印边范例

本范例练习文件：\14\14-5-5.dwg

本范例完成文件：\14\14-6-4.dwg

多媒体教学路径：光盘→多媒体教学→第14章→14.6节

步骤 1 边着色，如图14-49所示。

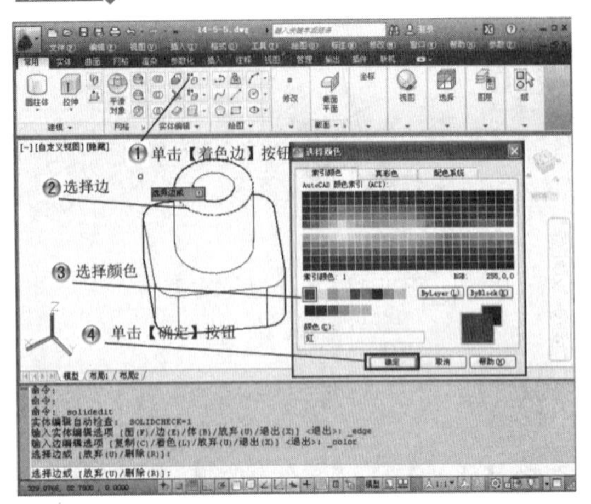

图14-49　边着色

步骤 2 复制边，如图14-50所示。

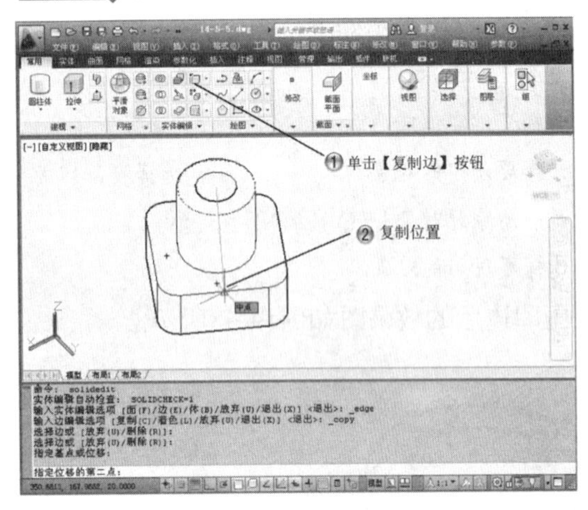

图14-50　复制边

步骤 3 拉伸圆，如图14-51所示。

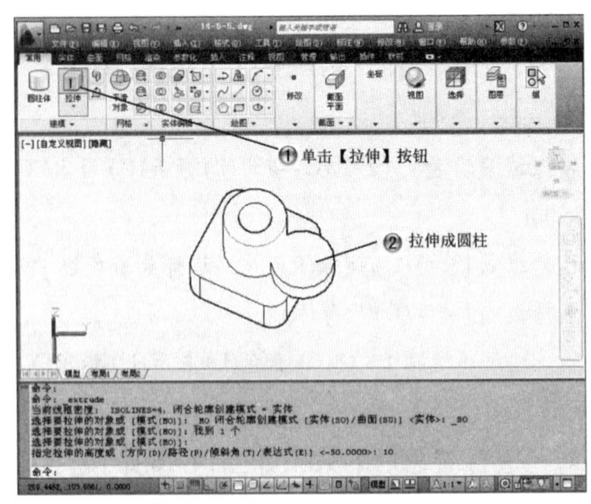

图14-51　拉伸圆

步骤 4 选择压印对象，如图14-52所示。

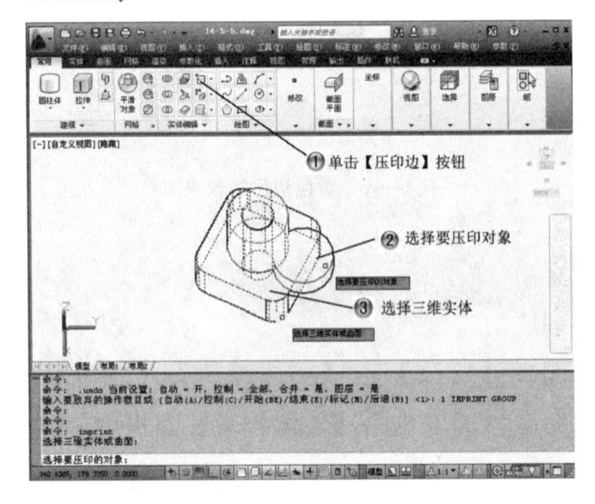

图14-52　选择压印对象

步骤 5 压印边，如图14-53所示。

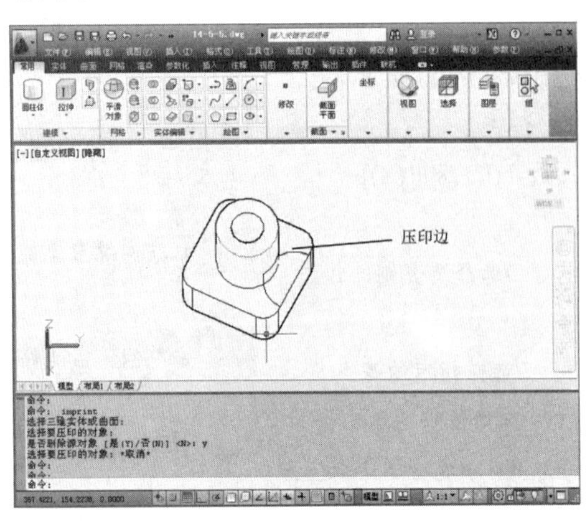

图14-53　压印边

14.7 清除和抽壳实体

14.7.1 清除

清除用于删除共享边以及那些在边或顶点具有相同表面或曲线定义的顶点。删除所有多余的边、顶点以及不使用的几何图形。不删除压印的边。选择【修改】|【实体编辑】|【清除】菜单命令，或者单击【常用】选项卡【实体编辑】面板中的【清除】按钮，即可进行清除操作，命令输入行提示如下：

命令: _solidedit

实体编辑自动检查: SOLIDCHECK=1

输入实体编辑选项 [面(F)/边(E)/体(B)/放弃(U)/退出(X)] <退出>: _body

输入体编辑选项

[压印(I)/分割实体(P)/抽壳(S)/清除(L)/检查(C)/放弃(U)/退出(X)] <退出>: _clean

选择三维实体:

输入体编辑选项

[压印(I)/分割实体(P)/抽壳(S)/清除(L)/检查(C)/放弃(U)/退出(X)] <退出>: L

实体经清除操作后的结果如图14-54所示。

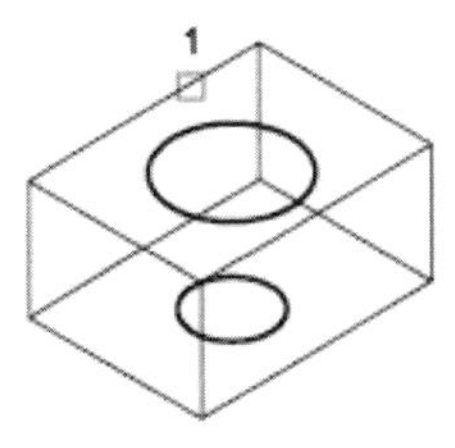

图14-54 清除后的效果

14.7.2 抽壳

抽壳常用于绘制中空的三维壳体类实体，主要是将实体进行内部去除脱壳处理。选择【修改】|【实体编辑】|【抽壳】菜单命令，或者单击【常用】选项卡【实体编辑】面板中的【抽壳】按钮，即可进行抽壳操作，命令输入行提示如下：

命令: _solidedit

实体编辑自动检查: SOLIDCHECK=1

输入实体编辑选项 [面(F)/边(E)/体(B)/放弃(U)/退出(X)] <退出>: _body

输入体编辑选项

[压印(I)/分割实体(P)/抽壳(S)/清除(L)/检查(C)/放弃(U)/退出(X)] <退出>: _shell

选择三维实体: //选择实体

删除面或 [放弃(U)/添加(A)/全部(ALL)]: //选择要删除的实体上的面

删除面或 [放弃(U)/添加(A)/全部(ALL)]:

输入抽壳偏移距离:

已开始实体校验。

已完成实体校验。

实体经过抽壳操作后的结果如图14-55所示。

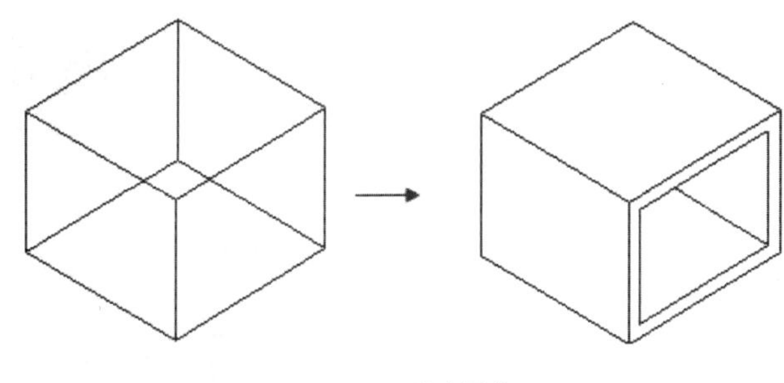

图14-55 抽壳操作

14.7.3 清除和抽壳实体范例

本范例练习文件：\14\14-5-5.dwg

本范例完成文件：\14\14-7-3.dwg

多媒体教学路径：光盘→多媒体教学→第14章→14.7节

步骤 1 清除实体，如图14-56所示。

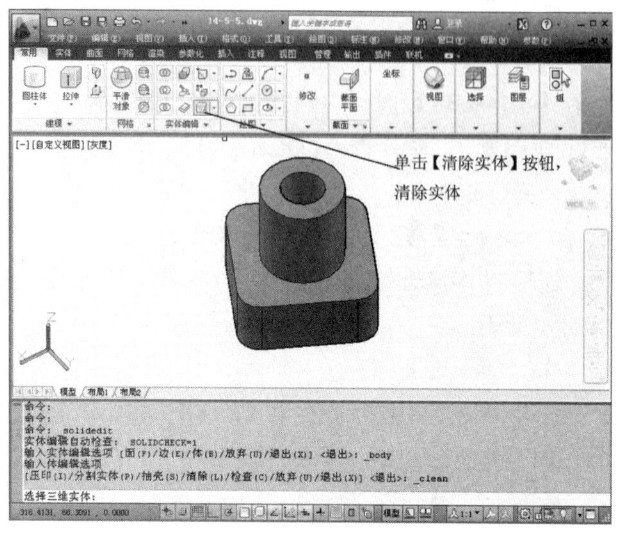

图14-56 清除实体

步骤 2 抽壳实体，如图14-57所示。

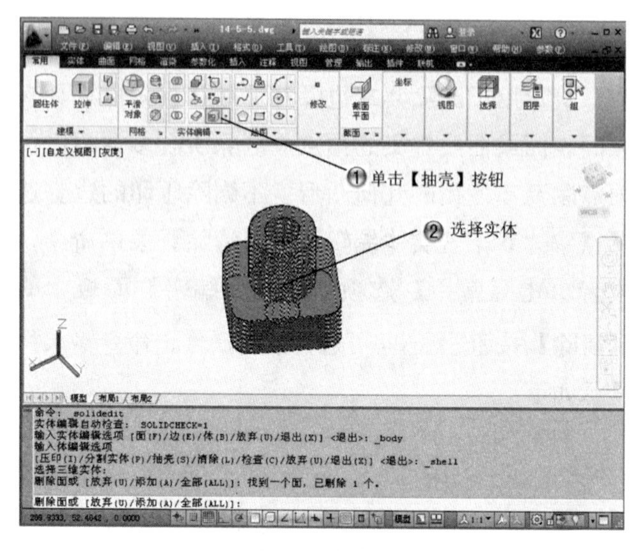

图14-57 抽壳实体

步骤 3 设置抽壳厚度，如图14-58所示。

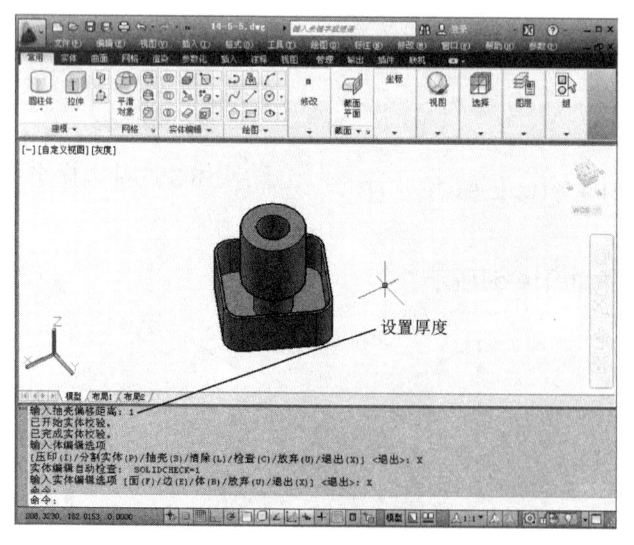

图14-58 设置抽壳厚度

14.8 制作三维效果

在AutoCAD早期版本中，三维图形主要形式是线框模型。由于线框模型将一切棱边、顶点都表现在屏幕上，因此图形表达显得混乱而不清晰。但是在AutoCAD 2012中，用户可以消隐、着色、渲染任何状态下创建和编辑三维模型，并且可以动态观察。

14.8.1 消隐

消隐图形命令用于消除当前视窗中所有图形的隐藏线。

选择【视图】|【消隐】菜单命令，即可进行消隐，如图14-59所示。

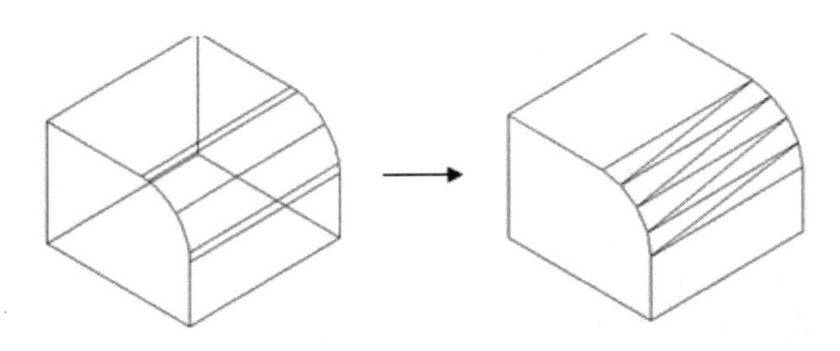

图14-59 消隐后的三维模型

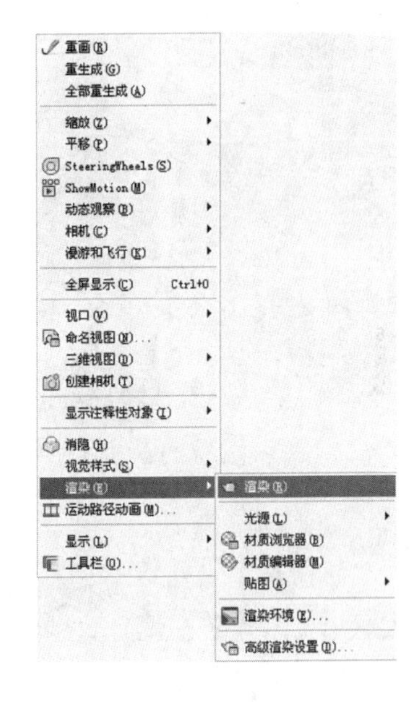

图14-60 【渲染】子菜单

14.8.2 渲染

渲染工具主要进行渲染处理，添加光源，使模型表面表现出材质的明暗效果和光照效果。AutoCAD 2012中的【渲染】子菜单如图14-60所示，其中包括多种渲染工具设置。

1. 光源设置

选择【视图】|【渲染】|【光源】菜单，打开【光源】子菜单，可以新建多种光源。

单击【光源】子菜单的【光源列表】命令，打开【模型中的光源】选项板，如图14-61所示，在其中可以显示场景中的光源。

图14-61 【模型中的光源】选项板

2．材质设置

选择【视图】|【渲染】|【材质编辑器】菜单命令，打开【材质浏览器】选项板，如图14-62所示。设置好后，即可将编辑好的材质应用到选定的模型上。

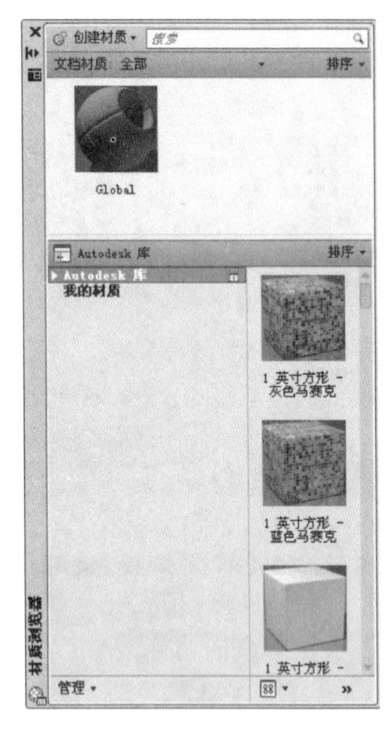

图14-62 【材质浏览器】选项板

3．渲染

设置好各参数后，选择【视图】|【渲染】|【渲染】菜单命令，即可渲染出图形，如图14-63所示。

图14-63 渲染后的图形

14.8.3 制作三维效果范例

本范例练习文件：\14\14-7-3.dwg

本范例完成文件：\14\14-8-3.dwg

多媒体教学路径：光盘→多媒体教学→第14章→14.8节

步骤1 消隐模型，如图14-64所示。

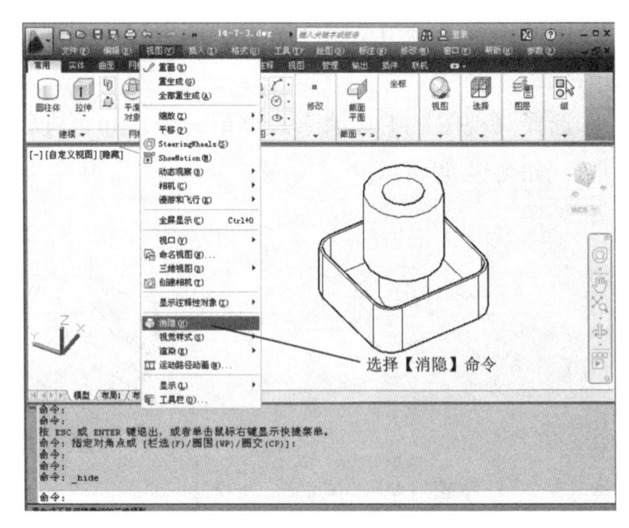

图14-64 消隐模型

步骤2 设置材质，如图14-65所示。

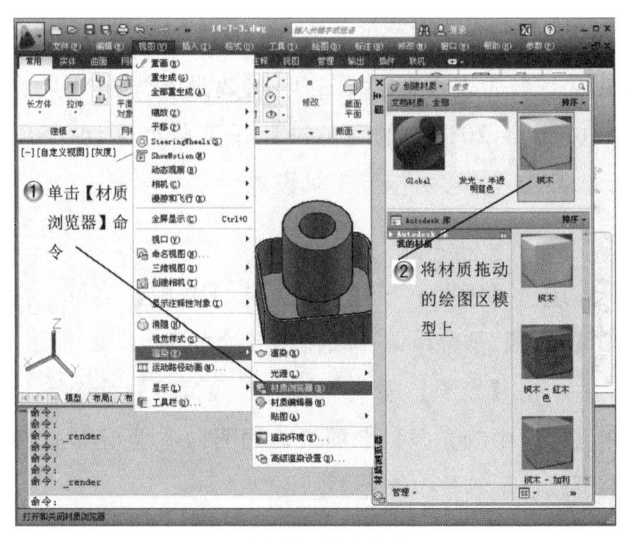

图14-65 设置材质

步骤 3 显示真实模型材质，如图14-66所示。

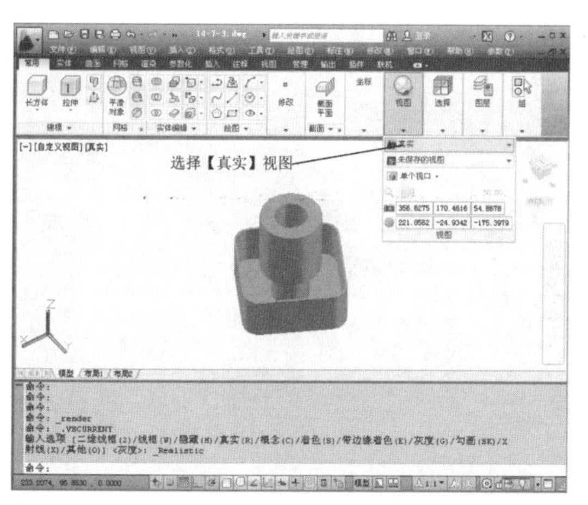

图14-66　显示真实模型材质

步骤 4 新建点光源，如图14-67所示。

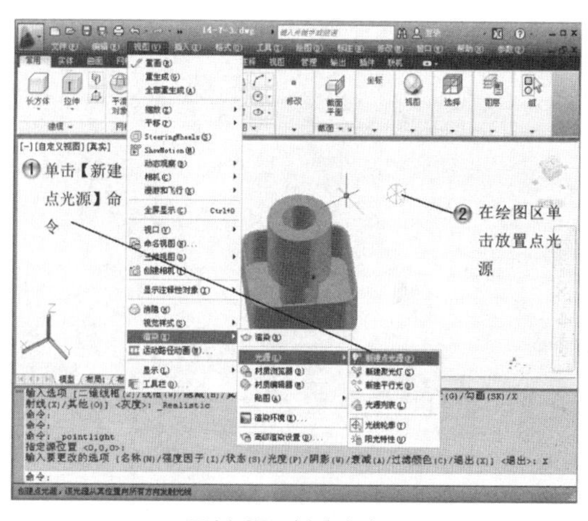

图14-67　新建点光源

步骤 5 渲染模型，如图14-68所示。

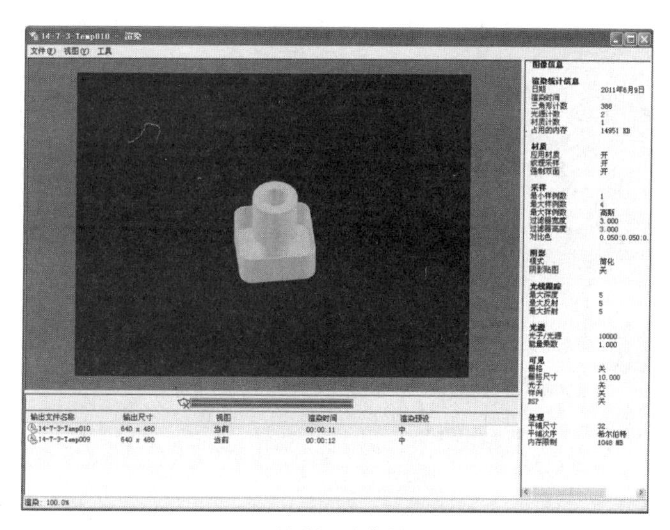

图14-68　渲染模型

14.9　本章小结

三维立体是一个复杂的立体模型，要在三维体基础上进行修改实体，需要有一些三维知识，并且对立体绘图有所认识。AutoCAD 2012提供直接绘制三维实体的功能，并支持多种三维绘制方法。通过本章的学习可以对绘制三维实体有一个全面的认识。

第 15 章 机械设计：除尘器

本章导读

在生产过程中，为了准确地表达机械、仪器、建筑物等的形状、结构和大小，根据投影原理、标准代号有关规定画出的图，称为图样。图样是制造工具、机器仪表等产品以及进行建筑施工的重要技术依据。不同的生产部门对图样有不同的要求和名称，如建筑工程中使用的图样称为建筑图样，机械制造业中的图样称为机械图样等。

本章范例介绍机械图纸的绘制方法和步骤。

学习内容

知识点 \ 学习目标	理解	应用	实践
熟悉机械制图规范	✓		
掌握机械视图类型	✓		
图层设置	✓	✓	✓
三维视图的绘制	✓	✓	✓
尺寸和文字标注	✓	✓	✓

15.1 案例分析

本章范例介绍吹气式除尘器的外形结构的图纸绘制。

在绘制开始前要先设置图层，便于读图、绘图；之后绘制除尘器主视图；为了表达除尘器的上部特征，要绘制上视图；进行尺寸标注时，要将除尘器的主要尺寸都表达出来；最后进行图框、标题栏和文字的添加。如图15-1所示为完成的图纸。

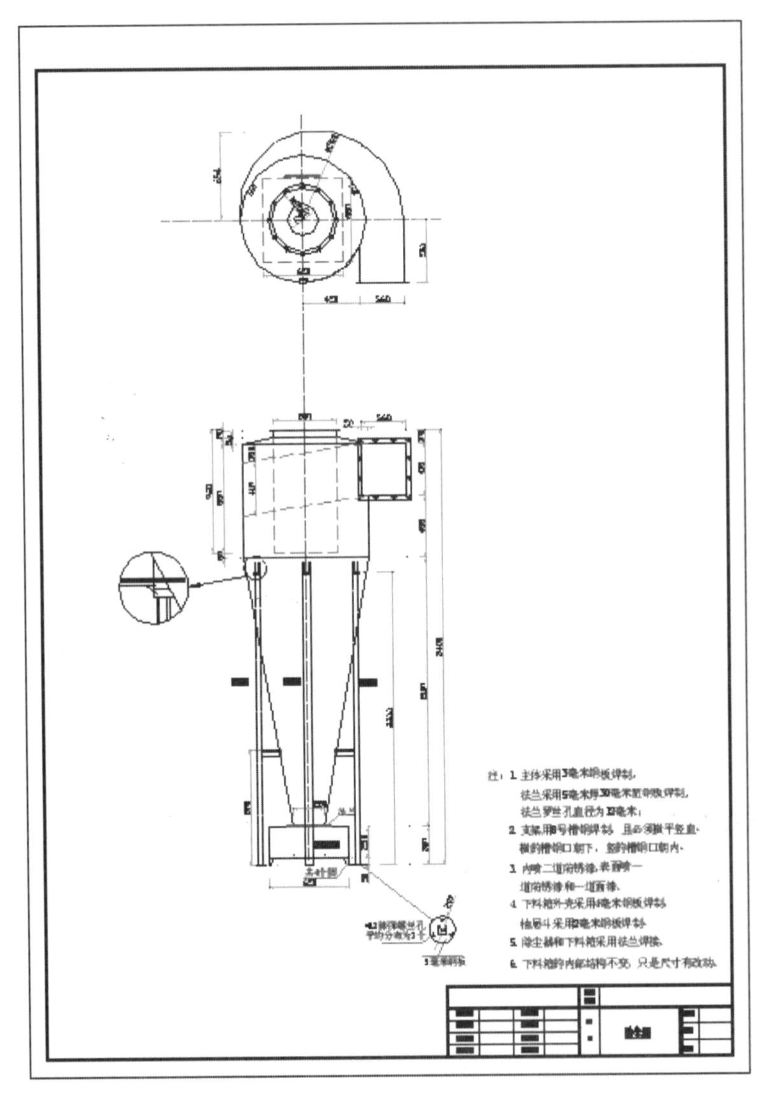

图15-1　完成的除尘器图纸

15.2 范例绘制

15.2.1 设置图纸图层

本范例完成文件：yw\15\除尘器.dwg

多媒体教学路径：光盘→多媒体教学→第15章

步骤 1 设置新的图层，如图15-2所示。

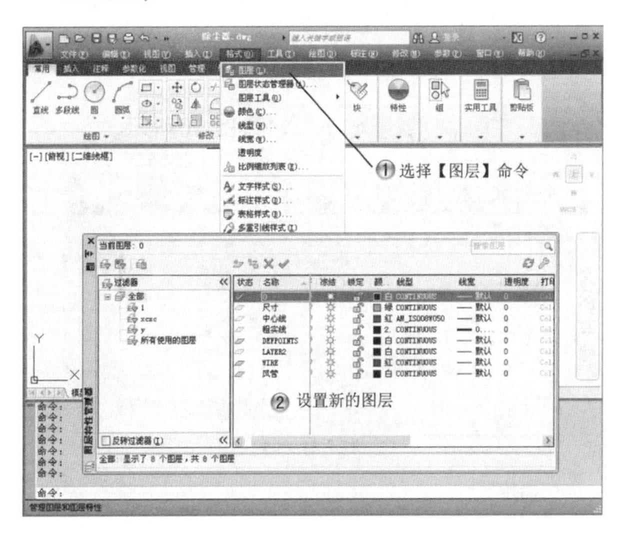

图15-2 设置新的图层

步骤 2 选择中心线图层，如图15-3所示。

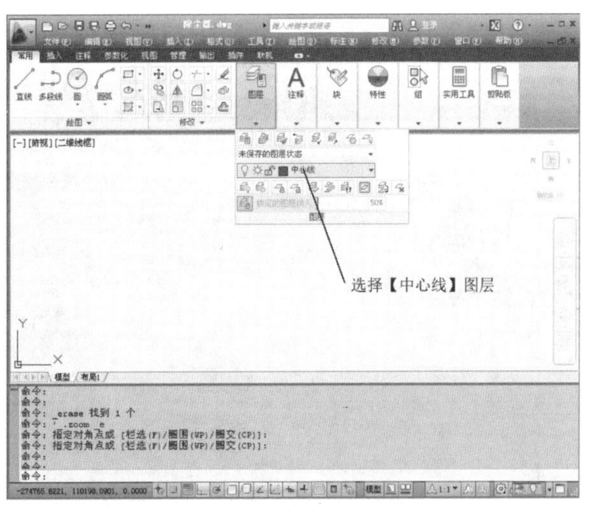

图15-3 选择中心线图层

步骤 3 绘制中心线，如图15-4所示。

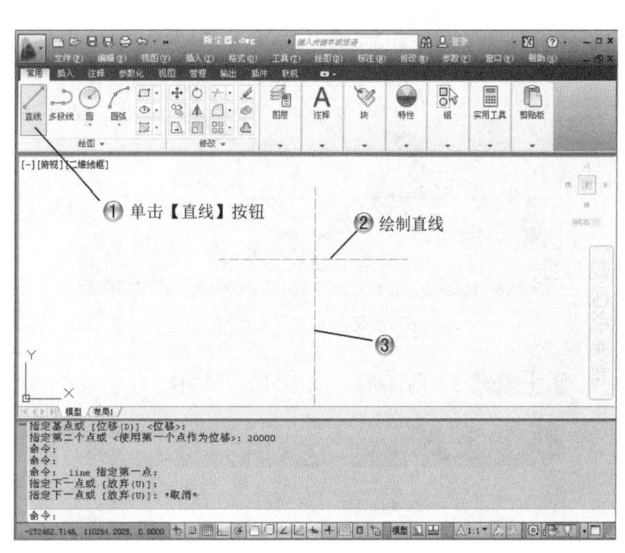

图15-4 绘制中心线

15.2.2 绘制主视图

步骤 1 选择0图层，如图15-5所示。

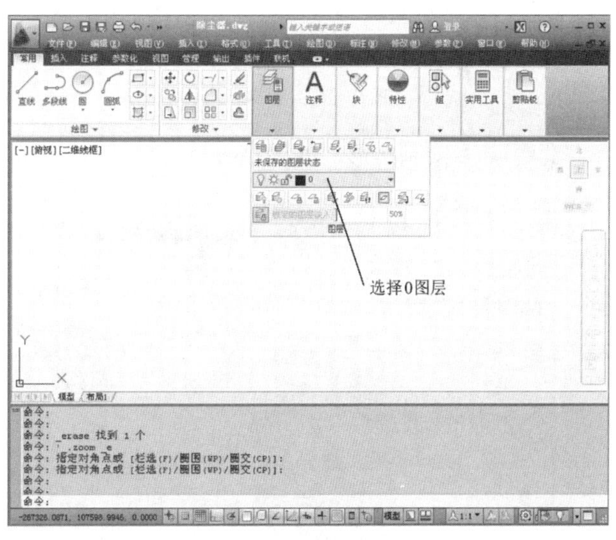

图15-5 选择0图层

步骤 2 绘制三条直线，如图15-6所示。

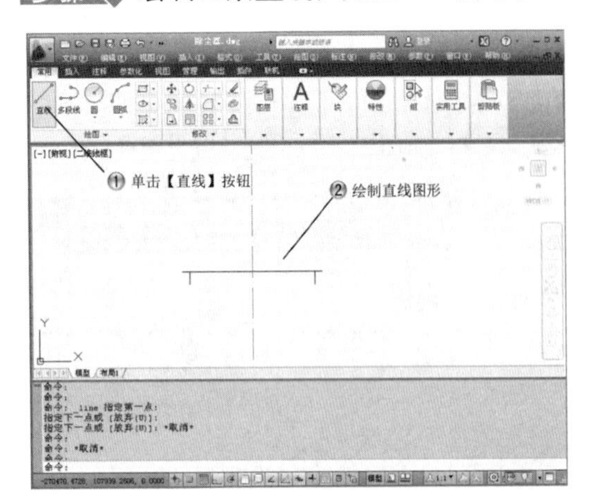

图15-6　绘制三条直线

步骤 3 绘制梯形，如图15-7所示。

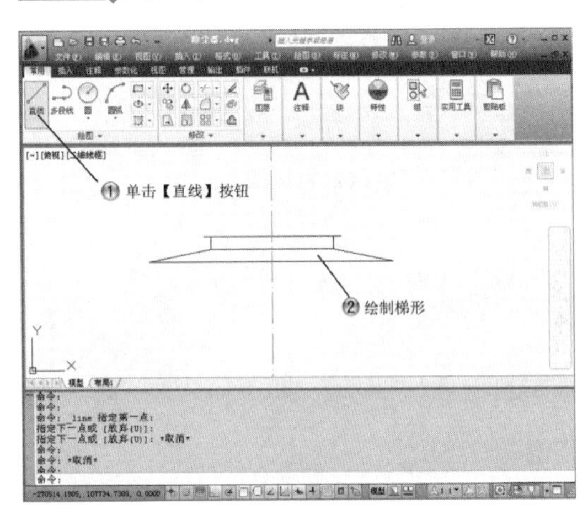

图15-7　绘制梯形

步骤 4 绘制矩形，如图15-8所示。

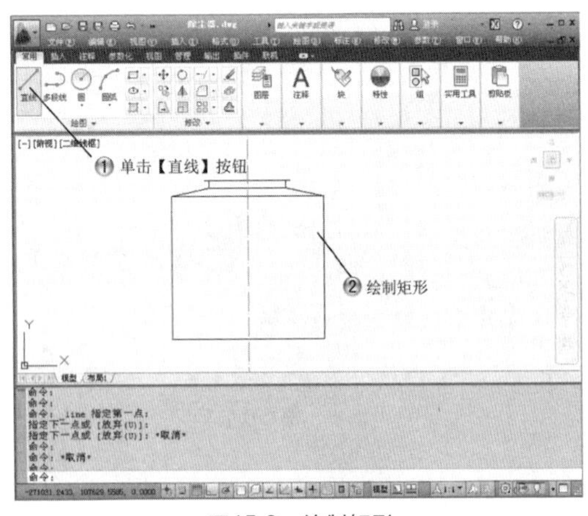

图15-8　绘制矩形

步骤 5 绘制出风口，如图15-9所示。

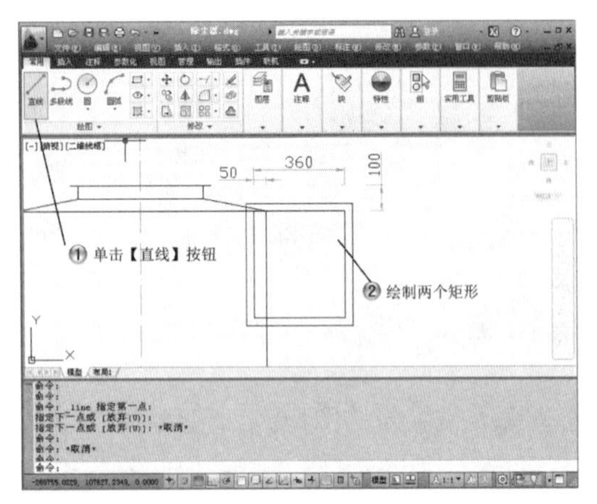

图15-9　绘制出风口

步骤 6 修剪出风口，如图15-10所示。

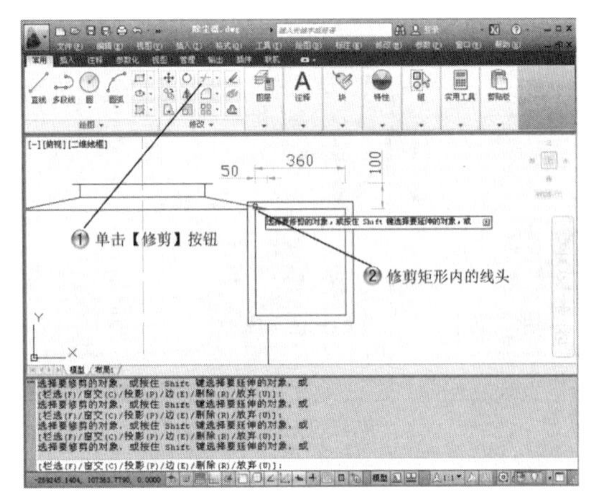

图15-10　修剪出风口

步骤 7 绘制螺钉孔，如图15-11所示。

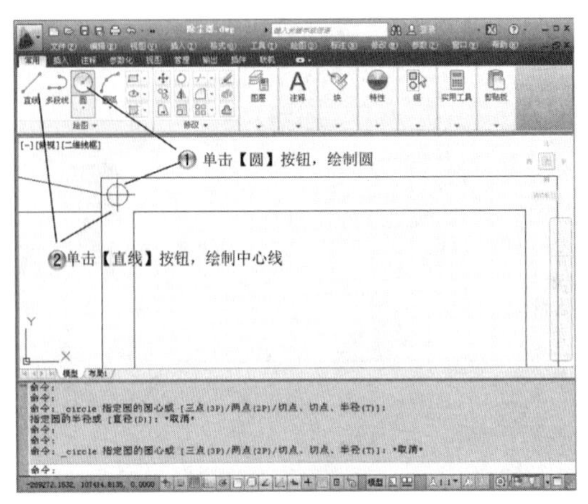

图15-11　绘制螺钉孔

步骤 8 矩形阵列螺钉孔，如图15-12所示。

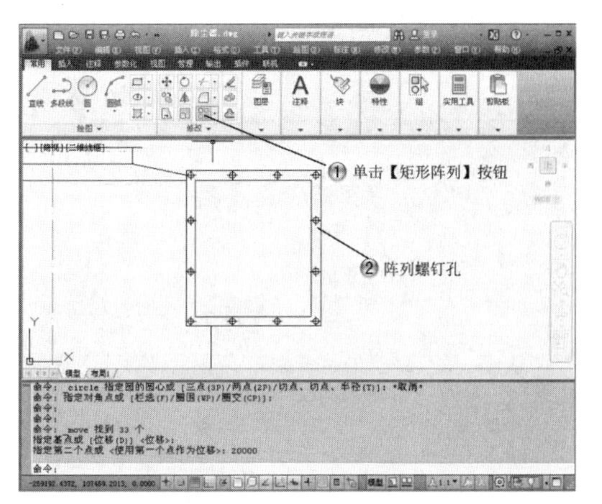

图15-12　矩形阵列螺钉孔

步骤 9 绘制梯形口径，如图15-13所示。

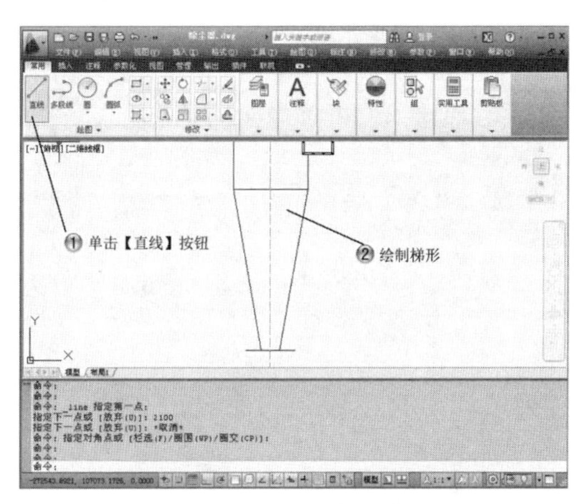

图15-13　绘制梯形口径

步骤 10 绘制支架，如图15-14所示。

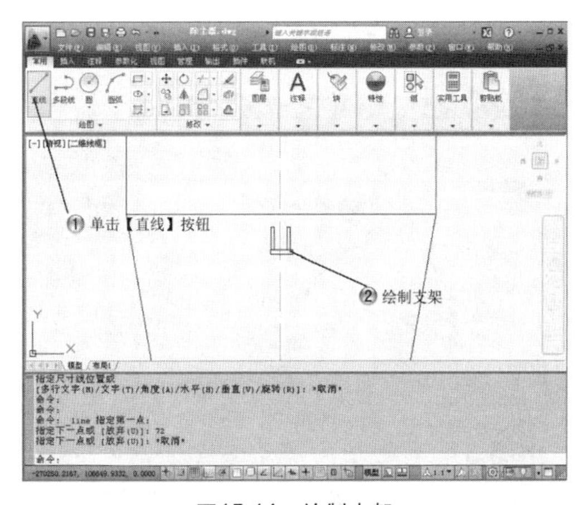

图15-14　绘制支架

步骤 11 绘制支架杆，如图15-15所示。

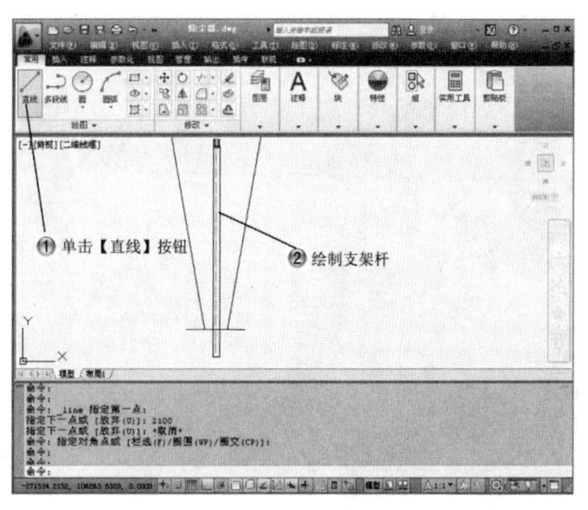

图15-15　绘制支架杆

步骤 12 绘制其他支架，如图15-16所示。

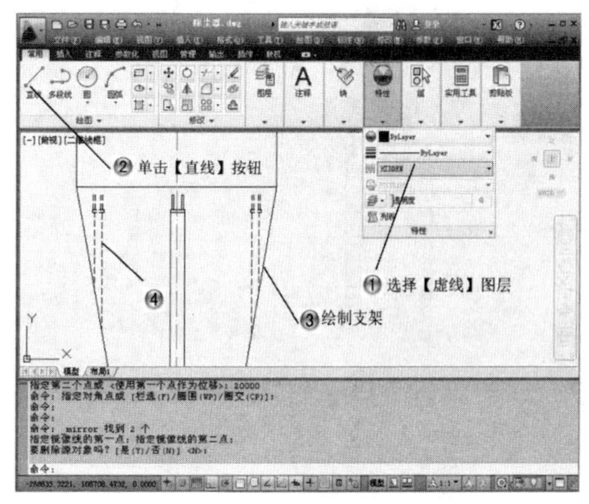

图15-16　绘制其他支架

步骤 13 绘制其他支架部分，如图15-17所示。

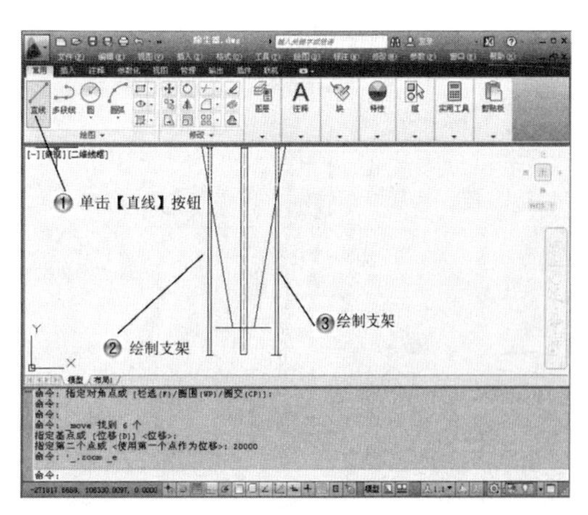

图15-17　绘制其他支架部分

步骤 14 绘制支架接头，如图15-18所示。

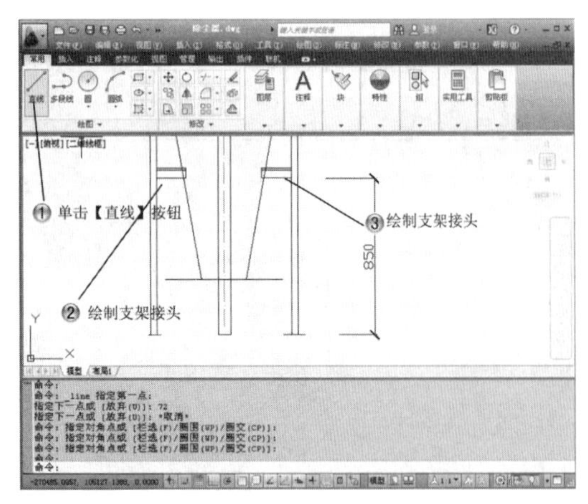

图15-18　绘制支架接头

步骤 15 绘制进风口，如图15-19所示。

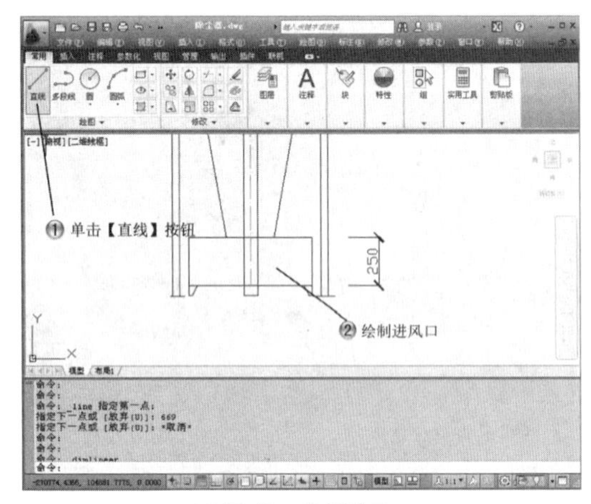

图15-19　绘制进风口

步骤 16 绘制圆形和引线，如图15-20所示。

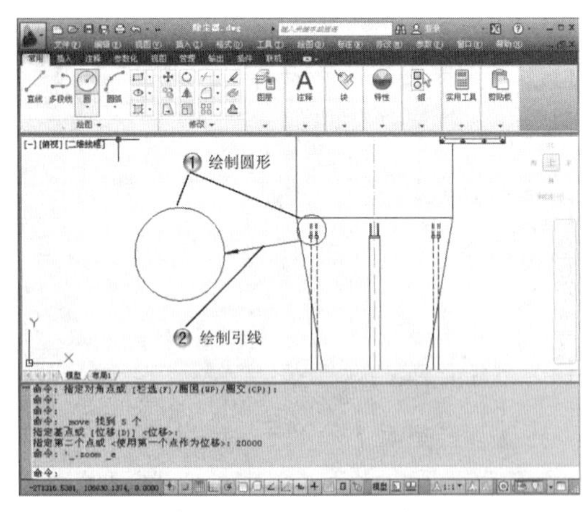

图15-20　绘制圆形和引线

步骤 17 缩放局部视图，如图15-21所示。

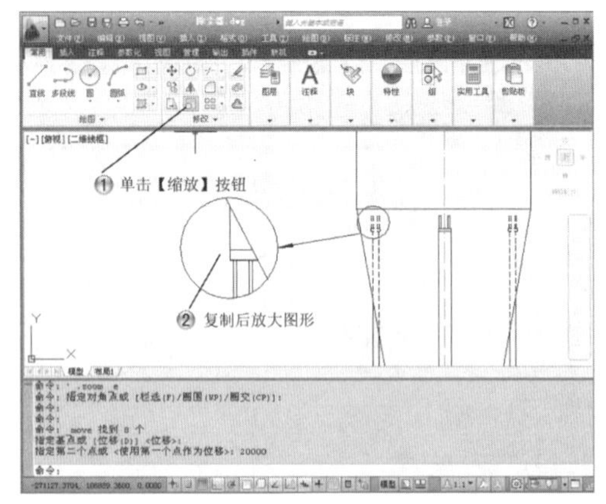

图15-21　缩放局部视图

15.2.3　绘制上视图

步骤 1 绘制同心圆，如图15-22所示。

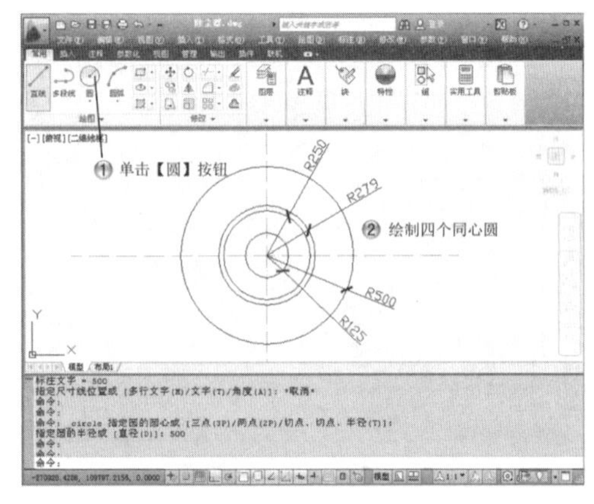

图15-22　绘制同心圆

步骤 2 绘制螺钉孔，如图15-23所示。

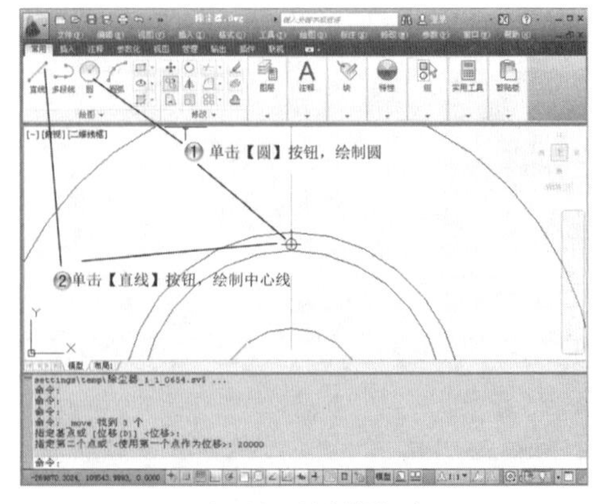

图15-23　绘制螺钉孔

步骤 3 圆形阵列螺钉孔，如图15-24所示。

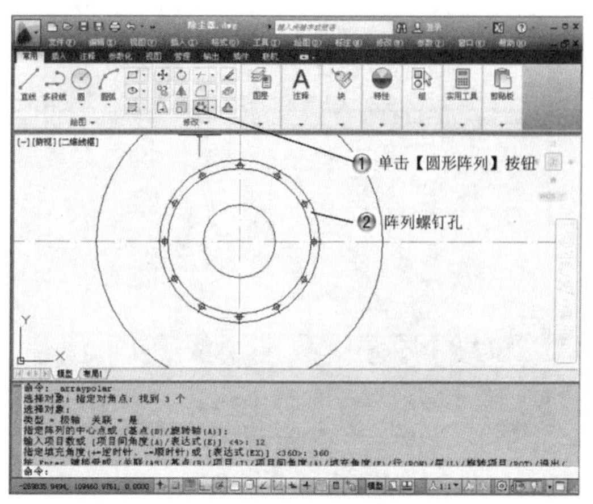

图15-24　圆形阵列螺钉孔

步骤 4 绘制小圆弧，如图15-25所示。

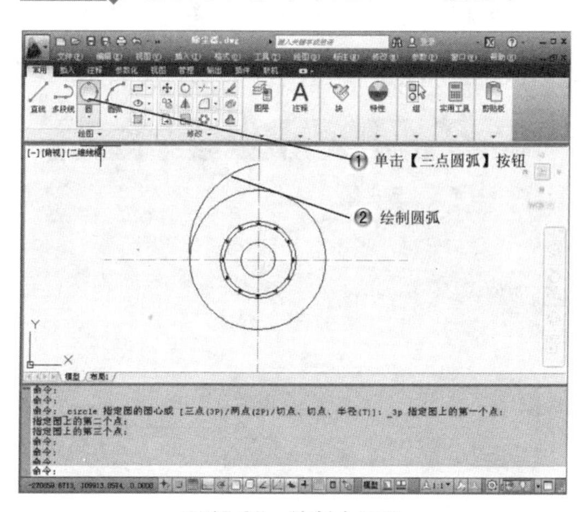

图15-25　绘制小圆弧

步骤 5 绘制大圆弧，如图15-26所示。

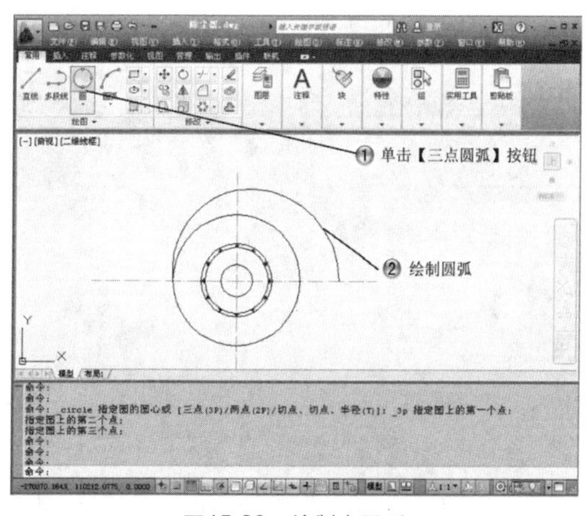

图15-26　绘制大圆弧

步骤 6 绘制出风口，如图15-27所示。

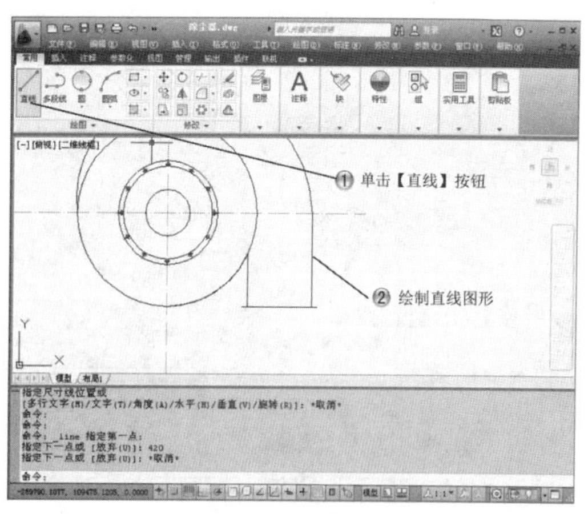

图15-27　绘制出风口

步骤 7 绘制支架，如图15-28所示。

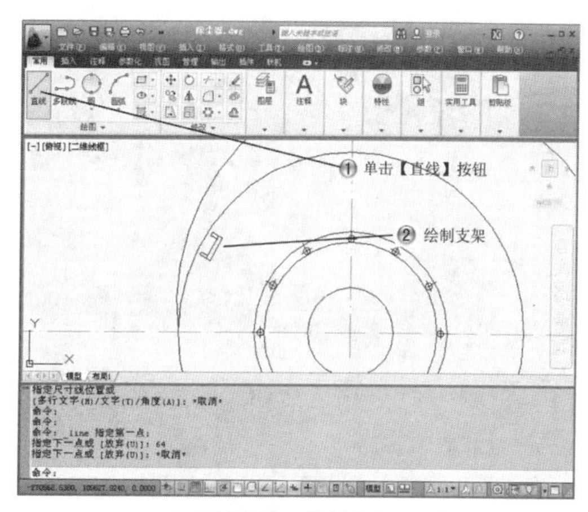

图15-28　绘制支架

步骤 8 阵列支架，如图15-29所示。

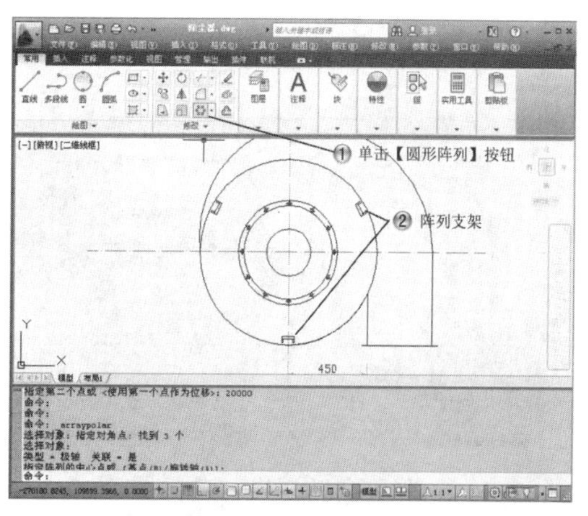

图15-29　阵列支架

步骤 9 绘制虚线图形，如图15-30所示。

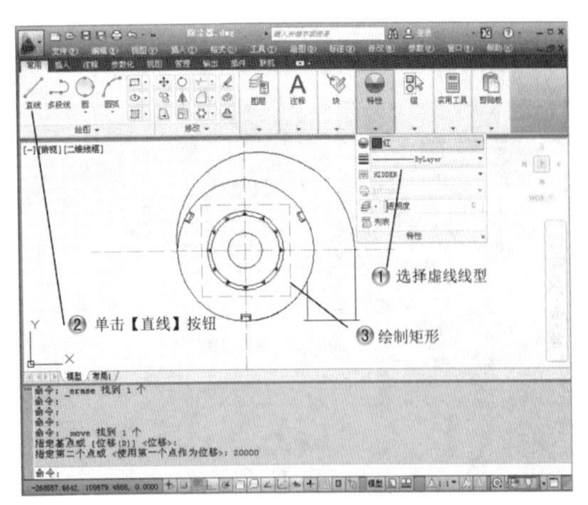

图15-30 绘制虚线图形

步骤 10 绘制主视图虚线图形，如图15-31所示。

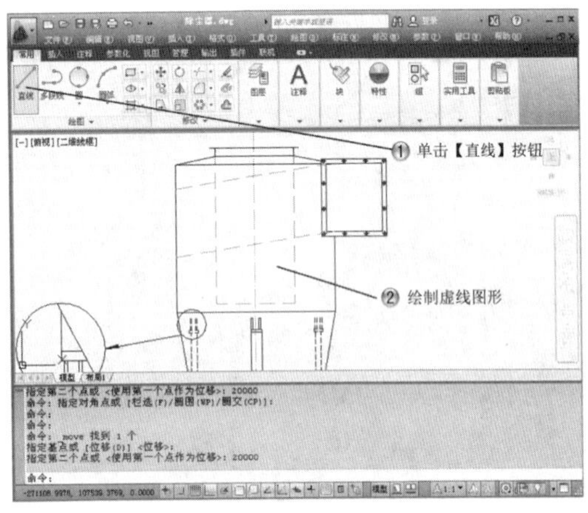

图15-31 绘制主视图虚线图形

步骤 11 绘制膨胀螺丝孔，如图15-32所示。

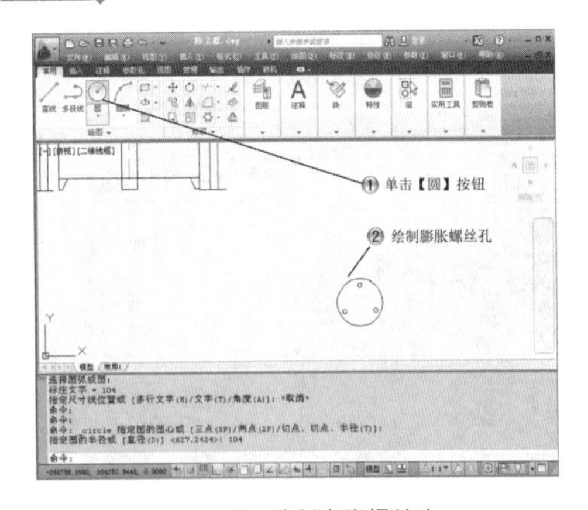

图15-32 绘制膨胀螺丝孔

步骤 12 绘制圆板接头，如图15-33所示。

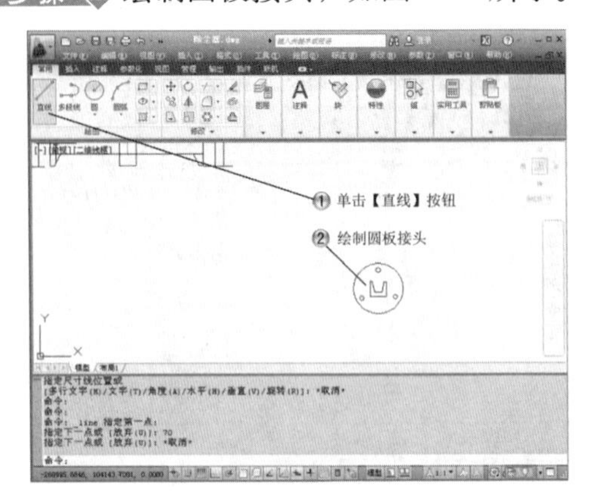

图15-33 绘制圆板接头

15.2.4 标注尺寸

步骤 1 标注上视图线性尺寸，如图15-34所示。

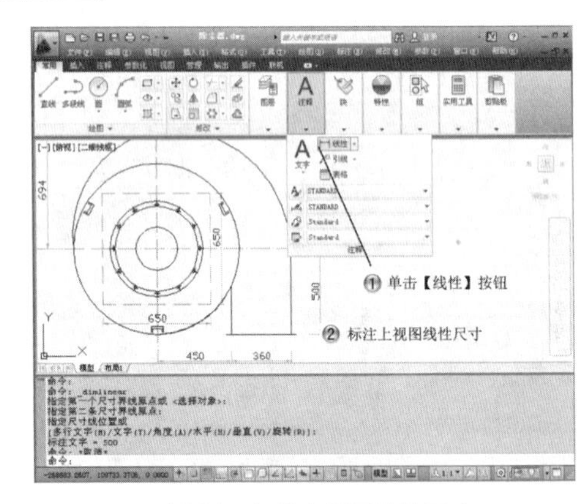

图15-34 标注上视图线性尺寸

步骤 2 标注上视图半径尺寸，如图15-35所示。

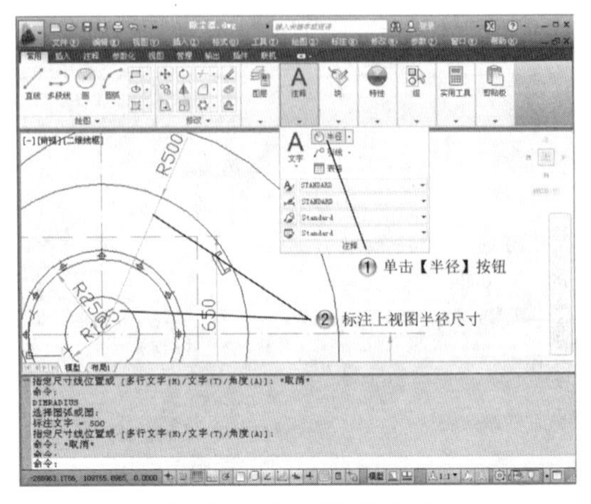

图15-35 标注上视图半径尺寸

步骤 3 标注主视图上半部尺寸，如图15-36所示。

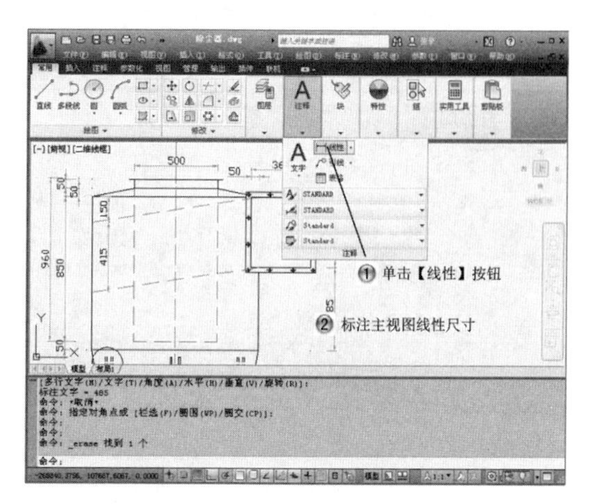

图15-36 标注主视图上半部尺寸

步骤 4 标注主视图长度尺寸，如图15-37所示。

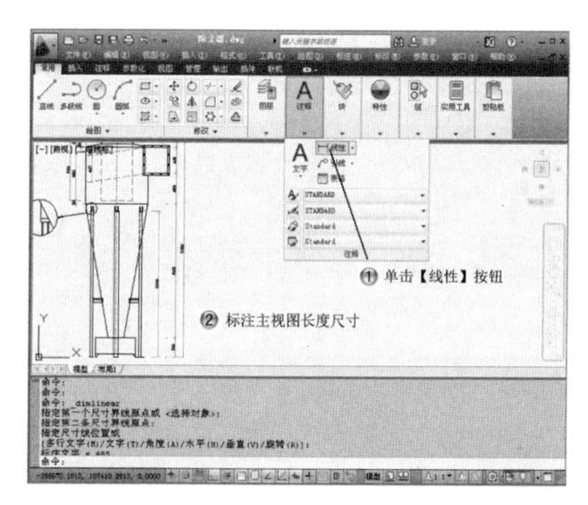

图15-37 标注主视图长度尺寸

步骤 5 标注主视图下半部尺寸，如图15-38所示。

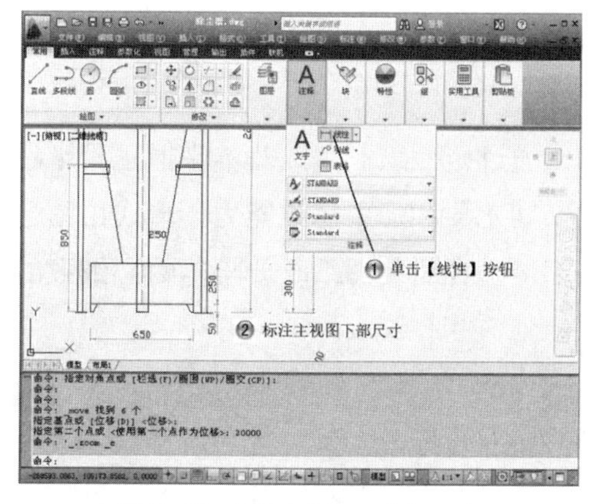

图15-38 标注主视图下半部尺寸

15.2.5 绘制图框、添加文字

步骤 1 绘制图框，如图15-39所示。

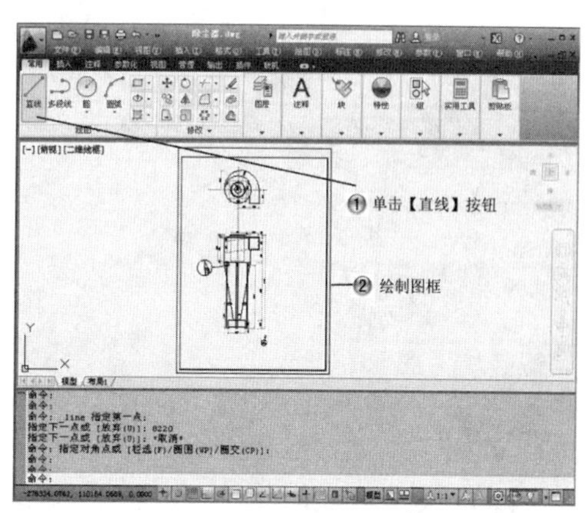

图15-39 绘制图框

步骤 2 绘制标题栏，如图15-40所示。

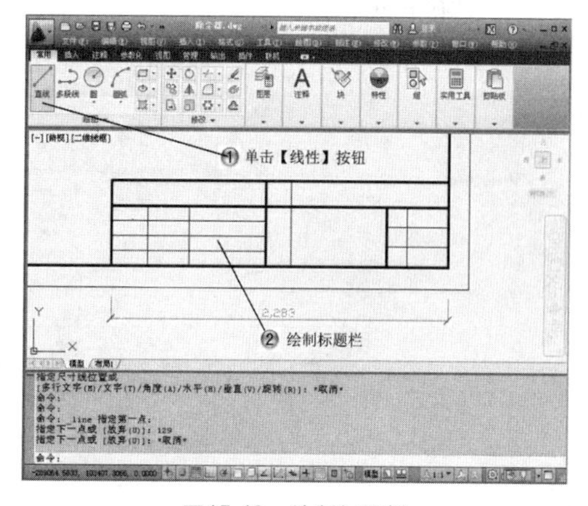

图15-40 绘制标题栏

步骤 3 添加标题栏多行文字，如图15-41所示。

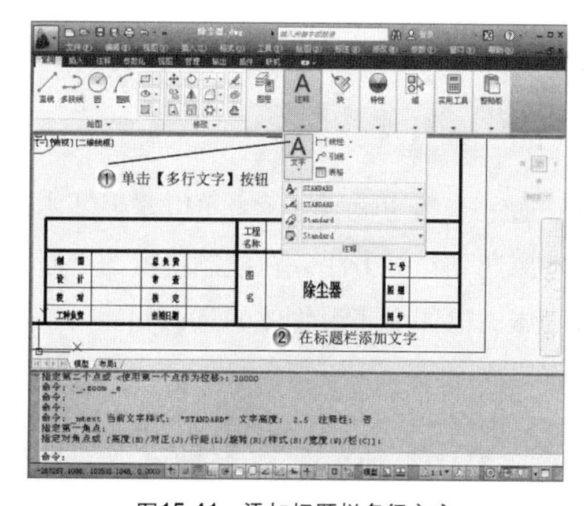

图15-41 添加标题栏多行文字

步骤4 添加局部放大视图文字，如图15-42所示。

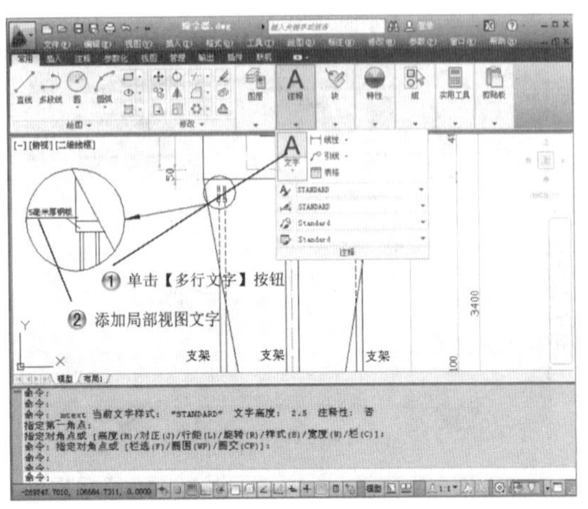

图15-42　添加局部放大视图文字

步骤5 添加其他文字注释，如图15-43所示。

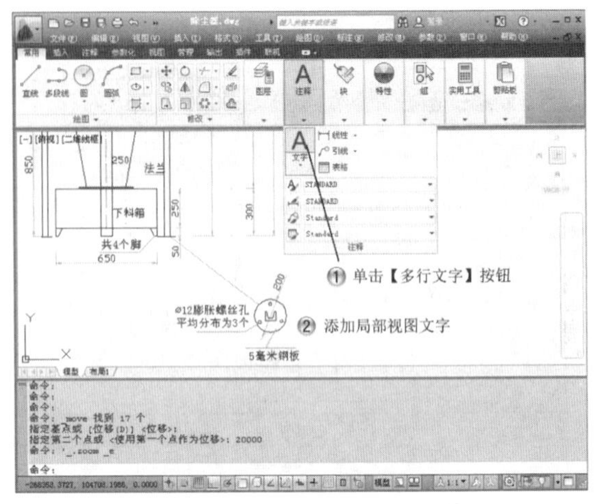

图15-43　添加其他文字注释

步骤6 添加图纸技术要求，如图15-44所示。

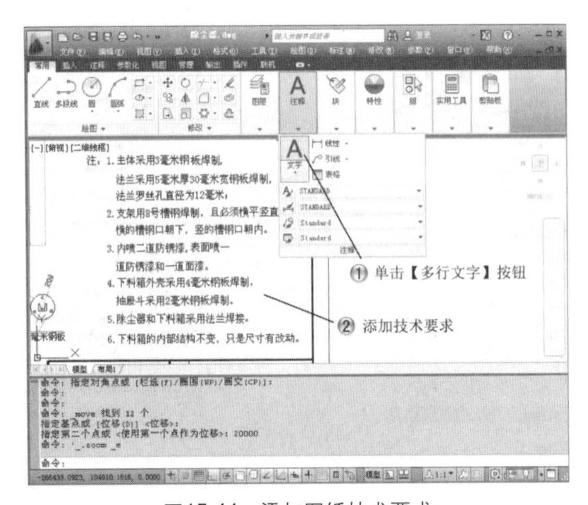

图15-44　添加图纸技术要求

15.3　范例小结

通过本章的学习，读者可以掌握基本的机械制图知识。通过范例绘制可以基本掌握正投影法的基本原理和作图方法。在绘制机械图纸时，要具备一定的空间想象和形象思维能力，形成由图形想象物体、以图形表现物体的意识和能力，养成规范的制图习惯。在绘制图纸时要培养耐心细致的工作作风。

第 16 章 建筑设计：别墅平面图

本章导读

建筑制图有一整套的行业规范，可以说建筑制图是一种工程上专用的图解文字。这些规范主要包括绘图的线条、文字的字体和大小等很多方面。在建筑工程中，无论是建造工厂、住宅、剧院还是其他建筑，从设计到生成施工，各阶段都离不开工程图。在设计阶段，设计人员用工程图来表达出某项工程的设计思想；审批工厂设计方案时，工程图是研究和审批的对象，它也是技术人员交流设计思想的工具；在生成施工阶段，工程图是施工的依据。

本章通过建筑图纸的绘制，让读者认识和学习建筑绘图方法及模板功能的使用方法。

学习内容

知识点 \ 学习目标	理解	应用	实践
建筑制图基础知识	√		
建筑物布局设计	√	√	
建筑物内物品绘制	√	√	√
AutoCAD2012模板应用	√	√	√
建筑尺寸标注	√	√	√

16.1 范例介绍分析

本章范例介绍两层别墅的平面图纸绘制。

在图纸绘制之前先进行图层的设置，以方便后期读图和绘制；接着绘制一层平面图；之后复制一层图纸，修改编辑后成为二层的图纸；绘制完平面图后在图纸上添加家具和其他附件；之后进行建筑尺寸的标注，将建筑的主要尺寸表达清楚；最后进行文字和图框的添加。如图16-1所示为完成后的图纸。

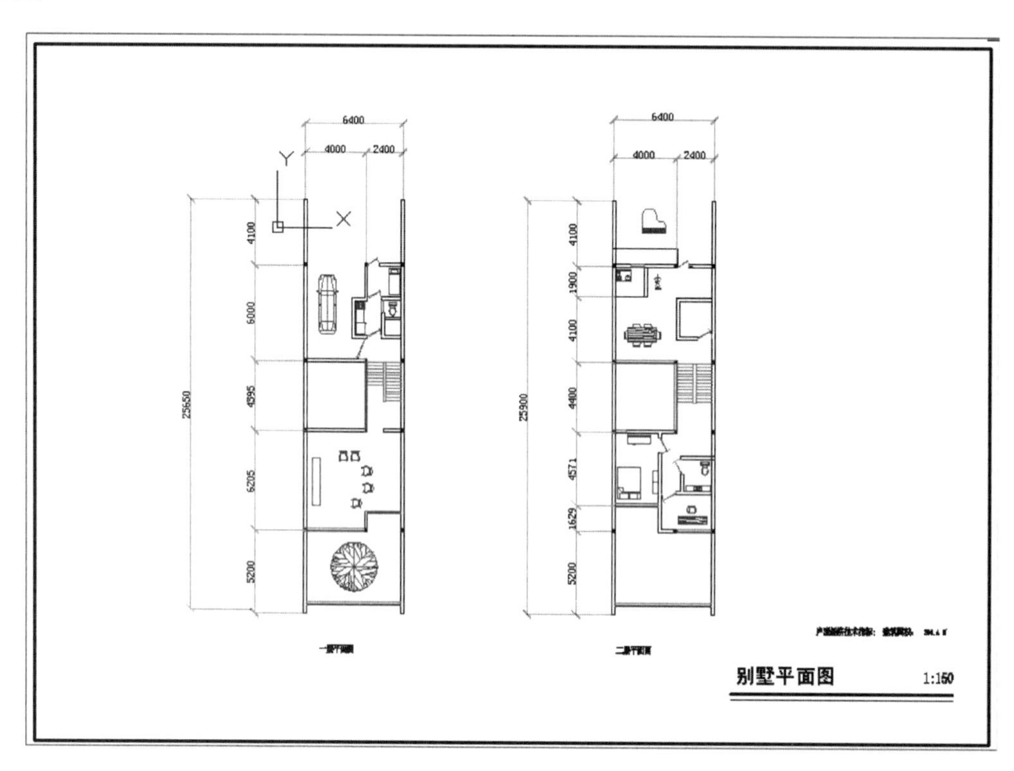

图16-1　完成的别墅图纸

16.2 范例绘制

16.2.1 图层设置

本范例完成文件：ywj\16\别墅平面图.dwg

多媒体教学路径：光盘→多媒体教学→第16章

步骤 1 设置新的图层，如图16-2所示。

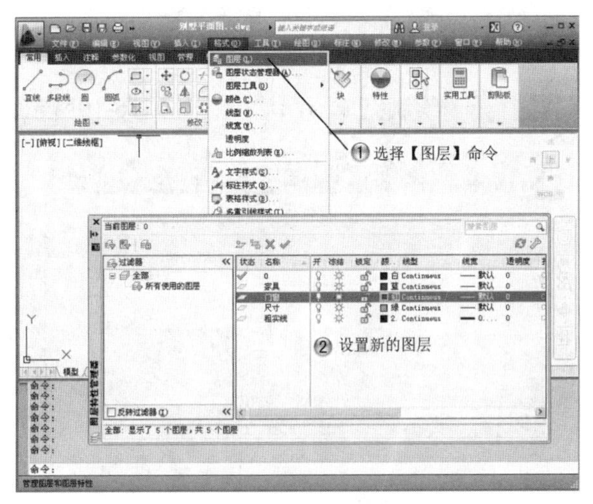

图16-2 设置新的图层

步骤 2 新建多线样式，如图16-3所示。

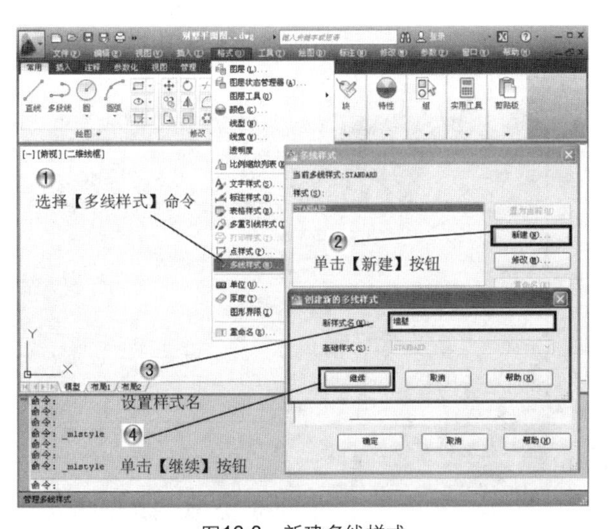

图16-3 新建多线样式

步骤 3 设置多线样式，如图16-4所示。

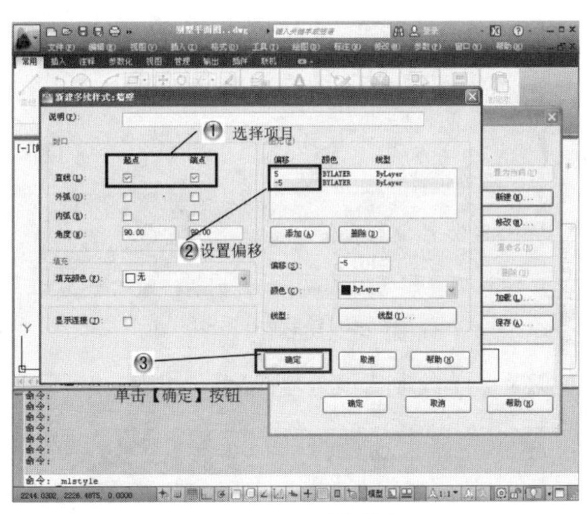

图16-4 设置多线样式

16.2.2 一层平面图绘制

步骤 1 绘制两条多线，如图16-5所示。

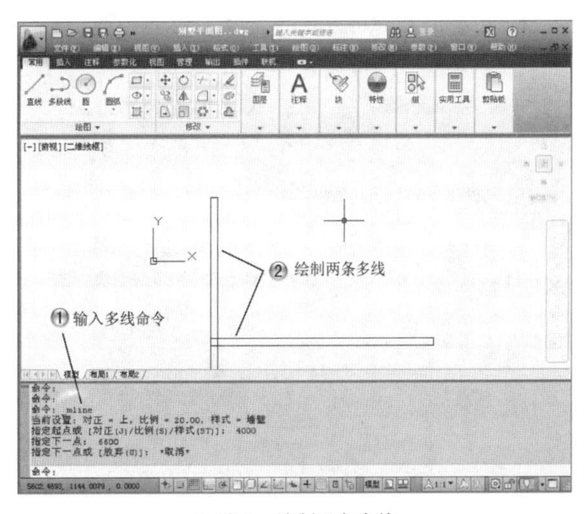

图16-5 绘制两条多线

步骤 2 绘制平行的多线，如图16-6所示。

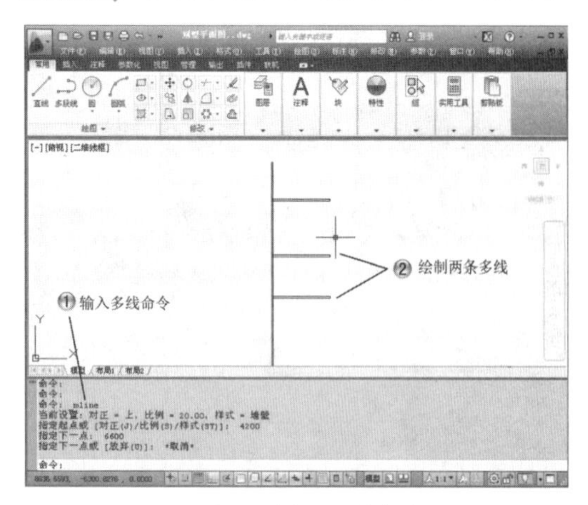

图16-6 绘制平行的多线

步骤 3 绘制完成外墙轮廓，如图16-7所示。

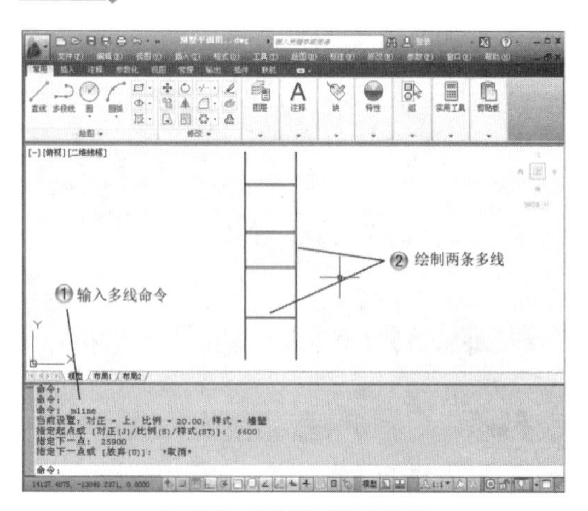

图16-7 绘制完成外墙轮廓

步骤 4 绘制厨房墙壁，如图16-8所示。

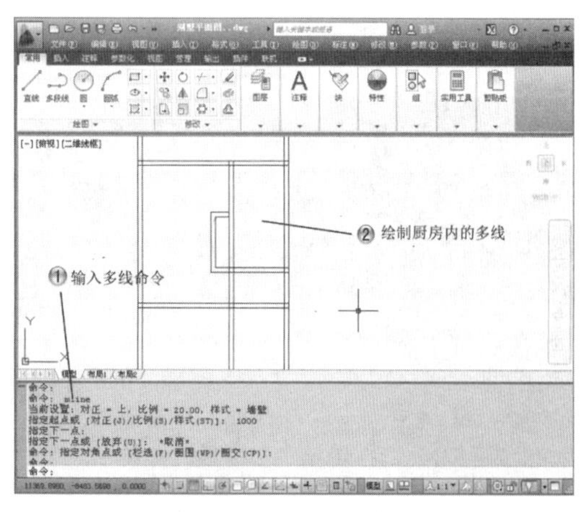

图16-8 绘制厨房墙壁

步骤 5 绘制楼梯间墙壁，如图16-9所示。

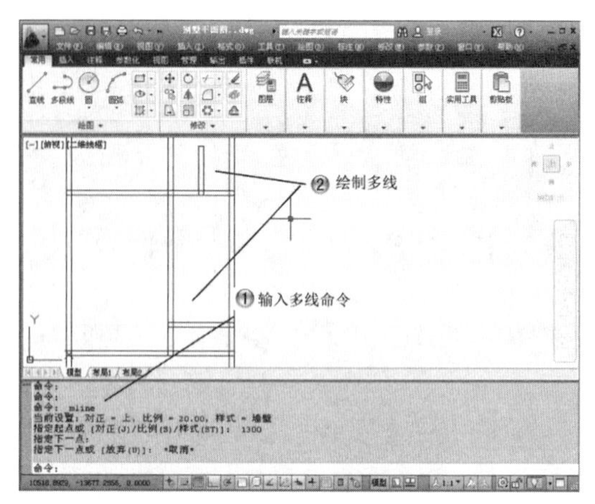

图16-9 绘制楼梯间墙壁

步骤 6 绘制完成厨房墙壁，如图16-10所示。

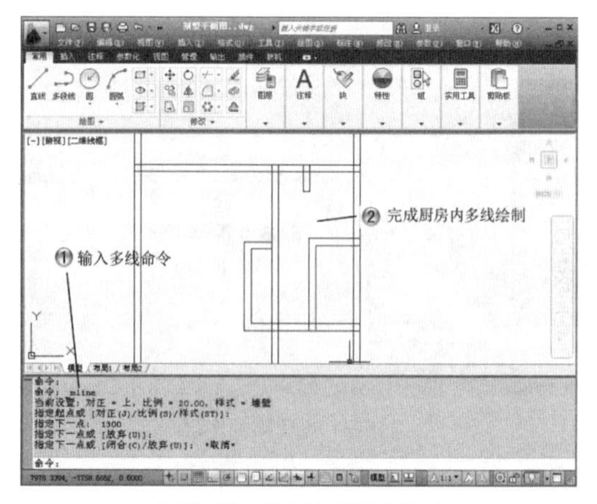

图16-10 绘制完成厨房墙壁

步骤 7 分解所有图形，如图16-11所示。

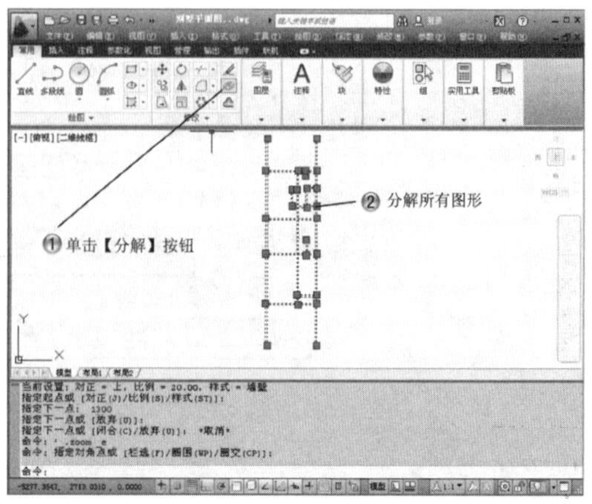

图16-11 分解所有图形

步骤 8 修剪厨房墙壁，如图16-12所示。

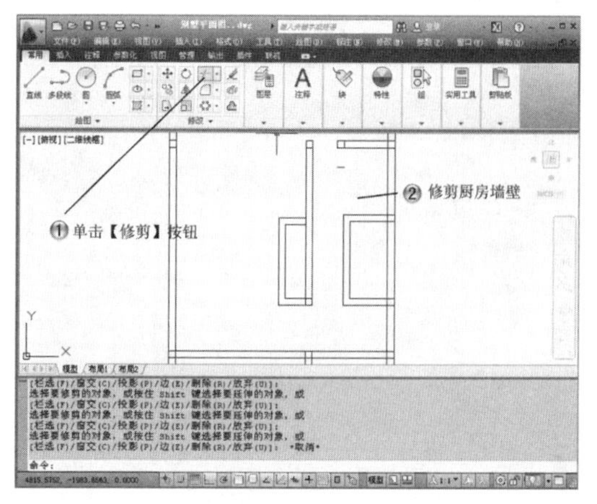

图16-12 修剪厨房墙壁

步骤 9 绘制墙壁细节，如图16-13所示。

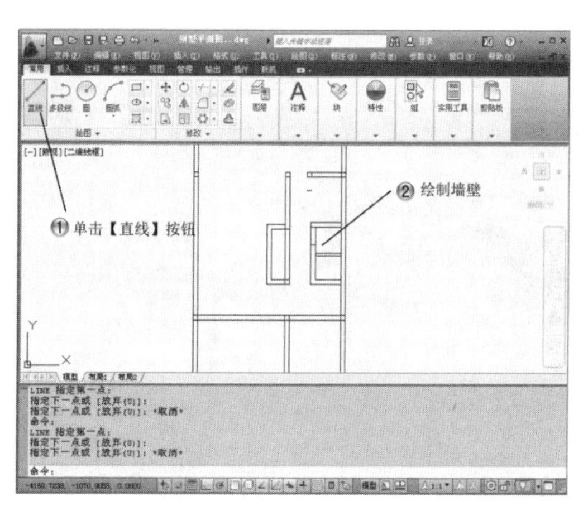

图16-13 绘制墙壁细节

步骤 10 删除不必要线条，如图16-14所示。

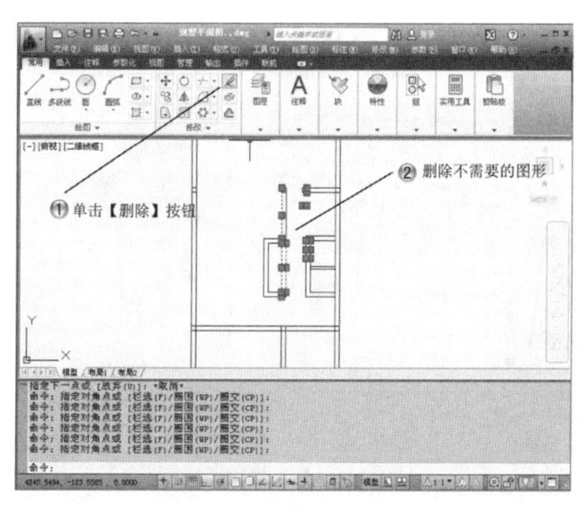

图16-14 删除不必要线条

步骤 11 修剪楼梯间墙壁，如图16-15所示。

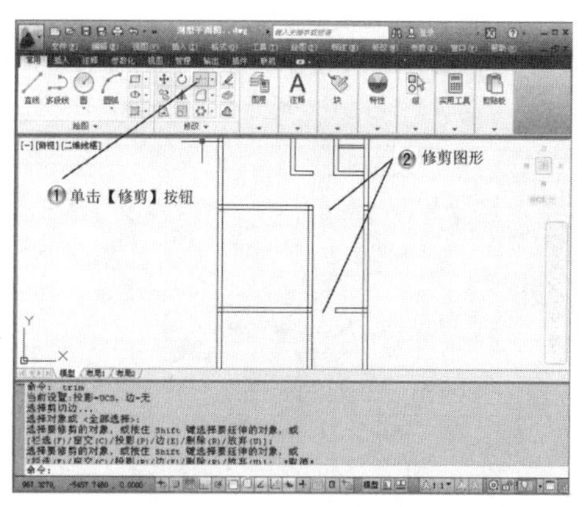

图16-15 修剪楼梯间墙壁

步骤 12 修剪客厅墙壁，如图16-16所示。

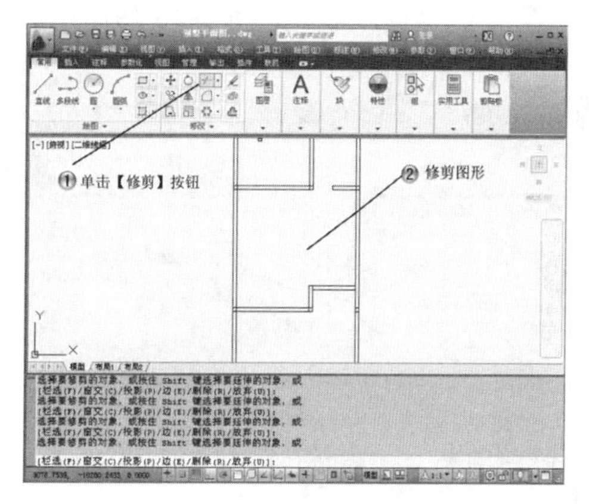

图16-16 修剪客厅墙壁

16.2.3 二层平面图绘制

步骤 1 复制平面图形，如图16-17所示。

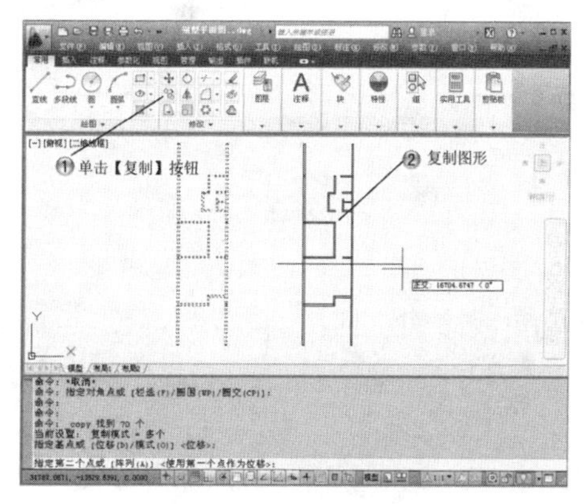

图16-17 复制平面图形

步骤 2 绘制餐厅墙壁，如图16-18所示。

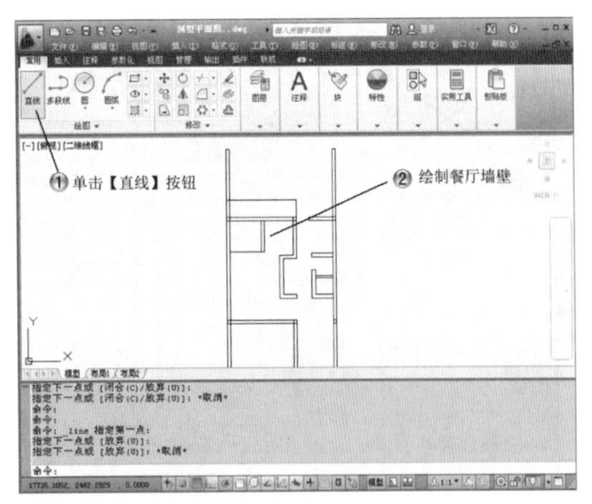

图16-18 绘制餐厅墙壁

步骤 3 删除餐厅线条，如图16-19所示。

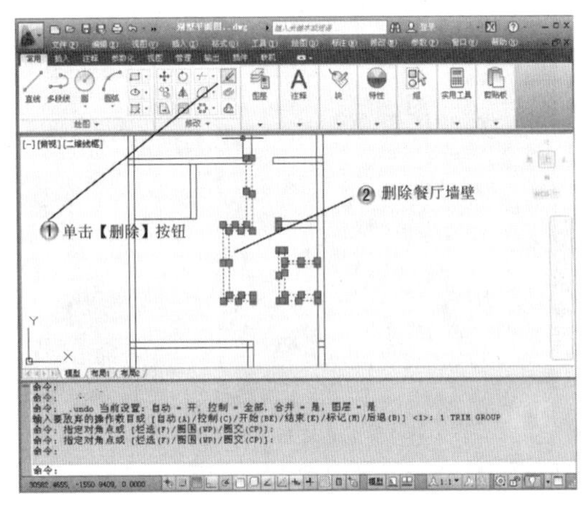

图16-19 删除餐厅线条

步骤 4 绘制餐厅墙壁线条，如图16-20所示。

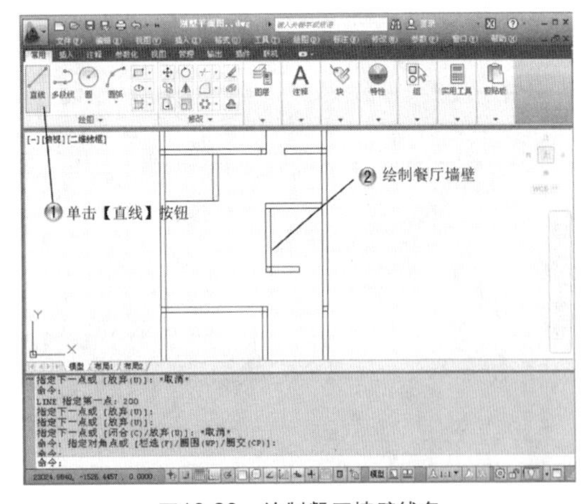

图16-20 绘制餐厅墙壁线条

步骤 5 修剪餐厅墙壁，如图16-21所示。

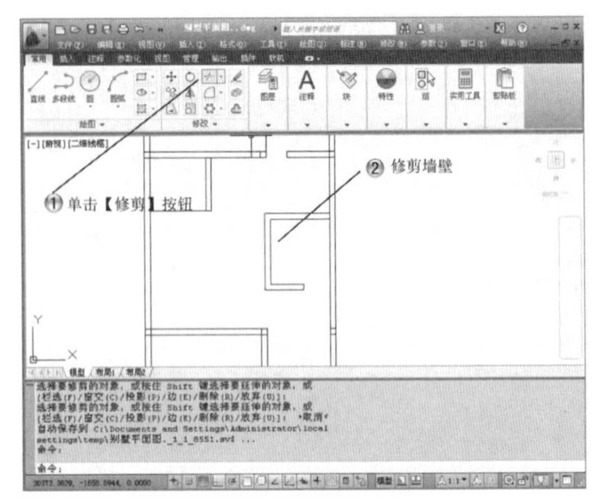

图16-21 修剪餐厅墙壁

步骤 6 删除楼梯间墙壁，如图16-22所示。

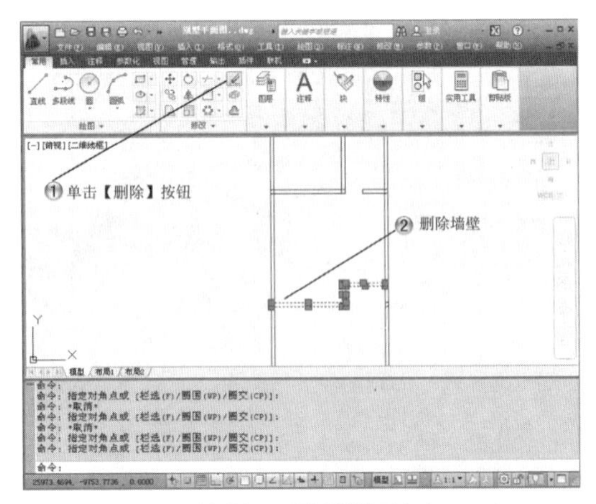

图16-22 删除楼梯间墙壁

步骤 7 绘制卧室墙壁，如图16-23所示。

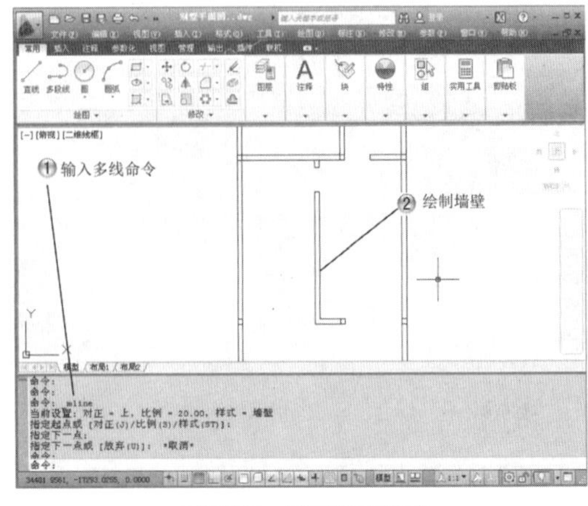

图16-23 绘制卧室墙壁

步骤 8 绘制卫生间墙壁，如图16-24所示。

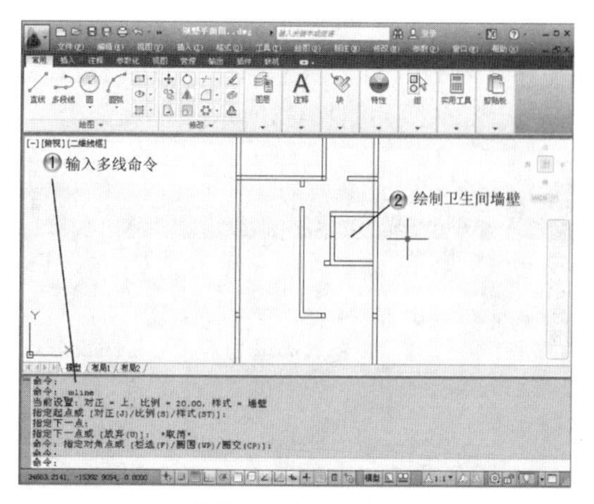

图16-24　绘制卫生间墙壁

步骤 9 修剪卫生间墙壁，如图16-25所示。

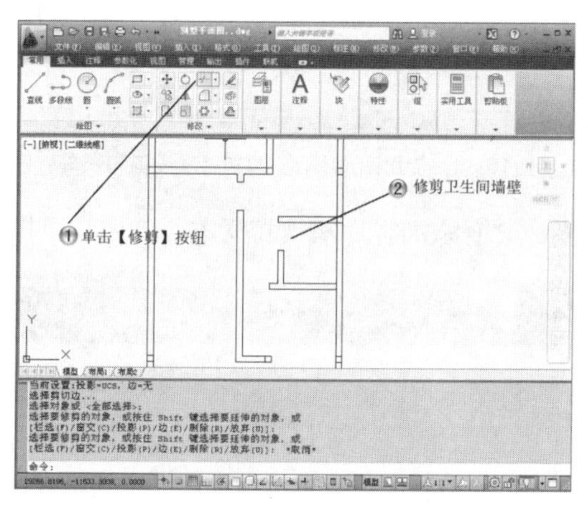

图16-25　修剪卫生间墙壁

步骤 10 填充所有承重柱，如图16-26所示。

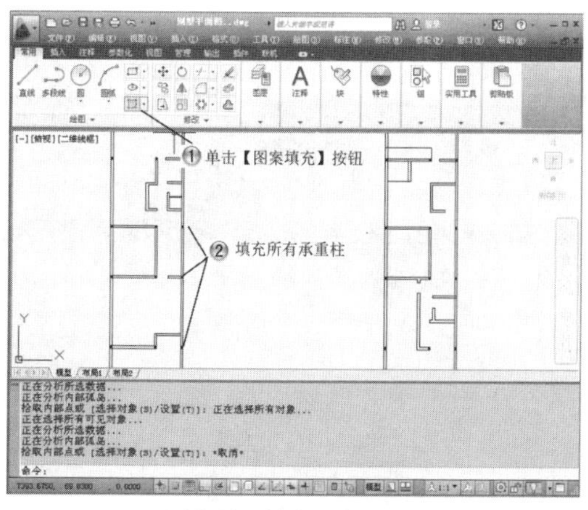

图16-26　填充所有承重柱

步骤 11 绘制一层窗户，如图16-27所示。

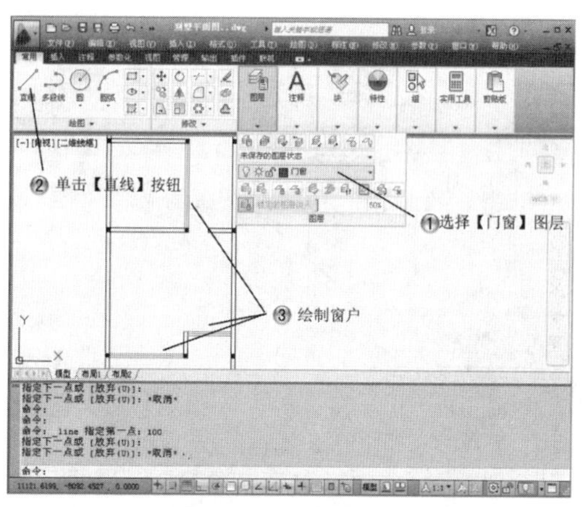

图16-27　绘制一层窗户

步骤 12 绘制二层窗户，如图16-28所示。

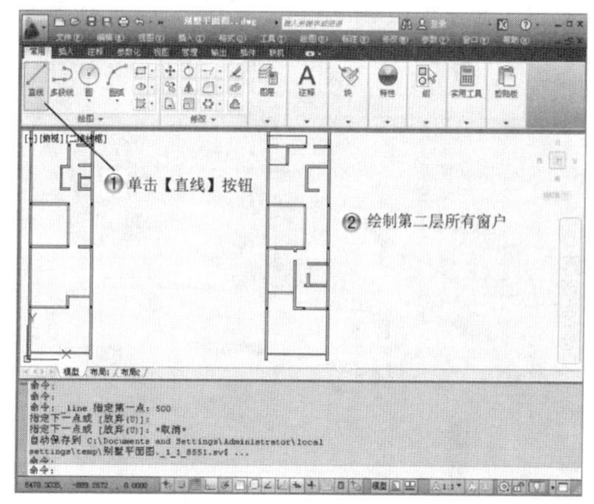

图16-28　绘制二层窗户

步骤 13 使用设计中心，添加门的块，如图16-29所示。

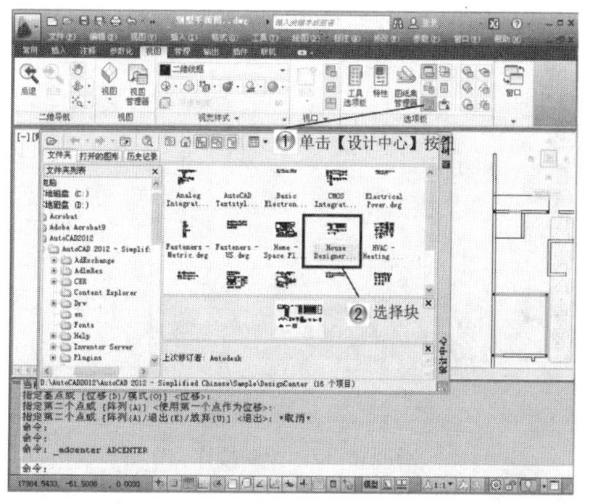

图16-29　使用设计中心，添加门的块

步骤14 添加厨房周围的门，如图16-30所示。

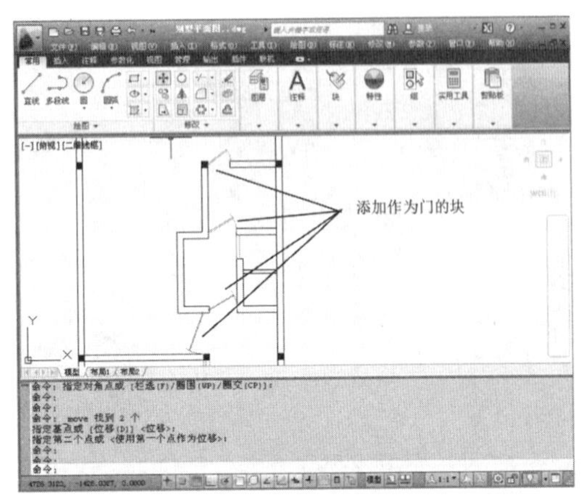

图16-30 添加厨房周围的门

步骤15 添加一层其他的门，如图16-31所示。

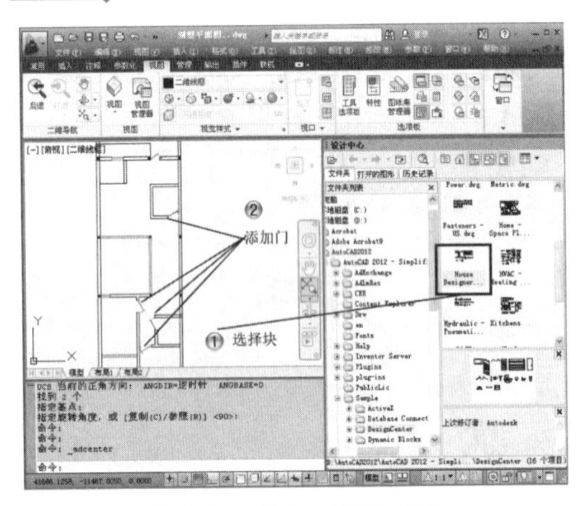

图16-31 添加一层其他的门

步骤16 绘制楼梯，如图16-32所示。

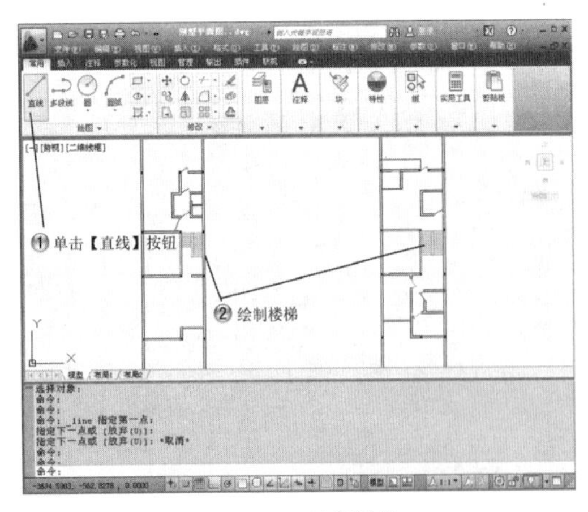

图16-32 绘制楼梯

16.2.4 添加建筑内附属物

步骤1 使用设计中心，添加厨房设备和汽车，如图16-33所示。

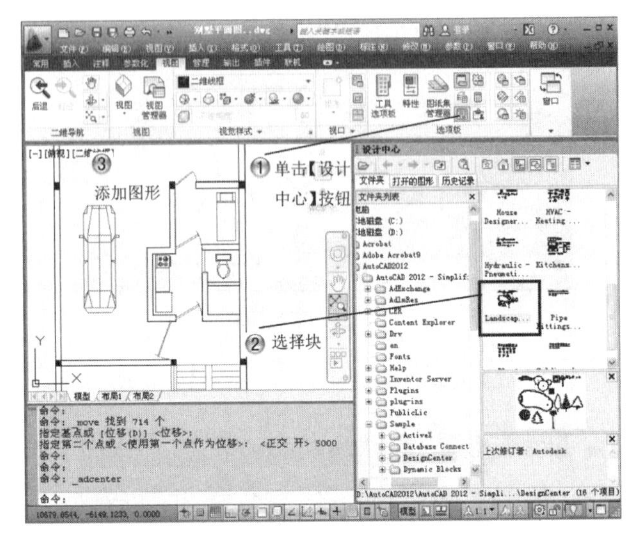

图16-33 使用设计中心，添加厨房设备和汽车

步骤2 添加客厅家具和树木，如图16-34所示。

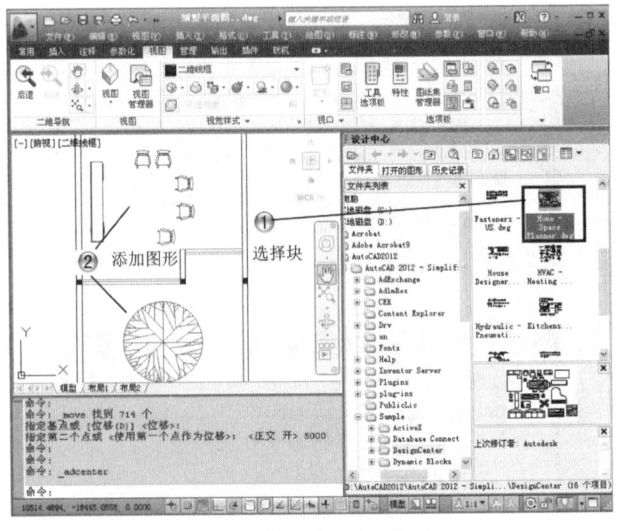

图16-34 添加客厅家具和树木

步骤 3 添加餐厅的家具，如图16-35所示。

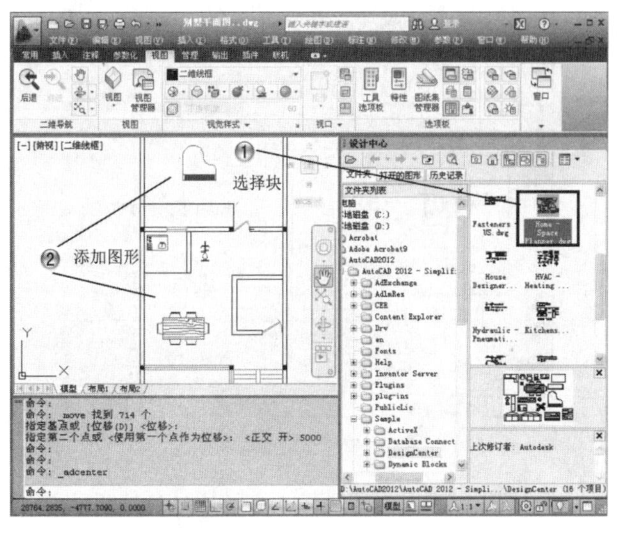

图16-35 添加餐厅的家具

步骤 4 添加卧室、书房和卫生间家具，如图16-36所示。

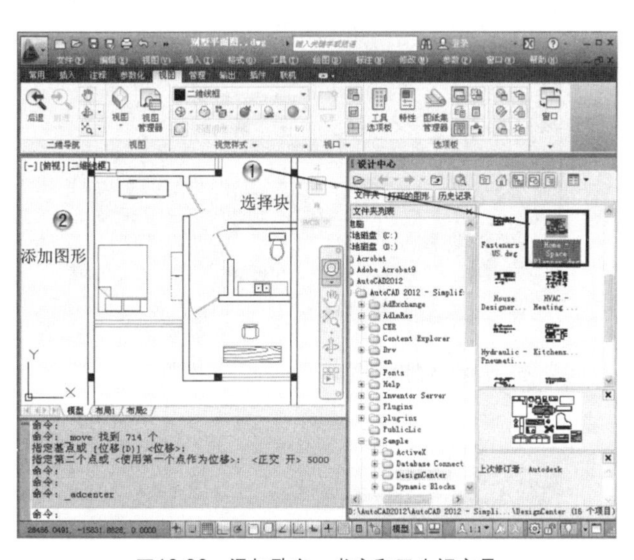

图16-36 添加卧室、书房和卫生间家具

16.2.5 尺寸标注

步骤 1 标注一层长度尺寸，如图16-37所示。

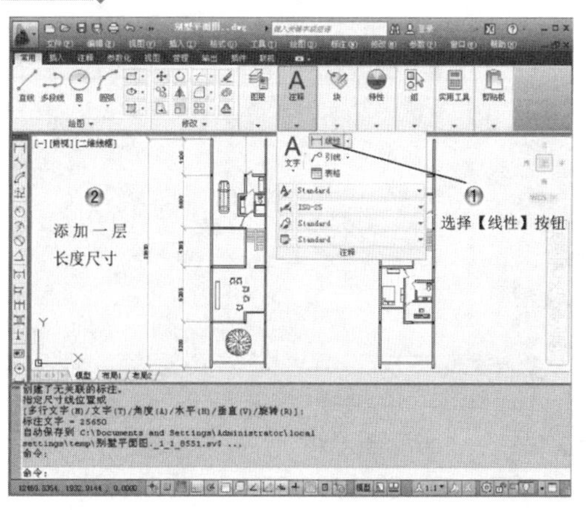

图16-37 标注一层长度尺寸

步骤 2 标注一层宽度尺寸，如图16-38所示。

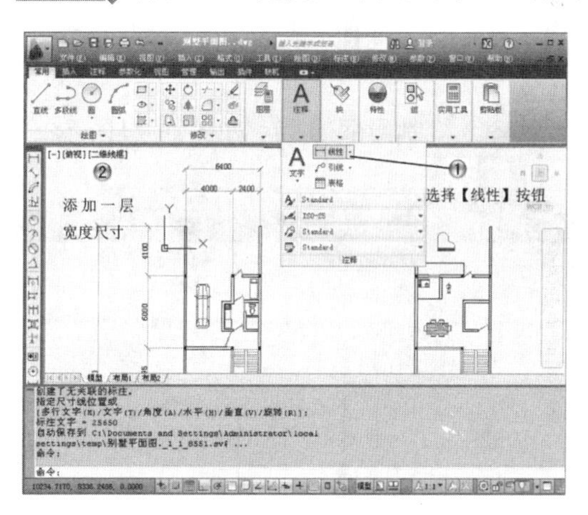

图16-38 标注一层宽度尺寸

步骤 3 标注二层长度尺寸，如图16-39所示。

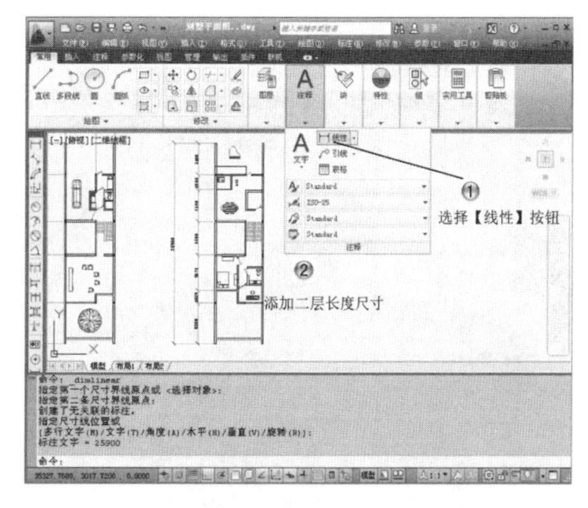

图16-39 标注二层长度尺寸

步骤4 标注二层宽度尺寸，如图16-40所示。

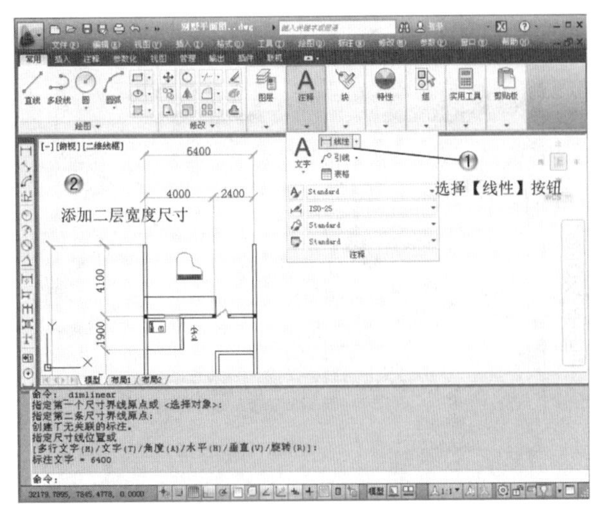

图16-40　标注二层宽度尺寸

16.2.6　文字和图框添加

步骤1 绘制图框外层，如图16-41所示。

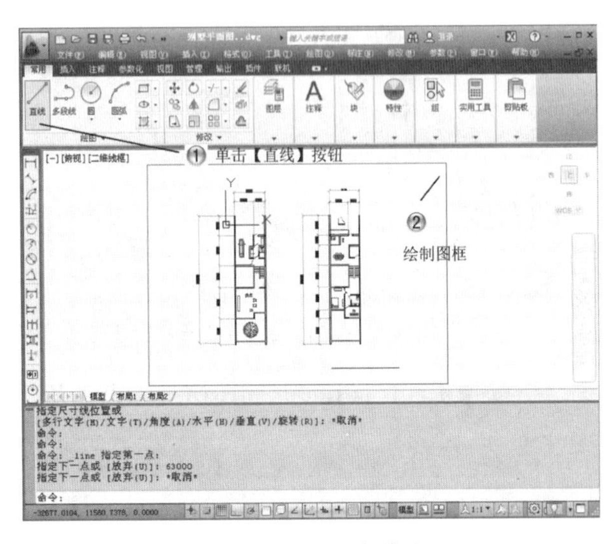

图16-41　绘制图框外层

步骤2 绘制图框内层，如图16-42所示。

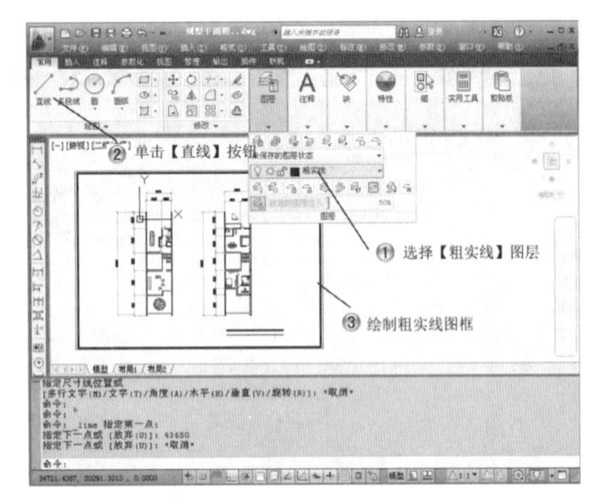

图16-42　绘制图框内层

步骤3 添加平面图文字，如图16-43所示。

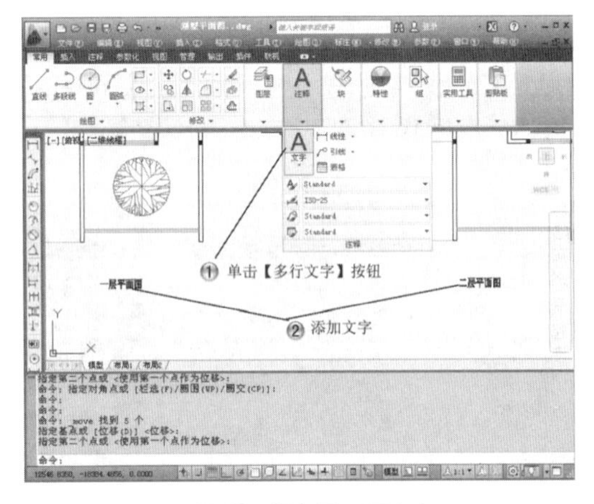

图16-43　添加平面图文字

步骤4 添加图纸名称及技术指标，如图16-44所示。

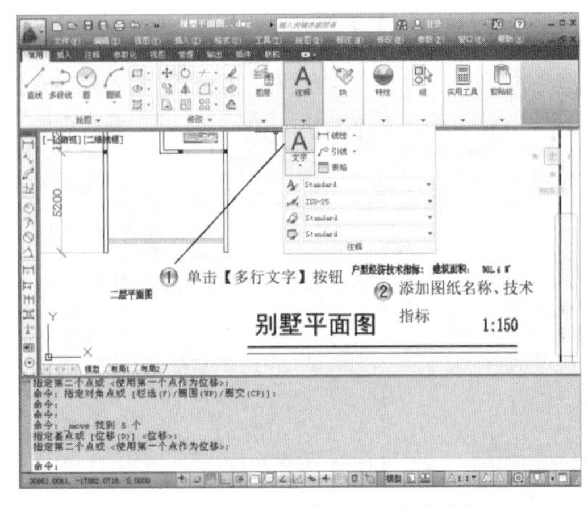

图16-44　添加图纸名称及技术指标

16.3 范例小结

本章主要介绍了一个建筑平面图纸的绘制方法和思路，通过图层、墙体、门窗、家具、尺寸、标题栏和文字的绘制，使读者对建筑制图有了一个直观的认识，为以后的进阶学习打下基础。

第17章 建筑电气布局图

本章导读

民用住宅中配备着多种电气系统：照明、电话、宽带网、闭路电视、火灾报警等。本章以医院火灾报警及联动控制系统为例，介绍建筑电气的设计和绘制原理。绘制电气工程图需要遵循众多的规范，正是因为电气工程图是规范的，所以设计人员就可以大量借鉴以前的工作成果，将旧图样中使用的标题栏、表格、元件符号甚至经典线路运用到新图样中，稍加修改即可使用。

本章就通过建筑电气布局图的绘制，让读者认识和学习建筑电气绘图方法。

学习内容

学习目标 知识点	理解	应用	实践
图层设置	√	√	√
承重柱绘制	√	√	√
墙壁绘制	√	√	√
门窗绘制	√	√	√
附属设施绘制	√	√	√
电气元件绘制	√	√	√
电气线路绘制	√	√	√
尺寸及文字标注	√	√	√

17.1 范例介绍

本章范例介绍医院急诊部门消防报警及联动控制平面图纸的绘制。

在绘制图纸之前先进行图层的设置，方便后期读图和绘制；接着绘制承重柱；之后绘制墙壁，最后完成门窗和附属设施的绘制。建筑平面图完成后在图纸上添加电气元件；之后进行电气线路的设计；最后进行文字和尺寸的添加，将建筑主要尺寸表达清楚。范例完成后的图纸如图17-1所示。

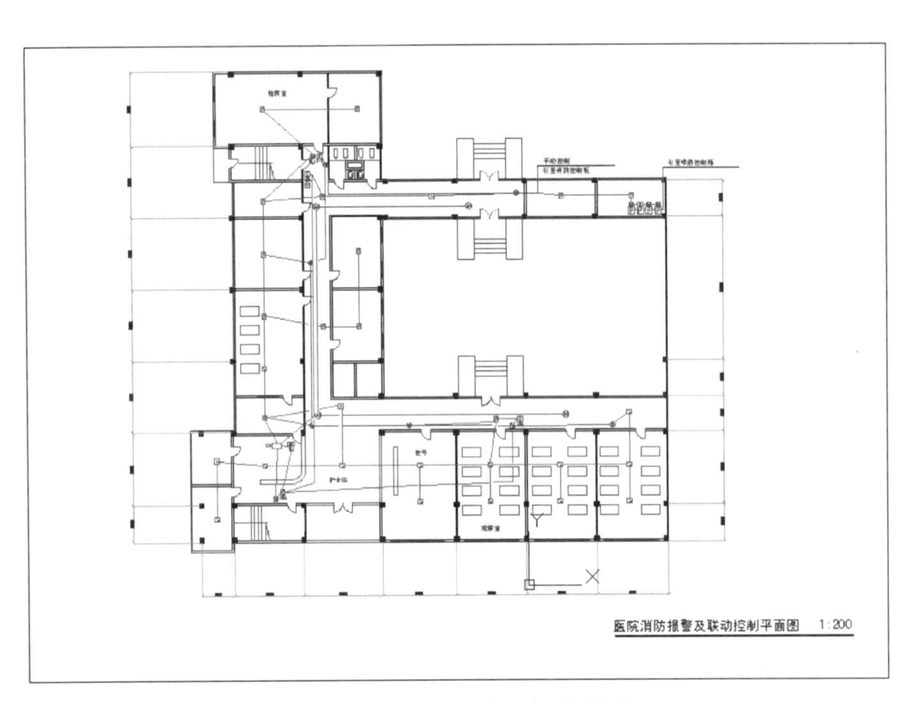

图17-1 完成的医院消防报警及联动控制图

17.2 范例绘制

17.2.1 图层设置

本范例完成文件：\17\医院消防报警及联动控制平面图.dwg

多媒体教学路径：光盘→多媒体教学→第17章

步骤 1 管理图层，如图17-2所示。

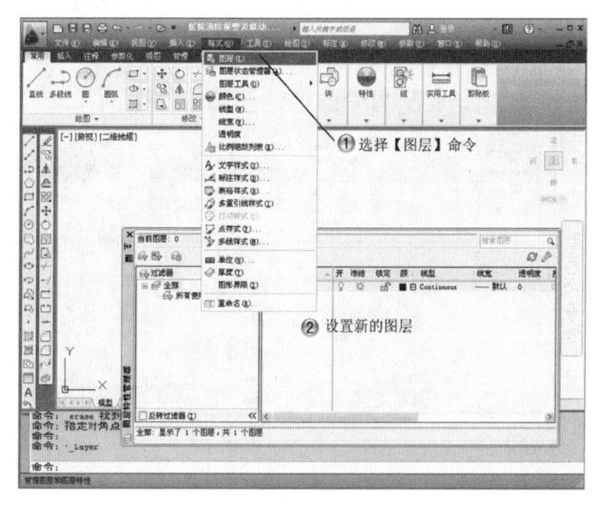

图17-2 管理图层

步骤 2 创建门窗图层，如图17-3所示。

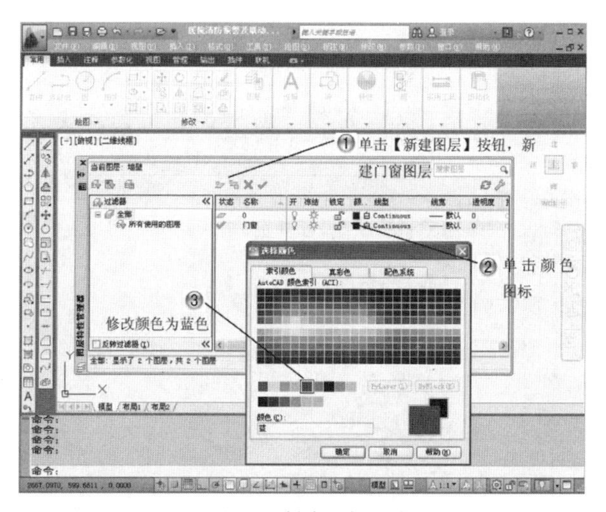

图17-3 创建门窗图层

步骤 3 创建线路图层，如图17-4所示。

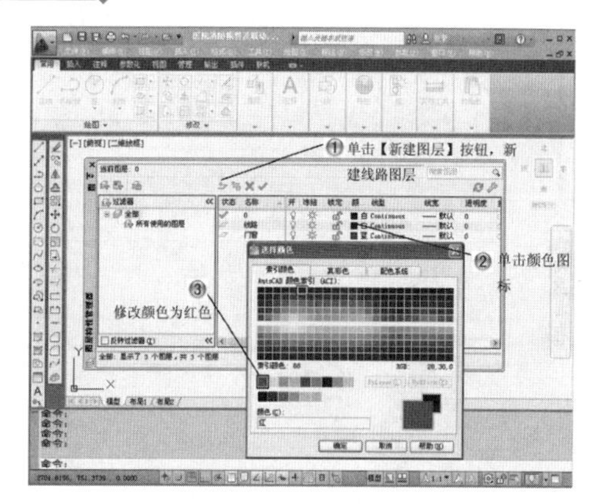

图17-4 创建线路图层

步骤 4 创建尺寸图层，如图17-5所示。

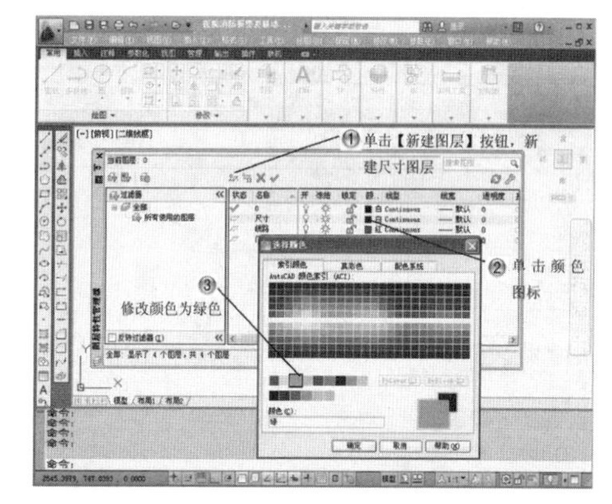

图17-5 创建尺寸图层

步骤 5 新建多线样式，如图17-6所示。

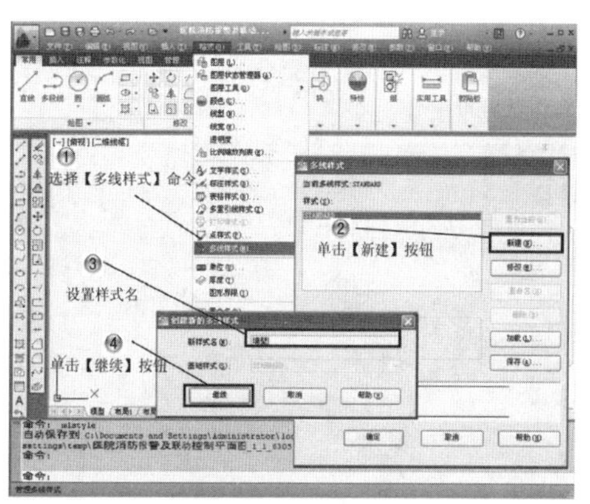

图17-6 新建多线样式

步骤 6 设置多线样式，如图17-7所示。

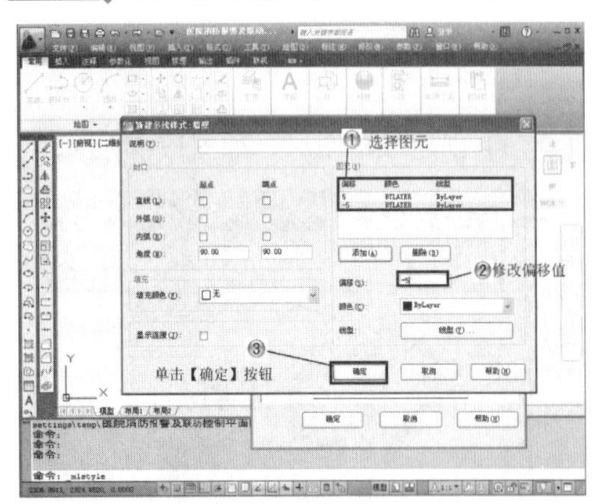

图17-7　设置多线样式

17.2.2　承重柱绘制

步骤 1 绘制矩形，如图17-8所示。

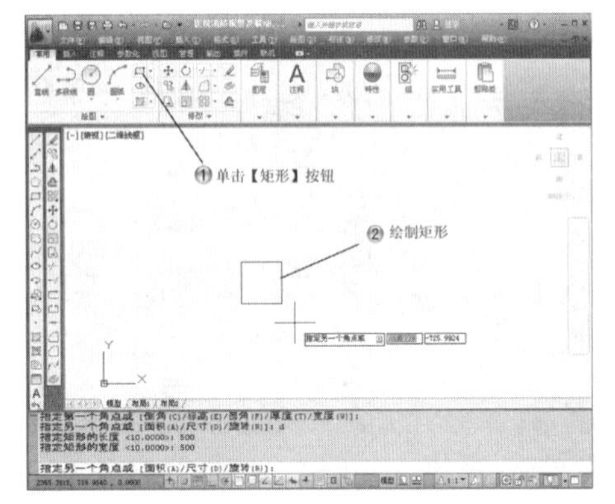

图17-8　绘制矩形

步骤 2 填充矩形，如图17-9所示。

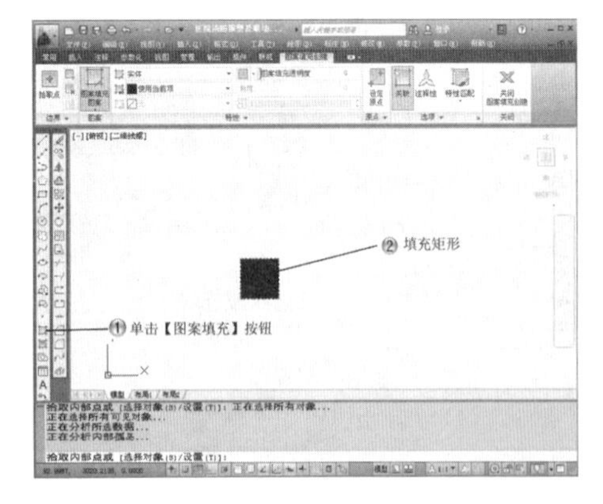

图17-9　填充矩形

步骤 3 复制图形，如图17-10所示。

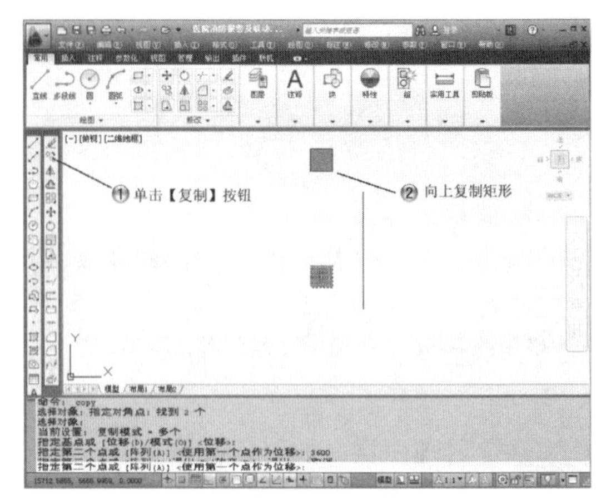

图17-10　复制图形

步骤 4 复制两个图形，如图17-11所示。

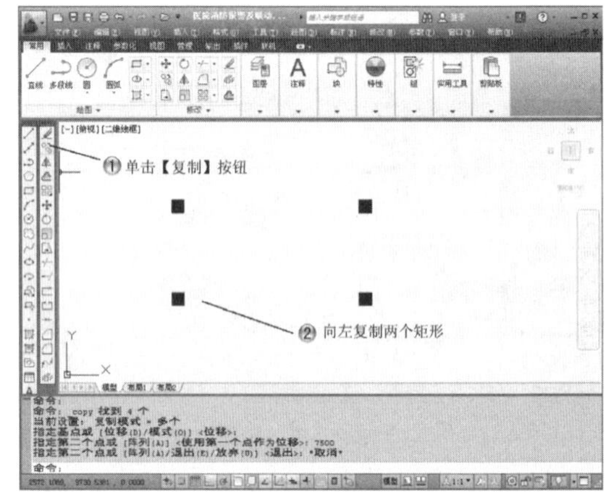

图17-11　复制两个图形

步骤 5 复制4个图形，如图17-12所示。

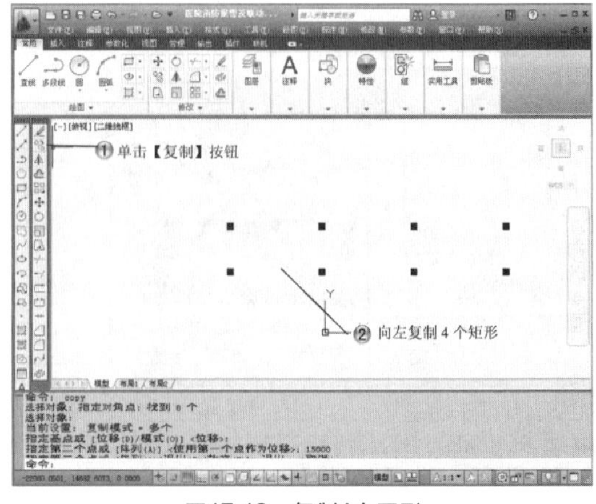

图17-12　复制4个图形

步骤 6 向左复制图形，距离8100，如图17-13所示。

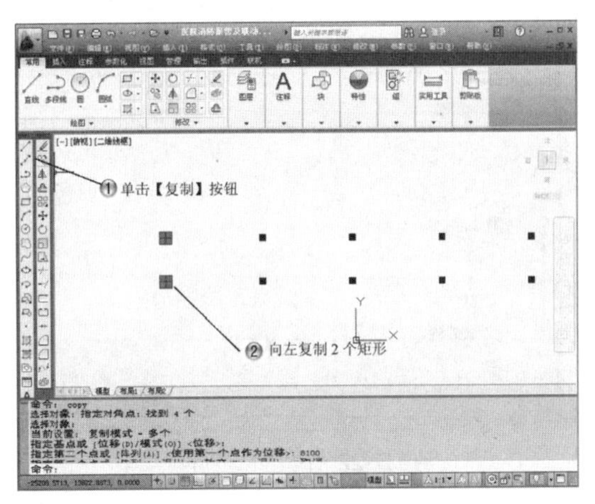

图17-13　向左复制图形

步骤 7 向左复制，距离8600，如图17-14所示。

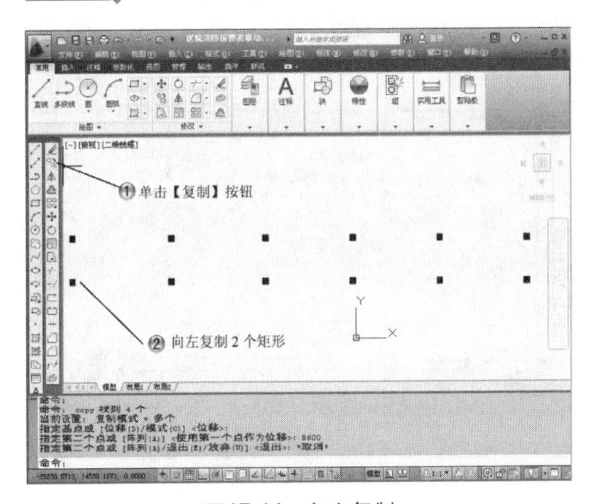

图17-14　向左复制

步骤 8 向左复制，距离7600，如图17-15所示。

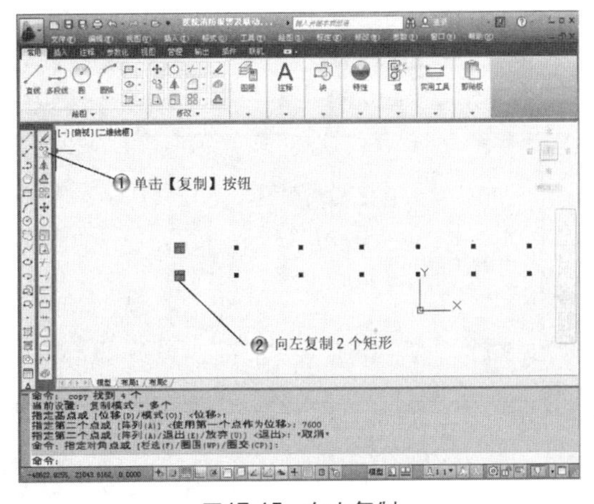

图17-15　向左复制

步骤 9 向左复制，距离3600，如图17-16所示。

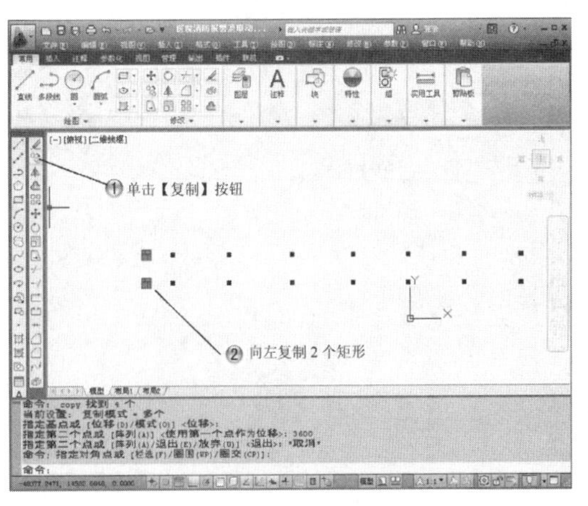

图17-16　向左复制

步骤 10 向上复制，距离7500，如图17-17所示。

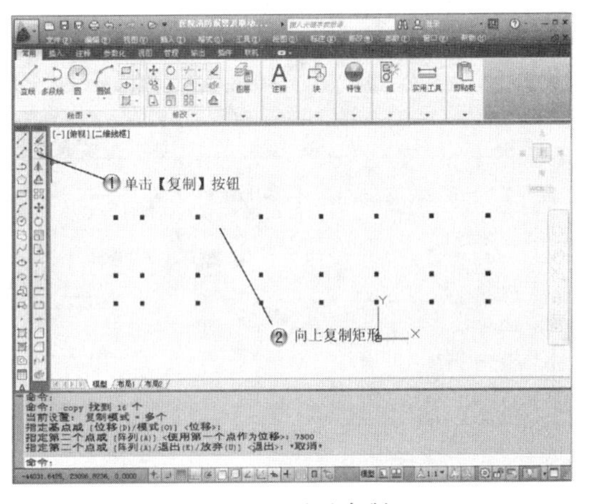

图17-17　向上复制

步骤 11 向上复制，距离3750，如图17-18所示。

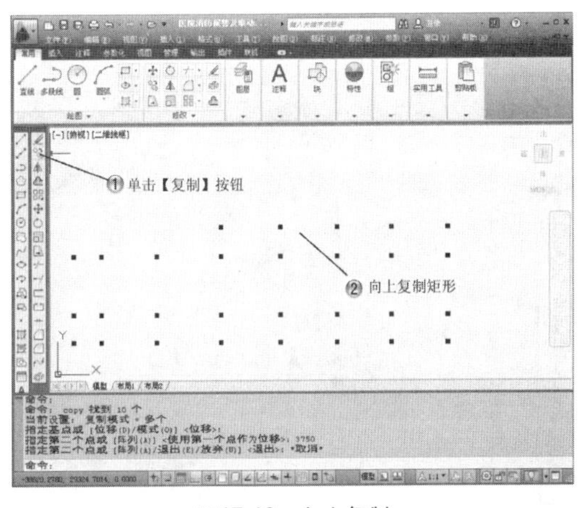

图17-18　向上复制

步骤 12 向上复制，距离7500，如图17-19所示。

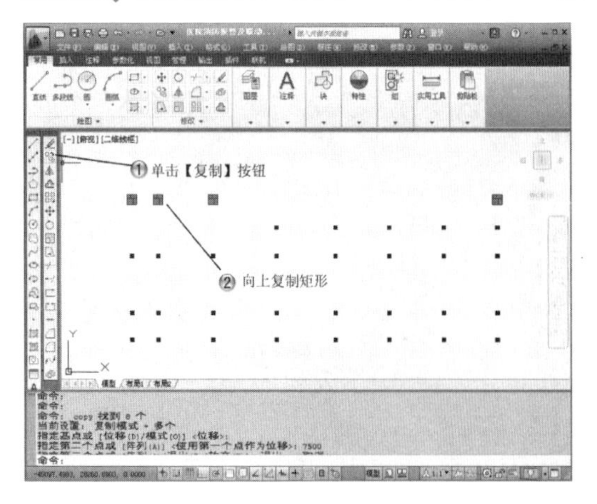

图17-19　向上复制

步骤 13 向上3次复制图形，间距7500，如图17-20所示。

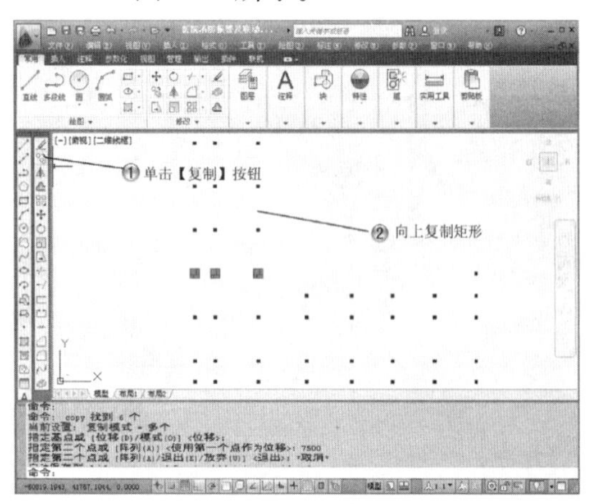

图17-20　向上3次复制图形

步骤 14 向上复制8个图形，距离22500，如图17-21所示。

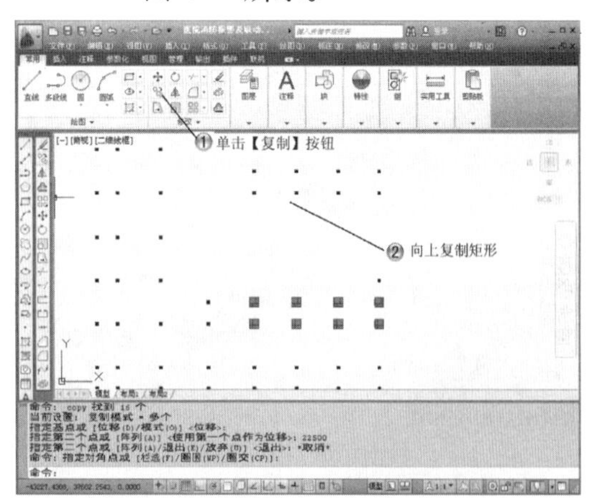

图17-21　向上复制8个图形

步骤 15 向右移动图形，如图17-22所示。

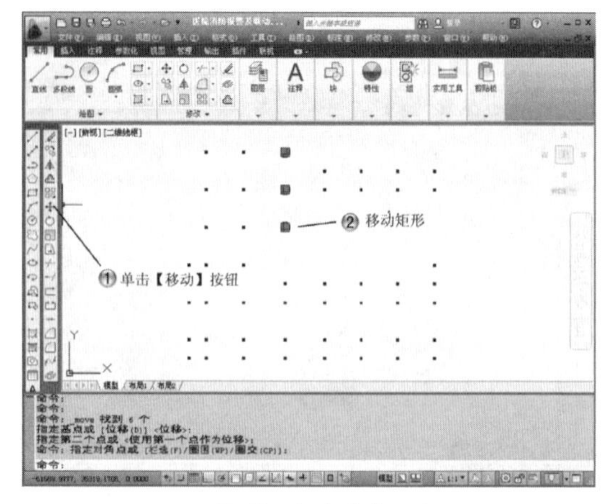

图17-22　向右移动图形

步骤 16 向左复制两个图形，距离7500，如图17-23所示。

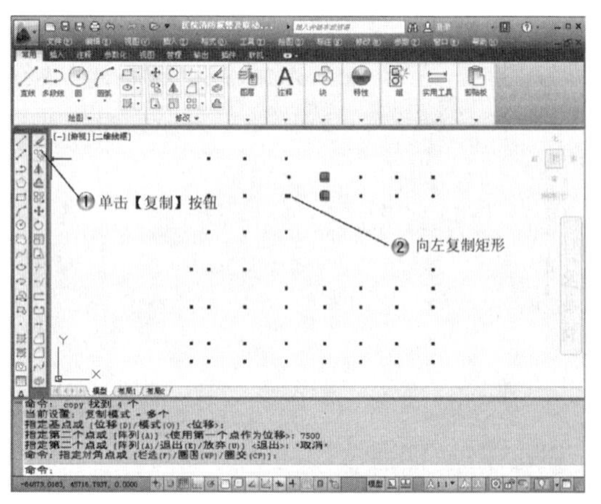

图17-23　向左复制两个图形

步骤 17 向上复制3个图形，距离7500，如图17-24所示。

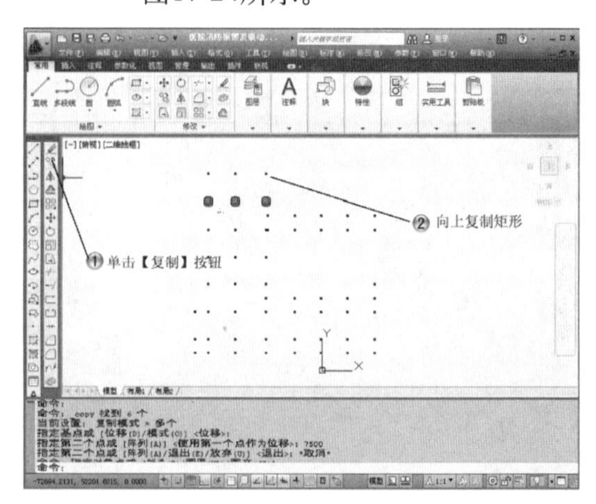

图17-24　向上复制3个图形

17.2.3 墙壁绘制

步骤 1 绘制两条多线，如图17-25所示。

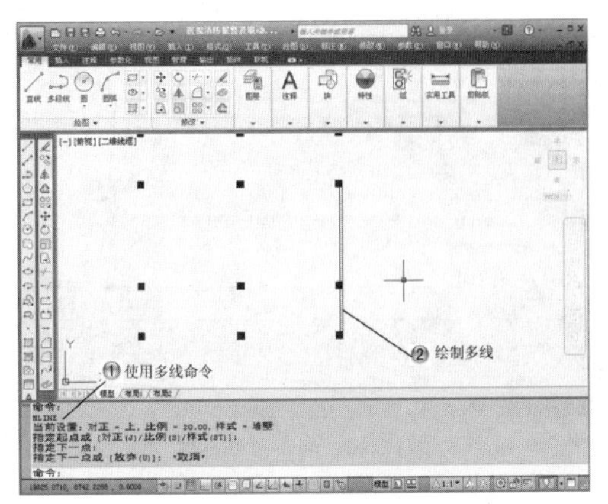

图17-25 绘制两条多线

步骤 2 复制多线，如图17-26所示。

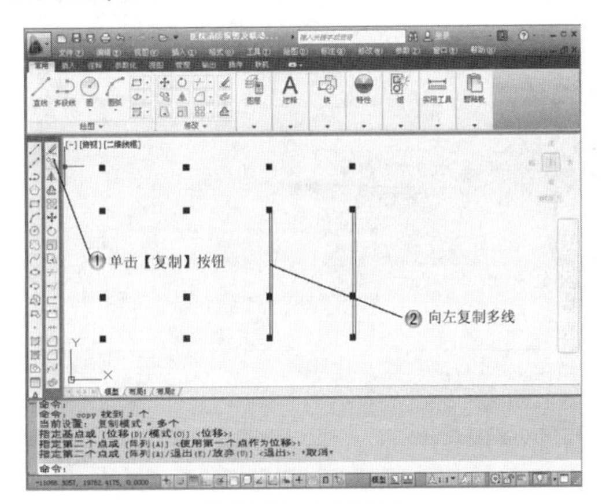

图17-26 复制多线

步骤 3 移动多线，距离150，如图17-27所示。

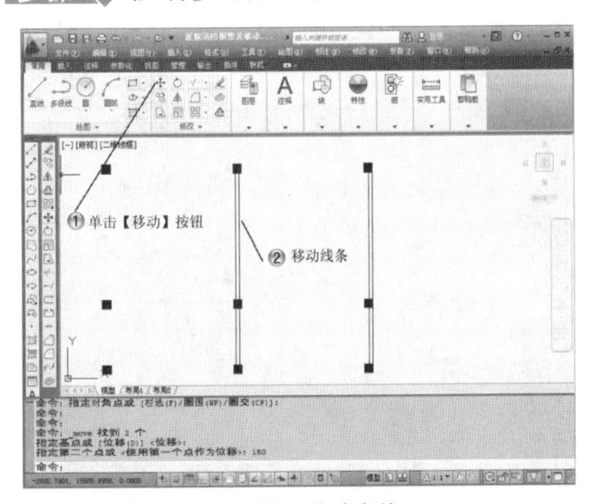

图17-27 移动多线

步骤 4 复制两处多线，间距7500，如图17-28所示。

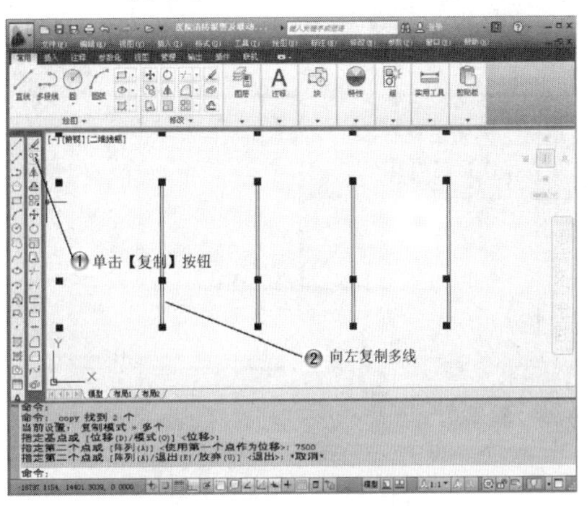

图17-28 复制两次多线

步骤 5 绘制外墙线条，如图17-29所示。

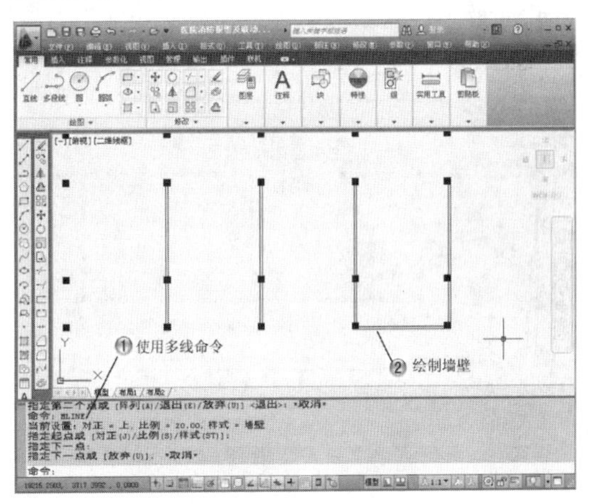

图17-29 绘制外墙线条

步骤 6 复制外墙线条，如图17-30所示。

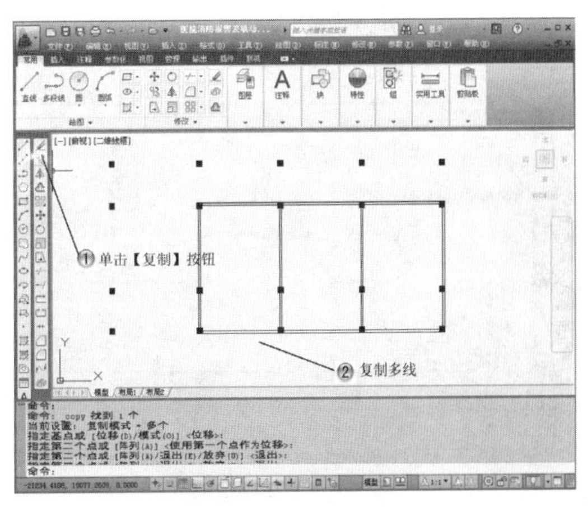

图17-30 复制外墙线条

步骤 7 绘制其他外墙，如图17-31所示。

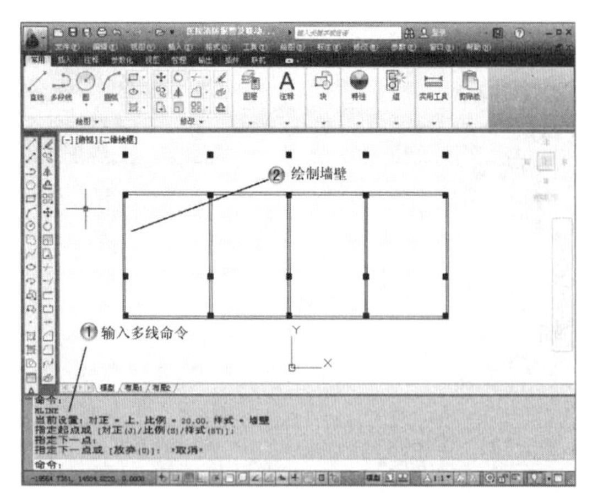

图17-31　绘制其他外墙

步骤 8 向左绘制墙壁，如图17-32所示。

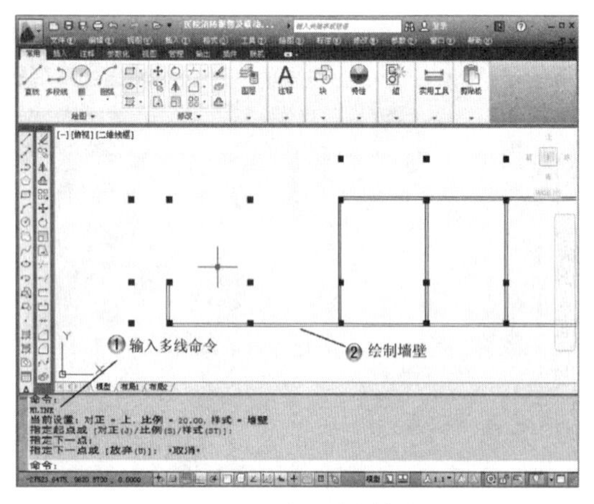

图17-32　向左绘制墙壁

步骤 9 复制墙壁，如图17-33所示。

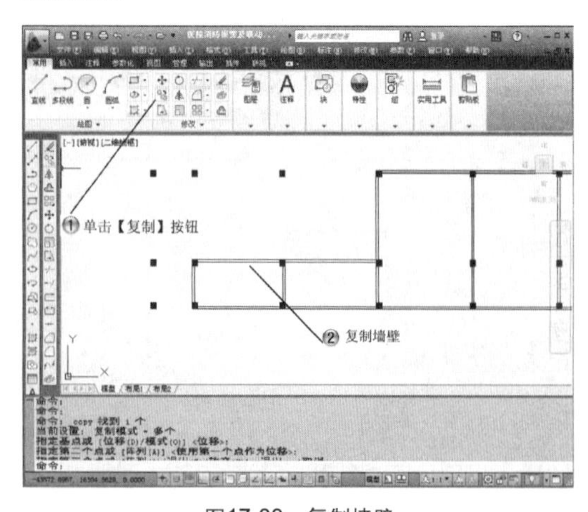

图17-33　复制墙壁

步骤 10 向上绘制外墙，如图17-34所示。

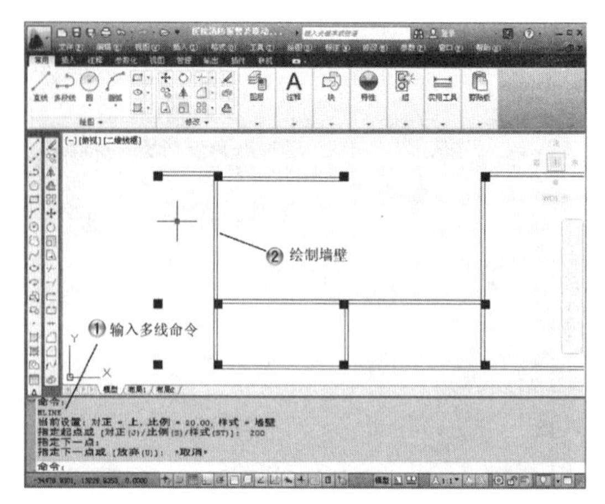

图17-34　向上绘制外墙

步骤 11 绘制短墙，如图17-35所示。

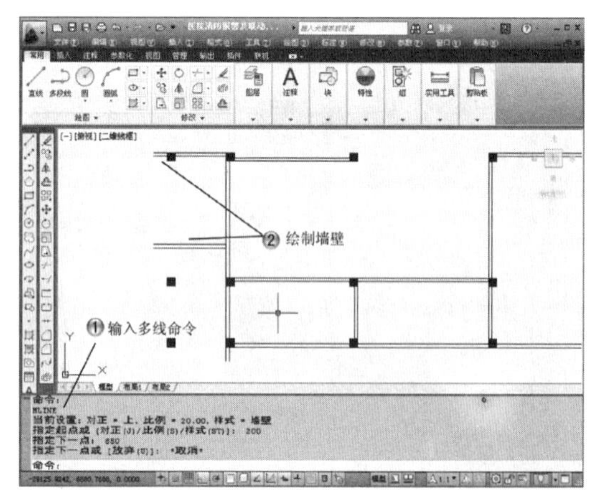

图17-35　绘制短墙

步骤 12 绘制隔断墙，如图17-36所示。

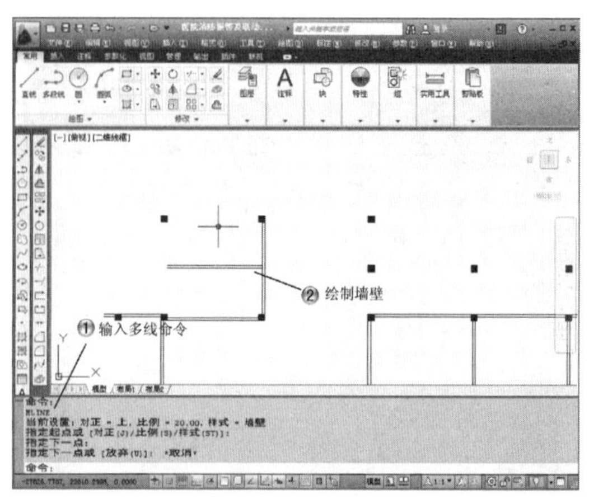

图17-36　绘制隔断墙

步骤 13 复制3个板墙，如图17-37所示。

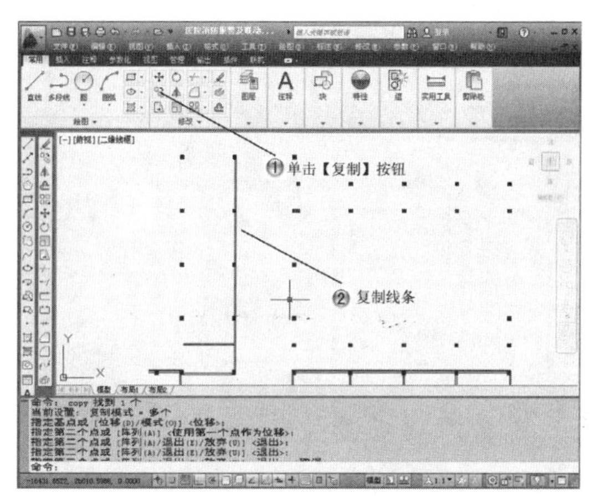

图17-37　复制3个板墙

步骤 14 绘制横的板墙，如图17-38所示。

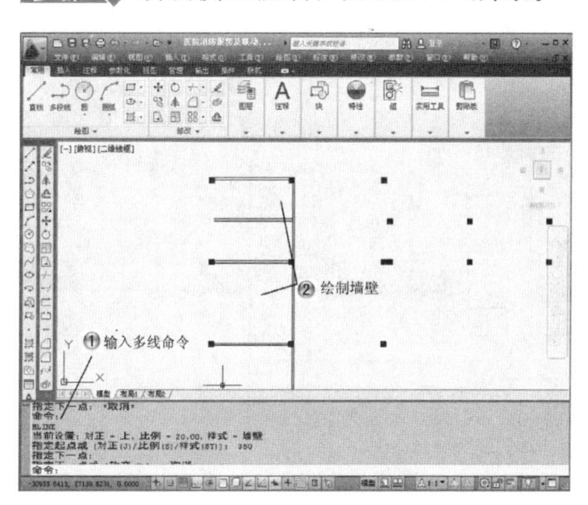

图17-38　绘制横的板墙

步骤 15 绘制另一边的墙壁，如图17-39所示。

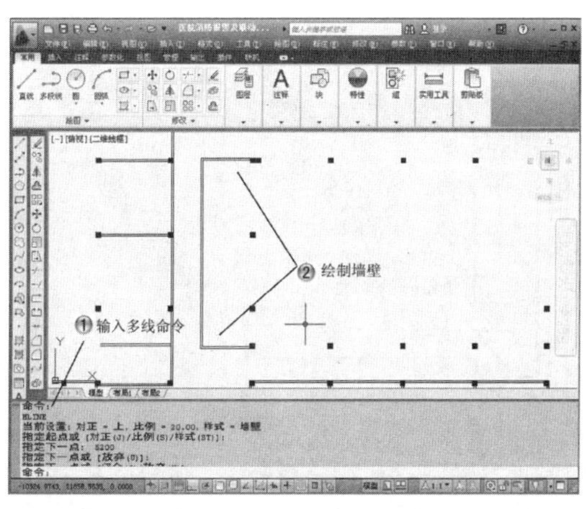

图17-39　绘制另一边的墙壁

步骤 16 绘制通风间，如图17-40所示。

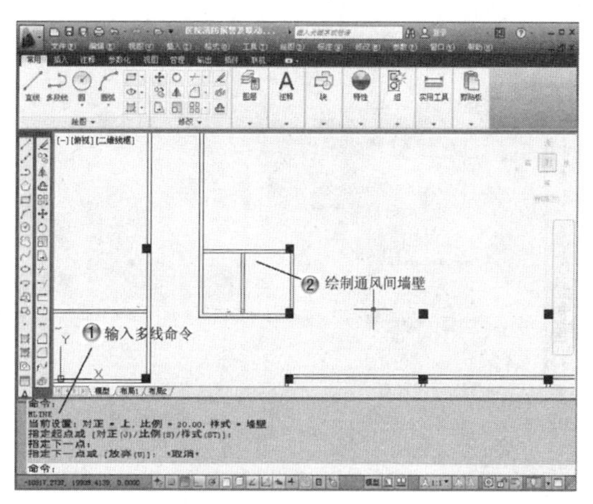

图17-40　绘制通风间

步骤 17 绘制其他外墙，如图17-41所示。

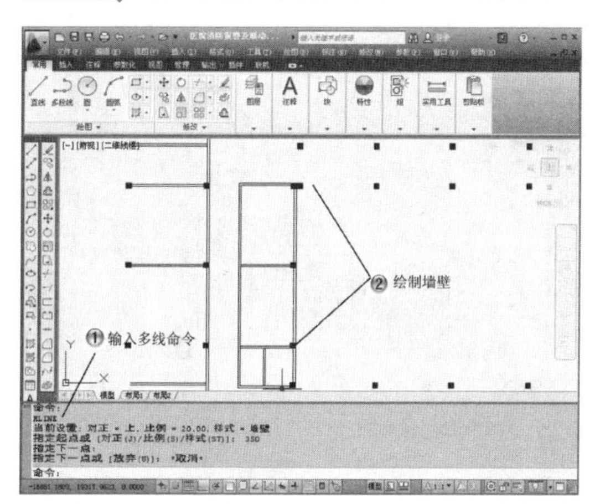

图17-41　绘制其他外墙

步骤 18 向上绘制外墙，如图17-42所示。

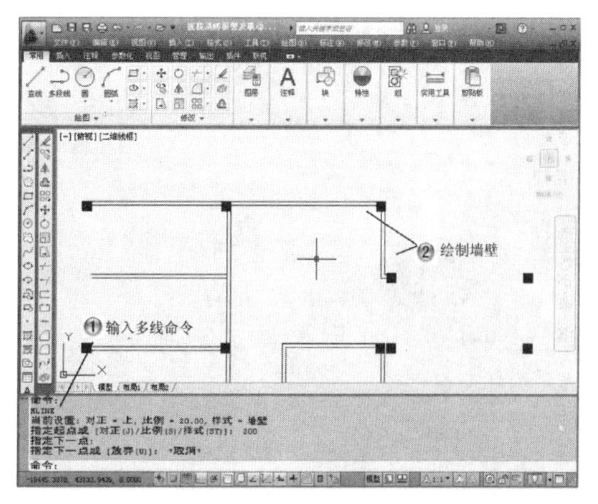

图17-42　向上绘制外墙

步骤 19 绘制卫生间，如图17-43所示。

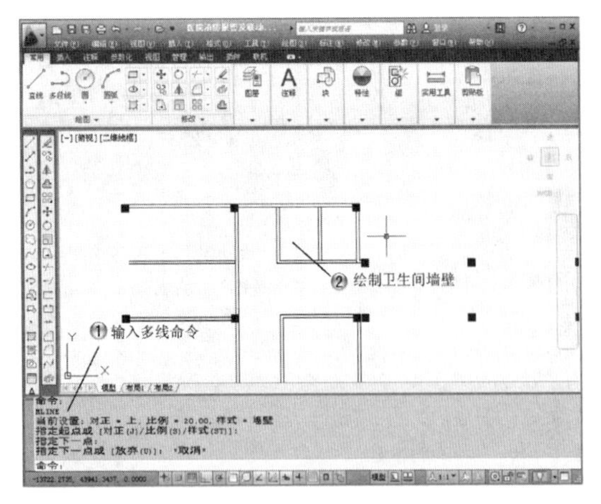

图17-43　绘制卫生间

步骤 20 完成卫生间，如图17-44所示。

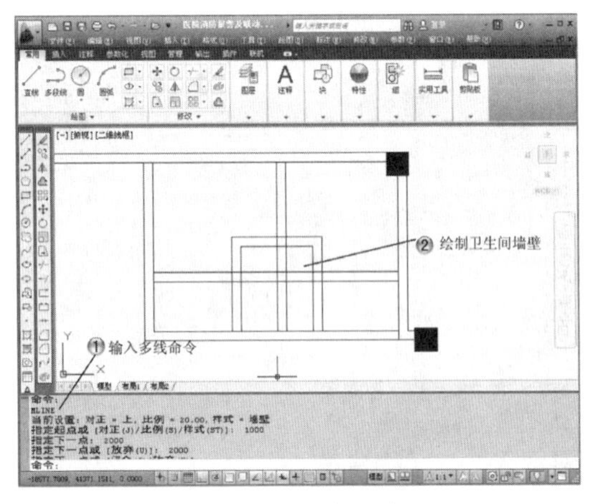

图17-44　完成卫生间

步骤 21 绘制最上面的外墙，如图17-45所示。

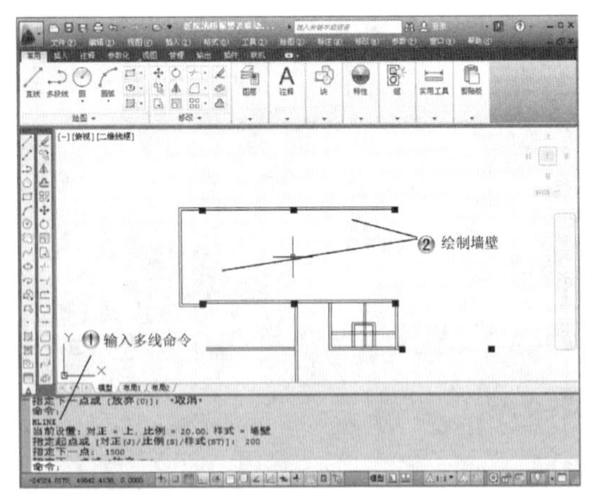

图17-45　绘制最上面的外墙

步骤 22 绘制隔断和楼梯间，如图17-46所示。

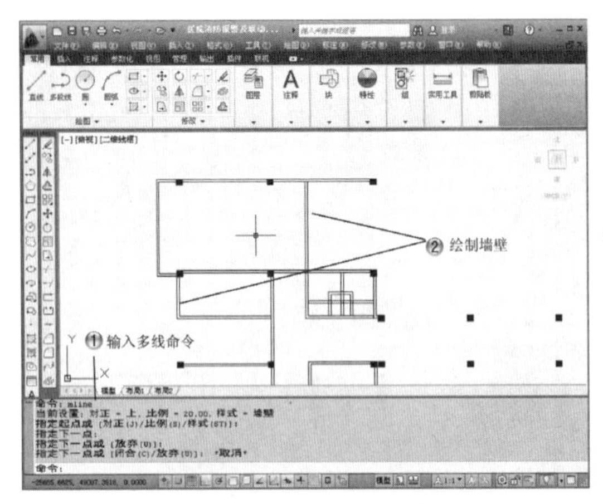

图17-46　绘制隔断和楼梯间

步骤 23 绘制庭院外墙，如图17-47所示。

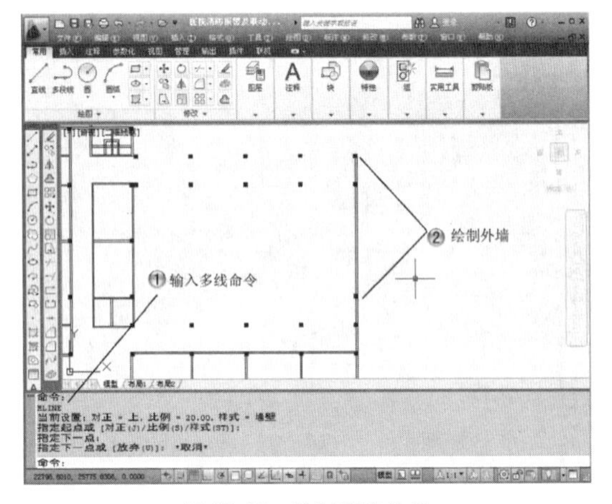

图17-47　绘制庭院外墙

步骤 24 绘制走廊外墙，如图17-48所示。

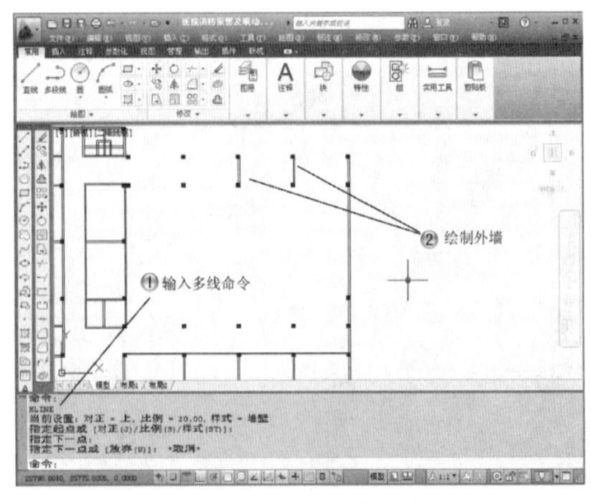

图17-48　绘制走廊外墙

17.2.4 门窗绘制

步骤 1 更改门窗图层，如图17-49所示。

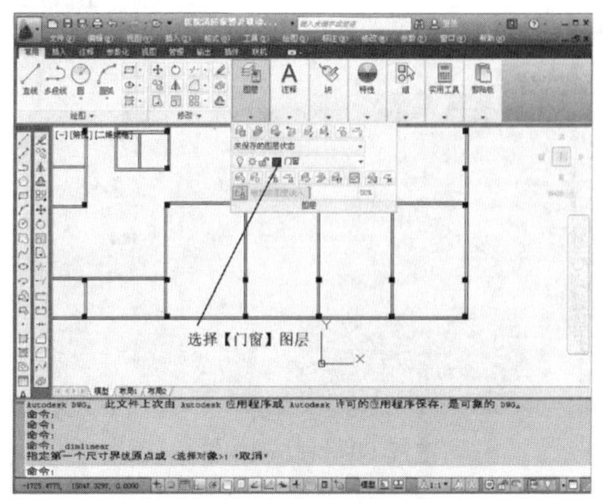

图17-49 更改门窗图层

步骤 2 绘制窗户，如图17-50所示。

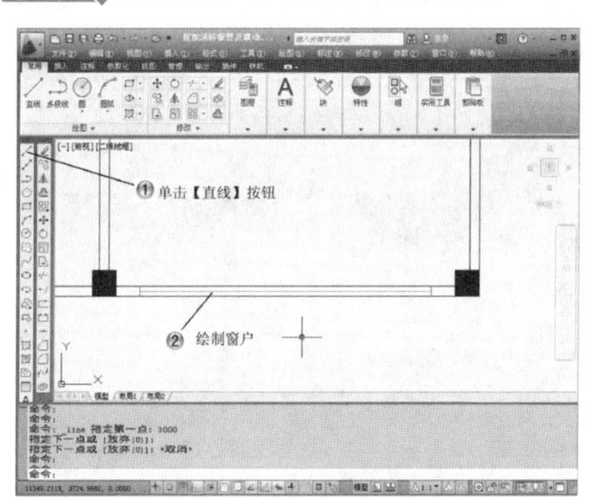

图17-50 绘制窗户

步骤 3 复制窗户，如图17-51所示。

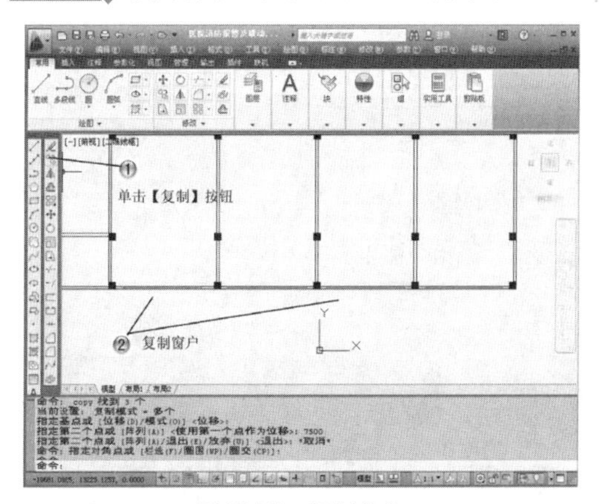

图17-51 复制窗户

步骤 4 更改门窗属性，如图17-52所示。

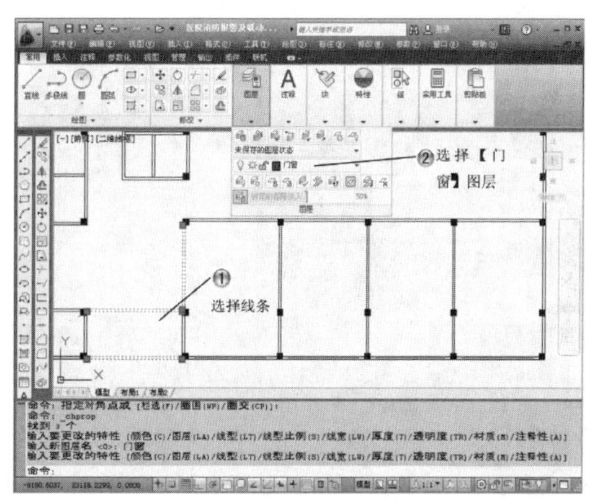

图17-52 更改门窗属性

步骤 5 绘制小窗，如图17-53所示。

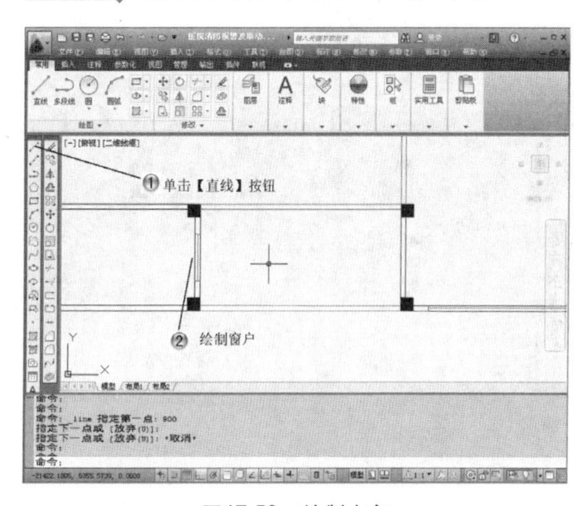

图17-53 绘制小窗

步骤 6 绘制外窗，如图17-54所示。

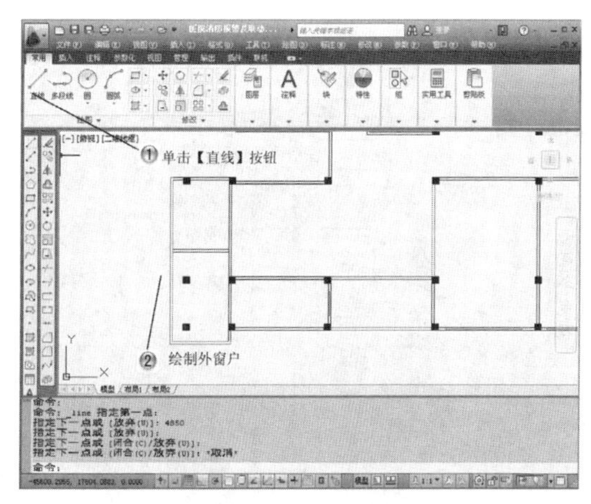

图17-54 绘制外窗

步骤 7 绘制观察窗，如图17-55所示。

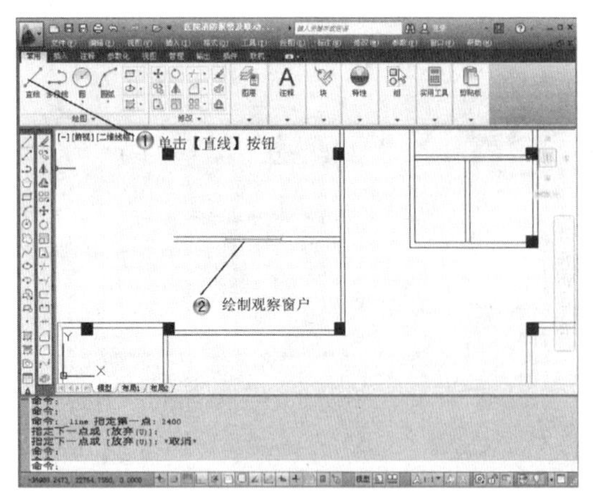

图17-55　绘制观察窗

步骤 8 绘制落地窗，如图17-56所示。

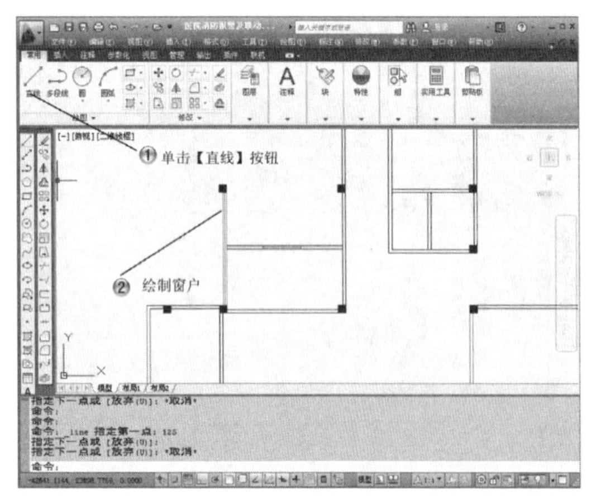

图17-56　绘制落地窗

步骤 9 复制落地窗，如图17-57所示。

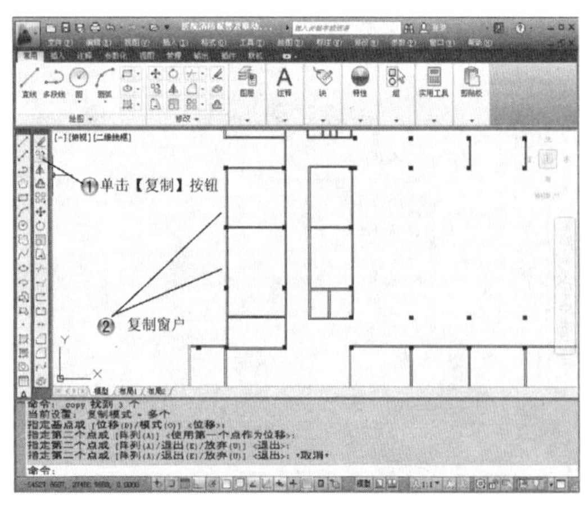

图17-57　复制落地窗

步骤 10 向上绘制窗户，如图17-58所示。

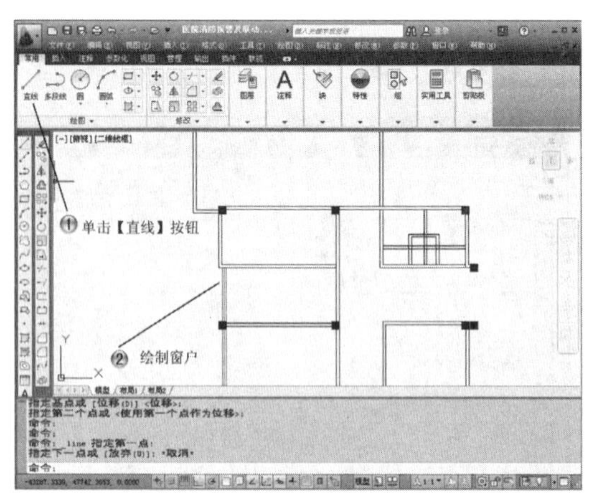

图17-58　向上绘制窗户

步骤 11 绘制台阶，如图17-59所示。

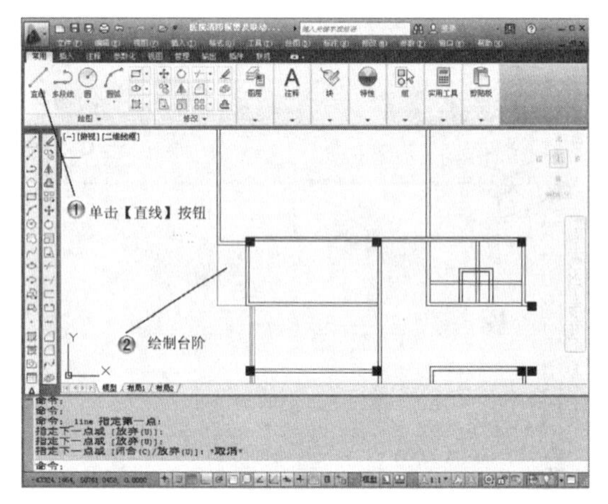

图17-59　绘制台阶

步骤 12 绘制两个窗户，如图17-60所示。

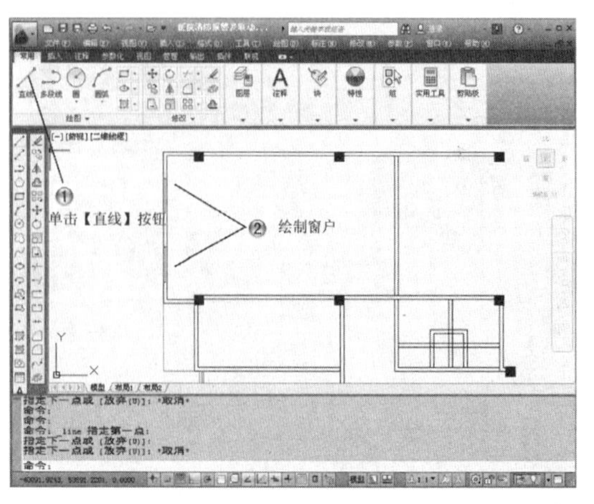

图17-60　绘制两个窗户

步骤 13 绘制大窗，如图17-61所示。

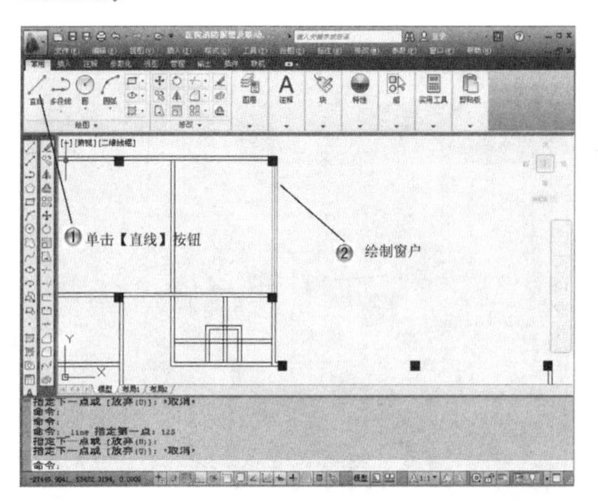

图17-61　绘制大窗

步骤 14 绘制小窗，如图17-62所示。

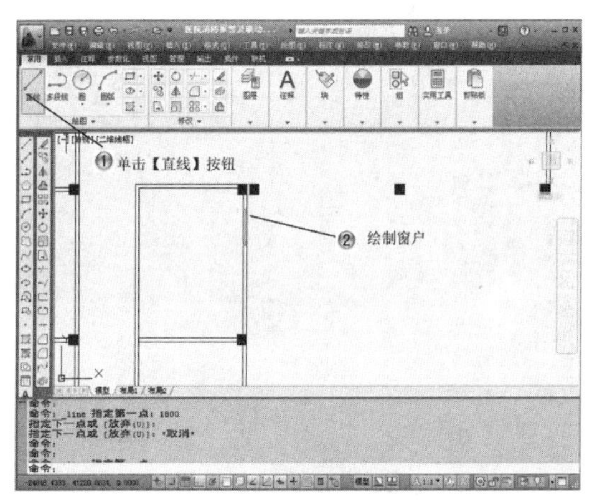

图17-62　绘制小窗

步骤 15 复制小窗，如图17-63所示。

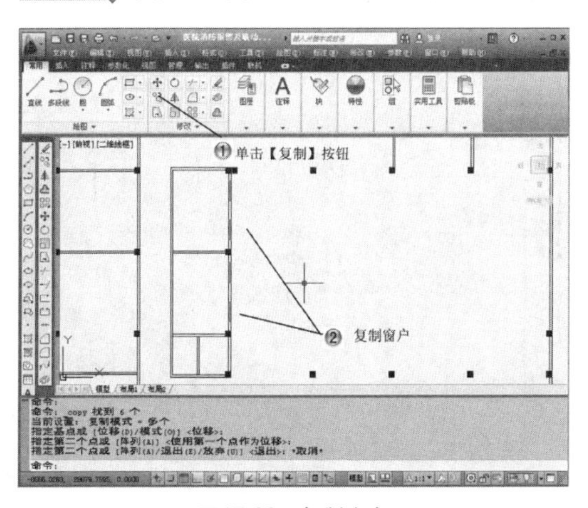

图17-63　复制小窗

步骤 16 绘制走廊窗户，如图17-64所示。

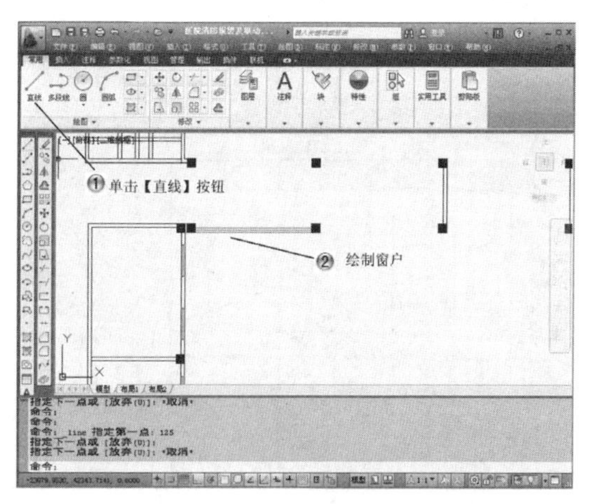

图17-64　绘制走廊窗户

步骤 17 复制走廊窗户，如图17-65所示。

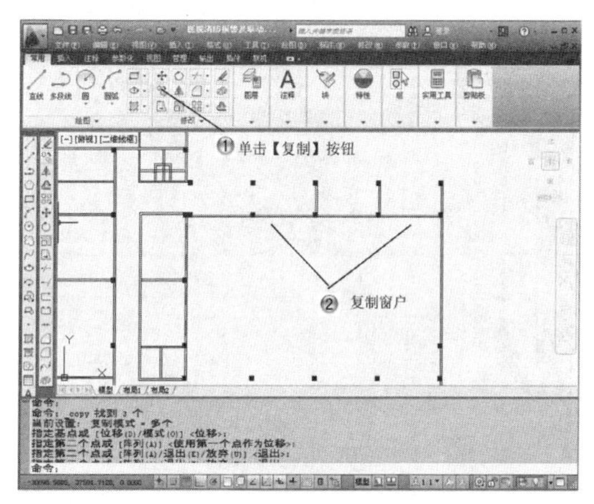

图17-65　复制走廊窗户

步骤 18 对称复制窗户，如图17-66所示。

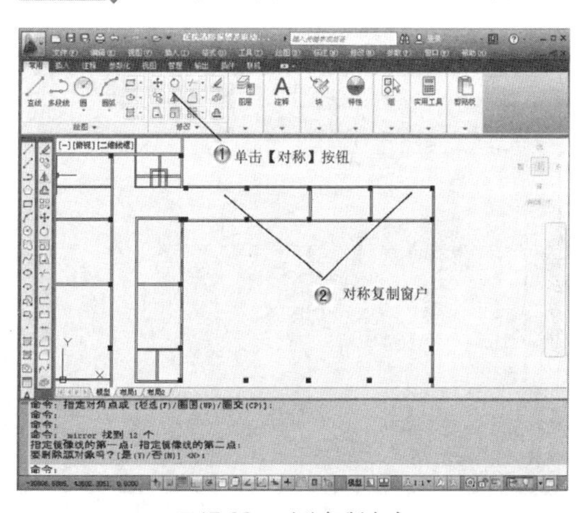

图17-66　对称复制窗户

步骤 19 复制另一侧走廊窗户，如图17-67所示。

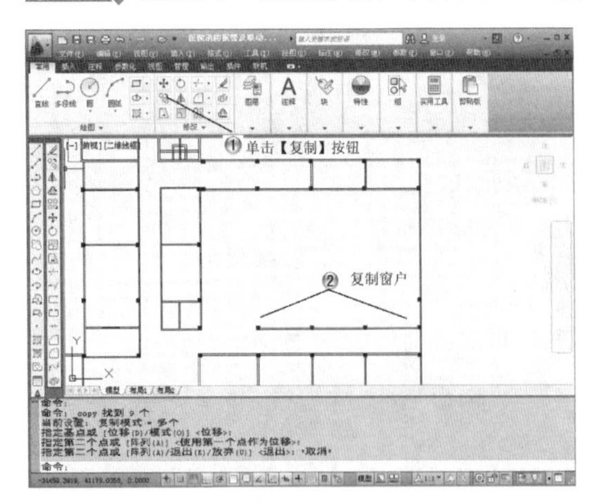

图17-67　复制另一侧走廊窗户

步骤 20 绘制完成窗户，如图17-68所示。

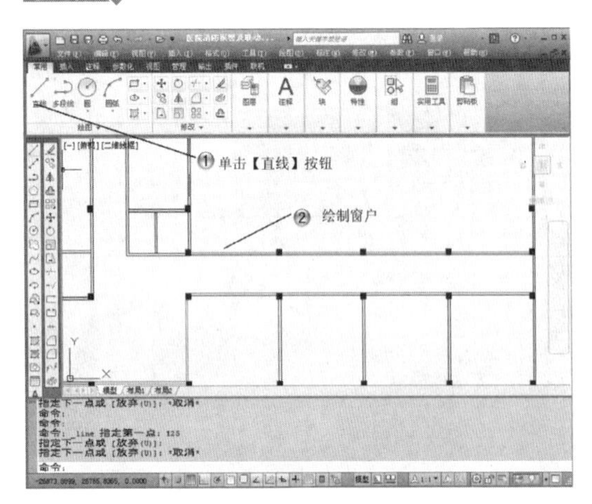

图17-68　绘制完成窗户

步骤 21 绘制门，如图17-69所示。

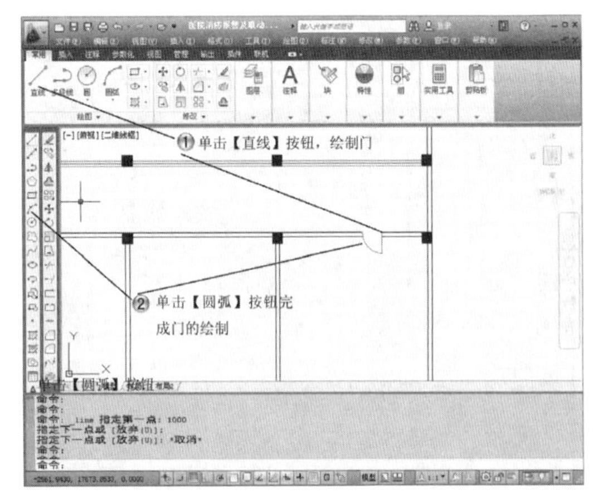

图17-69　绘制门

步骤 22 复制门，如图17-70所示。

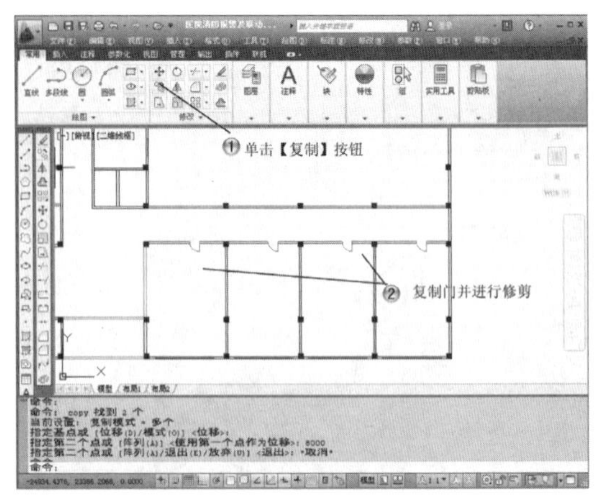

图17-70　复制门

步骤 23 绘制大门，如图17-71所示。

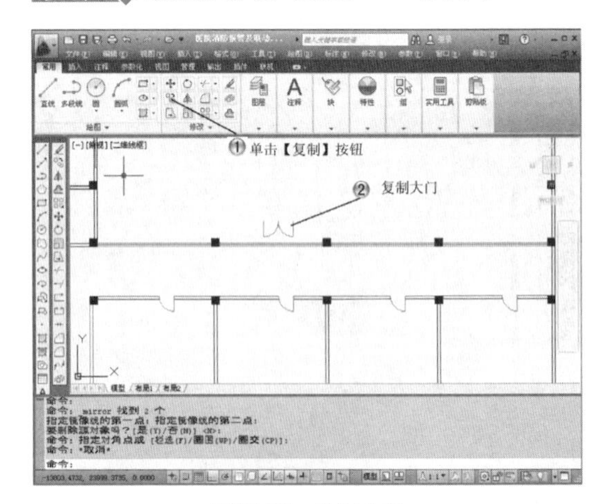

图17-71　绘制大门

步骤 24 移动修剪大门，如图17-72所示。

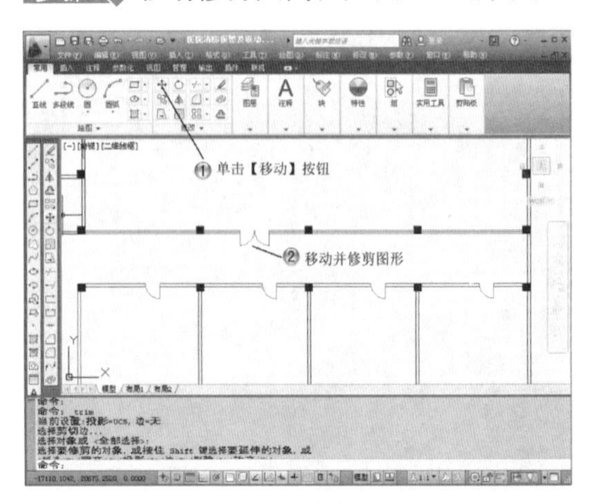

图17-72　移动修剪大门

步骤 25 复制大门，如图17-73所示。

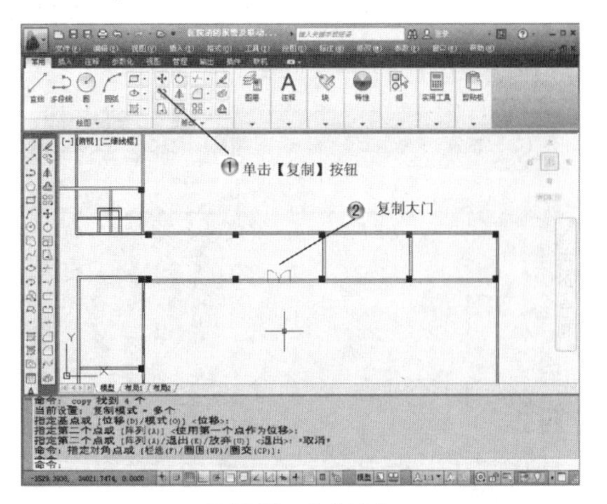

图17-73　复制大门

步骤 26 复制另一个大门，如图17-74所示。

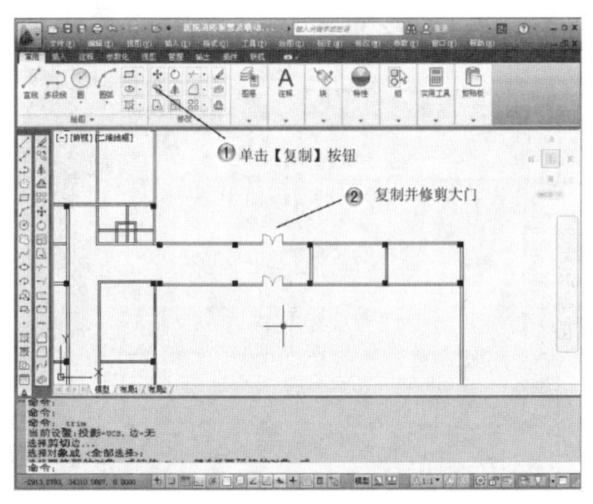

图17-74　复制另一个大门

步骤 27 复制大小门，如图17-75所示。

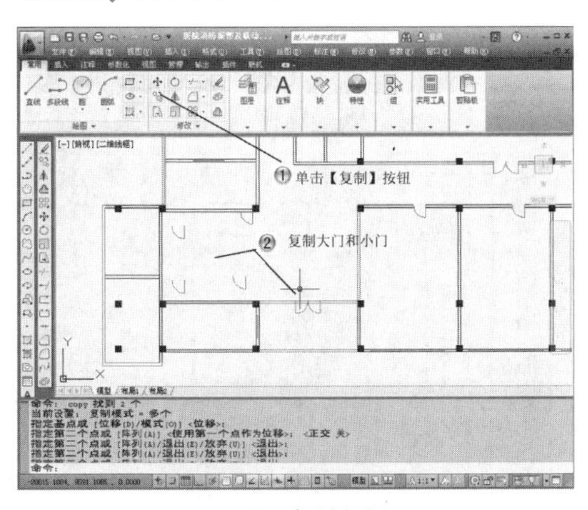

图17-75　复制大小门

步骤 28 修剪大小门，如图17-76所示。

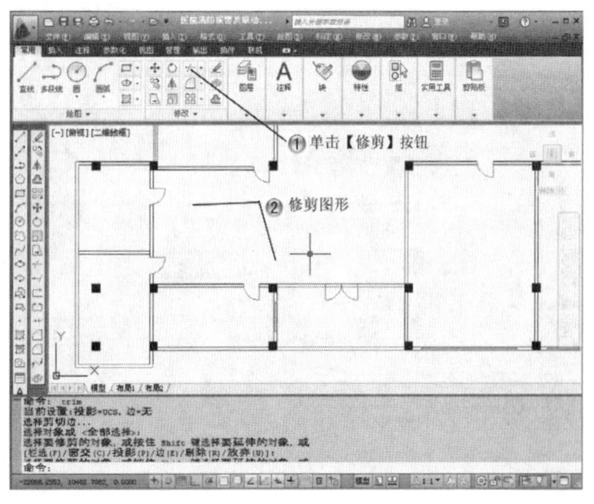

图17-76　修剪大小门

步骤 29 复制其他的小门，如图17-77所示。

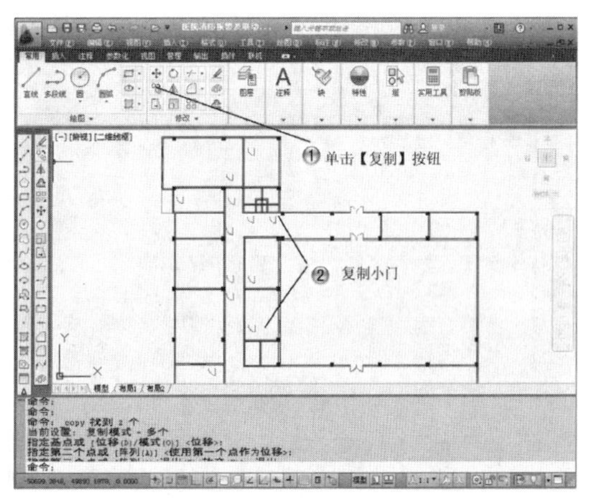

图17-77　复制其他的小门

步骤 30 修剪3个小门，如图17-78所示。

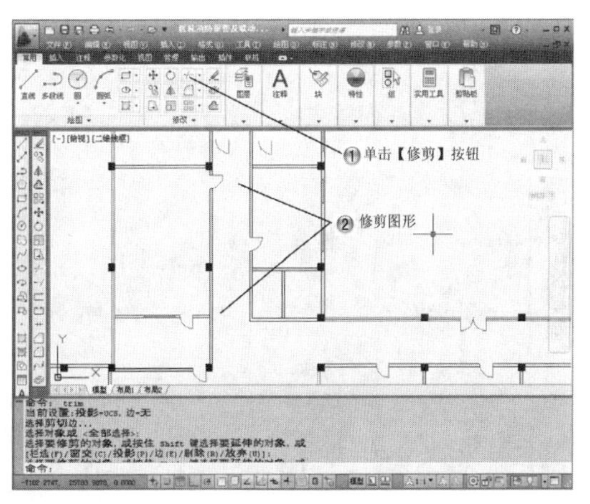

图17-78　修剪3个小门

步骤 31 修剪5个小门，如图17-79所示。

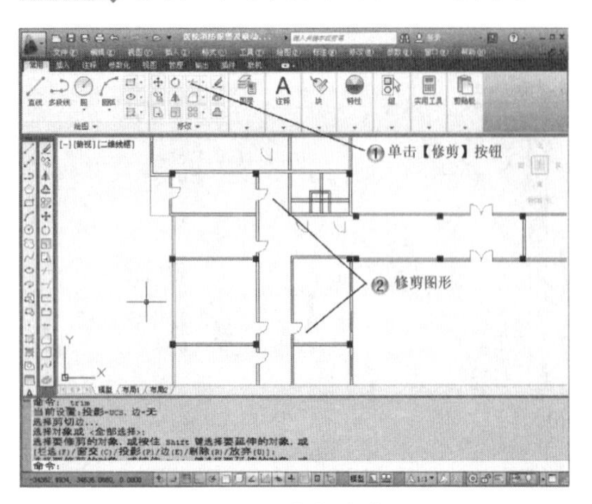

图17-79　修剪5个小门

步骤 32 修剪4个小门，如图17-80所示。

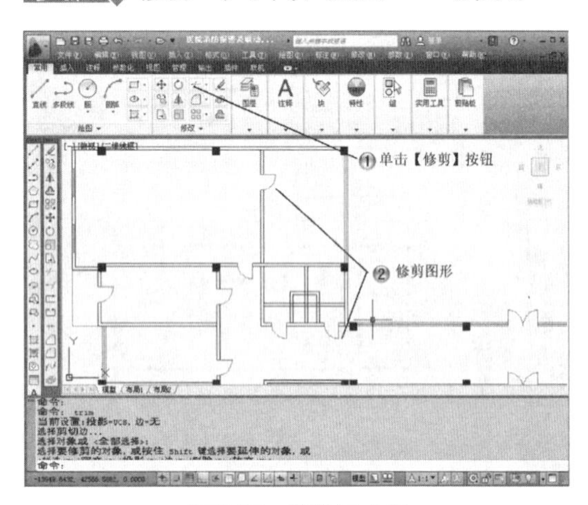

图17-80　修剪4个小门

步骤 33 修剪卫生间，如图17-81所示。

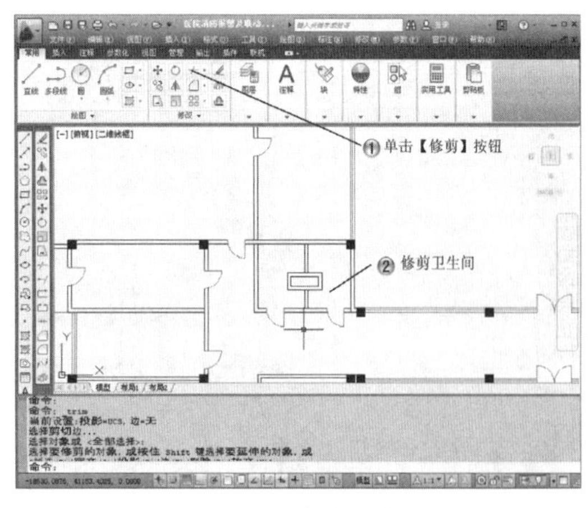

图17-81　修剪卫生间

17.2.5　附属设施绘制

步骤 1 绘制台阶，如图17-82所示。

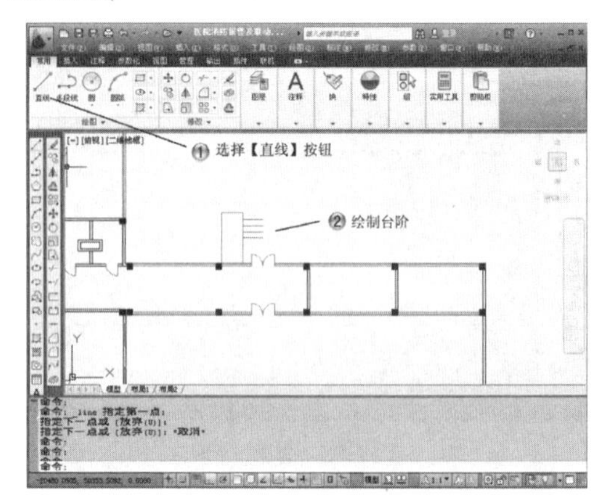

图17-82　绘制台阶

步骤 2 镜像台阶，如图17-83所示。

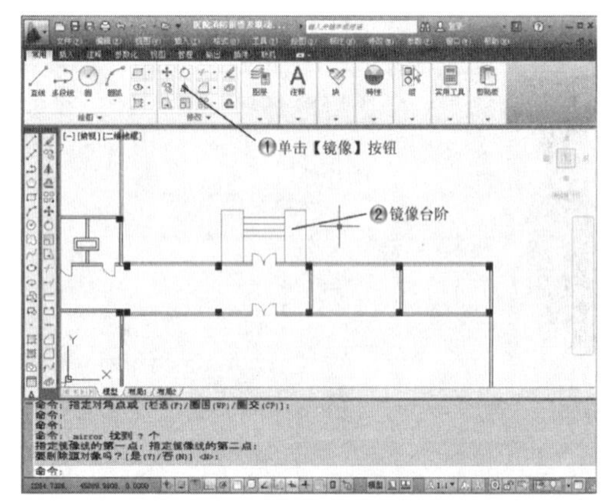

图17-83　镜像台阶

步骤 3 复制其他台阶，如图17-84所示。

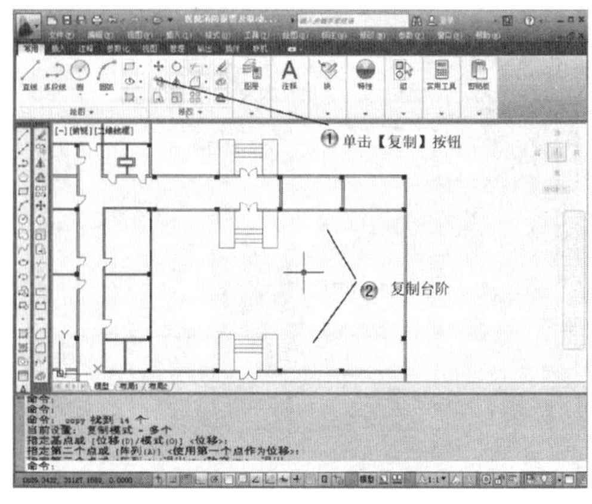

图17-84　复制其他台阶

步骤 4 绘制床，如图17-85所示。

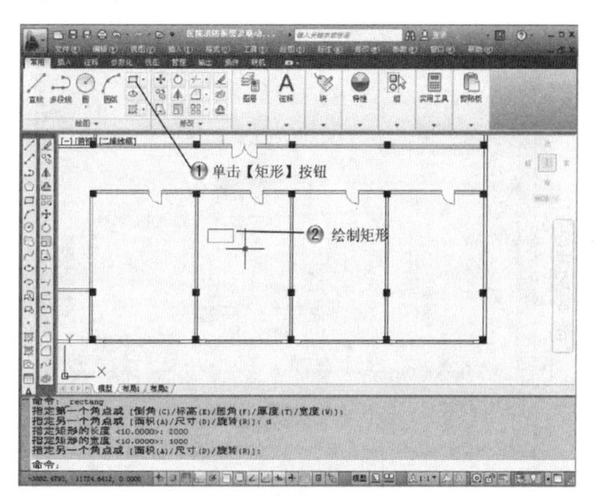

图17-85 绘制床

步骤 5 复制床，如图17-86所示。

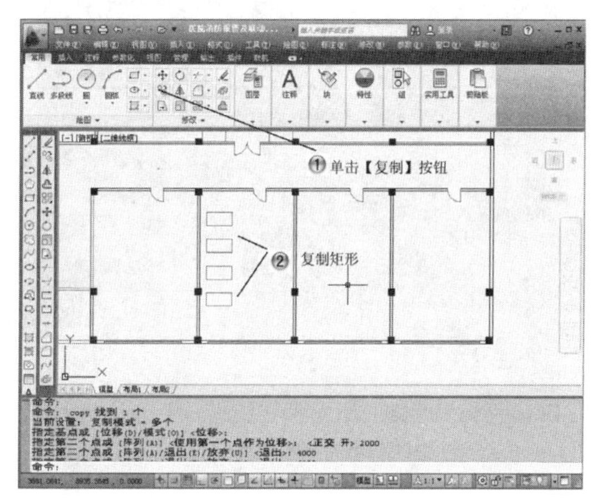

图17-86 复制床

步骤 6 复制其他房间的床，如图17-87所示。

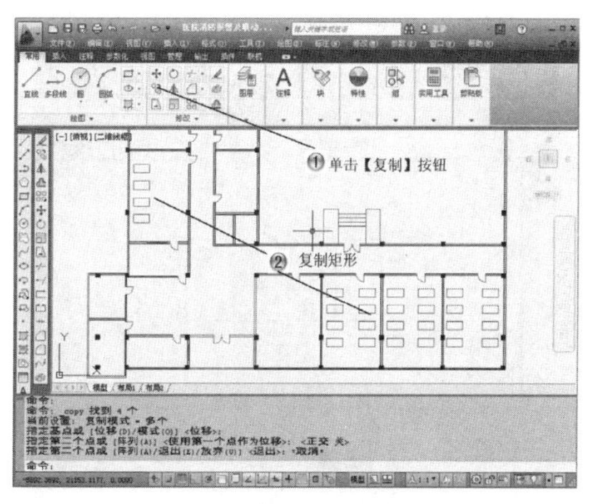

图17-87 复制其他房间的床

步骤 7 绘制挂号台，如图17-88所示。

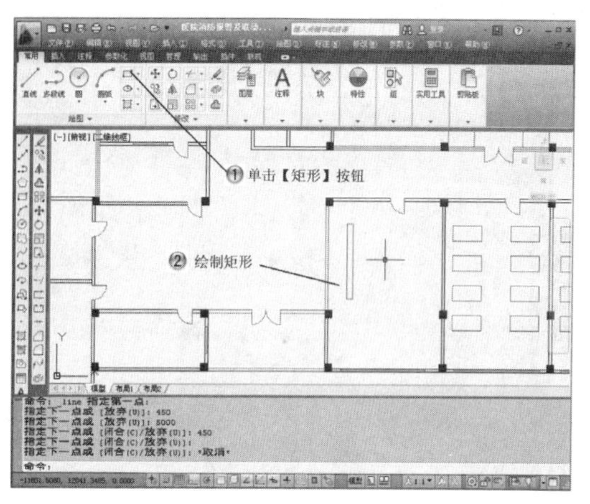

图17-88 绘制挂号台

步骤 8 绘制护士台，如图17-89所示。

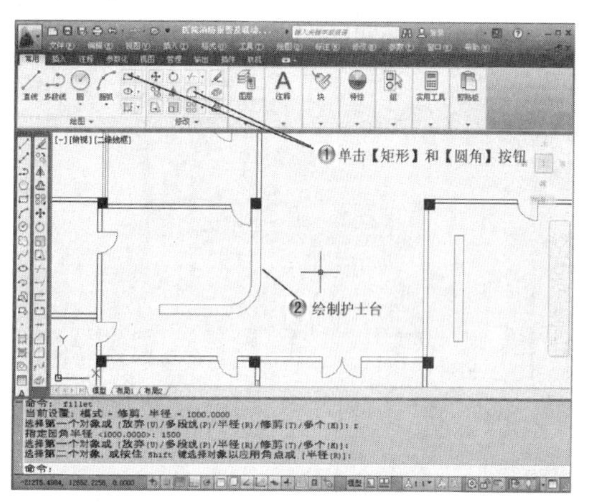

图17-89 绘制护士台

步骤 9 绘制楼梯，如图17-90所示。

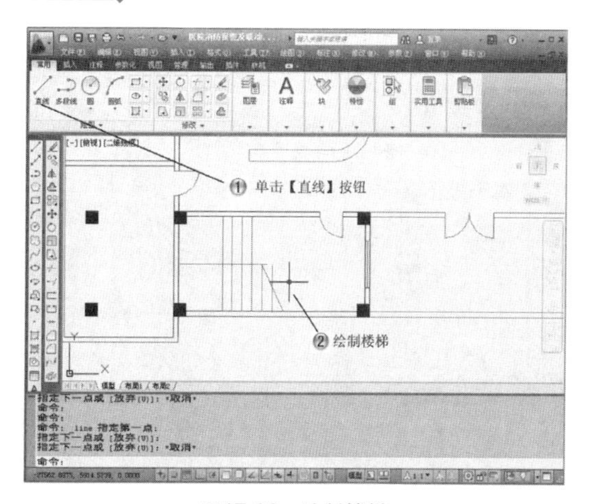

图17-90 绘制楼梯

步骤 10 修剪楼梯，如图17-91所示。

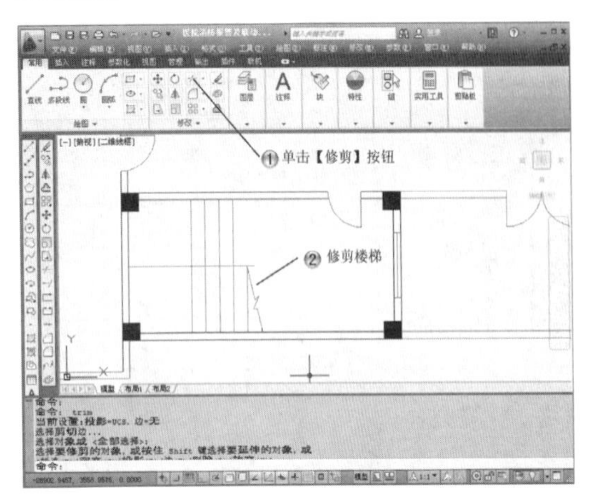

图17-91　修剪楼梯

步骤 11 复制楼梯，如图17-92所示。

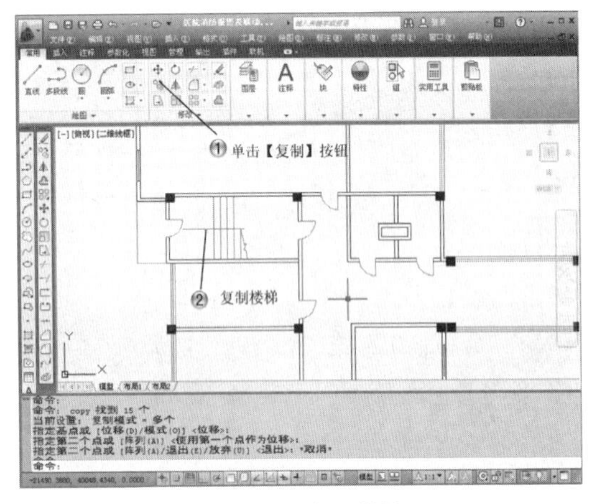

图17-92　复制楼梯

步骤 12 绘制卫生间墙壁，如图17-93所示。

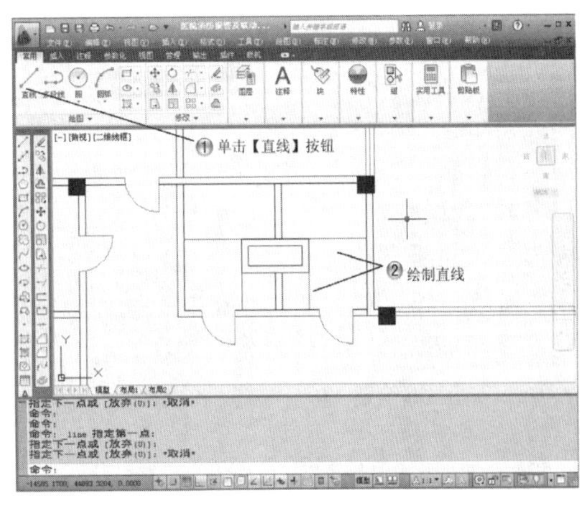

图17-93　绘制卫生间墙壁

步骤 13 绘制卫生间设备，如图17-94所示。

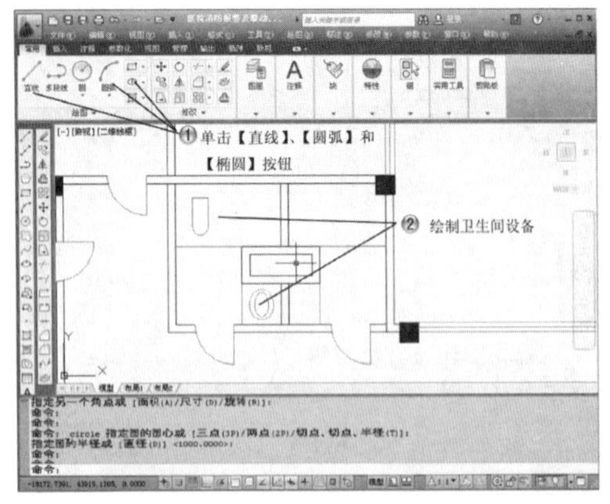

图17-94　绘制卫生间设备

步骤 14 复制卫生间设备，如图17-95所示。

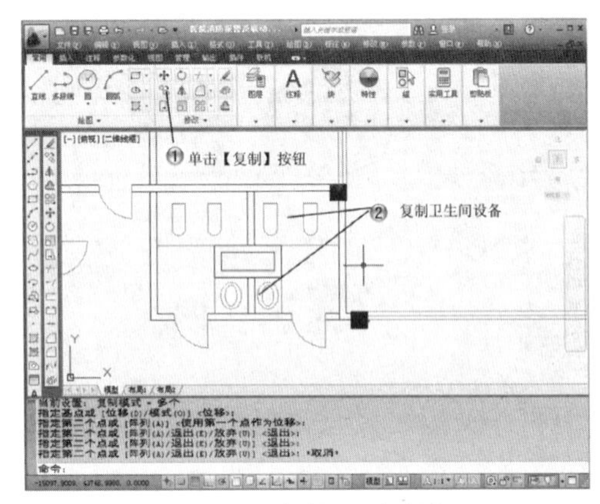

图17-95　复制卫生间设备

17.2.6　电气元件绘制

步骤 1 选择线路图层，如图17-96所示。

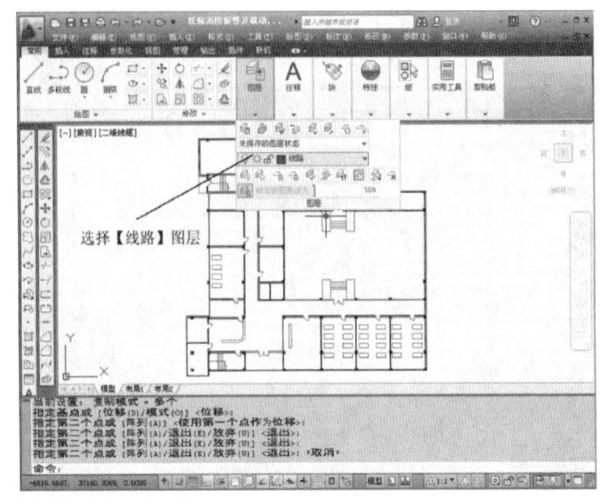

图17-96　选择线路图层

步骤 2 绘制感应器，如图17-97所示。

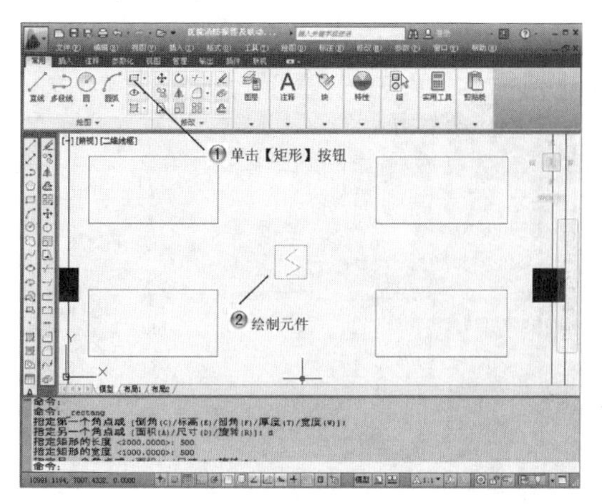

图17-97 绘制感应器

步骤 3 复制观察室和走廊的感应器，如图17-98所示。

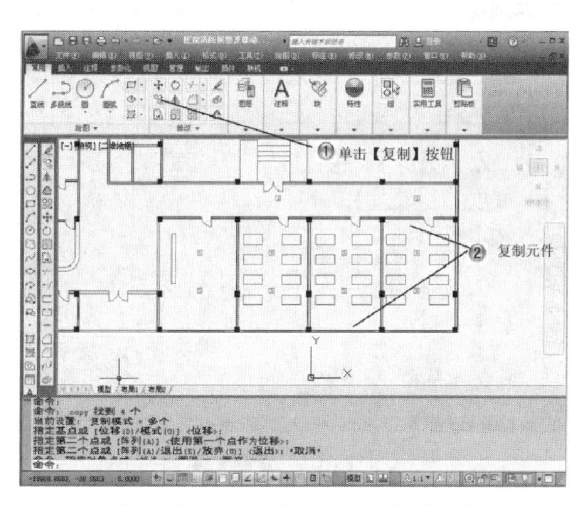

图17-98 复制观察室和走廊的感应器

步骤 4 复制护士站感应器，如图17-99所示。

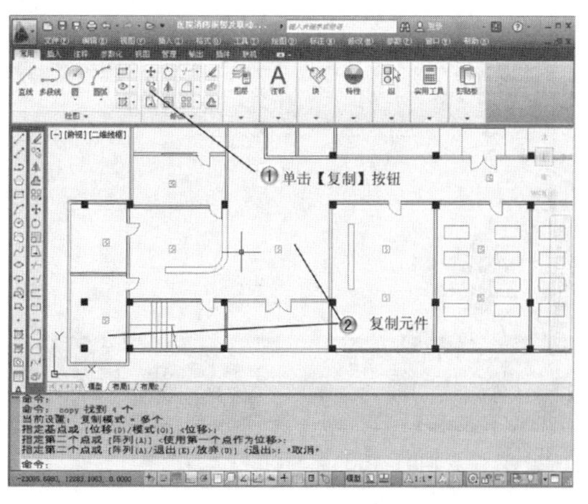

图17-99 复制护士站感应器

步骤 5 复制左侧房间的感应器，如图17-100所示。

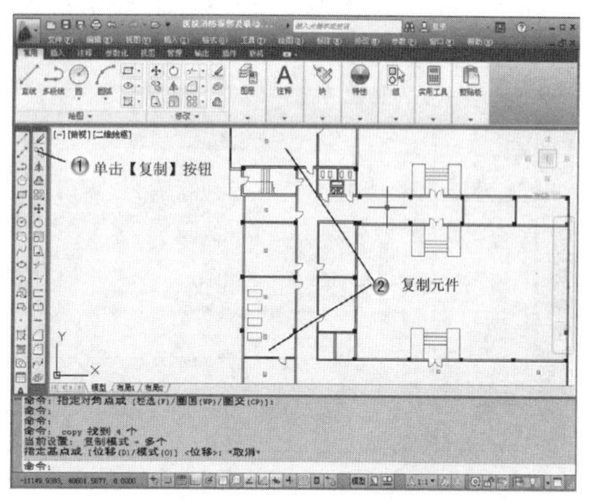

图17-100 复制左侧房间的感应器

步骤 6 复制右侧房间和走廊的感应器，如图17-101所示。

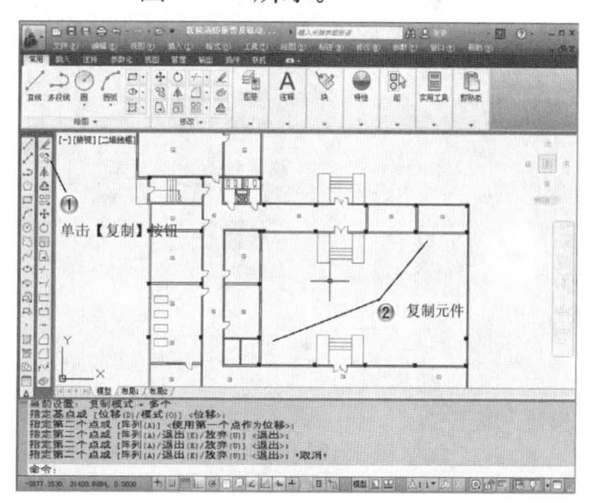

图17-101 复制右侧房间和走廊的感应器

步骤 7 绘制扬声器，如图17-102所示。

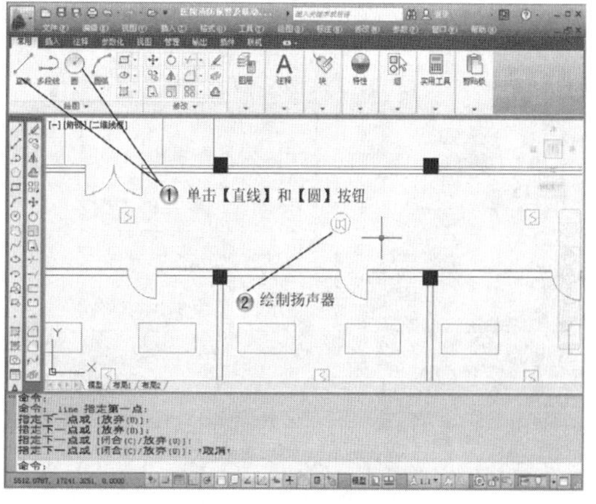

图17-102 绘制扬声器

步骤 8 复制扬声器，如图17-103所示。

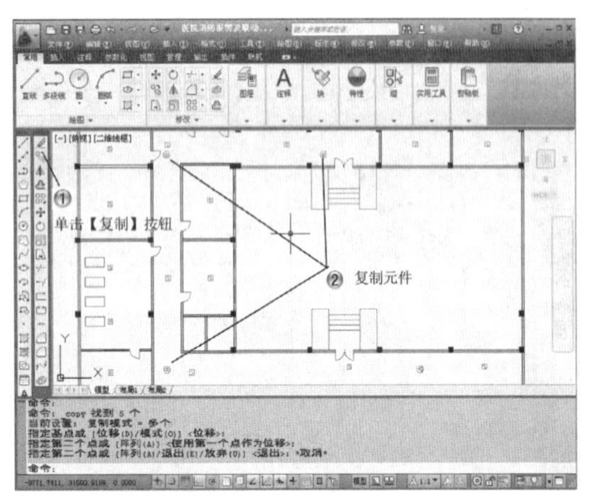

图17-103　复制扬声器

步骤 9 绘制电铃，如图17-104所示。

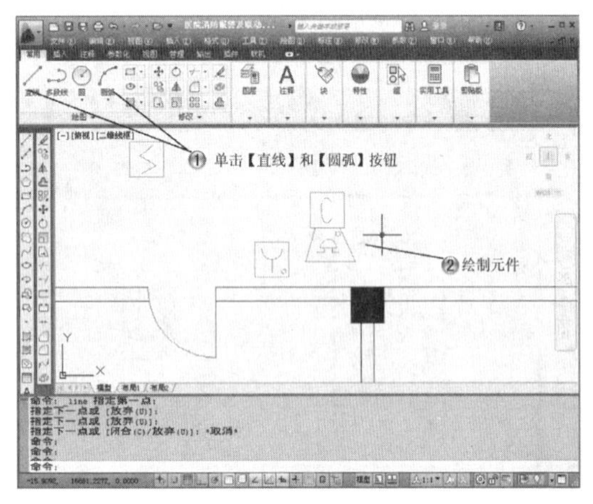

图17-104　绘制电铃

步骤 10 复制电铃，如图17-105所示。

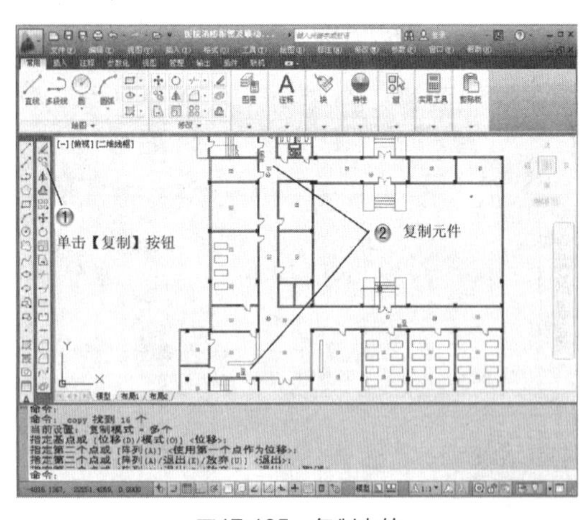

图17-105　复制电铃

步骤 11 绘制元件，如图17-106所示。

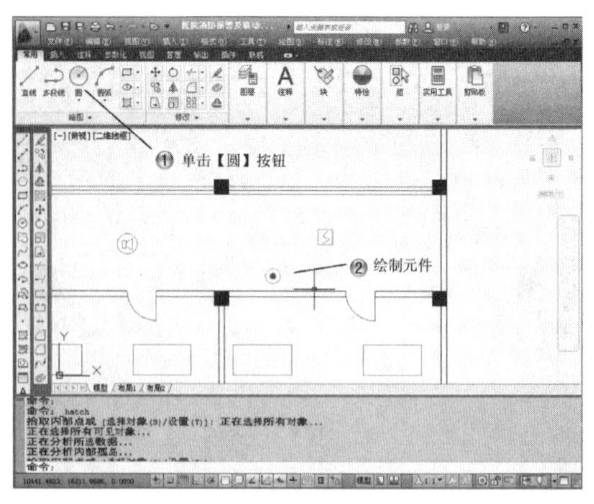

图17-106　绘制元件

步骤 12 复制元件，如图17-107所示。

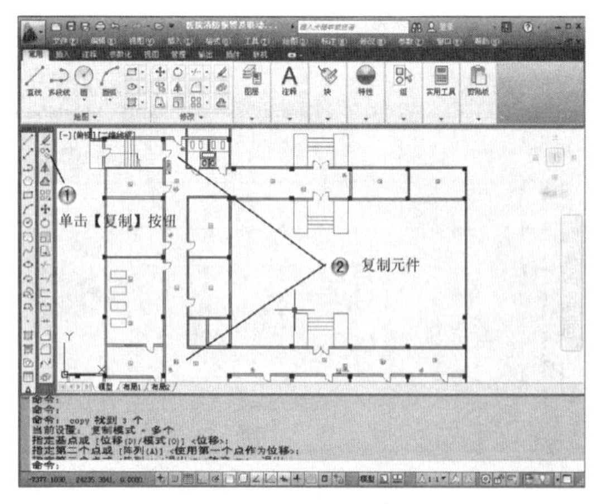

图17-107　复制元件

步骤 13 绘制其他电气元件，如图17-108所示。

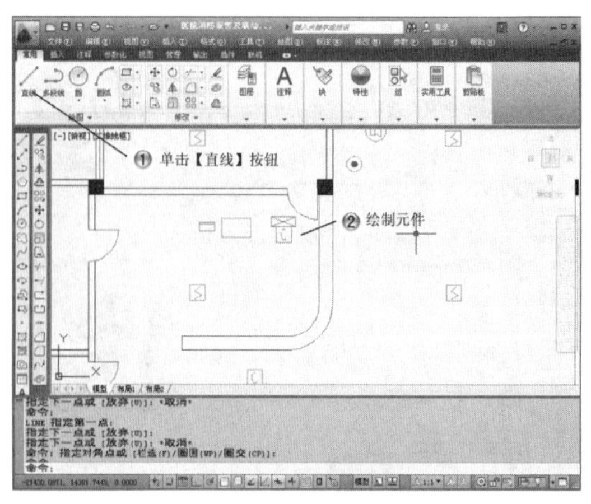

图17-108　绘制其他电气元件

步骤 14 绘制接线端，如图17-109所示。

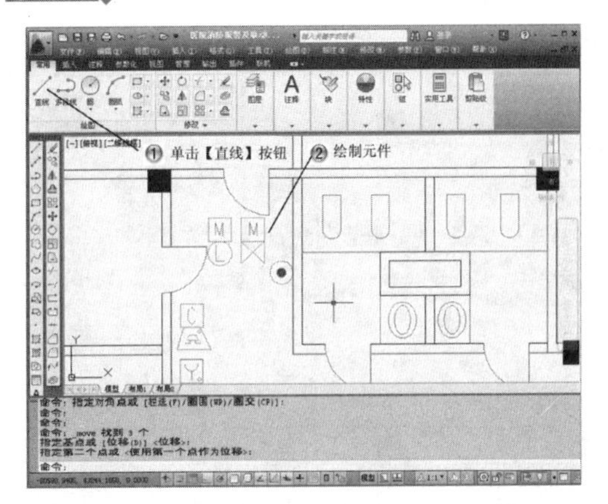

图17-109 绘制接线端

步骤 15 绘制线路终端，如图17-110所示。

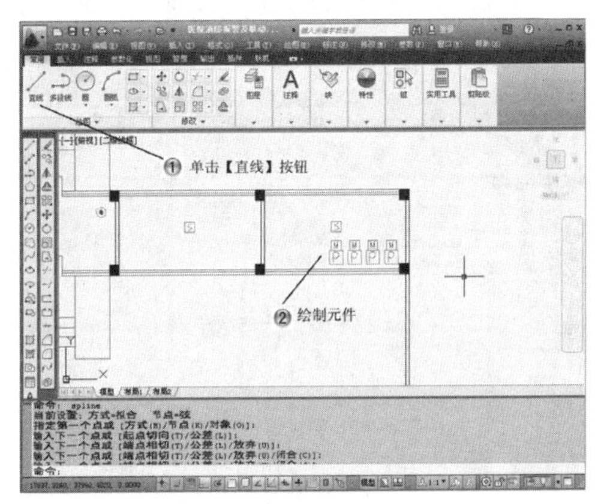

图17-110 绘制线路终端

17.2.7 电气线路绘制

步骤 1 绘制观察室右边线路，如图17-111所示。

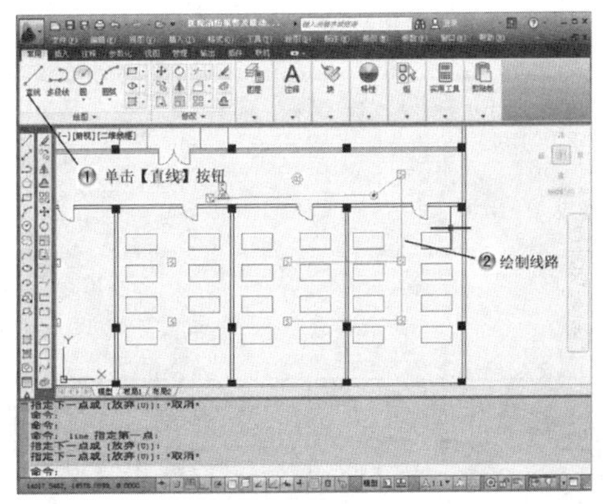

图17-111 绘制观察室右边线路

步骤 2 绘制观察室左边线路，如图17-112所示。

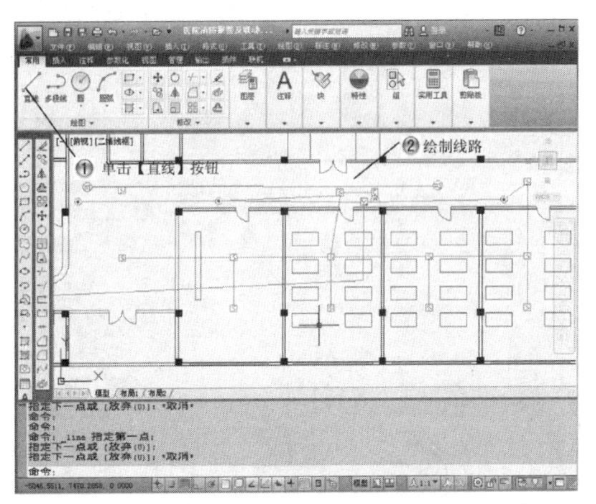

图17-112 绘制观察室左边线路

步骤 3 打断线路，如图17-113所示。

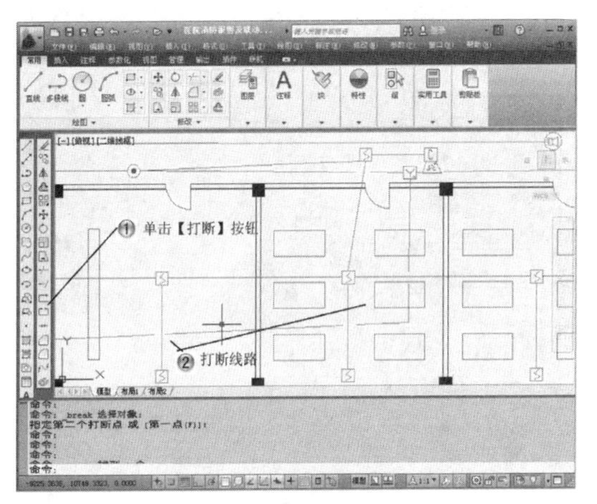

图17-113 打断线路

步骤 4 绘制护士站线路，如图17-114所示。

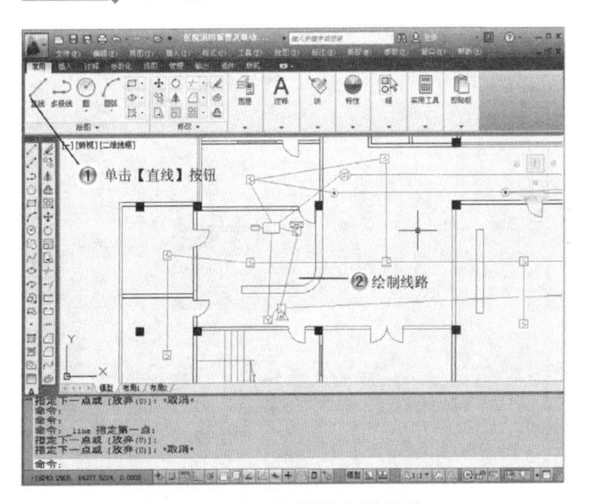

图17-114 绘制护士站线路

步骤 5 打断护士站交叉线路，如图17-115所示。

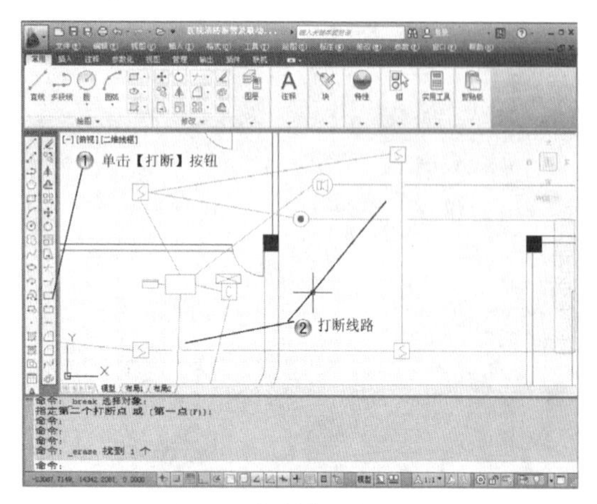

图17-115　打断护士站交叉线路

步骤 6 绘制其他房间线路，如图17-116所示。

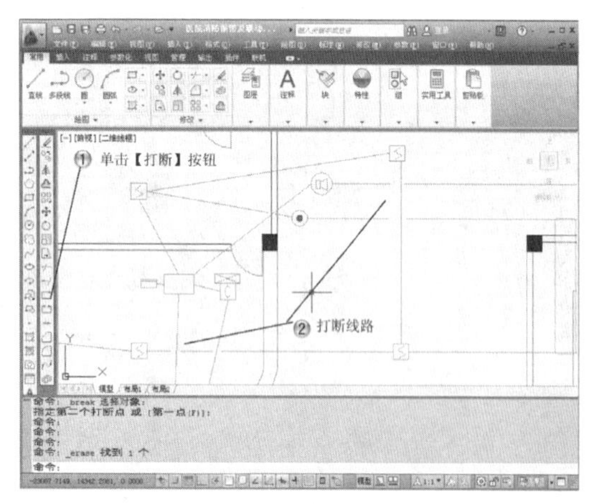

图17-116　绘制其他房间线路

步骤 7 打断其他房间线路，如图17-117所示。

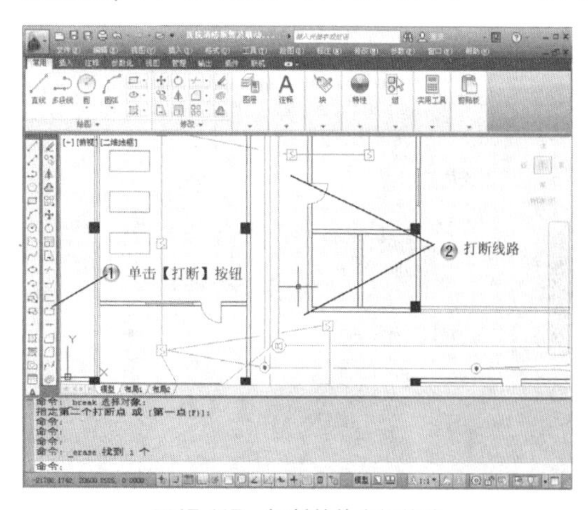

图17-117　打断其他房间线路

步骤 8 绘制抢救室线路，如图17-118所示。

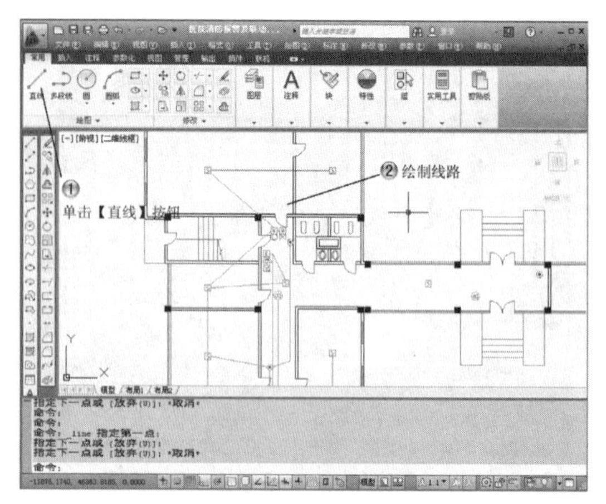

图17-118　绘制抢救室线路

步骤 9 打断抢救室线路，如图17-119所示。

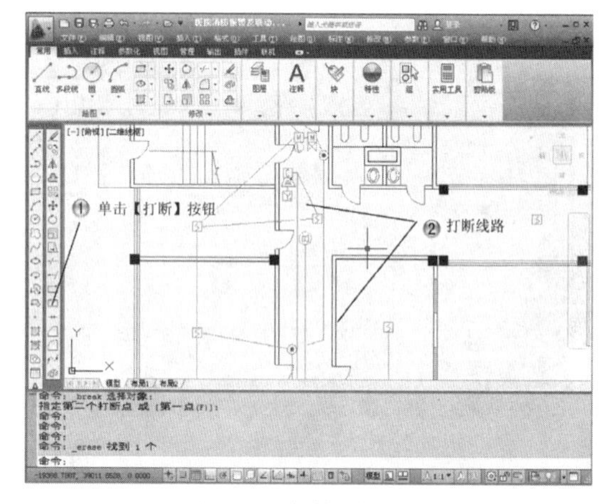

图17-119　打断抢救室线路

步骤 10 绘制走廊线路，如图17-120所示。

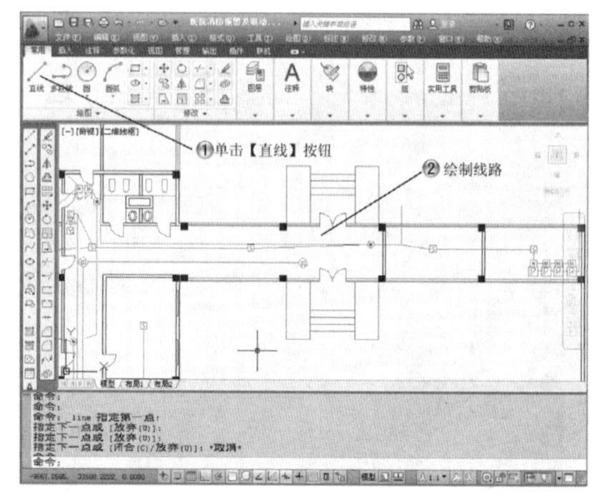

图17-120　绘制走廊线路

17.2.8 尺寸及文字标注

步骤 1 选择尺寸图层，如图17-121所示。

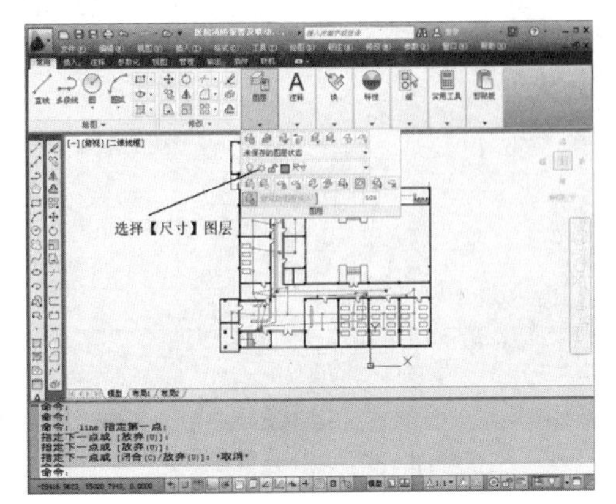

图17-121 选择尺寸图层

步骤 2 设置标注样式，如图17-122所示。

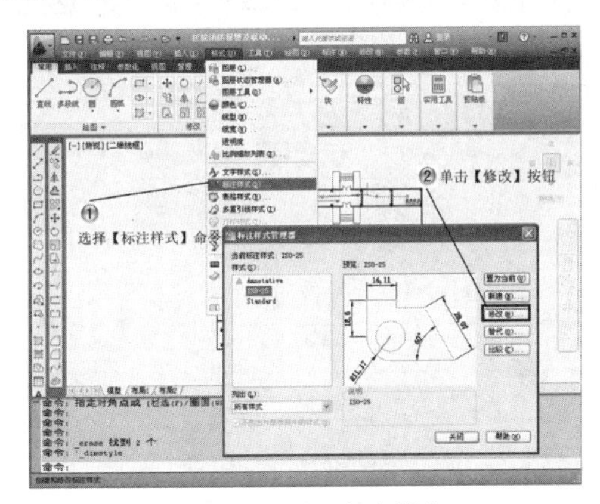

图17-122 设置标注样式

步骤 3 修改箭头，如图17-123所示。

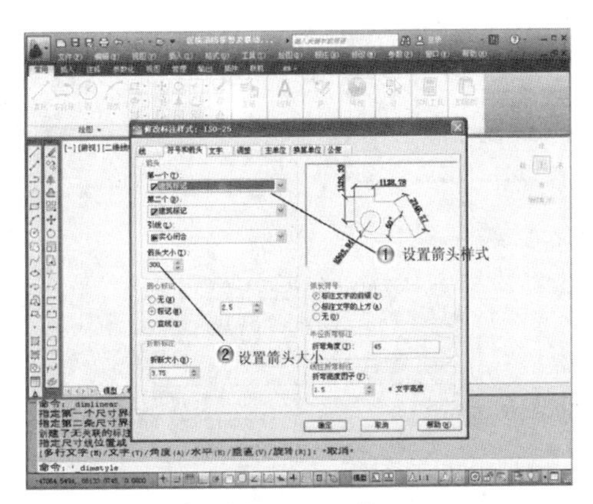

图17-123 修改箭头

步骤 4 修改文字，如图17-124所示。

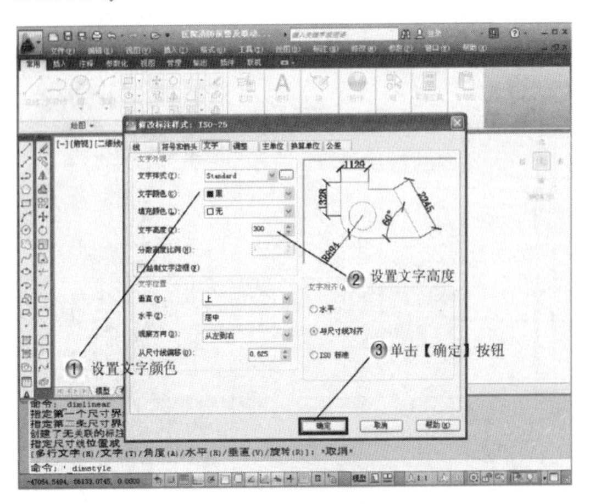

图17-124 修改文字

步骤 5 标注左边尺寸，如图17-125所示。

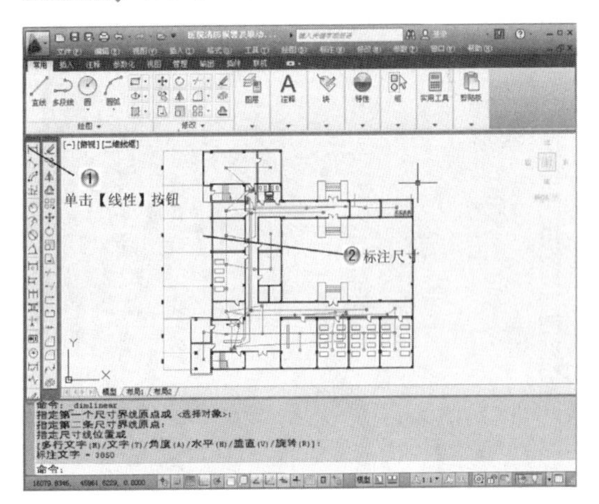

图17-125 标注左边尺寸

步骤 6 标注下边尺寸，如图17-126所示。

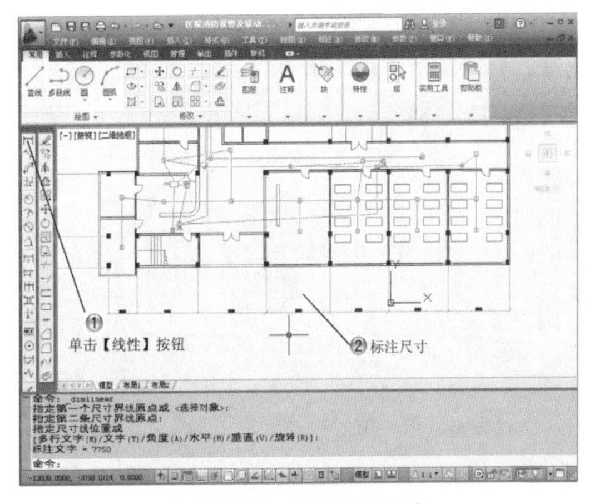

图17-126 标注下边尺寸

步骤 7 标注右边尺寸，如图17-127所示。

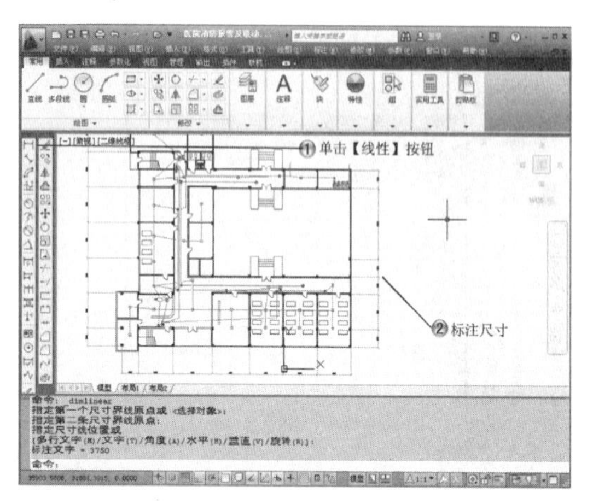

图17-127 标注右边尺寸

步骤 8 修改0图层，如图17-128所示。

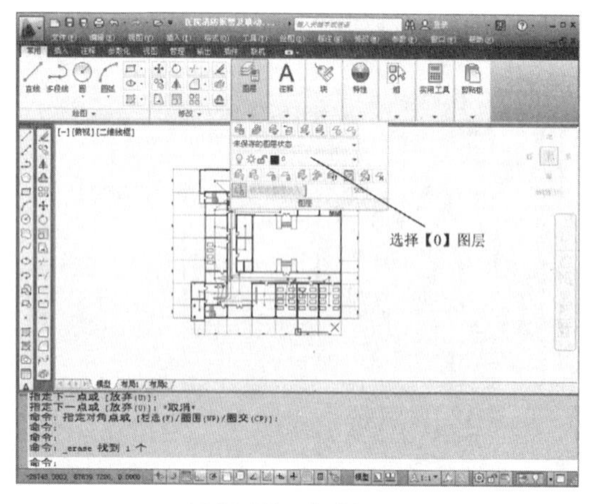

图17-128 修改0图层

步骤 9 绘制图框，如图17-129所示。

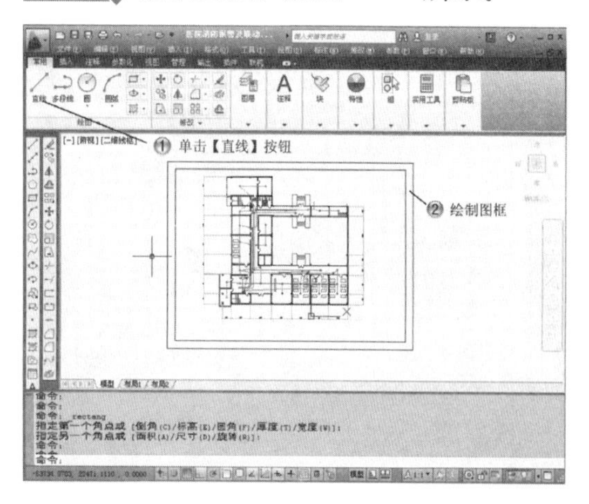

图17-129 绘制图框

步骤 10 标注输出端文字，如图17-130所示。

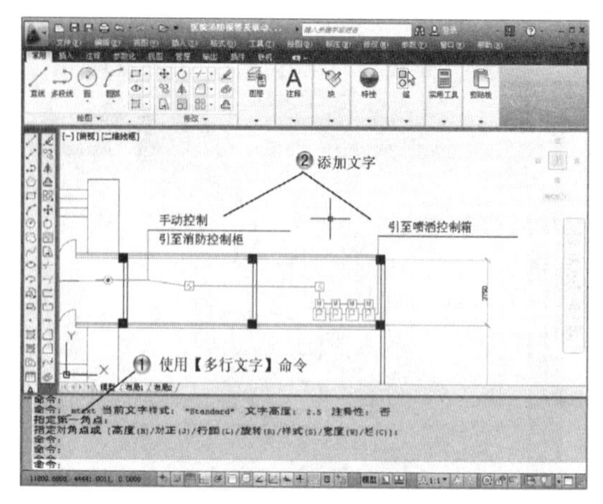

图17-130 标注输出端文字

步骤 11 标注房间文字，如图17-131所示。

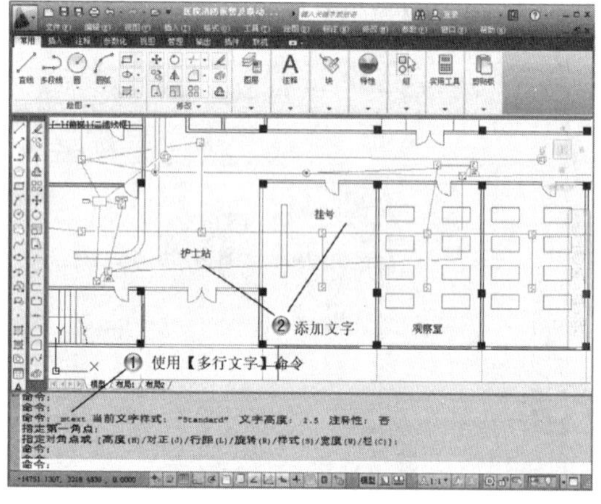

图17-131 标注房间文字

步骤 12 添加图纸标题，如图17-132所示。

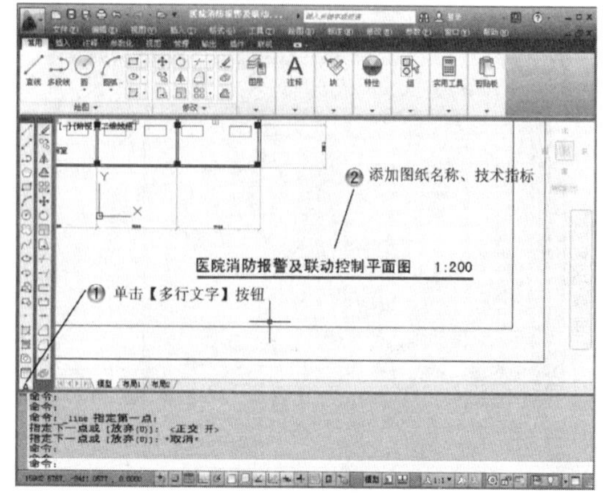

图17-132 添加图纸标题

17.3 范例小结

本章主要介绍了一个医院急诊部的消防报警及联动控制平面图纸的绘制方法和思路，通过图层、墙体、门窗、附属设施、电气元件和线路、尺寸和文字的绘制，使读者对建筑电气制图有一个基本的概念，有利于进一步的学习。

第 18 章

截止阀机械图

本章导读

机械设计当中，经常用到剖视图对零件内部进行表达。剖视图又分为全剖、半剖、局部剖等多种形式，使用原则是用最少的视图表达清楚零件的结构和主要尺寸。在绘制剖视图时，要用到填充不同的材料或者零件位置，需要使用不同的剖面线进行区别，便于在读图时查看。

本章通过截止阀的绘制，让读者认识和学习机械设计的绘图方法，以及剖视图的使用。

学习内容

知识点 \ 学习目标	理解	应用	实践
图层设置	√	√	√
绘制左半边视图	√	√	√
绘制剖视图	√	√	√
尺寸及文字标注	√	√	√

18.1 范例介绍

本章范例介绍机械零件中截止阀图纸的绘制。

在图纸绘制之前先进行图层的设置，方便后期读图和绘制；先绘制零件的左半边视图；之后进行镜像；最后绘制右半边的剖视图；建筑平面图完成后在图纸上添加文字和尺寸，将零件主要尺寸表达清楚。范例完成后的图纸如图18-1所示。

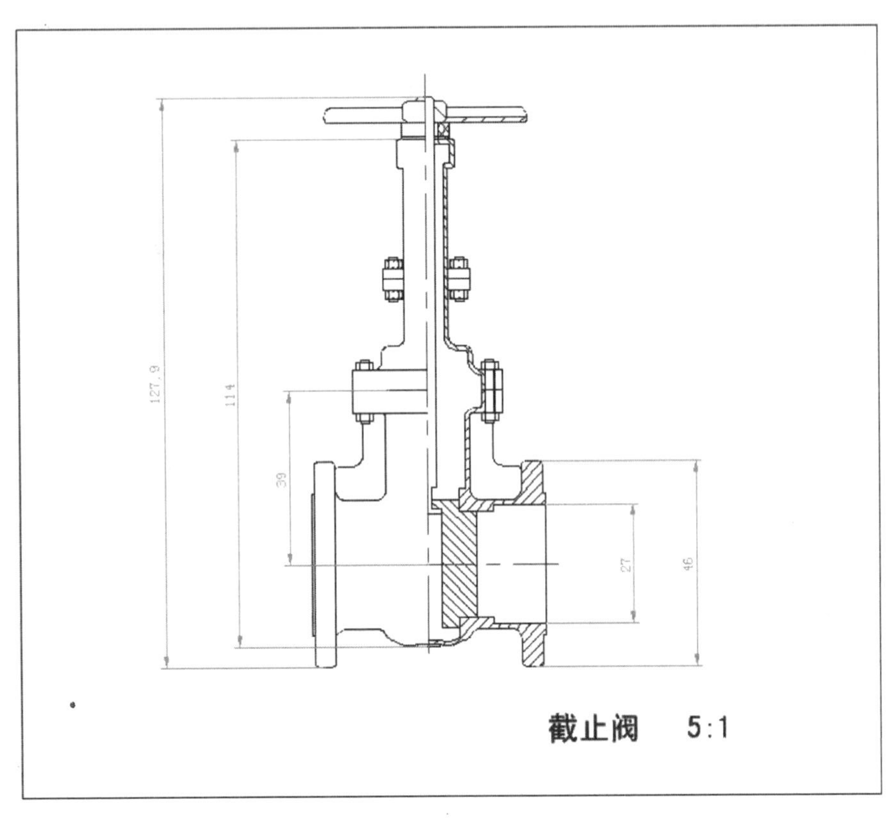

图18-1 完成的截止阀图纸

18.2 范例绘制

18.2.1 图层设置

本范例完成文件：yw\18\截止阀.dwg

多媒体教学路径：光盘→多媒体教学→第18章

步骤 1 管理图层，如图18-2所示。

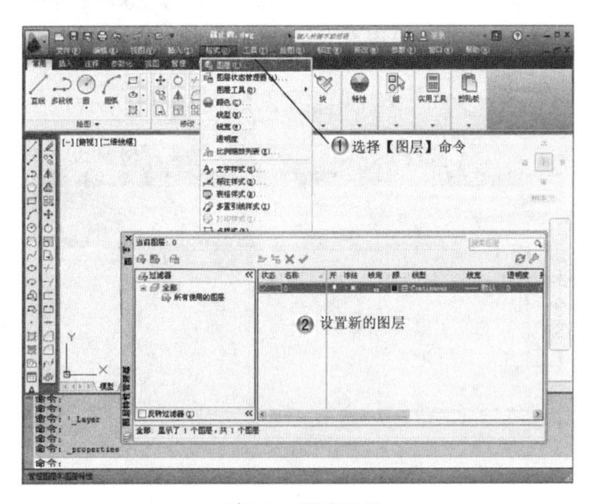

图18-2 管理图层

步骤 2 创建尺寸图层，如图18-3所示。

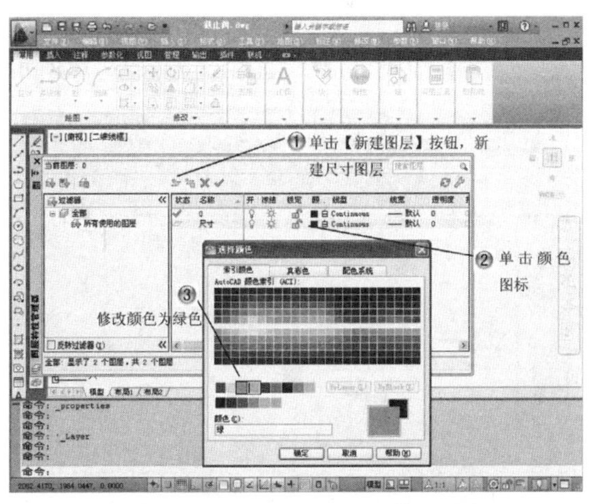

图18-3 创建尺寸图层

步骤 3 创建中心线图层，如图18-4所示。

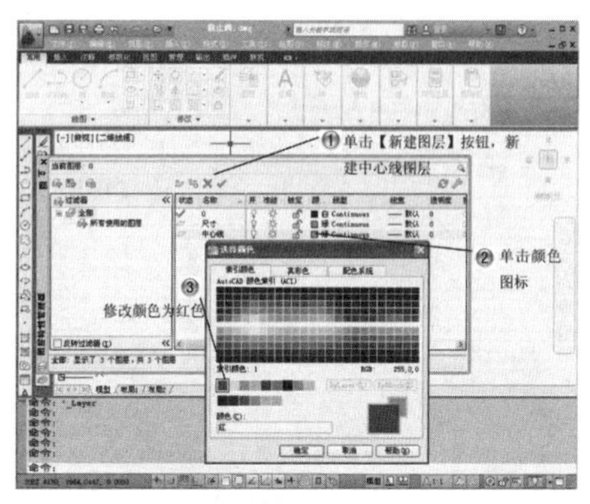

图18-4 创建中心线图层

步骤 4 设置中心线样式，如图18-5所示。

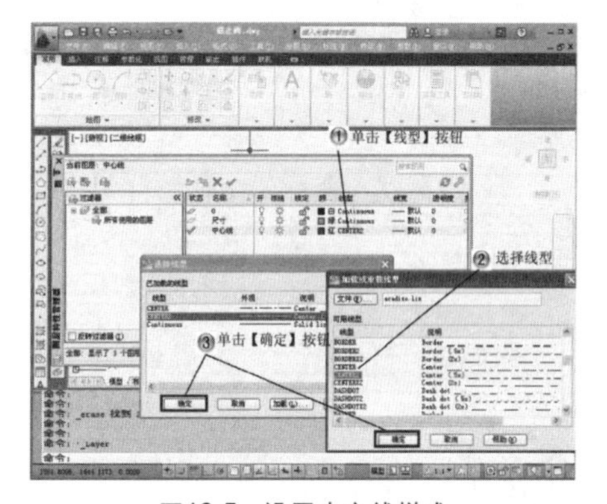

图18-5 设置中心线样式

18.2.2 绘制左半边视图

步骤 1 选择中心线图层，如图18-6所示。

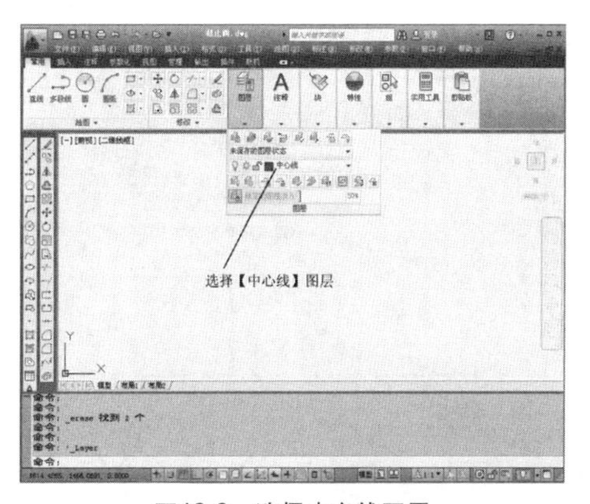

图18-6 选择中心线图层

步骤 2 绘制中心线，如图18-7所示。

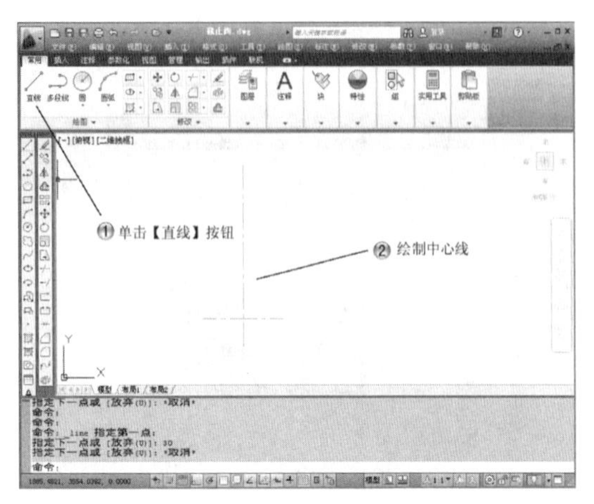

图18-7　绘制中心线

步骤 3 选择0图层，如图18-8所示。

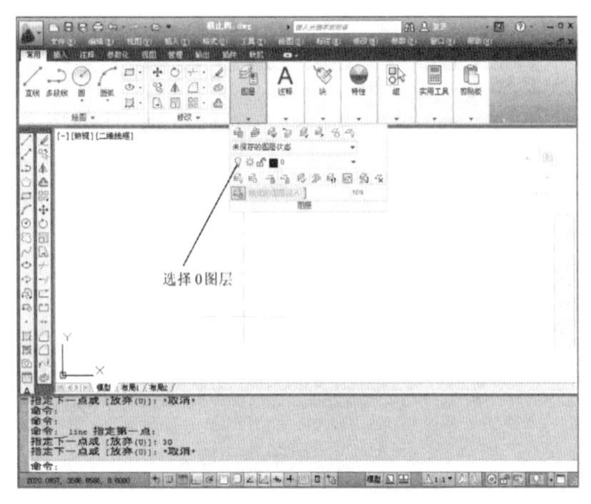

图18-8　选择0图层

步骤 4 绘制矩形，如图18-9所示。

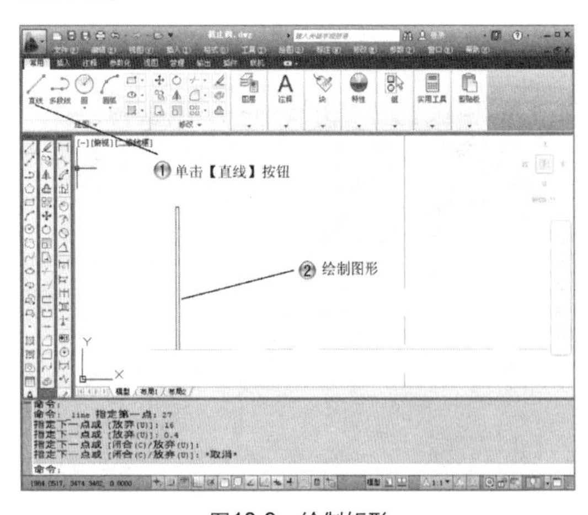

图18-9　绘制矩形

步骤 5 向右绘制矩形，如图18-10所示。

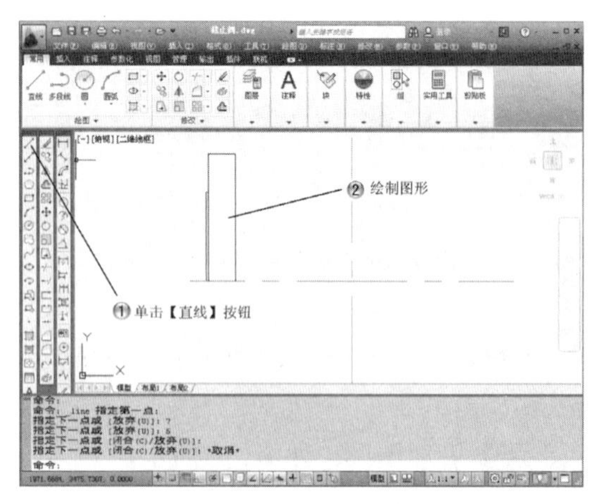

图18-10　向右绘制矩形

步骤 6 向上绘制直线，如图18-11所示。

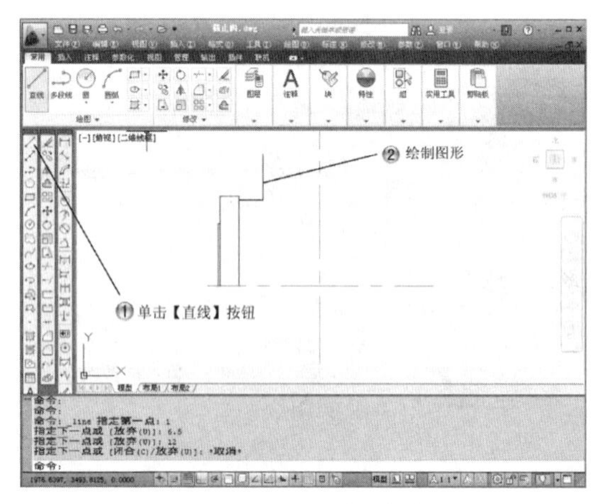

图18-11　向上绘制直线

步骤 7 绘制相同方向直线，如图18-12所示。

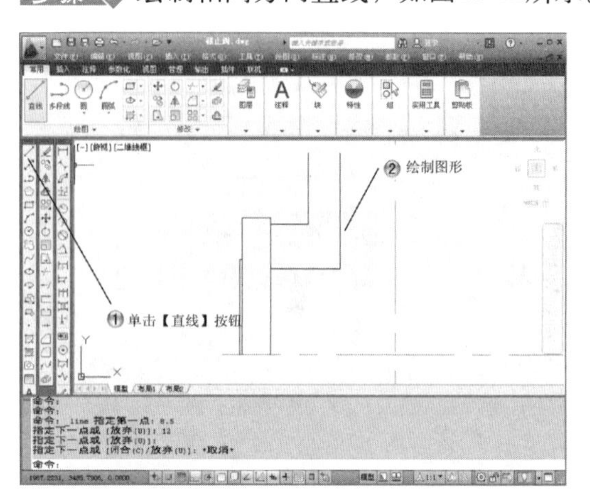

图18-12　绘制相同方向直线

步骤 8 倒R1圆角，如图18-13所示。

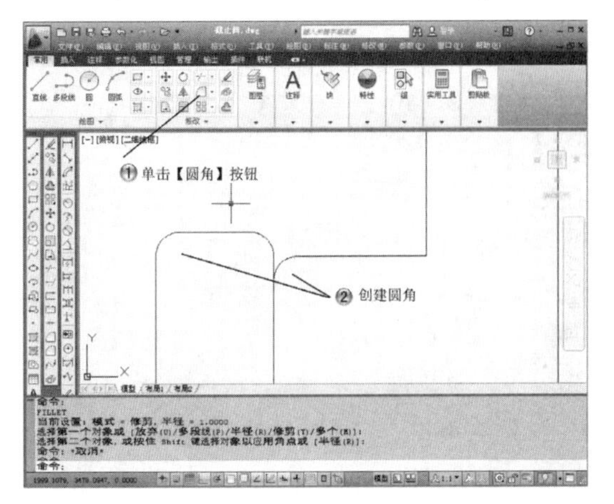

图18-13 倒R1圆角

步骤 9 倒R2.5圆角，如图18-14所示。

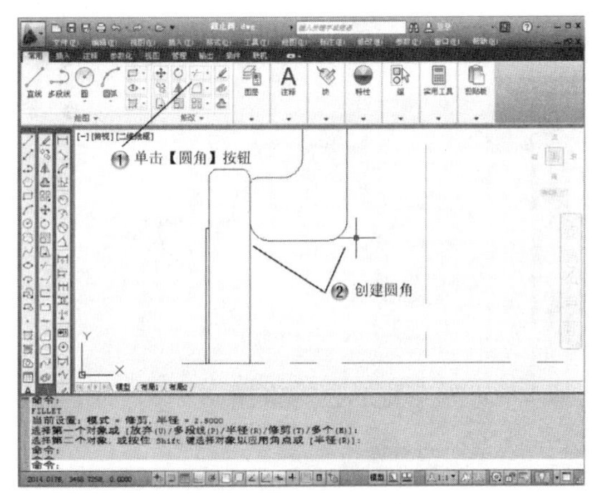

图18-14 倒R2.5圆角

步骤 10 向下镜像图形，如图18-15所示。

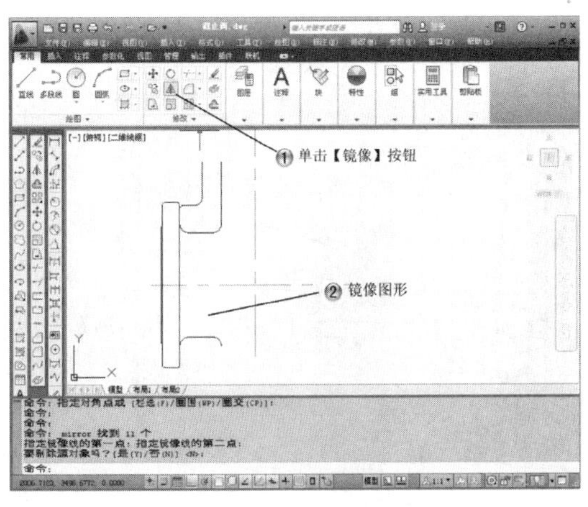

图18-15 向下镜像图形

步骤 11 绘制阀门底端，如图18-16所示。

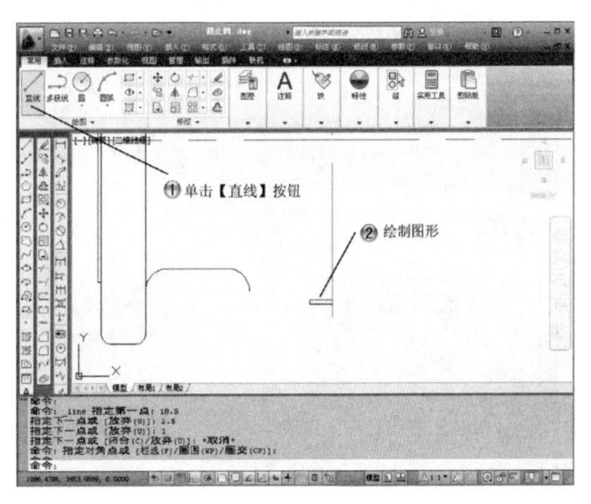

图18-16 绘制阀门底端

步骤 12 绘制阀门底端圆弧，如图18-17所示。

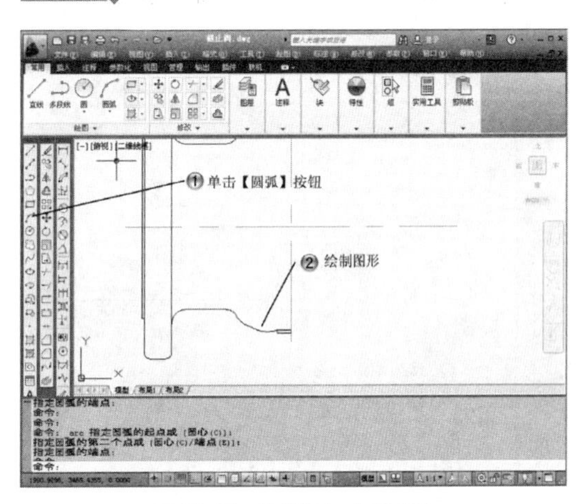

图18-17 绘制阀门底端圆弧

步骤 13 绘制连接盖，如图18-18所示。

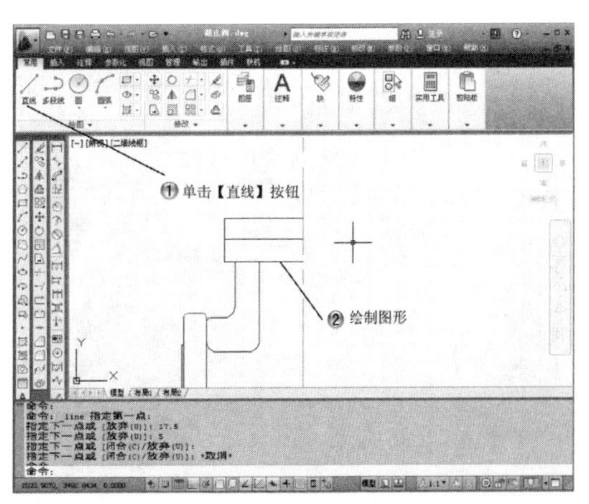

图18-18 绘制连接盖

步骤 14 绘制螺栓，如图18-19所示。

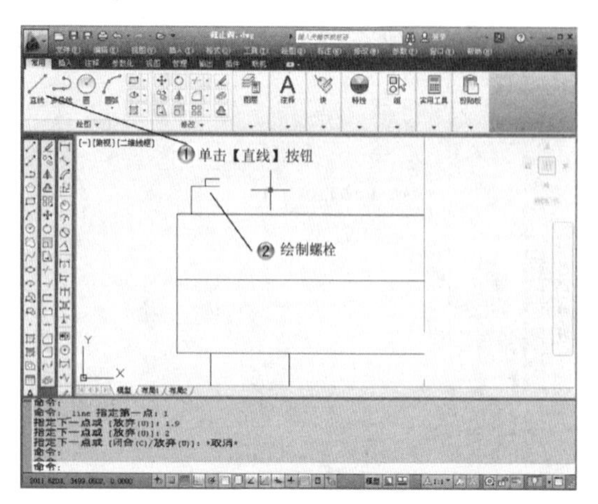

图18-19 绘制螺栓

步骤 15 绘制螺母，如图18-20所示。

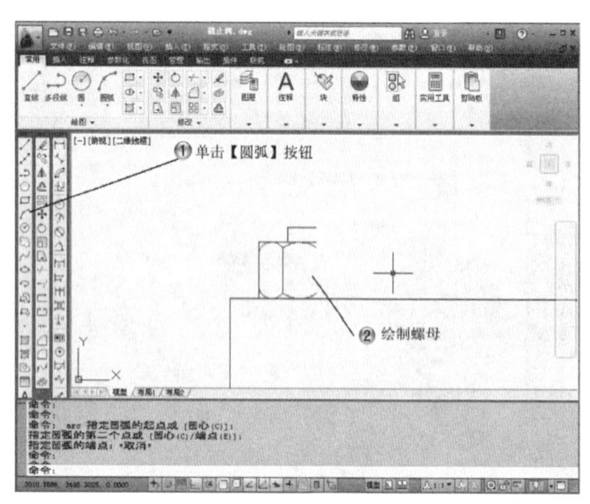

图18-20 绘制螺母

步骤 16 镜像螺栓，如图18-21所示。

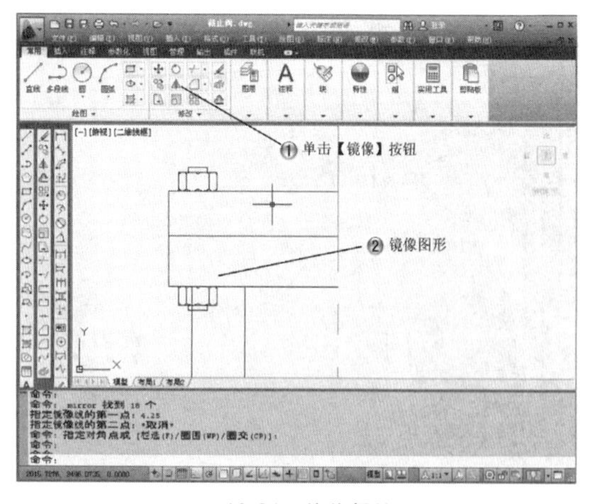

图18-21 镜像螺栓

步骤 17 连接盖倒圆角，如图18-22所示。

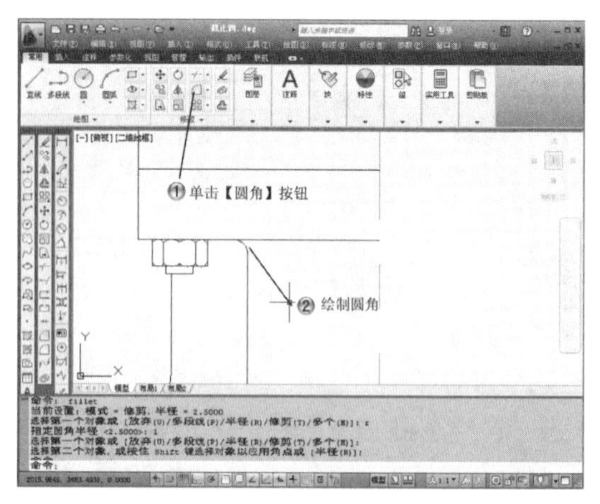

图18-22 连接盖倒圆角

步骤 18 向上绘制矩形，如图18-23所示。

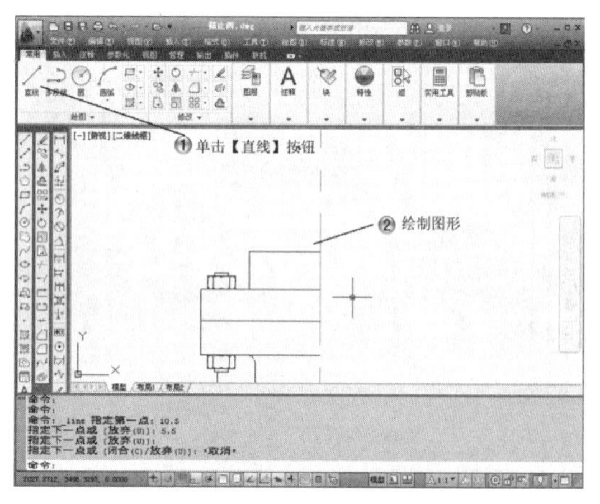

图18-23 向上绘制矩形

步骤 19 向上绘制直线，如图18-24所示。

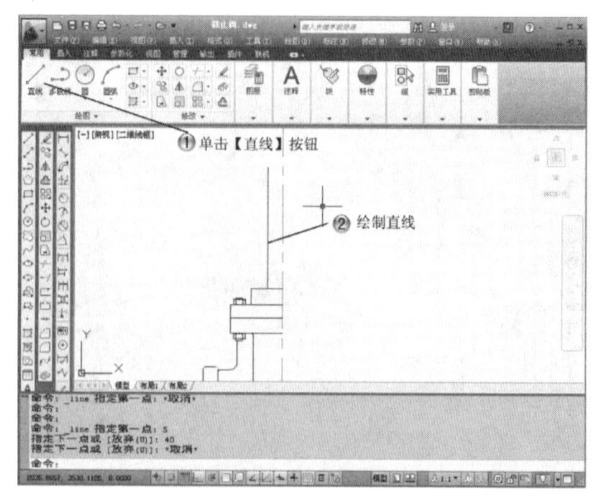

图18-24 向上绘制直线

步骤 20 上杆倒圆角，如图18-25所示。

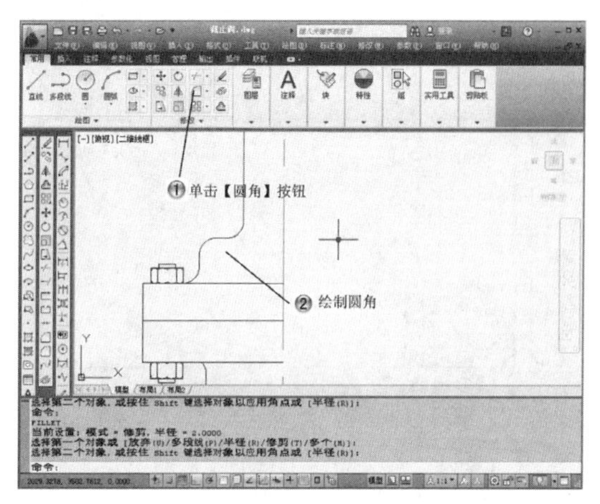

图18-25 上杆倒圆角

步骤 21 绘制上杆连接部分，如图18-26所示。

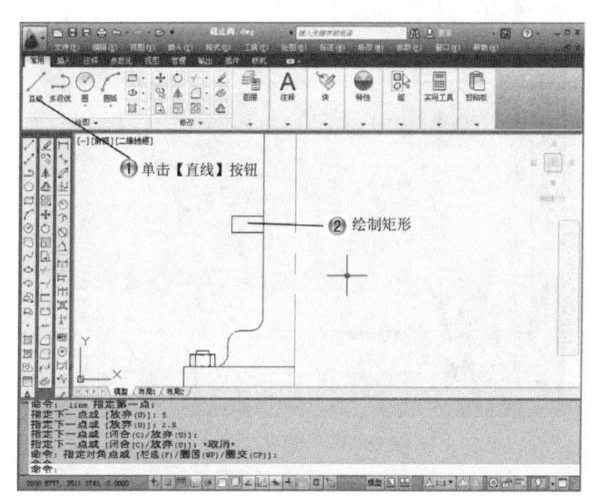

图18-26 绘制上杆连接部分

步骤 22 复制螺栓，如图18-27所示。

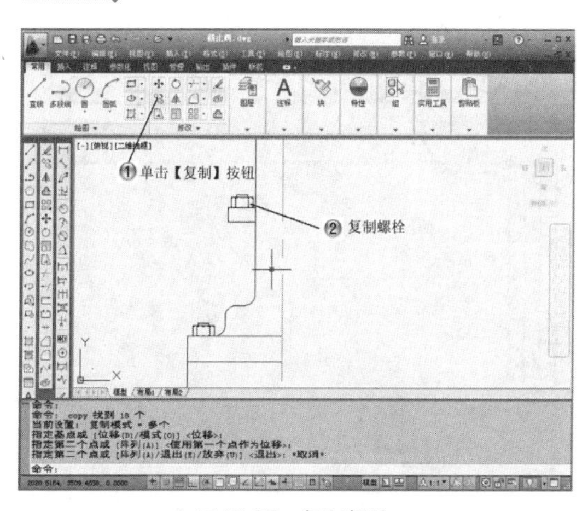

图18-27 复制螺栓

步骤 23 镜像连接部分，如图18-28所示。

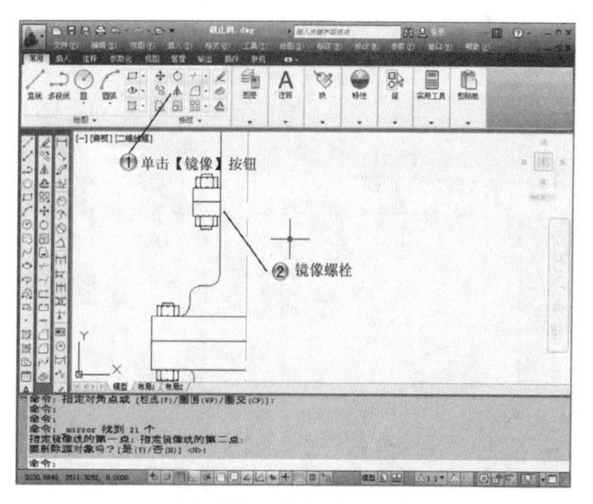

图18-28 镜像连接部分

步骤 24 绘制最上部端口，如图18-29所示。

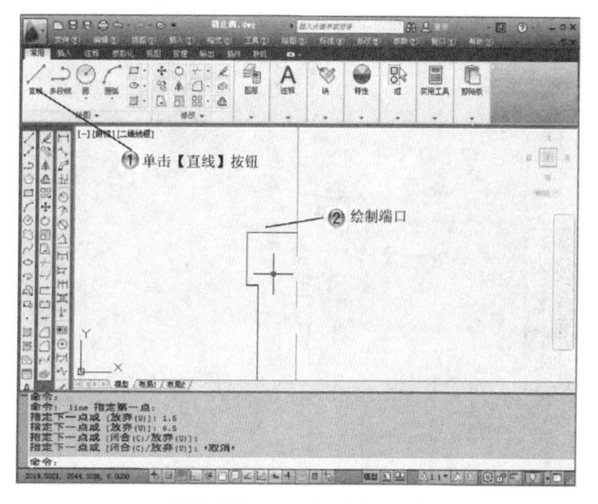

图18-29 绘制最上部端口

步骤 25 绘制垫片，如图18-30所示。

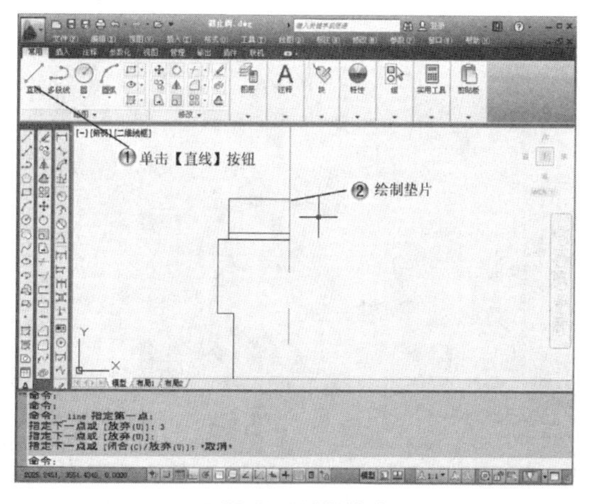

图18-30 绘制垫片

步骤 26 绘制手轮，如图18-31所示。

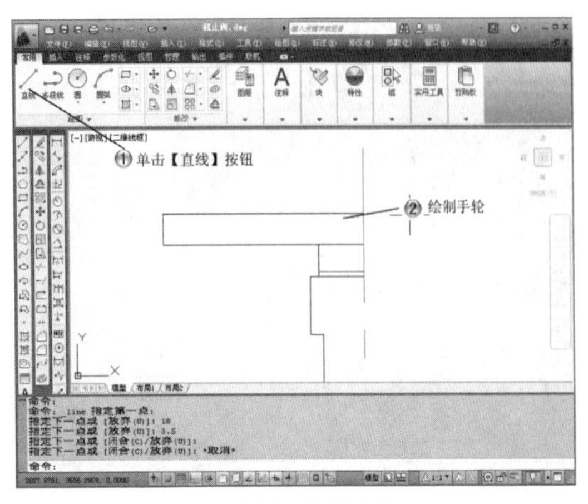

图18-31 绘制手轮

步骤 27 绘制连接螺栓，如图18-32所示。

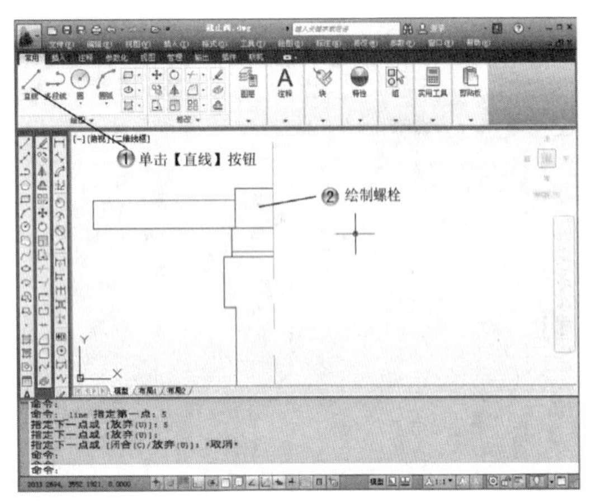

图18-32 绘制连接螺栓

步骤 28 绘制主轴，如图18-33所示。

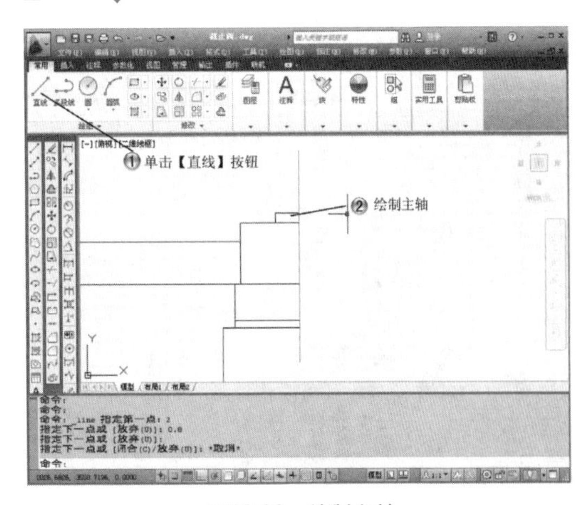

图18-33 绘制主轴

步骤 29 螺栓倒角，如图18-34所示。

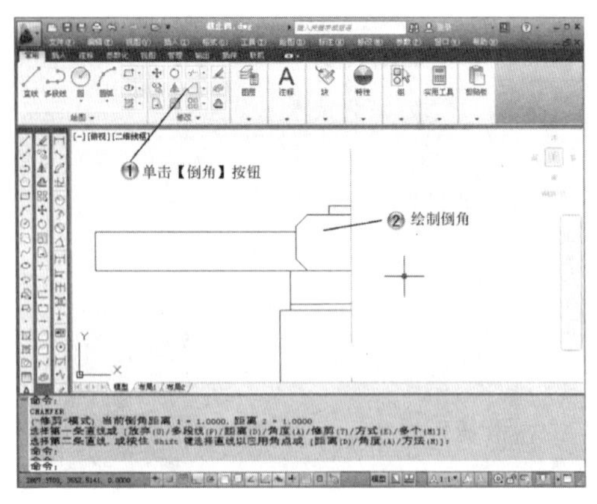

图18-34 螺栓倒角

步骤 30 零件倒圆角，如图18-35所示。

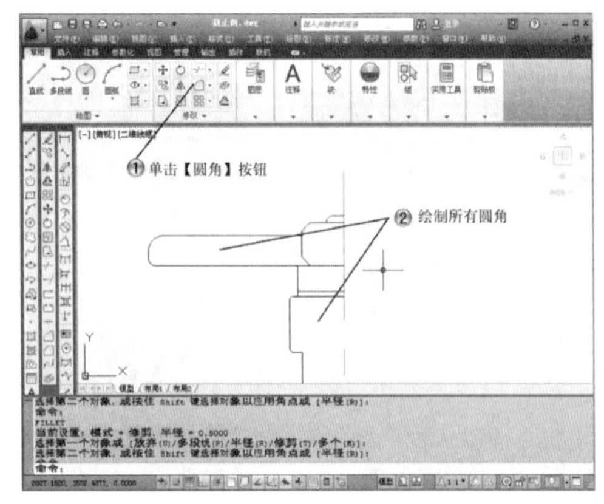

图18-35 零件倒圆角

18.2.3 绘制剖视图

步骤 1 镜像视图，如图18-36所示。

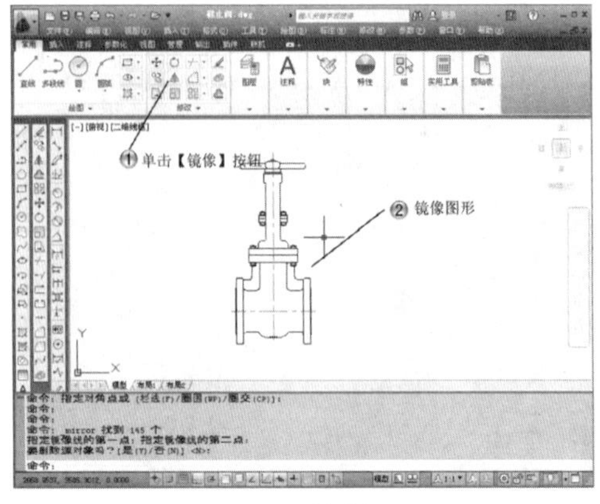

图18-36 镜像视图

步骤 2 修剪图形，如图18-37所示。

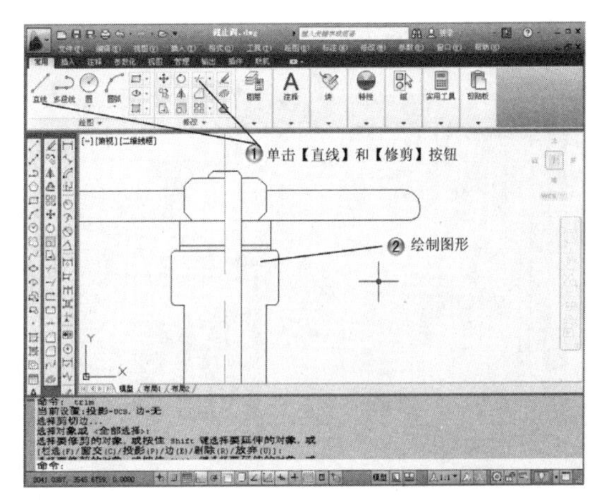

图18-37 修剪图形

步骤 3 绘制垫圈，如图18-38所示。

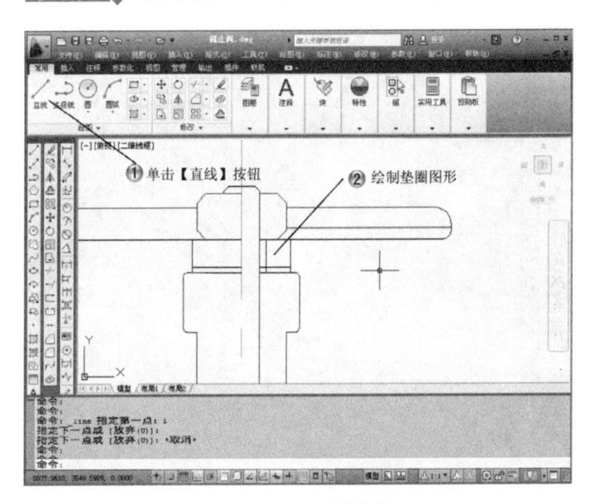

图18-38 绘制垫圈

步骤 4 偏移线条，如图18-39所示。

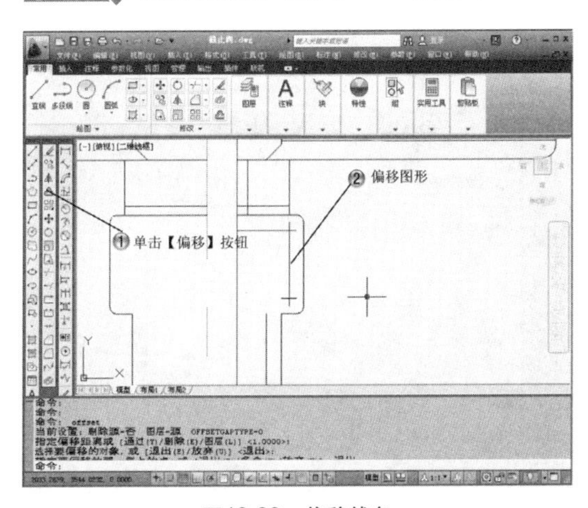

图18-39 偏移线条

步骤 5 线条倒圆角，如图18-40所示。

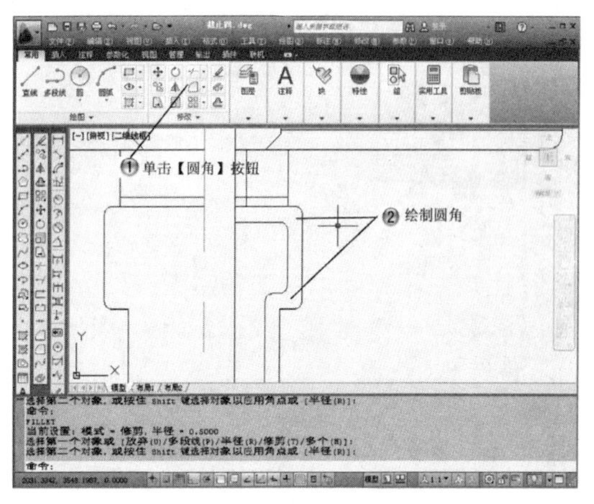

图18-40 线条倒圆角

步骤 6 修剪连接端盖，如图18-41所示。

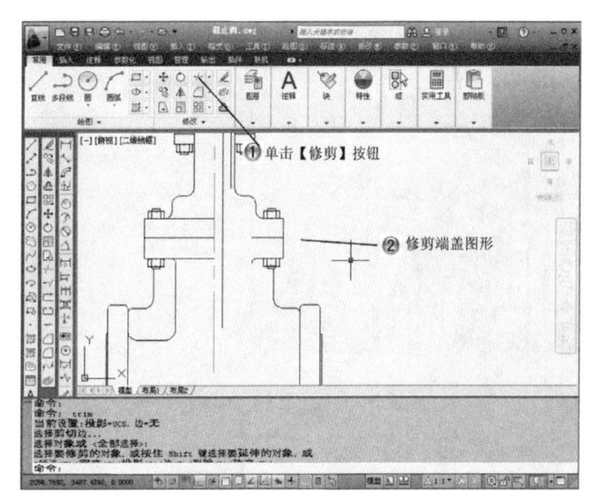

图18-41 修剪连接端盖

步骤 7 绘制端盖剖面，如图18-42所示。

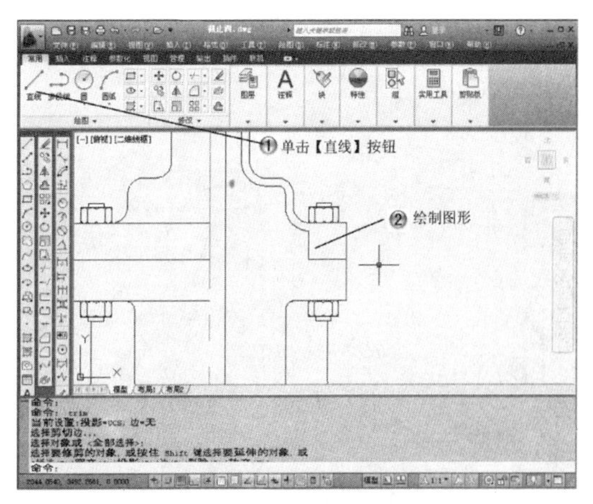

图18-42 绘制端盖剖面

步骤 8 绘制阀门下半部剖面，如图18-43所示。

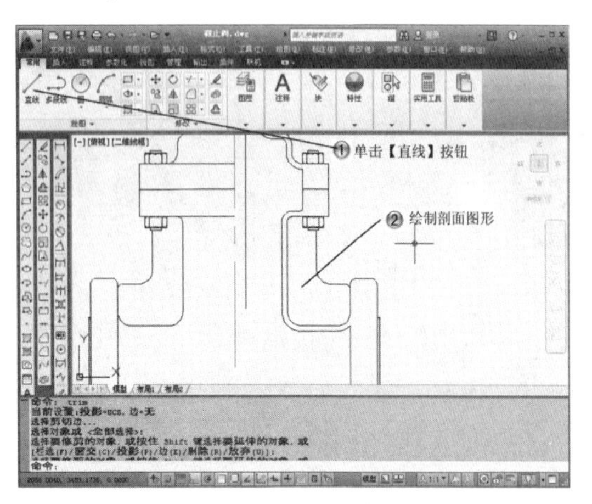

图18-43 绘制阀门下半部剖面

步骤 9 偏移圆弧并修剪，如图18-44所示。

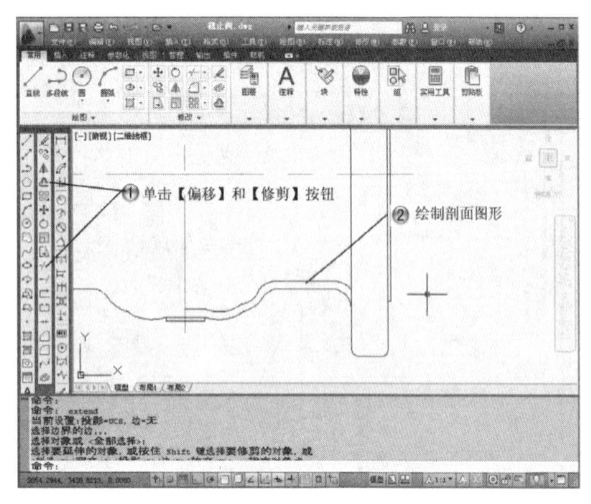

图18-44 偏移圆弧并修剪

步骤 10 绘制触点，如图18-45所示。

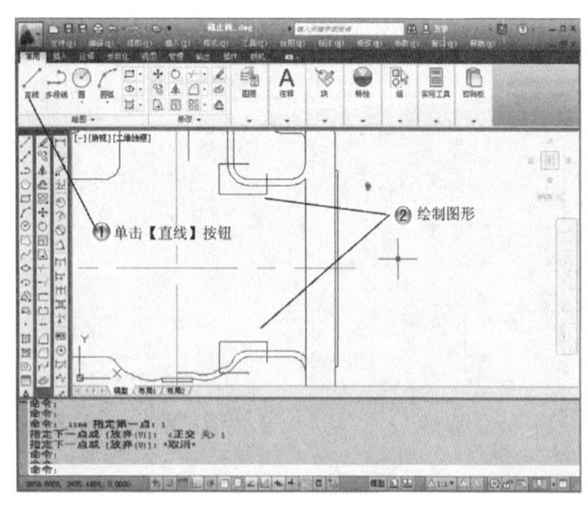

图18-45 绘制触点

步骤 11 修剪触点，如图18-46所示。

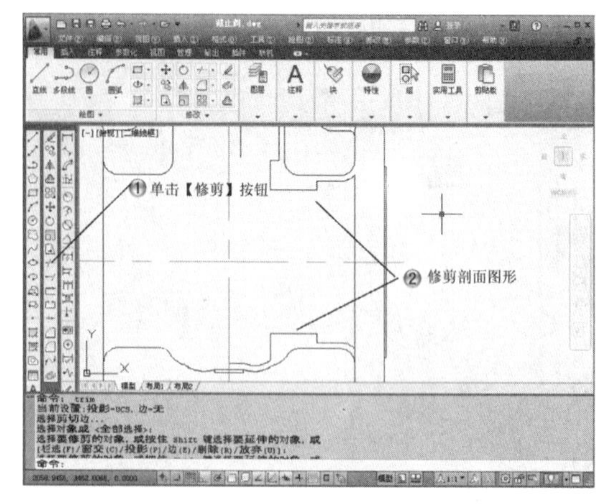

图18-46 修剪触点

步骤 12 绘制闸刀，如图18-47所示。

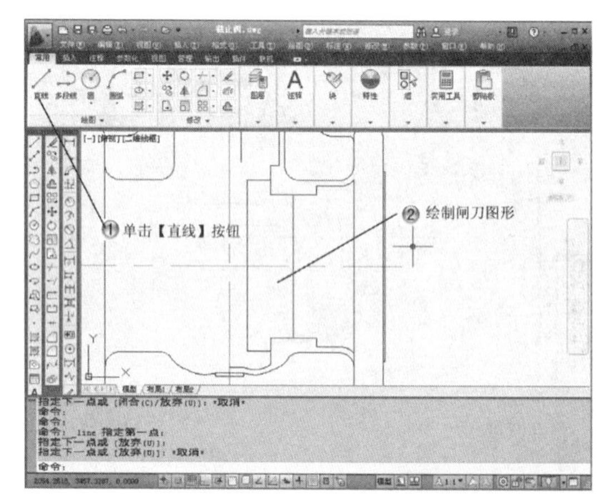

图18-47 绘制闸刀

步骤 13 连接闸刀和主轴，如图18-48所示。

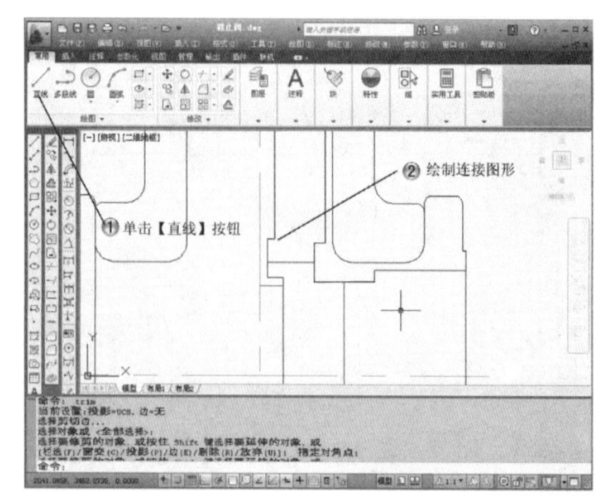

图18-48 连接闸刀和主轴

步骤 14 绘制螺栓孔，如图18-49所示。

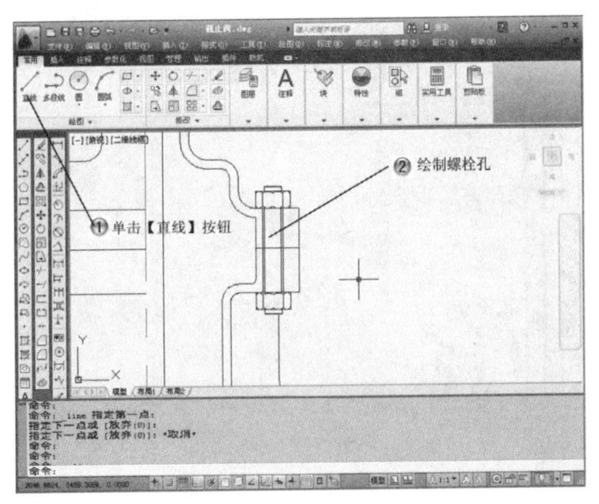

图18-49 绘制螺栓孔

步骤 15 填充手轮，如图18-50所示。

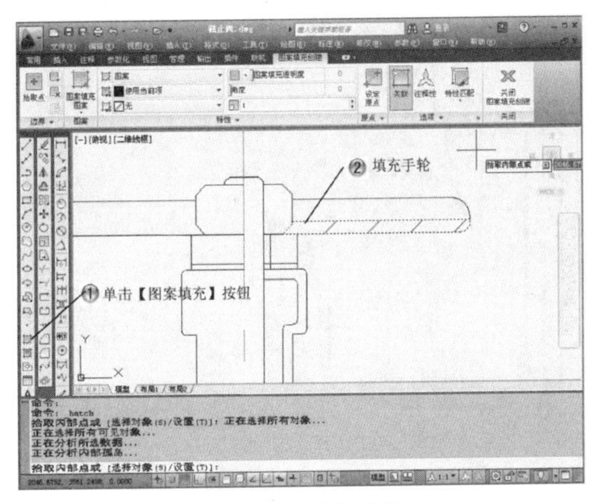

图18-50 填充手轮

步骤 16 填充螺母，如图18-51所示。

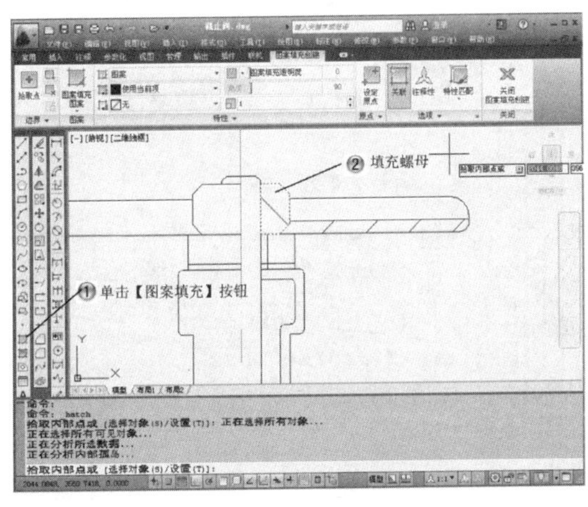

图18-51 填充螺母

步骤 17 填充垫圈，如图18-52所示。

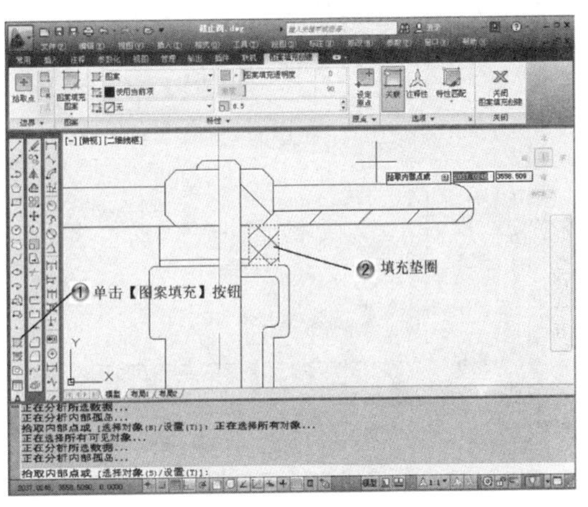

图18-52 填充垫圈

步骤 18 填充阀门壁，如图18-53所示。

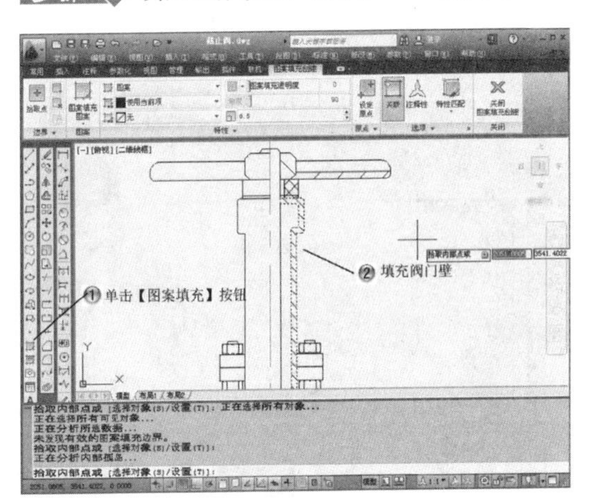

图18-53 填充阀门壁

步骤 19 填充阀门底座，如图18-54所示。

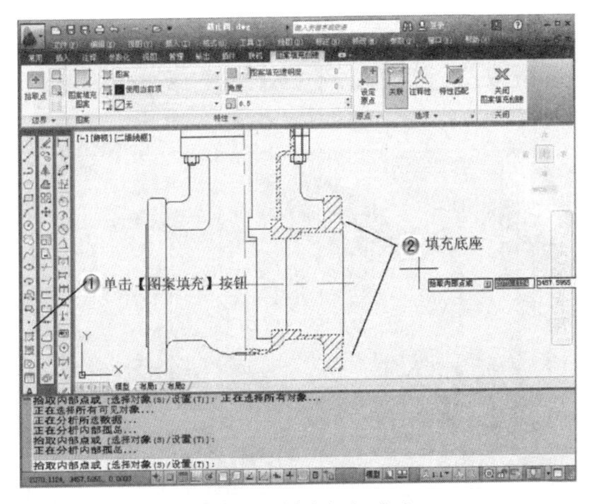

图18-54 填充阀门底座

步骤 20 填充闸刀，如图18-55所示。

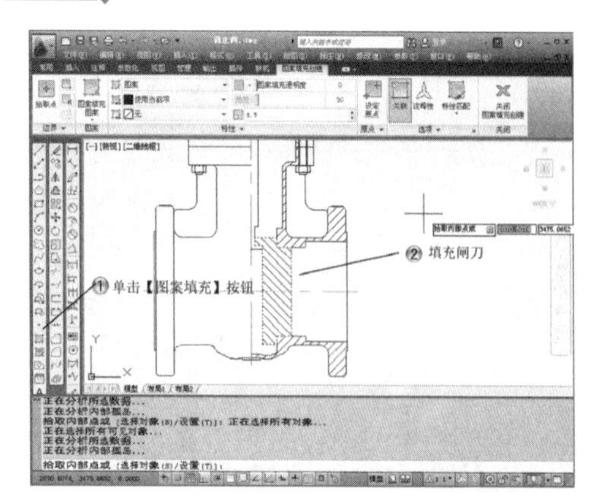

图18-55　填充闸刀

18.2.4　尺寸及文字标注

步骤 1 选择尺寸图层，如图18-56所示。

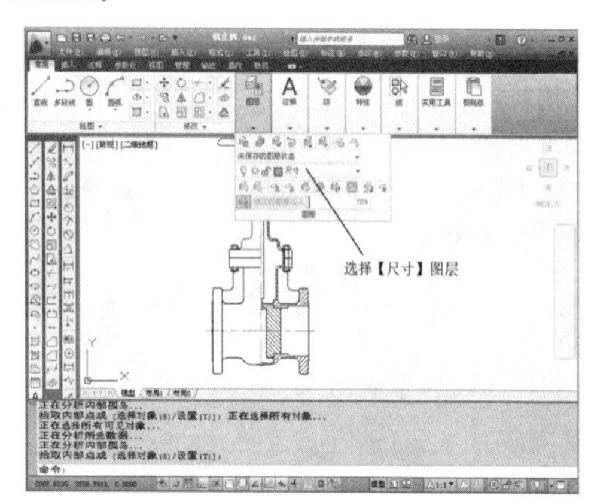

图18-56　选择尺寸图层

步骤 2 标注右部尺寸，如图18-57所示。

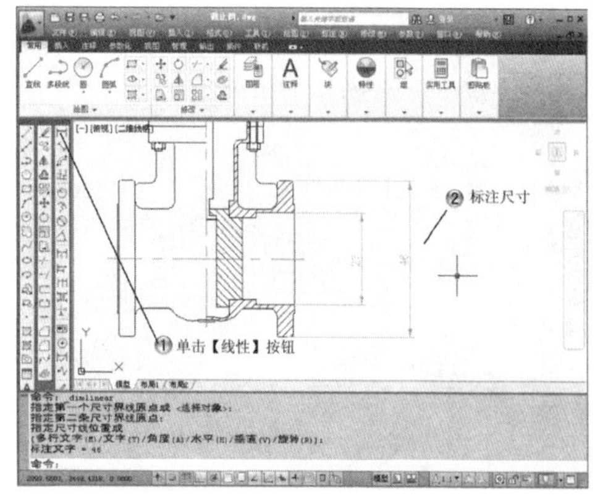

图18-57　标注右部尺寸

步骤 3 标注左部尺寸，如图18-58所示。

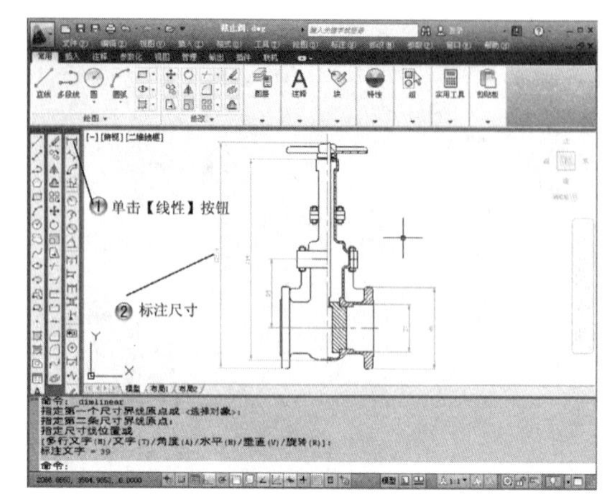

图18-58　标注左部尺寸

步骤 4 选择0图层，如图18-59所示。

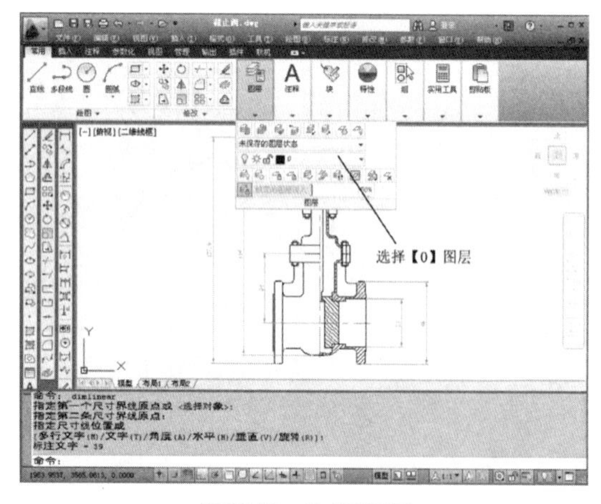

图18-59　选择0图层

步骤 5 绘制图框并标注文字，如图18-60所示。

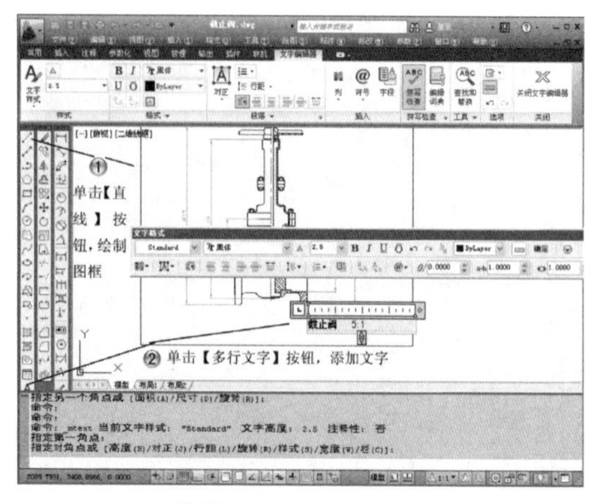

图18-60　绘制图框并标注文字

18.3 范例小结

本章主要介绍了一个截止阀装配件的绘制方法和思路，通过图层设置，普通视图和剖视图的绘制，使读者熟悉机械制图的方法和思路。在进行尺寸标注时，体现了装配图主要尺寸的标注原则。